# 中国海洋站海洋水文气候志

# 渤海分册

范文静　相文玺　王　慧　等　编著

海洋出版社

2021年·北京

# 内容简介

　　《中国海洋站海洋水文气候志》分为渤海、黄海、东海和南海4册，各分册分别给出海区内各海洋站潮汐、海浪、海水表层温度、海水表层盐度、海冰、气温、气压、相对湿度、风和降水等海洋水文气象要素的基本特征和变化规律，以及风暴潮、海冰和暴雨洪涝等海洋灾害和灾害性天气对沿海的影响。同时给出相应海区各水文气象要素的基本特征和变化规律，并进行了典型海洋灾害过程分析。

　　本书可为海洋工程设计、海洋环境评价、海洋生态评估、海洋预报减灾、海洋科研和海洋管理等提供科学依据，也可为海洋资源开发和利用等海洋经济行业部门和高校师生提供参考。

## 图书在版编目 (CIP) 数据

中国海洋站海洋水文气候志. 渤海分册 / 范文静等编著. — 北京：海洋出版社, 2020.12

ISBN 978-7-5210-0699-5

Ⅰ. ①中… Ⅱ. ①范… Ⅲ. ①渤海－海洋站－海洋水文－水文气象－工作概况 Ⅳ. ①P339

中国版本图书馆CIP数据核字(2020)第249026号

责任编辑：杨传霞　林峰竹
责任印制：赵麟苏

海洋出版社 出版发行

http://www.oceanpress.com.cn

北京市海淀区大慧寺路 8 号　　邮编：100081

廊坊一二〇六印刷厂印刷　　新华书店北京发行所经销

2020年12月第1版　　2021年2月第1次印刷

开本：889 mm × 1194 mm　　1 / 16　　印张：34.75

字数：932千字　　定价：480.00元

发行部：62132549　邮购部：68038093

海洋版图书印、装错误可随时退换

# 序

我国沿海和重要海岛现有 130 多个海洋观测站点，业务化观测潮位、海浪、表层海水温度、表层海水盐度、海发光、海冰等水文要素，以及气温、气压、降水和风等气象要素，其中观测时间超过或接近 60 年的有 50 多个站点。数十年观测获取的海洋资料，凝聚了一线海洋工作者的心血，同时也在海洋预报、防灾减灾、海洋工程建设、海洋生态环境保护、海洋科学研究和海洋管理工作中发挥了重要的基础支撑作用。

《中国海洋站海洋水文气候志》丛书依据完整详实的海洋站观测数据，利用统计分析方法，全面评价了我国沿海多年水文气象要素变化状况，总结了我国沿海水文和气象各要素的基本特征和变化规律，以及风暴潮、海冰和暴雨洪涝等海洋灾害和灾害性天气期间各要素的变化特征及其带来的影响。该书的研究成果不仅可为海洋管理者、科研人员、海洋工程设计者提供科学依据，同时也可为海洋资源开发、利用等海洋经济行业部门和高校师生提供参考，是一套具有科学价值和实用价值的海洋科学志书。

管好用好海洋资料、更好发挥海洋调查观测资料的作用，是海洋工作者的初心，也是一种责任。当前，我国已进入加快建设海洋强国的新阶段，海洋事业的发展需要大家的共同努力，海洋工作的方方面面都需要海洋基础研究的支撑，开展基于调查观测数据的海洋信息产品研发是最基础也是非常重要的一个环节，《中国海洋站海洋水文气候志》丛书的编制就是一种很好的体现，作为一名多年从事海洋工作的亲历者，我希望能看到更多这样的成果出现。

自然资源部副部长
国家海洋局局长
2020 年 8 月

# 前　言

我国海洋站观测最早可追溯到 19 世纪末。1898 年，德国人在青岛修建气象观测站，开始气象及潮汐等观测。中华人民共和国成立前，中国沿海建立的海洋站约有 20 个，主要开展潮汐观测。中华人民共和国成立后，海军、交通部、水电部、中央气象局和中科院等单位根据各自工作需要，在沿海陆续建立了验潮站和气象站。特别是中央气象局在原有海滨观测站点的基础上，陆续增建了几十个海洋水文气象站。观测项目除潮汐外增加了海浪、表层海水温度和盐度、气温、气压、风和天气现象等。1961 年开始增加了海冰观测。1964 年国家海洋局成立后，中央气象局将沿海的 59 个海洋水文气象站移交给国家海洋局。

50 多年来，国家海洋局通过增建和共建等方式，不断加强海洋站基础能力建设，目前我国沿海及岛屿已有 130 余个海洋站，包括无人值守的自动观测站，观测方式从 2008 年开始逐渐增加了浮标、雷达和 GNSS（全球卫星导航系统）观测，积累了几年至 60 余年的定点连续观测资料。同时，海洋站观测技术和资料处理技术也不断强化和完善。2006 年开始，业务化开展了海洋站的基准潮位核定工作，海洋站观测数据质量得到不断提升。

为更好地发挥海洋站观测资料的作用，了解和掌握沿海各水文气象要素的基本特征和变化规律，以及海洋灾害和灾害性天气期间各要素的变化及其带来的影响，国家海洋信息中心组织编制了《中国海洋站海洋水文气候志》，期望可为海洋工程建设、海洋开发利用和保护活动、海洋科学研究、海洋防灾减灾以及海洋综合管理等提供科学依据和服务保障。资料整编过程中完全依据海洋站历史观测数据，受当时观测仪器、技术和方法的影响，观测资料的精度不一，均一化处理程度各异，本志中的统计结果只是海洋站观测事实的客观反映，实际使用时还要结合海洋站环境条件和其他资料情况进行综合评估。

《中国海洋站海洋水文气候志》分为渤海、黄海、东海和南海 4 册，各分册选取的海洋站主要观测项目资料时长至少 20 年。

《中国海洋站海洋水文气候志·渤海分册》包括长兴岛、温坨子、鲅鱼圈、葫芦岛、芷锚湾、秦皇岛、塘沽、龙口、蓬莱和北隍城共 10 个海洋站以及渤海沿海，针对每个海洋站及渤海沿海分析总结各水文气象要素的季节变化、年际变化和十年平均变化等特征，将海平面单独成章，分析了年变化、长期趋势变化和周期性变化，汇编了海洋站周边及渤海沿海发生的海洋灾害及灾害性天气。

《中国海洋站海洋水文气候志·渤海分册》的概况部分由邓丽静、金波文和范文静编写；潮位部分由张建立和王慧编写；海浪部分由刘首华编写；表层海水温度、盐度和海发光部分由王爱梅和范文静编写；海冰部分由左常圣和范文静编写；海洋气象部分由骆敬新、邓丽静和范文静编写；海平面部分由王慧编写；灾害部分由李文善、骆敬新和范文静编写。绘图由王爱梅和左常圣完成。统稿人为范文静、相文玺和刘首华。同时，李响、李琰、董军兴、高通、李欢和白羽等同志也参与了部分工作。

《中国海洋站海洋水文气候志·渤海分册》编制过程中多次向中心站和海洋站咨询、征求意见和建议，大连中心站、秦皇岛中心站、天津中心站和烟台中心站以及海洋站的徐志远、赵志刚、孙飞、邹涛、李玉杰、李玲、王铁军、韩树宇、张天刚、孙海军、雷士永、谷悦、王延龙、宫俊清、潘国涛、衣进军、顾吉星、沙命杰、赵传高和凌可海等同志给予了具有重要参考价值的意见。审核过程中国家海洋信息中心的张锦文、刘克修同志给予了悉心指导和建议。在此一并表示衷心感谢！

编制《中国海洋站海洋水文气候志》涉及的学科及领域较多，内容也较为广泛，受编制组学识和业务水平的限制，错误和不足之处在所难免，敬请有关专家、同行和读者批评指正。

编著者

2019 年 9 月

# 目　录

# 鲅鱼圈海洋站

# 葫芦岛海洋站

# 芷锚湾海洋站

# 秦皇岛海洋站

# 塘沽海洋站

# 龙口海洋站

# 蓬莱海洋站

# 北隍城海洋站

# 渤 海

# | 说　明 |

## 一、资料来源

水文气象数据——主要来源于国家海洋主管部门管辖的沿海（岛屿、平台）海洋站依据有效的规范性文件所获得的观测数据，规范性文件包括国家标准、行业标准及技术规程等。补充的少量统计数据来自《中国沿岸海洋水文气象资料（1960—1969）》。

灾害数据——主要来源于国家海洋主管部门发布的相关公报、正式出版书籍以及中国沿海海平面变化影响调查信息等。

## 二、季节划分

3—5 月为春季，6—8 月为夏季，9—11 月为秋季，12 月至翌年 2 月为冬季；以 4 月、7 月、10 月和 1 月分别作为春夏秋冬四季的代表月份。

## 三、统计时间

1. 统计时间一般从建站开始观测时间（气象观测项目多始于 1960 年）至 2018 年 12 月 31 日或撤站结束观测时间（海冰为 2019 年 3 月 31 日）。

2. 部分年份海浪、表层海水温度和表层海水盐度在冬季结冰时不观测，相应月份不做统计。

3. 海冰按年度统计，如 1960/1961 年度，统计时间为 1960 年 11 月至 1961 年 3 月。海冰统计截止时间为 2019 年 3 月。

4. 按照 1979 年实施的《海滨观测规范》要求，1979 年霜未观测；按照 1995 年 7 月执行的《海滨观测规范》（GB/T 14914—1994）要求，云和除雾外的其他天气现象停止观测。

5. 选取编写海洋水文气候志的海洋站，其主要观测项目资料时长至少 20 年，各观测项目的统计时间以本站资料为准，选取数据稳定、时间连续的序列进行统计。部分观测项目如蒸发量，资料时间只有几年，仍做统计分析，结果仅供参考。

## 四、一般说明

1. 通用时间一律为北京时。

2. 日界：潮汐、海浪、表层海水温度、表层海水盐度和海冰以 24:00（不含 24:00）为日界；海发光以日出为日界；气象观测项目以 20:00（含 20:00）为日界。

3. 观测时次：潮汐为每日逐时观测，海浪为每日 08:00、11:00、14:00 和 17:00 四次定时或每 3 小时或逐时观测，表层海水温度为每日 08:00、14:00 和 20:00 三次定时观测，表层海水盐度为每日 14:00 定时观测，海发光为每日天黑后观测，海冰为每日 08:00 和 14:00 观测，气压、气温、相对湿度和海面有效能见度为每日 02:00、08:00、14:00 和 20:00 四次定时观测，风为每日 02:00、08:00、14:00 和 20:00 四次定时或逐时观测。

4. 潮位值均以验潮零点为基面。

5. 海洋站观测的波高和周期特征值一般包含最大波高、最大波周期、十分之一大波波高、十分之一大波周期、有效波波高、有效波周期、平均波高和平均周期。本志中平均波高是指十分之一大波波高特征值的平均值，最大波高是指最大波高特征值或十分之一大波波高特征值的最大值（最大波高特征值缺失时用十分之一大波波高特征值代替），平均周期是指平均周期特征值的平均值，最大周期是指平均周期特征值的最大值。

6. 常浪向是指海浪出现频率最高的方向，强浪向是指波高最大值出现的方向。

7. 浪向、风向和海冰漂流方向等分向统计按16方位划分，与度数的换算关系见16方位转换表。

8. 表层海水温度有时简称为海表水温或水温，表层海水盐度有时简称为海表盐度或盐度，两者有时统称为温盐。

9. 海冰冰量只统计08:00数据。海冰观测中固定冰的记录不多，统计结果仅供参考。

10. 单站气压统计分析采用本站气压，海区沿岸气压统计分析采用海平面气压。

11. 海面有效能见度简称为能见度。

12. 风速为10分钟平均风速；1980年前，风速大于40米/秒时记为40米/秒。

13. 线性趋势通过显著性检验的给出具体速率值；未通过显著性检验但变化趋势相对明显的给出具体速率值，并在括号内注明"线性趋势未通过显著性检验"；未通过显著性检验且变化趋势不明显的，文中用"变化趋势不明显"或"无明显变化趋势"描述。

# 五、统计方法说明

1. 均值和频率的统计、极值的挑选、不完整记录的处理和统计等，均按照《海滨观测规范》（GB/T 14914—2006）进行。

2. 日平均水温稳定通过某界限（0℃、5℃、10℃、20℃和25℃）的初、终日期统计，采用五日滑动平均法，即一年中，任意连续五天的日平均水温的平均值大于等于某一界限的最长一段时期内，在第一个五天（即上限）中，挑取最先一个日平均水温大于等于该界限的日期，即为初日；在最后一个五天（下限）中挑取最末一个日平均水温大于等于该界限的日期，即为终日。

3. 有冰日统计：1963—1994年，一日中若冰量大于0，统计为有冰日；若冰量等于0，则需有冰型和流向等记录佐证，否则视为无冰日；1995—2019年，一日中若冰量大于等于0，统计为有冰日。

4. 大风日数统计：若某日中出现风速大于等于10.8米/秒的风，则统计为大于等于6级大风日；出现风速大于等于13.9米/秒的风，则统计为大于等于7级大风日；出现风速大于等于17.2米/秒的风，则统计为大于等于8级大风日。

5. 降水日数统计：日降水量大于等于0.1毫米（不含雾、霜、露）时，统计为降水日。

6. 雾、轻雾、雷暴、霜和降雪日数统计：若夜间或白天记录（非摘要记录）中出现雾，则统计为雾日；其他天气现象日数统计方法相同。

7. 年较差为某要素一年中最高月平均值与最低月平均值之差。累年年较差为某要素累年最高月平均值与最低月平均值之差。

8. 各要素长期变化趋势均采用最小二乘法进行一元线性拟合并进行显著性检验，显著性水平为0.05。

# 六、其他

## 1. 潮汐类型

依据 $K_1$ 与 $O_1$ 分潮振幅之和与 $M_2$ 分潮振幅比值大小，确定其潮汐类型。

正规半日潮

$$0.0 < \frac{H_{K_1} + H_{O_1}}{H_{M_2}} \leqslant 0.5$$

不正规半日潮

$$0.5 < \frac{H_{K_1} + H_{O_1}}{H_{M_2}} \leqslant 2.0$$

不正规日潮

$$2.0 < \frac{H_{K_1} + H_{O_1}}{H_{M_2}} \leqslant 4.0$$

正规日潮

$$4.0 < \frac{H_{K_1} + H_{O_1}}{H_{M_2}}$$

式中，$H_{M_2}$ 为太阴半日分潮振幅；$H_{K_1}$ 为太阴太阳合成日分潮振幅；$H_{O_1}$ 为太阴日分潮振幅。

## 2. 温湿指数

根据《人居环境气候舒适度评价》（GB/T 27963—2011），温湿指数计算方法如下：

$$I = T - 0.55 \times \left(1 - \frac{R}{100}\right) \times (T - 14.4)$$

式中，$I$ 为温湿指数，保留一位小数；$T$ 为某一评价时段的平均温度，单位：℃；$R$ 为某一评价时段的平均相对湿度，%。

**气候舒适度等级划分表**

| 等级 | 感觉程度 | 温湿指数 | 健康人感觉描述 |
|---|---|---|---|
| 1 | 寒冷 | <14.0 | 感觉很冷，不舒服 |
| 2 | 冷 | 14.0 ~ 16.9 | 偏冷，较不舒服 |
| 3 | 舒适 | 17.0 ~ 25.4 | 感觉舒适 |
| 4 | 热 | 25.5 ~ 27.5 | 有热感，较不舒适 |
| 5 | 闷热 | >27.5 | 闷热难受，不舒服 |

## 3. 大陆度气候划分

利用累年气温年较差（累年最高月平均气温 – 累年最低月平均气温）资料统计焦金斯基大陆度指数。焦金斯基大陆度指数小于等于 50 时为海洋性气候，大于 50 时为大陆性气候。

$$K = 1.7 \times A / \sin\left(\frac{\varphi}{180} \times \pi\right) - 20.4 \qquad （中纬度）$$

$$K = 1.7 \times A / \sin\left(\frac{\varphi+10}{180} \times \pi\right) - 14 \qquad \text{（低纬度）}$$

式中，$K$ 为焦金斯基大陆度指数；$A$ 为气温年较差；$\varphi$ 为观测站纬度，单位：(°)。

## 4. 天气季节划分

天气季节的判定，根据气象行业标准 QX/T 152—2012《气候季节划分》规定，采用累年日平均气温的五日滑动平均值序列确定四季，春季为滑动平均气温大于等于 10℃ 且小于 22℃；夏季为滑动平均气温大于等于 22℃；秋季为滑动平均气温小于 22℃ 且大于等于 10℃；冬季为滑动平均气温小于 10℃。

## 5. 风力等级

### 风力等级表

| 风力等级 | 名称 | 对应风速 /（米·秒⁻¹） |
|---|---|---|
| 0 | 无风 | 0 ~ 0.2 |
| 1 | 软风 | 0.3 ~ 1.5 |
| 2 | 轻风 | 1.6 ~ 3.3 |
| 3 | 微风 | 3.4 ~ 5.4 |
| 4 | 和风 | 5.5 ~ 7.9 |
| 5 | 轻劲风 | 8.0 ~ 10.7 |
| 6 | 强风 | 10.8 ~ 13.8 |
| 7 | 疾风 | 13.9 ~ 17.1 |
| 8 | 大风 | 17.2 ~ 20.7 |
| 9 | 烈风 | 20.8 ~ 24.4 |
| 10 | 狂风 | 24.5 ~ 28.4 |
| 11 | 暴风 | 28.5 ~ 32.6 |
| 12 | 飓风 | >32.6 |

## 6. 方位转换

### 16 方位转换表（风向、浪向、海冰漂流方向）

| 方位 | 范围 /（°） | 中值 /（°） |
|---|---|---|
| N（北） | 348.9 ~ 11.3 | 0 |
| NNE（北东北） | 11.4 ~ 33.8 | 23 |
| NE（东北） | 33.9 ~ 56.3 | 45 |
| ENE（东东北） | 56.4 ~ 78.8 | 68 |
| E（东） | 78.9 ~ 101.3 | 90 |
| ESE（东东南） | 101.4 ~ 123.8 | 113 |
| SE（东南） | 123.9 ~ 146.3 | 135 |
| SSE（南东南） | 146.4 ~ 168.8 | 158 |
| S（南） | 168.9 ~ 191.3 | 180 |
| SSW（南西南） | 191.4 ~ 213.8 | 203 |
| SW（西南） | 213.9 ~ 236.3 | 225 |
| WSW（西西南） | 236.4 ~ 258.8 | 248 |
| W（西） | 258.9 ~ 281.3 | 270 |
| WNW（西西北） | 281.4 ~ 303.8 | 293 |
| NW（西北） | 303.9 ~ 326.3 | 317 |
| NNW（北西北） | 326.4 ~ 348.8 | 338 |

# 长兴岛海洋站

# 第一章 概况

## 第一节 基本情况

长兴岛海洋站（简称长兴岛站）地处辽宁省瓦房店市。瓦房店市位于辽东半岛中西侧，东与普兰店区毗邻，西濒渤海，南邻金州区，北与盖州市接壤。全市人口103万，海岸线长461.2千米，其中大陆岸线长423.2千米，矿产资源丰富。

旧长兴岛站始建于1959年9月，原名为辽宁省复县海洋水文站，隶属辽宁省气象局。1965年11月，改名为长兴岛海洋站，隶属原国家海洋局北海分局。1987年7月，观测人员集体迁至温坨子海洋站，旧长兴岛站废止。2013年6月，新长兴岛站建成，归原国家海洋局北海分局大连海洋环境监测中心站管辖。新长兴岛站位于大连长兴岛临港工业区港区3号路北侧（图1.1-1）。

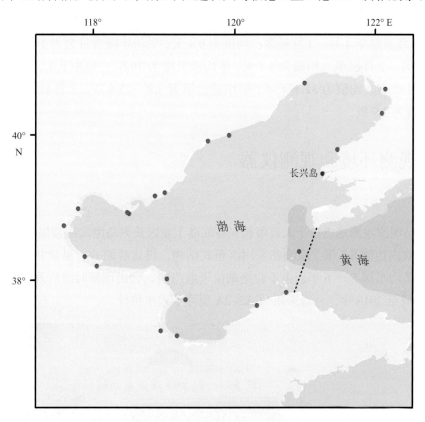

图1.1-1 长兴岛站地理位置示意

旧长兴岛站观测项目有表层海水温度、表层海水盐度、海发光、海冰、气温、气压、相对湿度、风、能见度、降水、云和天气现象等。新长兴岛站增加了潮汐观测，海发光、云和除雾以外的天气现象不再观测。旧长兴岛站观测主要采用简易操作设备和人工操作的机械设备以及半自动观测设备，新长兴岛站全部使用海洋站自动观测系统，实现了数据自动采集、存储和传输。

长兴岛站附近海域为不正规半日潮特征，海平面1月最低，8月最高，年变幅为51厘米，平均海平面为156厘米，平均高潮位为203厘米，平均低潮位为103厘米，均具有夏秋高、冬春低的年变化特点；年均表层海水温度为10.5～12.5℃，2月最低，均值为-0.8℃，8月最高，均值为 24.3℃，历史水温最高值为 31.4℃，历史水温最低值为 –2.2℃；年均表层海水盐度为 28.95 ~ 32.08，6 月最高，均值为 30.93，8 月最低，均值为 29.94，历史盐度最高值为 34.00，历史盐度最低值为 10.80；海发光全部为火花型，频率峰值出现在 5 月和 8 月，频率谷值出现在 1 月和 7 月，1 级海发光最多，出现的最高级别为 3 级；平均年度有冰日数为 55 天，2 月平均冰量最多，总冰量和浮冰量均占年度总量的 62%，3 月次之，总冰量和浮冰量均占年度总量的 21%。

长兴岛站主要受大陆性季风气候影响。年均气温为 8.7 ~ 11.9℃，1 月最低，平均气温为 –5.2℃，8 月最高，平均气温为 24.1℃，历史最高气温为 35.1℃，历史最低气温为 –19.2℃；年均气压为 1 015.8 ~ 1 018.0 百帕，具有冬高夏低的变化特征，1 月最高，均值为 1 026.6 百帕，7 月最低，均值为 1 004.5 百帕；年均相对湿度为 64.8% ~ 72.8%，7 月最大，均值为 85.5%，12 月最小，均值为 59.2%；年均平均风速为 4.4 ~ 6.2 米 / 秒，11 月最大，均值为 6.6 米 / 秒，7 月最小，均值为 3.7 米 / 秒，冬季（1 月）盛行风向为 NNE—NE（顺时针，下同），春季（4 月）盛行风向为 SW—W 和 NNE—NE，夏季（7 月）盛行风向为 ESE—S 和 SW—W，秋季（10 月）盛行风向为 NNE—NE 和 SSW—WSW；平均年降水量为 561.8 毫米，夏季降水量占全年降水量的 67.1%；平均年雾日数为 8.7 天，7 月最多，均值为 2.0 天，11 月最少，均值为 0.2 天；平均年霜日数为 38.3 天，霜日出现在 10 月至翌年 4 月，2 月最多，均值为 9.4 天；平均年降雪日数为 19.8 天，降雪发生在 10 月至翌年 4 月，2 月最多，均值为 4.7 天；年均能见度为 19.6 ~ 39.8 千米，9 月最大，均值为 41.1 千米，7 月最小，均值为 31.1 千米；年均总云量为 3.8 ~ 5.4 成，7 月最多，均值为 6.5 成，1 月最少，均值为 2.9 成。

## 第二节　观测环境和观测仪器

### 1. 潮汐

新长兴岛站潮汐观测地点位于大连市长兴岛临港工业区长兴岛港北防波堤距离堤头 293 米处，距离防波堤胸墙内边缘 8.5 米。验潮站采用沉箱式结构，设置验潮井、温盐井各 1 个，验潮站周边海域开阔，平均水深 5 ~ 6 米，由于验潮站位于港门内，会出现潮时滞后现象（图 1.2-1）。自 2013 年新站建成至 2018 年，一直采用 SCA2-2A 型浮子式水位计。

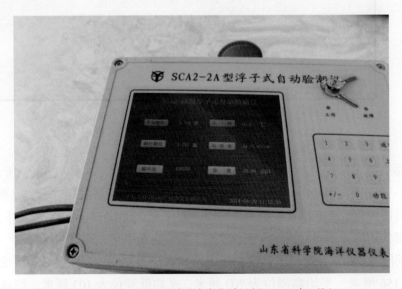

图 1.2-1　SCA2-2A 型浮子式水位计（摄于 2014 年 4 月）

## 2. 表层海水温度、盐度和海发光

1959 年建站时，温盐观测点位于长兴岛八岔沟海边，水深 0.5 ~ 1.0 米，与外海相连。2013 年新站建成后，温盐井位于验潮室内。

曾使用过的水温观测仪器为 SWL1-1 型水温表，盐度观测仪器有比重计、氯度滴定管、WUS 感应式盐度计和 SYA2-2 型实验室盐度计。

新建站采用 YSI6002R-50-C-T 型温盐传感器自动观测表层海水温度、盐度。2016 年 2 月，更换为 YSI600R-50-C-T 型温盐传感器。

海发光为每日天黑后人工观测。

## 3. 海冰

1959 年建站时，海冰观测点与温盐观测点相同。1972 年 12 月，移至长兴岛西山里灯塔山，此处海岸坡陡，海水较深，与外海相连，无小溪、污水管道和码头影响。海冰观测采用人工和测波仪相结合方式，曾使用过的仪器有岸用测波仪（$H$=10 米）和 SBA1-2 型岸用光学测波仪（$H$=10 米、$H$=20 米）。

## 4. 气象要素

旧站观测场位于长兴岛站东南方向约 30 米的南岸，东侧是葫芦山，西侧是横山，地形平坦，视野开阔。新建站观测场位于验潮室旁（图 1.2-2），为临时气象观测场，场地周边无障碍物，空气流通好。

旧站观测仪器主要有干湿球温度表、DWJ1 型双簧片温度计、DHJ1 型毛发相对湿度计、福丁式气压表、动槽式气压表、DYJ1 型气压自记仪、维尔达测风仪、EL 型电接风向风速计和 SZA2-1 型海洋站气象仪。新建站应用 SXZ2-2 型水文气象自动观测系统配合各要素传感器进行数据的采集传输。使用的传感器有 HMP155 型温湿度传感器、R.M.YOUNG05103 型风向传感器、XFY3-1 型风速风向传感器、SL3-1 型降水传感器和 R.M.YOUNG61302V 型气压传感器。

图1.2-2　长兴岛站气象观测场（摄于2018年5月）

# 第二章 潮位

## 第一节 潮汐

### 1. 潮汐类型

利用长兴岛站近 5 年（2014—2018 年）验潮资料分析的调和常数，计算出潮汐系数 $(H_{K_1}+H_{O_1})/H_{M_2}$ 为 1.14。按我国潮汐类型分类标准，长兴岛站附近海域为不正规半日潮，每个潮汐日（大约 24.8 小时）有两次高潮和两次低潮，高潮日不等现象较为明显。

### 2. 潮汐特征值

由 2014—2018 年资料统计分析得出：长兴岛站平均高潮位为 203 厘米，平均低潮位为 103 厘米，平均潮差为 100 厘米；平均高高潮位为 225 厘米，平均低低潮位为 87 厘米，平均大的潮差为 138 厘米；平均涨潮历时 6 小时 6 分钟，平均落潮历时 6 小时 27 分钟，两者相差 21 分钟。

长兴岛站累年各月潮汐特征值见表 2.1-1。

表 2.1-1 累年各月潮汐特征值（2014—2018 年）　　　　　　　单位：厘米

| 月份 | 平均高潮位 | 平均低潮位 | 平均潮差 | 平均高高潮位 | 平均低低潮位 | 平均大的潮差 |
|---|---|---|---|---|---|---|
| 1 | 177 | 76 | 101 | 199 | 57 | 142 |
| 2 | 182 | 80 | 102 | 197 | 63 | 134 |
| 3 | 191 | 90 | 101 | 207 | 74 | 133 |
| 4 | 202 | 102 | 100 | 221 | 88 | 133 |
| 5 | 210 | 110 | 100 | 235 | 95 | 140 |
| 6 | 219 | 120 | 99 | 246 | 103 | 143 |
| 7 | 225 | 127 | 98 | 250 | 108 | 142 |
| 8 | 228 | 129 | 99 | 250 | 113 | 137 |
| 9 | 224 | 123 | 101 | 244 | 112 | 132 |
| 10 | 210 | 107 | 103 | 231 | 95 | 136 |
| 11 | 194 | 94 | 100 | 219 | 78 | 141 |
| 12 | 180 | 80 | 100 | 206 | 62 | 144 |
| 年 | 203 | 103 | 100 | 225 | 87 | 138 |

注：潮位值均以验潮零点为基面。

平均高潮位和平均低潮位均具有夏秋高、冬春低的特点（图 2.1-1），其中平均高潮位 8 月最高，为 228 厘米，1 月最低，为 177 厘米，年较差 51 厘米；平均低潮位 8 月最高，为 129 厘米，1 月最低，为 76 厘米，年较差 53 厘米；平均高高潮位 7 月和 8 月最高，均为 250 厘米，2 月最低，为 197 厘米，年较差 53 厘米；平均低低潮位 8 月最高，为 113 厘米，1 月最低，为 57 厘米，年较差 56 厘米。平均潮差季节变化较弱，最大出现在 10 月，最小出现在 7 月，年较差为 5 厘米；平均大的潮差冬夏季较大，春秋季较小，具有双峰双谷的季节变化特征；最大出现在12月，最小出现在9月，年较差为12厘米（图2.1-2）。

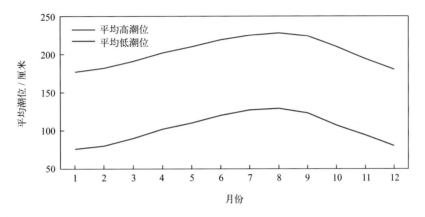

图2.1-1　平均高潮位和平均低潮位的年变化

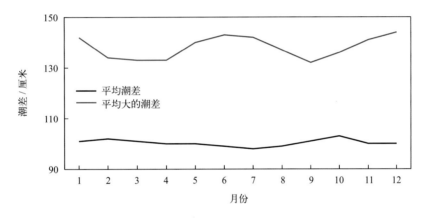

图2.1-2　平均潮差和平均大的潮差的年变化

长兴岛站平均高潮位最高值出现在2016年，为205厘米；最低值出现在2015年，为202厘米。长兴岛站平均低潮位最高值出现在2016年，为106厘米；最低值出现在2015年，为101厘米。

长兴岛站平均潮差最大值出现在2015年，为101厘米；最小值出现在2016和2018年，均为99厘米（图2.1-3）。

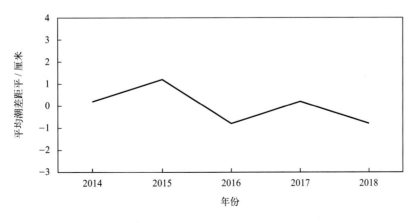

图2.1-3　2014—2018年平均潮差距平变化

## 第二节  极值潮位

长兴岛站年最高潮位和年最低潮位的各月发生频率见表2.2-1。年最高潮位出现时间主要集中在8—10月，其中8月和10月发生频率最高，均为40%；9月次之，为20%。年最低潮位主要出现在1月、3月和12月，其中1月发生频率最高，为60%；3月和12月次之，均为20%。

长兴岛站历年的最高潮位均高于289厘米；历史最高潮位为306厘米，出现在2018年8月12日。长兴岛站历年最低潮位均低于-29厘米；历史最低潮位为-64厘米，出现在2016年1月24日（表2.2-1）。

表2.2-1  最高潮位和最低潮位及年极值出现频率（2014—2018年）

| | 1月 | 2月 | 3月 | 4月 | 5月 | 6月 | 7月 | 8月 | 9月 | 10月 | 11月 | 12月 |
|---|---|---|---|---|---|---|---|---|---|---|---|---|
| 最高潮位值/厘米 | 264 | 267 | 268 | 276 | 290 | 297 | 295 | 306 | 296 | 301 | 280 | 268 |
| 年最高潮位出现频率/% | 0 | 0 | 0 | 0 | 0 | 0 | 0 | 40 | 20 | 40 | 0 | 0 |
| 最低潮位值/厘米 | -64 | -52 | -35 | 22 | 40 | 71 | 69 | 30 | 55 | 25 | -29 | -33 |
| 年最低潮位出现频率/% | 60 | 0 | 20 | 0 | 0 | 0 | 0 | 0 | 0 | 0 | 0 | 20 |

## 第三节  增减水

受地形和气候特征的影响，长兴岛站出现50厘米以上减水的频率明显高于同等强度增水的频率，超过80厘米的减水平均约9天出现一次，而超过80厘米的增水平均约456天出现一次（表2.3-1）。

表2.3-1  不同强度增减水的平均出现周期（2014—2018年）

| 范围/厘米 | 出现周期/天 | |
|---|---|---|
| | 增水 | 减水 |
| >30 | 0.83 | 0.62 |
| >40 | 2.37 | 1.02 |
| >50 | 5.81 | 1.63 |
| >60 | 17.71 | 2.71 |
| >70 | 67.35 | 4.48 |
| >80 | 455.98 | 8.64 |
| >90 | — | 14.59 |
| >100 | — | 26.43 |
| >110 | — | 49.30 |
| >120 | — | 227.99 |

"—"表示无数据。

长兴岛站70厘米以上的增水主要出现在2月、4月和8月，100厘米以上的减水多发生在12月至翌年2月，这些大的增减水过程主要与该海域受寒潮大风、温带气旋以及热带气旋等的影响有关（表2.3-2）。

表2.3-2　各月不同强度增减水的出现频率（2014—2018年）

| 月份 | 增水 / % | | | | | 减水 / % | | | | |
|---|---|---|---|---|---|---|---|---|---|---|
| | >30厘米 | >40厘米 | >50厘米 | >60厘米 | >70厘米 | >30厘米 | >40厘米 | >60厘米 | >80厘米 | >100厘米 |
| 1 | 11.04 | 3.69 | 0.86 | 0.11 | 0.00 | 13.27 | 8.61 | 4.31 | 1.37 | 0.48 |
| 2 | 9.96 | 4.08 | 1.74 | 0.50 | 0.27 | 12.38 | 7.21 | 2.33 | 1.21 | 0.65 |
| 3 | 4.89 | 1.80 | 1.10 | 0.70 | 0.00 | 8.82 | 5.19 | 2.50 | 0.67 | 0.00 |
| 4 | 4.25 | 1.97 | 1.28 | 0.47 | 0.31 | 4.58 | 2.31 | 0.56 | 0.17 | 0.00 |
| 5 | 1.16 | 0.43 | 0.24 | 0.03 | 0.00 | 1.91 | 0.35 | 0.05 | 0.00 | 0.00 |
| 6 | 0.19 | 0.00 | 0.00 | 0.00 | 0.00 | 0.19 | 0.00 | 0.00 | 0.00 | 0.00 |
| 7 | 0.76 | 0.24 | 0.05 | 0.00 | 0.00 | 0.22 | 0.00 | 0.00 | 0.00 | 0.00 |
| 8 | 1.88 | 0.65 | 0.40 | 0.30 | 0.13 | 1.70 | 0.75 | 0.19 | 0.00 | 0.00 |
| 9 | 2.14 | 0.31 | 0.00 | 0.00 | 0.00 | 2.22 | 0.81 | 0.00 | 0.00 | 0.00 |
| 10 | 6.78 | 2.85 | 0.73 | 0.00 | 0.00 | 10.63 | 6.67 | 2.53 | 0.59 | 0.00 |
| 11 | 7.83 | 1.97 | 0.47 | 0.03 | 0.00 | 10.56 | 7.31 | 2.47 | 0.39 | 0.00 |
| 12 | 9.46 | 3.23 | 1.77 | 0.70 | 0.05 | 14.30 | 9.54 | 3.12 | 1.37 | 0.78 |

长兴岛站年最大增水多出现在2月、4月、8月和12月，其中12月出现频率最高，为40%。年最大减水多出现在12月至翌年3月，其中2月出现频率最高，为40%。长兴岛站最大增水为85厘米，出现在2015年4月2日；2017年次之，为76厘米。长兴岛站最大减水为129厘米，出现在2014年12月1日；2016年次之，为118厘米（表2.3-3）。

表2.3-3　最大增水和最大减水及年极值出现频率（2014—2018年）

| | 1月 | 2月 | 3月 | 4月 | 5月 | 6月 | 7月 | 8月 | 9月 | 10月 | 11月 | 12月 |
|---|---|---|---|---|---|---|---|---|---|---|---|---|
| 最大增水值 / 厘米 | 67 | 76 | 70 | 85 | 63 | 37 | 51 | 75 | 46 | 60 | 61 | 71 |
| 年最大增水出现频率 / % | 0 | 20 | 0 | 20 | 0 | 0 | 0 | 20 | 0 | 0 | 0 | 40 |
| 最大减水值 / 厘米 | 117 | 118 | 98 | 96 | 63 | 32 | 35 | 70 | 55 | 92 | 92 | 129 |
| 年最大减水出现频率 / % | 20 | 40 | 20 | 0 | 0 | 0 | 0 | 0 | 0 | 0 | 0 | 20 |

# 第三章 表层海水温度、盐度和海发光

## 第一节 表层海水温度

### 1. 平均水温、最高水温和最低水温

长兴岛站月平均水温的年变化具有峰谷明显的特点，2月最低，为 –0.8℃，8月最高，为 24.3℃，秋季高于春季，其年较差为25.1℃。3—8月为升温期，9月至翌年2月为降温期。月最高水温和月最低水温的年变化特征与月平均水温相似，其年较差分别为27.2℃和21.8℃（图3.1-1）。

历年（1987年12月至2013年11月数据缺测）的平均水温为10.5 ～ 12.5℃，其中2017年最高，1969年最低。累年平均水温为11.5℃。

历年的最高水温均不低于25.4℃，其中大于等于29.0℃的有15年，大于30.0℃的有6年，其出现时间为7—9月，以8月居多。水温极大值为31.4℃，出现在1961年7月31日。

历年的最低水温均不高于 –0.9℃，其中小于 –1.0℃的有31年，小于等于 –2.0℃的有7年，其出现时间为12月至翌年3月，以1月居多。水温极小值为 –2.2℃，出现在1976年2月6日。

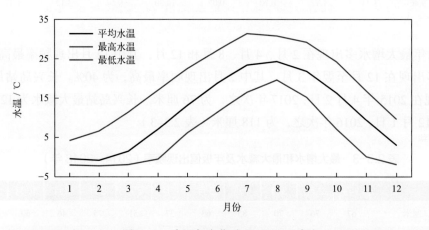

图3.1-1 水温年变化（1960—2018年）

### 2. 日平均水温稳定通过界限温度的日期

采用五日滑动平均方法求出稳定通过各个界限温度的日期，见表3.1-1。日平均水温稳定通过0℃的有310天，稳定通过10℃的有197天。稳定通过20℃的初日为6月22日，终日为9月26日，共97天。

表3.1-1 日平均水温稳定通过界限温度的日期（1960—2018年）

|  | 0℃ | 5℃ | 10℃ | 15℃ | 20℃ |
|---|---|---|---|---|---|
| 初日 | 3月5日 | 4月7日 | 4月29日 | 5月26日 | 6月22日 |
| 终日 | 1月8日 | 12月4日 | 11月11日 | 10月21日 | 9月26日 |
| 天数 | 310 | 242 | 197 | 149 | 97 |

### 3. 长期趋势变化

1987 年 12 月至 2013 年 11 月无观测数据，故只分析 1960—1987 年年平均水温、年最高水温和年最低水温的长期趋势变化。1960—1987 年，年平均水温变化趋势不明显。年最高水温呈波动下降趋势，下降速率为 0.18℃/（10 年）（线性趋势未通过显著性检验），1961 年和 1973 年最高水温分别为 1960 年以来的第一高值和第二高值。年最低水温无明显变化趋势。

## 第二节  表层海水盐度

### 1. 平均盐度、最高盐度和最低盐度

长兴岛站月平均盐度最高值出现在 6 月，为 30.93，最低值出现在 8 月，为 29.94，其年较差为 0.99。月最高盐度峰值出现在 2 月，谷值出现在 8 月，其年较差为 1.74。月最低盐度峰值出现在 10 月，谷值出现在 3 月，其年较差为 17.06（图 3.2-1）。

历年的平均盐度为 28.95 ～ 32.08，其中 1983 年最高，2014 年最低。

历年的最高盐度均不低于 29.37，其中大于 32.00 的有 13 年，大于 33.00 的有 4 年。年最高盐度多出现在冬夏季，春秋季较少。盐度极大值为 34.00，出现在 1969 年 2 月 3 日。

历年的最低盐度均不高于 28.30，其中小于 25.00 的有 23 年。年最低盐度多出现在 3 月和 8 月，出现在 3 月的有 11 年。盐度极小值为 10.80，出现在 1971 年 3 月 20 日，当日降水量为 30.6 毫米。

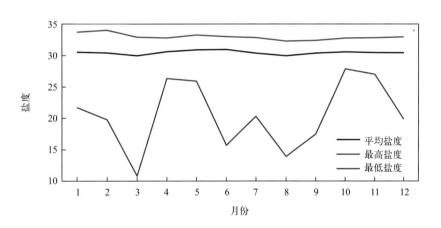

图3.2-1  盐度年变化（1960—2018年）

### 2. 长期趋势变化

1987 年 12 月至 2013 年 11 月无观测数据，故只分析 1960—1987 年年平均盐度、年最高盐度和年最低盐度的长期趋势变化。1960—1987 年，年平均盐度呈波动上升趋势，上升速率为 0.45/（10 年）。年最高盐度和年最低盐度均呈波动上升趋势，其中年最高盐度的上升速率为 0.28/（10 年）（线性趋势未通过显著性检验），1969 年和 1985 年最高盐度分别为 1960 年以来的第一高值和第二高值；年最低盐度的上升速率为 0.38/（10 年）（线性趋势未通过显著性检验），1971 年和 1966 年最低盐度分别为 1960 年以来的第一低值和第二低值。

## 第三节　海发光

1960—1987 年，长兴岛站观测到的海发光全部为火花型（H），其强度以 1 级最多，占 75.2%，2 级次之，占 21.8%，3 级只占 3.0%，未出现 4 级。

各月及全年海发光频率见表 3.3–1 和图 3.3–1。可以看出，海发光频率的年变化具有双峰双谷的特点，峰值出现在 5 月和 8 月，谷值出现在 1 月和 7 月。

历年海发光频率在 20% ～ 90% 范围内，其中 1970 年最大，1961 年最小。

表 3.3-1　各月及全年海发光频率（1960—1987 年）

| | 1月 | 2月 | 3月 | 4月 | 5月 | 6月 | 7月 | 8月 | 9月 | 10月 | 11月 | 12月 | 年 |
|---|---|---|---|---|---|---|---|---|---|---|---|---|---|
| 频率 / % | 26.6 | 35.7 | 47.8 | 65.8 | 83.3 | 74.4 | 60.6 | 86.4 | 83.1 | 67.7 | 42.8 | 29.6 | 60.7 |

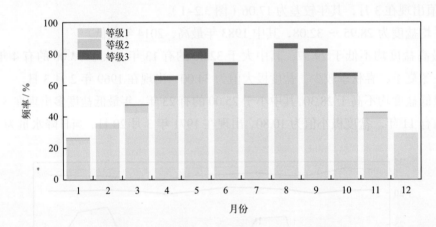

图 3.3-1　各月各级海发光频率（1960—1987年）

# 第四章　海冰

## 第一节　冰期和有冰日数

1966/1967—1986/1987 年度，长兴岛站累年平均初冰日为 1 月 11 日，终冰日为 3 月 16 日，平均冰期为 64 天。初冰日最早为 12 月 11 日（1967 年），最晚为 2 月 7 日（1975 年），相差近两个月。终冰日最早为 3 月 4 日（1976 年），最晚为 4 月 5 日（1969 年），相差约 1 个月。最长冰期为 103 天，出现在 1968/1969 年度，最短冰期为 29 天，出现在 1974/1975 年度。1966/1967—1986/1987 年度，年度冰期和有冰日数均无明显变化趋势（图 4.1-1）。

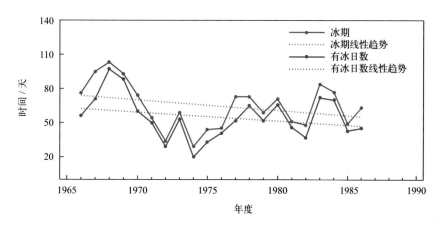

图4.1-1　1966/1967—1986/1987年度冰期与有冰日数变化

应该指出，冰期内并不是天天有冰。累年平均年度有冰日数为 55 天，占冰期的 86%。1968/1969 年度有冰日数最多，为 97 天，1974/1975 年度有冰日数最少，为 20 天。

## 第二节　冰量和浮冰密集度

1966/1967—1986/1987 年度，年度总冰量超过 300 成的有 7 个年度，其中 1970/1971 年度最多，为 409 成；不足 100 成的有 4 个年度。年度浮冰量最多为 409 成，出现在 1970/1971 年度。年度固定冰量最多为 16 成，出现在 1968/1969 年度（图 4.2-1）。

1966/1967—1986/1987 年度，总冰量和浮冰量均为 2 月最多，均占年度总量的 62%，3 月次之，均占年度总量的 21%；固定冰量 2 月最多，占年度总量的 81%（表 4.2-1）。

1966/1967—1986/1987 年度，年度总冰量呈波动下降趋势，下降速率为 6 成 / 年度（线性趋势未通过显著性检验，图 4.2-1）。十年平均总冰量变化显示，1966/1967—1969/1970 年度平均总冰量最多，为 302 成，1980/1981—1986/1987 年度平均总冰量最少，为 191 成（图 4.2-2）。

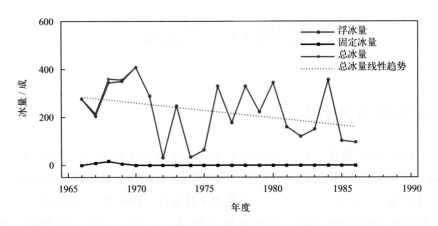

图4.2-1　1966/1967—1986/1987年度冰量变化

表 4.2-1　冰量的年变化（1966/1967—1986/1987 年度）

|  | 12月 | 1月 | 2月 | 3月 | 4月 | 年度 |
|---|---|---|---|---|---|---|
| 总冰量 / 成 | 5 | 800 | 2 912 | 959 | 0 | 4 676 |
| 平均总冰量 / 成 | 0.24 | 38.10 | 138.67 | 45.67 | 0.00 | 222.68 |
| 浮冰量 / 成 | 5 | 794 | 2 887 | 959 | 0 | 4 645 |
| 固定冰量 / 成 | 0 | 6 | 25 | 0 | 0 | 31 |

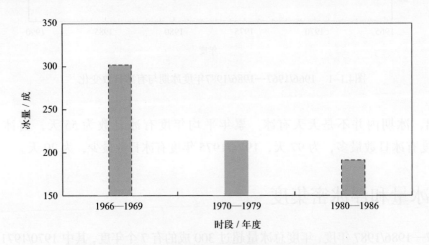

图4.2-2　十年平均总冰量变化（数据不足十年加虚线框表示）

浮冰密集度 12 月、1 月、2 月、3 月及年度以 8 ～ 10 成为最多，其中 1 月占有冰日数的 42%，2 月占有冰日数的 69%。浮冰密集度为 0 ～ 3 成的日数，1 月占有冰日数的 39%，2 月占有冰日数的 16%（表 4.2-2）。

表 4.2-2　浮冰密集度的年变化（1966/1967—1986/1987 年度）

|  | 12月 | 1月 | 2月 | 3月 | 4月 | 年度 |
|---|---|---|---|---|---|---|
| 8 ～ 10 成占有冰日数的比率 / % | 65 | 42 | 69 | 49 | 0 | 57 |
| 4 ～ 7 成占有冰日数的比率 / % | 0 | 19 | 16 | 18 | 0 | 17 |
| 0 ～ 3 成占有冰日数的比率 / % | 35 | 39 | 16 | 32 | 0 | 26 |

## 第三节 浮冰漂流方向和速度

各向浮冰特征量见表 4.3-1。1966/1967—1986/1987 年度，浮冰流向在 S 向和 N 向出现的次数较多，频率和为 77.4%。累年各向最大浮冰漂流速度差异较大，为 0.2 ~ 0.7 米 / 秒，其中 S 向最大，NE 向和 SW 向最小。

表 4.3-1　各向浮冰特征量（1966/1967—1986/1987 年度）

| | N | NNE | NE | ENE | E | ESE | SE | SSE | S | SSW | SW | WSW | W | WNW | NW | NNW |
|---|---|---|---|---|---|---|---|---|---|---|---|---|---|---|---|---|
| 出现频率 / % | 17.9 | 0.0 | 0.4 | 0.0 | 0.2 | 0.0 | 0.0 | 0.0 | 59.5 | 0.0 | 0.9 | 0.0 | 0.5 | 0.0 | 0.9 | 0.0 |
| 平均流速 / （米·秒⁻¹） | 0.2 | — | 0.2 | — | 0.3 | — | — | — | 0.3 | — | 0.2 | — | 0.3 | — | 0.3 | — |
| 最大流速 / （米·秒⁻¹） | 0.5 | — | 0.2 | — | 0.3 | — | — | — | 0.7 | — | 0.2 | — | 0.5 | — | 0.4 | — |

"—"表示无数据。

# 第五章　海洋气象

## 第一节　气温

### 1. 平均气温、最高气温和最低气温

1961—2018 年，长兴岛站累年平均气温为 10.2℃，月平均气温具有夏高冬低的变化特征，1 月最低，为 –5.2℃，8 月最高，为 24.1℃，年较差为 29.3℃。月最高气温、月最低气温和月平均气温的年变化特征相似，月最高气温极大值出现在 8 月，月最低气温极小值出现在 1 月（表 5.1-1，图 5.1-1）。

表 5.1-1　气温的年变化（1961—2018 年）　　　　　　　　　　　　单位：℃

|  | 1月 | 2月 | 3月 | 4月 | 5月 | 6月 | 7月 | 8月 | 9月 | 10月 | 11月 | 12月 | 年 |
|---|---|---|---|---|---|---|---|---|---|---|---|---|---|
| 平均气温 | –5.2 | –3.8 | 1.8 | 8.7 | 14.7 | 19.7 | 23.6 | 24.1 | 20.4 | 13.8 | 5.8 | –1.3 | 10.2 |
| 最高气温 | 8.4 | 10.5 | 16.5 | 23.4 | 28.1 | 29.7 | 33.1 | 35.1 | 29.9 | 25.0 | 18.8 | 12.2 | 35.1 |
| 最低气温 | –19.2 | –18.5 | –16.4 | –4.6 | 3.3 | 10.1 | 12.6 | 13.0 | 0.8 | –4.0 | –12.7 | –17.5 | –19.2 |

注：1987年12月至2013年11月无数据。

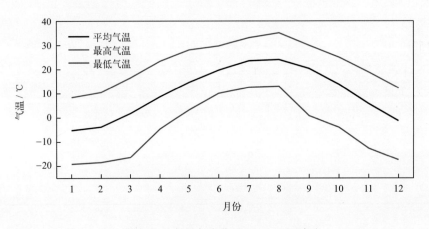

图5.1-1　气温年变化（1961—2018年）

历年的平均气温为 8.7 ~ 11.9℃，其中 2017 年最高，1969 年最低。

历年的最高气温均高于 28.5℃，其中高于 31℃的有 15 年，高于 32℃的有 4 年。最早出现时间为 6 月 18 日（1980 年），最晚出现时间为 9 月 2 日（1976 年）。8 月出现频率最高，占统计年份的 49%，7 月次之，占 45%（图 5.1-2）。极大值为 35.1℃，出现在 2018 年 8 月 2 日。

历年的最低气温均低于 –9.0℃，其中低于 –15.0℃的有 24 年，占统计年份的 77%，低于 –18.0℃的有 8 年。最早出现时间为 12 月 23 日（1973 年），最晚出现时间为 2 月 24 日（1969 年）。1 月出现频率最高，占统计年份的 64%，2 月次之，占 27%（图 5.1-2）。极小值为 –19.2℃，出现在 1966 年 1 月 20 日。

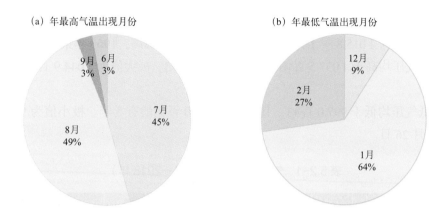

(a) 年最高气温出现月份

9月 3%
6月 3%
7月 45%
8月 49%

(b) 年最低气温出现月份

12月 9%
2月 27%
1月 64%

图5.1-2　年最高、最低气温出现月份及频率（1961—2018年）

### 2. 长期趋势变化

因 1987 年 12 月至 2013 年 11 月无数据，故只分析 1961—1986 年气温的长期趋势变化。1961—1986 年，年平均气温无明显变化趋势，年最高气温和年最低气温均呈波动下降趋势，下降速率分别为 0.47℃/（10 年）（线性趋势未通过显著性检验）和 0.24℃/（10 年）（线性趋势未通过显著性检验）。

### 3. 常年自然天气季节和大陆度

利用长兴岛站 1965—2018 年气温累年日平均数据计算五日滑动平均气温，根据《气候季节划分》（QX/T 152—2012）方法，长兴岛平均春季时间从 4 月 23 日到 7 月 5 日，为 74 天；平均夏季时间从 7 月 6 日到 9 月 7 日，为 64 天；平均秋季时间从 9 月 8 日到 11 月 6 日，为 60 天；平均冬季时间从 11 月 7 日到翌年 4 月 22 日，为 167 天（图 5.1-3）。冬季时间最长，秋季时间最短。

长兴岛站焦金斯基大陆度指数为 57.9%，属大陆性季风气候。

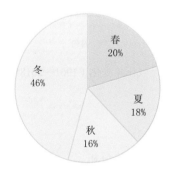

春 20%
夏 18%
秋 16%
冬 46%

图5.1-3　四季平均日数百分率（1965—2018年）

# 第二节　气压

### 1. 平均气压、最高气压和最低气压

1961—2018 年，长兴岛站累年平均气压为 1 016.7 百帕，月平均气压具有冬高夏低的变化特征，1 月最高，为 1 026.6 百帕，7 月最低，为 1 004.5 百帕，年较差为 22.1 百帕。月最高气压 12 月最大，7 月最小，年较差为 30.8 百帕。月最低气压 1 月最大，4 月最小，年较差为 27.6 百帕（表 5.2-1，

图 5.2-1 )。

历年的平均气压为 1 015.8 ~ 1 018.0 百帕，其中 1964 年最高，1963 年最低。

历年的最高气压均高于 1 037.5 百帕，低于 1 045.0 百帕。极大值为 1 044.9 百帕，出现在 2018 年 12 月 30 日。

历年的最低气压均低于 997.0 百帕，其中低于 990.0 百帕的有 5 年。极小值为 980.3 百帕，出现在 1983 年 4 月 26 日。

表 5.2-1　气压的年变化（1961—2018 年）　　　　　　　　　　　　　单位：百帕

|  | 1月 | 2月 | 3月 | 4月 | 5月 | 6月 | 7月 | 8月 | 9月 | 10月 | 11月 | 12月 | 年 |
|---|---|---|---|---|---|---|---|---|---|---|---|---|---|
| 平均气压 | 1 026.6 | 1 025.2 | 1 021.0 | 1 014.8 | 1 009.9 | 1 006.1 | 1 004.5 | 1 007.1 | 1 014.0 | 1 020.4 | 1 024.2 | 1 026.0 | 1 016.7 |
| 最高气压 | 1 042.5 | 1 039.8 | 1 038.5 | 1 033.7 | 1 025.7 | 1 017.5 | 1 014.1 | 1 021.2 | 1 028.9 | 1 036.8 | 1 041.2 | 1 044.9 | 1 044.9 |
| 最低气压 | 1 007.9 | 1 004.0 | 1 002.0 | 980.3 | 989.0 | 987.1 | 989.5 | 991.3 | 992.7 | 1 001.7 | 1 005.6 | 1 001.2 | 980.3 |

注：平均气压统计时间为1961—1964年、1975—1986年和2014—2018年，最高气压和最低气压统计时间为1975—1986年和2014—2018年。

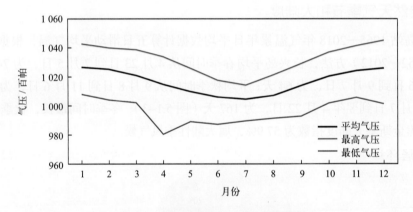

图5.2-1　气压年变化（1961—2018年）

### 2. 长期趋势变化

由于数据连续性差，故不做长期趋势变化分析。

# 第三节　相对湿度

### 1. 平均相对湿度和最小相对湿度

1961—2018 年，长兴岛站累年平均相对湿度为 68.1%，月平均相对湿度 7 月最大，为 85.5%，12 月最小，为 59.2%。平均月最小相对湿度的年变化特征明显，7 月最大，为 50.2%，4 月最小，为 15.4%。最小相对湿度的极小值为 4%（表 5.3-1，图 5.3-1）。

表 5.3-1　相对湿度的年变化（1961—2018 年）

|  | 1月 | 2月 | 3月 | 4月 | 5月 | 6月 | 7月 | 8月 | 9月 | 10月 | 11月 | 12月 | 年 |
|---|---|---|---|---|---|---|---|---|---|---|---|---|---|
| 平均相对湿度 / % | 59.8 | 61.1 | 62.9 | 65.2 | 69.0 | 77.8 | 85.5 | 82.1 | 69.6 | 63.5 | 61.5 | 59.2 | 68.1 |
| 平均最小相对湿度 / % | 22.4 | 19.1 | 17.0 | 15.4 | 18.5 | 32.9 | 50.2 | 43.1 | 27.4 | 23.0 | 22.9 | 22.7 | 26.2 |
| 最小相对湿度 / % | 10 | 4 | 9 | 4 | 9 | 12 | 28 | 25 | 19 | 14 | 11 | 15 | 4 |

注：平均最小相对湿度为各月最小相对湿度的累年平均值及其年平均值，相对湿度统计时间为1961—1986年和2014—2018年。

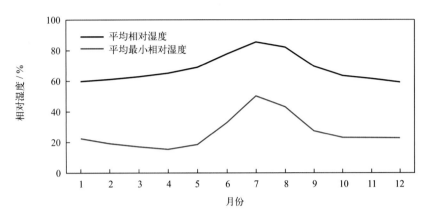

图5.3-1　相对湿度年变化（1961—2018年）

### 2. 长期趋势变化

1961—1986 年、2014—2018 年，年平均相对湿度为 64.8% ~ 72.8%。1961—1986 年，年平均相对湿度呈上升趋势，上升速率为 0.46%/（10 年）（线性趋势未通过显著性检验）。

### 3. 温湿指数

根据《人居环境气候舒适度评价》（GB/T 27963—2011）的温湿指数统计方法和气候舒适度等级划分方法，统计长兴岛站各月温湿指数。结果显示，1—4 月和 10—12 月温湿指数为 –0.9 ~ 13.9，感觉为寒冷；5 月温湿指数为 14.6，感觉为冷；6—9 月温湿指数为 19.1 ~ 23.1，感觉为舒适（表 5.3-2）。

表 5.3-2　温湿指数的年变化（1961—2018 年）

|  | 1月 | 2月 | 3月 | 4月 | 5月 | 6月 | 7月 | 8月 | 9月 | 10月 | 11月 | 12月 |
|---|---|---|---|---|---|---|---|---|---|---|---|---|
| 温湿指数 | -0.9 | 0.1 | 4.4 | 9.8 | 14.6 | 19.1 | 22.9 | 23.1 | 19.4 | 13.9 | 7.6 | 2.2 |
| 感觉程度 | 寒冷 | 寒冷 | 寒冷 | 寒冷 | 冷 | 舒适 | 舒适 | 舒适 | 舒适 | 寒冷 | 寒冷 | 寒冷 |

# 第四节　风

### 1. 平均风速和最大风速

长兴岛站风速的年变化见表 5.4-1 和图 5.4-1。累年平均风速为 5.2 米 / 秒，月平均风速 11 月最大，为 6.6 米 / 秒，7 月最小，为 3.7 米 / 秒。最大风速的月平均值以春季最大，3 月为 19.6 米 / 秒，

1月次之，为 19.5 米 / 秒；夏季最小，7月为 13.0 米 / 秒。最大风速的月最大值对应风向多为 N（4个月）。极大风速的极大值为 33.9 米 / 秒，出现在 2015 年 10 月 1 日，对应风向为 N。

表 5.4-1　风速的年变化（1961—2018 年）　　　　　　　　　　　　单位：米 / 秒

| | | 1月 | 2月 | 3月 | 4月 | 5月 | 6月 | 7月 | 8月 | 9月 | 10月 | 11月 | 12月 | 年 |
|---|---|---|---|---|---|---|---|---|---|---|---|---|---|---|
| 平均风速 | | 5.9 | 5.4 | 5.3 | 5.3 | 4.8 | 4.2 | 3.7 | 3.8 | 4.8 | 6.0 | 6.6 | 6.2 | 5.2 |
| 最大风速 | 平均值 | 19.5 | 19.3 | 19.6 | 19.3 | 16.8 | 14.4 | 13.0 | 14.1 | 15.6 | 19.1 | 19.3 | 18.3 | 17.4 |
| | 最大值 | 34.0 | 25.0 | 34.7 | 40.0 | 24.0 | 23.0 | 25.0 | 23.3 | 21.0 | 24.7 | 24.3 | 27.0 | 40.0 |
| | 最大值对应风向 | NNE | NNE | — | N | NNW | WSW | N | N | N | NE | NNE | NNW | N |
| 极大风速 | 最大值 | 27.6 | 32.1 | 31.2 | 32.4 | 27.7 | 18.8 | 25.5 | 25.6 | 24.3 | 33.9 | 28.6 | 25.7 | 33.9 |
| | 最大值对应风向 | NE | NNE | NNE | NNE | N/NNE | SSW | SW | NE | NE | N | NE | N | N |

注：风速统计时间为 1961—1987 年和 2014—2018 年，极大风速统计时间为 2014—2018 年。

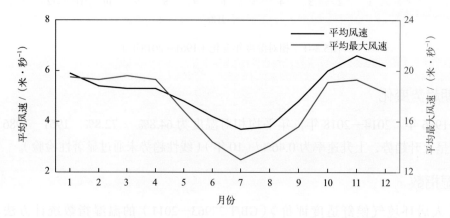

图 5.4-1　平均风速和平均最大风速年变化（1961—2018 年）

历年的平均风速为 4.4 ～ 6.2 米 / 秒，其中 1976 年最大，1984 年最小；历年的最大风速均大于等于 19.0 米 / 秒，大于等于 22.0 米 / 秒的有 23 年。最大风速的最大值出现在 1964 年 4 月，为 40.0 米 / 秒，风向为 N。年最大风速出现在 3 月的频率最高，6—9 月均未出现过年最大风速（图 5.4-2）。

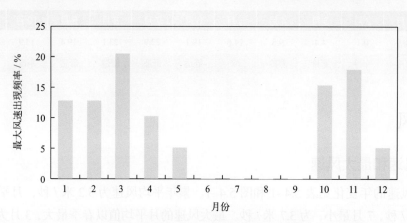

图 5.4-2　年最大风速出现频率（1961—2018 年）

## 2. 各向风频率

全年以 N—NE 向风居多，频率和为 33.4%，其次为 SW—W 向，频率和为 25.5%，NNW 向的风最少，频率为 2.6%（图 5.4–3）。

1 月盛行风向为 NNE—NE，频率和为 45.8%，偏南向风少。4 月盛行风向为 SW—W 和 NNE—NE，频率和分别为 32.5% 和 21.6%，与 1 月相比，偏北向风减少，偏南向风增多。7 月盛行风向为 ESE—S 和 SW—W，频率和分别为 35.2% 和 28.2%，偏北向风减少。10 月盛行风向为 NNE—NE 和 SSW—WSW，频率和分别为 32.5% 和 26.1%（图 5.4–4）。

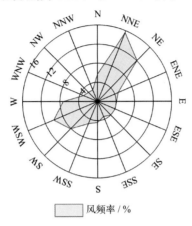

图5.4–3　全年各向风的频率（1965—2018年）

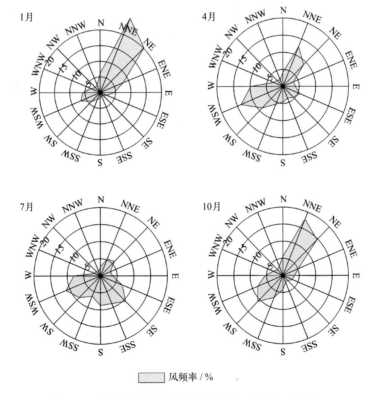

图5.4–4　四季代表月各向风的频率（1965—2018年）

## 3. 各向平均风速和最大风速

全年各向平均风速以 NNE 向最大，平均风速为 7.3 米 / 秒，N 向次之，平均风速为 6.2 米 / 秒，

E 向最小，为 3.0 米 / 秒（图 5.4-5）。各向平均风速不同的季节呈现不同的特征（图 5.4-6）。1 月 NNE 向平均风速最大，为 7.9 米 / 秒，SSE 向最小，为 2.4 米 / 秒。4 月 NNE 向平均风速最大，为 8.4 米 / 秒，ENE 向最小，为 3.3 米 / 秒。7 月各向平均风速均不超过 5.0 米 / 秒，NNE 向最大，为 4.7 米 / 秒，W 向和 WNW 向最小，均为 2.8 米 / 秒。10 月 NNE 向平均风速最大，为 8.0 米 / 秒，E 向最小，为 2.8 米 / 秒。

全年各向最大风速以 NNE 向最大，为 34.0 米 / 秒，SE 向最小，为 17.5 米 / 秒（图 5.4-5）。1 月和 4 月均以 NNE 向最大，最大风速分别为 34.0 米 / 秒和 25.0 米 / 秒。7 月 N 向最大，最大风速为 25.0 米 / 秒。10 月 NE 向最大，最大风速为 24.7 米 / 秒（图 5.4-6）。

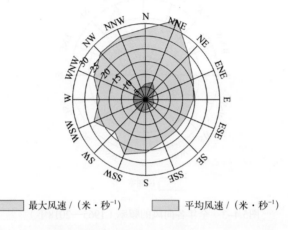

图5.4-5　全年各向平均风速和最大风速（1965—2018年）

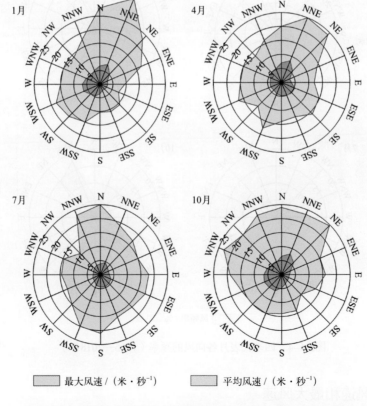

图5.4-6　四季代表月各向平均风速和最大风速（1965—2018年）

## 4. 大风日数

风力大于等于 6 级的大风日数以 10—12 月最多，占全年的 38%，平均月大风日数为
11.2 ～ 13.0 天（表 5.4-2，图 5.4-7）。平均年大风日数为 98.3 天（表 5.4-2），历年大风日数差
别很大，多于 100 天的有 16 年，最多的是 1976 年，共有 194 天，无少于 30 天的年份，最少的
是 1963 年，有 32 天。

风力大于等于 8 级的大风最多出现在 10 月，平均为 2.0 天，7 月出现次数最少，平均为 0.1 天
（表 5.4-2）。历年大风日数最多的是 1976 年，为 41 天，最少的是 1975 年和 1981 年，均为 5 天。

风力大于等于 6 级的月大风日数最多为 27 天，出现在 1976 年 6 月；最长连续日数为 20 天，
同样出现在 1976 年 6 月（表 5.4-2）。

表 5.4-2　各级大风日数的年变化（1961—2018 年）　　　　　　　　　　单位：天

| | 1月 | 2月 | 3月 | 4月 | 5月 | 6月 | 7月 | 8月 | 9月 | 10月 | 11月 | 12月 | 年 |
|---|---|---|---|---|---|---|---|---|---|---|---|---|---|
| 大于等于 6 级大风平均日数 | 10.6 | 8.5 | 8.9 | 8.7 | 8.2 | 4.7 | 2.2 | 3.4 | 5.9 | 11.2 | 13.0 | 13.0 | 98.3 |
| 大于等于 7 级大风平均日数 | 5.2 | 4.8 | 4.8 | 4.1 | 2.9 | 1.6 | 0.9 | 1.2 | 2.5 | 6.1 | 6.3 | 5.7 | 46.1 |
| 大于等于 8 级大风平均日数 | 1.8 | 1.9 | 1.5 | 1.0 | 0.7 | 0.2 | 0.1 | 0.4 | 0.4 | 2.0 | 1.6 | 1.3 | 12.9 |
| 大于等于 6 级大风最多日数 | 23 | 16 | 15 | 19 | 22 | 27 | 8 | 17 | 13 | 25 | 26 | 23 | 194 |
| 最长连续大于等于 6 级大风日数 | 7 | 8 | 7 | 8 | 10 | 20 | 3 | 8 | 5 | 10 | 16 | 19 | 20 |

注：大于等于6级大风统计时间为1961—1986年和2014—2018年，大于等于7级和大于等于8级大风统计时间为1965—1986年和2014—2018年。

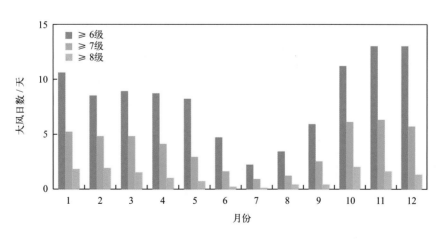

图5.4-7　各级大风平均出现日数

## 第五节 降水

### 1. 降水量和降水日数

#### (1) 降水量

长兴岛站降水量的年变化见表 5.5-1 和图 5.5-1。1961—2018 年，平均年降水量为 561.8 毫米，降水量的季节分布很不均匀，夏多冬少。夏季（6—8 月）为 377.2 毫米，占全年降水量的 67.1%，冬季（12 月至翌年 2 月）占全年的 2.9%，春季（3—5 月）占全年的 13.2%。夏季的降水量多集中在 7 月，平均月降水量为 158.5 毫米，占全年的 28.2%。

历年年降水量为 251.1 ~ 962.6 毫米，其中 1966 年最多，1965 年最少。

最大日降水量为 248.2 毫米，出现在 2018 年 8 月 20 日。最大日降水量超过 100 毫米的有 7 年，超过 150 毫米的有 2 年，分别是 1985 年和 2018 年。

表 5.5-1 降水量的年变化（1961—2018 年）　　　　　　　　　　单位：毫米

| | 1月 | 2月 | 3月 | 4月 | 5月 | 6月 | 7月 | 8月 | 9月 | 10月 | 11月 | 12月 | 年 |
|---|---|---|---|---|---|---|---|---|---|---|---|---|---|
| 平均降水量 | 3.9 | 4.4 | 9.0 | 28.7 | 36.4 | 73.7 | 158.5 | 145.0 | 42.8 | 33.7 | 18.1 | 7.6 | 561.8 |
| 最大日降水量 | 21.8 | 29.1 | 17.9 | 52.9 | 65.4 | 134.6 | 142.2 | 248.2 | 72.1 | 54.2 | 52.3 | 23.1 | 248.2 |

注：1987—2013 年数据缺测。

#### (2) 降水日数

平均年降水日数（降水日数是指日降水量大于等于 0.1 毫米的天数，下同）为 69.9 天。降水日数的年变化特征与降水量相似，夏多冬少（图 5.5-2 和图 5.5-3）。日降水量大于等于 10 毫米的平均年日数为 15.6 天，各月均有出现；日降水量大于等于 50 毫米的平均年日数为 2.0 天，出现在 4—11 月；日降水量大于等于 100 毫米的平均年日数为 0.2 天，出现在 6—8 月；日降水量大于等于 150 毫米的平均年日数为 0.1 天，出现在 8 月；日降水量大于等于 200 毫米的平均年日数为 0.03 天，在 8 月出现一次（图 5.5-3）。

最多年降水日数为 102 天，出现在 1966 年；最少年降水日数为 53 天，出现在 1968 年。最长连续降水日数为 9 天，出现在 1966 年 6 月 17 日至 25 日和 1973 年 7 月 15 日至 23 日；最长连续无降水日数为 67 天，出现在 1983 年 12 月 17 日至 1984 年 2 月 21 日。

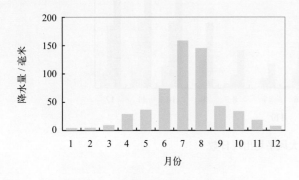

图5.5-1 降水量年变化（1961—2018年）

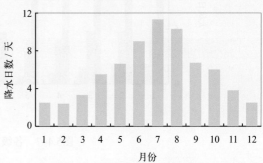

图5.5-2 降水日数年变化（1965—2018年）

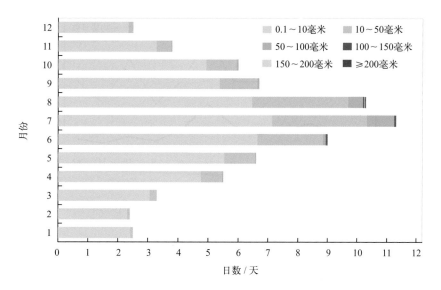

图5.5-3　各月各级平均降水日数分布（1961—2018年）

### 2. 长期趋势变化

1961—1986年，年降水量呈下降趋势，下降速率为3.20毫米/（10年）（线性趋势未通过显著性检验）。1961—1986年，年最大日降水量呈上升趋势，上升速率为6.46毫米/（10年）（线性趋势未通过显著性检验）。1965—1986年，年降水日数、最长连续降水日数和最长连续无降水日数均呈减少趋势，减少速率分别为5.13天/（10年）（线性趋势未通过显著性检验）、1.10天/（10年）（线性趋势未通过显著性检验）和6.70天/（10年）（线性趋势未通过显著性检验）。

# 第六节　雾及其他天气现象

### 1. 雾

雾日数的年变化见表5.6-1、图5.6-1和图5.6-2。1965—1986年，平均年雾日数为8.7天。平均月雾日数7月最多，为2.0天，11月最少，为0.2天；月雾日数最多为5天，出现在1965年7月和1974年7月；最长连续雾日数为3天，出现在1970年1月和1974年7月。

表5.6-1　雾日数的年变化（1965—1986年）　　　　　　　　　　　　　单位：天

| | 1月 | 2月 | 3月 | 4月 | 5月 | 6月 | 7月 | 8月 | 9月 | 10月 | 11月 | 12月 | 年 |
|---|---|---|---|---|---|---|---|---|---|---|---|---|---|
| 平均雾日数 | 0.5 | 0.5 | 1.1 | 0.8 | 0.6 | 1.0 | 2.0 | 0.8 | 0.3 | 0.5 | 0.2 | 0.4 | 8.7 |
| 最多雾日数 | 3 | 3 | 4 | 3 | 3 | 3 | 5 | 3 | 2 | 4 | 2 | 3 | 16 |
| 最长连续雾日数 | 3 | 2 | 2 | 2 | 2 | 2 | 3 | 2 | 1 | 2 | 2 | 2 | 3 |

注：1987年停测。

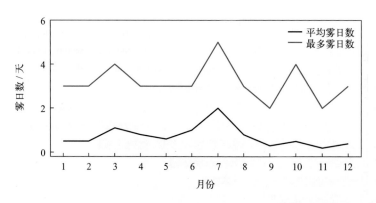

图5.6-1 平均雾日数和最多雾日数年变化（1965—1986年）

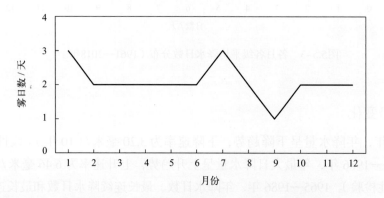

图5.6-2 最长连续雾日数年变化（1965—1986年）

1965—1986年，年雾日数呈下降趋势，下降速率为1.17天/（10年）（线性趋势未通过显著性检验）。出现雾日数最多的年份为1979年，共16天，最少年份为1975年和1986年，均为2天（图5.6-3）。

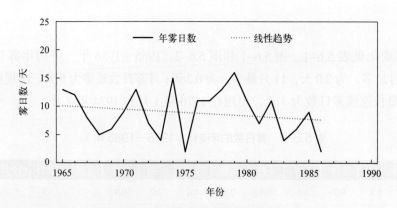

图5.6-3 1965—1986年雾日数变化

### 2. 轻雾

轻雾日数的年变化见表5.6-2和图5.6-4。1965—1986年，平均年轻雾日数为59.5天，其中7月最多，平均为10.9天，9月最少，平均为1.7天。最多月轻雾日数出现在1985年6月，共20天。1965—1986年，年轻雾日数呈上升趋势，上升速率为27.93天/（10年）（图5.6-5）。

表 5.6-2　轻雾日数的年变化（1965—1986 年）　　　　　　　　　　　　单位: 天

| | 1月 | 2月 | 3月 | 4月 | 5月 | 6月 | 7月 | 8月 | 9月 | 10月 | 11月 | 12月 | 年 |
|---|---|---|---|---|---|---|---|---|---|---|---|---|---|
| 平均轻雾日数 | 4.7 | 4.3 | 5.1 | 5.1 | 4.1 | 7.4 | 10.9 | 5.9 | 1.7 | 2.3 | 2.6 | 5.4 | 59.5 |
| 最多轻雾日数 | 14 | 10 | 13 | 11 | 12 | 20 | 18 | 17 | 5 | 10 | 9 | 14 | 112 |

注：1987年停测。

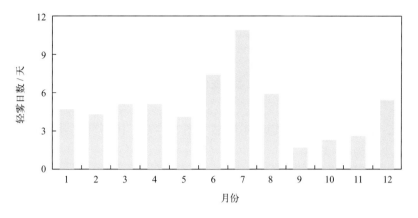

图5.6-4　轻雾日数年变化（1965—1986年）

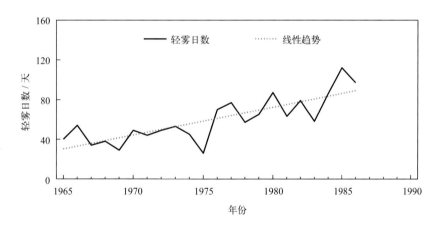

图5.6-5　1965—1986年轻雾日数变化

## 3. 雷暴

雷暴日数的年变化见表 5.6-3 和图 5.6-6。1965—1986 年，平均年雷暴日数为 21.2 天。雷暴出现在 3—12 月，7 月最高，平均为 4.5 天。最多月雷暴日数为 11 天，出现在 1969 年 8 月。雷暴最早初日为 3 月 14 日（1982 年），最晚终日为 12 月 1 日（1978 年）。

表 5.6-3　雷暴日数的年变化（1965—1986 年）　　　　　　　　　　　　单位: 天

| | 1月 | 2月 | 3月 | 4月 | 5月 | 6月 | 7月 | 8月 | 9月 | 10月 | 11月 | 12月 | 年 |
|---|---|---|---|---|---|---|---|---|---|---|---|---|---|
| 平均雷暴日数 | 0.0 | 0.0 | 0.1 | 1.3 | 2.6 | 4.0 | 4.5 | 3.7 | 2.7 | 2.0 | 0.3 | 0.0 | 21.2 |
| 最多雷暴日数 | 0 | 0 | 1 | 3 | 7 | 9 | 9 | 11 | 6 | 5 | 2 | 1 | 30 |

注：1987年停测。

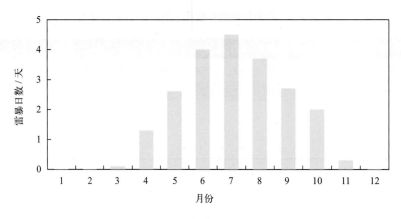

图5.6-6　雷暴日数年变化（1965—1986年）

1965—1986 年，年雷暴日数变化趋势不明显（图 5.6-7）。1966 年雷暴日数最多，为 30 天；1981 年雷暴日数最少，为 12 天。

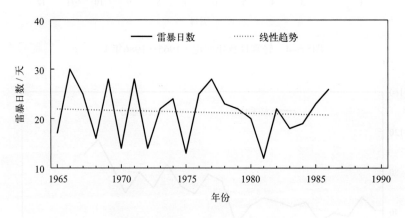

图5.6-7　1965—1986年雷暴日数变化

## 4. 霜

霜日数的年变化见表 5.6-4 和图 5.6-8。1965—1986 年，平均年霜日数为 38.3 天。霜全部出现在 10 月至翌年 4 月，其中 2 月最多，平均为 9.4 天；霜最早初日为 10 月 13 日（1971 年），最晚终日为 4 月 14 日（1971 年）。

表 5.6-4　霜日数的年变化（1965—1986 年）　　　　　　　　　　　　　单位：天

| | 1月 | 2月 | 3月 | 4月 | 5月 | 6月 | 7月 | 8月 | 9月 | 10月 | 11月 | 12月 | 年 |
|---|---|---|---|---|---|---|---|---|---|---|---|---|---|
| 平均霜日数 | 9.3 | 9.4 | 7.4 | 0.3 | 0.0 | 0.0 | 0.0 | 0.0 | 0.0 | 0.7 | 4.6 | 6.6 | 38.3 |
| 最多霜日数 | 15 | 18 | 16 | 2 | 0 | 0 | 0 | 0 | 0 | 3 | 11 | 13 | 58 |

注：1979年数据缺测，1987年停测。

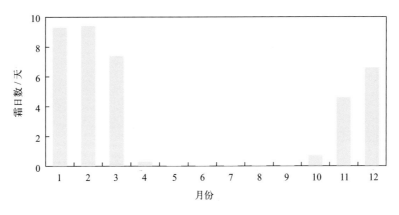

图5.6-8　霜日数年变化（1965—1986年）

1965—1986年，年霜日数呈波动上升趋势，上升速率为8.10天/（10年）。1981年霜日数最多，为58天。1969年、1971年和1972年霜日数最少，均为24天（图5.6-9）。

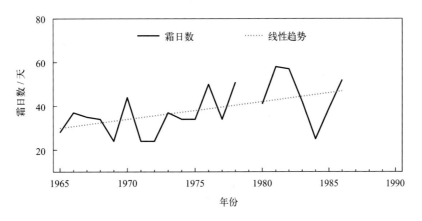

图5.6-9　1965—1986年霜日数变化

## 5. 降雪

降雪日数的年变化见表5.6-5和图5.6-10。1965—1986年，平均年降雪日数为19.8天。降雪全部出现在10月至翌年4月，其中2月最多，平均为4.7天。降雪最早初日为10月22日（1982年），最晚初日为12月25日（1975年），最早终日为2月19日（1982年），最晚终日为4月6日（1980年）。

表5.6-5　降雪日数的年变化（1965—1986年）　　　　　　　　　　　　单位：天

| | 1月 | 2月 | 3月 | 4月 | 5月 | 6月 | 7月 | 8月 | 9月 | 10月 | 11月 | 12月 | 年 |
|---|---|---|---|---|---|---|---|---|---|---|---|---|---|
| 平均降雪日数 | 4.6 | 4.7 | 3.5 | 0.2 | 0.0 | 0.0 | 0.0 | 0.0 | 0.0 | 0.1 | 2.5 | 4.2 | 19.8 |
| 最多降雪日数 | 11 | 10 | 8 | 2 | 0 | 0 | 0 | 0 | 0 | 1 | 6 | 12 | 31 |

注：1987年停测。

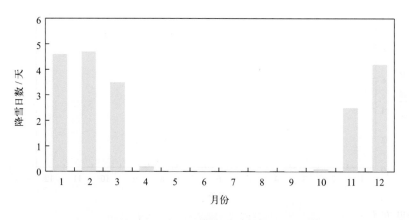

图5.6-10　降雪日数年变化（1965—1986年）

　　1965—1986 年，年降雪日数呈下降趋势，下降速率为 4.48 天 /（10 年）。1965 年降雪日数最多，为 31 天，1975 年和 1982 年最少，均为 9 天（图 5.6-11）。

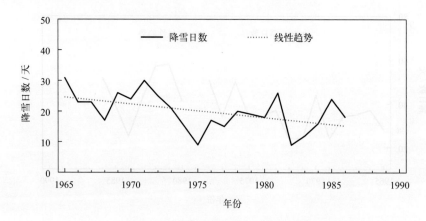

图5.6-11　1965—1986年降雪日数变化

# 第七节　能见度

　　1965—1986 年，长兴岛站累年平均能见度为 34.5 千米。9 月平均能见度最大，为 41.1 千米；7 月平均能见度最小，为 31.1 千米。能见度小于 1 千米的年平均日数为 6.9 天，7 月能见度小于 1 千米的平均日数最多，为 1.7 天，9 月无能见度小于 1 千米日数（表 5.7-1，图 5.7-1 和图 5.7-2）。

表 5.7-1　能见度的年变化（1965—1986 年）

| | 1月 | 2月 | 3月 | 4月 | 5月 | 6月 | 7月 | 8月 | 9月 | 10月 | 11月 | 12月 | 年 |
|---|---|---|---|---|---|---|---|---|---|---|---|---|---|
| 平均能见度 / 千米 | 31.8 | 33.3 | 33.1 | 33.2 | 34.7 | 34.3 | 31.1 | 34.5 | 41.1 | 38.7 | 35.7 | 33.0 | 34.5 |
| 能见度小于 1 千米平均日数 / 天 | 0.8 | 0.8 | 1.2 | 0.3 | 0.6 | 0.6 | 1.7 | 0.2 | 0.0 | 0.2 | 0.3 | 0.2 | 6.9 |

注：1973—1985年数据缺测，1987年停测。

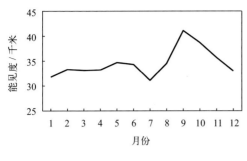

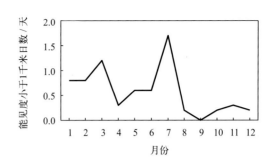

图5.7-1　能见度年变化　　　　　　　　　图5.7-2　能见度小于1千米日数年变化

历年平均能见度为19.6～39.8千米,其中1967年最高,1986年最低;能见度小于1千米的日数,1971年最多,为12天,1972年最少,为4天（图5.7-3）。

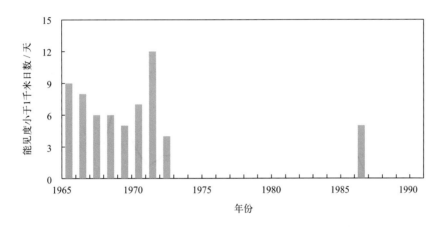

图5.7-3　能见度小于1千米的年日数变化

# 第八节　云

1965—1986年,长兴岛站累年平均总云量为4.3成,其中7月最多,为6.5成,1月最少,为2.9成。累年平均低云量为1.6成,其中7月最多,为3.4成,2月和3月最少,均为0.8成(表5.8-1,图5.8-1)。

表 5.8-1　总云量和低云量的年变化（1965—1986 年）

| | 1月 | 2月 | 3月 | 4月 | 5月 | 6月 | 7月 | 8月 | 9月 | 10月 | 11月 | 12月 | 年 |
|---|---|---|---|---|---|---|---|---|---|---|---|---|---|
| 平均总云量 / 成 | 2.9 | 3.2 | 4.0 | 4.5 | 4.9 | 5.5 | 6.5 | 5.6 | 3.9 | 3.6 | 3.9 | 3.3 | 4.3 |
| 平均低云量 / 成 | 1.0 | 0.8 | 0.8 | 1.0 | 1.3 | 2.2 | 3.4 | 2.5 | 1.1 | 1.4 | 2.0 | 1.5 | 1.6 |

注：1987年停测。

1965—1986年,年平均总云量呈波动上升趋势,上升速率为0.16成/（10年）（线性趋势未通过显著性检验）,1985年的年平均总云量最多,为5.4成,1968年最少,为3.8成（图5.8-2）;年平均低云量无明显变化趋势,1985年的年平均低云量最多,为2.0成,1978年最少,为1.3成（图5.8-3）。

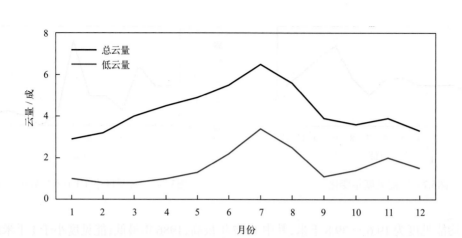

图5.8-1 总云量和低云量年变化（1965—1986年）

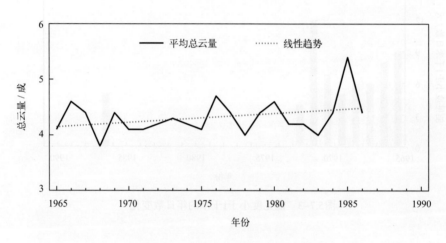

图5.8-2 1965—1986年平均总云量变化

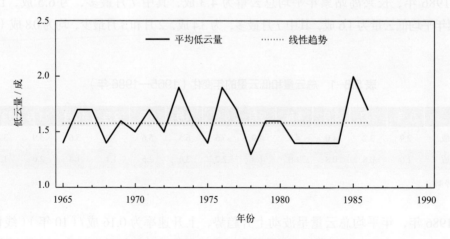

图5.8-3 1965—1986年平均低云量变化

# 第六章 海平面

长兴岛沿海海平面年变化特征明显，1月最低，8月最高，年变幅为51厘米（图6.1-1），平均海平面在验潮基面上156厘米。

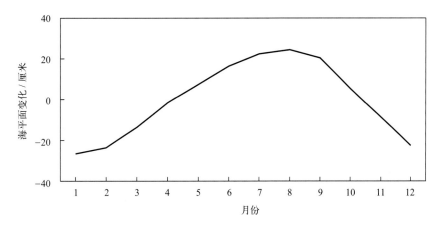

图6.1-1 海平面年变化（2014—2018年）

长兴岛海洋站平均海平面具有明显季节变化，1月最低，8月最高，冬季偏低，夏季偏高（图6-1）。平均海平面在观测期间上升了156厘米。

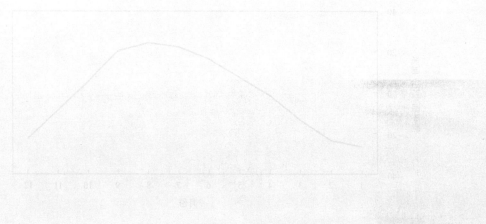

图6-1 海平面年变化（2014—2018年）

# 温坨子海洋站

# 第一章 概况

## 第一节 基本情况

温坨子海洋站（简称温坨子站）地处辽宁省瓦房店市。瓦房店市位于辽东半岛中西侧，东与普兰店市毗邻，西濒渤海，南邻金州区，北与盖州市接壤。全市人口 103 万，海岸线长 461.2 千米，其中大陆岸线长 423.2 千米，矿产资源丰富。

温坨子站的前身是长兴岛海洋站，1987 年 8 月由长兴岛迁至瓦房店市东岗镇林沟村泉眼沟屯西侧红石咀海边并更名为温坨子站，隶属原国家海洋局北海分局。站址未发生大的变迁（图 1.1-1）。2012 年启用新业务楼，位于辽宁省瓦房店市复州城，观测点位于瓦房店红沿河核电站厂区内。

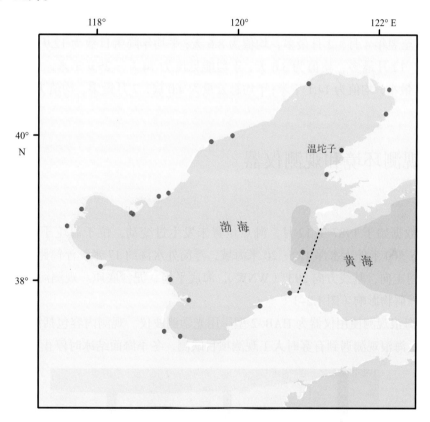

图1.1-1 温坨子站地理位置示意

温坨子站观测项目有海浪、表层海水温度、表层海水盐度、海冰、气温、气压、相对湿度、风、能见度和降水等。2002 年前，观测设备由简易操作设备和人工操作的机械观测设备逐渐过渡为半自动观测设备。2002 年后，除海发光、海况和波型目测外，其他项目均为自动观测，实现了数据自动采集、存储、查询、实时显示和传输。

温坨子沿海全年海况以 0 ～ 3 级为主，年均十分之一大波波高值为 0.3 ～ 0.5 米，年均平均周期值为 1.5 ～ 2.6 秒，历史最大波高最大值为 4.5 米，历史平均周期最大值为 8.9 秒，常浪向为 NNE，强浪向为 NNE；年均表层海水温度为 10.4 ～ 12.2℃，2 月最低，均值为 -0.6℃，8 月最高，均值为 24.4℃，历史水温最高值为 29.2℃，历史水温最低值为 –3.5℃；年均表层海水盐度为 29.34 ~ 32.38，6 月最高，均值为 31.26，11 月最低，均值为 30.44，历史盐度最高值为 33.60，历史盐度最低值为 11.53；海发光全部为火花型，频率峰值出现在 8 月，频率谷值出现在 2 月，1 级海发光最多，出现的最高级别为 3 级；平均年度有冰日数为 57 天，2 月平均冰量最多，总冰量和浮冰量均占年度总量的 51%，1 月次之，总冰量和浮冰量均占年度总量的 38%。

温坨子站主要受大陆性季风气候影响，年均气温为 9.2 ~ 11.6℃，1 月最低，平均气温为 –5.2℃，8 月最高，平均气温为 24.4℃，历史最高气温为 34.6℃，历史最低气温为 –23.9℃；年均气压为 1 013.4 ~ 1 015.2 百帕，具有冬高夏低的变化特征，1 月最高，均值为 1 024.6 百帕，7 月最低，均值为 1 002.2 百帕；年均相对湿度为 62.6% ~ 72.3%，7 月最大，均值为 83.2%，1 月最小，均值为 58.6%；年均平均风速为 5.5 ~ 6.9 米 / 秒，秋冬季大，春夏季小，11 月最大，均值为 8.1 米 / 秒，7 月最小，均值为 4.4 米 / 秒，冬季（1 月）盛行风向为 N—NE（顺时针，下同），春季（4 月）盛行风向为 SSE—SW 和 N—NE，夏季（7 月）盛行风向为 SE—SW，秋季（10 月）盛行风向为 N—NE 和 SSE—S；平均年降水量为 504.3 毫米，夏季降水量占全年降水量的 62.7%；平均年雾日数为 21.4 天，7 月最多，均值为 3.6 天，9 月和 10 月最少，均为 0.5 天；平均年霜日数为 25.4 天，霜日出现在 11 月至翌年 4 月，2 月最多，均值为 8.6 天；平均年降雪日数为 12.9 天，降雪发生在 10 月至翌年 4 月，12 月最多，均值为 3.6 天；年均能见度为 14.7 ~ 25.9 千米，10 月最大，均值为 23.8 千米，7 月最小，均值为 14.1 千米；年均总云量为 4.0 成，7 月最多，均值为 6.3 成，1 月最少，均值为 2.5 成。

## 第二节　观测环境和观测仪器

### 1. 海浪

海浪观测数据始于 1987 年 12 月，测点位置未发生过变动，位于温坨子站西侧，开阔度为 168°，测点前方 500 米外为水深 15 ~ 20 米海域，浮筒处水深约 17 米，浮筒距测点约 600 米，岸线呈东北—西南走向，基线方向 293°（WNW），海底平坦，泥沙底质。观测海域内除西南方向温坨子外无其他障碍物影响（图 1.2-1）。

2018 年，海浪观测使用仪器为 HAB-2 型岸用光学测波仪。观测内容包括海况、波型、波向、波高和周期等。海浪观测遇到有雾时人工观测项目缺测，冬季海面结冰时停止观测。

图 1.2-1　海浪测点位置及周边环境（摄于 2015 年 5 月）

## 2. 表层海水温度、盐度和海发光

观测数据始于 1987 年 12 月，2002 年 4 月停止观测，2012 年 7 月恢复观测。2018 年温盐观测仪器为 SWLI-I 型水温表和 SYA2-2 型实验室盐度计。

1987 年 8 月温盐测点位于红石咀西端，后搬迁至原测点北 80 米处，在核电站一号取水口南坝上。尽管测点不受任何污水及地表径流影响，但水温代表性差。从 2015 年起，由于核电站取水时加氯杀微生物，盐度的准确性在一定程度上受到影响。

海发光为每日天黑后人工观测。

## 3. 海冰

1987 年冬季开始观测，观测点位置一直无变迁，与海浪观测点相同。2018 年观测仪器为 HAB-2 型岸用光学测波仪，观测要素包括冰量、冰型、浮冰密集度、流向流速和固定冰厚度等。

## 4. 气象要素

气象观测场位置（图 1.2-2）自 1987 年 8 月至 2018 年 12 月未发生变动，位于温坨子站东侧 60 米山坡上，面积 16 米 ×20 米，四周无障碍物。温湿传感器离地高度 1.5 米，测风仪离地高度 10.0 米，降水传感器离地高度 0.7 米。

自 1987 年 12 月开始有观测记录，主要观测项目有气温、气压、风、相对湿度、能见度、降水、云和天气现象等，1995 年 7 月后取消了云和除雾外的天气现象观测。2010 年 3 月前，使用传统仪器观测。2010 年 4 月开始陆续使用温湿度、气压、风向风速和降水传感器，并应用 XZY3 型水文气象自动观测系统。

图1.2-2　温坨子站气象观测场（摄于2019年8月）

# 第二章 海浪

## 第一节 海况

温坨子站全年及各月（1月、2月结冰不观测）各级海况的频率见图2.1-1。全年海况以0～3级为主，频率为87.14%，其中0～2级海况频率为65.44%。全年5级及以上海况频率为1.94%，最大频率出现在11月，为6.69%，7月未出现。全年7级及以上海况频率为0.01%，出现在3月和8月。

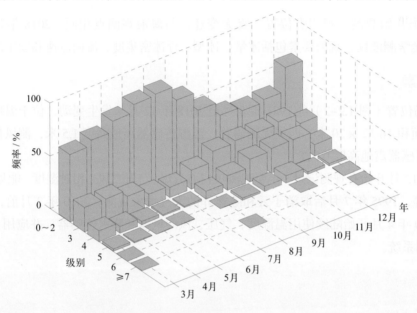

图2.1-1　全年及各月各级海况频率（1987—2018年）

## 第二节 波型

温坨子站风浪频率和涌浪频率的年变化见表2.2-1。全年以风浪为主，频率为99.97%，涌浪频率为29.47%。各月的风浪频率相差不大，涌浪频率差异较大。涌浪在10—12月较多，其中12月最多，频率为49.59%；在6月和7月较少，其中7月最少，频率为12.18%。

表2.2-1　各月及全年风浪涌浪频率（1987—2018年）

| | 3月 | 4月 | 5月 | 6月 | 7月 | 8月 | 9月 | 10月 | 11月 | 12月 | 年 |
|---|---|---|---|---|---|---|---|---|---|---|---|
| 风浪 / % | 100.0 | 99.94 | 99.89 | 99.95 | 100.0 | 100.0 | 100.0 | 100.0 | 100.0 | 99.97 | 99.97 |
| 涌浪 / % | 33.07 | 26.03 | 18.78 | 12.35 | 12.18 | 21.55 | 32.43 | 46.26 | 47.68 | 49.59 | 29.47 |

注：风浪包含F、F/U、FU和U/F波型；涌浪包含U、U/F、FU和F/U波型。

## 第三节 波向

### 1.各向风浪频率

温坨子站各月及全年各向风浪频率见图2.3-1。3月NNE向风浪居多，N向次之。4月、6月和 7 月 SSW 向风浪居多,SW 向次之。5 月 SW 向风浪居多,SSW 向次之。8—11 月 NNE 向风浪居多,N 向次之。12 月 N 向风浪居多, NNE 向次之。全年 NNE 向风浪居多,频率为 11.41%,N 向次之,频率为 9.31%,E 向最少,频率为 0.05%。

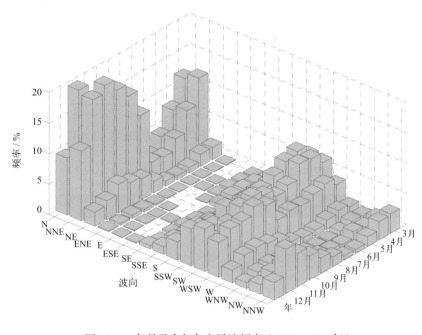

图2.3-1　各月及全年各向风浪频率（1987—2018年）

## 2. 各向涌浪频率

温坨子站各月及全年各向涌浪频率见图 2.3-2。3 月、8 月和 11 月 N 向涌浪居多,NNE 向次之。4 月和 7 月 WSW 向涌浪居多, SW 向次之。5 月和 6 月 SW 向涌浪居多, WSW 向次之。9 月和 10 月 N 向涌浪居多,WSW 向次之。12 月 N 向涌浪居多,NNW 向次之。全年 N 向涌浪居多,频率为 5.92%,WSW 向次之, 频率为 5.31%, E 向最少, 频率接近 0。

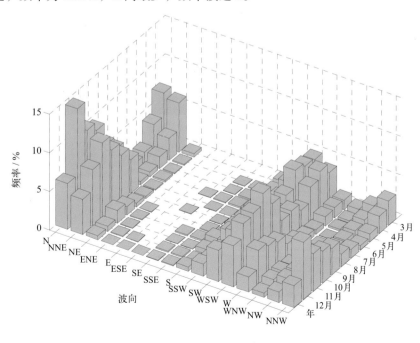

图2.3-2　各月及全年各向涌浪频率（1987—2018年）

## 第四节 波高

### 1. 平均波高和最大波高

温坨子站波高的年变化见表 2.4-1。月平均波高的年变化较大，为 0.1 ~ 0.8 米。历年的平均波高为 0.3 ~ 0.5 米（1987 年因数据较少未纳入历年均值统计结果）。

月最大波高比月平均波高的变化幅度大，极大值出现在 10 月，为 4.5 米，极小值出现在 7 月，为 2.0 米，变幅为 2.5 米。历年的最大波高值为 2.2 ~ 4.5 米，大于等于 3.0 米的共有 15 年，其中最大波高的极大值 4.5 米出现在 1992 年 10 月 2 日，波向为 NNE，当时渤海受低气压和冷空气共同作用，海面风速达 7 ~ 8 级，最大波高发生时刻平均风速为 20 米 / 秒，对应平均周期为 7.4 秒。

表 2.4-1 波高的年变化（1987—2018 年）　　　　　　　　单位：米

|  | 3月 | 4月 | 5月 | 6月 | 7月 | 8月 | 9月 | 10月 | 11月 | 12月 | 年 |
|---|---|---|---|---|---|---|---|---|---|---|---|
| 平均波高 | 0.4 | 0.3 | 0.2 | 0.1 | 0.1 | 0.3 | 0.5 | 0.7 | 0.8 | 0.6 | 0.4 |
| 最大波高 | 4.2 | 3.0 | 2.6 | 3.7 | 2.0 | 4.0 | 3.2 | 4.5 | 3.7 | 3.0 | 4.5 |

### 2. 各向平均波高和最大波高

各季代表月及全年各向波高的分布见图 2.4-1。全年各向平均波高为 0.3 ~ 1.0 米，大值主要分布于 NNW—NE 向，其中 NNE 向最大，小值主要分布于 E—S 向。全年各向最大波高 NNE 向最大，为 4.5 米；N 向次之，为 4.2 米；E 向和 ESE 向最小，均为 0.5 米（表 2.4-2）。

4 月平均波高 N 向和 NNE 向最大，均为 0.8 米；ENE 向、ESE 向和 SE 向最小，均为 0.3 米。最大波高 NNE 向最大，为 3.0 米；NNW 向次之，为 2.8 米；ENE 向最小，为 0.4 米。

7 月平均波高 N 向和 NNE 向最大，均为 0.6 米；ESE 向最小，为 0.2 米。最大波高 N 向最大，为 2.0 米；NNE 向、SSW 向和 WSW 向次之，均为 1.9 米；ENE 向和 ESE 向最小，均为 0.4 米。

10 月平均波高 N 向和 NNE 向最大，均为 1.1 米；ESE 向最小，为 0.2 米。最大波高 NNE 向最大，为 4.5 米；N 向次之，为 3.6 米；E 向和 ESE 向最小，均为 0.4 米。

表 2.4-2 全年各向平均波高和最大波高（1987—2018 年）　　　　　　　　单位：米

|  | N | NNE | NE | ENE | E | ESE | SE | SSE | S | SSW | SW | WSW | W | WNW | NW | NNW |
|---|---|---|---|---|---|---|---|---|---|---|---|---|---|---|---|---|
| 平均波高 | 0.9 | 1.0 | 0.8 | 0.5 | 0.3 | 0.3 | 0.3 | 0.4 | 0.4 | 0.5 | 0.5 | 0.6 | 0.6 | 0.7 | 0.7 | 0.9 |
| 最大波高 | 4.2 | 4.5 | 3.6 | 1.7 | 0.5 | 0.5 | 1.6 | 1.2 | 1.6 | 2.1 | 2.7 | 3.3 | 2.4 | 2.2 | 2.7 | 3.4 |

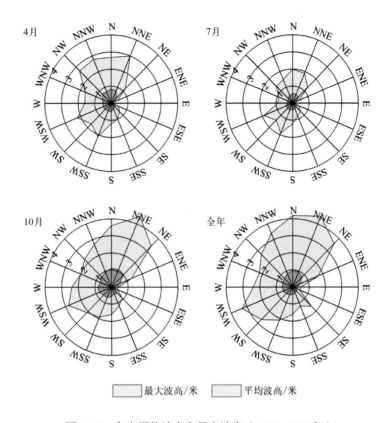

图2.4-1 各向平均波高和最大波高（1987—2018年）

# 第五节 周期

## 1. 平均周期和最大周期

温坨子站周期的年变化见表2.5-1。月平均周期的年变化较大，为0.9～3.2秒。月最大周期的极大值出现在3月，为8.9秒，极小值出现在7月，为5.8秒。历年的平均周期为1.5～2.6秒（1987年因数据较少未纳入历年均值统计结果），其中1989年最大，1997年和2005年最小。历年的最大周期均大于等于5.6秒，大于等于7.0秒的共有9年，其中最大周期的极大值8.9秒出现在2007年3月4日，波向为N。

表2.5-1 周期的年变化（1987—2018年） 单位：秒

|  | 3月 | 4月 | 5月 | 6月 | 7月 | 8月 | 9月 | 10月 | 11月 | 12月 | 年 |
|---|---|---|---|---|---|---|---|---|---|---|---|
| 平均周期 | 2.1 | 1.9 | 1.4 | 1.0 | 0.9 | 1.5 | 2.3 | 3.0 | 3.2 | 3.1 | 2.0 |
| 最大周期 | 8.9 | 7.1 | 6.3 | 6.3 | 5.8 | 6.7 | 6.6 | 7.7 | 7.3 | 7.5 | 8.9 |

## 2. 各向平均周期和最大周期

各季代表月及全年各向周期的分布见图 2.5-1。全年各向平均周期为 2.3 ~ 4.1 秒，NNW—NNE 向周期值较大。全年各向最大周期 N 向最大，为 8.9 秒；NNE 向次之，为 7.7 秒；E 向最小，为 3.7 秒（表 2.5-2）。

表 2.5-2　全年各向平均周期和最大周期（1987—2018 年）　　　　　单位：秒

| | N | NNE | NE | ENE | E | ESE | SE | SSE | S | SSW | SW | WSW | W | WNW | NW | NNW |
|---|---|---|---|---|---|---|---|---|---|---|---|---|---|---|---|---|
| 平均周期 | 4.1 | 4.0 | 3.6 | 3.0 | 2.5 | 2.3 | 2.6 | 2.7 | 3.0 | 3.1 | 3.4 | 3.7 | 3.7 | 3.6 | 3.7 | 4.0 |
| 最大周期 | 8.9 | 7.7 | 7.6 | 5.5 | 3.7 | 3.9 | 5.1 | 5.6 | 6.9 | 6.5 | 6.6 | 6.9 | 6.4 | 6.2 | 6.5 | 7.2 |

4 月平均周期 N 向最大，为 3.9 秒；ESE 向最小，为 2.1 秒。最大周期 NNE 向最大，为 7.1 秒；N 向次之，为 6.6 秒；ENE 向最小，为 2.5 秒。

7 月平均周期 NNW 向最大，为 3.5 秒；ENE 向最小，为 2.0 秒。最大周期 N 向和 NNE 向最大，均为 5.8 秒；SSW 向次之，为 5.4 秒；ENE 向最小，为 2.0 秒。

10 月平均周期 N 向最大，为 4.4 秒；ESE 向最小，为 2.0 秒。最大周期 NNE 向最大，为 7.7 秒；NE 向次之，为 7.6 秒；E 向最小，为 2.3 秒。

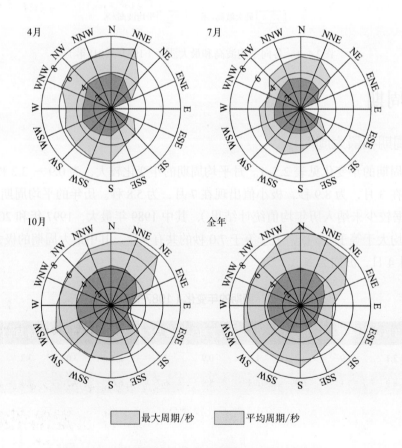

图2.5-1　各向平均周期和最大周期（1987—2018年）

# 第三章　表层海水温度、盐度和海发光<sup>*</sup>

## 第一节　表层海水温度

### 1. 平均水温、最高水温和最低水温

温坨子站月平均水温的年变化具有峰谷明显的特点，2月最低，为 -0.6℃，8月最高，为 24.4℃，秋季高于春季，其年较差为 25.0℃。月最高水温和月最低水温的年变化特征与月平均水温相似，其年较差分别为 27.9℃和 24.7℃（图 3.1-1）。

历年（2002 年 5 月至 2012 年 6 月数据缺测）的平均水温为 10.4 ～ 12.2℃，其中 2018 年最高，1992 年和 1996 年最低。累年平均水温为 11.1℃。

历年的最高水温均不低于 24.3℃，其中大于等于 26.0℃的有 18 年，大于 28℃的有 5 年，其出现时间为 7—9 月，以 8 月最多。水温极大值为 29.2℃，出现在 2018 年 8 月 12 日。

历年的最低水温均不高于 -1.7℃，其中小于 -2.0℃的有 5 年，小于等于 -2.5℃的有 3 年，其出现时间为 12 月至翌年 2 月。由于温坨子站沿海冬季海水结冰，水温观测受影响，故历年的最低水温统计值代表性差。水温极小值为 -3.5℃，出现在 2016 年 1 月 17 日。

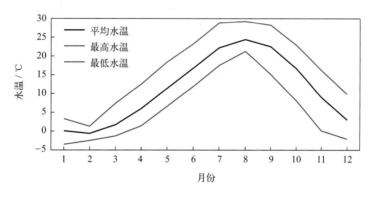

图3.1-1　水温年变化（1988—2018年）

### 2. 日平均水温稳定通过界限温度的日期

采用五日滑动平均方法求出稳定通过各个界限温度的日期，见表 3.1-1。日平均水温稳定通过 0℃的有 315 天，稳定通过 10℃的有 184 天。稳定通过 20℃的初日为 7 月 2 日，终日为 10 月 1 日，共 92 天。

表 3.1-1　日平均水温稳定通过界限温度的日期（1988—2018 年）

|  | 0℃ | 5℃ | 10℃ | 15℃ | 20℃ |
|---|---|---|---|---|---|
| 初日 | 3 月 1 日 | 4 月 9 日 | 5 月 10 日 | 6 月 5 日 | 7 月 2 日 |
| 终日 | 1 月 9 日 | 12 月 3 日 | 11 月 9 日 | 10 月 23 日 | 10 月 1 日 |
| 天数 | 315 | 239 | 184 | 141 | 92 |

---

<sup>*</sup> 温坨子站温盐数据缺测较多，此章结果仅供参考。

### 3. 长期趋势变化

温坨子站缺测数据较多，故不做长期趋势变化分析。

## 第二节　表层海水盐度

### 1. 平均盐度、最高盐度和最低盐度

温坨子站月平均盐度 6 月最高，为 31.26，11 月最低，为 30.44，其年较差为 0.82。月最高盐度 4 月最高，2 月最低，其年较差为 1.97。月最低盐度峰值出现在 4 月，谷值出现在 5 月，其年较差为 16.94（图 3.2–1）。

历年（2002 年 5 月至 2012 年 6 月数据缺测）的平均盐度为 29.34 ~ 32.38，其中 2001 年最高，2013 年最低。

历年的最高盐度均大于 30.30，其中大于 32.00 的有 9 年，大于 33.00 的有 3 年。年最高盐度出现月份比较分散，7 月居多。盐度极大值为 33.60，出现在 2001 年 4 月 23 日。

历年的最低盐度均小于 31.90，其中小于 30.00 的有 17 年。年最低盐度出现月份比较分散，出现在 11 月的有 6 年。盐度极小值为 11.53，出现在 1990 年 5 月 29 日，当日降水量 30.6 毫米。

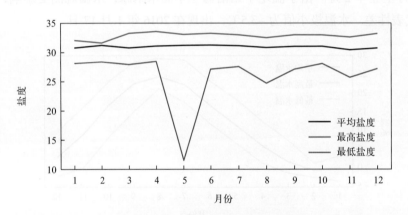

图3.2–1　盐度年变化（1988—2018年）

### 2. 长期趋势变化

温坨子站缺测数据较多，故不做长期趋势变化分析。

## 第三节　海发光

1988—2018 年，温坨子站观测到的海发光全部为火花型（H）。各月各级海发光频率见表 3.3–1 和图 3.3–1。海发光频率的年变化具有峰谷明显的特点，峰值出现在 8 月，谷值出现在 2 月。累年平均以 1 级海发光为最多，占 70.1%，2 级占 28.2%，3 级占 1.6%，未出现 4 级。8 月海发光强度最强，其中 1 级占 63.8%，2 级占 35.4%，3 级占 0.6%。

历年海发光频率为 12.4% ~ 51.5%，其中 2011 年和 1989 年频率最大，1995 年最小。

表 3.3-1　各月及全年海发光频率（1988—2018 年）

| | 1月 | 2月 | 3月 | 4月 | 5月 | 6月 | 7月 | 8月 | 9月 | 10月 | 11月 | 12月 | 年 |
|---|---|---|---|---|---|---|---|---|---|---|---|---|---|
| 频率/% | 0.7 | 0.0 | 2.5 | 5.7 | 12.8 | 41.2 | 65.7 | 72.6 | 63.8 | 30.9 | 2.0 | 0.6 | 32.1 |

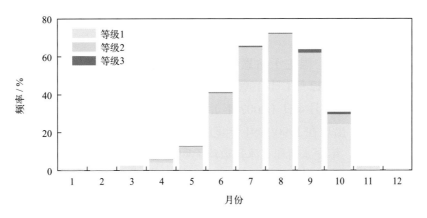

图3.3-1　各月各级海发光频率（1988—2018年）

# 第四章　海冰

## 第一节　冰期和有冰日数

　　1987/1988—2018/2019 年度，温坨子站累年平均初冰日为 12 月 27 日，终冰日为 3 月 5 日，平均冰期为 69 天。初冰日最早为 12 月 1 日（1990 年、1997 年和 1998 年），最晚为 1 月 15 日（2017 年），相差一个半月。终冰日最早为 2 月 4 日（2007 年），最晚为 3 月 25 日（2010 年），相差超过一个半月。最长冰期为 105 天，出现在 1990/1991 年度，最短冰期为 26 天，出现在 2006/2007 年度。1987/1988—2018/2019 年度，年度冰期和有冰日数均无明显变化趋势（图 4.1-1）。

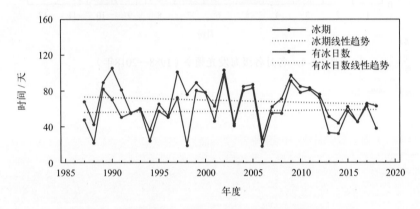

图4.1-1　1987/1988—2018/2019年度冰期与有冰日数变化

　　在有记录的固定冰年度（2009/2010—2018/2019 年度），累年平均固定冰初冰日为 1 月 2 日，终冰日为 3 月 7 日，平均固定冰冰期为 66 天。固定冰初冰日最早为 12 月 15 日（2010 年），最晚为 1 月 15 日（2017 年），终冰日最早为 2 月 20 日（2015 年），最晚为 3 月 25 日（2010 年）。最长固定冰冰期为 85 天，出现在 2010/2011 年度（图 4.1-2）。

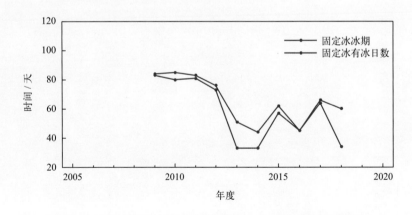

图4.1-2　2009/2010—2018/2019年度固定冰冰期与有冰日数变化

　　应该指出，冰期内并不是天天有冰。累年平均年度有冰日数为 57 天，占冰期的 83%。2002/2003 年度有冰日数最多，为 98 天，2006/2007 年度有冰日数最少，为 18 天。累年平均年度有固定冰日数为 58 天，占固定冰冰期的 88%。

## 第二节 冰量和浮冰密集度

1987/1988—2018/2019 年度，年度总冰量超过 400 成的有 5 个年度，其中 2002/2003 年度最多，为 620 成；不足 100 成的有 8 个年度。年度浮冰量最多为 620 成，出现在 2002/2003 年度。观测记录中未出现大于 0 的固定冰量。1987/1988—2018/2019 年度，年度总冰量无明显变化趋势（图 4.2-1）。

1987/1988—2018/2019 年度，总冰量和浮冰量均为 2 月最多，均占年度总量的 51%，1 月次之，均占年度总量的 38%（表 4.2-1）。1987/1988—2018/2019 年度，年度总冰量呈下降趋势，下降速率为 0.4 成 / 年度（线性趋势未通过显著性检验，图 4.2-1）。

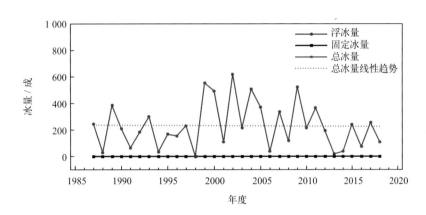

图4.2-1　1987/1988—2018/2019年度冰量变化

表 4.2-1　冰量的年变化（1987/1988—2018/2019 年度）

|  | 12月 | 1月 | 2月 | 3月 | 年度 |
|---|---|---|---|---|---|
| 总冰量 / 成 | 216 | 2 849 | 3 817 | 534 | 7 416 |
| 平均总冰量 / 成 | 6.75 | 89.03 | 119.28 | 16.69 | 231.75 |
| 浮冰量 / 成 | 216 | 2 849 | 3 817 | 534 | 7 416 |
| 固定冰量 / 成 | 0 | 0 | 0 | 0 | 0 |

浮冰密集度 1 月、2 月、3 月及年度以 8 ~ 10 成为最多，其中 1 月占有冰日数的 67%，2 月占有冰日数的 73%。浮冰密集度为 0 ~ 3 成的日数，1 月占有冰日数的 26%，2 月占有冰日数的 18%（表 4.2-2）。

表 4.2-2　浮冰密集度的年变化（1987/1988—2018/2019 年度）

|  | 12月 | 1月 | 2月 | 3月 | 年度 |
|---|---|---|---|---|---|
| 8 ~ 10 成占有冰日数的比率 / % | 29 | 67 | 73 | 47 | 64 |
| 4 ~ 7 成占有冰日数的比率 / % | 6 | 7 | 8 | 14 | 8 |
| 0 ~ 3 成占有冰日数的比率 / % | 65 | 26 | 18 | 39 | 28 |

## 第三节   浮冰漂流方向和速度

　　各向浮冰特征量见图 4.3-1 和表 4.3-1。1987/1988—2018/2019 年度，浮冰流向在 SSW 向和 SW 向出现的次数较多，频率和为 64.6%，在 E 向和 SE 向出现频率较低。累年各向最大浮冰漂流速度差异较大，为 0.2 ~ 1.8 米 / 秒，其中 S 向最大，E 向、SE 向和 NW 向最小。

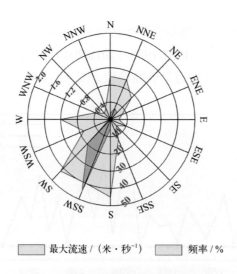

最大流速 /（米·秒⁻¹）　　　频率 /%

图4.3-1   浮冰各向出现频率和最大流速

表 4.3-1   各向浮冰特征量（1987/1988—2018/2019 年度）

| | N | NNE | NE | ENE | E | ESE | SE | SSE | S | SSW | SW | WSW | W | WNW | NW | NNW |
|---|---|---|---|---|---|---|---|---|---|---|---|---|---|---|---|---|
| 出现频率 / % | 3.6 | 7.0 | 5.6 | 0.6 | 0.1 | 0.2 | 0.1 | 0.3 | 5.6 | 45.1 | 19.5 | 1.3 | 0.4 | 0.3 | 0.3 | 0.7 |
| 平均流速 /（米·秒⁻¹） | 0.4 | 0.4 | 0.3 | 0.2 | 0.2 | 0.3 | 0.2 | 0.3 | 0.5 | 0.7 | 0.6 | 0.4 | 0.3 | 0.2 | 0.2 | 0.2 |
| 最大流速 /（米·秒⁻¹） | 1.0 | 1.0 | 0.7 | 0.3 | 0.2 | 0.4 | 0.2 | 0.5 | 1.8 | 1.6 | 1.7 | 0.7 | 1.2 | 0.4 | 0.2 | 0.3 |

# 第五章 海洋气象

## 第一节 气温

### 1. 平均气温、最高气温和最低气温

1988—2018年，温坨子站累年平均气温为10.4℃。月平均气温具有夏高冬低的变化特征，1月最低，为 -5.2℃，8月最高，为24.4℃，年较差为29.6℃。月最高气温和月最低气温的年变化特征与月平均气温相似，夏高冬低，月最高气温极大值出现在7月，月最低气温极小值出现在1月（表5.1-1，图5.1-1）。

表5.1-1　气温的年变化（1988—2018年）　　　　　　　　　　　　单位：℃

| | 1月 | 2月 | 3月 | 4月 | 5月 | 6月 | 7月 | 8月 | 9月 | 10月 | 11月 | 12月 | 年 |
|---|---|---|---|---|---|---|---|---|---|---|---|---|---|
| 平均气温 | -5.2 | -2.9 | 2.2 | 9.0 | 14.9 | 20.1 | 23.8 | 24.4 | 20.7 | 14.1 | 5.4 | -1.8 | 10.4 |
| 最高气温 | 7.4 | 14.6 | 18.8 | 26.2 | 30.2 | 32.7 | 34.6 | 34.3 | 30.1 | 26.2 | 20.0 | 11.5 | 34.6 |
| 最低气温 | -23.9 | -19.6 | -9.4 | -1.3 | 4.1 | 10.2 | 16.9 | 14.9 | 9.8 | -0.6 | -10.4 | -16.2 | -23.9 |

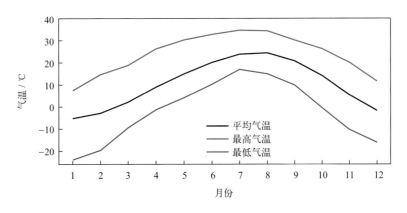

图5.1-1　气温年变化（1988—2018年）

历年的平均气温为9.2～11.6℃，其中2017年最高，2010年最低。

历年的最高气温均高于28.5℃，其中高于32℃的有10年，高于34℃的有2年，分别为2017年和2018年。历年最高气温最早出现时间为6月19日（1996年），最晚出现时间为8月25日（2006年）。8月最高气温出现频率最高，占统计年份的48%，7月次之，占45%（图5.1-2）。极大值为34.6℃，出现在2018年7月23日。

历年的最低气温均低于 -10.0℃，其中低于 -15℃的有16年，低于 -18.0℃的有4年。历年最低气温最早出现时间为11月27日（1992年），最晚出现时间为2月23日（2005年）。1月最低气温出现频率最高，占统计年份的59%，12月次之，占22%（图5.1-2）。极小值为 -23.9℃，出现在2001年1月13日。

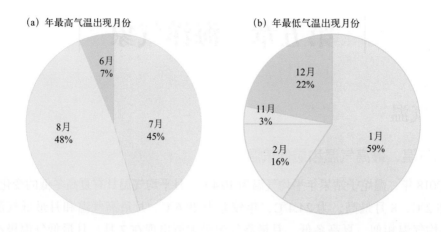

(a) 年最高气温出现月份         (b) 年最低气温出现月份

图5.1-2 年最高、最低气温出现月份及频率（1988—2018年）

## 2. 长期趋势变化

1988—2018年，年平均气温呈波动上升趋势，上升速率为0.20℃/（10年）（线性趋势未通过显著性检验），其中2010—2018年呈明显的上升趋势，上升速率为2.63℃/（10年）。年最高气温呈波动上升趋势，上升速率为0.73℃/（10年）。年最低气温呈波动下降趋势，下降速率为0.57℃/（10年）（线性趋势未通过显著性检验）。

十年平均气温变化显示，2000—2009年平均气温最低，为10.2℃，2010—2018年平均气温最高，为10.6℃（图5.1-3）。

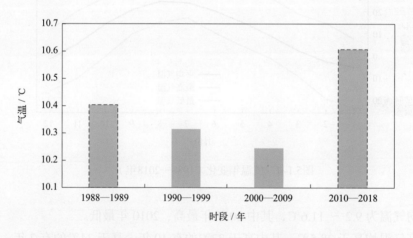

图5.1-3 十年平均气温变化（数据不足十年加虚线框表示，下同）

## 3. 常年自然天气季节和大陆度

利用温坨子站1988—2018年气温累年日平均数据计算五日滑动平均气温，根据《气候季节划分》（QX/T 152—2012）方法，温坨子平均春季时间从4月22日到6月30日，为70天；平均夏季时间从7月1日到9月9日，为71天；平均秋季时间从9月10日到11月4日，为56天；平均冬季时间从11月5日到翌年4月21日，为168天（图5.1-4）。冬季时间最长，秋季时间最短。

温坨子站焦金斯基大陆度指数为58.0%，属大陆性季风气候。

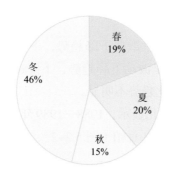

图5.1-4　四季平均日数百分率（1988—2018年）

# 第二节　气压

## 1. 平均气压、最高气压和最低气压

1988—2018年，温坨子站累年平均气压为1 014.1百帕。月平均气压具有冬高夏低的变化特征，1月最高，为1 024.6百帕，7月最低，为1 002.2百帕，年较差为22.4百帕。月最高气压2月最大，7月最小，年较差为30.4百帕。月最低气压1月最大，6月最小，年较差为21.9百帕（表5.2-1，图5.2-1）。

历年的平均气压为1 013.4 ~ 1 015.2百帕，其中1989年最高，2004年和2009年最低。

历年的最高气压均高于1 034.5百帕，其中高于1 040.0百帕的有11年，高于1 044.0百帕的有2年。极大值为1 044.6百帕，出现在2006年2月3日。

历年的最低气压均低于994.5百帕，其中低于985.0百帕的有3年。极小值为982.2百帕，出现在1994年6月25日。

表5.2-1　气压的年变化（1988—2018年）　　　　　　　　　　单位：百帕

|  | 1月 | 2月 | 3月 | 4月 | 5月 | 6月 | 7月 | 8月 | 9月 | 10月 | 11月 | 12月 | 年 |
|---|---|---|---|---|---|---|---|---|---|---|---|---|---|
| 平均气压 | 1 024.6 | 1 022.5 | 1 017.9 | 1 011.5 | 1 007.2 | 1 003.5 | 1 002.2 | 1 005.4 | 1 011.7 | 1 017.4 | 1 020.9 | 1 024.0 | 1 014.1 |
| 最高气压 | 1 043.3 | 1 044.6 | 1 035.7 | 1 030.9 | 1 025.2 | 1 017.3 | 1 014.2 | 1 018.8 | 1 028.0 | 1 036.8 | 1 040.3 | 1 044.5 | 1 044.6 |
| 最低气压 | 1 004.1 | 993.6 | 993.4 | 987.6 | 984.2 | 982.2 | 985.4 | 989.6 | 990.5 | 995.8 | 997.8 | 996.3 | 982.2 |

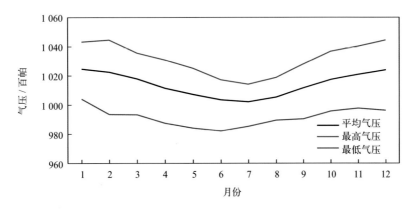

图5.2-1　气压年变化（1988—2018年）

### 2. 长期趋势变化

1988—2018 年，年平均气压整体呈微弱下降趋势，下降速率为 0.11 百帕／（10 年）（线性趋势未通过显著性检验）。年最高气压呈波动下降趋势，下降速率为 0.41 百帕／（10 年）（线性趋势未通过显著性检验）。年最低气压变化趋势不明显。

1988—2018 年，十年平均气压变化显示，1988—1989 年平均气压最高，均值为 1 014.9 百帕，2000—2009 年平均气压最低，为 1 013.8 百帕（图 5.2-2）。

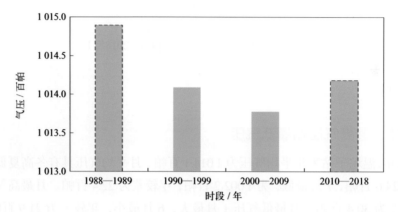

图5.2-2 十年平均气压变化

# 第三节 相对湿度

### 1. 平均相对湿度和最小相对湿度

1988—2018 年，温坨子站累年平均相对湿度为 67.5%。月平均相对湿度具有夏大冬小的变化特征，其中 7 月最大，为 83.2%，1 月最小，为 58.6%。平均月最小相对湿度的年变化特征明显，其中 7 月最大，为 51.8%，4 月最小，为 20.0%。最小相对湿度的极小值为 7%（表 5.3-1 和图 5.3-1）。

历年平均相对湿度为 62.6% ～ 72.3%，其中 1990 年最大，2014 年最小。

表 5.3-1 相对湿度的年变化（1988—2018 年）

| | 1月 | 2月 | 3月 | 4月 | 5月 | 6月 | 7月 | 8月 | 9月 | 10月 | 11月 | 12月 | 年 |
|---|---|---|---|---|---|---|---|---|---|---|---|---|---|
| 平均相对湿度 / % | 58.6 | 62.4 | 62.7 | 65.0 | 68.3 | 76.5 | 83.2 | 82.0 | 69.6 | 61.8 | 60.8 | 58.8 | 67.5 |
| 平均最小相对湿度 / % | 22.6 | 26.8 | 22.8 | 20.0 | 24.7 | 37.5 | 51.8 | 49.6 | 31.1 | 25.1 | 26.7 | 24.9 | 30.3 |
| 最小相对湿度 / % | 13 | 16 | 7 | 9 | 14 | 17 | 32 | 27 | 17 | 17 | 17 | 17 | 7 |

注：平均最小相对湿度为各月最小相对湿度的累年平均值及其年平均值。

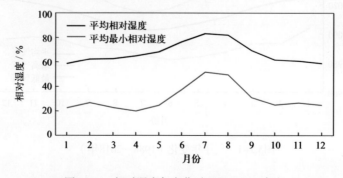

图5.3-1 相对湿度年变化（1988—2018年）

## 2. 长期趋势变化

1988—2018 年，年平均相对湿度呈下降趋势，下降速率为 0.86%/（10 年）。十年平均相对湿度变化显示，1990—1999 年平均相对湿度最大，为 68.5%，2010—2018 年平均相对湿度最小，为 65.9%（图 5.3-2）。

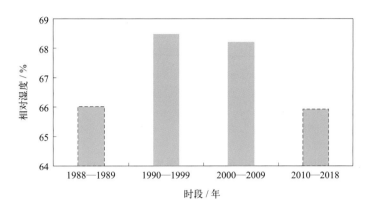

图5.3-2　十年平均相对湿度变化

## 3. 温湿指数

根据《人居环境气候舒适度评价》（GB/T 27963—2011）的温湿指数统计方法和气候舒适度等级划分方法，统计温坨子站各月温湿指数，结果显示：1—4 月、11 月和 12 月温湿指数为 -0.7 ~ 10.0，感觉为寒冷；5 月和 10 月温湿指数分别为 14.8 和 14.2，感觉为冷；6—9 月温湿指数为 19.3 ~ 23.4，感觉为舒适（表 5.3-2）。

表 5.3-2　温湿指数的年变化（1988—2018 年）

| | 1月 | 2月 | 3月 | 4月 | 5月 | 6月 | 7月 | 8月 | 9月 | 10月 | 11月 | 12月 |
|---|---|---|---|---|---|---|---|---|---|---|---|---|
| 温湿指数 | -0.7 | 0.7 | 4.7 | 10.0 | 14.8 | 19.3 | 22.9 | 23.4 | 19.7 | 14.2 | 7.3 | 1.9 |
| 感觉程度 | 寒冷 | 寒冷 | 寒冷 | 寒冷 | 冷 | 舒适 | 舒适 | 舒适 | 舒适 | 冷 | 寒冷 | 寒冷 |

# 第四节　风

## 1. 平均风速和最大风速

温坨子站风速的年变化见表 5.4-1 和图 5.4-1。累年平均风速为 6.2 米/秒，月平均风速秋冬季大，春夏季小，其中 11 月最大，为 8.1 米/秒，7 月最小，为 4.4 米/秒。最大风速的月平均值年变化与平均风速相似，秋冬季大，春夏季小，其中 10 月最大，为 22.9 米/秒，7 月最小，为 14.1 米/秒。最大风速的月最大值对应风向多为 NNE（7 个月）。2000—2018 年，极大风速的极大值为 32.9 米/秒，出现在 2003 年 10 月 12 日，对应风向为 NE。

历年的平均风速为 5.5 ~ 6.9 米/秒，其中 1999 年最大，2007 年最小；历年的最大风速均大于等于 21.7 米/秒，其中大于等于 28.0 米/秒的有 3 年，分别为 1990 年、1994 年和 1997 年。最大风速的最大值出现在 1997 年 1 月 1 日，风速为 31.0 米/秒，风向为 NNW。最大风速出现在 10 月的频率最高，5—7 月未出现（图 5.4-2）。

表 5.4-1　风速的年变化（1987—2018年）　　　　　　　　　　单位：米/秒

| | | 1月 | 2月 | 3月 | 4月 | 5月 | 6月 | 7月 | 8月 | 9月 | 10月 | 11月 | 12月 | 年 |
|---|---|---|---|---|---|---|---|---|---|---|---|---|---|---|
| 平均风速 | | 6.9 | 6.3 | 6.3 | 6.3 | 5.6 | 4.8 | 4.4 | 4.7 | 5.8 | 7.2 | 8.1 | 7.6 | 6.2 |
| 最大风速 | 平均值 | 20.5 | 20.8 | 20.0 | 18.6 | 17.0 | 14.8 | 14.1 | 16.0 | 19.8 | 22.9 | 22.2 | 20.7 | 19.0 |
| | 最大值 | 31.0 | 27.0 | 25.7 | 24.0 | 22.5 | 20.0 | 21.0 | 28.3 | 25.8 | 27.0 | 27.7 | 30.0 | 31.0 |
| | 最大值对应风向 | NNW | NNE | NNE | NNE | NE | N/NNW | NNE/W | N | NE | NNE | NNE | NNE | NNW |
| 极大风速 | 最大值 | 27.3 | 30.6 | 29.9 | 29.1 | 27.4 | 24.2 | 27.5 | 29.3 | 31.4 | 32.9 | 29.6 | 30.2 | 32.9 |
| | 最大值对应风向 | NNE | NNE | NNE | N | NE | ESE | W | W | NE | NE | NNE | NE | NE |

注：极大风速的统计时间为2000—2018年，2004年2月至2006年1月数据有缺测。

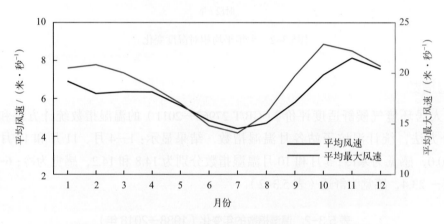

图5.4-1　平均风速和平均最大风速年变化（1987—2018年）

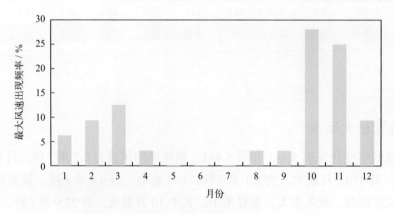

图5.4-2　年最大风速出现频率（1987—2018年）

### 2. 各向风频率

全年以 NNE—NE 向风最多，频率和为 23.3%，SSE—S 向风次之，频率和为 23.1%，WNW 向和 ESE 向的风均比较少，频率分别为 1.6% 和 1.7%（图 5.4-3）。

1月盛行风向为 N—NE，频率和为 49.3%，WNW 向和 ESE 向的风频率均比较小，频率分别为 1.1% 和 1.3%。4月盛行风向为 SSE—SW 和 N—NE，频率和分别为 47.4% 和 26.2%。7月盛行风向为 SE—SW，频率和为 62.1%。10月盛行风向为 N—NE 和 SSE—S，频率和分别为 35.2% 和 22.0%（图 5.4-4）。

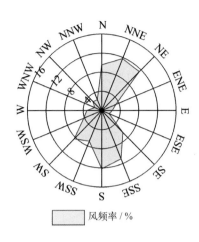

图5.4-3 全年各向风的频率（1987—2018年）

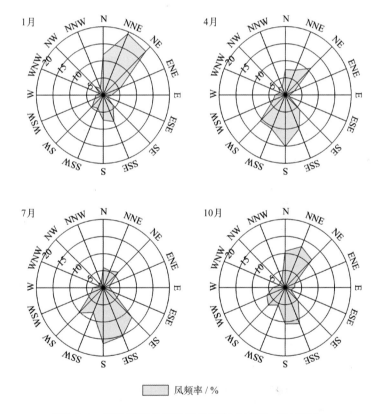

图5.4-4 四季代表月各向风的频率（1987—2018年）

### 3. 各向平均风速和最大风速

全年各向平均风速以 NNE 向最大，平均风速为 7.5 米/秒，N 向次之，平均风速为 6.9 米/秒，E 向最小，平均风速为 2.9 米/秒（图 5.4-5）。1月 NNE 向平均风速最大，为 8.9 米/秒，N 向次之，平均风速为 8.3 米 / 秒，E 向和 ESE 向最小，均为 2.6 米 / 秒。4 月 NNE 向平均风速最大，为 6.9 米 / 秒，E 向最小，为 2.7 米 / 秒。7 月 SE 向平均风速最大，为 4.8 米 / 秒，WNW 向最小，为 2.0 米 / 秒。10 月 NNE 向平均风速最大，为 9.8 米 / 秒，N 向次之，为 8.8 米 / 秒，ESE 向最小，为 2.9 米 / 秒（图 5.4-6）。

全年各向最大风速以 NNW 向最大，为 31.0 米 / 秒，S 向最小，为 16.0 米 / 秒（图 5.4-5）。1 月最大风速 NNW 向最大，为 31.0 米 / 秒。4 月和 10 月最大风速均以 NNE 向最大，分别为 24.0 米 / 秒和 27.0 米 / 秒。7 月最大风速 NNE 向和 W 向最大，最大风速均为 21.0 米 / 秒（图 5.4-6）。

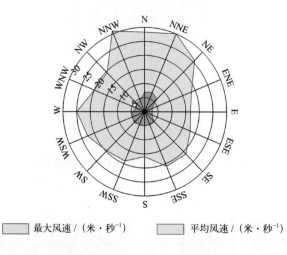

图5.4-5　全年各向平均风速和最大风速（1987—2018年）

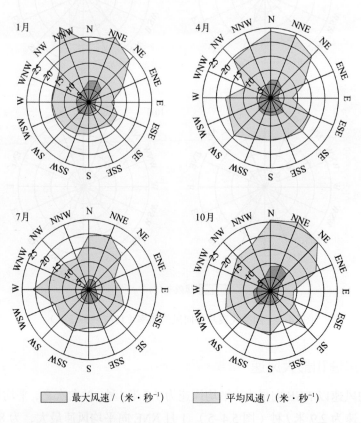

图5.4-6　四季代表月各向平均风速和最大风速（1987—2018年）

## 4. 大风日数

风力大于等于 6 级的大风日数年变化呈秋冬多、春夏少的分布特征，11 月和 12 月平均月大风日数均大于 19 天，其中 11 月最多，为 19.5 天，6—8 月平均月大风日数均小于 6 天，其中 7 月最少，为 3.3 天（表 5.4–2，图 5.4–7）。平均年大风日数为 143.1 天（表 5.4–2）。历年大风日数均多于 95 天，多于 100 天的有 28 年，最多的是 1989 年，共有 178 天，最少的是 1998 年，有 96 天。

风力大于等于 8 级的大风日数 11 月最多，平均为 6.0 天，7 月最少，平均为 0.1 天（表 5.4–2）。历年大风日数最多的是 1989 年和 1992 年，有 38 天，最少的是 1999 年，为 10 天。

风力大于等于 6 级的月大风日数最多为 26 天，出现在 2002 年 11 月；最长连续大于等于 6 级大风日数为 18 天，出现在 1993 年 11 月（表 5.4–2）。

表 5.4-2　各级大风日数的年变化（1987—2018 年）　　　　　　　　单位：天

|  | 1月 | 2月 | 3月 | 4月 | 5月 | 6月 | 7月 | 8月 | 9月 | 10月 | 11月 | 12月 | 年 |
|---|---|---|---|---|---|---|---|---|---|---|---|---|---|
| 大于等于 6 级大风平均日数 | 16.7 | 11.2 | 13.1 | 13.5 | 10.0 | 4.6 | 3.3 | 5.6 | 10.3 | 16.2 | 19.5 | 19.1 | 143.1 |
| 大于等于 7 级大风平均日数 | 8.2 | 6.2 | 5.7 | 5.0 | 3.0 | 1.2 | 0.6 | 1.9 | 5.1 | 9.6 | 12.5 | 11.4 | 70.4 |
| 大于等于 8 级大风平均日数 | 2.5 | 2.6 | 2.3 | 1.3 | 0.6 | 0.2 | 0.1 | 0.2 | 1.9 | 4.4 | 6.0 | 4.2 | 26.3 |
| 大于等于 6 级大风最多日数 | 23 | 16 | 20 | 22 | 19 | 12 | 8 | 10 | 20 | 21 | 26 | 24 | 178 |
| 最长连续大于等于 6 级大风日数 | 13 | 9 | 11 | 14 | 11 | 7 | 4 | 7 | 6 | 9 | 18 | 15 | 18 |

注：2004年2月至2006年1月数据有缺测。

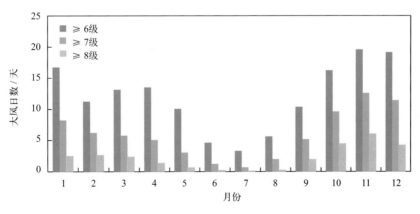

图5.4-7　各级大风平均出现日数

# 第五节　降水

## 1. 降水量和降水日数

### （1）降水量

温坨子站降水量的年变化见表 5.5–1 和图 5.5–1。1988—2018 年，平均年降水量为 504.3 毫米，降水量的季节分布很不均匀，夏季（6—8 月）为 316.2 毫米，占全年降水量的 62.7%，春季（3—5 月）

占全年的 15.9%。冬季（12 月至翌年 2 月）占全年的 2.0%。8 月平均月降水量为 127.3 毫米，占全年的 25.2%。

历年年降水量为 125.4 ～ 1 350.2 毫米，其中 2012 年最多，2002 年最少。

最大日降水量为 276.1 毫米，出现在 2012 年 8 月 3 日。最大日降水量超过 100 毫米的有 2 年，分别为 2012 年和 2018 年。

表 5.5-1　降水量的年变化（1988—2018 年）　　　　　　　　　　　　　　　单位：毫米

| | 1月 | 2月 | 3月 | 4月 | 5月 | 6月 | 7月 | 8月 | 9月 | 10月 | 11月 | 12月 | 年 |
|---|---|---|---|---|---|---|---|---|---|---|---|---|---|
| 平均降水量 | 2.3 | 3.5 | 8.0 | 25.6 | 46.7 | 72.7 | 116.2 | 127.3 | 47.8 | 32.1 | 17.7 | 4.4 | 504.3 |
| 最大日降水量 | 13.2 | 11.8 | 17.6 | 70.7 | 87.2 | 123.3 | 110.6 | 276.1 | 76.0 | 49.8 | 42.6 | 12.1 | 276.1 |

### （2）降水日数

平均年降水日数（日降水量大于等于 0.1 毫米的天数）为 57.0 天。降水日数的年变化特征与降水量相似，夏多冬少（图 5.5-2 和图 5.5-3）。日降水量大于等于 10 毫米的平均年日数为 14.5 天，各月均有出现；日降水量大于等于 50 毫米的平均年日数为 1.4 天，出现在 4—9 月；日降水量大于等于 100 毫米的平均年日数为 0.2 天，出现在 6—8 月；日降水量大于等于 150 毫米的平均年日数为 0.03 天，出现在 8 月；日降水量大于等于 200 毫米的平均年日数为 0.03 天，出现在 8 月（图 5.5-3）。

最多年降水日数为 100 天，出现在 2012 年和 2013 年；最少年降水日数为 31 天，出现在 1997 年。最长连续降水日数为 7 天，出现在 1994 年 7 月 13 日至 19 日、2013 年 6 月 23 日至 29 日和 2017 年 8 月 14 日至 20 日；最长连续无降水日数为 120 天，出现在 2005 年 10 月 1 日至 2006 年 1 月 28 日。

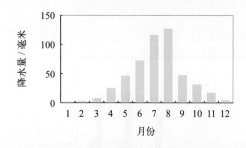

图5.5-1　降水量年变化（1988—2018年）

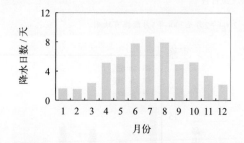

图5.5-2　降水日数年变化（1988—2018年）

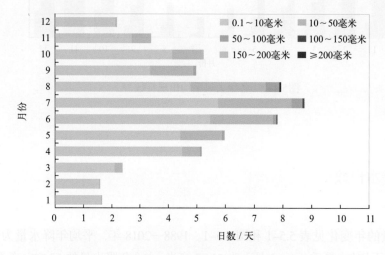

图5.5-3　各月各级平均降水日数分布（1988—2018年）

### 2. 长期趋势变化

1988—2018 年，年降水量呈上升趋势，上升速率为 59.25 毫米 /（10 年）（线性趋势未通过显著性检验）。

十年平均年降水量变化显示，2010—2018 年的平均年降水量最大，为 685.9 毫米，2000—2009 年的平均年降水量最小，为 354.9 毫米（图 5.5-4）。

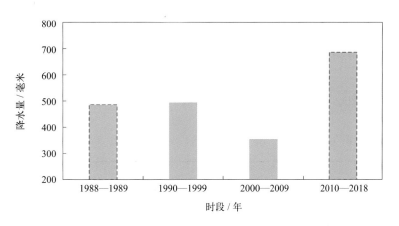

图5.5-4 十年平均年降水量变化

1988—2018 年，年最大日降水量整体变化趋势不明显，其中 2012 年 8 月 3 日受台风"达维"影响，日降水量达 276.1 毫米，为温坨子站有观测记录以来的最大值。

1988—2018 年，年降水日数呈增加趋势，增加速率为 2.91 天 /（10 年）（线性趋势未通过显著性检验）。最长连续降水日数变化趋势不明显；最长连续无降水日数总体变化趋势不明显，存在阶段性变化特征，1988—2006 年呈增加趋势，增加速率为 23.56 天 /（10 年），2006—2018 年呈减少趋势，减少速率为 40.59 天 /（10 年）。

## 第六节　雾及其他天气现象

### 1. 雾

雾日数的年变化见表 5.6-1、图 5.6-1 和图 5.6-2。1988—2018 年，平均年雾日数为 21.4 天。平均月雾日数 7 月最多，为 3.6 天，9 月和 10 月最少，均为 0.5 天；最多月雾日数为 11 天，出现在 2013 年 7 月；最长连续雾日数为 5 天，出现在 1990 年 2 月。

1988—2018 年，年雾日数呈上升趋势，上升速率为 2.48 天 /（10 年）（线性趋势未通过显著性检验）。出现雾日数最多的年份为 2007 年，共 37 天，最少的年份为 2000 年，为 9 天。

十年平均年雾日数呈明显上升趋势，2010—2018 年平均年雾日数最多，为 23.4 天（图 5.6-3）。

表 5.6-1　雾日数的年变化（1988—2018 年）　　　　　　　　　　单位：天

|  | 1月 | 2月 | 3月 | 4月 | 5月 | 6月 | 7月 | 8月 | 9月 | 10月 | 11月 | 12月 | 年 |
|---|---|---|---|---|---|---|---|---|---|---|---|---|---|
| 平均雾日数 | 1.5 | 2.1 | 1.7 | 2.1 | 2.4 | 2.4 | 3.6 | 1.8 | 0.5 | 0.5 | 1.4 | 1.4 | 21.4 |
| 最多雾日数 | 4 | 9 | 5 | 8 | 5 | 6 | 11 | 7 | 2 | 2 | 4 | 6 | 37 |
| 最长连续雾日数 | 3 | 5 | 3 | 3 | 3 | 4 | 4 | 3 | 2 | 2 | 3 | 4 | 5 |

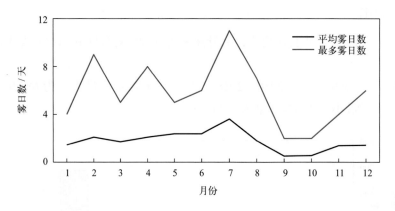

图5.6-1　平均雾日数和最多雾日数年变化（1988—2018年）

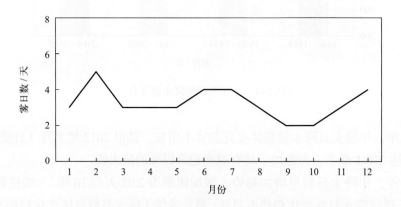

图5.6-2　最长连续雾日数年变化（1988—2018年）

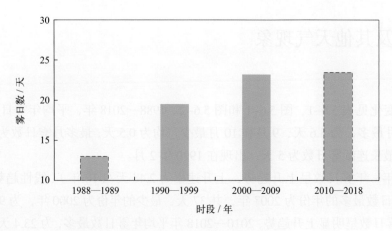

图5.6-3　十年平均年雾日数变化

## 2. 轻雾

轻雾日数的年变化见表5.6-2和图5.6-4。1988—1995年，平均月轻雾日数7月最多，为16.3天，9月最少，为4.3天；最多月轻雾日数出现在1994年7月，为25天。

表 5.6-2　轻雾日数的年变化（1988—1995 年）　　　　　　　　　　　　　单位：天

| | 1月 | 2月 | 3月 | 4月 | 5月 | 6月 | 7月 | 8月 | 9月 | 10月 | 11月 | 12月 | 年 |
|---|---|---|---|---|---|---|---|---|---|---|---|---|---|
| 平均轻雾日数 | 8.6 | 6.3 | 9.3 | 7.5 | 7.4 | 11.6 | 16.3 | 10.6 | 4.3 | 5.1 | 8.7 | 9.4 | 105.1 |
| 最多轻雾日数 | 13 | 12 | 15 | 12 | 12 | 20 | 25 | 13 | 9 | 10 | 14 | 14 | 145 |

注：1995年7月停测。

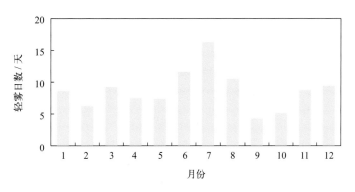

图5.6-4　轻雾日数年变化（1988—1995年）

### 3. 雷暴

雷暴日数的年变化见表 5.6-3 和图 5.6-5。1988—1995 年，平均年雷暴日数为 24.3 天。雷暴出现在春、夏和秋三季，9 月最多，平均为 5.7 天，12 月至翌年 3 月没有雷暴；雷暴最早初日为 4 月 6 日（1995 年），最晚终日为 11 月 18 日（1992 年）。

表 5.6-3　雷暴日数的年变化（1988—1995 年）　　　　　　　　　　　　　单位：天

| | 1月 | 2月 | 3月 | 4月 | 5月 | 6月 | 7月 | 8月 | 9月 | 10月 | 11月 | 12月 | 年 |
|---|---|---|---|---|---|---|---|---|---|---|---|---|---|
| 平均雷暴日数 | 0.0 | 0.0 | 0.0 | 1.3 | 2.9 | 4.4 | 5.3 | 1.9 | 5.7 | 2.4 | 0.4 | 0.0 | 24.3 |
| 最多雷暴日数 | 0 | 0 | 0 | 3 | 7 | 6 | 9 | 5 | 10 | 4 | 2 | 0 | 31 |

注：1995年7月停测。

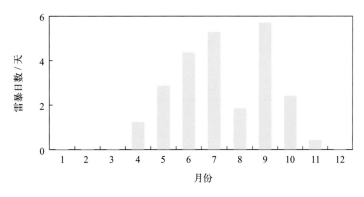

图5.6-5　雷暴日数年变化（1988—1995年）

### 4. 霜

霜日数的年变化见表 5.6-4 和图 5.6-6。1988—1995 年，平均年霜日数为 25.4 天。霜全部出现在 11 月到翌年 4 月，2 月最多，平均为 8.6 天，5—10 月无霜；霜最早初日为 11 月 23 日（1989年），最晚终日为 4 月 1 日（1991 年和 1995 年）。

表 5.6-4　霜日数的年变化（1988—1995年）　　　　　　　　　　　　　单位：天

| | 1月 | 2月 | 3月 | 4月 | 5月 | 6月 | 7月 | 8月 | 9月 | 10月 | 11月 | 12月 | 年 |
|---|---|---|---|---|---|---|---|---|---|---|---|---|---|
| 平均霜日数 | 7.4 | 8.6 | 5.5 | 0.3 | 0.0 | 0.0 | 0.0 | 0.0 | 0.0 | 0.0 | 0.7 | 2.9 | 25.4 |
| 最多霜日数 | 13 | 15 | 10 | 1 | 0 | 0 | 0 | 0 | 0 | 0 | 3 | 8 | 32 |

注：1995年7月停测。

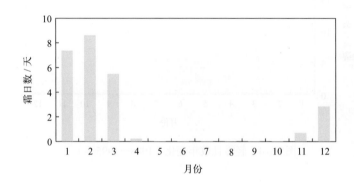

图5.6-6　霜日数年变化（1988—1995年）

### 5. 降雪

降雪日数的年变化见表 5.6-5 和图 5.6-7。1988—1995 年，平均年降雪日数为 12.9 天。降雪出现在 10 月至翌年 4 月。平均月降雪日数以 12 月最多，为 3.6 天，5—9 月无降雪；降雪最早初日为 10 月 30 日（1993 年），最晚初日为 12 月 15 日（1988 年），最早终日为 3 月 16 日（1995 年），最晚终日为 4 月 11 日（1992 年）。

表 5.6-5　降雪日数的年变化（1988—1995年）　　　　　　　　　　　　单位：天

| | 1月 | 2月 | 3月 | 4月 | 5月 | 6月 | 7月 | 8月 | 9月 | 10月 | 11月 | 12月 | 年 |
|---|---|---|---|---|---|---|---|---|---|---|---|---|---|
| 平均降雪日数 | 2.8 | 1.9 | 2.1 | 0.4 | 0.0 | 0.0 | 0.0 | 0.0 | 0.0 | 0.1 | 2.0 | 3.6 | 12.9 |
| 最多降雪日数 | 5 | 5 | 7 | 1 | 0 | 0 | 0 | 0 | 0 | 1 | 6 | 6 | 17 |

注：1995年7月停测。

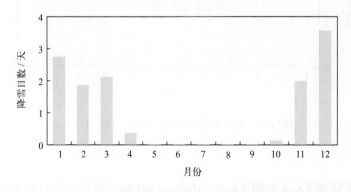

图5.6-7　降雪日数年变化（1988—1995年）

## 第七节　能见度

　　1988—2018 年，累年平均能见度为 19.4 千米。10 月平均能见度最大，为 23.8 千米；7 月平均能见度最小，为 14.1 千米。能见度小于 1 千米的年平均日数为 14.0 天，其中 2 月最多，为 1.9 天，9 月和 10 月最少，均为 0.3 天（表 5.7-1，图 5.7-1 和图 5.7-2）。

　　历年平均能见度为 14.7 ～ 25.9 千米，其中 1988 年最高，2009 年最低；能见度小于 1 千米的日数 2007 年最多，为 28 天，1989 年最少，为 5 天（图 5.7-3）。

　　1988—2018 年，年平均能见度呈下降趋势，下降速率为 2.08 千米 /（10 年）。

表 5.7-1　能见度的年变化（1988—2018 年）

| | 1月 | 2月 | 3月 | 4月 | 5月 | 6月 | 7月 | 8月 | 9月 | 10月 | 11月 | 12月 | 年 |
|---|---|---|---|---|---|---|---|---|---|---|---|---|---|
| 平均能见度 / 千米 | 21.0 | 20.0 | 18.9 | 17.5 | 18.2 | 15.2 | 14.1 | 17.4 | 22.8 | 23.8 | 22.0 | 22.1 | 19.4 |
| 能见度小于 1 千米平均日数 / 天 | 1.2 | 1.9 | 1.5 | 1.4 | 1.6 | 1.4 | 1.7 | 0.8 | 0.3 | 0.3 | 0.8 | 1.1 | 14.0 |

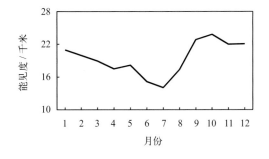

图5.7-1　能见度年变化

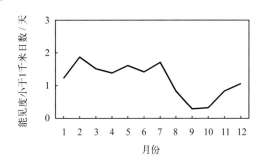

图5.7-2　能见度小于1千米日数年变化

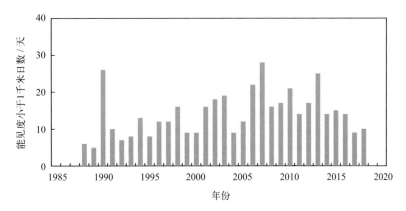

图5.7-3　能见度小于1千米的年日数变化

## 第八节　云

　　1988—1995 年，累年平均总云量为 4.0 成，其中 7 月平均总云量最多，为 6.3 成，1 月最少，为 2.5 成。累年平均低云量为 1.5 成，其中 7 月平均低云量最多，为 3.2 成，1 月最少，为 0.6 成（表 5.8-1，图 5.8-1）。

表5.8-1　总云量和低云量的年变化（1988—1995年）

| | 1月 | 2月 | 3月 | 4月 | 5月 | 6月 | 7月 | 8月 | 9月 | 10月 | 11月 | 12月 | 年 |
|---|---|---|---|---|---|---|---|---|---|---|---|---|---|
| 平均总云量/成 | 2.5 | 2.9 | 3.7 | 3.6 | 5.1 | 5.5 | 6.3 | 4.9 | 3.6 | 2.9 | 3.6 | 3.1 | 4.0 |
| 平均低云量/成 | 0.6 | 0.8 | 0.7 | 1.0 | 1.8 | 2.2 | 3.2 | 2.0 | 1.6 | 1.1 | 1.9 | 1.2 | 1.5 |

注：1995年7月停测。

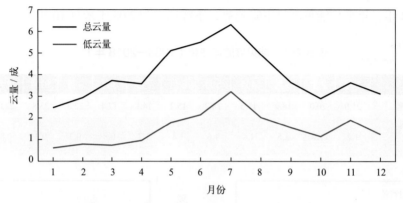

图5.8-1　总云量和低云量年变化（1988—1995年）

# 第六章 灾害

## 第一节 海洋灾害

### 1. 风暴潮

1983 年 7 月，复县沿海 14 个公社一个农场的林场、盐场、养虾场受到 60 年来最大的海潮袭击，经济损失总值 285 万元，死亡 2 人（《中国气象灾害大典·辽宁卷》）。

2005 年 8 月，特大风暴潮"麦莎"相继影响我国东部沿海数省，其间正逢农历七月大潮，造成经济损失超过 35 亿元，其中瓦房店市也受到灾害影响（《2005 年中国海洋灾害公报》）。

### 2. 海岸侵蚀

2015 年，大连瓦房店李官镇部分岸段海岸侵蚀最大距离 3.01 米，平均侵蚀距离 1.68 米；平均下蚀高度 22 厘米（《2015 年中国海平面公报》）。

2016 年，大连瓦房店李官镇部分岸段海岸侵蚀最大距离 8.23 米，岸滩平均下蚀高度 6.88 厘米（《2016 年中国海平面公报》）。

## 第二节 灾害性天气

根据《中国气象灾害大典·辽宁卷》记载，温坨子站周边发生的主要灾害性天气有暴雨洪涝、大风（龙卷风）、冰雹和雷暴。

### 1. 暴雨洪涝

1962 年 7 月 8—10 日，复县风力 10 ~ 11 级。复县 5 个乡受灾，刮倒苹果树 0.3 万棵，刮掉苹果 115 万千克，刮倒李子树 0.1 万棵。粮食减产 70 万千克。

1964 年 7 月 26—30 日，复县南部、东南部雨量为 137 ~ 160 毫米。水冲沙压庄稼 11.7 万亩[①]，其中绝收 4.0 万亩；内涝 1.9 万亩，重灾 8.1 万亩。淹房 0.3 万间，倒房 338 间，倒仓库 72 间。冲坏果树 0.4 万株，冲倒 116 株，冲走 147 株。

1974 年 8 月 1 日，复县大暴雨，全县平均雨量 80 ~ 100 毫米。冲毁农作物 0.5 万亩，倒塌房屋 151 间，死 4 人，水淹地 3 万亩。

1975 年 7 月 31 日，复县 1—14 时降雨量 264 毫米。淹地 18.6 万亩，其中水冲 2.5 万亩，内涝 6.9 万亩，作物倒伏 3.6 万亩，死 15 人，倒房 245 间，冲倒树木 6.0 万株。许屯车站涵洞被洪水冲毁造成停车 36 小时，全县 13 条公路被冲坏，桥冲坏 9 座，涵洞坏 31 座，仅公路损失 60 万元。

1977 年 8 月 2—3 日，瓦房店过程雨量为 229.5 毫米。雨后出现 6 ~ 7 级大风。复县全县内涝农田面积 8.8 万亩，其中过水面积 7.6 万亩，沙压面积 0.9 万亩，绝收 0.3 万亩，庄稼倒伏 3 万亩，倒房 405 间，死亡 4 人。

1981 年 7 月，复县日降雨量 200 毫米以上，其中万家公社南马屯雨量达 390 毫米，引起山啸造成山洪暴发，复州河泛滥。13 个公社 1 个镇 623 户受灾，毁房 44 间，死亡 177 人。水淹大田 20 万亩，其中绝收 4 万亩。铁路、公路输电、通讯中断 3 ~ 8 天。长大铁路瓦房店至许屯间

---

① 1亩≈666.67平方米。

有 30 余处被冲毁，造成铁路从 7 月 28 日至 8 月 4 日 16 时中断近 8 天，406 次客车在小寺处被阻，内燃机车和一节卧铺车厢分别冲出轨道 30 米和 50 米，车头被冲翻。

1982 年 7 月 25—26 日，复县全县雨量 150 毫米左右，其中炮台和杨家雨量在 200 毫米以上。全县农田进水面积 4.8 万亩，阵雨伴随大风，刮掉苹果 71.85 万千克，倒塌房屋 906 间。作物倒伏 3.3 万亩。

1984 年 6 月 15—16 日，复县大暴雨，13 个乡受灾农田 5 万亩，冲毁 8 个养殖场，倒房 305 间，水灾损失折合价值 385 万元。

1985 年 8 月，大连市降暴雨，阵风 11 ~ 12 级，雨量为 200 毫米左右。复县 28 个乡镇 2 个农场受灾，倒房 6 872 间，过水 8 500 间，死 15 人。玉米等高秆作物全部倒伏，粮食减产 21 250 万千克，约占总量的 50%，果树被冲走和连根拔起 9.7 万株，苹果减产 5%。损失渔船 56 只。铁路中断 10 多个小时。

1986 年 8 月 9—11 日，大连的新金、瓦房店两市县 23 个村受灾农田 8.9 万亩，其中绝收 1 000 多亩。刮倒树木 4 000 株，果树落果 22.8 万千克，冲毁河堤 56 处、公路 54 处、塘坝 2 座、机电井 4 眼，倒塌房屋 78 间。

1987 年 8 月 26—27 日，降雨，复县农作物倒伏 34.9 万亩，约减产粮食 1 723 千克。刮掉各种水果 934 万千克。

1988 年 8 月 16 日，大连北部及营口南部一般雨量 100 ~ 200 毫米，瓦房店和新金县的同益乡雨量分别为 300 毫米和 346 毫米。瓦房店市内积水，一些工厂受淹，交通阻塞，一度造成停电、停产，经济损失百万元。

1991 年 7 月 21 日 12 时 05 分至 22 日 20 时，大连地区庄河、新金、瓦房店 22 个乡镇普降大到暴雨，风力达 8 ~ 10 级。瓦房店市炮台镇玉米受灾 3 万亩，其中倒伏 1.5 万亩，折断 0.45 万亩。

### 2. 大风和龙卷风

1962 年 7 月 10 日，复县北部地区遭 9 ~ 10 级大风长达 30 分钟袭击，刮倒果树 955 棵，刮倒刮断玉米 71 782 亩。

1963 年 7 月 7 日，复县风力 8 ~ 9 级，有 1.8 万亩玉米倒伏。

1964 年 4 月 5 日至 6 日，复县平均风速 24 米 / 秒，瞬间风速 40 米 / 秒。复县损失船只 17 只。大风刮坏刮走渔具 150 件，刮倒输电线杆 21 根。8 月 27 日，复县风力 10 ~ 12 级，冰雹直径 15 ~ 20 毫米。大风把 30 年生树径 60 ~ 80 厘米的杨树刮倒 6 株，并砸坏一些电业设备，经济损失约 7 万元，农业损失 24.5 万元。

1966 年 8 月 31 日，复县平均风速 17 米 / 秒，阵风 9 级。全县约 7 万千克苹果被风刮掉。

1971 年 1 月 20—22 日，瓦房店市大风连续 50 多个小时，最大风速 25 米 / 秒。复州公社中学的烟囱（高 10 米多）被刮倒，死伤学生 3 名。

1972 年 7 月 26—27 日，大连、锦州、营口等沿海地区受到 3 号台风影响，复县风速 25.0 米 / 秒，持续 18 个小时。复县大风使 3.8 万亩农作物折断倒地，51.9 万亩农作物倒伏，果树被刮断 1 312 株，倒伏 0.6 万株，落果 12.5 万千克。刮走渔船 5 只，倒塌房屋 626 间、仓库 7 间、畜舍 178 间，电杆被刮断 440 根，刮倒 738 根，刮倒大树 0.9 万株。

1973 年 6 月 17 日，复县风力 7 ~ 8 级，积雹厚度一般 10 厘米，10 个乡的部分村屯受灾。6 月 19 日，复县遭大风暴袭击，农作物倒伏 9.8 万亩，倒塌房屋 492 间、畜舍 185 间、仓库 43 间，死 1 人。

1977 年 7 月 24 日，盖县、复县一带及长海县大风，风力一般 7 ~ 8 级，南大风并伴有暴雨。复县 22 个公社玉米倒伏 21.7 万亩，刮断 10 ~ 15 年生树木 20 多株。9 月 10—12 日，复县北大风持续 2 天，平均风速 14.7 米 / 秒，最大风速 19 米 / 秒。全县苹果被刮掉 750 万千克，对下茬作物稍有影响（刮断刮倒一部分）。

1978 年 9 月 17—18 日，复县阵风风速 23 米 / 秒，损失苹果 250 万千克，2.0 万亩向日葵不同程度倒伏或折断，其他作物也遭受一定损失。

1980 年 4 月 5—6 日，复县刮北大风，平均风速 23 米 / 秒，瞬间风速 32 米 / 秒。刮碎水稻育苗薄膜 15 吨、蔬菜塑料大棚塑料 110 吨，蔬菜减产近 200 万千克，渔船触礁碰坏 25 只，流失损坏渔网 998 片及其他渔具，共损失价值 14.7 万元。

1981 年 9 月 27 日，复县大风，平均风速 14 米 / 秒，最大风速 22 米 / 秒。全县苹果落果 1 200 万千克。

1982 年 11 月 9 日 8 时，复州城北大风 12 米 / 秒。10 日 2 时，复州城 16 米 / 秒，雪量：旅顺 19 毫米，长海 12 毫米，金州 25 毫米，复州城 23 毫米，普兰店的安波 62 毫米，庄河 12 毫米。复州湾等四个盐场遭受雨、雪和大风的袭击，化损池中盐 10 万吨，占年计划 8%。刮断低压电柱 39 根，毁掉变压器 4 台。以上损失价值 930 万元。停电时间长、面广，盐场有 15 个分场停电，占 65%。

1983 年 7 月 19 日和 21 日，复县降雨，并伴有 8 ~ 11 级大风和冰雹。复县受灾农田 16 万亩，打坏苹果树 110 万株，刮倒房屋 2 000 间，近万株成材林被刮毁。其中，7 月 21 日 4—14 时，复县复州城受东北冷涡的影响，北部 1 个公社 2 个农场降了大暴雨，暴雨中心在永宁为 127 毫米，在降大暴雨同时，西杨、苇套、得利寺农场，永宁、闫店、得利寺公社受到龙卷风和冰雹的袭击，最强风力达 12 级以上，最大冰雹直径 3 ~ 5 厘米，雹灾涉及 61 个生产大队，287 个生产队，共 16 万亩，打坏苹果 110 万株，刮倒电杆 400 根，刮坏房屋 2 000 间，近万株成材林被刮毁。

1984 年 4 月 5 日，复县刮北大风，平均风力 7 ~ 8 级。对海上渔具和园田塑料大棚造成较大损失。

## 3. 冰雹

1962 年 5 月 14—15 日，复县 19 个公社连续降雹 30 分钟，大的如鸡蛋，小的如蛋黄，直径 25.0 毫米，最大重量 3.5 克。有 100 万株苹果树受灾，占全部果树的 55%，50 万亩定值的黄瓜、西红柿遭灾，受灾各类农作物 6 ~ 7 万亩。育苗玻璃损坏严重。6 月 3 日，复县降雹，受灾农田 3.4 万亩，毁种 4 000 亩，补种 2.6 万亩。6 月 9 日，复县降雹 9 分钟，雹粒大的如鸡蛋，小的如卫生球，地面积雹 1 ~ 2 寸[①] 厚。有 5 000 亩玉米、980 亩大豆、75 亩蔬菜、7 000 株苹果树受灾。8 月 8 日，复县 5 个大队降雹，受灾农田 10 758 亩，打坏果树 1 550 棵，打伤苹果 11 万千克。9 月 20 日，复县降雹，冰雹大的如鸡蛋，小的如杏果，降雹持续 20 分钟，大的如鹅蛋，小的如橡子，同时伴有雷阵雨和 6 ~ 7 级大风。全县有 8 个公社受灾，以泡子、唐家房、杨树房、大谭等 5 个公社的 21 个大队 144 个生产队灾情最重，受灾面积 26.3 万亩。

1966 年 4 月 28 日，复县降雹 1 分钟，雹粒大如鸡蛋。横山公社 9 个大队遭雹灾，果树、蔬菜受损面积 4%，打坏一些房屋玻璃。

1969 年 8 月 26 日，复县降雹，冰雹大的如鸡蛋黄，小的像高粱粒。驼山公社大魏大队灾情较重，蔬菜全部被打坏，打掉苹果 1.65 万千克，大田作物减产 2 成。新金元台公社 9 个大队受雹灾，其中 5 个大队最重，受灾面积达 1.2 万亩，粮食减产 1 000 吨。

---

① 1 寸 ≈ 0.0333 米。

1973年6月17日,复县降雹,积雹一般10厘米厚,风力7～8级。10个公社17个大队受灾。9月17—22日,复县降雹,冰雹直径一般30毫米,最大直径60毫米,平地积雹10厘米厚,袭击范围长15千米、宽3千米。11个公社22个大队受灾,打坏苹果300万千克,受灾大田150多亩,蔬菜300亩。10月21日,复县降雹,损失苹果50万千克。金县冰雹直径16毫米。5个公社受灾,损失蔬菜400万千克,苹果350万千克。

1975年6月14日,复县降雹,冰雹最大直径30～50毫米。受灾农田2.5万亩、果树2000株。一些玉米、大豆、地瓜植株被打成光杆,小麦、油菜籽粒被打落,蔬菜被打毁。9月18日,复县降雹,冰雹直径10毫米左右,袭击范围南北长3～5千米,东西宽1～1.5千米。损失苹果1.5万千克左右,价值1000元左右。

1976年6月9日,复县降雹10～15分钟,降雨量50～100毫米。冰雹打坏庄稼3500亩,沙压梯田600亩。8月31日,复县降冰雹20分钟,大的如鹅蛋,小的如鸡蛋。农作物受灾14500亩,打坏苹果0.65亿千克,蔬菜1524亩。被雷击死2人。9月10日,复县降雹10分钟,最大冰雹如卫生球。打坏苹果87.2万千克,其中落果23.5万千克。

1977年6月3日,复县降雹10～15分钟,冰雹直径5毫米。大田作物受灾4000亩,其中重灾1500亩。10月1日,复县降雹,驼山公社和西杨公社共8个生产队及一个农场受灾,灾区长12.5千米,宽2.5～5千米。冰雹直径30～40毫米。损失苹果125万千克,价值25万元。

1978年6月3日,复县降雹,冰雹如鸡蛋黄大,最大降雨中心雨量达90多毫米。受灾农田8.2万亩,水冲沙压地4000亩,受灾果树25万株,打伤苹果约370万千克。

1979年9月9日,复县降雹,有4个公社受灾,受灾农田13968亩。损失苹果665万千克,粮食减产20万千克。

1980年9月1日,复县2小时雨量70～180毫米,同时降雹,冰雹直径25毫米。打伤苹果520万千克,受灾农田2.2万亩,减产粮食27万千克,减产蔬菜390万千克。9月2日,复县降雹,12个大队受灾,受灾农田45083亩,损失苹果12760万千克。9月27日,复县8个公社降雹,打伤苹果1250万千克,其中降等减收62.5万千克,1800亩蔬菜被打,减产550万千克,总计减收22万元。10月16日,复县降雹,冰雹直径3毫米。全县水果和蔬菜生产遭受一定损失,损失苹果约300万千克。

1981年9月11日6—7时,复县8个人民公社降冰雹,降雹时间长达13分钟,苹果损失59.25万千克,农田受灾面积11010亩。

1983年7月19—20日,复县、新金县相继出现冰雹,雹块大的有鹅蛋大,一般鸡蛋大,小的蛋黄大。打伤果树110万棵,落果280万千克,打伤苹果3150万千克。同时遇风灾。9月11日、12日、14日,复县8个公社降雹,受灾农田8490亩,打毁菜田2176亩,打坏苹果3381万千克、葡萄30万千克、柞蚕1608把,总计经济损失约1120万元。

1984年6月9—11日,大连地区新金县、复县8个乡镇降雹,受灾农田1.6万亩,其中重灾13万亩,大豆、土豆全部砸毁,各类果树的果实有70%被打掉或打伤。7月15日10时至13时,大连市有5个县65个乡(镇、农场)先后遭到短时雷阵雨、冰雹、大风袭击。瓦房店市个别地区冰雹有鹅蛋大,降雹时间约有5分钟,阵风8～10级。据目击者反映,有一村民捡了一最大冰雹称重为110克,在雷雨、冰雹同时伴有8～10级大风。复州盐场气象台,观测阵风35米/秒。9月7日12时至12时30分,瓦房店市北部的李官、许屯、土城和永宁四乡出现了暴雨、冰雹和大风,30分钟内土城子降雨量70毫米,永宁63毫米,在降雨同时伴有短时大风和冰雹,雹粒一般有黄豆粒大。受灾具体情况:死亡1人,农田作物受灾1900亩,农作物绝收400亩。瓦房店市土城乡损失苹果 607 万斤（碰伤 400 万斤，破皮 150 万斤，击落 57 万斤），高粱减产 27 万斤，向日葵刮倒 300 亩，减产 3 万斤，2 头牛被雷击死。

1986 年 8 月 9 日 15 时左右，瓦房店市部分乡镇降冰雹，并伴有 9 级大风，持续时间均在 10 分钟左右。赵屯乡冰雹最大直径为 10 毫米。

1987 年 6 月 28 日，复县降雹，冰雹最大直径 40 毫米，走向为西北至东南向，降雹范围长约 40 千米、宽 2 ~ 10 千米。7 个乡镇遭受不同程度的灾害。6 月 29 日 11 时 05 分至 11 时 40 分，瓦房店市的西北部、中部地区受冰雹袭击，冰雹直径为 10 ~ 40 毫米，重灾区冰雹覆盖厚度 8 厘米。影响范围：瓦房店市的闫店、西扬、驼山、东岗、复州、太阳升、赵屯和得利寺。受灾具体情况：农田作物受灾 15.1 万亩，农作物绝收 20000 亩，受灾区成带形，东西走向，长约 40 千米，宽 2 ~ 10 千米不等，8 个乡镇共有 60 个村受灾，392 个居民组 19 605 户。受灾果树 79.4 万棵，平均农业减产 3 ~ 5 成，粮谷作物减产 2 150 万斤，直接经济损失 1 700 万元。其他经济损失 200 万元。

1988 年 8 月 23 日 13—14 时，瓦房店市炮台镇松木岛和陈屯降冰雹 10 分钟，最大蛋黄大，积雹半尺深，到 24 日才化完。灾情：瓦房店市炮台镇松木岛和陈屯的菜和玉米被打。9 月 4 日，受高空槽和地面冷锋共同影响，9 月 4 日半夜至 5 日凌晨，大连部分地区降冰雹。实况如下：4 日 22—24 时瓦房店市有 8 个乡镇和苇套农场共 36 个村降雹。具体地点有：永宁、西杨、闫店、李官、许屯、万家岭、驼山、赵屯。其中永宁、西扬、闫店三个乡镇较重。冰雹大的如鸡蛋黄大，小的有卫生球和豆粒大。瓦房店市打坏苹果树 60.3 万棵，打坏苹果 675 万千克，间接影响 200 万千克，打坏菜田 700 万亩，打坏经济作物 1 200 亩。直接经济损失 550 万元。

1989 年 6 月 29 日 16 时 40 分至 20 时，由于受东北冷涡影响，瓦房店市东岗乡达营、韩庙两个村降冰雹，40 分钟降暴雨 50 ~ 60 毫米，雨伴冰雹 15 ~ 30 分钟，冰雹为乒乓球大，地面降雹最大厚度为 10 厘米。7 月 1 日傍晚，瓦房店市由北向南再次降阵雨和雷阵雨，18 时 15 分至 27 分，李官、土城子、永宁 3 个乡 19 个村降冰雹，30 分钟降雨 57 毫米，雨伴冰雹 15 分钟左右，冰雹大的如蛋黄大，小的如杏核大。瓦房店市东岗乡达营、韩庙打伤 5.05 万株果树，苹果树被打裂，被打伤最多的一个苹果被打伤 15 处。3 100 亩玉米叶子被打成绺，1 000 亩大豆叶被打光，部分地瓜、大豆被冲跑。羊被冲走 3 只，桥涵被冲毁 4 座，一农民在山上放羊，被雷击昏，牛、羊身上多被打成鸡蛋大小的包，有些居民家玻璃被击碎，经济损失 1.8 万元。7 月 1 日晚 6 时，李官、土城子、永宁 3 个乡 19 个村受灾，有 8 654 户，348 万人，受灾面积 5.0 万亩，其中玉米 3.18 万亩，大豆 1.07 万亩，其他 0.9 万亩，受灾果树 68.46 万株。李官乡较重，全乡 13 个村全部受灾，成灾 10 个村，玉米叶被打碎，葡萄被打伤。苹果减产 269 万千克，葡萄减产 40 万千克，经济损失 216 万元。

1990 年 6 月 9 日 17 时 49 分至 18 时 05 分，复县得利寺镇，降雹 3 ~ 13 分钟，大的像蛋黄，小的如玉米粒。全镇有 8 个村受灾，受灾面积大豆 1 000 亩，玉米 8 000 亩，打坏春蚕 96 把，全镇 52 万棵树受灾 44 万棵，苹果减产 800 万斤，全镇损失 737 万元。9 月 14 日，瓦房店市降雹持续 7 分钟，直径为 10 ~ 15 毫米，主要受灾的乡镇有交流岛、谢屯、复州湾，共打伤苹果 80 万斤，落果 30 万斤，打坏蔬菜 1 000 多亩，共损失 100 万元。

1991 年 9 月 19 日 14 时，瓦房店市降雹 20 分钟，最大直径 30 毫米，3 小时才化完。受灾果树 40.6 万株，有 1 980 万斤苹果因灾而降等，受灾农田 4 400 亩。

1993 年 9 月 3 日 11 时 30 分和 13 时 30 分至 14 时 30 分，以及 14 时 59 分至 15 时，普兰店市、瓦房店市局部降冰雹，瓦房店市冰雹最大直径为 24 ~ 25 毫米，平均直径为 12 ~ 13 毫米，一般持续时间为 10 分钟。瓦房店市的杨家乡八虎村，果树 80% 被打，地面有落果；白菜受到不同程度的损失，轻者叶片有眼，重者叶片被击碎只剩菜梗。

1994年6月14日，瓦房店市李店镇13个村降雹，冰雹最大直径为蛋黄大。受灾果树39.6万株，玉米2.6万亩，塑料大棚3 500亩，共损失约572万元。

1995年6月23—25日，大连地区所属各市县降雹。瓦房店市有16个乡镇受灾，较重的2个。受灾面积30万亩，其中玉米20万亩；苹果受灾300万株；经济作物受灾1万亩，有3 000亩绝收，造成直接经济损失6 700多万元。

## 4. 雷暴

1976年8月31日，复县雷击使2人死亡。

1984年9月7日12时至12时30分，瓦房店市土城乡发生雷击，死牛2头。

1986年9月15日，复州城发生雷击，击坏变压器1台，电视机1台，录音机1台，吹风机25台。

1989年7月1日18时，瓦房店市东岗乡韩庙村，一放羊农民被雷击昏，后经抢救生还。

鲅鱼圈海洋站

# 第一章　概况

## 第一节　基本情况

鲅鱼圈海洋站（简称鲅鱼圈站）位于辽宁省营口市。营口市地处辽东半岛中枢，渤海东岸，大辽河入海口处，海岸线长 122 千米，总人口 245 万，管辖海域面积 1542 平方千米，其中滩涂面积 132 平方千米，浅海面积 1410 平方千米。营口市周边海域海洋生物资源丰富，有一定面积的生物产卵场、索饵场、越冬场和洄游通道。

鲅鱼圈站建于 1959 年 7 月，隶属于辽宁省气象局。1965 年 11 月起隶属原国家海洋局北海分局。建站时站址位于辽宁省营口市盖平县鲅鱼圈公社海星村韭菜砣子，2006 年 6 月迁至营口港务局四突堤信号楼（图 1.1-1）。

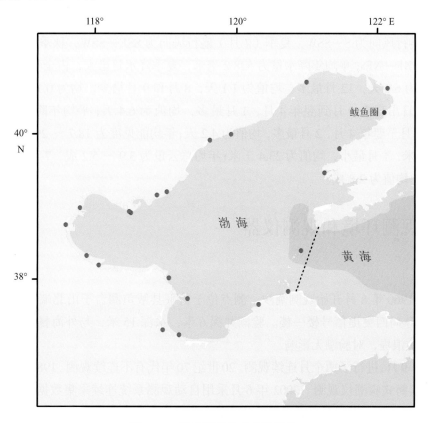

图1.1-1　鲅鱼圈站地理位置示意

鲅鱼圈站水文观测项目有潮汐、海浪、表层海水温度、表层海水盐度和海冰等；气象观测项目有气温、气压、相对湿度、风、降水和能见度等。观测仪器的发展变化可分为 3 个阶段：从建站至 20 世纪 90 年代初期为简易观测设备和人工操作的机械观测设备；20 世纪 90 年代初期至 2001 年为半自动化观测设备；2002 年以后为自动化观测设备，除了少部分项目目测外，鲅鱼圈站实现了大部分观测项目的自动观测、采集、存储、查询、实时显示和传输。

鲅鱼圈沿海为不正规半日潮特征，海平面 1 月最低，7 月和 8 月最高，年变幅为 54 厘米，平均海平面为 206 厘米，平均高潮位为 331 厘米，平均低潮位为 83 厘米，均具有夏秋高、冬春低的年变化特点；全年海况以 0 ～ 3 级为主，年均十分之一大波波高值为 0.2 ～ 0.5 米，年均平均周期值为 1.3 ～ 2.5 秒，历史最大波高最大值为 3.5 米，历史平均周期最大值为 8.3 秒，常浪向为 SW，强浪向为 NW；年均表层海水温度为 11.1 ～ 12.2℃，1 月和 2 月最低，均为 –1.5℃，8 月最高，均值为 25.9℃，历史表层水温最高值为 33.2℃，历史表层水温最低值为 –3.4℃；年均表层海水盐度为 26.59 ～ 31.68，5 月最高，均值为 30.21，10 月最低，均值为 27.27，历史表层盐度最高值为 35.28，历史表层盐度最低值为 3.60；海发光全部为火花型，频率峰值出现在 9 月，1 级海发光最多，出现的最高级别为 4 级；平均年度有冰日数为 89 天，有固定冰日数为 68 天，1 月平均冰量最多，总冰量和浮冰量均占年度总量的 43% 左右，2 月次之，总冰量和浮冰量均占年度总量的 35% 左右。

　　鲅鱼圈站主要受大陆性季风气候影响，年均气温为 8.5 ～ 12.1℃，1 月最低，平均气温为 –6.9℃，7 月最高，平均气温为 24.9℃，历史最高气温为 35.0℃，历史最低气温为 –23.6℃；年均气压为 1 013.8 ～ 1 016.5 百帕，具有冬高夏低的变化特征，1 月最高，均值为 1 025.3 百帕，7 月最低，均值为 1 002.6 百帕；年均相对湿度为 52.3% ～ 69.6%，7 月最大，均值为 77.8%，3 月最小，均值为 57.6%；年均平均风速为 4.1 ～ 7.0 米 / 秒，春秋季大，夏冬季小，11 月最大，均值为 6.5 米 / 秒，7 月最小，均值为 4.4 米 / 秒，冬季（1 月）盛行风向为 NNE—NE 和 SSE—S（顺时针，下同），春季（4 月）盛行风向为 S—SSW，夏季（7 月）盛行风向为 SSE—SSW，秋季（10 月）盛行风向为 SSE—S 和 NNE—NE；平均年降水量为 528.2 毫米，夏季降水量最大，占全年降水量的 61.7%；平均年雾日数为 6.0 天，12 月最多，均值为 1.1 天，8 月和 9 月最少，均为 0.1 天；平均年霜日数为 28.7 天，霜日出现在 9 月到翌年 4 月，1 月最多，均值为 6.4 天；平均年降雪日数为 18.3 天，降雪发生在 10 月至翌年 4 月，2 月最多，均值为 4.2 天；年均能见度为 18.7 ～ 29.4 千米，9 月最大，均值为 27.7 千米，1 月最小，均值为 23.4 千米；年均总云量为 3.9 ～ 5.2 成，7 月最多，均值为 6.9 成，1 月最少，均值为 2.8 成。

## 第二节　观测环境和观测仪器

### 1. 潮汐

　　鲅鱼圈站 1960 年 8 月开始观测潮汐，测点位于盖平县鲅鱼圈台子山北端。1993 年 6 月后测点位于营口港务局四突堤信号楼一楼。验潮井深 6 米，水深 15 米，与外海畅通，水交换好。验潮井西有一道防浪堤，对验潮无影响。

　　1960 年 8—9 月，进行了两个月连续观测。20 世纪 70 年代有不连续观测。1980 年开始连续观测，采用 HCJ1 型滚筒式验潮仪观测。2002 年 6 月采用自动观测系统连续采集数据，之后观测系统不断升级。2010 年 7 月，观测系统更换为 XZY3 型水文气象自动观测系统，使用 SCA11-3 型浮子式水位计（图 1.2-1）。

图1.2-1　SCA11-3型浮子式水位计（摄于2019年8月）

## 2. 海浪

自 1962 年 10 月开始观测海浪，测波室位于韭菜砣子。2006 年后测波室位于营口港务局四突堤信号楼五楼，开阔度 180°，测波点处水深 15 米，西面有距岸 700 米的防浪堤，对观测海浪有一定影响。

早期海浪观测主要采用目测、SBA1-2 型岸用光学测波仪（$H$=10 米）以及 HAB-2 型岸用光学测波仪（$H$=10 米）。1989 年后使用 SBA1-2 型岸用光学测波仪（图 1.2-2），主要观测波向、最大波高、十分之一大波波高和平均周期等。海况和波型采用人工观测方式。遇到有雾时人工观测项目缺测，冬季海面结冰时停止观测。

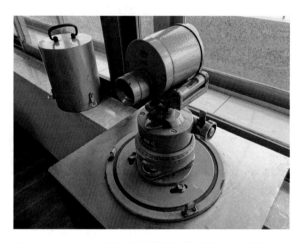

图1.2-2　SBA1-2型岸用光学测波仪（摄于2019年8月）

### 3. 表层海水温度、盐度和海发光

1959 年 7 月开始观测，1994 年 6 月停止观测，2006 年 6 月恢复观测海表水温，2013 年 7 月恢复观测海表盐度，测点位于营口港四突堤信号楼一楼，水深 15 米，与外海畅通，水交换好。海发光与温盐在同一观测点。测点位于码头岸边，一定程度上受到停泊船只的影响（譬如船只的撞击及排水）。

1994 年以前使用 SWL1-1 型水温表观测海表温度，采用比重计、氯度滴定法和 WUS 型感应式盐度计测定盐度。2013 年 6 月后应用 XZY3 型水文气象自动观测系统，使用 YZY4-1 型温盐传感器，连续 24 小时观测，自动完成温盐数据的采集和处理。部分年份冬季海冰严重时停测。

海发光为每日天黑后人工观测。

### 4. 海冰

海冰观测始于 1961 年 1 月，观测时间一般为 11 月至翌年 3 月。2006 年后海冰与海浪观测点相同，位于营口港务局四突堤信号楼五楼。冰量、冰型和浮冰密集度采用人工目测，浮冰流向流速用岸用光学测波仪观测，海冰厚度用冰尺测量，海冰温度用冰温表测量，海冰盐度用盐度计测量，海冰密度用比重法计算。

### 5. 气象要素

气象要素观测始于 1959 年 7 月。气象观测场位置经过 3 次变动，2006 年后位于营口港务局四突堤信号楼五楼楼顶，四周没有高大建筑物，观测场空气通畅（图 1.2-3）。风传感器离地高度

25 米，温湿度传感器离地高度 19.9 米，降水传感器离地高度 19.1 米。

图1.2-3 鲅鱼圈站气象观测场（摄于2019年8月）

鲅鱼圈站气象观测项目有气温、气压、相对湿度、风、降水、能见度、云和天气现象等，1995 年 7 月后取消了云和除雾外的天气现象观测。2002 年 6 月前，主要采用常规仪器进行观测，2002 年 6 月起采用自动观测系统连续采集数据。2008 年 1 月开始应用 SXZ2-1 型水文气象自动观测系统。2010 年 7 月，应用 XZY3 型水文气象自动观测系统，汇集并自动生成气温、气压、相对湿度和风等观测项目的逐时数据及对应的极值数据。

# 第二章 潮位

## 第一节 潮汐

### 1. 潮汐类型

利用鲅鱼圈站近 19 年（2000—2018 年）验潮资料分析的调和常数，计算出潮汐系数 $(H_{K_1}+H_{O_1})/H_{M_2}$ 为 0.57。按我国潮汐类型分类标准，鲅鱼圈沿海为不正规半日潮，每个潮汐日（大约 24.8 小时）有两次高潮和两次低潮，高潮日不等现象较为明显。

1980—2018 年（1983 年数据缺测），鲅鱼圈站主要分潮调和常数存在趋势性变化。$M_2$ 分潮振幅呈增大趋势，增大速率为 0.81 毫米 / 年；$M_2$ 分潮迟角呈减小趋势，减小速率为 0.14° / 年。$K_1$ 分潮振幅变化趋势不明显；$K_1$ 分潮迟角呈减小趋势，减小速率为 0.09° / 年。$O_1$ 分潮振幅无明显变化趋势；$O_1$ 分潮迟角呈减小趋势，减小速率为 0.07° / 年。

### 2. 潮汐特征值

由 1980—2018 年资料统计分析得出：鲅鱼圈站平均高潮位为 331 厘米，平均低潮位为 83 厘米，平均潮差为 248 厘米；平均高高潮位为 368 厘米，平均低低潮位为 68 厘米，平均大的潮差为 300 厘米；平均涨潮历时 5 小时 57 分钟，平均落潮历时 6 小时 29 分钟，两者相差 32 分钟。

累年各月潮汐特征值见表 2.1–1。

表 2.1–1 累年各月潮汐特征值（1980—2018 年）　　　　单位：厘米

| 月份 | 平均高潮位 | 平均低潮位 | 平均潮差 | 平均高高潮位 | 平均低低潮位 | 平均大的潮差 |
|---|---|---|---|---|---|---|
| 1 | 302 | 58 | 244 | 338 | 41 | 297 |
| 2 | 305 | 62 | 243 | 334 | 47 | 287 |
| 3 | 317 | 72 | 245 | 342 | 58 | 284 |
| 4 | 330 | 83 | 247 | 359 | 72 | 287 |
| 5 | 340 | 92 | 248 | 378 | 81 | 297 |
| 6 | 349 | 100 | 249 | 394 | 88 | 306 |
| 7 | 357 | 107 | 250 | 404 | 93 | 311 |
| 8 | 360 | 105 | 255 | 401 | 90 | 311 |
| 9 | 352 | 96 | 256 | 388 | 83 | 305 |
| 10 | 337 | 84 | 253 | 372 | 70 | 302 |
| 11 | 317 | 71 | 246 | 356 | 55 | 301 |
| 12 | 304 | 61 | 243 | 344 | 44 | 300 |
| 年 | 331 | 83 | 248 | 368 | 68 | 300 |

注：潮位值均以验潮零点为基面。

平均高潮位和平均低潮位均具有夏秋高、冬春低的特点（图2.1-1），其中平均高潮位8月最高，为360厘米，1月最低，为302厘米，年较差58厘米；平均低潮位7月最高，为107厘米，1月最低，为58厘米，年较差49厘米；平均高高潮位7月最高，为404厘米，2月最低，为334厘米，年较差70厘米；平均低低潮位7月最高，为93厘米，1月最低，为41厘米，年较差52厘米。平均潮差和平均大的潮差夏秋季较大、冬春季较小，其年较差分别为13厘米和27厘米（图2.1-2）。

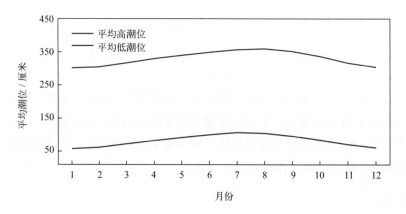

图2.1-1　平均高潮位和平均低潮位的年变化

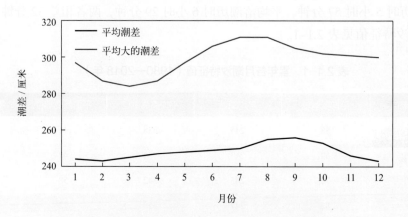

图2.1-2　平均潮差和平均大的潮差的年变化

1980—2018年，鲅鱼圈站平均高潮位呈波动上升趋势，上升速率为4.64毫米/年。受天文潮长周期变化影响，平均高潮位存在较为显著的准19年周期变化，振幅为6.79厘米。平均高潮位最高值出现在2014年，为347厘米；最低值出现在1989年和1990年，均为319厘米。平均低潮位呈上升趋势，上升速率为0.42毫米/年（线性趋势未通过显著性检验）。平均低潮位准19年周期变化幅度较弱，振幅为0.29厘米。平均低潮位最高值出现在2012年，为87厘米；最低值出现在1980年、1993年和1996年，均为80厘米。

1980—2018年，鲅鱼圈站平均潮差呈波动增大趋势，增大速率为4.27毫米/年。平均潮差准19年周期变化较为显著，振幅为6.93厘米。平均潮差最大值出现在2014年和2015年，均为262厘米；最小值出现在1989年和1990年，均为236厘米（图2.1-3）。

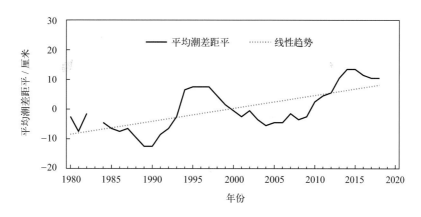

图2.1-3 1980—2018年平均潮差距平变化

# 第二节 极值潮位

鲅鱼圈站年最高潮位和年最低潮位的各月发生频率见表2.2-1。年最高潮位出现时间主要集中在5—10月，其中7月发生频率最高，为43%；8月次之，为22%。年最低潮位主要出现在12月至翌年3月，其中1月发生频率最高，为26%；12月和2月出现频率较高，分别为24%和18%。

1980—2018年，鲅鱼圈站年最高潮位呈上升趋势，上升速率为4.47毫米/年。历年的最高潮位均高于444厘米，其中高于485厘米的有6年。历史最高潮位为518厘米，出现在1994年9月4日。鲅鱼圈站年最低潮位呈上升趋势，上升速率为7.22毫米/年。历年的最低潮位均低于–28厘米，其中低于–95厘米的有4年。历史最低潮位为–110厘米，出现在1980年10月26日（表2.2-1）。

表 2.2-1 最高潮位和最低潮位及年极值出现频率（1980—2018 年）

| | 1月 | 2月 | 3月 | 4月 | 5月 | 6月 | 7月 | 8月 | 9月 | 10月 | 11月 | 12月 |
|---|---|---|---|---|---|---|---|---|---|---|---|---|
| 最高潮位值/厘米 | 458 | 445 | 442 | 463 | 499 | 476 | 487 | 500 | 518 | 474 | 466 | 451 |
| 年最高潮位出现频率/% | 0 | 0 | 0 | 3 | 14 | 5 | 43 | 22 | 5 | 8 | 0 | 0 |
| 最低潮位值/厘米 | –85 | –96 | –103 | –60 | –6 | –23 | 36 | 20 | 3 | –110 | –82 | –96 |
| 年最低潮位出现频率/% | 26 | 18 | 13 | 3 | 0 | 0 | 0 | 0 | 0 | 8 | 8 | 24 |

# 第三节 增减水

受地形和气候特征的影响，鲅鱼圈站出现60厘米以上减水的频率明显高于同等强度增水的频率，超过100厘米的减水平均约14天出现一次，而超过100厘米的增水平均约397天出现一次（表2.3-1）。

鲅鱼圈站100厘米以上的增水主要出现在11—12月，120厘米以上的减水多发生在10月至翌年3月，这些大的增减水过程主要与该海域受寒潮大风和温带气旋等的影响有关（表2.3-2）。

表2.3-1 不同强度增减水的平均出现周期（1980—2018年）

| 范围／厘米 | 出现周期／天 | |
| --- | --- | --- |
| | 增水 | 减水 |
| >30 | 0.54 | 0.51 |
| >40 | 1.22 | 0.83 |
| >50 | 2.91 | 1.31 |
| >60 | 7.03 | 2.04 |
| >80 | 44.90 | 5.30 |
| >100 | 397.47 | 13.87 |
| >120 | 2 702.82 | 38.83 |
| >150 | — | 155.33 |
| >200 | — | 1 930.59 |

"—"表示无数据。

表2.3-2 各月不同强度增减水的出现频率（1980—2018年）

| 月份 | 增水／% | | | | | | 减水／% | | | | | |
| --- | --- | --- | --- | --- | --- | --- | --- | --- | --- | --- | --- | --- |
| | >30厘米 | >40厘米 | >60厘米 | >80厘米 | >100厘米 | >120厘米 | >30厘米 | >40厘米 | >60厘米 | >80厘米 | >100厘米 | >120厘米 |
| 1 | 13.26 | 6.35 | 1.15 | 0.15 | 0.00 | 0.00 | 13.01 | 8.46 | 3.90 | 1.62 | 0.72 | 0.31 |
| 2 | 10.91 | 4.65 | 0.77 | 0.12 | 0.00 | 0.00 | 13.21 | 8.34 | 3.53 | 1.40 | 0.60 | 0.27 |
| 3 | 9.21 | 3.82 | 0.81 | 0.23 | 0.01 | 0.00 | 11.12 | 7.23 | 3.14 | 1.24 | 0.43 | 0.15 |
| 4 | 5.74 | 2.45 | 0.43 | 0.06 | 0.00 | 0.00 | 5.97 | 3.55 | 1.13 | 0.44 | 0.15 | 0.05 |
| 5 | 2.20 | 0.66 | 0.08 | 0.00 | 0.00 | 0.00 | 2.19 | 0.85 | 0.22 | 0.05 | 0.01 | 0.00 |
| 6 | 1.89 | 0.56 | 0.03 | 0.00 | 0.00 | 0.00 | 0.80 | 0.29 | 0.06 | 0.04 | 0.00 | 0.00 |
| 7 | 1.93 | 0.62 | 0.03 | 0.00 | 0.00 | 0.00 | 0.53 | 0.19 | 0.01 | 0.00 | 0.00 | 0.00 |
| 8 | 3.16 | 1.20 | 0.17 | 0.03 | 0.00 | 0.00 | 2.21 | 0.76 | 0.20 | 0.05 | 0.02 | 0.01 |
| 9 | 4.72 | 1.81 | 0.25 | 0.06 | 0.01 | 0.01 | 6.17 | 3.03 | 0.71 | 0.24 | 0.05 | 0.01 |
| 10 | 10.10 | 4.44 | 0.86 | 0.08 | 0.01 | 0.00 | 11.36 | 7.17 | 2.62 | 0.97 | 0.29 | 0.09 |
| 11 | 14.31 | 6.47 | 1.11 | 0.20 | 0.05 | 0.00 | 15.29 | 10.46 | 4.70 | 1.62 | 0.58 | 0.12 |
| 12 | 16.02 | 8.05 | 1.41 | 0.18 | 0.03 | 0.01 | 15.72 | 10.37 | 4.42 | 1.80 | 0.75 | 0.28 |

　　1980—2018年，鲅鱼圈站年最大增水多出现在8月至翌年4月，其中11月和12月出现频率最高，均为18%；3月和10月次之，均为13%。年最大减水多出现在10月至翌年3月，其中1月出现频率最高，为26%；2月、10月和12月次之，均为16%。鲅鱼圈站最大增水为135厘米，出现在2004年9月15日；1982年、1992年和2012年的最大增水较大，均达到或超过120厘米。鲅鱼圈站最大减水为230厘米，发生在1987年2月3日；1981年、2005年和2007年的最大减水较大，均超过195厘米（表2.3-3）。1980—2018年，鲅鱼圈站年最大增水和年最大减水均呈减小趋势，减小速率分别为3.99毫米／年和5.75毫米／年（线性趋势均未通过显著性检验）。

表 2.3-3　最大增水和最大减水及年极值出现频率（1980—2018 年）

| | 1月 | 2月 | 3月 | 4月 | 5月 | 6月 | 7月 | 8月 | 9月 | 10月 | 11月 | 12月 |
|---|---|---|---|---|---|---|---|---|---|---|---|---|
| 最大增水值 / 厘米 | 92 | 101 | 113 | 96 | 79 | 70 | 79 | 95 | 135 | 116 | 121 | 126 |
| 年最大增水出现频率 / % | 8 | 8 | 13 | 5 | 0 | 0 | 0 | 11 | 6 | 13 | 18 | 18 |
| 最大减水值 / 厘米 | 196 | 230 | 216 | 171 | 116 | 103 | 62 | 143 | 146 | 181 | 153 | 196 |
| 年最大减水出现频率 / % | 26 | 16 | 13 | 2 | 0 | 0 | 0 | 0 | 3 | 16 | 8 | 16 |

# 第三章 海浪

## 第一节 海况

鲅鱼圈站全年及各月各级海况的频率见图3.1-1。全年海况以 0 ~ 3 级为主，频率为 82.99%，其中 0 ~ 2 级海况频率为 57.16%。全年 5 级及以上海况频率为 3.78%，最大频率出现在 11 月，为 7.77%。全年 7 级及以上海况频率为 0.04%，最大频率出现在 11 月，为 0.14%。7 月未出现 6 级及以上海况，9 月未出现 7 级及以上海况。

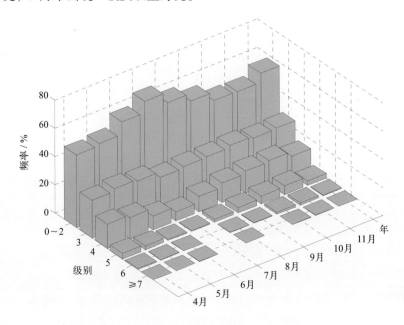

图3.1-1 全年及各月各级海况频率（1962—2018年）

## 第二节 波型

鲅鱼圈站风浪频率和涌浪频率的年变化见表3.2-1。全年以风浪为主，频率为 99.96%，涌浪频率为 2.99%。风浪和涌浪相比较，各月的风浪频率相差不大，涌浪频率存在月份差异。涌浪在 9 月和 10 月较多，其中 10 月最多，频率为 5.30%；在 4—7 月较少，其中 5 月最少，频率为 1.61%。

表3.2-1 各月及全年风浪涌浪频率（1962—2018 年）

| | 4月 | 5月 | 6月 | 7月 | 8月 | 9月 | 10月 | 11月 | 年 |
|---|---|---|---|---|---|---|---|---|---|
| 风浪 / % | 99.98 | 99.99 | 99.97 | 99.97 | 99.97 | 99.96 | 99.90 | 99.95 | 99.96 |
| 涌浪 / % | 1.85 | 1.61 | 1.75 | 1.88 | 3.03 | 4.78 | 5.30 | 3.69 | 2.99 |

注：风浪包含F、F/U、FU和U/F波型；涌浪包含U、U/F、FU和F/U波型。

## 第三节　波向

### 1. 各向风浪频率

鲅鱼圈站各月及全年各向风浪频率见图 3.3-1。4—6 月 SW 向风浪居多，SSW 向次之。7 月 SW 向风浪居多，S 向次之。8 月 NNE 向风浪居多，SW 向次之。9 月和 10 月 NNE 向风浪居多，NE 向次之。11 月 NE 向风浪居多，NNE 向次之。全年 SW 向风浪居多，频率为 10.75%，NNE 向次之，频率为 9.34%，ESE 向最少，频率为 0.22%。

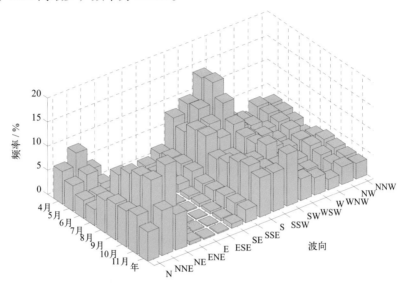

图3.3-1　各月及全年各向风浪频率（1962—2018年）

### 2. 各向涌浪频率

鲅鱼圈站各月及全年各向涌浪频率见图 3.3-2。4—11 月均为 NW 向涌浪居多，WNW 向次之。全年 NW 向涌浪居多，频率为 1.86%，WNW 向次之，频率为 0.47%，ENE—S 向频率接近 0 或未出现。

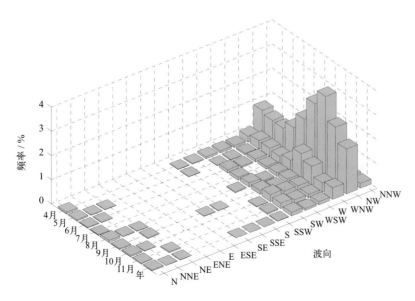

图3.3-2　各月及全年各向涌浪频率（1962—2018年）

## 第四节 波高

### 1. 平均波高和最大波高

鲅鱼圈站波高的年变化见表3.4-1。月平均波高的年变化不明显，为0.2～0.4米。历年的平均波高为0.2～0.5米（1962年因数据较少未纳入历年均值统计结果）。

月最大波高比月平均波高的变化幅度大，极大值出现在3月，为3.5米，极小值出现在7月，为1.6米，变幅为1.9米。历年的最大波高值为1.0～3.5米，大于等于3.0米的共有3年，其中最大波高的极大值3.5米出现在1964年3月26日，波向为NW，对应平均风速为24米/秒，对应平均周期为4.7秒。

表3.4-1 波高的年变化（1962—2018年） 单位：米

| | 3月 | 4月 | 5月 | 6月 | 7月 | 8月 | 9月 | 10月 | 11月 | 年 |
|---|---|---|---|---|---|---|---|---|---|---|
| 平均波高 | — | 0.4 | 0.3 | 0.2 | 0.2 | 0.3 | 0.3 | 0.4 | 0.4 | 0.3 |
| 最大波高 | 3.5 | 2.7 | 2.1 | 2.2 | 1.6 | 3.0 | 2.1 | 3.0 | 2.6 | 3.5 |

注：3月因数据较少未统计均值。

### 2. 各向平均波高和最大波高

各季代表月及全年各向波高的分布见图3.4-1。全年各向平均波高为0.3～0.6米，大值主要分布于NNW—NE向，其中NNE向最大，小值主要分布于E—SSE向和W向。全年各向最大波高NW向最大，为3.5米；N向和NNE向次之，均为3.0米；ESE向最小，为1.0米（表3.4-2）。

表3.4-2 全年各向平均波高和最大波高（1962—2018年） 单位：米

| | N | NNE | NE | ENE | E | ESE | SE | SSE | S | SSW | SW | WSW | W | WNW | NW | NNW |
|---|---|---|---|---|---|---|---|---|---|---|---|---|---|---|---|---|
| 平均波高 | 0.5 | 0.6 | 0.5 | 0.4 | 0.3 | 0.3 | 0.3 | 0.3 | 0.4 | 0.4 | 0.4 | 0.4 | 0.3 | 0.4 | 0.4 | 0.5 |
| 最大波高 | 3.0 | 3.0 | 2.5 | 1.5 | 1.2 | 1.0 | 1.2 | 1.2 | 2.0 | 1.8 | 2.2 | 2.0 | 1.9 | 1.9 | 3.5 | 2.1 |

4月平均波高NNE向最大，为0.6米；E向、SE向和W向最小，均为0.3米。最大波高N向最大，为2.7米；NNE向次之，为2.6米；ENE向最小，为0.8米。

7月平均波高N—NE向和SSW—WSW向较大，均为0.4米；E向和ESE向最小，均为0.2米。最大波高NNE向最大，为1.6米；N向和NE向次之，均为1.5米；E向最小，为0.6米。

10月平均波高NNW—NNE向最大，均为0.6米；E—SSE向最小，均为0.3米。最大波高N向最大，为3.0米；NE向次之，为2.5米；ESE向最小，为0.7米。

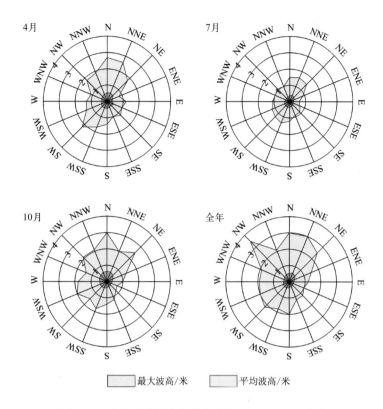

图3.4-1　各向平均波高和最大波高（1962—2018年）

# 第五节　周期

## 1. 平均周期和最大周期

鲅鱼圈站周期的年变化见表 3.5-1。月平均周期的年变化不明显，为 1.6 ~ 2.2 秒。月最大周期的年变化幅度较大，极大值出现在 4 月，为 8.3 秒，极小值出现在 7 月，为 4.7 秒。历年的平均周期为 1.3 ~ 2.5 秒（1962 年因数据较少未纳入历年均值统计），其中 1987 年最大，1964 年最小。历年的最大周期均大于等于 3.4 秒，大于等于 6.0 秒的共有 4 年，其中最大周期的极大值 8.3 秒出现在 1963 年 4 月 5 日，波向为 N。

表 3.5-1　周期的年变化（1962—2018 年）　　　　　　　　　　　　　　　　单位：秒

| | 3月 | 4月 | 5月 | 6月 | 7月 | 8月 | 9月 | 10月 | 11月 | 年 |
|---|---|---|---|---|---|---|---|---|---|---|
| 平均周期 | — | 2.1 | 2.0 | 1.7 | 1.6 | 1.8 | 2.0 | 2.2 | 2.2 | 1.9 |
| 最大周期 | 6.9 | 8.3 | 5.7 | 5.4 | 4.7 | 5.5 | 5.5 | 6.2 | 6.0 | 8.3 |

注：3月因数据较少未统计均值。

## 2. 各向平均周期和最大周期

各季代表月及全年各向周期的分布见图 3.5-1。全年各向平均周期为 2.4 ~ 2.9 秒，NW—NE 向周期值较大。全年各向最大周期 N 向最大，为 8.3 秒；NNE 向次之，为 7.4 秒；E 向和 ESE 向最小，均为 3.5 秒（表 3.5-2）。

4月平均周期 NNE 向最大，为 2.9 秒；E 向最小，为 2.0 秒。最大周期 N 向最大，为 8.3 秒；NNE 向次之，为 7.4 秒；ENE 向最小，为 3.2 秒。

7月平均周期 N 向、NNE 向和 S—WSW 向较大，均为 2.6 秒；E 向最小，为 2.2 秒。最大周期 NW 向最大，为 4.7 秒；W 向次之，为 4.5 秒；E 向最小，为 3.0 秒。

10月平均周期 NW 向最大，为 3.2 秒；SE 向最小，为 2.5 秒。最大周期 N 向最大，为 6.2 秒；NE 向次之，为 6.1 秒；ESE 向和 SE 向最小，均为 3.2 秒。

表 3.5-2　全年各向平均周期和最大周期（1962—2018 年）　　　　　单位：秒

|  | N | NNE | NE | ENE | E | ESE | SE | SSE | S | SSW | SW | WSW | W | WNW | NW | NNW |
|---|---|---|---|---|---|---|---|---|---|---|---|---|---|---|---|---|
| 平均周期 | 2.8 | 2.9 | 2.8 | 2.5 | 2.5 | 2.5 | 2.4 | 2.5 | 2.7 | 2.6 | 2.6 | 2.6 | 2.5 | 2.6 | 2.8 | 2.8 |
| 最大周期 | 8.3 | 7.4 | 6.1 | 4.2 | 3.5 | 3.5 | 3.7 | 5.5 | 5.9 | 4.7 | 7.0 | 4.6 | 4.8 | 6.0 | 5.5 | 5.8 |

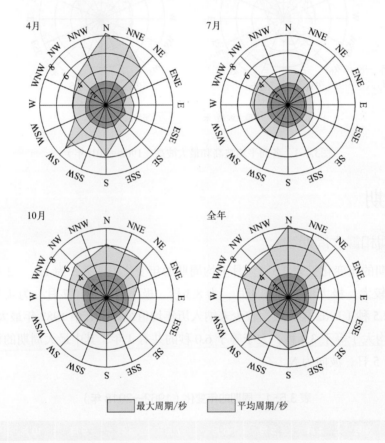

图3.5-1　各向平均周期和最大周期（1962—2018年）

# 第四章　表层海水温度、盐度和海发光

## 第一节　表层海水温度

### 1. 平均水温、最高水温和最低水温

鲅鱼圈站月平均水温的年变化具有峰谷明显的特点，1月和2月最低，均为 –1.5℃，8月最高，为 25.9℃，秋季高于春季，其年较差为 27.4℃。4—5 月升温较快，10—12 月降温较快，其中 11 月降温最快，降温速率大于升温速率。月最高水温和月最低水温的年变化特征与月平均水温相似，其年较差分别为 31.6℃和 23.6℃（图 4.1-1）。

历年（1994 年 6 月至 2006 年 5 月数据缺测）的平均水温为 11.1 ~ 12.2℃，其中 2016 年和 2017 年最高，2012 年最低。累年平均水温为 11.5℃。

历年的最高水温均不低于 25.7℃，其中大于等于 31.0℃的有 12 年，大于 32.0℃的有 3 年，其出现时间均为 7—8 月。水温极大值为 33.2℃，出现在 1981 年 7 月 30 日。

历年的最低水温均不高于 –1.4℃，其中小于 –1.5℃的有 21 年，小于等于 –2.0℃的有 5 年。鲅鱼圈站沿海冬季海水结冰，水温观测受影响，故历年的最低水温统计值仅供参考。水温极小值为 –3.4℃，出现在 2012 年 2 月 2 日和 2012 年 2 月 3 日。

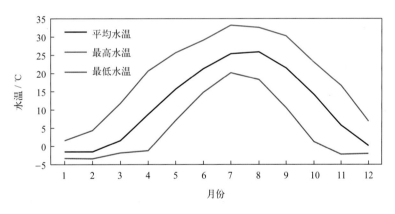

图4.1-1　水温年变化（1960—2018年）

### 2. 日平均水温稳定通过界限温度的日期

采用五日滑动平均方法求出稳定通过各个界限温度的日期，见表 4.1-1。日平均水温稳定通过 0℃的有 287 天，稳定通过 10℃的有 193 天，稳定通过 20℃的有 107 天。稳定通过 25℃的初日为 7 月 12 日，终日为 8 月 27 日，共 47 天。

表 4.1-1　日平均水温稳定通过界限温度的日期（1960—2018 年）

|  | 0℃ | 5℃ | 10℃ | 15℃ | 20℃ | 25℃ |
|---|---|---|---|---|---|---|
| 初日 | 3月6日 | 4月1日 | 4月21日 | 5月13日 | 6月9日 | 7月12日 |
| 终日 | 12月17日 | 11月18日 | 10月30日 | 10月12日 | 9月23日 | 8月27日 |
| 天数 | 287 | 232 | 193 | 153 | 107 | 47 |

### 3. 长期趋势变化

1960—2018 年，年最高水温呈波动下降趋势，下降速率为 0.63℃/（10 年），1981 年和 1962 年最高水温分别为 1960 年以来的第一高值和第二高值。鲅鱼圈站沿海冬季结冰，水温观测受到影响，仅有 14 个年份有冬季观测资料，故未统计年最低水温的长期趋势变化。

## 第二节 表层海水盐度

### 1. 平均盐度、最高盐度和最低盐度

鲅鱼圈站月平均盐度 4—7 月较高，均在 29.70 以上，其中 5 月最高，为 30.21；9—12 月盐度较低，其中 10 月最低，为 27.27，其年较差为 2.94。

月最高盐度 6 月最高，10 月最低，其年较差为 3.13。月最低盐度 6 月最高，8 月最低，其年较差为 19.40（图 4.2-1）。

历年（1994—2012 年数据缺测）的平均盐度为 26.59 ～ 31.68，其中 1982 年最高，1960 年和 1965 年最低。

历年的最高盐度均不低于 28.37，其中大于 33.00 的有 8 年，大于 34.00 的有 3 年。年最高盐度在一年四季均有出现，多集中于 5 月和 6 月。盐度极大值为 35.28，出现在 1984 年 6 月 1 日。

历年的最低盐度均不高于 30.00，其中小于 10.00 的有 3 年。年最低盐度多出现在 7—11 月，占统计年份的 81%，其中 8 月最多，出现在 8 月的有 11 年。盐度极小值为 3.60，出现在 1977 年 8 月 3 日，当日鲅鱼圈站降水量为 83.8 毫米。

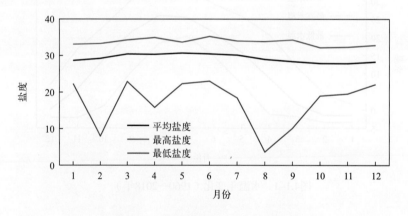

图4.2-1 盐度年变化（1960—2018年）

### 2. 长期趋势变化

1960—1993 年，鲅鱼圈站年平均盐度呈波动上升趋势，上升速率为 0.67/（10 年）。年最高盐度无明显变化趋势，1984 年和 1969 年最高盐度分别为 1960 年以来的第一高值和第二高值。年最低盐度呈上升趋势，上升速率为 2.77/（10 年），1977 年和 1985 年最低盐度分别为 1960 年以来的第一低值和第二低值。

## 第三节　海发光

　　1960—1993 年，鲅鱼圈站观测到的海发光全部为火花型（H），其强度以 1 级最多，4 级海发光共出现过 3 次，分别为 1962 年的 7 月 8 日、8 月 6 日和 9 月 18 日。

　　各月及全年海发光频率见表 4.3-1 和图 4.3-1。海发光频率年变化的峰值出现在 9 月，为55.3%。累年平均以 1 级海发光最多，占 79.1%，2 级占 17.4%，3 级占 3.4%，4 级占 0.2%。

　　历年海发光频率均不超过 54.3%，其中 1960 年最大。

表 4.3-1　各月及全年海发光频率（1960—1993 年）

| | 1月 | 2月 | 3月 | 4月 | 5月 | 6月 | 7月 | 8月 | 9月 | 10月 | 11月 | 12月 | 年 |
|---|---|---|---|---|---|---|---|---|---|---|---|---|---|
| 频率/% | 0.0 | 0.0 | 0.0 | 4.4 | 8.4 | 11.1 | 12.2 | 40.7 | 55.3 | 21.0 | 2.0 | 0.0 | 18.6 |

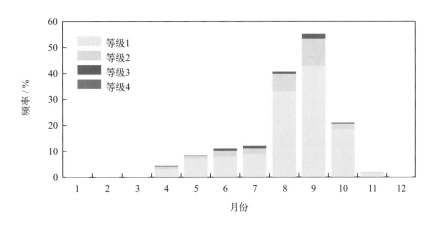

图4.3-1　各月各级海发光频率（1960—1993年）

# 第五章 海冰

## 第一节 冰期和有冰日数

1963/1964—2018/2019 年度，鲅鱼圈站累年平均初冰日为 12 月 2 日，终冰日为 3 月 12 日，平均冰期为 101 天。初冰日最早为 11 月 3 日（1969 年），最晚为 1 月 9 日（2014 年），相差近两个月。终冰日最早为 2 月 15 日（2002 年），最晚为 4 月 7 日（1964 年），相差一个半月。最长冰期为 143 天，出现在 1969/1970 年度，最短冰期为 51 天，出现在 2013/2014 年度。1963/1964—2018/2019 年度，年度冰期和有冰日数均呈明显的下降趋势，下降速率分别为 1.29 天 / 年度和 1.00 天 / 年度（图 5.1-1）。

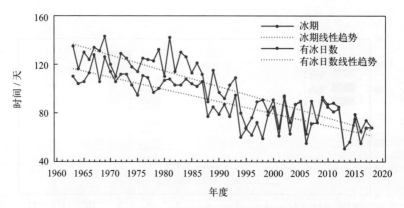

图5.1-1 1963/1964—2018/2019年度冰期与有冰日数变化

1963/1964—2018/2019 年度，在有固定冰年度（1994 年后无固定冰记录），累年平均固定冰初冰日为 12 月 16 日，终冰日为 3 月 6 日，平均固定冰冰期为 81 天。固定冰初冰日最早为 11 月 17 日（1979 年和 1983 年），最晚为 1 月 13 日（1993 年），终冰日最早为 12 月 22 日（1988 年），最晚为 3 月 31 日（1970 年）。最长固定冰冰期为 119 天，出现在 1983/1984 年度（图 5.1-2）。

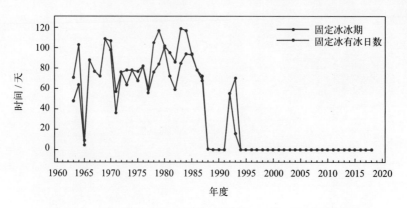

图5.1-2 1963/1964—2018/2019年度固定冰冰期与有冰日数变化

应该指出，冰期内并不是天天有冰。累年平均年度有冰日数为 89 天，占冰期的 88%。1967/1968 年度有冰日数最多，为 128 天，2013/2014 年度有冰日数最少，为 51 天。累年平均年度有固定冰日数为 68 天，占固定冰冰期的 84%。

## 第二节　冰量和浮冰密集度

1963/1964—2018/2019 年度，鲅鱼圈站年度总冰量超过 600 成的有 27 个年度，超过 400 成的有 50 个年度，其中 1967/1968 年度最多，为 929 成；不足 300 成的有 2006/2007 年度和 2013/2014 年度。年度浮冰量最多为 769 成，出现在 2002/2003 年度，2006/2007 年度浮冰量最少，为 232 成。年度固定冰量最多为 376 成，出现在 1976/1977 年度（图 5.2-1）。

1963/1964—2018/2019 年度，总冰量和浮冰量均为 1 月最多，均占年度总量的 43% 左右，2 月次之，均占年度总量的 35% 左右（表 5.2-1）。

1963/1964—2018/2019 年度，年度总冰量呈波动下降趋势，下降速率为 5.5 成 / 年度（图 5.2-1）。十年平均总冰量变化显示，1963/1964—1969/1970 年度平均总冰量最多，为 756 成，1990/1991—1999/2000 年度平均总冰量最少，为 474 成（图 5.2-2）。

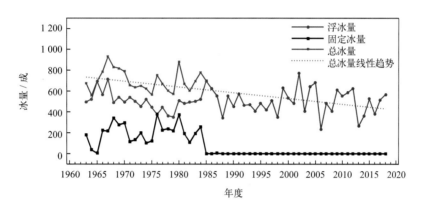

图5.2-1　1963/1964—2018/2019年度冰量变化

表 5.2-1　冰量的年变化（1963/1964—2018/2019 年度）

|  | 11月 | 12月 | 1月 | 2月 | 3月 | 4月 | 年度 |
|---|---|---|---|---|---|---|---|
| 总冰量 / 成 | 69 | 4 805 | 13 949 | 11 742 | 1 931 | 0 | 32 496 |
| 平均总冰量 / 成 | 1.23 | 85.80 | 249.09 | 209.68 | 34.48 | 0.00 | 580.29 |
| 浮冰量 / 成 | 67 | 4 518 | 12 255 | 9 701 | 1 532 | 0 | 28 073 |
| 固定冰量 / 成 | 2 | 287 | 1 694 | 2 041 | 399 | 0 | 4 423 |

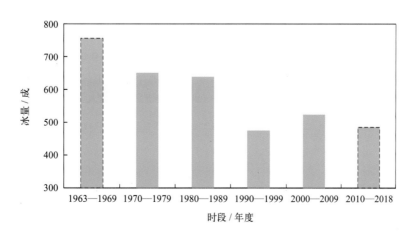

图5.2-2　十年平均总冰量变化（数据不足十年加虚线框表示，下同）

浮冰密集度各月及年度以 8 ~ 10 成为最多，其中 1 月占有冰日数的 92%，2 月占有冰日数的 88%。浮冰密集度为 0 ~ 3 成的日数，1 月占有冰日数的 3%，2 月占有冰日数的 5%（表 5.2-2）。

表 5.2-2　浮冰密集度的年变化（1963/1964—2018/2019 年度）

| | 11月 | 12月 | 1月 | 2月 | 3月 | 4月 | 年度 |
|---|---|---|---|---|---|---|---|
| 8 ~ 10 成占有冰日数的比率 / % | 59 | 73 | 92 | 88 | 51 | 100 | 81 |
| 4 ~ 7 成占有冰日数的比率 / % | 6 | 8 | 5 | 7 | 19 | 0 | 8 |
| 0 ~ 3 成占有冰日数的比率 / % | 34 | 19 | 3 | 5 | 30 | 0 | 11 |

# 第三节　浮冰漂流方向和速度

鲅鱼圈站各向浮冰特征量见图 5.3-1 和表 5.3-1。1963/1964—2018/2019 年度，浮冰流向在 SSW—WSW 向出现的次数较多，频率和为 35.7%，并以此为轴向两侧频率逐渐降低，在 SE 向出现频率最低。累年各向最大浮冰漂流速度差异较大，为 0.4 ~ 1.9 米 / 秒，其中 SSW 向最大，SE 向和 NNW 向最小。

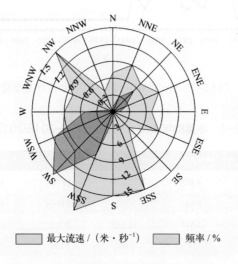

最大流速 /（米·秒⁻¹）　　频率 / %

图5.3-1　浮冰各向出现频率和最大流速

表 5.3-1　各向浮冰特征量（1963/1964—2018/2019 年度）

| | N | NNE | NE | ENE | E | ESE | SE | SSE | S | SSW | SW | WSW | W | WNW | NW | NNW |
|---|---|---|---|---|---|---|---|---|---|---|---|---|---|---|---|---|
| 出现频率 / % | 0.9 | 2.8 | 5.3 | 2.4 | 1.2 | 0.2 | 0.1 | 0.2 | 1.5 | 8.2 | 15.8 | 11.7 | 5.2 | 0.8 | 0.3 | 0.3 |
| 平均流速 /（米·秒⁻¹） | 0.3 | 0.3 | 0.3 | 0.3 | 0.3 | 0.3 | 0.2 | 0.4 | 0.3 | 0.4 | 0.3 | 0.4 | 0.4 | 0.5 | 0.4 | 0.2 |
| 最大流速 /（米·秒⁻¹） | 0.7 | 0.9 | 0.7 | 0.9 | 0.7 | 0.9 | 0.4 | 1.5 | 1.5 | 1.9 | 1.0 | 1.0 | 0.9 | 0.8 | 1.5 | 0.4 |

## 第四节　固定冰宽度和堆积高度 *

鲅鱼圈站固定冰最大宽度为 2 500 米，出现在 1970 年 2 月；最大堆积高度为 7.2 米，出现在 1982 年 1 月。

表 5.4-1　固定冰特征值（1963/1964—2018/2019 年度）　　　　单位：米

|  | 11月 | 12月 | 1月 | 2月 | 3月 | 年度 |
|---|---|---|---|---|---|---|
| 最大宽度 | 0 | 1 000 | 1 840 | 2 500 | 2 250 | 2 500 |
| 最大堆积高度 | 2.5 | 3 | 7.2 | 6 | 3.5 | 7.2 |

* 固定冰特征值数据有限，且1994年后无固定冰记录，此节结果仅供参考。

# 第六章　海洋气象

## 第一节　气温

### 1. 平均气温、最高气温和最低气温

1960—2018年，鲅鱼圈站累年平均气温为10.2℃。月平均气温具有夏高冬低的变化特征，1月最低，为-6.9℃，7月最高，为24.9℃，年较差为31.8℃。月最高气温和月最低气温与月平均气温的年变化特征相似，夏高冬低，月最高气温极大值出现在6月和8月，月最低气温极小值出现在1月（表6.1-1，图6.1-1）。

表6.1-1　气温的年变化（1960—2018年）　　　　　　　　　　　　　　　单位：℃

| | 1月 | 2月 | 3月 | 4月 | 5月 | 6月 | 7月 | 8月 | 9月 | 10月 | 11月 | 12月 | 年 |
|---|---|---|---|---|---|---|---|---|---|---|---|---|---|
| 平均气温 | -6.9 | -4.0 | 2.3 | 10.2 | 16.8 | 21.6 | 24.9 | 24.8 | 20.1 | 12.7 | 3.7 | -3.7 | 10.2 |
| 最高气温 | 8.0 | 14.4 | 21.1 | 29.8 | 30.9 | 35.0 | 34.2 | 35.0 | 31.6 | 27.5 | 22.0 | 13.6 | 35.0 |
| 最低气温 | -23.6 | -22.4 | -18.4 | -6.0 | 2.5 | 10.1 | 11.5 | 13.5 | 4.8 | -2.8 | -17.5 | -20.7 | -23.6 |

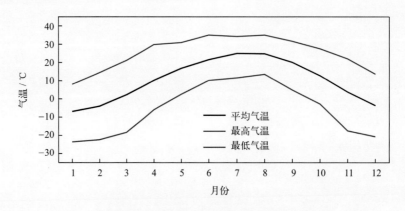

图6.1-1　气温年变化（1960—2018年）

历年的平均气温为8.5～12.1℃，其中2007年最高，1969年最低。

历年的最高气温均高于29.5℃。最早出现时间为6月5日（1968年），最晚出现时间为9月2日（1970年）。8月最高气温出现频率最高，占统计年份的49%（图6.1-2）。极大值为35.0℃，出现在2009年6月25日和2018年8月2日。

历年的最低气温均低于-10.5℃，其中低于-15.0℃的有51年，占统计年份的86.4%，低于-22.0℃的有6年。最早出现时间为12月12日（2017年），最晚出现时间为2月22日（1991年）。1月最低气温出现频率最高，占统计年份的64%，2月次之，占22%（图6.1-2）。极小值为-23.6℃，出现在1970年1月4日。

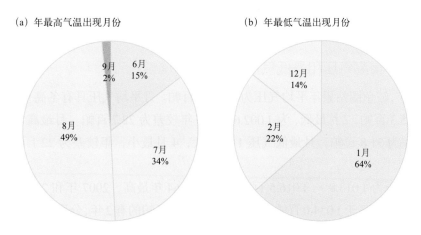

（a）年最高气温出现月份　　　　　　　　（b）年最低气温出现月份

图6.1-2　年最高、最低气温出现月份及频率（1960—2018年）

## 2. 长期趋势变化

1960—2018年，鲅鱼圈站年平均气温、年最高气温和年最低气温均呈波动上升趋势，上升速率分别为0.35℃/（10年）、0.15℃/（10年）（线性趋势未通过显著性检验）和0.73℃/（10年）。

十年平均气温变化显示，2000—2009年平均气温最高，为11.1℃，2000—2009年平均气温较上一个十年升幅最大，升幅为0.7℃（图6.1-3）。

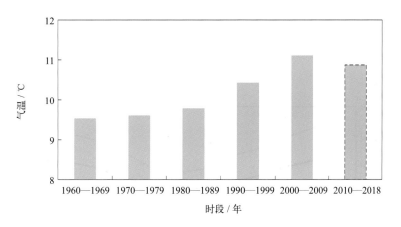

图6.1-3　十年平均气温变化

## 3. 常年自然天气季节和大陆度

利用鲅鱼圈站1965—2018年气温累年日平均数据计算五日滑动平均气温，根据《气候季节划分》（QX/T 152—2012）方法，鲅鱼圈平均春季时间从4月16日到6月21日，共67天；平均夏季时间从6月22日到9月7日，共78天；平均秋季时间从9月8日到10月28日，共51天；平均冬季时间从10月29日到翌年4月15日，共169天（图6.1-4）。冬季时间最长，秋季时间最短。

鲅鱼圈站焦金斯基大陆度指数为63.3%，属大陆性季风气候。

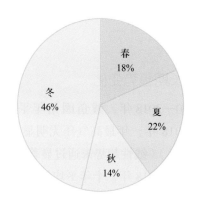

图6.1-4　四季平均日数百分率（1965—2018年）

## 第二节　气压

### 1. 平均气压、最高气压和最低气压

1960—2018年，鲅鱼圈站累年平均气压为1 014.9百帕。月平均气压具有冬高夏低的变化特征，1月最高，为1 025.3百帕，7月最低，为1 002.6百帕，年较差为22.7百帕。月最高气压12月最大，7月最小，年较差为31.8百帕。月最低气压1月最大，4月最小，年较差为22.1百帕（表6.2-1，图6.2-1）。

历年的平均气压为1 013.8～1 016.5百帕，其中1964年最高，2007年和2009年均为最低。

历年的最高气压均高于1 034.0百帕，其中高于1 045.0百帕的有2年，分别是1994年和2006年。极大值为1 046.4百帕，出现在1994年12月19日。

历年的最低气压均低于997.0百帕，其中低于985.0百帕的有4年。极小值为981.5百帕，出现在1983年4月26日。

表6.2-1　气压的年变化（1960—2018年）　　　　　　　　单位：百帕

| | 1月 | 2月 | 3月 | 4月 | 5月 | 6月 | 7月 | 8月 | 9月 | 10月 | 11月 | 12月 | 年 |
|---|---|---|---|---|---|---|---|---|---|---|---|---|---|
| 平均气压 | 1 025.3 | 1 023.4 | 1 018.8 | 1 012.7 | 1 007.9 | 1 004.2 | 1 002.6 | 1 005.8 | 1 012.4 | 1 018.5 | 1 022.2 | 1 024.6 | 1 014.9 |
| 最高气压 | 1 044.3 | 1 046.0 | 1 039.2 | 1 031.8 | 1 026.0 | 1 017.6 | 1 014.6 | 1 019.2 | 1 029.2 | 1 037.3 | 1 042.1 | 1 046.4 | 1 046.4 |
| 最低气压 | 1 003.6 | 994.2 | 992.8 | 981.5 | 981.6 | 984.2 | 986.2 | 987.4 | 990.6 | 995.2 | 997.0 | 995.9 | 981.5 |

注：平均气压资料1962年缺测，最高气压和最低气压统计时间为1965—2018年。

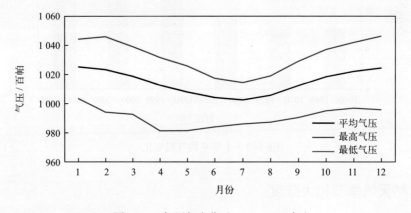

图6.2-1　气压年变化（1960—2018年）

### 2. 长期趋势变化

1960—2018年，鲅鱼圈站年平均气压呈波动下降趋势，下降速率为0.14百帕/（10年）。1965—2018年，年最高气压无明显变化趋势。年最低气压呈波动下降趋势，下降速率为0.38百帕/（10年）（线性趋势未通过显著性检验）。

1960—2018年，十年平均气压变化显示，1970—1979年平均气压最高，均值为1 015.2百帕，2000—2009年平均气压最低，均值为1 014.2百帕（图6.2-2）。

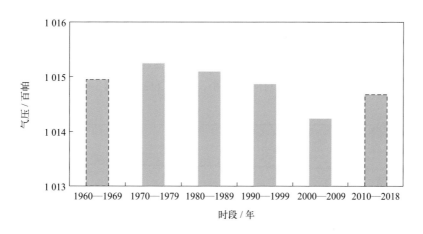

图6.2-2　十年平均气压变化

# 第三节　相对湿度

## 1. 平均相对湿度和最小相对湿度

1960—2018 年，鲅鱼圈站累年平均相对湿度为 63.7%。月平均相对湿度 7 月最大，为 77.8%，3 月最小，为 57.6%。平均月最小相对湿度的年变化特征明显，其中 7 月最大，为 46.9%，4 月最小，为 17.2%。最小相对湿度的极小值为 5%（表 6.3-1，图 6.3-1）。

表 6.3-1　相对湿度的年变化（1960—2018 年）

| | 1月 | 2月 | 3月 | 4月 | 5月 | 6月 | 7月 | 8月 | 9月 | 10月 | 11月 | 12月 | 年 |
|---|---|---|---|---|---|---|---|---|---|---|---|---|---|
| 平均相对湿度 /% | 57.9 | 58.0 | 57.6 | 58.5 | 61.9 | 70.2 | 77.8 | 76.7 | 66.5 | 61.0 | 59.7 | 58.5 | 63.7 |
| 平均最小相对湿度 /% | 24.2 | 22.9 | 21.3 | 17.2 | 20.5 | 30.6 | 46.9 | 44.1 | 30.0 | 24.0 | 26.4 | 23.6 | 27.6 |
| 最小相对湿度 /% | 5 | 10 | 8 | 5 | 7 | 11 | 22 | 20 | 15 | 8 | 14 | 7 | 5 |

注：平均最小相对湿度为各月最小相对湿度的累年平均值及其年平均值。

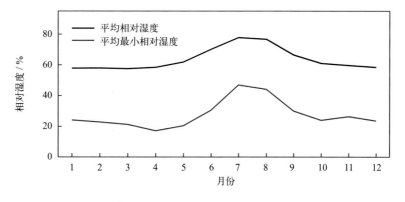

图6.3-1　相对湿度年变化（1960—2018年）

### 2. 长期趋势变化

1960—2018 年，鲅鱼圈站年平均相对湿度为 52.3% ~ 69.6%，呈下降趋势，下降速率为 0.73% /（10 年），2010 年后下降明显。十年平均相对湿度变化显示，1990—1999 年平均相对湿度最大，为 65.4%，2010—2018 年平均相对湿度最小，为 58.6%（图 6.3-2）。

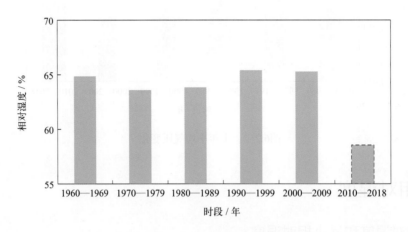

图6.3-2  十年平均相对湿度变化

### 3. 温湿指数

根据《人居环境气候舒适度评价》（GB/T 27963—2011）的温湿指数统计方法和气候舒适度等级划分方法，统计鲅鱼圈站各月温湿指数，结果显示：1—4 月和 10—12 月温湿指数为 –1.9 ~ 13.1，感觉为寒冷；5 月温湿指数为 16.3，感觉为冷；6—9 月温湿指数为 19.0 ~ 23.6，感觉为舒适（表 6.3-2）。

表 6.3-2  温湿指数的年变化（1960—2018 年）

| | 1月 | 2月 | 3月 | 4月 | 5月 | 6月 | 7月 | 8月 | 9月 | 10月 | 11月 | 12月 |
|---|---|---|---|---|---|---|---|---|---|---|---|---|
| 温湿指数 | –1.9 | 0.2 | 5.0 | 11.2 | 16.3 | 20.4 | 23.6 | 23.4 | 19.0 | 13.1 | 6.1 | 0.4 |
| 感觉程度 | 寒冷 | 寒冷 | 寒冷 | 寒冷 | 冷 | 舒适 | 舒适 | 舒适 | 舒适 | 寒冷 | 寒冷 | 寒冷 |

# 第四节  风

### 1. 平均风速和最大风速

鲅鱼圈站风速的年变化见表 6.4-1 和图 6.4-1。1960—2018 年，年平均风速为 5.5 米 / 秒。月平均风速春秋季大，夏冬季小，其中 11 月最大，为 6.5 米 / 秒，7 月最小，为 4.4 米 / 秒。最大风速的月平均值年变化与平均风速一致，春秋季大，夏冬季小，其中 4 月和 11 月最大，均为 19.3 米 / 秒，7 月最小，为 14.5 米 / 秒。最大风速的月最大值对应风向多为 NNE（4 个月）。极大风速的极大值为 38.6 米 / 秒，出现在 2003 年 8 月 6 日，对应风向为 WNW。

表 6.4-1　风速的年变化（1960—2018 年）　　　　　　　　　　单位：米 / 秒

| | 1月 | 2月 | 3月 | 4月 | 5月 | 6月 | 7月 | 8月 | 9月 | 10月 | 11月 | 12月 | 年 |
|---|---|---|---|---|---|---|---|---|---|---|---|---|---|
| 平均风速 | 5.4 | 5.5 | 5.9 | 6.3 | 5.8 | 4.9 | 4.4 | 4.6 | 5.1 | 5.9 | 6.5 | 5.9 | 5.5 |
| 最大风速　平均值 | 17.3 | 18.1 | 18.4 | 19.3 | 17.6 | 15.5 | 14.5 | 16.3 | 17.6 | 18.5 | 19.3 | 18.0 | 17.5 |
| 最大风速　最大值 | 26.0 | 26.0 | 25.3 | 29.0 | 23.0 | 24.0 | 22.3 | 30.0 | 33.0 | 28.0 | 24.0 | 31.0 | 33.0 |
| 最大风速　最大值对应风向 | N/NNE | NE/NNE | NNW | S | SSW | NNE/WNW/NW | S | NNW | SW | NNE | N/NE/NNE | W | SW |
| 极大风速　最大值 | 25.7 | 26.0 | 31.9 | 27.7 | 28.4 | 23.1 | 27.9 | 38.6 | 26.7 | 26.3 | 24.9 | 24.9 | 38.6 |
| 极大风速　最大值对应风向 | N | N | N | NNW | NNE | NNW | S | WNW | SW | NNE | NE | NE | WNW |

注：极大风速的统计时间为1996—2018年。

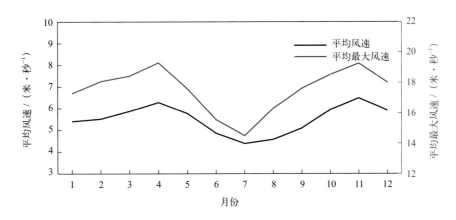

图6.4-1　平均风速和平均最大风速年变化（1960—2018年）

　　历年的平均风速为 4.1 ～ 7.0 米 / 秒，其中 1965 年最大，2007 年最小；历年的最大风速均大于等于 16.0 米 / 秒，其中大于等于 18.0 米 / 秒的有 54 年。最大风速的最大值出现在 1991 年 9 月 18 日，风速为 33.0 米 / 秒，风向为 SW。最大风速出现在 4 月和 11 月的频率最高，出现在 6 月和 7 月的频率最低（图 6.4-2）。

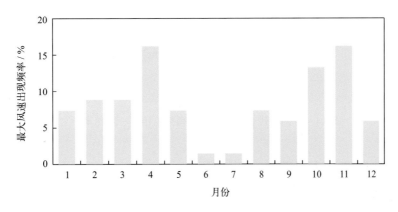

图6.4-2　年最大风速出现频率（1960—2018年）

## 2. 各向风频率

全年以 SSE—S 向风最多，频率和为 28.1%，NNE—NE 向次之，频率和为 21.9%，ESE 向的风最少，频率为 2.0%（图 6.4-3）。

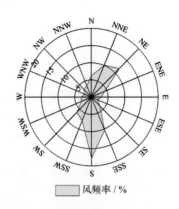

图6.4-3　全年各向风的频率（1965—2018年）

1 月盛行风向为 NNE—NE 和 SSE—S，频率和分别为 35.1% 和 22.5%。4 月盛行风向为 S—SSW，频率和为 30.6%，与 1 月相比，偏北风减少，偏南风增多。7 月盛行风向为 SSE—SSW，频率和为 43.3%。10 月盛行风向为 SSE—S 和 NNE—NE，频率和分别为 30.2% 和 25.7%（图 6.4-4）。

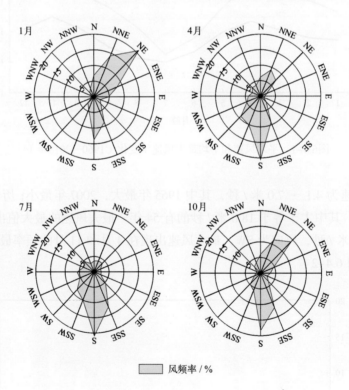

图6.4-4　四季代表月各向风的频率（1965—2018年）

## 3. 各向平均风速和最大风速

全年各向平均风速以 NNE 向最大，平均风速为 7.2 米/秒，NE 向和 N 向次之，平均风速均超过 6.0 米/秒（图 6.4-5）。各向平均风速在不同的季节呈现不同的特征（图 6.4-6），1 月 N—

NE 向平均风速均超过 6.0 米 / 秒，其中 NNE 向最大，为 7.3 米 / 秒。4 月 NNW—NE 向和 S—SW 向平均风速均超过 6.0 米 / 秒，其中 NNE 向最大，为 7.9 米 / 秒。7 月 S 向平均风速最大，为 5.1 米 / 秒。10 月 NNW—NE 向平均风速均超过 6.0 米 / 秒，其中 NNE 向最大，为 8.3 米 / 秒。

全年各向最大风速以 SW 向最大，为 33.0 米 / 秒，W 向次之，为 31.0 米 / 秒（图 6.4-5）。1 月 N 向和 NNE 向最大，最大风速均为 26.0 米 / 秒。4 月和 7 月均为 S 向最大，最大风速分别为 29.0 米 / 秒和 22.3 米 / 秒。10 月 NW 向最大，最大风速为 26.0 米 / 秒（图 6.4-6）。

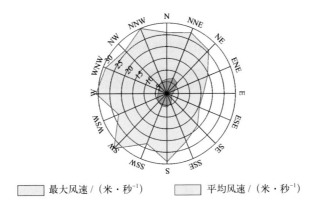

■ 最大风速 /（米·秒⁻¹）　　■ 平均风速 /（米·秒⁻¹）

图6.4-5　全年各向平均风速和最大风速（1965—2018年）

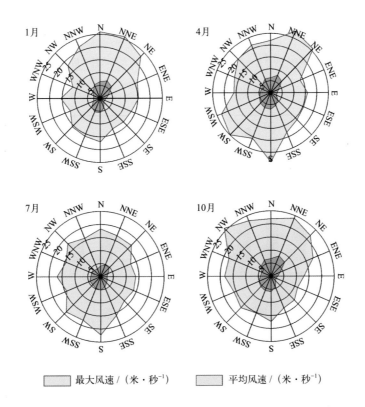

■ 最大风速 /（米·秒⁻¹）　　■ 平均风速 /（米·秒⁻¹）

图6.4-6　四季代表月各向平均风速和最大风速（1965—2018年）

### 4. 大风日数

鲅鱼圈站风力大于等于 6 级的大风日数年变化呈双峰分布，以 3—5 月最多，占全年的 32%，平均月大风日数为 12.4 ~ 14.6 天，另一个高值区在 10—12 月，平均月大风日数为 11.7 ~ 13.7

天（表 6.4-2，图 6.4-7）；平均年大风日数为 122.1 天（表 6.4-2）。历年大风日数差别很大，最多的是 1987 年，共有 209 天，最少的是 1964 年，有 43 天。

风力大于等于 8 级的大风日数 11 月最多，平均为 2.4 天，7 月最少，平均为 0.1 天（表 6.4-2）。历年大风日数最多的是 1987 年，有 39 天，未出现最大风速大于等于 8 级的有 4 年，分别为 2008 年、2014 年、2015 年和 2018 年。

风力大于等于 6 级的月大风日数最多为 25 天，出现在 1987 年 11 月；最长连续大于等于 6 级大风日数为 25 天，出现在 1995 年 4 月（表 6.4-2）。

表 6.4-2  各级大风日数的年变化（1960—2018 年）  单位：天

| | 1月 | 2月 | 3月 | 4月 | 5月 | 6月 | 7月 | 8月 | 9月 | 10月 | 11月 | 12月 | 年 |
|---|---|---|---|---|---|---|---|---|---|---|---|---|---|
| 大于等于6级大风平均日数 | 9.9 | 9.9 | 12.4 | 14.6 | 12.4 | 7.3 | 4.2 | 6.0 | 8.2 | 11.8 | 13.7 | 11.7 | 122.1 |
| 大于等于7级大风平均日数 | 4.6 | 4.6 | 5.3 | 6.6 | 4.8 | 1.7 | 1.3 | 2.1 | 3.7 | 6.2 | 7.5 | 5.4 | 53.8 |
| 大于等于8级大风平均日数 | 1.0 | 1.3 | 1.5 | 1.8 | 1.1 | 0.4 | 0.1 | 0.4 | 0.9 | 1.9 | 2.4 | 1.4 | 14.2 |
| 大于等于6级大风最多日数 | 19 | 18 | 24 | 23 | 24 | 16 | 12 | 15 | 19 | 24 | 25 | 21 | 211 |
| 最长连续大于等于6级大风日数 | 10 | 12 | 16 | 25 | 14 | 10 | 5 | 7 | 8 | 12 | 15 | 12 | 25 |

注：大于等于6级大风统计时间为1960—2018年，大于等于7级和大于等于8级大风统计时间为1965—2018年。

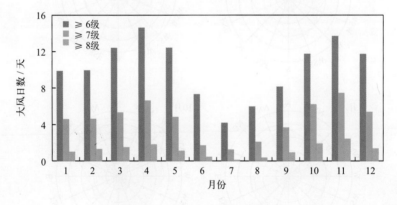

图6.4-7  各级大风平均出现日数

# 第五节  降水

## 1. 降水量和降水日数

### （1）降水量

鲅鱼圈站降水量的年变化见表 6.5-1 和图 6.5-1。1960—2018 年，平均年降水量为 528.2 毫米，降水量的季节分布很不均匀，夏季（6—8 月）为 326.1 毫米，占全年的 61.7%，冬季（12 月至翌年 2 月）占全年的 3.0%，春季（3—5 月）占全年的 15.4%。7 月和 8 月降水量明显大于其他月份。

历年年降水量为 188.4 ~ 1 052.7 毫米,其中 1964 年最多,2014 年最少。

最大日降水量超过 100 毫米的有 7 年,超过 150 毫米的有 2 年,分别是 1969 年和 1975 年。最大日降水量为 204.7 毫米,出现在 1975 年 7 月 31 日。

表 6.5-1　降水量的年变化（1960—2018 年）　　　　　　　　　　　　单位：毫米

|  | 1月 | 2月 | 3月 | 4月 | 5月 | 6月 | 7月 | 8月 | 9月 | 10月 | 11月 | 12月 | 年 |
|---|---|---|---|---|---|---|---|---|---|---|---|---|---|
| 平均降水量 | 4.2 | 5.5 | 9.3 | 31.3 | 40.5 | 60.6 | 132.7 | 132.8 | 55.4 | 33.9 | 15.9 | 6.1 | 528.2 |
| 最大日降水量 | 16.8 | 46.0 | 22.1 | 78.8 | 118.3 | 60.4 | 204.7 | 154.3 | 92.9 | 52.4 | 31.0 | 35.9 | 204.7 |

（2）降水日数

平均年降水日数（降水日数是指日降水量大于等于 0.1 毫米的天数,下同）为 64.6 天。降水日数的年变化特征与降水量相似,夏多冬少（图 6.5-2 和图 6.5-3）。日降水量大于等于 10 毫米的平均年日数为 15.2 天,各月均有出现;日降水量大于等于 50 毫米的平均年日数为 1.4 天,出现在 4—10 月;日降水量大于等于 100 毫米的平均年日数为 0.1 天,出现在 5—8 月;日降水量大于等于 150 毫米的平均年日数为 0.03 天,出现在 7 月和 8 月;日降水量大于等于 200 毫米的平均年日数为 0.02 天,在 7 月出现 1 次（图 6.5-3）。

最多年降水日数为 95 天,出现在 1985 年;最少年降水日数为 35 天,出现在 1997 年。最长连续降水日数为 11 天,出现在 2008 年 6 月 23 日至 7 月 3 日;最长连续无降水日数为 103 天,出现在 1983 年 11 月 11 日至 1984 年 2 月 21 日。

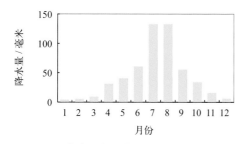

图6.5-1　降水量年变化（1960—2018 年）

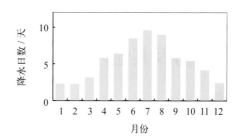

图6.5-2　降水日数年变化（1965—2018 年）

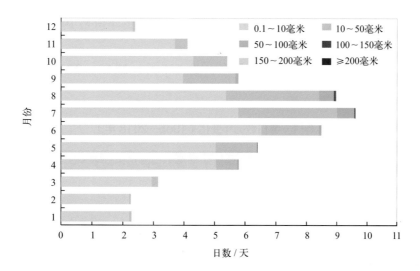

图6.5-3　各月各级平均降水日数分布（1960—2018 年）

### 2.长期趋势变化

1960—2018年，年降水量呈下降趋势，下降速率为43.2毫米/（10年）。

1960—2018年，十年平均年降水量在2009年以前下降趋势明显，1960—1969年的平均年降水量最大，为664.9毫米，2000—2009年的平均年降水量最小，为452.7毫米（图6.5-4）。

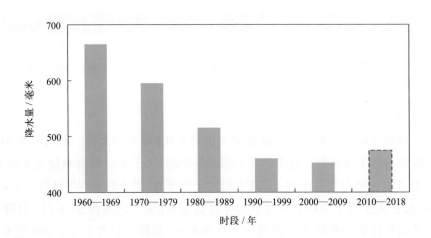

图6.5-4 十年平均年降水量变化

1960—2018年，年最大日降水量呈下降趋势，下降速率为5.82毫米/（10年）。

1965—2018年，年降水日数呈减少趋势，减少速率为1.39天/（10年）（线性趋势未通过显著性检验）。最长连续降水日数和最长连续无降水日数长期变化趋势均不明显。

## 第六节 雾及其他天气现象

### 1.雾

鲅鱼圈站雾日数的年变化见表6.6-1、图6.6-1和图6.6-2。1965—2018年，平均年雾日数为6.0天。平均月雾日数12月最多，为1.1天，8月和9月最少，均为0.1天；月雾日数最多为9天，出现在1990年2月；最长连续雾日数为5天，出现在1968年12月和1979年12月。

1965—2018年，年雾日数无明显变化趋势。年雾日数最多的年份是1990年，为22天，2005年和2012年全年未出现雾。

1990—1999年的十年平均年雾日数最多，为8.4天，2010—2018年最少，为4.1天（图6.6-3）。

表6.6-1 雾日数的年变化（1965—2018年） 单位：天

| | 1月 | 2月 | 3月 | 4月 | 5月 | 6月 | 7月 | 8月 | 9月 | 10月 | 11月 | 12月 | 年 |
|---|---|---|---|---|---|---|---|---|---|---|---|---|---|
| 平均雾日数 | 0.9 | 0.9 | 0.6 | 0.6 | 0.3 | 0.3 | 0.2 | 0.1 | 0.1 | 0.3 | 0.6 | 1.1 | 6.0 |
| 最多雾日数 | 5 | 9 | 4 | 5 | 2 | 2 | 3 | 1 | 2 | 3 | 4 | 6 | 22 |
| 最长连续雾日数 | 3 | 4 | 3 | 2 | 2 | 2 | 2 | 1 | 1 | 2 | 2 | 5 | 5 |

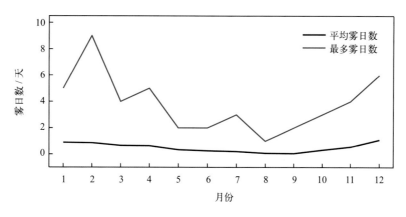

图6.6-1　平均雾日数和最多雾日数年变化（1965—2018年）

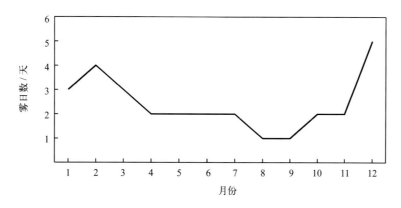

图6.6-2　最长连续雾日数年变化（1965—2018年）

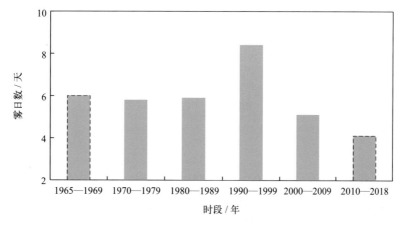

图6.6-3　十年平均年雾日数变化

## 2. 轻雾

鲅鱼圈站轻雾日数的年变化见表 6.6-2 和图 6.6-4。1965—1995 年，平均月轻雾日数 12 月最多，为 6.1 天，6 月最少，为 1.0 天；最多月轻雾日数为 17 天，出现在 1979 年 1 月。1965—1994 年，年轻雾日数呈下降趋势，下降速率为 9.19 天/（10 年）（线性趋势未通过显著性检验，图 6.6-5）。

表6.6-2　轻雾日数的年变化（1965—1995 年）　　　　　　　　　　单位：天

| | 1月 | 2月 | 3月 | 4月 | 5月 | 6月 | 7月 | 8月 | 9月 | 10月 | 11月 | 12月 | 年 |
|---|---|---|---|---|---|---|---|---|---|---|---|---|---|
| 平均轻雾日数 | 5.7 | 3.6 | 5.5 | 3.3 | 1.4 | 1.0 | 1.4 | 1.8 | 1.1 | 2.1 | 4.5 | 6.1 | 37.5 |
| 最多轻雾日数 | 17 | 10 | 16 | 10 | 5 | 4 | 6 | 9 | 5 | 11 | 13 | 15 | 94 |

注：1995年7月停测。

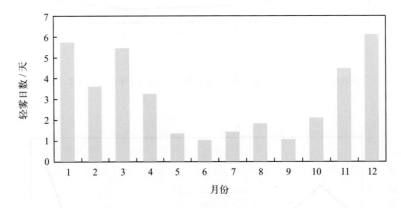

图6.6-4　轻雾日数年变化（1965—1995年）

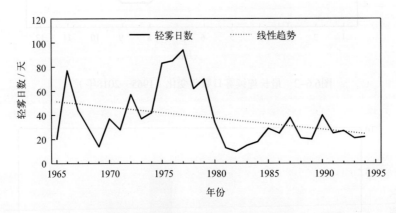

图6.6-5　1965—1994年轻雾日数变化

## 3. 雷暴

雷暴日数的年变化见表6.6-3和图6.6-6。1960—1995 年，平均年雷暴日数为22.1 天。雷暴出现在春、夏和秋三季，7月最多，平均为4.7 天，冬季（12月至翌年2月）没有雷暴；雷暴最早初日为4月4日（1961 年），最晚终日为11月21日（1971 年）。

表6.6-3　雷暴日数的年变化（1960—1995 年）　　　　　　　　　　单位：天

| | 1月 | 2月 | 3月 | 4月 | 5月 | 6月 | 7月 | 8月 | 9月 | 10月 | 11月 | 12月 | 年 |
|---|---|---|---|---|---|---|---|---|---|---|---|---|---|
| 平均雷暴日数 | 0.0 | 0.0 | 0.0 | 0.9 | 2.3 | 4.0 | 4.7 | 4.4 | 3.5 | 1.9 | 0.4 | 0.0 | 22.1 |
| 最多雷暴日数 | 0 | 0 | 0 | 4 | 8 | 11 | 12 | 10 | 9 | 5 | 3 | 0 | 35 |

注：1995年7月停测。

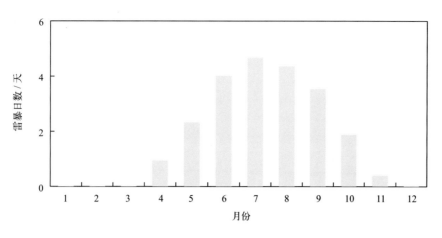

图6.6-6　雷暴日数年变化（1960—1995年）

1960—1994年，年雷暴日数无明显变化趋势（图6.6-7）。1967年雷暴日数最多，为35天；1961年雷暴日数最少，为8天。

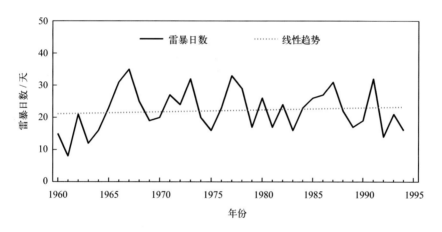

图6.6-7　1960—1994年雷暴日数变化

4. 霜

霜日数的年变化见表6.6-4和图6.6-8。1960—1995年，平均年霜日数为28.7天。霜全部出现在9月至翌年4月，其中1月最多，平均为6.4天；霜最早初日为9月28日（1981年），最晚终日为4月26日（1987年）。

表6.6-4　霜日数的年变化（1960—1995年）　　　　　　　　　　　　　单位：天

|  | 1月 | 2月 | 3月 | 4月 | 5月 | 6月 | 7月 | 8月 | 9月 | 10月 | 11月 | 12月 | 年 |
|---|---|---|---|---|---|---|---|---|---|---|---|---|---|
| 平均霜日数 | 6.4 | 4.8 | 4.1 | 0.6 | 0.0 | 0.0 | 0.0 | 0.0 | 0.0 | 2.0 | 4.7 | 6.1 | 28.7 |
| 最多霜日数 | 17 | 12 | 13 | 3 | 0 | 0 | 0 | 0 | 1 | 6 | 13 | 12 | 61 |

注：霜观测资料时间为1960年1月至1995年6月，其中1961年1月至1962年4月及1979年缺测。

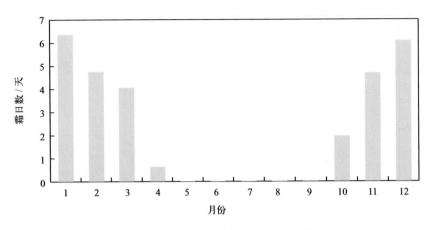

图6.6-8　霜日数年变化（1960—1995年）

1963—1994 年，年霜日数呈波动增加趋势，增加速率为 1.25 天/（10 年）（线性趋势未通过显著性检验）。1978 年霜日数最多，为 61 天；1966 年霜日数最少，为 14 天（图 6.6-9）。

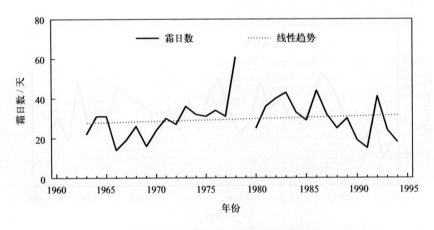

图6.6-9　1963—1994年霜日数变化

### 5. 降雪

降雪日数的年变化见表 6.6-5 和图 6.6-10。平均年降雪日数为 18.3 天。降雪全部出现在 10 月至翌年 4 月，其中 2 月最多，为 4.2 天，5—9 月无降雪；降雪最早初日为 10 月 14 日（1962 年），最晚初日为 12 月 2 日（1975 年），最早终日为 2 月 11 日（1961 年），最晚终日为 4 月 29 日（1983 年）。

表 6.6-5　降雪日数的年变化（1960—1995年）　　　　　　　　　　　　　　单位：天

|  | 1月 | 2月 | 3月 | 4月 | 5月 | 6月 | 7月 | 8月 | 9月 | 10月 | 11月 | 12月 | 年 |
|---|---|---|---|---|---|---|---|---|---|---|---|---|---|
| 平均降雪日数 | 4.1 | 4.2 | 3.1 | 0.5 | 0.0 | 0.0 | 0.0 | 0.0 | 0.0 | 0.3 | 2.7 | 3.4 | 18.3 |
| 最多降雪日数 | 11 | 12 | 8 | 3 | 0 | 0 | 0 | 0 | 0 | 2 | 8 | 8 | 36 |

注：1995年7月停测。

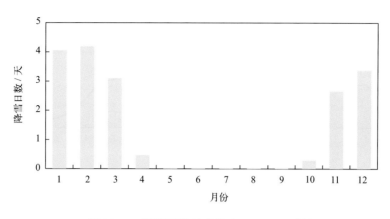

图6.6-10 降雪日数年变化（1960—1995年）

1960—1994 年，年降雪日数总体无明显变化趋势，阶段性变化特征明显，1960—1985 年呈上升趋势，上升速率为 4.26 天/（10 年），1985—1994 年呈下降趋势，下降速率为 16.73 天/（10 年）。1972 年降雪日数最多，为 36 天，1961 年最少，为 4 天（图 6.6-11）。

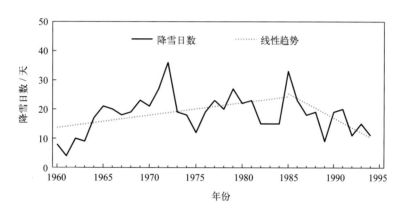

图6.6-11 1960—1994年降雪日数变化

# 第七节 能见度

1965—2018 年，鲅鱼圈站累年平均能见度为 25.3 千米。9 月平均能见度最大，为 27.7 千米；1 月平均能见度最小，为 23.4 千米。能见度小于 1 千米的年平均日数为 3.83 天，其中 1 月能见度小于 1 千米的平均日数最多，为 0.78 天，8 月和 9 月能见度小于 1 千米的平均日数最少，均为 0.02 天（表 6.7-1，图 6.7-1 和图 6.7-2）。

表6.7-1 能见度的年变化（1965—2018 年）

| | 1月 | 2月 | 3月 | 4月 | 5月 | 6月 | 7月 | 8月 | 9月 | 10月 | 11月 | 12月 | 年 |
|---|---|---|---|---|---|---|---|---|---|---|---|---|---|
| 平均能见度 / 千米 | 23.4 | 23.8 | 24.0 | 24.3 | 25.8 | 25.8 | 25.6 | 25.9 | 27.7 | 27.1 | 25.6 | 24.1 | 25.3 |
| 能见度小于 1 千米平均日数 / 天 | 0.78 | 0.54 | 0.51 | 0.32 | 0.17 | 0.10 | 0.10 | 0.02 | 0.02 | 0.24 | 0.37 | 0.66 | 3.83 |

注：1973—1985年数据缺测。

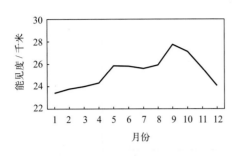

图6.7-1　能见度年变化

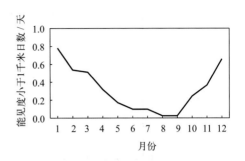

图6.7-2　能见度小于1千米平均日数年变化

历年平均能见度为 18.7 ～ 29.4 千米，其中 1995 年最高，1972 年最低；能见度小于 1 千米的日数，1990 年最多，为 16 天，2005 年和 2012 年无能见度小于 1 千米现象出现（图 6.7-3）。

1986—2018 年，年平均能见度呈明显的下降趋势，下降速率为 1.37 千米 /（10 年）。

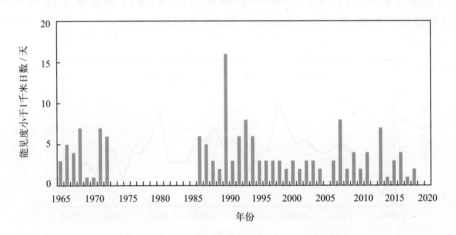

图6.7-3　能见度小于1千米的年日数变化

# 第八节　云

1965—1995 年，鲅鱼圈站累年平均总云量为 4.5 成，其中 7 月平均总云量最多，为 6.9 成，1 月最少，为 2.8 成。累年平均低云量为 1.9 成，其中 7 月平均低云量最多，为 3.9 成，1 月最少，为 0.7 成（表 6.8-1，图 6.8-1）。

表 6.8-1　总云量和低云量的年变化（1965—1995 年）

|  | 1月 | 2月 | 3月 | 4月 | 5月 | 6月 | 7月 | 8月 | 9月 | 10月 | 11月 | 12月 | 年 |
|---|---|---|---|---|---|---|---|---|---|---|---|---|---|
| 平均总云量 / 成 | 2.8 | 3.3 | 4.1 | 4.8 | 5.6 | 6.1 | 6.9 | 6.0 | 4.3 | 3.6 | 3.7 | 2.9 | 4.5 |
| 平均低云量 / 成 | 0.7 | 0.8 | 0.9 | 1.5 | 2.2 | 3.0 | 3.9 | 3.3 | 1.9 | 1.8 | 1.8 | 1.0 | 1.9 |

注：1995年7月停测。

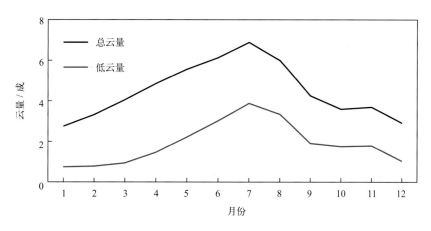

图6.8-1　总云量和低云量年变化（1965—1995年）

1965—1994 年，年平均总云量呈减少趋势，减少速率为 0.19 成 /（10 年）（图 6.8-2），其中，1976 年平均总云量最多，为 5.2 成，1993 年和 1994 年最少，均为 3.9 成；年平均低云量呈减少趋势，减少速率为 0.15 成 /（10 年），1979 年平均低云量最多，为 2.3 成，1989 年最少，为 1.4 成（图 6.8-3）。

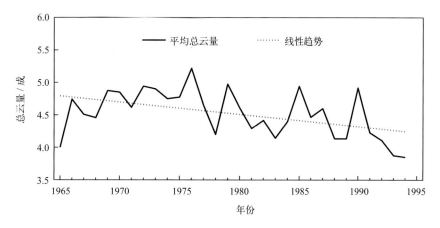

图6.8-2　1965—1994年平均总云量变化

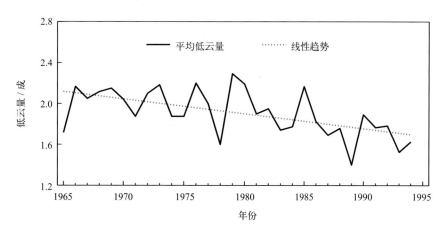

图6.8-3　1965—1994年平均低云量变化

# 第七章 海平面

## 1. 年变化

鲅鱼圈沿海海平面年变化特征明显，1月最低，7月和8月最高，年变幅为54厘米，平均海平面在验潮基面上206厘米（图7.1-1）。

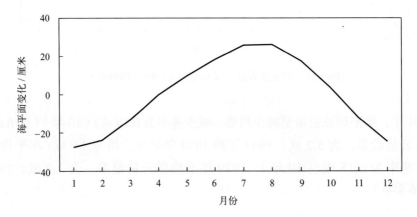

图7.1-1 海平面年变化（1980—2018年）

## 2. 长期趋势变化

1980—2018年，鲅鱼圈沿海海平面变化呈波动上升趋势，海平面上升速率为3.7毫米/年，高于同期中国沿海3.3毫米/年的平均水平；1993—2018年，鲅鱼圈沿海海平面上升速率为4.6毫米/年，高于同期中国沿海3.8毫米/年的平均水平。鲅鱼圈沿海海平面在1980—2003年上升较缓；2003—2014年，海平面抬升迅速，升幅达13厘米。海平面在2014年处于39年来的最高位，较1980—2018年平均海平面高11厘米；海平面在1980年处于历史最低位，较1980—2018年平均海平面低8厘米。

1980—1989年，鲅鱼圈沿海十年平均海平面处于近40年的最低位，在1980—2018年平均海平面下47毫米；1990—1999年，海平面上升较为明显，较上一个十年高约32毫米；2000—2009年，海平面上升较为缓慢，比1990—1999年平均海平面高约14毫米；2010—2018年海平面上升显著，较2000—2009年平均海平面高约74毫米，比1980—1989年平均海平面高约120毫米（图7.1-2）。

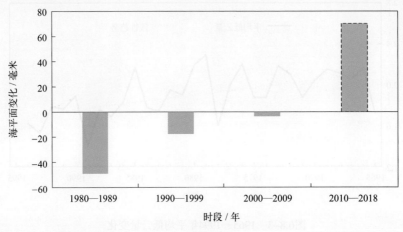

图7.1-2 十年平均海平面变化

# 第八章 灾害

## 第一节 海洋灾害

### 1. 风暴潮

2013 年 5 月 26—28 日，受黄海气旋的影响，渤海和黄海沿海出现了一次较强的温带风暴潮过程，其中鲅鱼圈站最高潮位超过当地警戒潮位 29 厘米（《2013 年中国海洋灾害公报》）。

### 2. 海冰

1995/1996 年度冬季冰情严重期间，辽东湾海上石油平台及海上交通运输受到一定影响。1996 年 2 月 3 日 18 时，一艘 2 000 吨级外籍油轮受海冰的碰撞，在距离鲅鱼圈港 37 海里[①] 附近沉没，4 人死亡（《1996 年中国海洋灾害公报》）。

1996/1997 年度冬季冰情严重期间，辽东湾发生一次沉船事故，一艘 2 000 吨级外籍货轮在冰区航行，受海冰的影响，在寺家礁附近距鲅鱼圈 22 海里处沉没，由于抢救及时，船上人员全部获救（《1997 年中国海洋灾害公报》）。

2009/2010 年度冬季渤海及黄海北部发生的海冰灾害对沿海地区社会、经济产生严重影响，造成巨大经济损失。其中，辽宁省营口市经济损失 1.14 亿元（《2010 年中国海洋灾害公报》）。

2011 年，辽宁省海冰灾害损失主要为渔船和水产养殖受损，其中营口市渔船损毁 8 艘，水产养殖受损 8.37 公顷[②]，因灾直接经济损失 2.13 亿元（《2011 年中国海洋灾害公报》）。

### 3. 赤潮

2000 年 7 月 9—15 日，辽东湾鲅鱼圈海域发现中心区域以淡红色为主，边缘区域以淡黄色、红褐色为主，呈絮状、条带状分布的赤潮，面积约 350 平方千米。其西南方有近 2 000 平方千米的水色异常区分布（《2000 年中国海洋环境质量公报》）。

2001 年 7 月 15—16 日，营口附近海域发生赤潮，面积约 360 平方千米，主要赤潮生物为夜光藻。8 月 27—30 日，鲅鱼圈附近海域发生赤潮，面积约 100 平方千米，主要赤潮生物为浮动弯角藻、红色中缢虫（《2001 年中国海洋环境质量公报》）。

2005 年 6 月 16—18 日，辽宁营口鲅鱼圈附近海域发生赤潮，最大面积约为 2 000 平方千米，主要赤潮生物为夜光藻（《2005 年中国海洋灾害公报》）。

### 4. 海岸侵蚀

2009 年，砂质海岸侵蚀严重的地区包含辽宁营口鲅鱼圈海岸，营口盖州鲅鱼圈岸段平均年侵蚀速率为 0.5 米 / 年（《2009 年中国海洋灾害公报》）。

2010 年，辽宁营口等地区海岸侵蚀严重，营口部分岸段的侵蚀速率接近 5 米 / 年，滨海生态环境和农田受损（《2010 年中国海洋灾害公报》）。

2012 年，辽宁盖州部分海岸年蚀退距离 2.9 米，营口白沙湾自然岸段蚀退距离 1.5 米（《2012

---

① 1 海里 =1 852 米。

② 1 公顷 =10 000 平方米。

年中国海平面公报》）。

2013 年，与上年相比，辽宁盖州海岸侵蚀速度增加，盖州侵蚀海岸长度 18 千米，最大侵蚀速度 5.4 米 / 年，平均侵蚀速度 3.8 米 / 年（《2013 年中国海洋环境状况公报》）。

2014 年，与上年相比，辽宁盖州岸段海岸侵蚀范围减少，侵蚀速度减慢，盖州侵蚀海岸长度 5.5 千米，最大侵蚀速度 1.6 米 / 年，平均侵蚀速度 1.4 米 / 年（《2014 年中国海洋环境状况公报》）。辽宁营口白沙湾岸段年最大侵蚀距离 2.5 米，平均侵蚀距离 0.5 米（《2014 年中国海平面公报》）。

2015 年，辽宁营口鲅鱼圈西侧有 2.08 千米监测岸段发生海岸侵蚀，最大侵蚀距离 1.7 米，平均侵蚀距离 1.3 米（《2015 年中国海平面公报》）。辽宁盖州侵蚀海岸长度 3.5 千米，最大侵蚀速度 3.3 米 / 年，平均侵蚀速度 3.0 米 / 年（《2015 年中国海洋环境状况公报》）。

2016 年，辽宁盖州侵蚀海岸长度 4.4 千米，最大侵蚀速度 8.2 米 / 年，平均侵蚀速度 1.0 米 / 年（《2016 年中国海洋环境状况公报》）。辽宁营口白沙湾岸段最大侵蚀距离 12 米，平均侵蚀距离 1.29 米（《2016 年中国海平面公报》）。

2017 年，辽宁盖州侵蚀海岸长度 1.0 千米，最大侵蚀速度 8.3 米 / 年，平均侵蚀速度 1.6 米 / 年（《2017 年中国海洋环境状况公报》）。辽宁营口白沙湾南侧岸段最大侵蚀距离 11.05 米，平均侵蚀距离 2.6 米，岸滩下蚀平均高度 7.4 厘米（《2017 年中国海平面公报》）。

### 5. 海水入侵与土壤盐渍化

2011 年，辽宁营口轻度海水入侵面积接近 90 平方千米，重度海水入侵面积达 13 平方千米，最远入侵距离超过 7 千米，海水入侵区土壤盐渍化严重（《2011 年中国海平面公报》）。

2012 年，与 2011 年相比，辽宁营口地区个别站位氯度值明显升高。营口盖州团山乡西河口海水重度入侵距岸距离 4.3 千米，轻度入侵距岸距离 4.44 千米（《2012 年中国海洋灾害公报》）。

2013 年，营口盖州团山乡西河口海水重度入侵距岸距离 3.22 千米，轻度入侵距岸距离 3.42 千米（《2013 年中国海洋灾害公报》）。

2015 年，营口盖州团山乡西河村海水重度入侵距岸距离 3.77 千米，轻度入侵距岸距离 3.78 千米（《2015 年中国海洋灾害公报》）。

2016 年，辽宁营口部分监测区海水入侵范围有所扩大，其中营口盖州团山乡西河口海水轻度入侵距岸距离超过 3.86 千米。与 2015 年相比，辽宁营口部分监测区盐渍化现象消失（《2016 年中国海洋灾害公报》）。

## 第二节　灾害性天气

根据《中国气象灾害大典·辽宁卷》记载，鲅鱼圈站周边发生的主要灾害性天气有暴雨洪涝、大风、冰雹和雷暴。

### 1. 暴雨洪涝

1957 年 6 月 22 日，盖县、营口市遭大雨，盖县降雨 1.5 小时，降雹 1 小时，雹大的如茶碗，小的如鸡蛋黄。盖县雨后河水出槽，3 个乡受灾 1 万亩，其中 0.1 万亩被洪水冲毁。

1962 年 7 月下旬，营口市连续 3 次大雨，雨量为 150 ~ 200 毫米。由于雨量大而集中，低洼地内涝，成灾农田面积为 6.1 万亩。

1964 年 7 月，盖县连续 5 天雨量为 171.6 毫米，29 日降雨量 116.7 毫米。大清河、熊岳河、碧流河泛滥，涝洼地成灾，面积为 137.6 万亩，绝收 42.0 万亩。

1975 年 7 月 29—31 日，盖县等地降暴雨，盖县两天连续雨量 380 毫米，是建站以来从未有的。

1981 年 7 月，盖县降暴雨，熊岳杨运公社 26 日 23 时至 28 日 06 时雨量为 270 毫米，引起山洪暴发 1 930 处，全县死亡 329 人，冲倒房屋 0.2 万间，水冲沙压耕地 3.1 万亩，其中绝收 2.5 万亩。

1987 年 8 月 26—27 日，营口地区降大到暴雨并伴有大风。雨量 87 ~ 200 毫米，风力 7 级以上，持续 6 小时。盖县南部农作物受风灾面积 20 万亩，刮倒各种树木 1.8 万株，葡萄 0.3 万多架，冲毁农田 0.1 万多亩，冲毁桥涵 2 座、公路 22 延长千米，堤坝决口塌方 70 处。

1988 年 6 月 30 日至 7 月 2 日，营口地区降暴雨，过程雨量一般为 130 ~ 180 毫米，盖县北部达 200 毫米。盖县西海农场、青石岭、团山子乡有 2.4 万亩水旱田一度被淹，其中绝产 0.9 万亩。

1991 年 7 月 21 日 12 时 05 分至 22 日 20 时，营口市的盖县、营口县的 26 个乡镇普降暴雨，其中熊岳镇和大庙沟乡降大暴雨和特大暴雨，雨量分别为 116 毫米和 212 毫米，受灾面积为 47 983 亩，绝产面积为 3 086 亩，冲毁河道 16 190 米，冲毁渠道 1 500 米，冲毁电线杆 32 根，冲毁果树 494 棵，冲毁房屋 102 间，冲毁桥涵 77 座，发生泥石流 53 处。

1992 年 6 月 30 日至 7 月 1 日，黑山、盖县、凤城等 7 个县（区）39 个乡镇 249 个村发生暴雨、冰雹。盖县降雹 30 分钟，冰雹最大直径 50 毫米。盖县受灾农田面积 10 万亩，其中绝收 2 万亩，135 万株果树受灾，绝产 80 万株，减产 2 150 万千克，一些村屯的猪、羊被打死。

## 2. 大风

1960 年 4 月 30 日，复县、盖县、恒仁有 8 ~ 9 级大风，3.8 万亩庄稼小苗被风打坏，沙压毁地 0.3 万亩。

1963 年 4 月，营口市渔业公司拖网渔船出海，因受风浪影响，船触石头坝上，3 人落水死亡。清明节那天（1963 年 4 月 5 日），在鲅鱼圈附近海域生产的拖网渔船，突然遇 9 级北风，阵风 10 级，打沉渔船 10 多只，落水死亡 15 人。

1972 年 7 月 26—27 日，大连、锦州、营口等沿海地区受 3 号台风影响，盖县最大风速 31 米 / 秒。盖县普遍受灾，山区灾情重于平原，其中太平庄乡有 2 031 株树被吹倒，357 间房屋被揭盖。全县果树落果 5 600 吨，柞蚕损失 449 把，减产 70%。

1974 年 8 月 29—30 日，受台风影响，营口县受灾农田 6.8 万亩。盖县风雹灾 15.9 万亩，其中成灾 5.5 万亩。

1977 年 7 月 24 日，盖县、复县一带及长海县大风，风力一般 7 ~ 8 级，长海县阵风 8 ~ 9 级，南大风并伴有暴雨。盖县 21 个公社 1 个农场的 10.3 万亩农田遭风灾，苹果被风刮落 56 万千克。

1983 年 7 月 19 日和 21 日，盖县南部、营口县东部、盘山县大风，最大风速 25 米 / 秒，部分乡、村受飑线影响。盖县、营口县共有 32 个公社受灾，农田受灾 3.2 万亩，其中绝收 0.5 万亩。损坏树木 1.8 万株，落果 543.2 万千克。

1985 年 9 月 11 日，盖县熊岳大风 8 级，伴有冰雹，雹粒直径 70 毫米，持续 20 分钟。灾情严重，直接经济损失 90.3 万元。

1990 年 6 月 22—26 日，受 9005 号热带气旋袭击后，丹东地区和营口、盖县、绥中降水总量 10 ~ 100 毫米，大风灾害严重。

另据《中国海洋台站志·北海区卷上》记载：1988 年 3 月 29—30 日，出现历史上罕见的大风寒潮和雨凇，鲅鱼圈站验潮井外壁被风浪掀去一层，通往验潮井的铁桥损坏，通往值班室两根电线杆折断，电台天线刮断，测波室部分结构被破坏。

### 3. 冰雹

1955 年 9 月 18 日，盖县遭雹打损伤苹果 400 万千克，高粱 60% 倒伏。

1956 年 6 月 6 日，绥中、盖县、西丰、恒仁、新宾、开原等县降雹，冰雹大的如蛋黄，小的如豆粒，降雹 10 分钟。恒仁和盖县降雹持续长达 1 小时。盖县光荣、灯塔两乡 16 把柞蚕被打掉 40% ~ 50%，370 棵苹果树落果一半。

1957 年 6 月 22—23 日，宽甸、营口等市县降雹，受灾范围长 45 千米、宽 7 ~ 10 千米，降雹 3 ~ 20 分钟，冰雹直径大的 40 毫米，小的 10 毫米。在受灾严重的乡，地面积雹 3 ~ 4 寸厚。盖县降雹 1 小时，冰雹大的如茶碗，小的如鸡蛋黄。龙王庙乡山洪暴发，有 1 000 户房子进水，粮食、家禽被冲走。

1959 年 6 月 22—27 日，营口、鞍山、盖县、海城、法库等市县降雹，受灾农田 47 003 亩，需毁种 14 102 亩。盖县受灾果树 38 710 棵，约减产水果 10 万千克。

1962 年 5 月 14—15 日，盖县降雹，冰雹一般大如鸡蛋黄，降雹长达 20 分钟，积雹 1 ~ 2 寸厚。受灾农作物 37 733 亩、果树 143 万株。9 月 2 日，盖县雹粒一般如鸡蛋大。灾情严重。

1963 年 9 月 20 日，盖县冰雹平均重量 0.5 克，最大重量 3.1 克。苹果损失严重，降等果约有 2.5 万千克。

1966 年 7 月 1 日，盖县降雹历时 15 分钟，雹粒如黄豆粒大。杨运公社松山裕大队各类农作物受灾 21 541 亩，占全大队总耕地面积的 68%。10 月 11 日，盖县降雹，冰雹直径一般 10 毫米，最大直径 20 毫米。杨运公社损失苹果 70 万千克，九寨公社损失 25 万 ~ 30 万千克。

1974 年 9 月 7 日，盖县熊岳降雹 12 分钟。高粱、水稻、大豆粒被打落，蔬菜叶子被打碎，苹果受害，影响出口。

1975 年 5 月 30 日，盖县东部山区降雹持续 30 分钟，雹粒大的如蛋黄。小麦、油菜等农作物及果树遭受程度不同灾害，一些严重受灾农田需毁种。

1977 年 8 月 10 日，盖县降雹历时 10 ~ 25 分钟，冰雹大的如鸡蛋。2 个公社 16 个大队受灾，受灾农作物面积 3 680 亩，损失苹果 15 万千克、柞蚕 25 把。8 月 19 日，盖县降雹，冰雹如鸡蛋大。仅高山公社受灾农作物 500 亩，损失苹果 60 万千克、柞蚕 120 把。

1978 年 4 月 5 日，营口市郊降雹，冰雹直径大的 20 毫米，小的 7 毫米，地面积雹 1 寸厚，局部 2 寸厚。打坏水稻育苗苗床 914 床，被雷击死、击伤各 1 人。

1979 年 6 月 7 日，盖县降雹历时 14 分钟，冰雹大的如鸡蛋黄，小的如黄豆粒，伴有 5 ~ 6 级大风。受灾农田 3 800 亩，重灾 1 800 亩，受灾果树 2 000 株、柞蚕 15 把。

1983 年 9 月 11 日、12 日、14 日，盖县连续 3 次降雹，其中 14 日中午降雹 80 分钟，密度大、雹粒大，为历史罕见。阵风 9 ~ 10 级，降雨量 80 毫米。共有 19 个公社、农场受灾。柞蚕、葡萄和蔬菜基本绝收，2 150 万千克苹果因遭雹普遍降等，落地果 370 万千克。受灾农田 684 万亩，减产粮食 395 万千克，受灾柞蚕 1 600 把。

1985 年 6 月 2 日，盖县南部的 9 个乡镇降雹 20 ~ 40 分钟，雹粒大的如鸡蛋，小的如玉米粒。重灾区降雹 2 寸厚，最大降雨量 40 毫米。受灾最重的是果树，仅重灾区 6 个乡镇的苹果约减产 2 917 万千克，21 万株葡萄减产 200 万千克。1 000 亩苗木受灾。受灾柞蚕 112 把，其中绝收 32 把。冲毁农田 2 000 亩。

1986 年 6 月 2—3 日，营口县和盖县的 12 个乡镇降雹，47 389 亩农田严重受灾。两县共有 583 500 株果树受灾，伤果率重者达 70% 左右。刮断嫁接果树苗 6 000 株，刮坏蔬菜大棚 30 万平方米。

9月11日，盖县两个乡降雹15分钟，冰雹直径一般40～50毫米，最大60～70毫米，地面积雹半尺厚，风力7～8级。损失各类水果7216万千克、柞蚕25把、蔬菜380亩、苗木670万株，减产粮食123万千克。

1989年7月1日，盖县、营口县的12个乡镇降雹15～20分钟，最大冰雹如鸡蛋黄。盖县有9.6万亩农田和35.7万株苹果、10万株葡萄、650亩西瓜不同程度地受灾。

1994年9月29日15时10—40分，营口市熊岳镇的归州、九龙地、陈屯一线降雹，冰雹直径30毫米，积雹1～2厘米。受灾最重的是熊岳镇，87万株果树中共有60%受灾，损失产量298万千克，蔬菜受灾面积30万亩，总计损失约600万元。

### 4. 雷暴

1978年4月5日，营口郊区降雷、冰雹，打死1人，伤2人。

# 葫芦岛海洋站

# 第一章 概况

## 第一节 基本情况

葫芦岛海洋站（简称葫芦岛站）位于葫芦岛市。葫芦岛市地处辽宁省西部，依山傍海，东与锦州为邻，西与山海关毗连，南临渤海辽东湾，北与朝阳市接壤，是山海关外第一市。葫芦岛市大陆海岸线总长约 261 千米，岛屿海岸线总长约 33 千米，浴场岸线长度约 21 千米。近海海域辽阔，海岸主体类型为丘陵台地基岩岸，水深在 15 米等深线以内的水域面积达 2 102 平方千米。

葫芦岛站建于 1959 年 9 月，隶属于辽宁省锦西县农林局。1966 年 1 月起隶属原国家海洋局北海分局。站址几经变迁，1980 年 10 月迁至葫芦岛市龙港区锦葫路 101 号，位于辽东湾西北部，西有葫芦岛港、东临锦州港、南面为渤海造船厂，三面环海（图 1.1-1）。

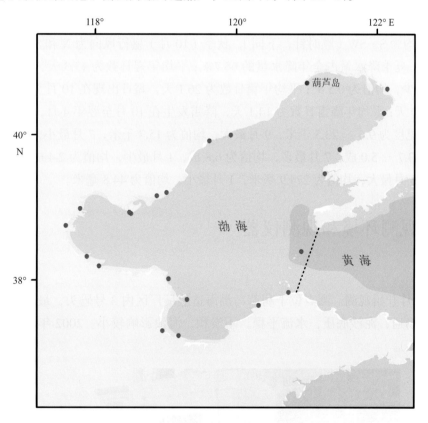

图1.1-1 葫芦岛站地理位置示意

葫芦岛站观测项目有潮汐、海浪、表层海水温度、表层海水盐度、海冰、气温、气压、相对湿度、风、能见度和降水等。1982 年前所有观测项目均采用常规人工观测。1982—2002 年，先后实现了潮汐、气温、气压和相对湿度的自动记录。2002 年后，逐步实现自动化观测，大多数观测项目实现了自动连续记录。

葫芦岛沿海为不正规半日潮特征，海平面 1 月最低，7 月最高，年变幅为 59 厘米，平均海平面为 164 厘米，平均高潮位为 266 厘米，平均低潮位为 60 厘米，均具有夏秋高、冬春低的年变化特点；全年海况以 0 ~ 4 级为主，年均十分之一大波波高值为 0.2 ~ 0.6 米，年均平均周期值为 1.5 ~ 3.5 秒，历史最大波高最大值为 4.6 米，历史平均周期最大值为 12.1 秒，常浪向为 SSW，强浪向为 SSE；年均表层海水温度为 11.1 ~ 12.7℃，1 月最低，均值为 –0.8℃，8 月最高，均值为 26.0℃，历史水温最高值为 31.8℃，历史水温最低值为 –3.8℃；年均表层海水盐度为 27.43 ~ 32.71，5 月最高，均值为 30.72，8 月最低，均值为 28.42，历史盐度最高值为 34.99，历史盐度最低值为 8.13；海发光主要为火花型，频率峰值出现在 9 月，1 级海发光最多，出现的最高级别为 4 级；平均年度有冰日数为 69 天，有固定冰日数为 47 天，1 月平均冰量最多，总冰量和浮冰量分别占年度总量的 53% 和 54%，2 月次之，总冰量和浮冰量分别占年度总量的 35% 和 34%。

葫芦岛站主要受大陆性季风气候影响，年均气温为 8.1 ~ 11.7℃，1 月最低，平均气温为 –7.0℃，8 月最高，平均气温为 24.5℃，历史最高气温为 38.5℃，历史最低气温为 –25.1℃；年均气压为 1014.0 ~ 1016.7 百帕，具有冬高夏低的变化特征，1 月最高，均值为 1026.6 百帕，7 月最低，均值为 1003.1 百帕；年均相对湿度为 55.6% ~ 67.2%，7 月最大，均值为 81.4%，12 月最小，均值为 53.0%；年均平均风速为 3.9 ~ 6.4 米/秒，春秋季大，夏冬季小，4 月最大，均值为 5.9 米/秒，1 月最小，均值为 4.2 米/秒，冬季（1 月）盛行风向为 N 和 NNE，春季（4 月）和夏季（7 月）盛行风向均为 S—SW（顺时针，下同），秋季（10 月）盛行风向为 N 和 SW；平均年降水量为 536.4 毫米，夏季降水量占全年降水量的 65.7%；平均年雾日数为 13.3 天，2 月最多，均值为 1.7 天，8 月最少，均值为 0.5 天；平均年霜日数为 26.1 天，霜日出现在 10 月至翌年 4 月，1 月最多，均值为 8.0 天；平均年降雪日数为 14.1 天，降雪发生在 10 月至翌年 4 月，1 月最多，均值为 3.5 天；年均能见度为 9.6 ~ 23.5 千米，9 月最大，均值为 15.7 千米，7 月最小，均值为 11.7 千米；年均总云量为 3.7 ~ 5.0 成，7 月最多，均值为 6.8 成，1 月最少，均值为 2.4 成；平均年蒸发量为 1950.9 毫米，5 月最大，均值为 274.9 毫米，1 月最小，均值为 44.8 毫米。

# 第二节　观测环境和观测仪器

### 1. 潮汐

1959 年 9 月开始观测。测点位于葫芦岛渤海造船厂厂区内 3 号码头，最低潮位时水深大于 1 米，与外海畅通，泥沙底质，水流平稳，不淤积，海浪影响较小。2002 年重建，周边环境无变动（图 1.2-1）。

图 1.2-1　葫芦岛站验潮室（摄于 2013 年 9 月）

潮汐观测初期使用人工水尺组记录逐时整点潮位和高（低）潮潮位及对应潮时。1983年5月后使用HCJ1-2型滚筒式验潮仪，24小时连续记录潮位，每日更换自记纸，经整理计算，取得各整点潮位并挑取高（低）潮的潮时和潮高。2002年2月，应用SXZ2-1型水文气象自动观测系统，使用SCA11-2型浮子式水位计，24小时连续自动完成潮汐观测数据的采集和处理，记录频率为每分钟1次。2010年7月开始使用SCA11-3A型浮子式水位计和XZY3型水文气象自动观测系统。

### 2. 海浪

自建站至2018年12月，海浪测点位置有过两次变迁，2011年后位于葫芦岛港南，东南向挡水墙拐角处，距挡水墙5米。2013年后，挡水墙外西南方向受葫芦岛港码头填海工程持续影响，海底出现泥沙淤积，有时会影响测波仪正常工作。

1962年10月，使用岸用光学测波仪（$H$=10米），每日08:00、11:00、14:00和17:00观测，当十分之一大波波高大于等于2米时，每小时观测一次，海况和波型由人工目测。之后使用过SBA3-2型声学测波仪和LPB1-2型声学测波仪。2013年由于仪器故障，海浪继续采用人工目测。海浪观测遇到有雾时人工观测项目缺测，冬季海面结冰时停止观测。

### 3. 表层海水温度、盐度和海发光

1959年9月开始观测，测点位于渤海造船厂3号码头，最低潮位时水深大于1米，与外海畅通，水流平稳，泥沙底质，不淤积，波浪影响较小。船厂排污口不定期排水，对盐度观测稍有影响。

2003年前，使用SWL1-1型水温表观测表层海水温度，先后使用比重计法、氯度滴定法、WUS型感应式盐度计和SYC2-2型实验室盐度计测定盐度。2003年11月开始应用SXZ2-1型水文气象自动观测系统及EC250型温盐传感器和YZY4-2型温盐传感器，实现连续自动采集数据。2010年7月更新为XZY3型水文气象自动观测系统。

海发光为每日天黑后人工观测，2003年11月停测。

### 4. 海冰

冬季进行海冰观测，海冰观测点与海浪观测点相同。1961年1月开始人工目测冰量、冰型和浮冰密集度。浮冰流向流速用岸用光学测波仪观测，海冰厚度用冰尺测量，海冰温度用冰温表测量，海冰盐度用盐度计测量，海冰密度用比重法计算，海冰强度用海冰抗压测试机测量。海冰观测易受到大雾和能见度等因素的影响。

### 5. 气象要素

1959年9月开始气象观测，气象观测场历经三次搬迁，1967年1月迁至葫芦岛镇新地号小山丘上（图1.2-2）。测点地势较高，视野开阔。测点西南方向200米处有高于100米的马鞍山，偏西风时风要素观测会受影响。测点西北方有工厂区，排烟量较大，在偏北风或出现深厚逆温层时能见度较差。风传感器离地高度11.1米，温湿度传感器离地高度1.5米，降水传感器离地高度0.7米。

图1.2-2　葫芦岛站气象观测场（摄于2013年9月）

　　葫芦岛站气象观测项目主要包括气温、气压、风、相对湿度、能见度、降水、云和天气现象等，1981年开始气压观测，1995年7月后取消了云和除雾外的天气现象观测。2002年2月后应用SXZ2-1型水文气象自动观测系统，2010年7月开始使用XZY3型水文气象自动观测系统。

# 第二章　潮位

## 第一节　潮汐

### 1. 潮汐类型

利用葫芦岛站近 19 年（2000—2018 年）验潮资料分析的调和常数，计算出潮汐系数 $(H_{K_1}+H_{O_1})/H_{M_2}$ 为 0.66。按我国潮汐类型分类标准，葫芦岛沿海为不正规半日潮，每个潮汐日（大约 24.8 小时）有两次高潮和两次低潮，高潮日不等现象较为明显。

1960—2018 年，葫芦岛站主要分潮调和常数存在趋势性变化。$M_2$ 分潮振幅呈增大趋势，增大速率为 0.44 毫米 / 年；$M_2$ 分潮迟角呈减小趋势，减小速率为 0.19°/ 年。$K_1$ 分潮振幅呈减小趋势，减小速率为 0.14 毫米 / 年，$O_1$ 分潮振幅无明显变化趋势；$K_1$ 和 $O_1$ 分潮迟角呈减小趋势，减小速率均为 0.04°/ 年。

### 2. 潮汐特征值

由 1960—2018 年资料统计分析得出：葫芦岛站平均高潮位为 266 厘米，平均低潮位为 60 厘米，平均潮差为 206 厘米；平均高高潮位为 305 厘米，平均低低潮位为 48 厘米，平均大的潮差为 257 厘米；平均涨潮历时 6 小时 10 分钟，平均落潮历时 6 小时 16 分钟，两者相差 6 分钟。

累年各月潮汐特征值见表 2.1–1。

表 2.1–1　累年各月潮汐特征值（1960—2018 年）　　　　　　　　单位：厘米

| 月份 | 平均高潮位 | 平均低潮位 | 平均潮差 | 平均高高潮位 | 平均低低潮位 | 平均大的潮差 |
|---|---|---|---|---|---|---|
| 1 | 235 | 32 | 203 | 274 | 15 | 259 |
| 2 | 239 | 35 | 204 | 271 | 21 | 250 |
| 3 | 250 | 46 | 204 | 277 | 34 | 243 |
| 4 | 265 | 60 | 205 | 296 | 50 | 246 |
| 5 | 276 | 70 | 206 | 316 | 61 | 255 |
| 6 | 287 | 81 | 206 | 334 | 70 | 264 |
| 7 | 296 | 89 | 207 | 345 | 77 | 268 |
| 8 | 297 | 87 | 210 | 340 | 75 | 265 |
| 9 | 289 | 77 | 212 | 326 | 66 | 260 |
| 10 | 271 | 63 | 208 | 309 | 51 | 258 |
| 11 | 251 | 46 | 205 | 292 | 32 | 260 |
| 12 | 239 | 36 | 203 | 281 | 19 | 262 |
| 年 | 266 | 60 | 206 | 305 | 48 | 257 |

注：潮位值均以验潮零点为基面。

平均高潮位和平均低潮位均具有夏秋高、冬春低的特点（图2.1-1），其中平均高潮位8月最高，为297厘米，1月最低，为235厘米，年较差62厘米；平均低潮位7月最高，为89厘米，1月最低，为32厘米，年较差57厘米；平均高高潮位7月最高，为345厘米，2月最低，为271厘米，年较差74厘米；平均低低潮位7月最高，为77厘米，1月最低，为15厘米，年较差62厘米。平均潮差夏秋季较大，冬春季较小，年较差为9厘米；平均大的潮差冬夏季较大，春秋季较小，年较差为25厘米（图2.1-2）。

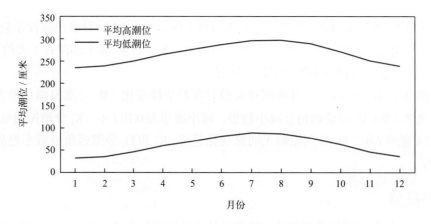

图2.1-1 平均高潮位和平均低潮位的年变化

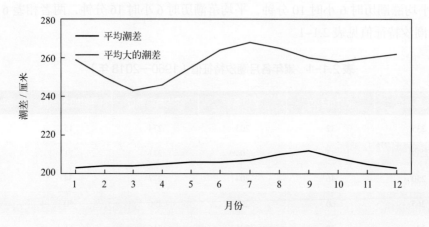

图2.1-2 平均潮差和平均大的潮差的年变化

1960—2018年，葫芦岛站平均高潮位和平均低潮位均呈波动上升趋势，上升速率分别为2.57毫米/年和1.16毫米/年。受天文潮长周期变化影响，平均高潮位和平均低潮位均存在较为显著的准19年周期变化，振幅分别为4.64厘米和2.25厘米。平均高潮位最高值出现在2014年，为286厘米；最低值出现在1968年，为256厘米。平均低潮位最高值出现在1975年，为66厘米；最低值出现在1962年和1963年，均为49厘米。

1960—2018年，葫芦岛站平均潮差呈波动增大趋势，增大速率为1.42毫米/年。平均潮差准19年周期变化较为显著，振幅为5.13厘米。平均潮差最大值出现在2015年，为222厘米；最小值出现1984年、1985年和1989年，均为198厘米（图2.1-3）。

图2.1-3  1960—2018年平均潮差距平变化

## 第二节  极值潮位

葫芦岛站年最高潮位和年最低潮位的各月发生频率见表2.2-1。年最高潮位出现时间主要集中在5—9月，其中7月发生频率最高，为44%；8月次之，为24%。年最低潮位主要出现在11月至翌年4月，其中12月发生频率最高，为31%；1月次之，为22%。

1960—2018年，葫芦岛站年最高潮位变化趋势不明显。历年的最高潮位均高于380厘米，其中高于420厘米的有7年。历史最高潮位为434厘米，出现在1985年8月2日，正值8506号台风（Jeff）影响期间。葫芦岛站年最低潮位呈上升趋势，上升速率为1.51毫米/年（线性趋势未通过显著性检验）。历年的最低潮位均低于−47厘米，其中低于−110厘米的有6年。历史最低潮位为−162厘米，出现在2005年12月5日，主要由强寒潮大风所致（表2.2-1）。

表 2.2-1  最高潮位和最低潮位及年极值出现频率（1960—2018 年）

|  | 1月 | 2月 | 3月 | 4月 | 5月 | 6月 | 7月 | 8月 | 9月 | 10月 | 11月 | 12月 |
|---|---|---|---|---|---|---|---|---|---|---|---|---|
| 最高潮位值/厘米 | 393 | 384 | 385 | 402 | 421 | 421 | 427 | 434 | 418 | 407 | 415 | 395 |
| 年最高潮位出现频率/% | 0 | 0 | 0 | 0 | 8 | 14 | 44 | 24 | 5 | 2 | 3 | 0 |
| 最低潮位值/厘米 | −104 | −127 | −151 | −105 | −45 | −36 | −3 | −56 | −63 | −86 | −141 | −162 |
| 年最低潮位出现频率/% | 22 | 17 | 15 | 5 | 0 | 0 | 0 | 0 | 0 | 0 | 10 | 31 |

## 第三节  增减水

受地形和气候特征的影响，葫芦岛站出现60厘米以上减水的频率明显高于同等强度增水的频率，超过100厘米的减水平均约10天出现一次，而超过100厘米的增水平均约430天出现一次（表2.3-1）。

表 2.3-1　不同强度增减水的平均出现周期（1960—2018 年）

| 范围 / 厘米 | 出现周期 / 天 | |
| --- | --- | --- |
| | 增水 | 减水 |
| >30 | 0.49 | 0.47 |
| >40 | 1.10 | 0.74 |
| >50 | 2.61 | 1.13 |
| >60 | 6.85 | 1.73 |
| >80 | 47.02 | 4.22 |
| >100 | 429.79 | 10.29 |
| >120 | 1 790.79 | 28.05 |
| >150 | 5 372.38 | 127.16 |
| >200 | — | 1 790.79 |

"—"表示无数据。

葫芦岛站 100 厘米以上的增水主要出现在 7 月、9 月、11 月和 12 月，120 厘米以上的减水多发生在 10 月至翌年 4 月，这些大的增减水过程主要与该海域受寒潮大风、温带气旋以及热带气旋等的影响有关（表 2.3-2）。

表 2.3-2　各月不同强度增减水的出现频率（1960—2018 年）

| 月份 | 增水 / % | | | | | | 减水 / % | | | | | |
| --- | --- | --- | --- | --- | --- | --- | --- | --- | --- | --- | --- | --- |
| | >30 厘米 | >40 厘米 | >60 厘米 | >80 厘米 | >100 厘米 | >120 厘米 | >30 厘米 | >40 厘米 | >60 厘米 | >80 厘米 | >100 厘米 | >120 厘米 |
| 1 | 14.72 | 7.37 | 1.24 | 0.09 | 0.00 | 0.00 | 14.06 | 9.39 | 4.36 | 1.80 | 0.78 | 0.29 |
| 2 | 12.67 | 5.64 | 0.67 | 0.00 | 0.00 | 0.00 | 14.37 | 9.63 | 4.36 | 1.73 | 0.69 | 0.31 |
| 3 | 10.69 | 4.34 | 0.84 | 0.21 | 0.00 | 0.00 | 12.49 | 8.08 | 3.46 | 1.45 | 0.59 | 0.22 |
| 4 | 7.05 | 2.88 | 0.46 | 0.06 | 0.00 | 0.00 | 7.01 | 4.17 | 1.55 | 0.62 | 0.28 | 0.12 |
| 5 | 2.22 | 0.69 | 0.08 | 0.00 | 0.00 | 0.00 | 2.71 | 1.04 | 0.21 | 0.04 | 0.01 | 0.00 |
| 6 | 1.04 | 0.32 | 0.03 | 0.00 | 0.00 | 0.00 | 0.91 | 0.34 | 0.06 | 0.03 | 0.00 | 0.00 |
| 7 | 1.85 | 0.61 | 0.14 | 0.05 | 0.03 | 0.02 | 0.52 | 0.15 | 0.02 | 0.00 | 0.00 | 0.00 |
| 8 | 2.25 | 0.65 | 0.11 | 0.02 | 0.00 | 0.00 | 2.71 | 1.03 | 0.25 | 0.10 | 0.05 | 0.02 |
| 9 | 4.74 | 1.58 | 0.22 | 0.04 | 0.02 | 0.01 | 6.70 | 3.53 | 0.90 | 0.25 | 0.08 | 0.01 |
| 10 | 10.56 | 4.37 | 0.53 | 0.03 | 0.00 | 0.00 | 12.39 | 8.08 | 3.29 | 1.18 | 0.40 | 0.12 |
| 11 | 16.60 | 8.04 | 1.40 | 0.19 | 0.01 | 0.00 | 16.83 | 11.93 | 5.64 | 2.28 | 0.89 | 0.27 |
| 12 | 17.65 | 9.11 | 1.57 | 0.28 | 0.03 | 0.00 | 16.07 | 10.88 | 4.95 | 2.43 | 1.08 | 0.43 |

1960—2018 年，葫芦岛站年最大增水多出现在 11 月至翌年 1 月和 3 月，其中 12 月出现频率最高，为 24%；11 月次之，为 17%。年最大减水多出现在 11 月至翌年 3 月，其中 12 月出现频率最高，为 27%；1 月次之，为 19%。葫芦岛站最大增水为 181 厘米，出现在 1972 年 7 月 27 日；

1960 年和 2004 年最大增水次之，均超过了 120 厘米。葫芦岛站最大减水为 237 厘米，发生在 2007 年 3 月 5 日；1987 年和 2005 年最大减水也较大，均超过 200 厘米（表 2.3-3）。1960—2018 年，葫芦岛站年最大增水呈减小趋势，减小速率为 3.12 毫米 / 年；年最大减水呈减小趋势，减小速率为 1.59 毫米 / 年（线性趋势未通过显著性检验）。

表 2.3-3　最大增水和最大减水及年极值出现频率（1960—2018 年）

| | 1月 | 2月 | 3月 | 4月 | 5月 | 6月 | 7月 | 8月 | 9月 | 10月 | 11月 | 12月 |
|---|---|---|---|---|---|---|---|---|---|---|---|---|
| 最大增水值 / 厘米 | 104 | 98 | 102 | 101 | 76 | 75 | 181 | 110 | 126 | 97 | 103 | 118 |
| 年最大增水出现频率 / % | 14 | 7 | 15 | 7 | 0 | 0 | 3 | 7 | 3 | 3 | 17 | 24 |
| 最大减水值 / 厘米 | 183 | 205 | 237 | 171 | 108 | 108 | 76 | 164 | 132 | 197 | 161 | 212 |
| 年最大减水出现频率 / % | 19 | 14 | 15 | 5 | 2 | 0 | 0 | 2 | 2 | 3 | 12 | 27 |

# 第三章　海浪

## 第一节　海况

　　葫芦岛站全年及各月各级海况的频率见图3.1-1。全年海况以 0 ～ 4 级为主，频率为91.73%，其中 0 ～ 2 级海况频率为41.21%。全年 5 级及以上海况频率为8.27%，最大频率出现在 6 月，为10.46%。全年 7 级及以上海况频率为0.21%，最大频率出现在 4 月，为0.38%。

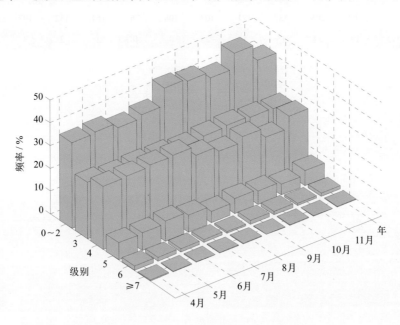

图3.1-1　全年及各月各级海况频率（1959—2018年）

## 第二节　波型

　　葫芦岛站风浪频率和涌浪频率的年变化见表3.2-1。全年以风浪为主，频率为99.00%，涌浪频率为18.34%。风浪和涌浪相比较，各月的风浪频率相差不大，涌浪频率存在月份差异。涌浪在 4 月、10 月和 11 月较多，其中 11 月最多，频率为21.39%；在 6 月和 8 月较少，其中 6 月最少，频率为16.53%。

表 3.2-1　各月及全年风浪涌浪频率（1959—2018 年）

| | 4月 | 5月 | 6月 | 7月 | 8月 | 9月 | 10月 | 11月 | 年 |
|---|---|---|---|---|---|---|---|---|---|
| 风浪 / % | 98.93 | 99.00 | 99.23 | 98.85 | 98.92 | 99.28 | 98.97 | 98.87 | 99.00 |
| 涌浪 / % | 20.17 | 17.77 | 16.53 | 16.83 | 16.67 | 16.83 | 20.61 | 21.39 | 18.34 |

注：风浪包含F、F/U、FU和U/F波型；涌浪包含U、U/F、FU和F/U波型。

## 第三节　波向

### 1. 各向风浪频率

葫芦岛站各月及全年各向风浪频率见图3.3-1。4—8月SSW向风浪居多，S向次之。9月和10月SSW向风浪居多，SW向次之。11月N向风浪居多，SW向次之。全年SSW向风浪居多，频率为22.84%，S向次之，频率为10.58%，W向最少，频率为0.87%。

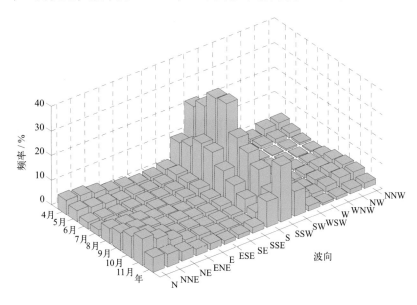

图3.3-1　各月及全年各向风浪频率（1959—2018年）

### 2. 各向涌浪频率

葫芦岛站各月及全年各向涌浪频率见图3.3-2。4—10月SSW向涌浪居多，S向次之。11月SSW向涌浪居多，SE向次之。全年SSW向涌浪居多，频率为5.42%，S向次之，频率为3.00%，W向最少，频率为0.05%。

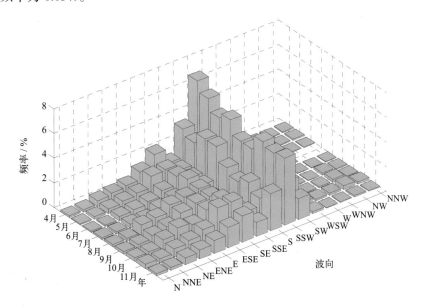

图3.3-2　各月及全年各向涌浪频率（1959—2018年）

## 第四节　波高

### 1. 平均波高和最大波高

葫芦岛站波高的年变化见表 3.4-1，各月平均波高均为 0.5 米。历年的平均波高为 0.2 ～ 0.6 米。

月最大波高比月平均波高的变化幅度大，极大值出现在 8 月，为 4.6 米，极小值出现在 9 月，为 3.4 米，变幅为 1.2 米。历年的最大波高为 1.4 ～ 4.6 米，大于等于 3.0 米的共有 30 年，其中最大波高的极大值 4.6 米出现在 1969 年 8 月 21 日，波向为 SSE，对应平均风速为 20 米 / 秒，对应平均周期为 6.6 秒。

表 3.4-1　波高的年变化（1959—2018 年）　　　　　　　单位：米

| | 3月 | 4月 | 5月 | 6月 | 7月 | 8月 | 9月 | 10月 | 11月 | 年 |
|---|---|---|---|---|---|---|---|---|---|---|
| 平均波高 | 0.5 | 0.5 | 0.5 | 0.5 | 0.5 | 0.5 | 0.5 | 0.5 | 0.5 | 0.5 |
| 最大波高 | 3.8 | 3.8 | 3.7 | 4.4 | 3.8 | 4.6 | 3.4 | 4.0 | 3.7 | 4.6 |

注：1961年和1962年数据缺测。

### 2. 各向平均波高和最大波高

葫芦岛站各季代表月及全年各向波高的分布见图 3.4-1。全年各向平均波高为 0.3 ～ 0.7 米，大值主要分布于 S—WSW 向，其中 SSW 向和 SW 向最大，小值主要分布于 WNW—N 向。全年各向最大波高 SSE 向最大，为 4.6 米；SSW 向次之，为 4.4 米；N 向、NNE 向、WNW 向和 NNW 向最小，均为 1.8 米（表 3.4-2）。

表 3.4-2　全年各向平均波高和最大波高（1959—2018 年）　　　　　单位：米

| | N | NNE | NE | ENE | E | ESE | SE | SSE | S | SSW | SW | WSW | W | WNW | NW | NNW |
|---|---|---|---|---|---|---|---|---|---|---|---|---|---|---|---|---|
| 平均波高 | 0.3 | 0.4 | 0.4 | 0.4 | 0.4 | 0.4 | 0.4 | 0.5 | 0.6 | 0.7 | 0.7 | 0.6 | 0.4 | 0.3 | 0.3 | 0.3 |
| 最大波高 | 1.8 | 1.8 | 2.7 | 1.9 | 2.8 | 2.2 | 3.8 | 4.6 | 4.0 | 4.4 | 3.5 | 3.0 | 2.1 | 1.8 | 3.2 | 1.8 |

4 月平均波高 SSW 向最大，为 0.8 米；WNW—N 向最小，均为 0.3 米。最大波高 SSW 向最大，为 3.3 米；SW 向次之，为 3.2 米；WNW 向最小，为 1.0 米。

7 月平均波高 SE 向和 SSW 向最大，均为 0.7 米；WNW—N 向最小，均为 0.3 米。最大波高 SE 向最大，为 3.8 米；S 向次之，为 3.5 米；NNW 向最小，为 0.7 米。

10 月平均波高 SSW 向和 SW 向最大，均为 0.8 米；N 向、WNW 向和 NNW 向最小，均为 0.3 米。最大波高 S 向最大，为 4.0 米；SSW 向次之，为 3.6 米；ESE 向最小，为 1.4 米。

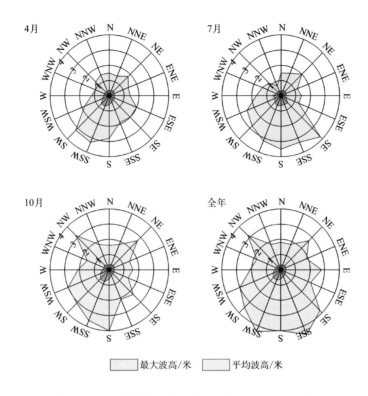

图3.4-1 各向平均波高和最大波高（1959—2018年）

最大波高/米　　平均波高/米

# 第五节　周期

## 1. 平均周期和最大周期

葫芦岛站周期的年变化见表 3.5-1。月平均周期的年变化不明显，为 2.7 ～ 2.9 秒。月最大周期的年变化幅度较大，极大值出现在 4 月，为 12.1 秒，极小值出现在 8 月，为 6.7 秒。历年的平均周期为 1.5 ～ 3.5 秒，其中 1963 年最大，2001 年最小。历年的最大周期均大于等于 4.5 秒，大于 8.0 秒的共有 6 年，其中最大周期的极大值 12.1 秒出现在 1963 年 4 月 2 日，波向为 S。

表 3.5-1　周期的年变化（1959—2018 年）　　　　　单位：秒

| | 3月 | 4月 | 5月 | 6月 | 7月 | 8月 | 9月 | 10月 | 11月 | 12月 | 年 |
|---|---|---|---|---|---|---|---|---|---|---|---|
| 平均周期 | 2.9 | 2.9 | 2.8 | 2.8 | 2.8 | 2.7 | 2.7 | 2.9 | 2.9 | — | 2.8 |
| 最大周期 | 8.6 | 12.1 | 7.4 | 8.2 | 7.6 | 6.7 | 6.8 | 8.2 | 7.3 | 9.8 | 12.1 |

注：12月因数据较少未统计均值；1961年和1962年数据缺测。

## 2. 各向平均周期和最大周期

葫芦岛站各季代表月及全年各向周期的分布见图 3.5-1。全年各向平均周期为 2.5 ～ 3.3 秒，SSW 向和 SW 向平均周期较大。全年各向最大周期 S 向最大，为 12.1 秒；SSE 向次之，为 12.0 秒；NNW 向最小，为 5.6 秒（表 3.5-2）。

表 3.5-2　全年各向平均周期和最大周期（1959—2018 年）　　　　　　　　　　单位：秒

| | N | NNE | NE | ENE | E | ESE | SE | SSE | S | SSW | SW | WSW | W | WNW | NW | NNW |
|---|---|---|---|---|---|---|---|---|---|---|---|---|---|---|---|---|
| 平均周期 | 2.8 | 2.8 | 2.8 | 2.9 | 2.9 | 2.9 | 3.1 | 3.1 | 3.1 | 3.3 | 3.2 | 3.0 | 2.8 | 2.6 | 2.5 | 2.5 |
| 最大周期 | 6.3 | 7.4 | 6.2 | 6.0 | 6.0 | 7.1 | 7.4 | 12.0 | 12.1 | 7.3 | 8.2 | 5.7 | 6.1 | 5.9 | 7.0 | 5.6 |

　　4 月平均周期 SSW 向和 SW 向最大，均为 3.3 秒；NW 向最小，为 2.4 秒。最大周期 S 向最大，为 12.1 秒；SSE 向次之，为 12.0 秒；E 向最小，为 4.5 秒。

　　7 月平均周期 SE 向最大，为 3.4 秒；WNW 向最小，为 2.6 秒。最大周期 SE 向最大，为 7.4 秒；SSE 向次之，为 6.8 秒；WNW 向最小，为 4.1 秒。

　　10 月平均周期 SSW 向最大，为 3.6 秒；NNW 向最小，为 2.5 秒。最大周期 SW 向最大，为 8.2 秒；SSW 向次之，为 6.9 秒；W 向最小，为 4.3 秒。

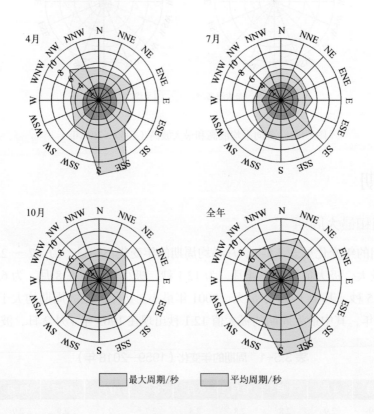

图3.5-1　各向平均周期和最大周期（1959—2018年）

# 第四章 表层海水温度、盐度和海发光

## 第一节 表层海水温度

### 1. 平均水温、最高水温和最低水温

葫芦岛站月平均水温的年变化具有峰谷明显的特点，1月最低，为 -0.8℃，8月最高，为 26.0℃，秋季高于春季，其年较差为 26.8℃。4—6月升温较快，10—12月降温较快，其中 11月降温最快，降温速率大于升温速率。月最高水温和月最低水温的年变化特征与月平均水温相似，其年较差分别为 29.3℃和 25.6℃（图 4.1-1）。

历年的平均水温为 11.1 ～ 12.7℃，其中 2017 年最高，2010 年最低（因 1961—2003 年冬季结冰缺测，历年平均水温仅统计 2004—2018 年情况）。累年平均水温为 11.8℃。

历年的最高水温均不低于 26.2℃，其中大于等于 29.0℃的有 13年，大于 30.0℃的有 2年，其出现时间均为 7月和 8月，其中出现在 8月的有 42年。水温极大值为 31.8℃，出现在 1961年 8月 4日。

历年的最低水温均不高于 -1.2℃，其中小于 -1.5℃的有 28年，小于等于 -2.0℃的有 15年。其出现时间多为 12月和 1月，其中出现在 1月的有 21年。水温极小值为 -3.8℃，出现在 1961年 1月 17日。

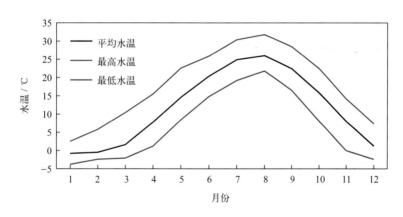

图4.1-1 水温年变化（1960—2018年）

### 2. 日平均水温稳定通过界限温度的日期

采用五日滑动平均方法求出稳定通过各个界限温度的日期，见表 4.1-1。日平均水温稳定通过 0℃的有 295天，稳定通过 10℃的有 197天，稳定通过 20℃的有 107天。稳定通过 25℃的初日为 7月 16日，终日为 8月 31日，共 47天。

### 3. 长期趋势变化

1960—2018年，年最高水温呈波动下降趋势，下降速率为 0.19℃/（10年），1961年和 1963年最高水温分别为 1960年以来的第一高值和第二高值。葫芦岛站沿海冬季结冰，水温观测受到影响，年最低水温代表性差，故未统计其长期趋势变化。

表 4.1-1　日平均水温稳定通过界限温度的日期（1960—2018 年）

| | 0℃ | 5℃ | 10℃ | 15℃ | 20℃ | 25℃ |
|---|---|---|---|---|---|---|
| 初日 | 3月4日 | 4月4日 | 4月26日 | 5月18日 | 6月13日 | 7月16日 |
| 终日 | 12月23日 | 11月26日 | 11月8日 | 10月19日 | 9月27日 | 8月31日 |
| 天数 | 295 | 237 | 197 | 155 | 107 | 47 |

# 第二节　表层海水盐度

## 1. 平均盐度、最高盐度和最低盐度

葫芦岛站月平均盐度的年变化具有上半年较高、下半年较低的特点，2—6 月均高于 30.00，其中 5 月最高，为 30.72；7—12 月为低盐期，其中 8 月最低，为 28.42，其年较差为 2.30。月最高盐度的年变化具有双峰双谷的特点，峰值出现在 6 月和 12 月，谷值出现在 3 月和 10 月，其年较差为 1.40。月最低盐度 2 月最高，12 月最低，其年较差为 16.29（图 4.2-1）。

历年的平均盐度为 27.43 ~ 32.71，其中 2004 年最高，1960 年最低。

历年的最高盐度均不低于 29.56，其中大于 33.00 的有 17 年，大于 34.00 的有 5 年。年最高盐度在一年四季均有出现，多集中于 5 月和 12 月。盐度极大值为 34.99，出现在 1996 年 6 月 24 日。

历年的最低盐度均不高于 29.27，其中小于 15.00 的有 7 年。年最低盐度出现月份比较分散，以 12 月为最多。盐度极小值为 8.13，出现在 1984 年 12 月 27 日。

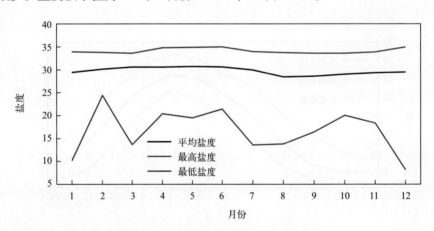

图4.2-1　盐度年变化（1960—2018年）

## 2. 长期趋势变化

1960—2018 年，葫芦岛站年最高盐度和最低盐度均呈波动上升趋势，年最高盐度的上升速率为 0.40/（10 年），1996 年和 2004 年最高盐度分别为 1960 年以来的第一高值和第二高值；年最低盐度的上升速率为 1.70/（10 年），1984 年和 1974 年最低盐度分别为 1960 年以来的第一低值和第二低值。

## 第三节　海发光

1960—2003年，葫芦岛站观测到的海发光以火花型（H）为主，出现次数占海发光总次数的98.2%，弥漫型海发光较少，占总次数的1.7%（38次），闪光型出现1次。各类海发光均以1级和2级为主，占总次数的94.8%，4级出现11次，占总次数的0.5%。

各月及全年海发光频率见表4.3-1和图4.3-1。海发光频率年变化的峰值出现在9月，为43%，其中1级占66.3%，2级占23.5%，3级占9.4%，4级占0.8%。

历年海发光频率均不超过81.0%，其中1964年最大，为81.0%，1966年次之，为77.7%，1997年、2000年和2003年均未观测到海发光。

表4.3-1　各月及全年海发光频率（1960—2003年）

|  | 1月 | 2月 | 3月 | 4月 | 5月 | 6月 | 7月 | 8月 | 9月 | 10月 | 11月 | 12月 | 年 |
|---|---|---|---|---|---|---|---|---|---|---|---|---|---|
| 频率 / % | 0.0 | 28.6 | 23.4 | 19.9 | 19.0 | 6.4 | 8.1 | 34.5 | 43.0 | 32.5 | 17.3 | 5.3 | 21.0 |

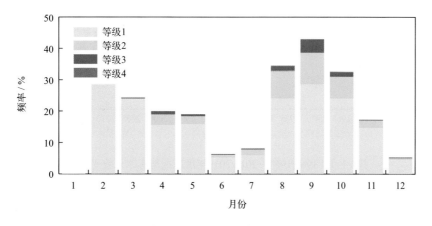

图4.3-1　各月各级海发光频率（1960—2003年）

# 第五章 海冰

## 第一节 冰期和有冰日数

1963/1964—2018/2019 年度，葫芦岛站累年平均初冰日为 12 月 17 日，终冰日为 3 月 5 日，平均冰期为 79 天。初冰日最早为 11 月 17 日（1969 年），最晚为 1 月 13 日（2008 年），相差近两个月。终冰日最早为 2 月 8 日（2007 年），最晚为 3 月 23 日（1969 年），相差近一个半月。最长冰期为 124 天，出现在 1969/1970 年度，最短冰期为 37 天，出现在 2014/2015 年度。1963/1964—2018/2019 年度，年度冰期和有冰日数均呈明显的下降趋势，下降速率分别为 1.02 天 / 年度和 0.89 天 / 年度（图 5.1–1）。

图5.1-1　1963/1964—2018/2019年度冰期与有冰日数变化

1963/1964—2018/2019 年度，在有固定冰年度，累年平均固定冰初冰日为 1 月 7 日，终冰日为 2 月 26 日，平均固定冰冰期为 53 天。固定冰初冰日最早为 12 月 7 日（1991 年），最晚为 2 月 12 日（1988 年），终冰日最早为 1 月 19 日（1973 年），最晚为 3 月 20 日（1985 年）。最长固定冰冰期为 92 天，出现在 1991/1992 年度（图 5.1–2）。

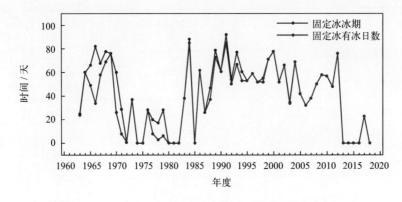

图5.1-2　1963/1964—2018/2019年度固定冰冰期与有冰日数变化

应该指出，冰期内并不是天天有冰。累年平均年度有冰日数为 69 天，占冰期的 87%。1970/1971 年度有冰日数最多，为 105 天，2014/2015 年度有冰日数最少，为 32 天。累年平均年度有固定冰日数为 47 天，占固定冰冰期的 89%。

## 第二节　冰量和浮冰密集度

1963/1964—2018/2019 年度，葫芦岛站年度总冰量超过 400 成的有 33 个年度，超过 600 成的有 9 个年度，其中 1965/1966 年度最多，为 725 成；不足 100 成的只有 2001/2002 年度。年度浮冰量最多为 717 成，出现在 1965/1966 年度，2001/2002 年度浮冰量为 99 成。年度固定冰量最多为 55 成，出现在 2000/2001 年度（图 5.2-1）。

1963/1964—2018/2019 年度，总冰量和浮冰量均为 1 月最多，分别占年度总量的 53% 和 54%，2 月次之，分别占年度总量的 35% 和 34%；固定冰量 2 月最多，占年度总量的 73%（表 5.2-1）。

1963/1964—2018/2019 年度，年度总冰量呈明显波动下降趋势，下降速率为 6 成 / 年度（图 5.2-1）。十年平均总冰量变化显示，1963/1964—1969/1970 年度平均总冰量最多，为 613 成，1990/1991—1999/2000 年度平均总冰量最少，为 319 成（图 5.2-2）。

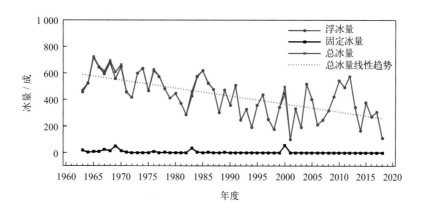

图5.2-1　1963/1964—2018/2019年度冰量变化

表 5.2-1　冰量的年变化（1963/1964—2018/2019 年度）

|  | 11 月 | 12 月 | 1 月 | 2 月 | 3 月 | 年度 |
|---|---|---|---|---|---|---|
| 总冰量 / 成 | 1 | 2 163 | 12 650 | 8 231 | 727 | 23 772 |
| 平均总冰量 / 成 | 0.02 | 38.63 | 225.89 | 146.98 | 12.98 | 424.50 |
| 浮冰量 / 成 | 1 | 2 159 | 12 587 | 8 050 | 727 | 23 524 |
| 固定冰量 / 成 | 0 | 4 | 63 | 181 | 0 | 248 |

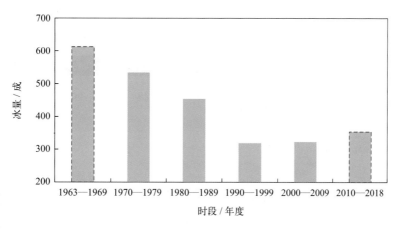

图5.2-2　十年平均总冰量变化（数据不足十年加虚线框表示，下同）

浮冰密集度各月及年度以 8 ～ 10 成为最多，其中 1 月占有冰日数的 90%，2 月占有冰日数的 82%。浮冰密集度为 0 ～ 3 成的日数，1 月占有冰日数的 5%，2 月占有冰日数的 8%（表 5.2-2）。

表 5.2-2　浮冰密集度的年变化（1963/1964—2018/2019 年度）

| | 11月 | 12月 | 1月 | 2月 | 3月 | 年度 |
|---|---|---|---|---|---|---|
| 8 ～ 10 成占有冰日数的比率 / % | 40 | 71 | 90 | 82 | 50 | 81 |
| 4 ～ 7 成占有冰日数的比率 / % | 13 | 15 | 5 | 10 | 20 | 9 |
| 0 ～ 3 成占有冰日数的比率 / % | 47 | 14 | 5 | 8 | 30 | 9 |

# 第三节　浮冰漂流方向和速度

葫芦岛站各向浮冰特征量见图 5.3-1 和表 5.3-1。1963/1964—2018/2019 年度，浮冰流向在 E 向、WSW 向和 W 向出现的次数较多，频率和为 39.1%，并以此 3 个流向为轴向两侧频率逐渐降低，在 NNW 向出现频率最低，为 0.6%。累年各向最大浮冰漂流速度差异较大，为 0.4 ～ 1.5 米 / 秒，其中 SW 向最大，N 向和 NW 向最小。

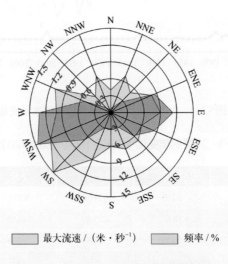

■ 最大流速 /（米·秒⁻¹）　■ 频率 / %

图5.3-1　浮冰各向出现频率和最大流速

表 5.3-1　各向浮冰特征量（1963/1964—2018/2019 年度）

| | N | NNE | NE | ENE | E | ESE | SE | SSE | S | SSW | SW | WSW | W | WNW | NW | NNW |
|---|---|---|---|---|---|---|---|---|---|---|---|---|---|---|---|---|
| 出现频率 / % | 0.7 | 1.1 | 2.7 | 8.6 | 11.3 | 8.5 | 5.8 | 2.6 | 2.9 | 2.9 | 6.8 | 14.6 | 13.2 | 5.3 | 1.3 | 0.6 |
| 平均流速 /（米·秒⁻¹） | 0.2 | 0.2 | 0.2 | 0.2 | 0.2 | 0.2 | 0.2 | 0.2 | 0.2 | 0.2 | 0.3 | 0.3 | 0.3 | 0.3 | 0.2 | 0.2 |
| 最大流速 /（米·秒⁻¹） | 0.4 | 0.7 | 0.5 | 0.8 | 0.9 | 0.6 | 0.7 | 0.7 | 0.6 | 0.9 | 1.5 | 1.2 | 1.0 | 1.1 | 0.4 | 0.7 |

## 第四节　固定冰宽度和堆积高度 *

固定冰最大宽度大于 4 000 米，出现在 1969 年、1970 年和 1984 年的 2 月；最大堆积高度为 6 米，出现在 1966 年 1 月和 2 月。

表 5.4-1　固定冰特征值（1963/1964—2018/2019 年度）　　　　单位：米

|  | 12月 | 1月 | 2月 | 3月 | 年度 |
|---|---|---|---|---|---|
| 最大宽度 | 200 | 1 600 | >4 000 | 150 | >4 000 |
| 最大堆积高度 | 2.4 | 6 | 6 | 2.6 | 6 |

---

\* 固定冰特征值数据有限，此节结果仅供参考。

# 第六章 海洋气象

## 第一节 气温

### 1. 平均气温、最高气温和最低气温

1963—2018 年，葫芦岛站累年平均气温为 9.9℃。月平均气温具有夏高冬低的变化特征，1 月最低，为 –7.0℃，8 月最高，为 24.5℃，年较差为 31.5℃。月最高气温和月最低气温的年变化特征与月平均气温相似，月最高气温极大值出现在 7 月，月最低气温极小值出现在 1 月（表6.1–1，图 6.1–1 ）。

表 6.1-1 气温的年变化（1963—2018 年） 单位：℃

| | 1月 | 2月 | 3月 | 4月 | 5月 | 6月 | 7月 | 8月 | 9月 | 10月 | 11月 | 12月 | 年 |
|---|---|---|---|---|---|---|---|---|---|---|---|---|---|
| 平均气温 | –7.0 | –4.2 | 2.0 | 9.6 | 16.2 | 20.8 | 24.3 | 24.5 | 20.0 | 12.7 | 3.4 | –3.9 | 9.9 |
| 最高气温 | 10.9 | 13.1 | 20.8 | 30.0 | 34.1 | 36.0 | 38.5 | 37.5 | 32.1 | 27.8 | 20.4 | 14.5 | 38.5 |
| 最低气温 | –25.1 | –21.8 | –17.4 | –4.3 | 4.3 | 6.5 | 14.0 | 12.2 | 4.4 | –4.2 | –14.7 | –19.9 | –25.1 |

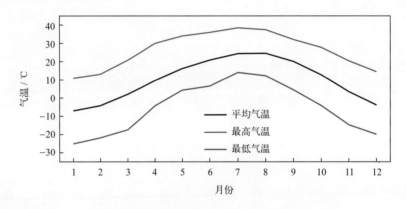

图6.1-1 气温年变化（1963—2018年）

历年的平均气温为 8.1 ~ 11.7℃，其中 2007 年最高，1969 年最低。

历年的最高气温均高于 29.5℃，其中高于 35℃的有 5 年。最早出现时间为 5 月 27 日( 1980 年)，最晚出现时间为 9 月 4 日（1992 年）。8 月最高气温出现频率最高，占统计年份的 42%（图 6.1–2）。极大值为 38.5℃，出现在 2015 年 7 月 14 日。

历年的最低气温均低于 –11.5℃，其中低于 –18.0℃的有 26 年，占统计年份的 46.4%，低于 –22.0℃的有 2 年，分别为 2001 年和 2016 年。最早出现时间为 12 月 19 日（1999 年），最晚出现时间为 2 月 22 日（1991 年）。1 月最低气温出现频率最高，占统计年份的 67%，2 月次之，占 17%（图 6.1–2）。极小值为 –25.1℃，出现在 2001 年 1 月 14 日。

(a) 年最高气温出现月份          (b) 年最低气温出现月份

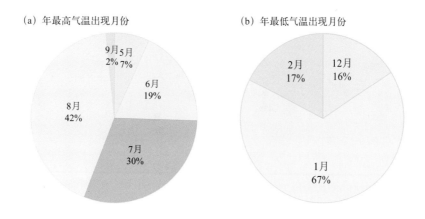

图6.1-2　年最高、最低气温出现月份及频率（1963—2018年）

## 2. 长期趋势变化

1963—2018 年，葫芦岛站年平均气温、年最高气温和年最低气温均呈波动上升趋势，上升速率分别为 0.25℃/（10 年）、0.53℃/（10 年）和 0.15℃/（10 年）（线性趋势未通过显著性检验）。

1963—2018 年，十年平均气温变化显示，2000—2009 年平均气温最高，为 10.4℃，1990—1999 年平均气温较上一个十年升幅最大，升幅为 0.7℃（图 6.1-3）。

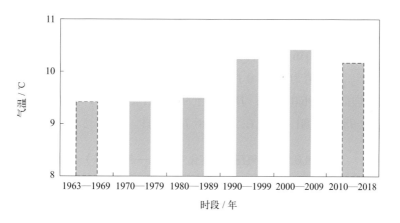

图6.1-3　十年平均气温变化

## 3. 常年自然天气季节和大陆度

利用葫芦岛站 1965—2018 年气温累年日平均数据计算五日滑动平均气温，根据《气候季节划分》（QX/T 152—2012）方法，葫芦岛平均春季时间从 4 月 19 日到 6 月 26 日，共 69 天；平均夏季时间从 6 月 27 日到 9 月 7 日，共 73 天；平均秋季时间从 9 月 8 日到 10 月 27 日，共 50 天；平均冬季时间从 10 月 28 日到翌年 4 月 18 日，共 173 天（图 6.1-4）。冬季时间最长，秋季时间最短。

葫芦岛站焦金斯基大陆度指数为 62.8%，属大陆性季风气候。

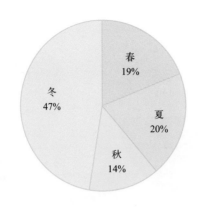

图6.1-4　四季平均日数百分率（1965—2018年）

# 第二节　气压

## 1. 平均气压、最高气压和最低气压

1981—2018年，葫芦岛站累年平均气压为1 015.5百帕。月平均气压具有冬高夏低的变化特征，1月最高，为1 026.6百帕，7月最低，为1 003.1百帕，年较差为23.5百帕。月最高气压11月最大，7月最小，年较差为32.1百帕。月最低气压1月最大，7月最小，年较差为21.9百帕（表6.2-1，图6.2-1）。

历年的平均气压为1 014.0 ~ 1 016.7百帕，其中1989年最高，2017年最低。

历年的最高气压均高于1 036.5百帕，其中高于1 045.0百帕的有4年，分别是1989年、1994年、2000年和2006年。极大值为1 048.0百帕，出现在1994年11月14日。

历年的最低气压均低于996.0百帕，其中低于986.0百帕的有3年，分别是1983年、1990年和2004年。极小值为984.6百帕，出现在1990年7月7日。

表 6.2-1　气压的年变化（1981—2018年）　　　　　　　　　　单位：百帕

| | 1月 | 2月 | 3月 | 4月 | 5月 | 6月 | 7月 | 8月 | 9月 | 10月 | 11月 | 12月 | 年 |
|---|---|---|---|---|---|---|---|---|---|---|---|---|---|
| 平均气压 | 1 026.6 | 1 024.2 | 1 019.3 | 1 012.5 | 1 008.1 | 1 004.6 | 1 003.1 | 1 006.5 | 1 013.1 | 1 018.9 | 1 022.8 | 1 025.7 | 1 015.5 |
| 最高气压 | 1 046.3 | 1 047.5 | 1 039.5 | 1 032.4 | 1 026.4 | 1 020.3 | 1 015.9 | 1 019.2 | 1 033.5 | 1 038.5 | 1 048.0 | 1 047.7 | 1 048.0 |
| 最低气压 | 1 006.5 | 993.7 | 993.4 | 985.8 | 985.6 | 987.0 | 984.6 | 988.9 | 990.2 | 995.2 | 997.8 | 996.6 | 984.6 |

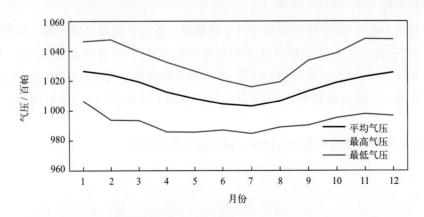

图6.2-1　气压年变化（1981—2018年）

### 2. 长期趋势变化

1981—2018 年，葫芦岛站年平均气压和最高气压均呈波动下降趋势，下降速率分别为 0.55 百帕/（10 年）和 0.48 百帕/（10 年）（线性趋势未通过显著性检验），最低气压变化趋势不明显。

1981—2018 年，十年平均气压变化显示，1981—1989 年平均气压最高，均值为 1 016.1 百帕，2010—2018 年平均气压最低，均值为 1 014.7 百帕（图 6.2-2）。

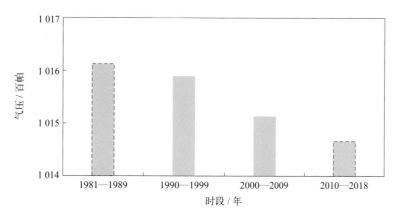

图6.2-2　十年平均气压变化

# 第三节　相对湿度

### 1. 平均相对湿度和最小相对湿度

1963—2018 年，葫芦岛站累年平均相对湿度为 62.5%。月平均相对湿度 7 月最大，为 81.4%，12 月最小，为 53.0%（表 6.3-1，图 6.3-1）。平均月最小相对湿度的年变化特征明显，其中 7 月最大，为 40.2%，4 月最小，为 13.1%（表 6.3-1，图 6.3-1）。最小相对湿度的极小值为 3%（表 6.3-1）。

表 6.3-1　相对湿度的年变化（1963—2018 年）

| | 1月 | 2月 | 3月 | 4月 | 5月 | 6月 | 7月 | 8月 | 9月 | 10月 | 11月 | 12月 | 年 |
|---|---|---|---|---|---|---|---|---|---|---|---|---|---|
| 平均相对湿度 / % | 54.3 | 55.1 | 54.6 | 58.2 | 62.0 | 74.0 | 81.4 | 77.0 | 65.4 | 59.5 | 54.9 | 53.0 | 62.5 |
| 平均最小相对湿度 / % | 16.6 | 16.4 | 13.6 | 13.1 | 15.8 | 28.1 | 40.2 | 35.6 | 23.6 | 18.3 | 15.7 | 16.5 | 21.1 |
| 最小相对湿度 / % | 5 | 8 | 5 | 4 | 5 | 12 | 14 | 15 | 14 | 4 | 4 | 3 | 3 |

注：平均最小相对湿度为各月最小相对湿度的累年平均值及其年平均值。

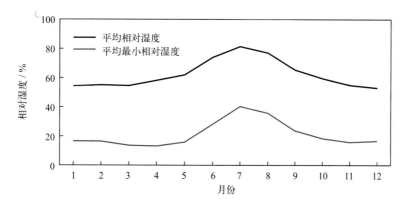

图6.3-1　相对湿度年变化（1963—2018年）

### 2. 长期趋势变化

1963—2018 年，葫芦岛站年平均相对湿度为 55.6% ~ 67.2%，呈下降趋势，下降速率为 0.30%/（10 年）（线性趋势未通过显著性检验），2010 年后下降明显，2017 年最低。十年平均相对湿度变化显示，2000—2009 年平均相对湿度最大，为 63.7%，2010—2018 年平均相对湿度最小，为 60.3%（图 6.3-2）。

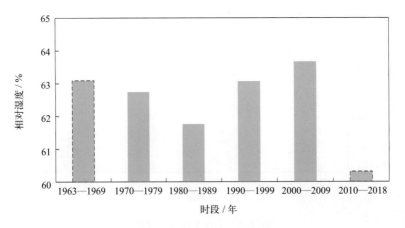

图6.3-2　十年平均相对湿度变化

### 3. 温湿指数

根据《人居环境气候舒适度评价》（GB/T 27963—2011）的温湿指数统计方法和气候舒适度等级划分方法，统计葫芦岛站各月温湿指数，结果显示：1—4 月和 10—12 月温湿指数为 –1.7 ~ 13.1，感觉为寒冷；5 月温湿指数为 15.8，感觉为冷；6—9 月温湿指数为 18.9 ~ 23.3，感觉为舒适（表 6.3-2）。

表 6.3-2　温湿指数的年变化（1963—2018 年）

| | 1月 | 2月 | 3月 | 4月 | 5月 | 6月 | 7月 | 8月 | 9月 | 10月 | 11月 | 12月 |
|---|---|---|---|---|---|---|---|---|---|---|---|---|
| 温湿指数 | -1.7 | 0.4 | 5.1 | 10.6 | 15.8 | 19.8 | 23.3 | 23.2 | 18.9 | 13.1 | 6.1 | 0.8 |
| 感觉程度 | 寒冷 | 寒冷 | 寒冷 | 寒冷 | 冷 | 舒适 | 舒适 | 舒适 | 舒适 | 寒冷 | 寒冷 | 寒冷 |

# 第四节　风

### 1. 平均风速和最大风速

葫芦岛站风速的年变化见表 6.4-1 和图 6.4-1。1963—2018 年，累年平均风速为 4.9 米/秒。月平均风速春秋季大，夏冬季小，其中 4 月最大，为 5.9 米/秒，1 月最小，为 4.2 米/秒。最大风速月平均值的年变化与平均风速相似，春秋季大，夏冬季小，其中 3 月最大，为 18.5 米/秒，4 月次之，为 17.8 米/秒，7 月最小，为 14.0 米/秒。最大风速的月最大值对应风向多为 N 向（7 个月）。1995—2018 年，极大风速的极大值为 32.3 米/秒，出现在 1997 年 8 月 20 日，对应风向为 NE。

表 6.4-1 风速的年变化（1963—2018 年）　　　　　　　　　　　　单位：米/秒

| | 1月 | 2月 | 3月 | 4月 | 5月 | 6月 | 7月 | 8月 | 9月 | 10月 | 11月 | 12月 | 年 |
|---|---|---|---|---|---|---|---|---|---|---|---|---|---|
| 平均风速 | 4.2 | 4.7 | 5.5 | 5.9 | 5.5 | 4.8 | 4.4 | 4.3 | 4.6 | 5.2 | 5.2 | 4.5 | 4.9 |
| 最大风速　平均值 | 16.1 | 16.8 | 18.5 | 17.8 | 17.6 | 15.3 | 14.0 | 14.9 | 15.5 | 17.0 | 17.4 | 16.5 | 16.5 |
| 最大风速　最大值 | 28.0 | 26.0 | 34.0 | 24.0 | 24.0 | 24.7 | 20.7 | 24.7 | 24.0 | 28.0 | 28.0 | 28.0 | 34.0 |
| 最大风速　最大值对应风向 | N | NNW | N/WNW | SW/N/SSW | NNE/ENE/N/S | E | S | E | N | N | WSW | N | N/WNW |
| 极大风速　最大值 | 23.2 | 27.9 | 29.9 | 27.0 | 29.3 | 25.4 | 27.1 | 32.3 | 24.1 | 24.1 | 23.2 | 23.4 | 32.3 |
| 极大风速　最大值对应风向 | SW | NNW | N | NNW | NNW | N | NW | NE | N | NE | NNE/N | N | NE |

注：极大风速的统计时间为1995—2018年。

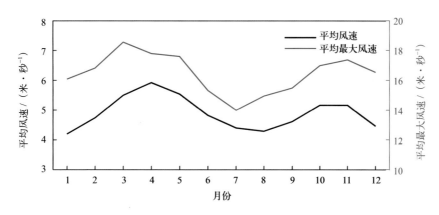

图6.4-1　平均风速和平均最大风速年变化（1963—2018年）

历年的平均风速为 3.9 ～ 6.4 米/秒，其中 1969 年最大，2007 年最小；历年的最大风速均大于等于 15.6 米/秒，其中大于等于 18.0 米/秒的有 47 年，大于等于 28.0 米/秒的有 4 年。最大风速的最大值出现在 1971 年 3 月 2 日和 31 日，风速为 34.0 米/秒，风向分别为 N 和 WNW。最大风速出现在 3 月的频率最高，出现在 7 月的频率最低（图 6.4-2）。

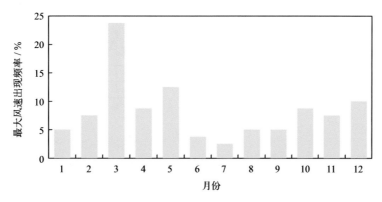

图6.4-2　年最大风速出现频率（1963—2018年）

## 2. 各向风频率

全年以 S—SW 向风最多，频率和为 34.3%，N 向次之，频率为 12.0%，ESE 向最少，频率为 1.7%（图 6.4-3）。

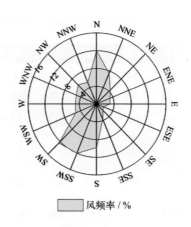

图6.4-3　全年各向风的频率（1965—2018年）

1月盛行风向为 N 和 NNE，频率和为 28.5%，ESE—SSE 向风最少，频率和为 7.0%。4月盛行风向为 S—SW，频率和为 42.2%，与1月相比，偏北风减少，偏南风增多。7月盛行风向为 S—SW，频率和为 55.5%。10月盛行风向为 N 和 SW，频率分别为 14.4% 和 14.3%（图 6.4-4）。

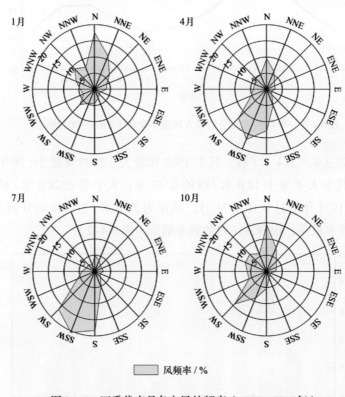

图6.4-4　四季代表月各向风的频率（1965—2018年）

### 3. 各向平均风速和最大风速

全年各向平均风速以 N 向最大，平均风速为 6.2 米／秒，SSW 向次之，平均风速为 5.9 米／秒（图 6.4-5）。

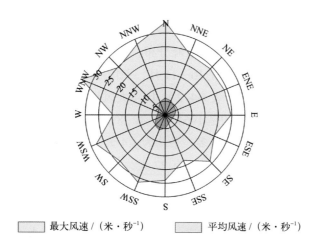

图6.4-5　全年各向平均风速和最大风速（1965—2018年）

各向平均风速在不同的季节呈现不同的特征（图6.4-6），1月N向、NNE向、SSW向和SW向平均风速均超过5.0米/秒，其中N向最大，为5.6米/秒，WNW向最小，为2.3米/秒。4月N向和SSW向平均风速均超过7.0米/秒，其中SSW向最大，为7.4米/秒，SE向最小，为3.0米/秒。7月SSW向平均风速最大，为5.2米/秒，NW向最小，为2.5米/秒。10月N向平均风速最大，为7.1米/秒，SE向最小，为2.8米/秒。

全年各向最大风速以N向和WNW向最大，均为34.0米/秒，SSE向最小，为18.0米/秒（图6.4-5）。1月N向最大，最大风速为28.0米/秒。4月N向、SSW向和SW向最大，最大风速均为24.0米/秒。7月S向最大，最大风速为20.7米/秒。10月N向最大，最大风速为28.0米/秒（图6.4-6）。

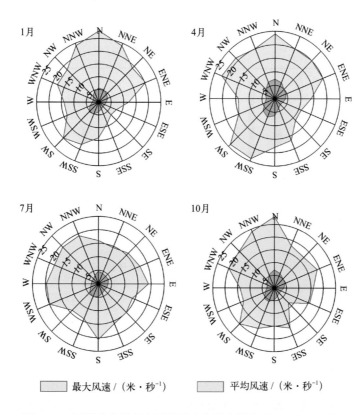

图6.4-6　四季代表月各向平均风速和最大风速（1965—2018年）

### 4. 大风日数

风力大于等于 6 级的大风日数年变化呈双峰分布，以 3—5 月最多，占全年的 38%，平均月大风日数为 11.7 ~ 14.6 天，另一个高值区在 10—11 月，平均月大风日数为 9.5 ~ 10.1（表 6.4-2，图 6.4-7）。平均年大风日数为 99.5 天（表 6.4-2）。历年大风日数差别很大，多于 100 天的有 24 年，最多的是 1987 年，共有 166 天，最少的是 1964 年，有 28 天。

风力大于等于 8 级的大风日数 4 月最多，平均为 1.4 天，7 月最少，平均为 0.1 天（表 6.4-2，图 6.4-7）。历年大风日数最多的是 1987 年，有 27 天，未出现最大风速大于等于 8 级的有 5 年，分别为 2008 年、2014 年、2015 年、2017 年和 2018 年。

风力大于等于 6 级的月大风日数最多为 26 天，出现在 1983 年 4 月和 1987 年 5 月；最长连续大于等于 6 级大风日数为 18 天，出现在 1987 年 5 月和 1996 年 4 月（表 6.4-2）。

表 6.4-2　各级大风日数的年变化（1963—2018 年）　　　　　　　　　　　　　单位：天

| | 1月 | 2月 | 3月 | 4月 | 5月 | 6月 | 7月 | 8月 | 9月 | 10月 | 11月 | 12月 | 年 |
|---|---|---|---|---|---|---|---|---|---|---|---|---|---|
| 大于等于6级大风平均日数 | 6.6 | 7.7 | 12.0 | 14.6 | 11.7 | 6.9 | 3.7 | 3.6 | 5.7 | 9.5 | 10.1 | 7.4 | 99.5 |
| 大于等于7级大风平均日数 | 2.5 | 3.1 | 5.0 | 6.1 | 4.4 | 2.0 | 0.8 | 1.0 | 1.7 | 3.2 | 4.2 | 2.8 | 36.8 |
| 大于等于8级大风平均日数 | 0.4 | 0.7 | 1.2 | 1.4 | 1.0 | 0.3 | 0.1 | 0.2 | 0.3 | 0.7 | 1.0 | 0.5 | 7.8 |
| 大于等于6级大风最多日数 | 20 | 16 | 21 | 26 | 26 | 21 | 11 | 13 | 15 | 18 | 20 | 20 | 166 |
| 最长连续大于等于6级大风日数 | 8 | 9 | 10 | 18 | 18 | 11 | 8 | 4 | 5 | 8 | 11 | 9 | 18 |

注：大于等于6级大风统计时间为1963—2018年，大于等于7级和大于等于8级大风统计时间为1965—2018年。

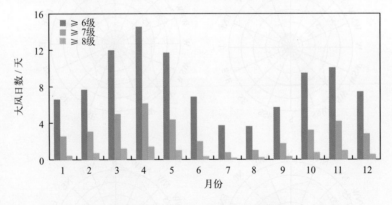

图 6.4-7　各级大风平均出现日数

# 第五节　降水

## 1. 降水量和降水日数

### （1）降水量

葫芦岛站降水量的年变化见表 6.5-1 和图 6.5-1。1963—2018 年，平均年降水量为 536.4 毫米，降水量的季节分布很不均匀，夏季（6—8 月）为 352.7 毫米，占全年的 65.7%，冬季（12 月至翌年2月）占全年的1.8%，春季（3—5月）占全年的14.6%。7月和8月降水量明显高于其他月份，其中7月平均降水量为142.1毫米，占全年的26.5%。

历年年降水量为248.9～1 095.9毫米，其中2010年最多，1989年最少。

最大日降水量超过100毫米的有16年，超过150毫米的有5年，分别是1973年、1988年、1991年、2006年和2010年。最大日降水量为363.0毫米，出现在2010年8月5日。

表6.5-1　降水量的年变化（1963—2018年）　　　　　　　　　单位：毫米

| | 1月 | 2月 | 3月 | 4月 | 5月 | 6月 | 7月 | 8月 | 9月 | 10月 | 11月 | 12月 | 年 |
|---|---|---|---|---|---|---|---|---|---|---|---|---|---|
| 平均降水量 | 3.0 | 3.0 | 8.0 | 26.4 | 44.1 | 76.0 | 142.1 | 134.6 | 55.2 | 30.2 | 10.4 | 3.4 | 536.4 |
| 最大日降水量 | 14.1 | 16.7 | 38.8 | 125.8 | 88.7 | 200.9 | 150.4 | 363.0 | 152.6 | 59.4 | 44.8 | 36.1 | 363.0 |

（2）降水日数

平均年降水日数（降水日数是指日降水量大于等于0.1毫米的天数，下同）为63.9天。降水日数的年变化特征与降水量相似，夏多冬少（图6.5-2和图6.5-3）。日降水量大于等于10毫米的平均年日数为14.1天，各月均有出现；日降水量大于等于50毫米的平均年日数为1.8天，出现在4—10月；日降水量大于等于100毫米的平均年日数为0.3天，出现在4月和6—9月；日降水量大于等于150毫米的平均年日数为0.1天，出现在6—9月；日降水量大于等于200毫米的平均年日数为0.04天，出现在6月和8月（图6.5-3）。

最多年降水日数为91天，出现在1966年；最少年降水日数为39天，出现在1997年。最长连续降水日数为11天，出现在2003年7月18日至28日；最长连续无降水日数为103天，出现在1983年11月11日至1984年2月21日。

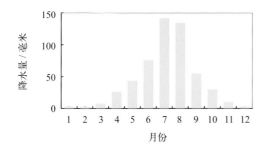

图6.5-1　降水量年变化（1963—2018年）

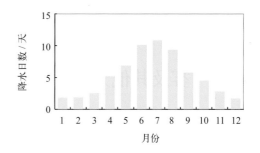

图6.5-2　降水日数年变化（1965—2018年）

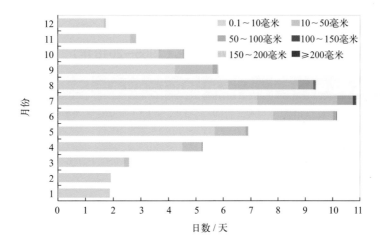

图6.5-3　各月各级平均降水日数分布（1963—2018年）

### 2. 长期趋势变化

1963—2018 年，葫芦岛站年降水量呈微弱下降趋势，下降速率为 6.62 毫米 /（10 年）（线性趋势未通过显著性检验）。

1963—2018 年，十年平均年降水量变化显示，2010—2018 年平均年降水量最大，为 572.4 毫米；2000—2009 年最小，为 500.5 毫米（图 6.5-4）。

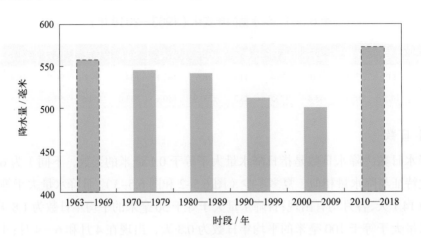

图6.5-4  十年平均年降水量变化

1963—2018 年，年最大日降水量呈微弱上升趋势，上升速率为 3.88 毫米 /（10 年）（线性趋势未通过显著性检验）。

1965—2018 年，年降水日数呈微弱减少趋势，减少速率为 0.80 天 /（10 年）（线性趋势未通过显著性检验）。最长连续降水日数无明显变化趋势；最长连续无降水日数呈微弱减少趋势，减少速率为 0.92 天 /（10 年）（线性趋势未通过显著性检验）。

## 第六节  雾及其他天气现象

### 1. 雾

葫芦岛站雾日数的年变化见表 6.6-1、图 6.6-1 和图 6.6-2。1965—2018 年，平均年雾日数为 13.3 天。平均月雾日数 2 月最多，为 1.7 天，8 月最少，为 0.5 天；月雾日数最多为 12 天，出现在 1992 年 7 月；最长连续雾日数为 6 天，出现在 1992 年 7 月。

表 6.6-1  雾日数的年变化（1965—2018 年）                    单位：天

|  | 1月 | 2月 | 3月 | 4月 | 5月 | 6月 | 7月 | 8月 | 9月 | 10月 | 11月 | 12月 | 年 |
|---|---|---|---|---|---|---|---|---|---|---|---|---|---|
| 平均雾日数 | 1.1 | 1.7 | 1.2 | 1.4 | 1.0 | 1.0 | 1.5 | 0.5 | 0.6 | 1.2 | 1.1 | 1.0 | 13.3 |
| 最多雾日数 | 6 | 10 | 4 | 5 | 5 | 6 | 12 | 3 | 2 | 6 | 6 | 5 | 38 |
| 最长连续雾日数 | 5 | 5 | 3 | 3 | 3 | 3 | 6 | 2 | 2 | 4 | 4 | 5 | 6 |

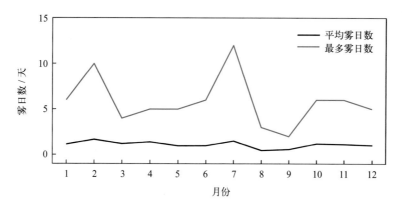

图6.6-1　平均雾日数和最多雾日数年变化（1965—2018年）

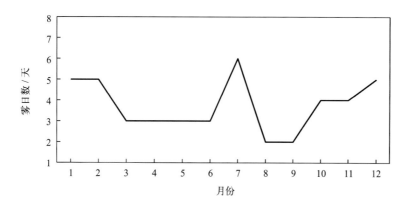

图6.6-2　最长连续雾日数年变化（1965—2018年）

1965—2018年，年雾日数无明显变化趋势。年雾日数最多的年份是1990年，为38天，最少的年份是2018年，为2天。1990—1999年的十年平均年雾日数最多，为18.1天（图6.6-3）。

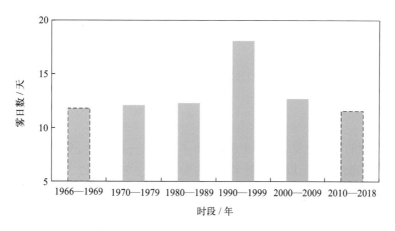

图6.6-3　十年平均年雾日数变化

## 2. 轻雾

葫芦岛站轻雾日数的年变化见表6.6-2和图6.6-4。1965—1995年，平均月轻雾日数7月最多，为15.1天，9月最少，为7.2天；最多月轻雾日数出现在1994年6月，为27天。1965—1994年，年轻雾日数呈波动上升趋势，上升速率为 35.8 天/（10 年）（图 6.6-5）。

表 6.6-2　轻雾日数的年变化（1965—1995 年）　　　　　　　　　　单位：天

|  | 1月 | 2月 | 3月 | 4月 | 5月 | 6月 | 7月 | 8月 | 9月 | 10月 | 11月 | 12月 | 年 |
|---|---|---|---|---|---|---|---|---|---|---|---|---|---|
| 平均轻雾日数 | 9.5 | 7.9 | 11.6 | 12.0 | 10.3 | 12.9 | 15.1 | 10.2 | 7.2 | 8.7 | 8.8 | 9.7 | 123.9 |
| 最多轻雾日数 | 20 | 18 | 20 | 18 | 21 | 27 | 25 | 22 | 18 | 18 | 17 | 19 | 201 |

注：1995年7月停测。

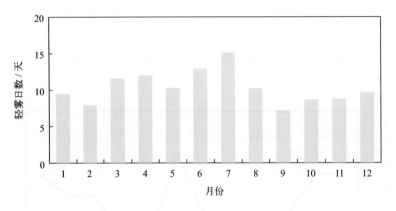

图6.6-4　轻雾日数年变化（1965—1995年）

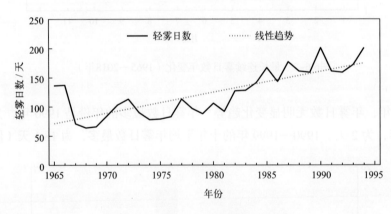

图6.6-5　1965—1994年轻雾日数变化

## 3. 雷暴

葫芦岛站雷暴日数的年变化见表 6.6-3 和图 6.6-6。1963—1995 年，平均年雷暴日数为 22.6 天。雷暴日数出现在春、夏和秋三季，以 6 月最多，平均为 5.2 天，冬季（12 月至翌年 2 月）没有雷暴；雷暴最早初日为 3 月 14 日（1977 年），最晚终日为 11 月 20 日（1971 年）。

表 6.6-3　雷暴日数的年变化（1963—1995 年）　　　　　　　　　　单位：天

|  | 1月 | 2月 | 3月 | 4月 | 5月 | 6月 | 7月 | 8月 | 9月 | 10月 | 11月 | 12月 | 年 |
|---|---|---|---|---|---|---|---|---|---|---|---|---|---|
| 平均雷暴日数 | 0.0 | 0.0 | 0.0 | 1.1 | 2.8 | 5.2 | 4.7 | 4.4 | 3.3 | 1.0 | 0.1 | 0.0 | 22.6 |
| 最多雷暴日数 | 0 | 0 | 1 | 5 | 8 | 9 | 14 | 10 | 10 | 4 | 1 | 0 | 38 |

注：1963年数据有缺测，1995年7月停测。

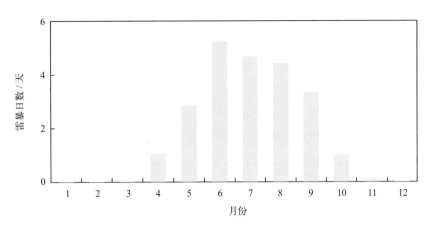

图6.6-6 雷暴日数年变化（1963—1995年）

1964—1994 年，年雷暴日数呈上升趋势，上升速率为 1.36 天／（10 年）（线性趋势未通过显著性检验）。1971 年雷暴日数最多，为 38 天；1970 年和 1978 年雷暴日数最少，均为 15 天（图 6.6-7）。

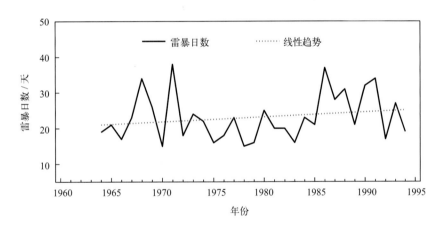

图6.6-7 1964—1994年雷暴日数变化

## 4. 霜

葫芦岛站霜日数的年变化见表 6.6-4 和图 6.6-8。1963—1995 年，平均年霜日数为 26.1 天。霜全部出现在 10 月到翌年 4 月，以 1 月最多，平均为 8.0 天；霜最早初日为 10 月 4 日（1963 年），霜最晚终日为 4 月 10 日（1968 年）。

1964—1994 年，年霜日数无明显变化趋势。1977 年霜日数最多，为 43 天；1980 年霜日数最少，为 16 天（图 6.6-9）。

表 6.6-4 霜日数的年变化（1963—1995 年） 单位：天

| | 1月 | 2月 | 3月 | 4月 | 5月 | 6月 | 7月 | 8月 | 9月 | 10月 | 11月 | 12月 | 年 |
|---|---|---|---|---|---|---|---|---|---|---|---|---|---|
| 平均霜日数 | 8.0 | 5.5 | 2.7 | 0.1 | 0.0 | 0.0 | 0.0 | 0.0 | 0.0 | 0.5 | 3.4 | 5.9 | 26.1 |
| 最多霜日数 | 14 | 11 | 6 | 2 | 0 | 0 | 0 | 0 | 0 | 3 | 10 | 13 | 43 |

注：1963年和1979年数据有缺测，1995年7月停测。

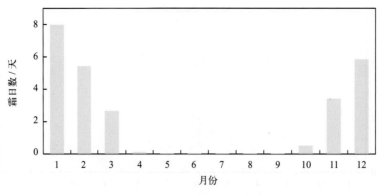

图6.6-8  霜日数年变化（1963—1995年）

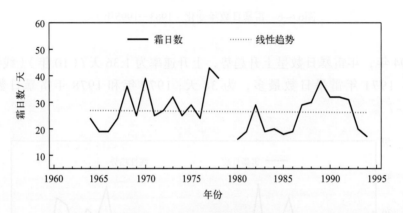

图6.6-9  1964—1994年霜日数变化

## 5. 降雪

葫芦岛站降雪日数的年变化见表 6.6-5 和图 6.6-10。平均年降雪日数为 14.1 天。降雪全部出现在 10 月至翌年 4 月，其中 1 月最多，为 3.5 天，5—9 月无降雪；降雪最早初日为 10 月 3 日（1963 年），最晚初日为 1 月 14 日（1974 年），最早终日为 2 月 2 日（1992 年），最晚终日为 4 月 17 日（1965 年）。

表 6.6-5  降雪日数的年变化（1963—1995 年）  单位：天

| | 1月 | 2月 | 3月 | 4月 | 5月 | 6月 | 7月 | 8月 | 9月 | 10月 | 11月 | 12月 | 年 |
|---|---|---|---|---|---|---|---|---|---|---|---|---|---|
| 平均降雪日数 | 3.5 | 3.3 | 2.8 | 0.4 | 0.0 | 0.0 | 0.0 | 0.0 | 0.0 | 0.2 | 1.9 | 2.0 | 14.1 |
| 最多降雪日数 | 8 | 9 | 6 | 2 | 0 | 0 | 0 | 0 | 0 | 2 | 6 | 5 | 38 |

注：1963年数据有缺测，1995年7月停测。

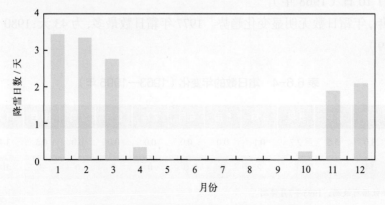

图6.6-10  降雪日数年变化（1963—1995年）

1964—1994 年，年降雪日数呈上升趋势，上升速率为 1.73 天 /（10 年）（线性趋势未通过显著性检验）。1971 年降雪日数最多，为 38 天；1964 年最少，为 13 天（图 6.6–11）。

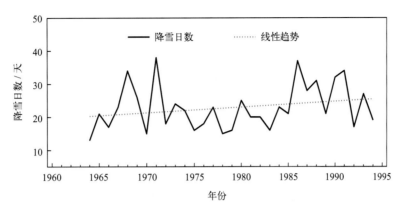

图6.6-11　1964—1994年降雪日数变化

# 第七节　能见度

1965—2018 年，葫芦岛站累年平均能见度为 13.6 千米。9 月平均能见度最大，为 15.7 千米；7 月平均能见度最小，为 11.7 千米。能见度小于 1 千米的年平均日数为 10.2 天，其中 2 月能见度小于 1 千米的平均日数最多，为 1.4 天，8 月和 9 月能见度小于 1 千米的平均日数最少，均为 0.4 天（表 6.7–1，图 6.7–1 和图 6.7–2）。

历年平均能见度为 9.6 ~ 23.5 千米，其中 1965 年最高，2013 年最低。能见度小于 1 千米的日数，1990 年最多，为 34 天，2018 年最少，为 1 天（图 6.7–3）。

1986—2018 年，年平均能见度呈下降趋势，下降速率为 1.69 千米/（10 年）。

表 6.7-1　能见度的年变化（1965—2018 年）

| | 1月 | 2月 | 3月 | 4月 | 5月 | 6月 | 7月 | 8月 | 9月 | 10月 | 11月 | 12月 | 年 |
|---|---|---|---|---|---|---|---|---|---|---|---|---|---|
| 平均能见度 / 千米 | 12.0 | 14.8 | 12.8 | 12.5 | 13.6 | 12.5 | 11.7 | 13.8 | 15.7 | 15.1 | 14.0 | 14.9 | 13.6 |
| 能见度小于 1 千米平均日数 / 天 | 0.8 | 1.4 | 1.1 | 1.0 | 0.6 | 0.7 | 0.8 | 0.4 | 0.4 | 1.1 | 1.1 | 0.8 | 10.2 |

注：1973—1985年缺测。

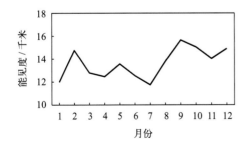

图6.7-1　能见度年变化

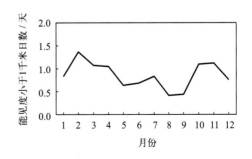

图6.7-2　能见度小于1千米平均日数年变化

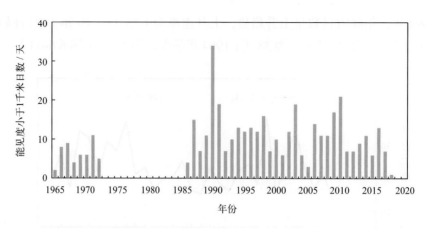

图6.7-3 能见度小于1千米的年日数变化

# 第八节 云

1965—1995年，葫芦岛站累年平均总云量为4.3成，其中7月平均总云量最多，为6.8成，1月平均总云量最少，为2.4成。累年平均低云量为1.6成，其中7月平均低云量最多，为3.8成，12月和1月最少，均为0.5成（表6.8-1，图6.8-1）。

表6.8-1 总云量和低云量的年变化（1965—1995年）

| | 1月 | 2月 | 3月 | 4月 | 5月 | 6月 | 7月 | 8月 | 9月 | 10月 | 11月 | 12月 | 年 |
|---|---|---|---|---|---|---|---|---|---|---|---|---|---|
| 平均总云量/成 | 2.4 | 3.0 | 3.9 | 4.8 | 5.4 | 6.2 | 6.8 | 5.8 | 4.0 | 3.3 | 3.1 | 2.5 | 4.3 |
| 平均低云量/成 | 0.5 | 0.7 | 0.9 | 1.5 | 2.1 | 2.9 | 3.8 | 2.8 | 1.6 | 1.2 | 1.0 | 0.5 | 1.6 |

注：1995年7月停测。

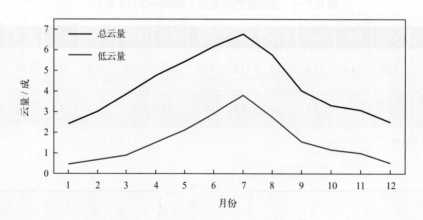

图6.8-1 总云量和低云量年变化（1965—1995年）

1965—1994年，年平均总云量呈减少趋势，减少速率为0.31成/（10年）（图6.8-2），其中1966年平均总云量最多，为5.0成，1983年、1992年和1993年最少，均为3.7成；年平均低云量呈微弱上升趋势，上升速率为0.08成/（10年）（线性趋势未通过显著性检验），1985年和1990年平均低云量最多，均为2.1成，1975年最少，为1.1成（图6.8-3）。

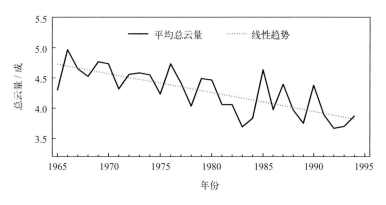

图6.8-2　1965—1994年平均总云量变化

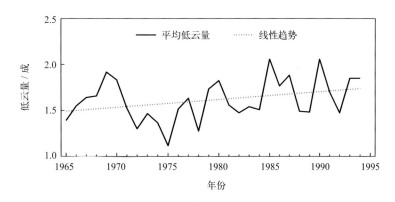

图6.8-3　1965—1994年平均低云量变化

# 第九节　蒸发量

1967—1972年，葫芦岛站平均年蒸发量为1950.9毫米。蒸发量的年变化呈M型，夏半年蒸发量大，冬半年蒸发量小，1月蒸发量最小，为44.8毫米，2月之后蒸发量逐渐增大，5月蒸发量达到最大，为274.9毫米，6月和7月略有减小，8月和9月略有回升，之后蒸发量逐渐减小（表6.9-1，图6.9-1）。

表6.9-1　蒸发量的年变化（1967—1972年）　　　　　　　　　　　　　　　　单位：毫米

| | 1月 | 2月 | 3月 | 4月 | 5月 | 6月 | 7月 | 8月 | 9月 | 10月 | 11月 | 12月 | 年 |
|---|---|---|---|---|---|---|---|---|---|---|---|---|---|
| 平均蒸发量 | 44.8 | 50.9 | 121.7 | 233.1 | 274.9 | 240.5 | 199.9 | 211.1 | 217.1 | 180.9 | 111.6 | 64.4 | 1 950.9 |

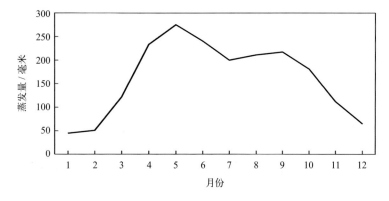

图6.9-1　蒸发量年变化（1967—1972年）

# 第七章   海平面

## 1. 年变化

葫芦岛沿海海平面年变化特征明显，1 月最低，7 月最高，年变幅为 59 厘米，平均海平面在验潮基面上 164 厘米（图 7.1-1）。

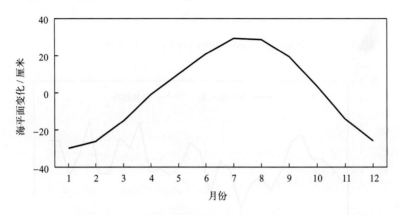

图7.1-1   海平面年变化（1960—2018年）

## 2. 长期趋势变化

1960—2018 年，葫芦岛沿海海平面变化呈波动上升趋势，海平面上升速率为 1.8 毫米 / 年；1993—2018 年，葫芦岛沿海海平面上升速率为 4.2 毫米 / 年，高于同期中国沿海 3.8 毫米 / 年的平均水平。葫芦岛沿海海平面在 20 世纪 60 年代初期呈下降趋势；20 世纪 60 年代中期至 2018 年，海平面总体呈上升趋势，并在 1963—1975 年与 2003—2014 年经历了两次快速抬升。2014 年海平面处于有观测记录以来的最高位；1963 年海平面处于 1960 年以来的最低位。

1960—1969 年，葫芦岛沿海十年平均海平面处于近 60 年的最低位；1970—1979 年，海平面上升明显，较上一个十年上升约 60 毫米；1980—1989 年，海平面略有下降，较上一个十年低约 24 毫米；1990—1999 年和 2000—2009 年，海平面上升缓慢；2010—2018 年海平面上升显著，较 2000—2009 年平均海平面高约 64 毫米，比 1960—1969 年平均海平面高约 124 毫米（图 7.1-2）。

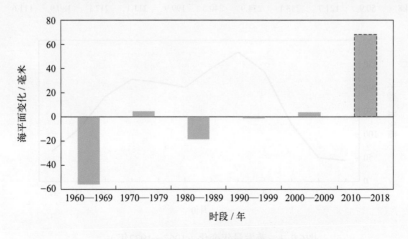

图7.1-2   十年平均海平面变化

## 3. 周期性变化

1960—2018 年，葫芦岛沿海海平面有 2 ～ 3 年、5 ～ 7 年、13 ～ 15 年和 25 ～ 28 年的显著变化周期，其振幅均达 1.0 厘米，25 ～ 28 年振幅近 3.0 厘米。1975 年、1998 年和 2014 年皆处于 2 ～ 3 年、5 ～ 7 年、13 ～ 15 年和 25 ～ 28 年周期性震荡的高位，几个主要周期性振荡高位叠加，抬高了同时段海平面的高度（图 7.1-3）。

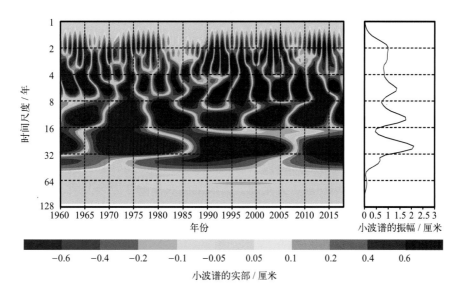

图7.1-3　年均海平面的小波（wavelet）变换

# 第八章 灾害

## 第一节 海洋灾害

### 1. 风暴潮

1972 年 7 月 26—27 日，7203 号强台风登陆我国，该台风生命史长达 26 天，出现历史上少见的在洋面上三次打转，三次登陆，其间葫芦岛站最大增水达 203 厘米（《中国海洋灾害四十年资料汇编（1949—1990）》）。

1984 年 8 月 9—10 日，8407 号热带气旋使锦州、锦西地区普降暴雨到大暴雨，风力 9～10 级，同时正遇农历 7 月 15 日大潮，葫芦岛码头激起波高十几米，潮位高达 2.8 米，超过 1931 年历史最高潮位 2.6 米。洪水冲毁耕地 0.86 万公顷，冲毁顺坝 140 座、县乡两级公路 771 千米，71 个工业企业因灾停产，毁坏倒塌房屋 1 万余间，大风刮倒农作物 2 万余公顷，刮倒果树 63 万株，摧毁 3 个海港码头，损坏 140 条渔船，4 个盐厂遭灾，冲走成品 1.45 万吨（《中国气象灾害大典·辽宁卷》）。

1997 年 8 月 20 日，葫芦岛站所在地受 11 号台风演变成的热带风暴影响，出现大风、暴雨天气。19、20 日两天的最大高潮分别为 411 厘米和 404 厘米，均超过警戒水位（《中国海洋台站志·北海区卷上》）。

2013 年 5 月 26—28 日，受黄海气旋的影响，渤海和黄海沿海出现了一次较强的温带风暴潮过程，其中葫芦岛站最高潮位超过当地警戒潮位值（《2013 年中国海洋灾害公报》）。

### 2. 海冰

2007 年 1 月 5 日，辽宁省葫芦岛市龙港区先锋渔场发生罕见的海冰上岸现象，坚硬的冰块堆积上岸推倒民房，但没有造成人员伤亡（《2007 年中国海洋灾害公报》）。

2009/2010 年冬季渤海及黄海北部发生的海冰灾害对沿海地区社会、经济产生严重影响，造成巨大损失，其中辽宁省葫芦岛市经济损失 3.39 亿元（《2010 年中国海洋灾害公报》）。2010 年 2 月，葫芦岛市菊花岛上居民被海冰封在岛上 40 余天（《中国海洋台站志·北海区卷上》）。

### 3. 赤潮

1998 年 9 月 29 日，葫芦岛发生赤潮灾害，类型为叉角藻（《1998 年中国海洋灾害公报》）。

### 4. 海岸侵蚀

2009 年，砂质海岸侵蚀严重的地区主要在辽宁葫芦岛绥中海岸。监测结果显示，绥中海岸侵蚀主要在六股河南至新立屯 30 多千米岸线，平均侵蚀速率为 2.5 米 / 年，最大海岸侵蚀宽度在南江屯附近，一年海岸侵蚀 5 米（《2009 年中国海洋灾害公报》）。

2011 年，葫芦岛市部分岸段平均侵蚀速率达 2.5 米 / 年，侵蚀区内农田被毁，海防林被破坏（《2011 年中国海平面公报》）。

2013 年，辽宁葫芦岛市绥中县海岸侵蚀长度 28.1 千米，最大侵蚀速度 3.0 米 / 年，平均侵蚀速度 1.8 米 / 年（《2013 年中国海洋环境状况公报》）。

2013 年，葫芦岛绥中团山角至碣石浴场岸线平均侵蚀宽度 1.8 米（《2013 年中国海平面公报》）。

2014 年，辽宁葫芦岛市绥中县海岸侵蚀长度 34.9 千米，最大侵蚀速度 3.4 米 / 年，平均侵蚀速度 2.5 米 / 年（《2014 年中国海洋环境状况公报》）。

2015 年，辽宁葫芦岛市绥中县海岸侵蚀长度 34.2 千米，最大侵蚀速度 5.0 米 / 年，平均侵蚀速度 2.3 米 / 年（《2015 年中国海洋环境状况公报》）。

2016 年，辽宁葫芦岛市绥中县砂质海岸侵蚀长度 11.8 千米，最大侵蚀速度 17.8 米 / 年，平均侵蚀速度 3.6 米 / 年（《2016 年中国海洋环境状况公报》）。

2016 年，葫芦岛绥中南江屯岸段有 1.21 千米岸线发生侵蚀，最大侵蚀距离 17.78 米，平均侵蚀距离 7.96 米，岸滩平均下蚀高度 11.36 厘米（《2016 年中国海平面公报》）。

2017 年，辽宁葫芦岛市绥中县砂质海岸侵蚀长度 4.4 千米，最大侵蚀速度 13.1 米 / 年，平均侵蚀速度 2.6 米 / 年（《2017 年中国海洋环境状况公报》）。

2017 年，葫芦岛市绥中南江屯岸段最大侵蚀距离 13.12 米，平均侵蚀距离 1.67 米（《2017 年中国海平面公报》）。

## 5. 海水入侵与土壤盐渍化

2009 年，辽宁葫芦岛等地区海水入侵范围比 2008 年海水入侵范围增大，葫芦岛龙港区盐渍化范围呈扩大趋势（《2009 年中国海洋灾害公报》）。

2010 年，葫芦岛龙港区北港镇海水入侵监测区海水入侵范围有所增加（《2010 年中国海洋灾害公报》）。

2012 年，辽宁葫芦岛监测区海水入侵范围有所增加，葫芦岛龙港区北港镇重度入侵距岸距离 1.13 千米，轻度入侵距岸距离 1.43 千米（《2012 年中国海洋灾害公报》）。

2013 年，葫芦岛龙港区北港镇海水重度入侵距岸距离 1.65 千米，轻度入侵距岸距离 1.92 千米（《2013 年中国海洋灾害公报》）。

2014 年，辽宁葫芦岛龙港区北港镇海水入侵距离 1.31 千米，土壤盐渍化距岸距离 0.92 千米；龙港区连湾镇海水入侵距离 3.34 千米，土壤盐渍化距岸距离 2.88 千米（《2014 年中国海洋灾害公报》）。

2015 年，辽宁葫芦岛龙港区北港镇海水入侵距离 1.29 千米，土壤盐渍化距岸距离 0.11 千米；龙港区连湾镇海水入侵距离 3.38 千米，土壤盐渍化距岸距离 1.18 千米（《2015 年中国海洋环境状况公报》）。

2016 年，辽宁葫芦岛监测区土壤盐渍化范围比 2015 年有所扩大（《2016 年中国海洋灾害公报》）。

2016 年，辽宁葫芦岛龙港区北港镇海水入侵距离 1.29 千米，土壤盐渍化距岸距离 1.62 千米；葫芦岛龙港区连湾镇海水入侵距离 3.43 千米，土壤盐渍化距岸距离 2.19 千米（《2016 年中国海洋环境状况公报》）。

2017 年，与 2016 年相比，渤海地区辽宁葫芦岛监测区土壤盐渍化范围有所扩大（《2017 年中国海洋灾害公报》）。

2018 年，与 2017 年相比，葫芦岛部分监测区土壤盐渍化范围有所扩大（《2018 年中国海洋灾害公报》）。

## 第二节　灾害性天气

根据《中国气象灾害大典·辽宁卷》及其他资料记载，葫芦岛站周边发生的主要灾害性天气有暴雨、大风（龙卷风）和冰雹。

### 1. 暴雨

1959 年 7 月 16—25 日，大暴雨，兴城县 22 个村庄被洪水围困，淹地 227.7 万亩。

1962 年 7 月 24—28 日，降雨，兴城县 24—25 日受灾农田 0.1 万多亩。

1977 年 7 月下旬，暴雨，兴城 24 日受水灾面积 22.9 万亩，房子倒塌 814 间，冲坏河堤 11 处、方塘 3 个、梯田 0.7 万亩，风灾面积 14.1 万亩。

1987 年 8 月 26—27 日，锦州沿海地区一般雨量为 65～114 毫米。陆地和海上风力 7～8 级，阵风 9 级，海浪高 5 米以上。绥中、兴城、锦西等地受灾。兴城县受灾农田 85 万亩（主要是倒伏）。冲毁桥涵 8 座、公路 100 千米。六股河丁坝被毁 20 座。烟台河有 4 处决口长 200 米。拦海大堤、破浪栏冲毁 500 米。海上大风摧毁船 76 只，打坏 213 只，死亡渔民 26 人，失踪 2 人。

1989 年 7 月 17—18 日，锦州地区暴雨，兴城县 7 个村 130 多户民宅进水，近 400 间房屋受破坏，被淹农田 0.5 万亩，冲毁鱼塘 500 个、河堤 0.1 万多延长米、桥涵 6 处、道路 4.7 千米。

1991 年 6 月 28—29 日，辽河以西地区降暴雨到大暴雨，雨量一般为 50～90 毫米，暴雨中心在锦西市的兴城县，雨量为 107 毫米，局部伴有冰雹，使朝阳、阜新、锦西的部分地区暴雨成灾。兴城冲毁稻田 130 亩，水冲沙压 300 亩，水淹 1 100 亩，50 多户进水，冲走 1 人。兴城高家岭、望海、大寨、围屏、沙后所 5 个乡受灾面积 7 万多亩，其中棉花 5 000 多亩、瓜菜 200 多亩。仅围屏乡水果减产 2 300 千克。开原八棵树、下肥地受灾面积 1 600 亩，其中烟草 300 亩，玉米叶片均被打落，呈碎布条状。7 月 28—29 日，兴城、锦西一带降特大暴雨，雨量分别达 231 毫米和 252 毫米。由于降雨强度大，来势猛、雨量多，使一些地区暴雨成灾。

1997 年 8 月 20 日，葫芦岛站所在地受 11 号台风演变成的热带风暴影响，出现大风、暴雨天气，12 小时降水量 110 毫米（《中国海洋台站志·北海区卷上》）。

2000 年 8 月 8—10 日，葫芦岛大部分地区降水超过 190 毫米，其中兴城市的两个乡降水分别为 390 毫米和 393 毫米。兴城、绥中两个市共有 1 205 间房屋倒塌，17 002 亩农田受灾，3 510 株果树、3 610 株林木被毁，损坏公路 437 千米、桥涵 38 座、堤坝 500 米、海塘 58 个，虾池、盐场损坏 10 330 亩。经济损失 4 000 万元，一村民被冲走。

2006 年 6 月 9 日，葫芦岛站所在地出现强降水灾害，海洋站观测到 24 小时降水量为 200.9 毫米（《中国海洋台站志·北海区卷上》）。

### 2. 大风和龙卷风

1955 年 9 月上旬，兴城县风力 6 级左右。元台子区被风刮倒近万亩庄稼。

1973 年 7 月 19—20 日，7303 号热带气旋在兴城登陆，风向东，风力 8～10 级，伴有 80～200 毫米暴雨，造成河堤决口 784 处，工业损失 170 万元。

1978 年 7 月 9 日，绥中、兴城、锦西 3 个县局部地区 16 时前后遭强龙卷风、暴雨、冰雹袭击，兴城个别乡降雹持续 30 分钟，雹粒如乒乓球大小，最大如苹果，地面积雹厚度 15 厘米，最大风力达 10 级。其中兴城县农作物受灾 7.0 万亩，绝收 3.9 万亩，水果减产约 150 万千克，刮倒、折断树木 0.3 万株，被冰雹砸伤 51 人，砸死 1 人。

1980 年 6 月 20 日, 兴城县拣金公社遭受龙卷风袭击, 持续时间达 20 分钟左右, 吹毁房屋 273 间, 载重汽车甩出 12 米以外, 受伤 12 人, 树木、电杆刮倒甚多。

1985 年 7 月 16 日, 兴城县大风, 最大风速 22 米 / 秒, 高秆作物部分倒伏。

1986 年 9 月 1—4 日, 黑山、兴城、庄河县遭大风、冰雹、暴雨袭击。兴城 2—4 日全县平均雨量为 100 毫米。兴城县受灾农田 1.3 万亩, 其中倒伏 0.2 万亩, 水淹 0.7 万亩, 刮倒树木 200 株。

1987 年 7 月 12 日, 兴城县西北部最大雨量为 99 毫米, 最大风速 20 米 / 秒。冰雹一般直径 10 毫米, 最大 30 毫米。受灾农田 2.1 万亩, 其中大田作物倒伏 1.7 万亩, 遭雹灾 0.3 万亩, 水冲沙压 18 亩, 绝收 100 亩, 刮倒果树 730 株, 吹倒房屋 15 间。

1997 年 8 月 20 日, 葫芦岛站所在地受 11 号台风演变成的热带风暴影响, 出现大风、暴雨天气。海洋站测得极大风速 32.3 米 / 秒 (《中国海洋台站志·北海区卷上》)。

2007 年 3 月 4 日, 葫芦岛市遭遇暴风雪, 24 小时降水量 32.3 毫米, 最大风速 21.0 米 / 秒, 极大风速 29.9 米 / 秒 (《中国海洋台站志·北海区卷上》)。

### 3. 冰雹

1978 年 6 月 15 日, 兴城县降雹 40 分钟, 冰雹直径 10 毫米, 冰雹重量 0.4 克, 最大重量 1.0 克。有 6 个公社 3 095 亩农作物受灾, 损失苹果约 25 万千克。7 月 9 日, 兴城县降雹 30 分钟, 最大冰雹如苹果大, 一般像乒乓球大, 地面积雹 15 厘米厚。受灾农田 70 338 亩, 其中绝收 39 094 亩, 水果减产 303 万千克, 刮倒折断树木 2 726 株, 打伤 51 人, 死亡 1 人。

1985 年 6 月 2 日, 兴城县 7 个乡降雹最长 20 分钟, 直径 5 ~ 10 毫米, 最大 25 毫米, 瞬间最大风速 9 级。全县受灾农田 7 万余亩, 其中水冲沙压 1.1 万亩, 毁种 3 612 亩。

1987 年 7 月 4 日, 兴城县降雹 40 分钟, 最大冰雹直径 30 ~ 40 毫米。17 万亩农田程度不同受灾, 果树被打落果 80%, 部分家禽被打死。

2000 年 8 月 24 日, 葫芦岛市连山区部分乡镇受冰雹、大风袭击, 其中 2 个乡受灾最重。大田倒伏 4 538 亩, 倒树 2 400 株, 落果 141.3 万斤, 经济损失 501 万元。

# 芷锚湾海洋站

# 第一章　概况

## 第一节　基本情况

芷锚湾海洋站（简称芷锚湾站）位于辽宁省葫芦岛市绥中县的西部滨海。绥中县位于辽宁省西南部，濒辽东湾，东隔六股河与兴城市相望，南临渤海，西与河北省秦皇岛市山海关、青龙满族自治县接壤，北枕燕山余脉与建昌县毗邻，海岸线长 75 千米，海滩宽阔平坦，总面积约 39 510亩，可利用面积 15 000 亩，常住人口约 64 万。

芷锚湾站建于 1959 年 9 月，隶属于辽宁省气象局，1965 年后隶属原国家海洋局北海分局。该站位于辽宁省绥中县万家镇芷锚湾村（图 1.1-1）。芷锚湾三面环海，犹如伸向海中的地咀，故名"环海寺地咀"，芷锚湾站位于地咀的西南侧。芷锚湾东南至东北面海岸多为岩石，坡度较陡，东南至西海岸多为黄土，泥沙海岸，坡度较小，岸边 200 米之内分布零散的暗礁，有的露出水面，200 米以外海底为泥沙底质。

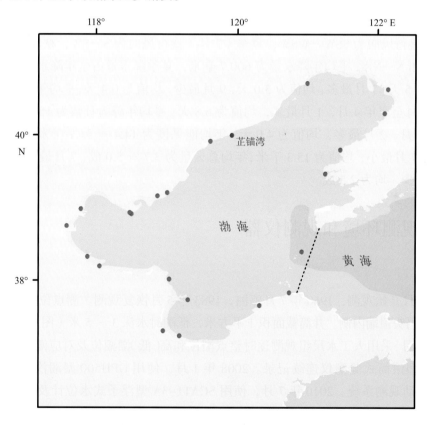

图1.1-1　芷锚湾站地理位置示意

芷锚湾站观测项目有潮汐、海浪、表层海水温度、表层海水盐度、海冰、气温、气压、相对湿度、风、能见度和降水等。自观测以来观测仪器和观测设备不断更新，逐步实现自动化观测。2008 年以后，应用 SXZ2-1 型水文气象自动观测系统。2010 年 7 月以后开始使用 XZY3 型水文气象自动观测系统。

芷锚湾沿海为正规日潮特征，海平面1月最低，8月最高，年变幅为56厘米，平均海平面为229厘米，平均高潮位为273厘米，平均低潮位为195厘米，均具有夏秋高、冬春低的年变化特点；全年海况以0～4级为主，年均十分之一大波波高值为0.3～0.7米，年均平均周期值为1.5～3.3秒，历史最大波高最大值为3.6米，历史平均周期最大值为6.8秒，常浪向为SSW，强浪向为SE；年均表层海水温度为9.9～13.1℃，1月最低，均值为-1.2℃，8月最高，均值为25.3℃，历史水温最高值为31.6℃，历史水温最低值为-2.5℃；年均表层海水盐度为28.71～33.01，4月最高，均值为31.45，8月最低，均值为29.66，历史盐度最高值为35.00，历史盐度最低值为2.64；海发光主要为火花型，频率峰值出现在9月，频率谷值出现在2月，1级海发光最多，出现的最高级别为3级；平均年度有冰日数为71天，有固定冰日数为30天，1月平均冰量最多，总冰量和浮冰量均占年度总量的54%，2月次之，总冰量和浮冰量均占年度总量的36%。

芷锚湾站主要受大陆性季风气候影响，年均气温为8.2～11.4℃，1月最低，平均气温为-5.5℃，8月最高，平均气温为24.3℃，历史最高气温为36.2℃，历史最低气温为-21.7℃；年均气压为1 013.1～1 015.6百帕，具有冬高夏低的变化特征，1月最高，均值为1 025.3百帕，7月最低，均值为1 002.3百帕；年均相对湿度为61.3%～71.2%，7月最大，均值为86.4%，12月最小，均值为50.4%；年均平均风速为3.4～5.6米/秒，春秋季大，夏冬季小，4月最大，均值为5.1米/秒，7月最小，均值为3.4米/秒，冬季（1月）盛行风向为N—NE（顺时针，下同），春季（4月）盛行正向为SSW—WSW，夏季（7月）盛行风向为S—SW，秋季（10月）盛行风向为SW—W和N—NE；平均年降水量为600.7毫米，夏季降水量占全年降水量的70.7%；平均年雾日数为19.5天，7月最多，均值为3.0天，9月最少，均值为0.4天；平均年霜日数为29.1天，霜日出现在9月至翌年4月，1月最多，均值为6.8天；平均年降雪日数为15.9天，降雪发生在10月至翌年4月，2月最多，均值为4.0天；年均能见度为14.4～31.1千米，9月最大，均值为24.8千米，7月最小，均值为15.3千米；年均总云量为3.7～5.0成，7月最多，均值为6.6成，1月和12月最少，均为2.5成。

## 第二节　观测环境和观测仪器

### 1. 潮汐

1959年9月开始观测，1960年7月停测，1983年5月恢复观测。测点位置无变迁，位于芷锚湾渔港1号码头顶端内侧。井筒截面积1平方米，低潮时水深3～5米（图1.2-1）。

1959年9月，采用人工水尺组观测逐时整点潮位和高（低）潮潮位及对应潮时。1983年5月，采用HCJ1-2型滚筒式验潮仪连续记录。2008年1月，使用GPH500型潮汐传感器及SXZ2-1型水文气象自动观测系统。2010年7月，使用SCA11-3A型浮子式水位计及XZY3型水文气象自动观测系统。

### 2. 海浪

1962年7月开始观测海浪，测点位置发生1次变动（移动了几十米）。观测点位于芷锚湾站东南方200米处山咀边。2013—2015年，观测点西南方的秦皇岛山海关造船厂填海工程对观测220°至240°方向的海浪有影响，观测的波高值偏低。

海浪观测主要采用 SBA1-2 型岸用光学测波仪和 HAB-2 型岸用光学测波仪。1985 年后使用 HAB-2 型岸用光学测波仪，主要观测海况、波型、波向、波高和周期等。海浪观测遇到有雾时人工观测项目缺测，冬季海面结冰时停止观测。

图1.2-1　芝锚湾站验潮室（摄于2013年6月）

### 3. 表层海水温度、盐度和海发光

1959 年 9 月开始观测海表水温、盐度及海发光。测点位置发生 1 次变动，2008 年后位于芝锚湾渔港 1 号码头顶端，与潮汐测点位置相同。

1959 年 9 月，采用 SWL1-1 型水温表观测水温，采用比重计测定盐度。采用过氯度滴定管、WUS 型感应式盐度计、SYC2-2 型实验室盐度计测定盐度。2008 年 1 月之后，采用 SXZ2-1 型水文气象自动观测系统，使用 EC250 型温盐传感器。2010 年 7 月，采用 XZY3 型水文气象自动观测系统，使用 YZY4 型温盐传感器。2008 年冬季海冰严重时水温和盐度停测。

海发光为每日天黑后人工观测。

### 4. 海冰

海冰观测始于 1961 年 1 月，观测时段一般为每年的 11 月至翌年的 3 月。测点与海浪观测点相同，位于芝锚湾站东南方 200 米处山咀边。冰量、冰型和浮冰密集度采用人工目测，浮冰流向流速用岸用光学测波仪观测，海冰厚度用冰尺测量，海冰温度用冰温表测量，海冰盐度用盐度计测量，海冰密度用比重法计算，海冰强度用海冰抗压测试机测量。有雾时影响海冰观测。

### 5. 气象要素

气象要素观测始于 1959 年 9 月。气象观测场位置基本无变迁，位于芝锚湾站院内，办公室南 60 米，观测场地 20 米 × 18 米（图 1.2-2）。风传感器离地高度 10.6 米，温湿度传感器离地高度 1.5 米，降水传感器离地高度 0.7 米。

图1.2-2　芝锚湾站气象观测场（摄于2019年8月）

2008年1月前，主要采用常规仪器进行观测，观测项目主要包括气温、气压、相对湿度、风、降水、能见度、云和天气现象等，1995年7月后取消了云和除雾外的天气现象观测。2008年1月开始应用SXZ2-1型水文气象自动观测系统。2010年7月，应用XZY3型水文气象自动观测系统，汇集并自动生成气温、气压、相对湿度和风的逐时数据及对应极值数据。

# 第二章 潮位

## 第一节 潮汐

### 1. 潮汐类型

芷锚湾站位于 $M_2$ 分潮无潮点附近,浅水分潮相对较强,潮汐变化特征较为复杂。利用芷锚湾站近 10 年(2009—2018 年)验潮资料分析的调和常数,计算出潮汐系数 $(H_{K_1}+H_{O_1})/H_{M_2}$ 为 6.14。按我国潮汐类型分类标准,芷锚湾沿海为正规日潮,但实际上部分时段表现出日潮、半日潮混合特征,存在一日 3 次高潮和 3 次低潮的现象。

1984—2018 年(2006 年和 2007 年数据缺测),芷锚湾站主要分潮调和常数存在趋势性变化。$M_2$ 分潮振幅呈增大趋势,增大速率为 0.83 毫米 / 年;$M_2$ 分潮迟角呈减小趋势,减小速率为 1.24°/ 年。$K_1$ 和 $O_1$ 分潮振幅均无明显变化趋势;$K_1$ 和 $O_1$ 分潮迟角呈减小趋势,减小速率分别为 0.04°/ 年和 0.05°/ 年。

### 2. 潮汐特征值

由 1984—2018 年资料统计分析得出:芷锚湾站平均高潮位为 273 厘米,平均低潮位为 195 厘米,平均潮差为 78 厘米;平均高高潮位为 280 厘米,平均低低潮位为 190 厘米,平均大的潮差为 90 厘米;平均涨潮历时 11 小时 17 分钟,平均落潮历时 9 小时 14 分钟,两者相差 2 小时 3 分钟。

累年各月潮汐特征值见表 2.1-1。

表 2.1-1　累年各月潮汐特征值(1984—2018 年)　　　　　　单位:厘米

| 月份 | 平均高潮位 | 平均低潮位 | 平均潮差 | 平均高高潮位 | 平均低低潮位 | 平均大的潮差 |
|---|---|---|---|---|---|---|
| 1 | 246 | 166 | 80 | 253 | 163 | 90 |
| 2 | 244 | 176 | 68 | 252 | 171 | 81 |
| 3 | 250 | 188 | 62 | 258 | 183 | 75 |
| 4 | 265 | 198 | 67 | 275 | 193 | 82 |
| 5 | 285 | 201 | 84 | 292 | 197 | 95 |
| 6 | 301 | 205 | 96 | 306 | 202 | 104 |
| 7 | 307 | 213 | 94 | 313 | 209 | 104 |
| 8 | 299 | 222 | 77 | 310 | 216 | 94 |
| 9 | 284 | 220 | 64 | 295 | 214 | 81 |
| 10 | 272 | 204 | 68 | 282 | 199 | 83 |
| 11 | 262 | 182 | 80 | 268 | 175 | 93 |
| 12 | 256 | 165 | 91 | 260 | 163 | 97 |
| 年 | 273 | 195 | 78 | 280 | 190 | 90 |

注:潮位值均以验潮零点为基面。

平均高潮位和平均低潮位均具有夏秋高、冬春低的特点（图2.1-1），其中平均高潮位7月最高，为307厘米，2月最低，为244厘米，年较差63厘米；平均低潮位8月最高，为222厘米，12月最低，为165厘米，年较差57厘米；平均高高潮位7月最高，为313厘米，2月最低，为252厘米，年较差61厘米；平均低低潮位8月最高，为216厘米，1月和12月最低，均为163厘米，年较差53厘米。平均潮差和平均大的潮差冬夏季较高、春秋季较低，具有双峰双谷的年变化特征，年较差分别为34厘米和29厘米（图2.1-2）。

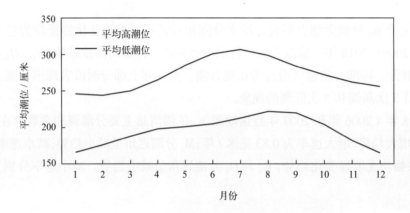

图2.1-1　平均高潮位和平均低潮位的年变化

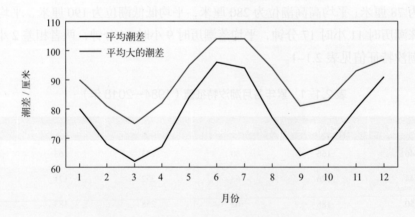

图2.1-2　平均潮差和平均大的潮差的年变化

1984—2018年，芷锚湾站平均高潮位和平均低潮位均呈波动上升趋势，上升速率分别为1.35毫米/年（线性趋势未通过显著性检验）和4.16毫米/年。受天文潮长周期变化影响，平均高潮位和平均低潮位均存在较为显著的准19年周期变化，振幅分别为3.56厘米和6.43厘米。平均高高潮位最高值出现在2008年，为280厘米；最低值出现在1989年和1996年，均为265厘米。平均低潮位最高值出现在2014年，为208厘米；最低值出现在1989年，为180厘米。

1984—2018年，芷锚湾站平均潮差呈波动减小趋势，减小速率为2.81毫米/年。平均潮差准19年周期变化较为显著，振幅为9.62厘米。平均潮差最大值出现在2004年，为90厘米；最小值出现在2015年，为66厘米（图2.1-3）。

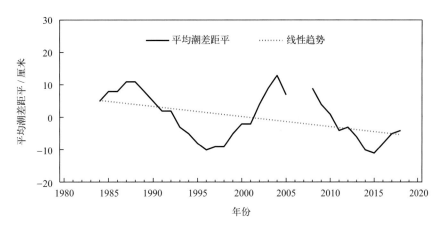

图2.1-3　1984—2018年平均潮差距平变化

## 第二节　极值潮位

芷锚湾站年最高潮位和年最低潮位的各月发生频率见表2.2-1。年最高潮位出现时间主要集中在5—9月，其中8月发生频率最高，为44%。年最低潮位主要出现在11月至翌年3月，其中12月发生频率最高，为31%；1月次之，为25%。

1984—2018年，芷锚湾站年最高潮位呈上升趋势，上升速率为1.19毫米/年（线性趋势未通过显著性检验）。历年的最高潮位均高于334厘米，其中高于365厘米的有7年；历史最高潮位为381厘米，出现在2013年5月27日。芷锚湾站年最低潮位变化趋势不明显。历年最低潮位均低于98厘米，其中低于60厘米的有7年；历史最低潮位为44厘米，出现在1987年2月3日（表2.2-1）。

表2.2-1　最高潮位和最低潮位及年极值出现频率（1984—2018年）

|  | 1月 | 2月 | 3月 | 4月 | 5月 | 6月 | 7月 | 8月 | 9月 | 10月 | 11月 | 12月 |
|---|---|---|---|---|---|---|---|---|---|---|---|---|
| 最高潮位值/厘米 | 345 | 343 | 346 | 348 | 381 | 364 | 369 | 373 | 375 | 362 | 368 | 360 |
| 年最高潮位出现频率/% | 0 | 0 | 0 | 0 | 12 | 12 | 16 | 44 | 13 | 0 | 0 | 3 |
| 最低潮位值/厘米 | 57 | 44 | 51 | 81 | 112 | 101 | 159 | 89 | 113 | 87 | 60 | 55 |
| 年最低潮位出现频率/% | 25 | 16 | 9 | 0 | 0 | 0 | 0 | 0 | 0 | 0 | 19 | 31 |

## 第三节　增减水

受地形和气候特征的影响，芷锚湾站出现50厘米以上减水的频率明显高于同等强度增水的频率，超过80厘米的减水平均约8天出现一次，而超过80厘米的增水平均约238天出现一次（表2.3-1）。

表 2.3-1　不同强度增减水的平均出现周期（1984—2018 年）

| 范围 / 厘米 | 出现周期 / 天 | |
|---|---|---|
| | 增水 | 减水 |
| >30 | 0.72 | 0.63 |
| >40 | 1.88 | 1.04 |
| >50 | 5.19 | 1.71 |
| >60 | 15.57 | 2.78 |
| >70 | 47.08 | 4.65 |
| >80 | 238.28 | 8.21 |
| >90 | 1 167.55 | 13.39 |
| >100 | — | 24.22 |
| >120 | — | 96.49 |
| >150 | — | 648.64 |

"—"表示无数据。

芷锚湾站 80 厘米以上的增水主要出现在 9 月、11 月、12 月、2 月和 3 月，120 厘米以上的减水多发生在 11 月至翌年 4 月，这主要与该海域的春季和秋季温带气旋以及冬季寒潮大风多发有关（表 2.3-2）。

表 2.3-2　各月不同强度增减水的出现频率（1984—2018 年）

| 月份 | 增水 / % | | | | | | 减水 / % | | | | | |
|---|---|---|---|---|---|---|---|---|---|---|---|---|
| | >30 厘米 | >40 厘米 | >50 厘米 | >70 厘米 | >80 厘米 | >90 厘米 | >30 厘米 | >40 厘米 | >60 厘米 | >80 厘米 | >100 厘米 | >120 厘米 |
| 1 | 10.46 | 3.97 | 1.24 | 0.07 | 0.00 | 0.00 | 11.69 | 7.67 | 3.17 | 1.16 | 0.43 | 0.08 |
| 2 | 9.16 | 3.54 | 1.36 | 0.11 | 0.02 | 0.00 | 11.71 | 7.52 | 2.88 | 0.67 | 0.31 | 0.11 |
| 3 | 7.49 | 3.15 | 1.33 | 0.22 | 0.06 | 0.01 | 9.06 | 5.18 | 2.11 | 0.92 | 0.21 | 0.04 |
| 4 | 4.09 | 1.52 | 0.51 | 0.07 | 0.00 | 0.00 | 4.36 | 2.25 | 0.66 | 0.25 | 0.10 | 0.04 |
| 5 | 2.17 | 1.10 | 0.40 | 0.02 | 0.00 | 0.00 | 1.43 | 0.35 | 0.01 | 0.00 | 0.00 | 0.00 |
| 6 | 1.00 | 0.31 | 0.12 | 0.00 | 0.00 | 0.00 | 0.48 | 0.15 | 0.07 | 0.04 | 0.01 | 0.00 |
| 7 | 0.80 | 0.14 | 0.00 | 0.00 | 0.00 | 0.00 | 0.30 | 0.08 | 0.00 | 0.00 | 0.00 | 0.00 |
| 8 | 1.88 | 0.78 | 0.28 | 0.07 | 0.00 | 0.00 | 1.01 | 0.38 | 0.11 | 0.06 | 0.05 | 0.03 |
| 9 | 2.15 | 0.66 | 0.19 | 0.10 | 0.04 | 0.01 | 3.45 | 1.55 | 0.38 | 0.12 | 0.04 | 0.00 |
| 10 | 5.16 | 1.29 | 0.37 | 0.00 | 0.00 | 0.00 | 7.27 | 4.27 | 1.34 | 0.30 | 0.07 | 0.00 |
| 11 | 9.55 | 3.62 | 1.21 | 0.11 | 0.03 | 0.00 | 11.81 | 7.74 | 3.34 | 0.98 | 0.32 | 0.06 |
| 12 | 12.25 | 5.28 | 2.16 | 0.24 | 0.05 | 0.01 | 13.35 | 8.64 | 3.18 | 1.31 | 0.45 | 0.15 |

1984—2018 年，芷锚湾站年最大增水多出现在 11—12 月和 3—4 月，其中 12 月出现频率最高，为 31%；3 月和 11 月次之，均为 16%。年最大减水多出现在 11 月至翌年 3 月，其中 12 月出现频率最高，为 25%；2 月次之，为 22%。芷锚湾站最大增水为 98 厘米，出现在

1987 年 8 月 27 日；1986 年、2001 年、2004 年和 2012 年最大增水也较大，均超过了 90 厘米。芝锚湾站最大减水为 178 厘米，发生在 1987 年 2 月 3 日；1990 年、2012 年和 2014 年最大减水也较大，均超过 140 厘米（表 2.3-3）。1984—2018 年，芝锚湾站年最大增水和最大减水变化趋势均不明显。

表 2.3-3　最大增水和最大减水及年极值出现频率（1984—2018 年）

| | 1月 | 2月 | 3月 | 4月 | 5月 | 6月 | 7月 | 8月 | 9月 | 10月 | 11月 | 12月 |
|---|---|---|---|---|---|---|---|---|---|---|---|---|
| 最大增水值 / 厘米 | 76 | 88 | 91 | 78 | 75 | 65 | 48 | 98 | 97 | 64 | 95 | 95 |
| 年最大增水出现频率 / % | 0 | 6 | 16 | 13 | 3 | 0 | 0 | 9 | 6 | 0 | 16 | 31 |
| 最大减水值 / 厘米 | 158 | 178 | 134 | 161 | 64 | 104 | 51 | 135 | 109 | 116 | 145 | 152 |
| 年最大减水出现频率 / % | 19 | 22 | 16 | 3 | 0 | 0 | 0 | 3 | 0 | 0 | 13 | 25 |

# 第三章 海浪

## 第一节 海况

芷锚湾站全年及各月各级海况的频率见图3.1-1。全年海况以 0 ～ 4 级为主，频率为92.48%，其中 0 ～ 2 级海况频率为43.72%。全年 5 级及以上海况的频率为7.52%，最大频率出现在 10 月，为10.91%。全年 7 级及以上海况的频率为0.12%，最大频率出现在 11 月，为0.44%。

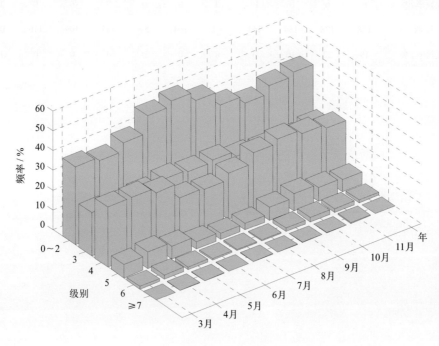

图3.1-1 全年及各月各级海况频率（1963—2018年）

## 第二节 波型

芷锚湾站风浪频率和涌浪频率的年变化见表 3.2-1。全年以风浪为主，频率为99.51%，涌浪频率为21.62%。各月的风浪频率相差不大，涌浪频率差异较大。涌浪在 6 月和 7 月较多，其中 7 月最多，频率为28.50%；在 3 月、4 月和 9 月较少，其中 3 月最少，频率为16.47%。

表3.2-1 各月及全年风浪涌浪频率（1963—2018 年）

| | 3月 | 4月 | 5月 | 6月 | 7月 | 8月 | 9月 | 10月 | 11月 | 年 |
|---|---|---|---|---|---|---|---|---|---|---|
| 风浪 / % | 99.65 | 99.65 | 99.68 | 99.44 | 99.42 | 99.47 | 99.34 | 99.46 | 99.46 | 99.51 |
| 涌浪 / % | 16.47 | 18.68 | 19.71 | 27.24 | 28.50 | 20.76 | 18.80 | 23.19 | 20.91 | 21.62 |

注：风浪包含F、F/U、FU和U/F波型；涌浪包含U、U/F、FU和F/U波型。

## 第三节 波向

### 1. 各向风浪频率

芷锚湾站各月及全年各向风浪频率见图 3.3-1。3—10 月 SSW 向风浪居多，SW 向次之。11 月 SW 向风浪居多，NE 向次之。全年 SSW 向风浪居多，频率为 19.18%，SW 向次之，频率为 11.20%，NNW 向最少，频率为 0.56%。

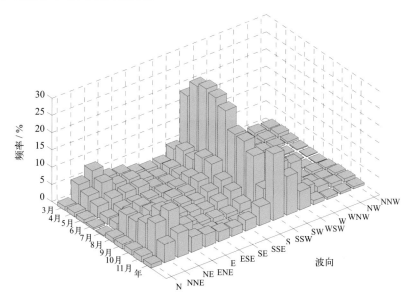

图3.3-1　各月及全年各向风浪频率（1963—2018年）

### 2. 各向涌浪频率

芷锚湾站各月及全年各向涌浪频率见图 3.3-2。3—8 月 SSW 向涌浪居多，S 向次之。9 月和 10 月 SSW 向涌浪居多，SW 向次之。11 月 SW 向涌浪居多，NE 向次之。全年 SSW 向涌浪居多，频率为 5.00%，S 向次之，频率为 3.18%，NNW 向最少，频率为 0.04%。

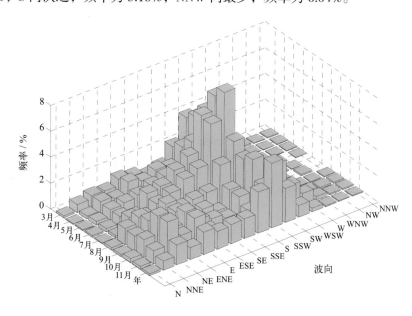

图3.3-2　各月及全年各向涌浪频率（1963—2018年）

## 第四节　波高

### 1. 平均波高和最大波高

芷锚湾站波高的年变化见表3.4-1。月平均波高的年变化不明显，为0.4 ~ 0.6米。历年的平均波高为0.3 ~ 0.7米。

月最大波高比月平均波高的变化幅度大，极大值出现在7月，为3.6米，极小值出现在3月，为2.2米，变幅为1.4米。历年的最大波高值为1.3 ~ 3.6米，大于3.0米的共有4年，其中最大波高的极大值3.6米出现在1972年7月27日，波向为SE，对应平均风速为16米/秒，对应平均周期为5.5秒。

表3.4-1　波高的年变化（1963—2018年）　　　　　　　　　　单位：米

| | 3月 | 4月 | 5月 | 6月 | 7月 | 8月 | 9月 | 10月 | 11月 | 年 |
|---|---|---|---|---|---|---|---|---|---|---|
| 平均波高 | 0.5 | 0.6 | 0.5 | 0.5 | 0.4 | 0.4 | 0.5 | 0.6 | 0.5 | 0.5 |
| 最大波高 | 2.2 | 2.6 | 2.3 | 2.6 | 3.6 | 3.3 | 2.8 | 2.9 | 2.8 | 3.6 |

### 2. 各向平均波高和最大波高

芷锚湾站各季代表月及全年各向波高的分布见图3.4-1。全年各向平均波高为0.4 ~ 0.7米，大值主要分布于NE向和SSW向，小值主要分布于NW向和NNW向。全年各向最大波高SE向最大，为3.6米；SSE向次之，为3.5米；NNW向最小，为1.1米（表3.4-2）。

表3.4-2　全年各向平均波高和最大波高（1963—2018年）　　　单位：米

| | N | NNE | NE | ENE | E | ESE | SE | SSE | S | SSW | SW | WSW | W | WNW | NW | NNW |
|---|---|---|---|---|---|---|---|---|---|---|---|---|---|---|---|---|
| 平均波高 | 0.5 | 0.6 | 0.7 | 0.6 | 0.6 | 0.5 | 0.6 | 0.5 | 0.6 | 0.7 | 0.6 | 0.6 | 0.5 | 0.5 | 0.4 | 0.4 |
| 最大波高 | 2.0 | 2.4 | 2.9 | 2.3 | 2.5 | 3.3 | 3.6 | 3.5 | 3.2 | 2.8 | 2.8 | 2.5 | 1.8 | 1.6 | 1.6 | 1.1 |

4月平均波高NNE向、NE向、SSW向和SW向最大，均为0.7米；NW向最小，为0.4米。最大波高NE向最大，为2.6米；SSW向和SW向次之，均为2.4米；NNW向最小，为1.0米。

7月平均波高NE—WSW向最大，均为0.6米；NNW向最小，为0.4米。最大波高SE向最大，为3.6米；SSE向次之，为3.5米；NNW向最小，为0.5米。

10月平均波高NE向最大，为0.8米；NNW向最小，为0.4米。最大波高NE向最大，为2.9米；SSW向和SW向次之，均为2.6米；NW向和NNW向最小，均为1.1米。

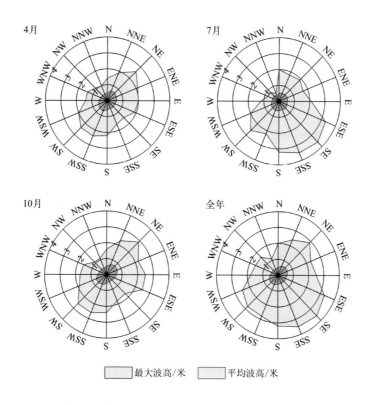

4月　7月

10月　全年

□ 最大波高/米　　□ 平均波高/米

图3.4-1　各向平均波高和最大波高（1963—2018年）

# 第五节　周期

## 1. 平均周期和最大周期

芝锚湾站周期的年变化见表 3.5-1。月平均周期的年变化不明显，为 2.2 ~ 2.6 秒。月最大周期的极大值出现在 8 月，为 6.8 秒，极小值出现在 3 月，为 5.9 秒。历年的平均周期为 1.5 ~ 3.3 秒，其中 1963 年最大，2017 年和 2018 年最小。历年的最大周期均大于等于 3.7 秒，大于等于 6.0 秒的共有 13 年，其中最大周期的极大值 6.8 秒出现在 1984 年 8 月 10 日，波向为 SSE。

表 3.5-1　周期的年变化（1963—2018 年）　　　　　　　　　　　单位：秒

| | 3月 | 4月 | 5月 | 6月 | 7月 | 8月 | 9月 | 10月 | 11月 | 年 |
|---|---|---|---|---|---|---|---|---|---|---|
| 平均周期 | 2.5 | 2.6 | 2.4 | 2.3 | 2.3 | 2.2 | 2.4 | 2.6 | 2.5 | 2.4 |
| 最大周期 | 5.9 | 6.0 | 6.1 | 6.5 | 6.1 | 6.8 | 6.6 | 6.4 | 6.1 | 6.8 |

## 2. 各向平均周期和最大周期

各季代表月及全年各向周期的分布见图 3.5-1。全年各向平均周期为 2.6 ~ 3.1 秒，NNE—E 向和 S—WSW 向周期值较大。全年各向最大周期 SSE 向最大，为 6.8 秒；S 向次之，为 6.7 秒；NNW 向最小，为 4.5 秒（表 3.5-2）。

表 3.5-2　全年各向平均周期和最大周期（1963—2018 年）　　　　　　　　单位：秒

| | N | NNE | NE | ENE | E | ESE | SE | SSE | S | SSW | SW | WSW | W | WNW | NW | NNW |
|---|---|---|---|---|---|---|---|---|---|---|---|---|---|---|---|---|
| 平均周期 | 2.6 | 3.0 | 3.1 | 3.1 | 3.0 | 2.9 | 2.9 | 2.9 | 3.0 | 3.1 | 3.0 | 3.1 | 2.8 | 2.7 | 2.6 | 2.6 |
| 最大周期 | 5.9 | 6.4 | 6.0 | 6.0 | 5.6 | 6.0 | 6.1 | 6.8 | 6.7 | 6.6 | 6.1 | 6.0 | 5.1 | 4.7 | 4.8 | 4.5 |

　　4 月平均周期 SSW 向最大，为 3.2 秒；NW 向最小，为 2.5 秒。最大周期 ENE 向、SSW 向和 SW 向最大，均为 6.0 秒；NE 向次之，为 5.9 秒；NW 向最小，为 3.5 秒。

　　7 月平均周期 ENE 向、SE 向、S 向、SSW 向和 WSW 向最大，均为 3.0 秒；NNW 向最小，为 2.3 秒。最大周期 S 向最大，为 6.1 秒；SSE 向次之，为 5.7 秒；NNW 向最小，为 2.6 秒。

　　10 月平均周期 NE 向、ENE 向和 WSW 向最大，均为 3.3 秒；WNW—NNW 向最小，均为 2.6 秒。最大周期 NNE 向和 S 向最大，均为 6.4 秒；ENE 向和 ESE 向次之，均为 6.0 秒；NW 向最小，为 3.6 秒。

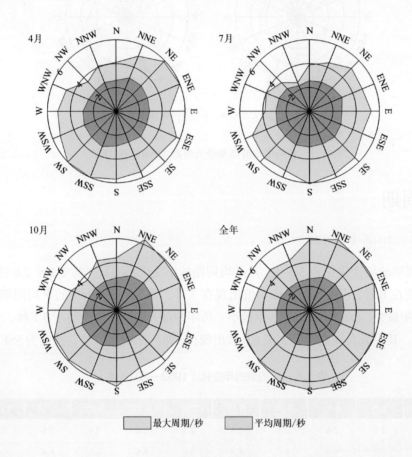

图3.5-1　各向平均周期和最大周期（1963—2018年）

# 第四章　表层海水温度、盐度和海发光

## 第一节　表层海水温度

### 1. 平均水温、最高水温和最低水温

芷锚湾站月平均水温的年变化具有峰谷明显的特点，8月最高，为25.3℃，1月最低，为 –1.2℃，秋季高于春季，其年较差为26.5℃。4—6月升温较快，10—12月降温较快，其中11月降温最快，降温速率大于升温速率。月最高水温和月最低水温的年变化特征与月平均水温相似，其年较差分别为29.7℃和22.2℃（图4.1–1）。

历年的平均水温为9.9 ~ 13.1℃，其中2017年最高，1969年最低。累年平均水温为11.6℃。

历年的最高水温均不低于26.2℃，其中大于等于29.0℃的有12年，大于30℃的有4年，其出现时间均为7月和8月。水温极大值为31.6℃，出现在1961年8月3日。

历年的最低水温均不高于 –1.3℃，其中小于 –1.5℃的有50年，小于等于 –2.0℃的有12年，其出现时间均为12月至翌年2月，以1月居多。水温极小值为 –2.5℃，出现在1986年12月26日。

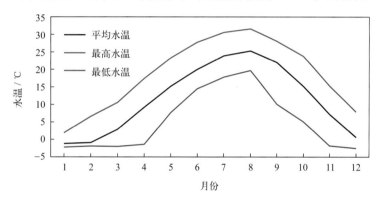

图4.1–1　水温年变化（1960—2018年）

### 2. 日平均水温稳定通过界限温度的日期

采用五日滑动平均方法求出稳定通过各个界限温度的日期，见表4.1–1。日平均水温稳定通过0℃的有295天，稳定通过10℃的有202天，稳定通过20℃的有103天。稳定通过25℃的初日为7月27日，终日为8月26日，共31天。

表4.1–1　日平均水温稳定通过界限温度的日期（1960—2018年）

|  | 0℃ | 5℃ | 10℃ | 15℃ | 20℃ | 25℃ |
|---|---|---|---|---|---|---|
| 初日 | 2月28日 | 3月27日 | 4月19日 | 5月16日 | 6月15日 | 7月27日 |
| 终日 | 12月19日 | 11月23日 | 11月6日 | 10月16日 | 9月25日 | 8月26日 |
| 天数 | 295 | 242 | 202 | 154 | 103 | 31 |

### 3. 长期趋势变化

1960—2018年，年平均水温呈波动上升趋势，上升速率为0.19℃／（10年）。年最高水温呈波动

下降趋势，下降速率为 0.31℃ /（10 年），1961 年和 1967 年最高水温分别为 1960 年以来的第一高值和第二高值。芷锚湾站沿海冬季结冰，水温观测受到影响，故未统计年最低水温的长期趋势变化。

　　十年平均水温的变化显示，2010—2018 年平均水温最高，1990—1999 年平均水温较上一个十年升幅最大，升幅为 0.28℃（图 4.1-2）。

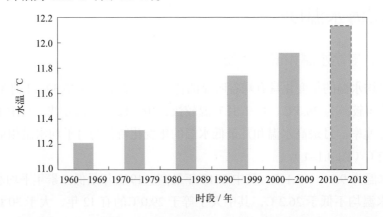

图4.1-2　十年平均水温变化（数据不足十年加虚线框表示，下同）

## 第二节　表层海水盐度

### 1. 平均盐度、最高盐度和最低盐度

　　芷锚湾站月平均盐度最高值出现在 4 月，为 31.45，最低值出现在 8 月，为 29.66，其年较差为 1.79。月最高盐度的年变化具有三峰三谷的特点，峰值出现在 1 月、7 月和 10 月，谷值出现在 5 月、9 月和 11 月，其年较差为 1.80。月最低盐度具有夏季较低，春秋较高的年变化趋势，最低值出现在 8 月，最高值出现在 5 月，其年较差为 24.47（图 4.2-1）。

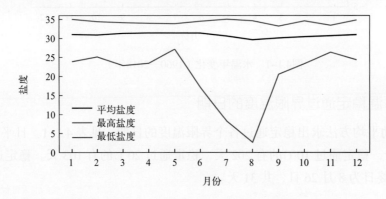

图4.2-1　盐度年变化（1960—2018年）

　　历年的平均盐度为 28.71 ~ 33.01，其中 2003 年最高，1964 年最低。

　　历年的最高盐度均不低于 30.73，其中大于 33.00 的有 22 年，大于 34.00 的有 7 年。年最高盐度多出现在冬春季，夏秋季较少。盐度极大值为 35.00，出现在 1967 年 1 月 16 日和 2003 年 7 月 1 日。

　　历年的最低盐度均不高于 32.45，其中小于 20.00 的有 11 年。年最低盐度多出现在 7 月和 8 月，出现在 7 月的有 19 年，出现在 8 月的有 22 年。盐度极小值为 2.64，出现在 2012 年 8 月 4 日，当日降水量 159.2 毫米。

## 2. 长期趋势变化

1960—2018 年，芷锚湾站年平均盐度呈波动上升趋势，上升速率为 0.30 /（10 年）。年最高盐度变化趋势不明显，1967 年和 2003 年最高盐度均为 1960 年以来的第一高值。年最低盐度变化趋势不明显，2012 年和 2016 年最低盐度分别为 1960 年以来的第一低值和第二低值。

十年平均盐度的变化显示，2000—2009 年平均盐度最高，1960—1969 年平均盐度最低，2000—2009 年平均盐度较上一个十年升幅最大，升幅为 1.18（图 4.2-2）。

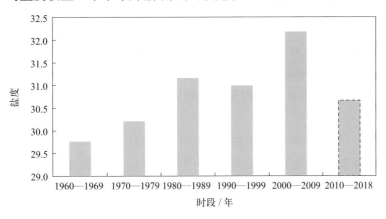

图4.2-2 十年平均盐度变化

# 第三节 海发光

1960—2018 年，芷锚湾站观测到的海发光除 1969 年 5 月 8 日和 1975 年 8 月 10 日为弥漫型（M）外，其余全部为火花型（H）。3 级海发光共出现过 13 次，其中春季 1 次，夏季 2 次，秋季 10 次。

各月及全年海发光频率见表 4.3-1 和图 4.3-1。海发光频率年变化的峰值出现在 9 月，为 37.0%，谷值出现在 2 月，为 2.8%。累年平均以 1 级海发光最多，占 92.7%，2 级占 6.7%，3 级占 0.6%，未出现 4 级。

历年海发光频率均不超过 61.59%，1960 年最多，观测到海发光的日数为 170 天。

表 4.3-1 各月及全年海发光频率（1960—2018 年）

| | 1月 | 2月 | 3月 | 4月 | 5月 | 6月 | 7月 | 8月 | 9月 | 10月 | 11月 | 12月 | 年 |
|---|---|---|---|---|---|---|---|---|---|---|---|---|---|
| 频率 / % | 4.0 | 2.8 | 8.7 | 14.5 | 5.9 | 6.9 | 9.0 | 22.9 | 37.0 | 23.8 | 12.5 | 6.6 | 14.5 |

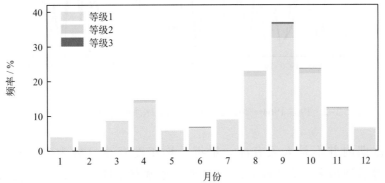

图4.3-1 各月各级海发光频率（1960—2018年）

# 第五章 海冰

## 第一节 冰期和有冰日数

1963/1964—2018/2019 年度，芷锚湾站累年平均初冰日为 12 月 1 日，终冰日为 3 月 3 日，平均冰期为 93 天。初冰日最早为 11 月 7 日（1981 年），最晚为 1 月 3 日（1996 年），相差近两个月。终冰日最早为 2 月 9 日（2015 年），最晚为 4 月 4 日（1969 年），相差超过一个半月。最长冰期为 147 天，出现在 1968/1969 年度，最短冰期为 40 天，出现在 2014/2015 年度。1963/1964—2018/2019 年度，年度冰期和有冰日数均呈下降趋势，下降速率分别为 0.73 天 / 年度和 0.67 天 / 年度（图 5.1-1）。

在有固定冰年度，累年平均固定冰初冰日为 1 月 14 日，终冰日为 2 月 20 日，平均固定冰冰期为 38 天。固定冰初冰日最早为 12 月 9 日（1985 年），最晚为 2 月 10 日（2019 年），终冰日最早为 1 月 21 日（1975 年），最晚为 3 月 23 日（1969 年）。最长固定冰冰期为 84 天，出现在 2009/2010 年度（图 5.1-2）。

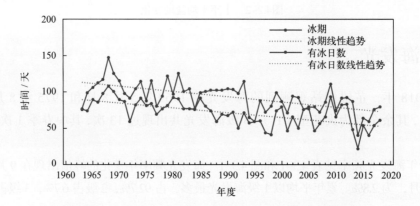

图5.1-1　1963/1964—2018/2019年度冰期与有冰日数变化

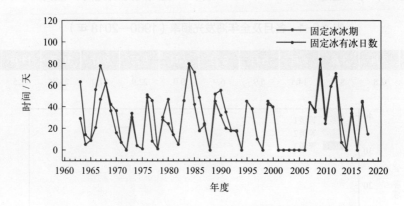

图5.1-2　1963/1964—2018/2019年度固定冰冰期与有冰日数变化

应该指出，冰期内并不是天天有冰。累年平均年度有冰日数为 71 天，占冰期的 76%。1968/1969 年度有冰日数最多，为 108 天，2014/2015 年度有冰日数最少，为 22 天。累年平均年度有固定冰日数为 30 天，占固定冰冰期的 79%。

## 第二节　冰量和浮冰密集度

1963/1964—2018/2019 年度，年度总冰量超过 400 成的有 22 个年度，超过 600 成的有 2 个年度，其中 1968/1969 年度最多，为 684 成；不足 100 成的有 5 个年度。年度浮冰量最多为 596 成，出现在 1968/1969 年度，2014/2015 年度浮冰量为 9 成。年度固定冰量最多为 88 成，出现在 1968/1969 年度（图 5.2-1）。

1963/1964—2018/2019 年度，总冰量和浮冰量均为 1 月最多，均占年度总量的 54%，2 月次之，均占年度总量的 36%；固定冰量 2 月最多，占年度总量的 52%（表 5.2-1）。

1963/1964—2018/2019 年度，年度总冰量呈明显波动下降趋势，下降速率为 5.7 成 / 年度（图 5.2-1）。十年平均总冰量变化显示，1963/1964—1969/1970 年度平均总冰量最多，为 528 成，2010/2011—2018/2019 年度平均总冰量最少，为 235 成（图 5.2-2）。

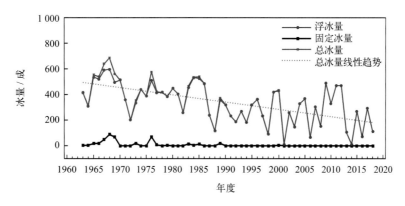

图5.2-1　1963/1964—2018/2019年度冰量变化

表 5.2-1　冰量的年变化（1963/1964—2018/2019 年度）

|  | 11 月 | 12 月 | 1 月 | 2 月 | 3 月 | 4 月 | 年度 |
|---|---|---|---|---|---|---|---|
| 总冰量 / 成 | 0 | 1 396 | 10 145 | 6 842 | 432 | 0 | 18 815 |
| 平均总冰量 / 成 | 0.00 | 24.93 | 181.16 | 122.18 | 7.71 | 0.00 | 335.98 |
| 浮冰量 / 成 | 0 | 1 395 | 10 006 | 6 635 | 383 | 0 | 18 419 |
| 固定冰量 / 成 | 0 | 1 | 139 | 207 | 49 | 0 | 396 |

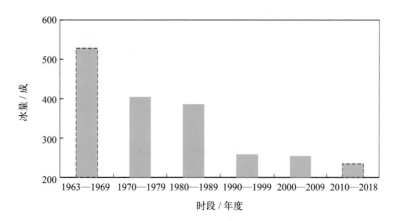

图5.2-2　十年平均总冰量变化

浮冰密集度1月、2月、3月及年度以8～10成为最多，其中1月占有冰日数的83%，2月占有冰日数的78%。浮冰密集度为0～3成的日数，1月占有冰日数的12%，2月占有冰日数的15%（表5.2-2）。

表5.2-2 浮冰密集度的年变化（1963/1964—2018/2019年度）

| | 11月 | 12月 | 1月 | 2月 | 3月 | 4月 | 年度 |
|---|---|---|---|---|---|---|---|
| 8～10成占有冰日数的比率/% | 28 | 44 | 83 | 78 | 51 | 0 | 71 |
| 4～7成占有冰日数的比率/% | 17 | 12 | 5 | 7 | 20 | 75 | 8 |
| 0～3成占有冰日数的比率/% | 55 | 44 | 12 | 15 | 28 | 25 | 21 |

# 第三节 浮冰漂流方向和速度

芷锚湾站各向浮冰特征量见图5.3-1和表5.3-1。1963/1964—2018/2019年度，浮冰流向在SW向和WSW向出现的次数较多，频率和为52.7%，并以此两个流向为轴向两侧频率逐渐降低，在N向和NNW向出现频率较低，在NW向未出现。累年各向最大浮冰漂流速度差异较大，为0.1～1.2米/秒，其中SW向最大，N向和NNW向最小。

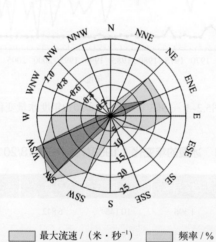

■ 最大流速/（米·秒⁻¹） ■ 频率/%

图5.3-1 浮冰各向出现频率和最大流速

表5.3-1 各向浮冰特征量（1963/1964—2018/2019年度）

| | N | NNE | NE | ENE | E | ESE | SE | SSE | S | SSW | SW | WSW | W | WNW | NW | NNW |
|---|---|---|---|---|---|---|---|---|---|---|---|---|---|---|---|---|
| 出现频率/% | 0.1 | 0.4 | 5.2 | 12.6 | 3.7 | 1.0 | 0.3 | 0.4 | 0.8 | 4.0 | 25.9 | 26.8 | 3.9 | 0.2 | 0.0 | 0.1 |
| 平均流速/（米·秒⁻¹） | 0.1 | 0.1 | 0.3 | 0.3 | 0.2 | 0.2 | 0.1 | 0.1 | 0.1 | 0.3 | 0.4 | 0.4 | 0.3 | 0.2 | — | 0.1 |
| 最大流速/（米·秒⁻¹） | 0.1 | 0.2 | 0.7 | 0.7 | 0.8 | 0.5 | 0.2 | 0.2 | 0.3 | 0.8 | 1.2 | 1.0 | 0.8 | 0.5 | — | 0.1 |

"—"表示无数据。

## 第四节 固定冰宽度和堆积高度 *

固定冰最大宽度为 470 米, 出现在 1970 年 1 月; 最大堆积高度为 4.5 米, 出现在 1964 年 2 月。

表 5.4-1 固定冰特征值（1963/1964—2018/2019 年度） 单位: 米

| | 12月 | 1月 | 2月 | 3月 | 年度 |
|---|---|---|---|---|---|
| 最大宽度 | 82 | 470 | 380 | 380 | 470 |
| 最大堆积高度 | 0 | 4 | 4.5 | 2.3 | 4.5 |

---

\* 固定冰特征值数据有限, 此节结果仅供参考。

# 第六章　海洋气象

## 第一节　气温

### 1. 平均气温、最高气温和最低气温

1960—2018 年，芷锚湾站累年平均气温为 10.1℃。月平均气温具有夏高冬低的变化特征，1 月最低，为 –5.5℃，8 月最高，为 24.3℃，年较差为 29.8℃。月最高气温和月最低气温的年变化特征与月平均气温相似，月最高气温极大值出现在 7 月，月最低气温极小值出现在 1 月（表 6.1-1，图 6.1-1）。

表 6.1-1　气温的年变化（1960—2018 年）　　　　　　　　　　　　单位：℃

|  | 1月 | 2月 | 3月 | 4月 | 5月 | 6月 | 7月 | 8月 | 9月 | 10月 | 11月 | 12月 | 年 |
|---|---|---|---|---|---|---|---|---|---|---|---|---|---|
| 平均气温 | –5.5 | –3.3 | 2.2 | 9.2 | 15.5 | 20.1 | 23.9 | 24.3 | 20.3 | 13.2 | 4.4 | –2.6 | 10.1 |
| 最高气温 | 10.1 | 17.1 | 21.5 | 27.6 | 34.6 | 34.2 | 36.2 | 33.9 | 33.5 | 26.7 | 20.6 | 12.9 | 36.2 |
| 最低气温 | –21.7 | –18.8 | –12.8 | –4.3 | 1.7 | 9.8 | 14.6 | 11.3 | 4.9 | –5.4 | –14.0 | –18.2 | –21.7 |

注：最高气温和最低气温1960年7月和8月数据缺测。

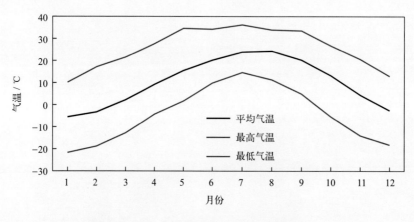

图6.1-1　气温年变化（1960—2018年）

历年的平均气温为 8.2 ~ 11.4℃，其中 2017 年最高，1969 年最低。

历年的最高气温均高于 28.5℃，其中高于 35℃的有 2 年，分别为 2010 年和 2015 年。最早出现时间为 5 月 14 日（2011 年），最晚出现时间为 9 月 9 日（2007 年）。7 月最高气温出现频率最高，占统计年份的 39%（图 6.1-2）。极大值为 36.2℃，出现在 2010 年 7 月 8 日。

历年的最低气温均低于 –10.5℃，其中低于 –18.0℃的有 9 年，占统计年份的 15.3%，低于 –21.0℃的有 2 年，分别为 1987 和 2001 年。历年最低气温的最早出现时间为 12 月 16 日（1994 年），最晚出现时间为 2 月 26 日（1981 年）。1 月最低气温出现频率最高，占统计年份的 63%，2 月次之，占 22%（图 6.1-2）。极小值为 –21.7℃，出现在 1987 年 1 月 13 日。

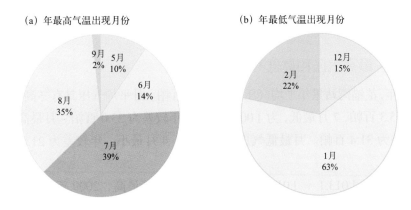

(a) 年最高气温出现月份　　　　　　(b) 年最低气温出现月份

图6.1-2　年最高、最低气温出现月份及频率（1960—2018年）

## 2. 长期趋势变化

1960—2018年，芝锚湾站年平均气温、年最高气温和年最低气温均呈波动上升趋势，上升速率分别为0.22℃/（10年）、0.35℃/（10年）和0.33℃/（10年）（线性趋势未通过显著性检验）。

1960—2018年，十年平均气温变化显示，2010—2018年平均气温最高，为10.6℃。1990—1999年平均气温较上一个十年升幅最大，升幅为0.5℃（图6.1-3）。

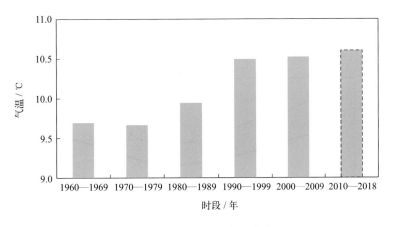

图6.1-3　十年平均气温变化

## 3. 常年自然天气季节和大陆度

利用芝锚湾站1965—2018年气温累年日平均数据计算五日滑动平均气温，根据《气候季节划分》（QX/T 152—2012）方法，芝锚湾平均春季时间从4月21日到6月30日，共71天；平均夏季时间从7月1日到9月6日，共68天；平均秋季时间从9月7日到10月29日，共53天；平均冬季时间从10月30日到翌年4月20日，共173天（图6.1-4）。冬季时间最长，秋季时间最短。

芝锚湾站焦金斯基大陆度指数为58.5%，属大陆性季风气候。

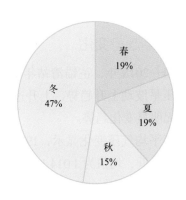

图6.1-4　四季平均日数百分率
（1965—2018年）

## 第二节  气压

### 1. 平均气压、最高气压和最低气压

1974—2018 年,芷锚湾站累年平均气压为 1 014.6 百帕。月平均气压具有冬高夏低的变化特征,1 月最高,为 1 025.3 百帕,7 月最低,为 1 002.3 百帕,年较差为 23.0 百帕。月最高气压 12 月最大,7 月最小,年较差为 31.4 百帕。月最低气压 1 月最大,4 月最小,年较差为 21.8 百帕(表 6.2-1,图 6.2-1)。

历年的平均气压为 1 013.1 ~ 1 015.6 百帕,其中 1978 年最高,2009 年最低。

历年的最高气压均高于 1 035.5 百帕,其中高于 1 045.0 百帕的有 3 年,分别 1994 年、2000 年和 2006 年。极大值为 1 046.5 百帕,出现在 1994 年 12 月 19 日。

历年的最低气压均低于 996.0 百帕,其中低于 985.0 百帕的有 3 年,分别是 1983 年、1990 年和 2004 年。极小值为 981.7 百帕,出现在 1983 年 4 月 26 日。

表 6.2-1  气压的年变化(1974—2018 年)  单位:百帕

| | 1 月 | 2 月 | 3 月 | 4 月 | 5 月 | 6 月 | 7 月 | 8 月 | 9 月 | 10 月 | 11 月 | 12 月 | 年 |
|---|---|---|---|---|---|---|---|---|---|---|---|---|---|
| 平均气压 | 1 025.3 | 1 023.1 | 1 018.6 | 1 011.9 | 1 007.5 | 1 003.7 | 1 002.3 | 1 005.6 | 1 012.2 | 1 018.0 | 1 022.0 | 1 024.8 | 1 014.6 |
| 最高气压 | 1 045.3 | 1 045.8 | 1 037.1 | 1 032.5 | 1 025.6 | 1 019.0 | 1 015.1 | 1 019.1 | 1 030.3 | 1 038.9 | 1 043.5 | 1 046.5 | 1 046.5 |
| 最低气压 | 1 003.5 | 993.8 | 992.9 | 981.7 | 984.5 | 985.1 | 983.1 | 987.0 | 991.3 | 995.0 | 1 001.1 | 996.8 | 981.7 |

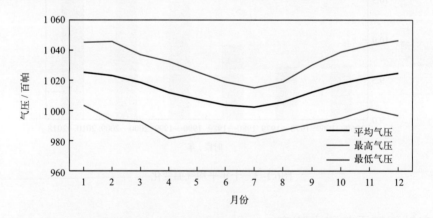

图6.2-1  气压年变化(1974—2018年)

### 2. 长期趋势变化

1974—2018 年,芷锚湾站年平均气压呈波动下降趋势,下降速率为 0.22 百帕/(10 年)。年最高气压呈波动上升趋势,上升速率为 0.22 百帕/(10 年)(线性趋势未通过显著性检验)。年最低气压无明显变化趋势。

十年平均气压变化显示,1974—1979 年平均气压最高,均值为 1 015.0 百帕,2000—2009 年平均气压最低,均值为 1 014.1 百帕(图 6.2-2)。

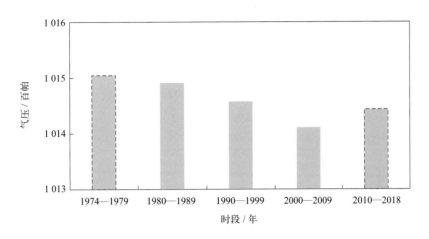

图6.2-2　十年平均气压变化

# 第三节　相对湿度

## 1. 平均相对湿度和最小相对湿度

1960—2018 年，芷锚湾站累年平均相对湿度为 65.5%。月平均相对湿度 7 月最大，为 86.4%，12 月最小，为 50.4%。平均月最小相对湿度的年变化特征明显，7 月最大，为 51.9%，12 月最小，为 11.4%。最小相对湿度的极小值为 1%（表 6.3-1，图 6.3-1）。

表 6.3-1　相对湿度的年变化（1960—2018 年）

| | 1月 | 2月 | 3月 | 4月 | 5月 | 6月 | 7月 | 8月 | 9月 | 10月 | 11月 | 12月 | 年 |
|---|---|---|---|---|---|---|---|---|---|---|---|---|---|
| 平均相对湿度 / % | 52.7 | 57.3 | 60.8 | 65.1 | 69.6 | 80.5 | 86.4 | 80.8 | 67.6 | 60.5 | 54.5 | 50.4 | 65.5 |
| 平均最小相对湿度 / % | 13.6 | 12.9 | 12.2 | 12.0 | 16.3 | 36.5 | 51.9 | 41.5 | 22.9 | 16.6 | 11.8 | 11.4 | 21.6 |
| 最小相对湿度 / % | 2 | 2 | 1 | 2 | 4 | 11 | 20 | 18 | 10 | 3 | 4 | 1 | 1 |

注：平均最小相对湿度为各月最小相对湿度的累年平均值及其年平均值。

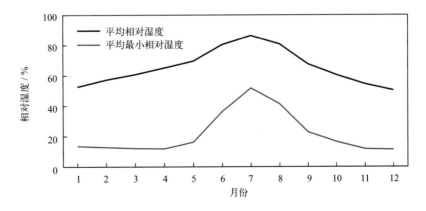

图6.3-1　相对湿度年变化（1960—2018年）

195

## 2. 长期趋势变化

1960—2018 年，芷锚湾站年平均相对湿度为 61.3% ~ 71.2%，呈上升趋势，上升速率为 0.19% /（10 年）（线性趋势未通过显著性检验）。

十年平均相对湿度变化显示，2000—2009 年平均相对湿度最高，为 66.6%，1960—1969 年和 1980—1989 年平均相对湿度最低，均为 64.8%（图 6.3-2）。

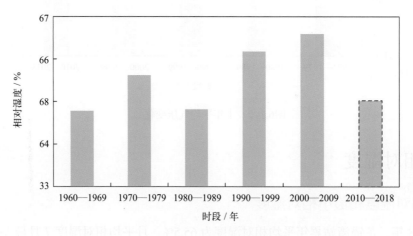

图6.3-2 十年平均相对湿度变化

## 3. 温湿指数

根据《人居环境气候舒适度评价》（GB/T 27963—2011）的温湿指数统计方法和气候舒适度等级划分方法，统计芷锚湾站各月温湿指数，结果显示：1—4 月和 10—12 月温湿指数为 -0.3 ~ 13.4，感觉为寒冷；5 月温湿指数为 15.3，感觉为冷；6—9 月温湿指数为 19.2 ~ 23.3，感觉为舒适（表 6.3-2）。

表6.3-2 温湿指数的年变化（1960—2018 年）

| | 1月 | 2月 | 3月 | 4月 | 5月 | 6月 | 7月 | 8月 | 9月 | 10月 | 11月 | 12月 | 年 |
|---|---|---|---|---|---|---|---|---|---|---|---|---|---|
| 温湿指数 | -0.3 | 0.9 | 4.9 | 10.2 | 15.3 | 19.5 | 23.2 | 23.3 | 19.2 | 13.4 | 6.9 | 2.1 | 1 014.6 |
| 感觉程度 | 寒冷 | 寒冷 | 寒冷 | 寒冷 | 冷 | 舒适 | 舒适 | 舒适 | 舒适 | 寒冷 | 寒冷 | 寒冷 | 1 046.5 |

# 第四节 风

## 1. 平均风速和最大风速

芷锚湾站风速的年变化见表 6.4-1 和图 6.4-1。1960—2018 年，累年平均风速为 4.3 米 / 秒。月平均风速春秋季大，夏冬季小，其中 4 月最大，为 5.1 米 / 秒，7 月最小，为 3.4 米 / 秒。最大风速月平均值的年变化与平均风速基本一致，春秋季大，夏冬季小，其中 4 月最大，为 16.3 米 / 秒，8 月最小，为 12.1 米 / 秒。最大风速的月最大值对应风向多为 WSW 向（4 个月）。1995—2018 年，极大风速的极大值为 28.9 米 / 秒，出现在 2009 年 4 月 15 日，对应风向为 ENE。

表 6.4-1　风速的年变化（1960—2018 年）　　　　　单位：米 / 秒

| | | 1月 | 2月 | 3月 | 4月 | 5月 | 6月 | 7月 | 8月 | 9月 | 10月 | 11月 | 12月 | 年 |
|---|---|---|---|---|---|---|---|---|---|---|---|---|---|---|
| 平均风速 | | 4.2 | 4.4 | 4.8 | 5.1 | 4.7 | 3.8 | 3.4 | 3.5 | 4.0 | 4.6 | 4.8 | 4.4 | 4.3 |
| 最大风速 | 平均值 | 14.1 | 13.7 | 14.8 | 16.3 | 14.9 | 13.4 | 13.0 | 12.1 | 12.7 | 13.7 | 14.5 | 14.1 | 13.9 |
| | 最大值 | 20.0 | 20.0 | 26.0 | 28.3 | 23.0 | 26.3 | 25.7 | 20.0 | 16.0 | 18.0 | 20.0 | 22.3 | 28.3 |
| | 最大值对应风向 | NE/WSW | NNE | WSW | N | WNW | ESE | SE | SSE | SE | ENE | WSW | WSW | N |
| 极大风速 | 最大值 | 22.8 | 20.4 | 21.0 | 28.9 | 24.4 | 27.2 | 24.5 | 24.1 | 24.1 | 22.0 | 24.0 | 21.9 | 28.9 |
| | 最大值对应风向 | NE | NE | NE | ENE | NNE | N | NNW | N | W | N | NE | W | ENE |

注：极大风速的统计时间为1995年7月至2018年12月。

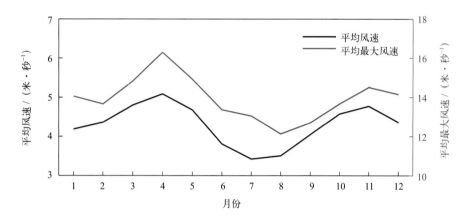

图6.4-1　平均风速和平均最大风速年变化（1960—2018年）

历年的平均风速为 3.4 ~ 5.6 米 / 秒，其中 1960 年最大，2014 年最小；历年的最大风速均不小于 14.3 米 / 秒，其中大于等于 18.0 米 / 秒的有 28 年。最大风速的最大值出现在 1995 年 4 月 25 日，风速为 28.3 米 / 秒，风向为 N。最大风速出现在 4 月的频率最高，10 月未出现（图 6.4-2）。

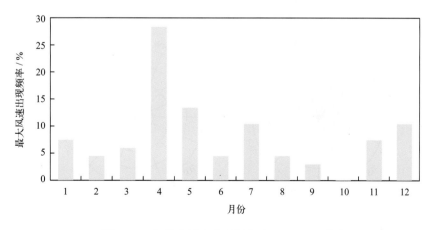

图6.4-2　年最大风速出现频率（1960—2018年）

## 2. 各向风频率

芷锚湾站全年 SSW—WSW 向风最多，频率和为 34.2%，N—NE 向次之，频率和为 27.1%，ESE 向的风最少，频率为 2.0%（图 6.4-3）。

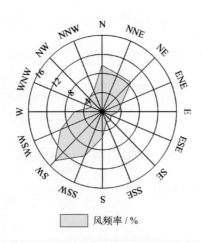

图6.4-3　全年各向风的频率（1965—2018年）

1月盛行风向为 N—NE，频率和为 39.4%。4月盛行风向为 SSW—WSW，频率和为 43.3%，与1月相比，偏北风减少，偏南风增多。7月盛行风向为 S—SW，频率和为 43.1%，WNW—NNW 向的频率和为 5.8%。10月盛行风向为 SW—W 和 N—NE，频率和分别为 33.4% 和 31.5%（图 6.4-4）。

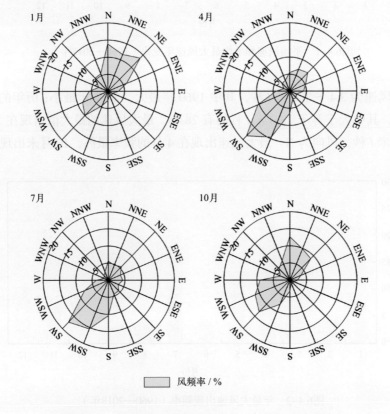

图6.4-4　四季代表月各向风的频率（1965—2018年）

### 3. 各向平均风速和最大风速

全年各向平均风速 SW 向最大，平均风速为 5.4 米 / 秒，SSW 向次之，为 5.2 米 / 秒，WNW 向最小，为 2.4 米 / 秒（图 6.4-5）。1 月 NE 向、SW 向和 WSW 向平均风速均超过 5.0 米 / 秒，其中 SW 向最大，为 5.8 米 / 秒；SE 向和 SSE 向最小，均为 2.4 米 / 秒。4 月 SSW 向平均风速最大，为 6.5 米 / 秒，SW 向次之，为 5.9 米 / 秒，WNW 向最小，为 3.0 米 / 秒。7 月 SSW 向平均风速最大，为 4.5 米 / 秒，WNW 向最小，为 1.5 米 / 秒。10 月 SW 向平均风速最大，为 6.4 米 / 秒，SE 向最小，为 2.5 米 / 秒（图 6.4-6）。

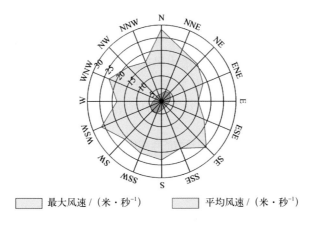

■ 最大风速 /（米·秒⁻¹）　　　■ 平均风速 /（米·秒⁻¹）

图6.4-5　全年各向平均风速和最大风速（1965—2018年）

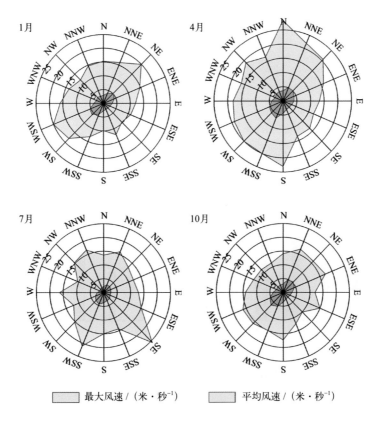

■ 最大风速 /（米·秒⁻¹）　　　■ 平均风速 /（米·秒⁻¹）

图6.4-6　四季代表月各向平均风速和最大风速（1965—2018年）

全年各向最大风速 N 向最大，为 28.3 米 / 秒，E 向最小，为 15.0 米 / 秒（图 6.4-5）。1 月 NE 向和 WSW 向最大，最大风速均为 20.0 米 / 秒。4 月 N 向最大，最大风速为 28.3 米 / 秒。7 月 SE 向最大，最大风速为 25.7 米 / 秒。10 月 ENE 向和 S 向最大，最大风速均为 17.3 米 / 秒（图 6.4-6）。

### 4. 大风日数

芷锚湾站风力大于等于 6 级的大风日数年变化呈双峰分布，以 3—5 月最多，占全年的 40%，平均月大风日数为 7.8 ~ 10.2 天，另一个高值区在 10—12 月，平均月大风日数为 5.8 ~ 6.9 天（表 6.4-2，图 6.4-7）。平均年大风日数为 66.1 天（表 6.4-2）。历年大风日数差别很大，有 10 年多于 100 天，最多的是 1973 年，共有 174 天，最少的是 1963 年和 2014 年，均为 18 天。

风力大于等于 8 级的大风日数在 4 月最多，平均为 0.41 天，9 月未出现（表 6.4-2）。历年大风日数最多的是 1973 年，有 10 天，未出现最大风速大于等于 8 级的有 24 年。

风力大于等于 6 级的月大风日数最多为 25 天，出现在 1973 年 5 月和 1995 年 4 月；最长连续大于等于 6 级大风日数为 17 天，出现在 1974 年 5 月（表 6.4-2）。

表 6.4-2　各级大风日数的年变化（1960—2018 年）　　　　　　　　　单位：天

| | 1月 | 2月 | 3月 | 4月 | 5月 | 6月 | 7月 | 8月 | 9月 | 10月 | 11月 | 12月 | 年 |
|---|---|---|---|---|---|---|---|---|---|---|---|---|---|
| 大于等于 6 级大风平均日数 | 4.4 | 5.0 | 8.1 | 10.2 | 7.8 | 3.6 | 2.1 | 1.8 | 3.7 | 6.7 | 6.9 | 5.8 | 66.1 |
| 大于等于 7 级大风平均日数 | 1.2 | 1.4 | 1.7 | 2.9 | 2.0 | 0.7 | 0.4 | 0.2 | 0.6 | 1.0 | 1.8 | 1.0 | 14.9 |
| 大于等于 8 级大风平均日数 | 0.15 | 0.07 | 0.09 | 0.41 | 0.22 | 0.06 | 0.07 | 0.04 | 0.00 | 0.04 | 0.11 | 0.11 | 1.37 |
| 大于等于 6 级大风最多日数 | 18 | 18 | 21 | 25 | 25 | 14 | 10 | 9 | 14 | 19 | 19 | 21 | 174 |
| 最长连续大于等于 6 级大风日数 | 8 | 9 | 9 | 14 | 17 | 10 | 5 | 3 | 5 | 10 | 12 | 11 | 17 |

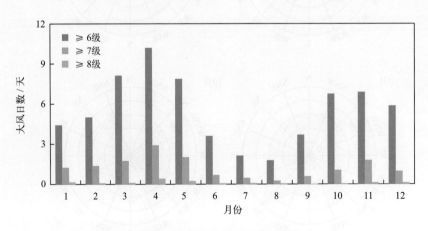

图 6.4-7　各级大风平均出现日数

## 第五节　降水

### 1. 降水量和降水日数

#### （1）降水量

芷锚湾站降水量的年变化见表 6.5-1 和图 6.5-1。1960—2018 年，平均年降水量为 600.7 毫米，降水量的季节分布很不均匀，夏季（6—8 月）为 424.5 毫米，占全年降水量的 70.7%，春季（3—5 月）占全年的 12.3%，冬季（12 月至翌年 2 月）占全年的 1.5%。7 月平均降水量最多，为 180.5 毫米，占全年的 30.0%。

历年年降水量为 227.4 ~ 1 357.3 毫米，其中 2012 年最多，1999 年最少。

最大日降水量超过 100 毫米的有 23 年，超过 150 毫米的有 3 年。最大日降水量为 241.4 毫米，出现在 1975 年 7 月 30 日。

表 6.5-1　降水量的年变化（1960—2018 年）　　　　　　　　单位：毫米

| | 1 月 | 2 月 | 3 月 | 4 月 | 5 月 | 6 月 | 7 月 | 8 月 | 9 月 | 10 月 | 11 月 | 12 月 | 年 |
|---|---|---|---|---|---|---|---|---|---|---|---|---|---|
| 平均降水量 | 2.2 | 3.9 | 6.7 | 25.2 | 42.2 | 83.5 | 180.5 | 160.5 | 53.8 | 28.5 | 10.6 | 3.1 | 600.7 |
| 最大日降水量 | 14.3 | 26.9 | 31.3 | 103.4 | 60.0 | 129.1 | 241.4 | 160.4 | 134.0 | 106.4 | 48.4 | 33.7 | 241.4 |

#### （2）降水日数

平均年降水日数（日降水量大于等于 0.1 毫米的天数）为 60.2 天。降水日数的年变化特征与降水量相似，夏多冬少，7 月平均降水日数最多，为 10.7 天，1 月和 12 月最少，均为 1.5 天（图 6.5-2 和图 6.5-3）。日降水量大于等于 10 毫米的平均年日数为 16.2 天，各月均有出现；日降水量大于等于 50 毫米的平均年日数为 2.3 天，出现在 4—10 月；日降水量大于等于 100 毫米的平均年日数为 0.5 天，出现在 4 月和 6—10 月；日降水量大于等于 150 毫米的平均年日数为 0.1 天，出现在 7 月和 8 月；日降水量大于等于 200 毫米的情况在 7 月出现过 1 次（图 6.5-3）。

最多年降水日数为 86 天，出现在 2012 年；最少年降水日数为 43 天，出现在 1996 年。最长连续降水日数为 8 天，出现在 1973 年 7 月 15—22 日；最长连续无降水日数为 99 天，出现在 1993 年 12 月 12 日至 1994 年 3 月 20 日。

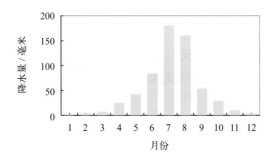

图6.5-1　降水量年变化（1960—2018年）

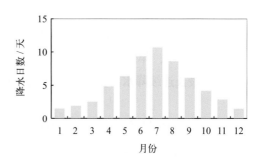

图6.5-2　降水日数年变化（1965—2018年）

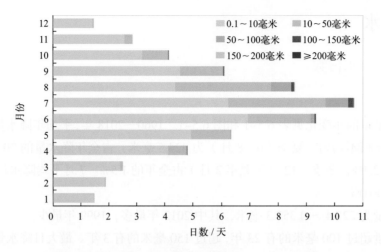

图6.5-3　各月各级平均降水日数分布（1960—2018年）

### 2. 长期趋势变化

1960—2018年，芷锚湾站年降水量呈下降趋势，下降速率为17.22毫米/（10年）（线性趋势未通过显著性检验）。

1960—2018年，十年平均年降水量变化显示，1960—2009年降水量呈下降趋势，2000—2009年平均年降水量最小，为487.5毫米，1960—1969年平均年降水量最大，为656.2毫米。1990—1999年的平均年降水量较上一个十年降幅最大，降幅为103.8毫米（图6.5-4）。

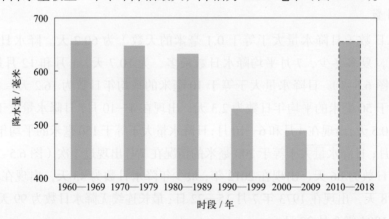

图6.5-4　十年平均年降水量变化

1960—2018年，年最大日降水量无明显变化趋势。

1965—2018年，年降水日数呈减少趋势，减少速率为1.49天/（10年）（线性趋势未通过显著性检验）；最长连续降水日数和最长连续无降水日数均无明显变化趋势。

# 第六节　雾及其他天气现象

### 1. 雾

芷锚湾站雾日数的年变化见表6.6-1、图6.6-1和图6.6-2。1965—2018年，平均年雾日数为19.5天。平均月雾日数7月最多，为3.0天，9月最少，为0.4天；月雾日数最多为19天，出现在2010年6月；最长连续雾日数为8天，出现在2008年7月和2010年6月。

表 6.6-1　雾日数的年变化（1965—2018 年）　　　　　　　　　　单位：天

| | 1月 | 2月 | 3月 | 4月 | 5月 | 6月 | 7月 | 8月 | 9月 | 10月 | 11月 | 12月 | 年 |
|---|---|---|---|---|---|---|---|---|---|---|---|---|---|
| 平均雾日数 | 1.0 | 1.8 | 1.7 | 2.0 | 2.2 | 2.8 | 3.0 | 1.3 | 0.4 | 1.0 | 1.3 | 1.0 | 19.5 |
| 最多雾日数 | 9 | 7 | 5 | 8 | 9 | 19 | 13 | 13 | 3 | 5 | 7 | 7 | 58 |
| 最长连续雾日数 | 4 | 5 | 4 | 3 | 5 | 8 | 8 | 4 | 2 | 4 | 4 | 4 | 8 |

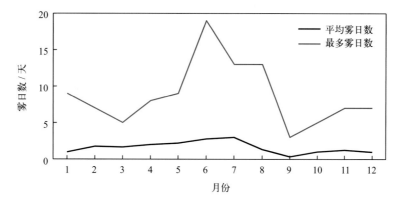

图6.6-1　平均雾日数和最多雾日数年变化（1965—2018年）

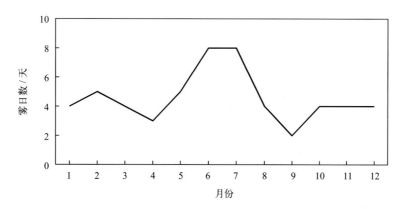

图6.6-2　最长连续雾日数年变化（1965—2018年）

　　1965—2018 年，年雾日数呈上升趋势，上升速率为 3.05 天 /（10 年）。年雾日数最多的年份是 2010 年，共 58 天，最少的年份是 1975 年，为 4 天。十年平均年雾日数呈增长趋势，2010—2018 年最多，为 28.3 天，1965—1969 年最少，为 12.4 天（图 6.6-3）。

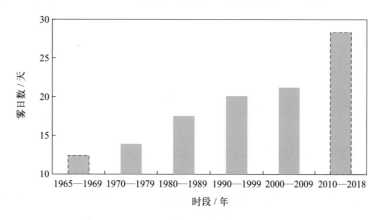

图6.6-3　十年平均年雾日数变化

## 2. 轻雾

芷锚湾站轻雾日数的年变化见表 6.6-2 和图 6.6-4。1965—1995 年, 平均月轻雾日数 7 月最多, 为 15.0 天, 9 月最少, 为 4.9 天; 最多月轻雾日数出现在 1994 年 7 月, 为 26 天。1965—1994 年, 年轻雾日数呈明显波动上升趋势, 上升速率为 50.23 天/（10 年）（图 6.6-5）。

表 6.6-2　轻雾日数的年变化（1965—1995 年）　　　　　　　　　　单位: 天

| | 1月 | 2月 | 3月 | 4月 | 5月 | 6月 | 7月 | 8月 | 9月 | 10月 | 11月 | 12月 | 年 |
|---|---|---|---|---|---|---|---|---|---|---|---|---|---|
| 平均轻雾日数 | 8.9 | 8.5 | 12.6 | 11.1 | 10.6 | 12.3 | 15.0 | 8.6 | 4.9 | 6.3 | 8.8 | 9.6 | 117.2 |
| 最多轻雾日数 | 23 | 18 | 21 | 19 | 21 | 24 | 26 | 22 | 14 | 15 | 19 | 18 | 195 |

注: 1995年7月停测。

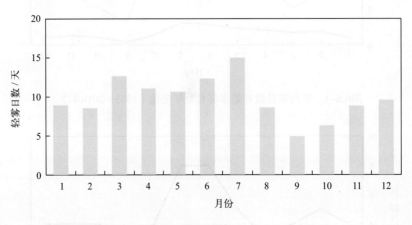

图6.6-4　轻雾日数年变化（1965—1995年）

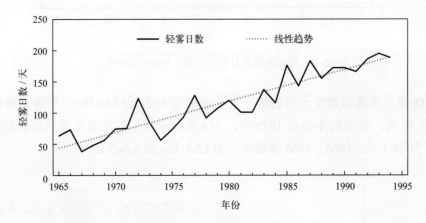

图6.6-5　1965—1994年轻雾日数变化

## 3. 雷暴

芷锚湾站雷暴日数的年变化见表 6.6-3 和图 6.6-6。1960—1995 年, 平均年雷暴日数为 28.5 天。雷暴出现在春、夏和秋三季, 以 6 月和 7 月最多, 平均日数均为 6.5 天, 冬季（12 月至翌年 2 月）没有雷暴; 雷暴最早初日为 3 月 14 日（1977 年）, 最晚终日为 11 月 20 日（1971 年）。

表 6.6-3　雷暴日数的年变化（1960—1995 年）　　　　　　　　　　单位：天

| | 1月 | 2月 | 3月 | 4月 | 5月 | 6月 | 7月 | 8月 | 9月 | 10月 | 11月 | 12月 | 年 |
|---|---|---|---|---|---|---|---|---|---|---|---|---|---|
| 平均雷暴日数 | 0.0 | 0.0 | 0.0 | 1.6 | 3.2 | 6.5 | 6.5 | 5.4 | 4.2 | 1.0 | 0.1 | 0.0 | 28.5 |
| 最多雷暴日数 | 0 | 0 | 1 | 5 | 8 | 15 | 15 | 12 | 9 | 3 | 2 | 0 | 46 |

注：1995年7月停测。

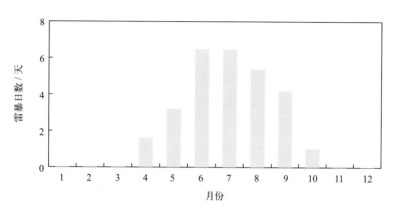

图6.6-6　雷暴日数年变化（1960—1995年）

1960—1994 年，年雷暴日数变化趋势不明显（图 6.6-7）。1969 年雷暴日数最多，为 46 天；1992 年雷暴日数最少，为 15 天。

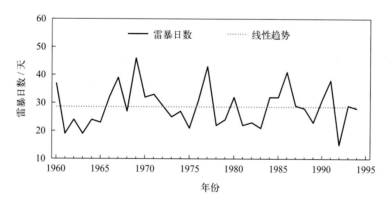

图6.6-7　1960—1994年雷暴日数变化

### 4. 霜

芷锚湾站霜日数的年变化见表 6.6-4 和图 6.6-8。1960—1995 年，平均年霜日数为 29.1 天。霜全部出现在 9 月至翌年 4 月，以 1 月最多，平均为 6.8 天；霜最早初日为 9 月 26 日（1973 年），霜最晚终日为 4 月 11 日（1977 年）。

表 6.6-4　霜日数的年变化（1960—1995 年）　　　　　　　　　　单位：天

| | 1月 | 2月 | 3月 | 4月 | 5月 | 6月 | 7月 | 8月 | 9月 | 10月 | 11月 | 12月 | 年 |
|---|---|---|---|---|---|---|---|---|---|---|---|---|---|
| 平均霜日数 | 6.8 | 5.8 | 5.3 | 0.3 | 0.0 | 0.0 | 0.0 | 0.0 | 0.0 | 0.7 | 4.6 | 5.6 | 29.1 |
| 最多霜日数 | 16 | 15 | 14 | 2 | 0 | 0 | 0 | 0 | 1 | 4 | 15 | 16 | 54 |

注：1979年数据缺测，1995年7月停测。

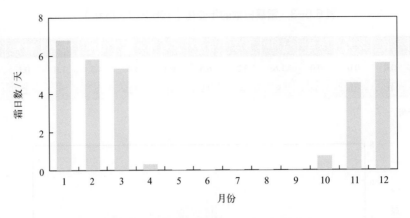

图6.6-8　霜日数年变化（1960—1995年）

1960—1994年，年霜日数呈波动上升趋势，上升速率为3.91天/（10年）。1987年霜日数最多，为54天；1968年霜日数最少，为14天（图6.6-9）。

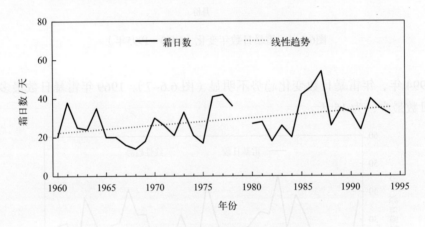

图6.6-9　1960—1994年霜日数变化

### 5. 降雪

芷锚湾站降雪日数的年变化见表6.6-5和图6.6-10。1960—1995年，平均年降雪日数为15.9天。降雪集中在10月至翌年4月，其中2月最多，为4.0天，5—9月无降雪；降雪最早初日为10月4日（1963年），最晚初日为1月20日（1971年），最早终日为1月7日（1989年和1992年），最晚终日为4月10日（1993年）。

表6.6-5　降雪日数的年变化（1960—1995年）　　　　　　　　　　　单位：天

| | 1月 | 2月 | 3月 | 4月 | 5月 | 6月 | 7月 | 8月 | 9月 | 10月 | 11月 | 12月 | 年 |
|---|---|---|---|---|---|---|---|---|---|---|---|---|---|
| 平均降雪日数 | 3.9 | 4.0 | 2.6 | 0.2 | 0.0 | 0.0 | 0.0 | 0.0 | 0.0 | 0.1 | 2.2 | 2.9 | 15.9 |
| 最多降雪日数 | 13 | 9 | 9 | 2 | 0 | 0 | 0 | 0 | 0 | 1 | 12 | 12 | 38 |

注：1995年7月停测。

1960—1994年，年降雪日数呈下降趋势，下降速率为4.21天/（10年）。1961年降雪日数最多，为38天，1982年最少，为5天（图6.6-11）。

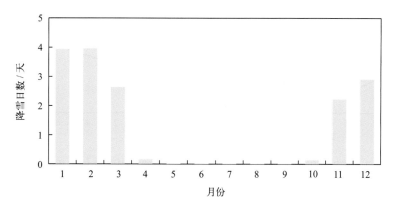

图6.6-10　降雪日数年变化（1960—1995年）

图6.6-11　1960—1994年降雪日数变化

# 第七节　能见度

1965—2018 年，芷锚湾站累年平均能见度为 20.2 千米。9 月平均能见度最大，为 24.8 千米；7 月平均能见度最小，为 15.3 千米。能见度小于 1 千米的年平均日数为 13.7 天，其中 7 月最多，为 1.8 天，9 月最少，为 0.3 天（表 6.7-1，图 6.7-1 和图 6.7-2）。

历年平均能见度为 14.4 ～ 31.1 千米，其中 1967 年最高，2014 年最低。能见度小于 1 千米的日数，2010 年最多，为 34 天，1989 年最少，为 4 天（图 6.7-3）。

1986—2018 年，年平均能见度呈明显下降趋势，下降速率为 1.88 千米/（10 年）。

表 6.7-1　能见度的年变化（1965—2018 年）

| | 1月 | 2月 | 3月 | 4月 | 5月 | 6月 | 7月 | 8月 | 9月 | 10月 | 11月 | 12月 | 年 |
|---|---|---|---|---|---|---|---|---|---|---|---|---|---|
| 平均能见度 /<br>千米 | 21.1 | 20.3 | 18.4 | 17.6 | 18.6 | 16.2 | 15.3 | 20.1 | 24.8 | 24.2 | 22.9 | 22.3 | 20.2 |
| 能见度小于 1 千米<br>平均日数 / 天 | 1.0 | 1.5 | 1.2 | 1.3 | 1.4 | 1.6 | 1.8 | 1.0 | 0.3 | 0.9 | 1.0 | 0.8 | 13.7 |

注：1973—1985年数据缺测。

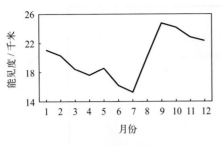

图6.7-1　能见度年变化

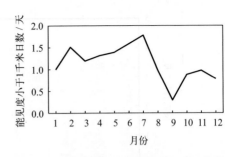

图6.7-2　能见度小于1千米平均日数年变化

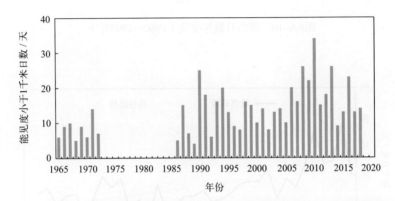

图6.7-3　能见度小于1千米的年日数变化

# 第八节　云

　　1965—1995 年，芷锚湾站累年平均总云量为 4.2 成，其中 7 月平均总云量最多，为 6.6 成，1月和 12 月平均总云量最少，均为 2.5 成。累年平均低云量为 1.6 成，其中 7 月平均低云量最多，为 3.5成，1 月最少，为 0.5 成（表 6.8-1，图 6.8-1）。

表 6.8-1　总云量和低云量的年变化（1965—1995 年）

| | 1月 | 2月 | 3月 | 4月 | 5月 | 6月 | 7月 | 8月 | 9月 | 10月 | 11月 | 12月 | 年 |
|---|---|---|---|---|---|---|---|---|---|---|---|---|---|
| 平均总云量 / 成 | 2.5 | 3.1 | 4.0 | 4.7 | 5.3 | 6.0 | 6.6 | 5.5 | 4.1 | 3.3 | 3.1 | 2.5 | 4.2 |
| 平均低云量 / 成 | 0.5 | 0.8 | 1.0 | 1.5 | 2.1 | 3.0 | 3.5 | 2.8 | 1.6 | 1.3 | 1.0 | 0.6 | 1.6 |

注：1995年7月停测。

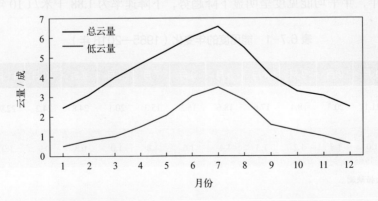

图6.8-1　总云量和低云量年变化（1965—1995年）

1965—1994 年，年平均总云量呈减少趋势，减少速率为 0.11 成 /（10 年）（线性趋势未通过显著性检验），1985 年平均总云量最多，为 5.0 成，1978 年最少，为 3.7 成（图 6.8–2）；年平均低云量变化趋势不明显，1985 年平均低云量最多，为 2.4 成，1975 年和 1978 年最少，均为 1.2 成（图 6.8–3）。

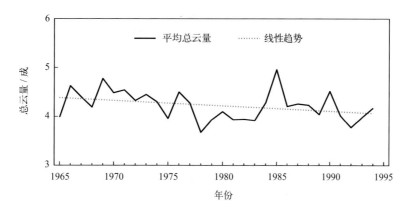

图6.8-2　1965—1994年平均总云量变化

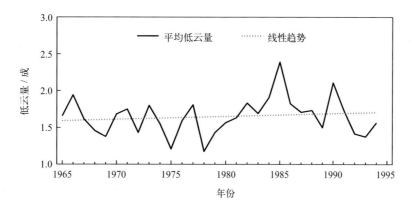

图6.8-3　1965—1994年平均低云量变化

# 第七章 海平面

## 1. 年变化

芝锚湾沿海海平面年变化特征明显，1月最低，8月最高，年变幅为56厘米，平均海平面在验潮基面上229厘米（图7.1-1）。

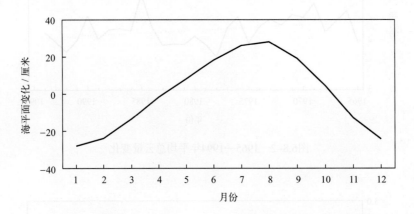

图7.1-1 海平面年变化（1984—2018年）

## 2. 长期趋势变化

1984—2018年，芝锚湾沿海海平面变化总体呈波动上升趋势，海平面上升速率为3.3毫米/年；1993—2018年，芝锚湾沿海海平面上升速率为3.5毫米/年，低于同期中国沿海3.8毫米/年的平均水平。1984—2010年，芝锚湾沿海海平面上升较缓；2010—2014年，海平面上升迅速，升幅为9厘米。2014年海平面处于35年来的最高位；1989年海平面处于历史最低位。

1984—1989年，芝锚湾沿海平均海平面处于35年来的最低位；1990—1999年，十年平均海平面上升较为明显，较1984—1989年平均海平面高约45毫米；2000—2009年，海平面上升较慢；2010—2018年海平面上升显著，较上个十年平均海平面高约52毫米，比1984—1989年平均海平面高约105毫米（图7.1-2）。

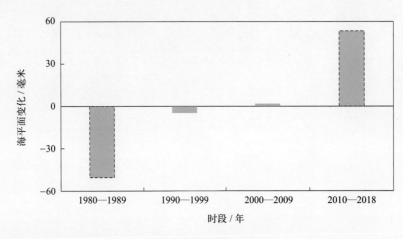

图7.1-2 十年平均海平面变化

# 第八章 灾害

## 第一节 海洋灾害

### 1. 海冰

2013/2014 年冬季,渤海北部冰情较常年明显偏轻,辽东湾海冰最大覆盖面积 13 012 平方千米,出现在 2 月 12 日,浮冰最大外缘线离岸距离 62 海里,出现在 2 月 9 日,芷锚湾受到海冰影响(《2014 年中国海洋灾害公报》)。

### 2. 海浪

2003 年 4 月 17 日,受巨浪影响,绥中县外海沉没 1 艘小型渔船,死亡(失踪)5 人,经济损失 50 万元(《2003 年中国海洋灾害公报》)。

### 3. 赤潮

1995 年 8 月 20 日,辽宁省芷锚湾海域发生严重赤潮,面积超过 100 平方千米,赤潮生物呈条状分布,海水呈橘红色,浓度大的赤潮带像黏稠的果茶一样,其面积如此之大、浓度如此之高,为近年来北方海区所罕见(《1995 年中国海洋灾害公报》)。

2007 年 8 月 21—24 日,辽东湾芷锚湾近岸海域发生赤潮,最大面积约 400 平方千米,主要赤潮生物为链状裸甲藻、柔弱菱形藻(《2007 年中国海洋灾害公报》)。

2010 年 6 月 24 日,秦皇岛—绥中沿岸海域发生大面积赤潮,持续时间 19 天,最大面积约 3 350 平方千米,赤潮区水体呈黄绿色,此次赤潮是本年度面积最大的一次(《2010 年中国海洋灾害公报》)。

2013 年 5 月 25 日至 8 月 31 日,秦皇岛—绥中附近海域发生赤潮,最大面积 1 450 平方千米,主要赤潮生物为抑食金秋藻(《2013 年中国海洋灾害公报》)。

2015 年,我国沿海单次持续时间最长、面积最大的赤潮过程发生在辽宁绥中至滦河口海域,由抑食金球藻引发,持续时间近 3 个月,最大面积为 825 平方千米(《2015 年中国海洋灾害公报》)。

### 4. 海岸侵蚀

2009 年,辽宁省绥中海岸侵蚀主要在六股河南至新立屯 30 多千米岸线,平均侵蚀距离为 2.5 米/年,最大海岸侵蚀宽度在南江屯附近,一年海岸侵蚀 5 米(《2009 年中国海洋灾害公报》)。

2012 年,辽宁绥中团山角岸段自 2000 年以来后退约 60 米,被迫后退重建的近岸房屋再次面临搬迁(《2012 年中国海平面公报》)。

2012 年,辽宁绥中 112 千米砂质监测岸段中,侵蚀岸段长度为 58.1 千米,平均侵蚀速度 1.9 米/年(《2012 年中国海洋灾害公报》)。

2013 年,辽宁绥中沿海未受较强风暴潮或大浪影响,海岸侵蚀弱于往年。其中,团山角至碣石浴场岸线平均侵蚀宽度约 1.8 米(《2013 年中国海平面公报》)。

2013 年,辽宁绥中 112 千米砂质监测岸段中,侵蚀岸段长度为 28.1 千米,平均侵蚀速度为 1.8 米/年(《2013 年中国海洋灾害公报》)。

2014年，辽宁绥中112.5千米砂质监测岸段中，侵蚀岸段长度为34.9千米，平均侵蚀速度为2.5米／年（《2014年中国海洋灾害公报》）。

2015年，辽宁绥中112.2千米砂质监测岸段中，侵蚀岸段长度为34.2千米，平均侵蚀速度为2.3米／年（《2015年中国海洋灾害公报》）。

2016年，辽宁绥中112.2千米砂质监测岸段中，侵蚀岸段长度为11.8千米，平均侵蚀速度为3.6米／年（《2016年中国海洋灾害公报》）。

2016年，辽宁绥中南江屯岸段有1.21千米岸段发生侵蚀，最大侵蚀距离17.78千米，平均侵蚀距离7.96米，岸滩下蚀平均高度11.36厘米（《2016年中国海平面公报》）。

2017年，辽宁绥中81.3千米砂质监测岸段中，侵蚀岸段长度为4.4千米，平均侵蚀速度为2.6米／年（《2017年中国海洋灾害公报》）。

2016—2017年，辽宁绥中南江屯岸段累计侵蚀距离9.63米，其中2017年平均侵蚀距离1.67米（《2017年中国海平面公报》）。

2018年，辽宁绥中南江屯岸段年最大侵蚀距离21.85米，年平均侵蚀距离11.72米，岸滩平均下蚀15.13厘米，侵蚀距离和下蚀高度均大于2017年（《2018年中国海平面公报》）。

# 第二节　灾害性天气

根据《中国气象灾害大典·辽宁卷》记载，芷锚湾站周边发生的主要灾害性天气有暴雨洪涝、大风（龙卷风）、冰雹和雷暴。

## 1. 暴雨洪涝

1957年7月27—30日，绥中两次降暴雨冰雹，灾情严重。

1959年7月20—21日，辽西暴雨中心在绥中秋子沟，雨量达437毫米。大于100毫米雨量覆盖面积达3.6万平方千米，水库平均雨量均在200～300毫米。绥中县四大水库决口，六股河决口，沈大线火车中断，出现百年不遇的灾害。由于六股河决口，使绥中县城内低洼处及火车站全部被洪水淹没，桥梁冲毁，铁道折断，交通阻塞6天。绥中被困群众2万多人，水库下游的村庄有的整个被水淹没，淹没农田数十万亩。7月末至8月初，绥中、兴城等地大雨。绥中雨量为470毫米，9个水库决口。

1975年7月31日，绥中县持续降水30小时。有一半以上地区降雨量超过300毫米，局地最大雨量为392毫米。全县沿河工程决口96处，倒塌19处，冲坏水库灌区工程43处，冲垮六股河防洪工程4处，农业损失严重。

1977年7月23日，绥中大暴雨使水库决口，黑河水猛涨，公路水深1米。23、26日水冲沙压地1.2万亩，冲毁梯田0.4万亩，倒伏庄稼17.7万亩，冲走房屋1 421间，冲走树木2.6万亩，冲毁护田坝4.7万亩，冲毁塘坝5个，冲走粮食2.5万千克。

1985年6月11日，绥中县明水乡40分钟降雨量为70～80毫米。绥中县河水猛涨，受灾果树19万株，落地水果550万千克。

1987年8月24日，锦州地区降特大暴雨，最大雨量为223毫米，6小时雨量222.7毫米，并伴有大风。由于降雨强度大，使绥中县境内的六股河桥西沈山线铁路路基被冲毁8处，中断行车6小时45分钟。离绥中县城9千米的八三营地下油罐被雷击起火。大风口灌区总干决口，滑坡107处8千米。有122间房屋进水，使一些粮食、农用生活物资被水浸泡。8月26—27日，锦州沿海地区一般雨量为 65 ～ 114 毫米。陆地和海上风力 7 ～ 8 级，阵风 9 级，海浪高 5 米以上。其中绥中县受灾农田 87 万亩，倒伏 63 万亩，刮倒果树 13.4 万株，刮落水果 700 万千克。洪水冲毁河堤 224 处 81 千米，公路 349 千米，冲毁桥涵 33 座、鱼塘 72 处，摧毁渔船 10 只，打坏 161 只。死亡渔民 4 人。

2000 年 8 月 8—10 日，特大暴雨，兴城、绥中两个市共有 1 205 间房屋倒塌，17 002 亩农田受灾，3 510 株果树、3 610 株林木被毁，公路损坏 437 千米，桥涵 38 座，堤坝 500 米，海塘 58 个，虾池、盐场损坏 10 330 亩。经济损失 4 000 万元，一村民被冲走。

### 2. 大风和龙卷风

1965 年 7 月 2 日，绥中县短时大风，风力达 10 级。王家店、碑岩两公社部分地区遭短时大风、大雨袭击，水土流失严重。王家店公社土层被风刮去两指厚，部分梯田坝堵被冲倒，一搂粗的杨树被刮倒很多。

1972 年 3 月 20 日，绥中县大风 8 ～ 9 级，刮倒部分电杆。7 月 26 日，3 号台风突然袭击，绥中县风力 7 ～ 8 级。绥中部分果树及庄稼受到损失，渔港坝基因风浪冲毁 500 米。8 月 9 日，绥中县北大风，风力 10 级左右，最大冰雹如鸡蛋大小，果树和庄稼遭受一定损失。

1973 年 6 月 25 日，绥中县短时大风伴有暴雨，小麦倒伏。

1977 年 6 月 21 日，绥中县高岭公社 4501 号、4502 号船，从海上回港，因水浅，乘舢板船上岸，遇 5 级风船翻，4 人落水身亡。

1978 年 7 月 9 日，绥中、兴城、锦西 3 个县局部地区 16 时前后遭强龙卷风、暴雨、冰雹袭击，绥中县农田成灾 1.7 万亩，重灾 0.7 万亩，打落水果 106 万千克，打伤水果 535 万千克。

1981 年 11 月 29 日，绥中县 4942 号渔船，在从山东龙口港返航途中，遇风在滦河口外翻沉。船上 10 名船员全部失踪，直接经济损失约 10 万余元。

1982 年 7 月 15 日，绥中县大风，将粮库的粮食囤子刮坏数个。

1983 年 9 月 14 日，朝阳、锦州等地区因受冷涡影响出现大风、冰雹和局地暴雨天气。午后绥中出现龙卷风，路经 8 个村，长约 15 千米，宽 1 千米。绥中龙卷风吹毁 3 所学校，折断电杆 204 根，损坏变压器 2 台，伤 105 人，死 5 人。受损房屋、仓库 996 间，其中倒塌 196 间。农作物受灾 2.5 万亩，受灾果树 1.6 万株。龙卷风所经之处家禽全部被刮向天空。

1988 年 9 月 2—6 日，锦州市的黑山、锦县、北镇、绥中等县的 107 个乡镇 994 个村先后两次遭风暴袭击，平均风力 6 ～ 7 级，阵风达 10 级，绥中县主要果区遭雹灾，有 550 万千克苹果由一等降为等外。

1990 年 6 月 22—26 日，受 9005 号热带气旋袭击后，丹东地区，营口、盖县、绥中降水总量 10 ～ 100 毫米，大风灾害严重。

### 3. 冰雹

1955 年 5 月 30 日至 6 月 1 日，绥中、锦县、北镇、阜新、本溪（草河口）建平等县出现雹灾。绥中县降雹 25 分钟，严重地块积雹 2 寸厚，锦县降雹长达 2 小时，垄沟被冰雹填平。仅绥中、北镇、锦县有 80 625 亩棉田受灾，其中绥中县被打掉 2 ～ 3 成苗的有 650 亩。

1957 年 7 月 27—30 日，绥中县降雹，受灾农田 3 000 亩，其中严重受灾的有 2 850 亩。如 2 190 亩棉花被打成秃杆，225 亩高粱被水冲毁，打落白梨 1 000 多千克。

1962 年 5 月 14—15 日，绥中县降雹 5 分钟，冰雹大如鸡蛋，小如豆粒。成灾农田 5 950 亩，需毁种 1 580 亩，梨果减产约 50 万千克。

1965 年 8 月 11 日，绥中县降雹 15 分钟，冰雹大的如杏核，个别像鸡蛋。一些农作物和果树不同程度受灾。9 月 5 日，绥中县降雹 30 分钟，雹粒大小一般如核桃，大的像鸡蛋，局部地面积雹 2 ～ 3 寸厚。受灾农田 3 900 亩，其中 114 亩颗粒无收。

1973 年 6 月 17 日，绥中县降雹，受灾农田 3 000 多亩。

1977 年 8 月 10 日，绥中县降雹，最大冰雹如鸡蛋大。5 个公社 35 个大队的 2.5 万亩农田受灾，打落水果 26 万千克。

1978 年 6 月 3 日，绥中县降雹，冰雹大如杏核，地面积雹 1 寸厚。有 8 个公社 23 个大队 147 个生产队受灾，受灾农田 48 421 亩，其中重灾 22 700 亩，损失水果 27.5 万千克。6 月 10 日，绥中县降雹，全县大部分地区降雹。严重受灾的西平坡公社，受灾农田 1 200 亩，打落水果 25 万千克；大王庙公社毁种农田 400 亩，打坏果树 1 万株。6 月 20 日，绥中降雹，受灾农田 95 600 亩，重灾 2.8 万亩，打落水果 440 万千克。6 月 30 日，绥中县降雹，风力 9 级。农田成灾 6.2 万亩，其中重灾 2.0 万亩，打落水果 201 万千克，损失 20 万千克。7 月 11 日，绥中县降雹，冰雹大的如鸡蛋。农田成灾 7 000 亩，其中重灾 5 000 亩，打落水果 146.5 万千克，打伤 136.5 万千克。

1987 年 7 月 4 日，绥中县 8 个乡降雹 35 分钟，35 分钟内降雨量 48 毫米，是 30 年气象记录所未有的，冰雹最大直径 60 毫米，最大重量 400 克。受灾农田 18 万亩，其中重灾 5.8 万亩，绝收 1.6 万亩，全县农业损失 1 914 万元。

1989 年 6 月 5 日，绥中县降雹，约有 1 万亩地瓜、大豆、棉花严重遭灾，有 2 100 亩毁种，262 万株结果树程度不同受灾。绥中县戈家等 10 个乡镇及义县红墙子乡降雹，一般持续 10 分钟，最长达 25 分钟。最大雹粒似核桃，小的如玉米粒。同时伴有 7 ～ 8 级大风。绥中县受灾农田 6.1 万亩，其中绝收 6 000 多亩。果树成灾 140 多万株，打落水果 2 900 多万千克。打死家禽 150 多只，打坏 100 多间房屋的玻璃。

1991 年 6 月 28—29 日，锦西市的兴城、绥中、建昌及锦西县发生暴雨和冰雹。绥中降雹 5 ～ 10 分钟，冰雹鸡蛋大。绥中：受灾果树 115 万株，打落水果 844 万千克。农作物受灾面积 36 000 亩，棉花 6 500 亩，种子田 1 550 亩，籽麻 920 亩，其中 60% 绝收，直接经济损失达 971.3 万元。

1993 年 16 时 10—22 分，绥中秋子沟降雹，冰雹一般如杏大，最大的达 0.5 千克。冰雹打伤群众 80 多人，打死鸡鸭 100 多只，打伤大牲畜 100 多头，全乡 1.7 万户 9 000 多间瓦房程度不同地受损，损失最严重的是果树，30 多万株结果果树 30% ～ 40% 的果被打掉，减产 800 多万斤。

1995 年 5 月 28 日，绥中县 11 个乡镇，连续 3 次降雹，降雹持续 20 ～ 25 分钟，地面积雹 10 厘米，大如核桃，冲积冰雹 20 小时后还未化完。绥中县受灾农作物 10 万亩，毁种 1.65 万亩，受灾果树 127 万株，伤落果经济损失达 200 万元以上。

1998 年 6 月中旬，受冷涡天气影响，全省西部部分地区遭受冰雹袭击，其中绥中县的明水乡 3 次降雹，11 个村受灾，其中 4 个村受灾较重，直接经济损失 100 万元。

### 4. 雷暴

1987 年 8 月 24 日，绥中降大暴雨，伴有雷暴，使离县城 9 千米的八三营地下油罐遭雷击起火，损失严重。

# 秦皇岛海洋站

# 第一章　概况

## 第一节　基本情况

秦皇岛海洋站（简称秦皇岛站）位于河北省秦皇岛市。秦皇岛市地处河北省东北部，南临渤海，北倚燕山，东接辽宁省绥中县，西近唐山，是唯一用皇帝名号命名的城市，所辖海域面积为1 805.27平方千米，海岸线长162.67千米，常住人口300多万，是中国首批沿海开放城市。秦皇岛港是中国北方有着百年历史的重要港口，是世界著名的能源输出港，是中国北煤南运大通道的主枢纽港。

秦皇岛站建于1959年12月，坐落于河北省秦皇岛市海港区南端秦皇求仙入海处公园附近（图1.1-1），邻近海岸整体为东西走向，近岸约100米海域内退潮时有裸露的岩石，100米以外海底平坦，为泥沙底质。自建站以来，该站站址未发生变动。1965年前隶属河北省气象局等部门，1965年后隶属原国家海洋局北海分局。部分观测项目的数据自1965年开始才有较完整稳定的序列，因此各观测项目的统计时间由资料具体情况确定。

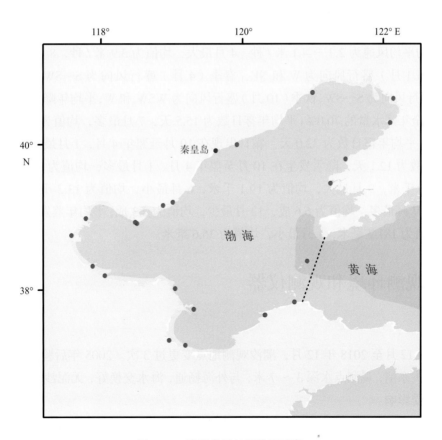

图1.1-1　秦皇岛站地理位置示意

秦皇岛站观测项目有潮汐、海浪、表层海水温度、表层海水盐度、海冰、气温、气压、相对湿度、风、能见度和降水等。1959年12月至1995年6月，所有观测项目采用人工和常规仪器进行观测；1995年7月至2002年1月，部分观测项目实现半自动化观测；2002年2月海洋站升级改造后，观测项目基本实现自动观测和实时数据传输。

秦皇岛沿海为正规日潮特征，海平面1月最低，8月最高，年变幅为55厘米，平均海平面为84厘米，平均高潮位为120厘米，平均低潮位为49厘米，均具有夏秋高、冬春低的年变化特点；全年海况以0～4级为主，年均十分之一大波波高值为0.3～0.6米，年均平均周期值为1.4～3.7秒，历史最大波高最大值为4.2米，历史平均周期最大值为10.0秒，常浪向为S，强浪向为E；年均表层海水温度为10.7～13.8℃，1月最低，均值为−0.9℃，8月最高，均值为26.1℃，历史水温最高值为31.3℃，历史水温最低值为−2.3℃；年均表层海水盐度为28.46～31.67，具有春季较高、夏秋季较低的特点，4月最高，均值为31.15，8月最低，均值为29.65，历史盐度最高值为34.60，历史盐度最低值为10.26；海发光全部为火花型，频率峰值出现在4月和9月，频率谷值出现在6月和12月，1级海发光最多，出现的最高级别为3级；平均年度有冰日数为56天，有固定冰日数为22天。

秦皇岛站主要受大陆性季风气候影响，年均气温为9.0～12.7℃，1月最低，平均气温为−4.5℃，8月最高，平均气温为24.8℃，历史最高气温为38.6℃，历史最低气温为−20.1℃；年均气压为1014.1～1017.5百帕，具有冬高夏低的变化特征，1月最高，均值为1026.1百帕，7月最低，均值为1002.9百帕；年均相对湿度为58.9%～69.0%，7月最大，均值为84.3%，12月最小，均值为49.1%；年均平均风速为2.3～4.1米/秒，4月最大，均值为3.9米/秒，8月最小，均值为3.0米/秒，冬季（1月）盛行风向为W和NE，春季（4月）盛行风向为S—SW（顺时针，下同），夏季（7月）盛行风向为S—SW，秋季（10月）盛行风向为WSW和W；平均年降水量为611.9毫米，夏季降水量占全年降水量的70.0%；平均年雾日数为15.5天，7月最多，均值为2.4天，9月最少，均值为0.2天；平均年霜日数为32.0天，霜日出现在10月至翌年4月，1月最多，均值为7.7天；平均年降雪日数为12.1天，降雪发生在10月至翌年4月，1月最多，均值为3.3天；年均能见度为10.1～30.3千米，9月最大，均值为19.1千米，6月最小，均值为13.3千米；年均总云量为3.6～4.9成，7月最多，均值为6.6成，12月最少，均值为2.3成；平均年蒸发量为1355.9毫米，5月最大，均值为181.7毫米，1月最小，均值为36.6毫米。

## 第二节　观测环境和观测仪器

### 1. 潮汐

自1959年12月至2018年12月，潮汐观测地点变更过3次。2005年后验潮室位于秦皇岛港务局工作船码头东侧，观测点水深3～7米，与外海畅通，海水交换好，无泥沙淤积，有船只过往，但潮汐观测不受影响。

验潮井为钢制结构，高9.5米。2006年2月前使用自记验潮仪观测整点潮位、高（低）潮位及对应潮时。2006年3月开始使用浮子式水位计及海洋站自动观测系统（图1.2-1）。

图1.2-1　秦皇岛站验潮室（摄于2013年9月）

## 2. 海浪

海浪观测点位于秦皇岛市海港区东南端秦皇岛站观测室，测波室视野开阔度为120°。遥测波浪仪距测波点约2 000米，水深6～8米。观测海域无岛屿、暗礁、水产养殖和捕捞区等障碍物影响。

观测仪器从最初的苏式双筒（伊万诺夫）岸用测波仪到HAB-2型岸用光学测波仪，SZF1-2型遥测波浪仪和SZF2-1型遥测波浪仪。2013年8月后使用SBF3-2型遥测波浪仪（图1.2-2），每日整点观测浪向、最大波高、十分之一大波波高、有效波高、平均波高以及各波高对应的周期。海况和波型采用人工观测方式。海浪观测遇到有雾时人工观测项目缺测，冬季海面结冰时停止观测。

图1.2-2　遥测波浪仪（摄于2012年）

### 3. 表层海水温度、盐度和海发光

2008年3月前，水温、盐度及海发光观测点在秦皇岛港3号码头内的一个小栈桥上，距海洋站办公楼约3千米。观测点附近没有生活污水排出，与外海畅通，海水交换好，低潮时水深在0.5米以上。2008年3月后，水温、盐度观测点迁至验潮室，实现自动观测；海发光观测点迁至测波室，每日天黑后人工观测。

### 4. 海冰

冬季进行海冰观测，海冰观测点与海浪观测点相同。1959年12月至1973年2月，使用苏式双筒（伊万诺夫）岸用测波仪人工观测；自1973年3月，使用HAB-2型岸用光学测波仪人工观测。1995年7月后，浮冰漂流方向由方位记录改为度数（°）记录。海冰观测易受到大雾、烟和目标物等因素的影响，天气状况差时，海冰观测也易受到影响。

### 5. 气象要素

气象观测场（图1.2-3）与海洋站业务楼相邻，2012年海洋站业务楼改造后向西南迁移30米。风传感器离地高度为20.6米，温湿度传感器离地高度为1.5米，降水传感器安装在气象观测场东南角。

自1959年12月开始观测，主要观测项目有气温、气压、风、相对湿度、能见度、降水、云和天气现象等，1995年7月后取消了云和除雾外的天气现象观测。2002年2月后使用自动观测系统，增加10分钟风速风向观测数据。2010年12月后，增加1分钟气压、气温、相对湿度、风速风向和降水量数据。

图1.2-3　秦皇岛站气象观测场（摄于2014年5月）

# 第二章　潮位

## 第一节　潮汐

### 1. 潮汐类型

秦皇岛站位于 $M_2$ 分潮无潮点附近，潮汐变化特征较为复杂。利用近 19 年（2000—2018 年）验潮资料分析的调和常数，计算出潮汐系数 $(H_{K_1}+H_{O_1})/H_{M_2}$ 为 6.68。按我国潮汐类型分类标准，秦皇岛沿海为正规日潮，但实际上在部分时段表现出日潮和半日潮混合特征。每月出现日潮的天数，最多的达 25 天，一年中约有 2/3 的天数是日潮，近 1/3 的天数为半日潮。日潮多发生在阴历初七至十七和二十一至次月初一。

1965—2018 年，秦皇岛站主要分潮调和常数存在趋势性变化。$M_2$ 分潮的振幅和迟角均呈较明显的减小趋势，减小速率分别为 0.80 毫米 / 年和 0.44°/ 年。$K_1$ 分潮的振幅无明显变化趋势，迟角略呈减小趋势，减小速率为 0.04°/ 年。$O_1$ 分潮的振幅略呈增大趋势，增大速率为 0.09 毫米 / 年，迟角略呈减小趋势，减小速率为 0.06°/ 年。

### 2. 潮汐特征值

由 1965—2018 年资料统计分析得出：秦皇岛站平均高潮位为 120 厘米，平均低潮位为 49 厘米，平均潮差为 71 厘米；平均高高潮位为 127 厘米，平均低低潮位为 33 厘米，平均大的潮差为 94 厘米；平均涨潮历时为 10 小时 4 分钟，平均落潮历时为 8 小时 32 分钟，相差 1 小时 32 分钟。

累年各月潮汐特征值见表 2.1-1。

表 2.1-1　累年各月潮汐特征值（1965—2018 年）　　　　单位：厘米

| 月份 | 平均高潮位 | 平均低潮位 | 平均潮差 | 平均高高潮位 | 平均低低潮位 | 平均大的潮差 |
|---|---|---|---|---|---|---|
| 1 | 94 | 21 | 73 | 102 | 7 | 95 |
| 2 | 93 | 26 | 67 | 102 | 15 | 87 |
| 3 | 102 | 37 | 65 | 108 | 26 | 82 |
| 4 | 117 | 49 | 68 | 122 | 35 | 87 |
| 5 | 129 | 59 | 70 | 137 | 39 | 98 |
| 6 | 142 | 67 | 75 | 150 | 45 | 105 |
| 7 | 151 | 71 | 80 | 158 | 52 | 106 |
| 8 | 149 | 73 | 76 | 157 | 57 | 100 |
| 9 | 138 | 68 | 70 | 144 | 55 | 89 |
| 10 | 123 | 54 | 69 | 129 | 40 | 89 |
| 11 | 108 | 38 | 70 | 115 | 20 | 95 |
| 12 | 96 | 24 | 72 | 104 | 7 | 97 |
| 年 | 120 | 49 | 71 | 127 | 33 | 94 |

注：潮位值均以验潮零点为基面。

平均高潮位和平均低潮位均具有夏秋高、冬春低的特点（图 2.1-1），其中平均高潮位 7 月最高，为 151 厘米，2 月最低，为 93 厘米，年较差 58 厘米；平均低潮位 8 月最高，为 73 厘米，1 月最低，为 21 厘米，年较差 52 厘米；平均高高潮位 7 月最高，为 158 厘米，1 月和 2 月最低，均为 102 厘米，年较差 56 厘米；平均低低潮位 8 月最高，为 57 厘米，1 月和 12 月最低，均为 7 厘米，年较差 50 厘米。平均潮差和平均大的潮差冬夏季较大，春秋季较小，具有双峰双谷的年变化特征，年较差分别为 15 厘米和 24 厘米（图 2.1-2）。

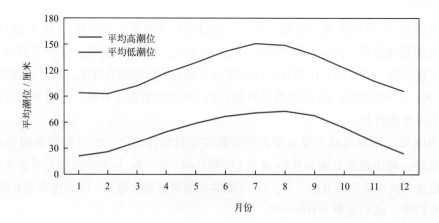

图2.1-1 平均高潮位和平均低潮位的年变化

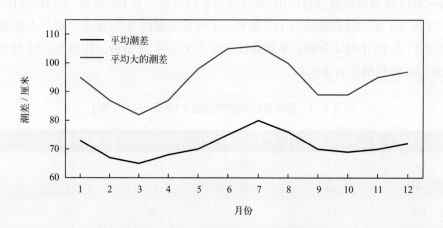

图2.1-2 平均潮差和平均大的潮差的年变化

1965—2018 年，秦皇岛站平均高潮位和平均低潮位均呈波动上升趋势，上升速率分别为 0.94 毫米 / 年和 1.49 毫米 / 年。受天文潮长周期变化影响，平均高潮位和平均低潮位均存在较为显著的准 19 年周期变化，振幅分别为 3.81 厘米和 5.19 厘米；平均高潮位峰值出现在 1970 年、1987 年和 2007 年前后，谷值出现在 1980 年、1996 年和 2015 年前后；平均低潮位峰值出现在 1975 年、1998 年和 2014 年前后，谷值出现在 1969 年、1988 年和 2005 年前后。

1965—2018 年，秦皇岛站平均潮差变化趋势不明显，准 19 年周期变化显著，振幅为 8.41 厘米，峰值出现在 1969 年、1987 年和 2006 年前后，谷值出现在 1977 年、1997 年和 2015 年前后（图 2.1-3）。

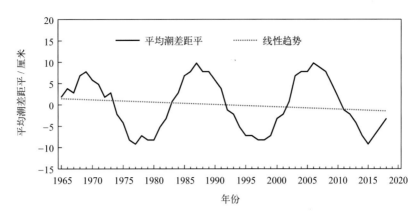

图2.1-3　1965—2018年平均潮差距平变化

# 第二节　极值潮位

秦皇岛站年最高潮位和最低潮位各月发生频率见表 2.2-1。年最高潮位出现时间主要集中在6—9 月，其中 8 月发生频率最高，为 42%。年最低潮位主要出现在 11 月至翌年 3 月，其中 12 月发生频率最高，为 39%。

1965—2018 年，秦皇岛站年最高潮位变化趋势不明显。历年的最高潮位均高于 176 厘米，其中高于 225 厘米的有 5 年；历史最高潮位为 243 厘米，出现在 1972 年 7 月 26 日，正值 7203 号热带风暴（Rita）影响期间。秦皇岛站年最低潮位呈上升趋势，上升速率为 4.29 毫米 / 年。历年的最低潮位均低于 –63 厘米，其中低于 –140 厘米的有 7 年；历史最低潮位为 –173 厘米，出现在2007 年 3 月 5 日，由强寒潮大风引起（表 2.2-1）。

表 2.2-1　最高潮位和最低潮位及年极值出现频率（1965—2018 年）

| | 1月 | 2月 | 3月 | 4月 | 5月 | 6月 | 7月 | 8月 | 9月 | 10月 | 11月 | 12月 |
|---|---|---|---|---|---|---|---|---|---|---|---|---|
| 最高潮位值 / 厘米 | 192 | 192 | 193 | 194 | 228 | 225 | 243 | 233 | 229 | 215 | 199 | 196 |
| 年最高潮位出现频率 / % | 0 | 0 | 2 | 0 | 4 | 15 | 22 | 42 | 9 | 4 | 0 | 2 |
| 最低潮位值 / 厘米 | –143 | –150 | –173 | –123 | –45 | –61 | –12 | –46 | –22 | –104 | –123 | –159 |
| 年最低潮位出现频率 / % | 20 | 17 | 13 | 2 | 0 | 0 | 0 | 0 | 0 | 0 | 9 | 39 |

# 第三节　增减水

受地形和气候特征的影响，秦皇岛站出现 50 厘米以上减水的频率明显高于同等强度增水的频率，超过 100 厘米的减水平均约 15 天出现一次，而超过 100 厘米的增水平均约 1 776 天出现一次（表 2.3-1）。

秦皇岛站 90 厘米以上的增水主要出现在夏季（7 月）和冬季（12 月）；120 厘米以上的减水多出现在 10 月至翌年 3 月（表 2.3-2），这主要与该海域的北上台风、温带气旋和寒潮大风有关。

表 2.3-1　不同强度增减水的平均出现周期（1965—2018 年）

| 范围 / 厘米 | 出现周期 / 天 | |
|---|---|---|
| | 增水 | 减水 |
| >30 | 0.76 | 0.58 |
| >40 | 2.08 | 0.95 |
| >50 | 5.96 | 1.50 |
| >60 | 17.81 | 2.38 |
| >70 | 52.94 | 3.79 |
| >80 | 193.41 | 6.13 |
| >90 | 976.71 | 9.50 |
| >100 | 1 775.84 | 14.88 |
| >120 | 2 790.60 | 40.44 |

表 2.3-2　各月不同强度增减水的出现频率（1965—2018 年）

| 月份 | 增水 / % | | | | | | 减水 / % | | | | | |
|---|---|---|---|---|---|---|---|---|---|---|---|---|
| | >30 厘米 | >40 厘米 | >60 厘米 | >80 厘米 | >90 米 | >100 厘米 | >30 厘米 | >40 厘米 | >60 厘米 | >80 厘米 | >100 厘米 | >120 厘米 |
| 1 | 12.01 | 3.94 | 0.38 | 0.01 | 0.00 | 0.00 | 12.51 | 6.64 | 2.65 | 1.04 | 0.47 | 0.17 |
| 2 | 9.29 | 2.71 | 0.27 | 0.01 | 0.00 | 0.00 | 12.24 | 6.40 | 2.82 | 0.86 | 0.37 | 0.15 |
| 3 | 6.98 | 2.07 | 0.39 | 0.06 | 0.00 | 0.00 | 10.98 | 5.52 | 2.27 | 1.00 | 0.34 | 0.12 |
| 4 | 4.64 | 1.35 | 0.12 | 0.00 | 0.00 | 0.00 | 5.33 | 2.16 | 0.65 | 0.26 | 0.13 | 0.06 |
| 5 | 1.42 | 0.31 | 0.03 | 0.00 | 0.00 | 0.00 | 1.57 | 0.45 | 0.04 | 0.00 | 0.00 | 0.00 |
| 6 | 0.73 | 0.22 | 0.00 | 0.00 | 0.00 | 0.00 | 0.73 | 0.11 | 0.03 | 0.01 | 0.00 | 0.00 |
| 7 | 1.06 | 0.26 | 0.07 | 0.03 | 0.02 | 0.02 | 0.51 | 0.06 | 0.00 | 0.00 | 0.00 | 0.00 |
| 8 | 1.70 | 0.46 | 0.06 | 0.01 | 0.00 | 0.00 | 1.28 | 0.32 | 0.09 | 0.06 | 0.03 | 0.02 |
| 9 | 2.02 | 0.51 | 0.08 | 0.03 | 0.00 | 0.00 | 4.03 | 1.34 | 0.25 | 0.06 | 0.02 | 0.00 |
| 10 | 4.96 | 1.17 | 0.07 | 0.00 | 0.00 | 0.00 | 8.51 | 4.30 | 1.53 | 0.52 | 0.18 | 0.08 |
| 11 | 9.61 | 2.82 | 0.24 | 0.02 | 0.00 | 0.00 | 13.53 | 7.26 | 3.17 | 1.04 | 0.38 | 0.08 |
| 12 | 12.03 | 3.91 | 0.58 | 0.05 | 0.01 | 0.00 | 15.38 | 8.59 | 3.80 | 1.83 | 0.84 | 0.34 |

"—"表示无数据。

　　1965—2018 年，秦皇岛站年最大增水多出现在 11 月至翌年 3 月，其中 12 月出现频率最高，为 22%。年最大减水多出现在 11 月至翌年 3 月，其中 12 月出现频率最高，为 24%。秦皇岛站最大增水为 170 厘米，出现在 1972 年 7 月 27 日；1983 年和 1987 年最大增水均超过 100 厘米。秦皇岛站最大减水为 210 厘米，出现在 2007 年 3 月 5 日；1980 年和 2005 年最大减水均超过 185 厘米（表 2.3-3）。1965—2018 年，秦皇岛站年最大增水和年最大减水变化趋势均不明显。

表 2.3-3　最大增水和最大减水及年极值出现频率（1965—2018 年）

| | 1月 | 2月 | 3月 | 4月 | 5月 | 6月 | 7月 | 8月 | 9月 | 10月 | 11月 | 12月 |
|---|---|---|---|---|---|---|---|---|---|---|---|---|
| 最大增水值 / 厘米 | 95 | 91 | 89 | 81 | 75 | 62 | 170 | 111 | 91 | 78 | 89 | 101 |
| 年最大增水出现频率 / % | 17 | 9 | 13 | 6 | 2 | 0 | 4 | 7 | 5 | 2 | 13 | 22 |
| 最大减水值 / 厘米 | 162 | 176 | 210 | 164 | 77 | 102 | 55 | 141 | 112 | 196 | 146 | 185 |
| 年最大减水出现频率 / % | 17 | 15 | 16 | 4 | 0 | 0 | 0 | 4 | 0 | 7 | 13 | 24 |

# 第三章 海浪

## 第一节 海况

秦皇岛站全年及各月各级海况的频率见图3.1-1。全年海况以0～4级为主，频率为94.92%，其中0～2级海况频率为48.61%。全年5级及以上海况频率为5.08%，最大频率出现在4月，为8.14%。全年7级及以上海况频率为0.05%，最大频率出现在11月，为0.13%，4月和10月均未出现。

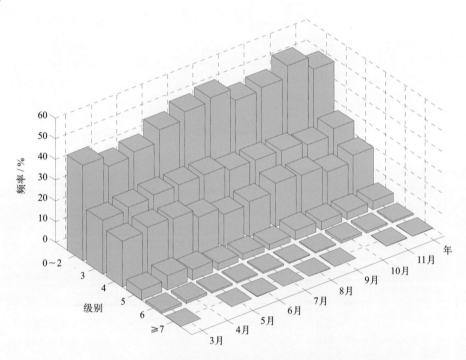

图3.1-1 全年及各月各级海况频率（1960—2018年）

## 第二节 波型

秦皇岛站风浪频率和涌浪频率的年变化见表3.2-1。全年以风浪为主，频率为99.34%，涌浪频率为24.01%。风浪和涌浪相比较，各月的风浪频率相差不大，涌浪频率存在月份差异。涌浪在7月和10月较多，其中7月最多，频率为28.33%；在3月和5月较少，其中3月最少，频率为19.26%。

表3.2-1 各月及全年风浪涌浪频率（1960—2018年）

| | 3月 | 4月 | 5月 | 6月 | 7月 | 8月 | 9月 | 10月 | 11月 | 年 |
|---|---|---|---|---|---|---|---|---|---|---|
| 风浪/% | 99.48 | 99.22 | 99.32 | 99.18 | 99.20 | 99.26 | 99.52 | 99.38 | 99.49 | 99.34 |
| 涌浪/% | 19.26 | 20.19 | 19.46 | 25.46 | 28.33 | 23.47 | 23.92 | 28.29 | 27.63 | 24.01 |

注：风浪包含F、F/U、FU和U/F波型；涌浪包含U、U/F、FU和F/U波型。

## 第三节　波向

### 1. 各向风浪频率

秦皇岛站各月及全年各向风浪频率见图3.3-1。3月和8月S向风浪居多，E向次之。4—7月和9月S向风浪居多，SSW向次之。10月SW向风浪居多，S向次之。11月WSW向风浪居多，E向次之。全年S向风浪居多，频率为12.94%，SSW向次之，频率为9.03%，NNW向最少，频率为0.39%。

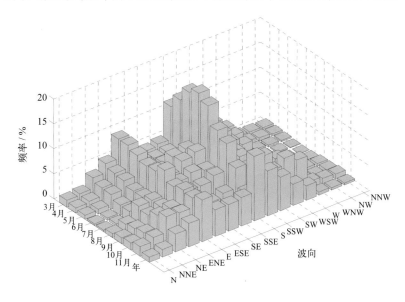

图3.3-1　各月及全年各向风浪频率（1960—2018年）

### 2. 各向涌浪频率

秦皇岛站各月及全年各向涌浪频率见图3.3-2。3月S向涌浪居多，SE向和SSE向次之。4月和7月S向涌浪居多，SE向次之。5月和6月S向涌浪居多，SSE向次之。8月S向涌浪居多，E向和SE向次之。9月和11月S向涌浪居多，E向次之。10月S向涌浪居多，ESE向次之。全年S向涌浪居多，频率为7.01%，SE向次之，频率为3.40%，WNW—NNW向最少，频率均为0.02%。

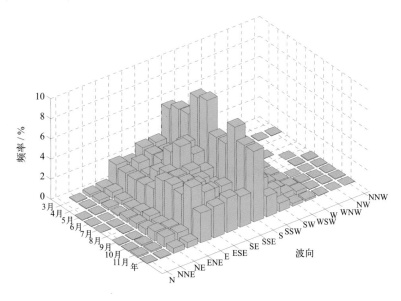

图3.3-2　各月及全年各向涌浪频率（1960—2018年）

## 第四节 波高

### 1. 平均波高和最大波高

秦皇岛站波高的年变化见表 3.4-1。月平均波高的年变化不明显，为 0.4 ~ 0.5 米。历年的平均波高为 0.3 ~ 0.6 米。

月最大波高比月平均波高的变化幅度大，极大值出现在 11 月，为 4.2 米，极小值出现在 5 月，为 2.7 米，变幅为 1.5 米。历年的最大波高为 1.7 ~ 4.2 米（1959 年因数据较少未纳入统计结果），大于等于 3.0 米的共有 11 年，其中最大波高的极大值 4.2 米出现在 2012 年 11 月 4 日，波向为 E，对应平均风速为 18 米 / 秒，对应平均周期为 6.0 秒。

表 3.4-1 波高的年变化（1960—2018 年） 单位：米

| | 3月 | 4月 | 5月 | 6月 | 7月 | 8月 | 9月 | 10月 | 11月 | 年 |
|---|---|---|---|---|---|---|---|---|---|---|
| 平均波高 | 0.5 | 0.5 | 0.5 | 0.5 | 0.5 | 0.4 | 0.4 | 0.5 | 0.5 | 0.5 |
| 最大波高 | 2.8 | 3.0 | 2.7 | 2.8 | 4.1 | 3.5 | 3.4 | 3.4 | 4.2 | 4.2 |

### 2. 各向平均波高和最大波高

秦皇岛站各季代表月及全年各向波高的分布见图 3.4-1。全年各向平均波高为 0.4 ~ 0.7 米，大值主要分布于 NNE—E 向和 SSW 向，其中 NE 向和 ENE 向最大，小值主要分布于 W—N 向、SE 向和 SSE 向。全年各向最大波高 E 向最大，为 4.2 米；SE 次之，为 4.1 米；WNW 向和 NW 向最小，均为 1.5 米（表 3.4-2）。

表 3.4-2 全年各向平均波高和最大波高（1960—2018 年） 单位：米

| | N | NNE | NE | ENE | E | ESE | SE | SSE | S | SSW | SW | WSW | W | WNW | NW | NNW |
|---|---|---|---|---|---|---|---|---|---|---|---|---|---|---|---|---|
| 平均波高 | 0.4 | 0.6 | 0.7 | 0.7 | 0.6 | 0.5 | 0.4 | 0.4 | 0.5 | 0.6 | 0.5 | 0.5 | 0.4 | 0.4 | 0.4 | 0.4 |
| 最大波高 | 2.7 | 3.3 | 3.0 | 3.2 | 4.2 | 3.5 | 4.1 | 3.4 | 3.2 | 3.0 | 3.9 | 2.2 | 2.3 | 1.5 | 1.5 | 1.7 |

4 月平均波高 NE 向和 ENE 向最大，均为 0.7 米；N 向、SE 向、SSE 向、W 向、WNW 向和 NNW 向最小，均为 0.4 米。最大波高 ESE 向最大，为 3.0 米；ENE 向次之，为 2.8 米；NNW 向最小，为 1.2 米。

7 月平均波高 NE 向、E 向和 SSW 向最大，均为 0.6 米；NNW 向最小，为 0.2 米。最大波高 SE 向最大，为 4.1 米；ESE 向次之，为 3.5 米；NNW 向最小，为 0.6 米。

10 月平均波高 NE 向最大，为 0.8 米；SE 向、SSE 向、W—NW 向最小，均为 0.4 米。最大波高 E 向最大，为 3.4 米；NNE 向和 SE 向次之，均为 3.3 米；NW 向最小，为 1.2 米。

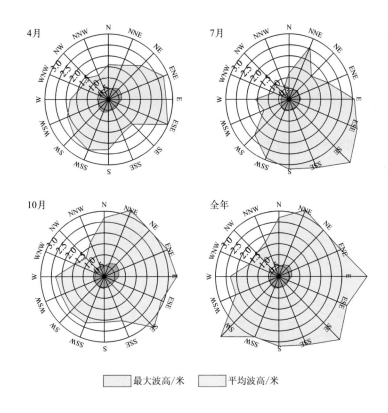

□ 最大波高/米　　□ 平均波高/米

图3.4-1　各向平均波高和最大波高（1960—2018年）

# 第五节　周期

## 1. 平均周期和最大周期

秦皇岛站周期的年变化见表 3.5-1。月平均周期的年变化不明显，为 2.8 ～ 3.1 秒。月最大周期的年变化幅度较大，极大值出现在 5 月，为 10.0 秒，极小值出现在 8 月，为 7.1 秒。历年的平均周期为 1.4 ～ 3.7 秒，其中 2015 年、2016 年、2017 年和 2018 年最大，2001 年最小。历年的最大周期均大于等于 4.7 秒，大于 8.0 秒的共有 4 年，其中最大周期的极大值 10.0 秒出现在 1961 年 5 月 3 日，波向为 NE。

表3.5-1　周期的年变化（1960—2018年）　　　　　　单位：秒

|  | 3月 | 4月 | 5月 | 6月 | 7月 | 8月 | 9月 | 10月 | 11月 | 年 |
|---|---|---|---|---|---|---|---|---|---|---|
| 平均周期 | 2.9 | 3.0 | 2.9 | 2.9 | 2.9 | 2.8 | 2.9 | 3.1 | 3.0 | 2.9 |
| 最大周期 | 8.5 | 9.0 | 10.0 | 8.8 | 8.8 | 7.1 | 9.8 | 9.3 | 8.0 | 10.0 |

## 2. 各向平均周期和最大周期

秦皇岛站各季代表月及全年各向周期的分布见图 3.5-1。全年各向平均周期为 2.8 ～ 3.5 秒，E—SSE 向和 NE 向周期值较大。全年各向最大周期 NE 向最大，为 10.0 秒；SW 向次之，为 9.8 秒；NNW 向最小，为 5.4 秒（表 3.5-2）。

表 3.5-2　全年各向平均周期和最大周期（1960—2018 年）　　　　　　　　　　单位：秒

| | N | NNE | NE | ENE | E | ESE | SE | SSE | S | SSW | SW | WSW | W | WNW | NW | NNW |
|---|---|---|---|---|---|---|---|---|---|---|---|---|---|---|---|---|
| 平均周期 | 2.9 | 3.1 | 3.4 | 3.2 | 3.4 | 3.5 | 3.5 | 3.4 | 3.3 | 3.2 | 3.2 | 2.9 | 2.9 | 2.8 | 2.8 | 2.8 |
| 最大周期 | 6.0 | 6.0 | 10.0 | 8.5 | 8.5 | 8.4 | 8.8 | 7.1 | 9.0 | 6.5 | 9.8 | 6.2 | 7.8 | 5.5 | 6.9 | 5.4 |

4 月平均周期 SE 向和 SSE 向最大，均为 3.5 秒；NNW 向最小，为 2.5 秒。最大周期 S 向最大，为 9.0 秒；SW 向次之，为 8.6 秒；NNW 向最小，为 4.0 秒。

7 月平均周期 NW 向最大，为 4.0 秒；WNW 向最小，为 2.5 秒。最大周期 SE 向最大，为 8.8 秒；S 向次之，为 8.5 秒；WNW 向最小，为 3.2 秒。

10 月平均周期 ESE 向最大，为 3.9 秒；NW 向最小，为 2.9 秒。最大周期 SW 向最大，为 9.3 秒；S 向次之，为 8.6 秒；NW 向最小，为 4.5 秒。

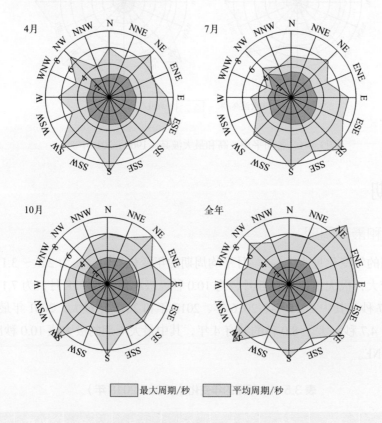

图 3.5-1　各向平均周期和最大周期（1960—2018年）

# 第四章　表层海水温度、盐度和海发光

## 第一节　表层海水温度

### 1. 平均水温、最高水温和最低水温

秦皇岛站月平均水温的年变化具有峰谷明显的特点，1月最低，为 −0.9℃，8月最高，为 26.1℃，秋季高于春季，其年较差为 27.0℃。4—5 月升温较快，10—12 月降温较快，降温速率大于升温速率。月最高水温和月最低水温的年变化特征与月平均水温相似，其年较差分别为 29.3℃ 和 24.7℃（图 4.1–1）。

历年的平均水温为 10.7 ～ 13.8℃，其中 2017 年最高，1969 年最低。累年平均水温为 12.4℃。

历年的最高水温均不低于 27.2℃，其中大于等于 29.0℃ 的有 32 年，大于 30℃ 的有 7 年，其出现时间均为 7 月和 8 月。水温极大值为 31.3℃，出现在 1994 年 8 月 2 日。

历年的最低水温均不高于 −0.3℃，其中小于 −1.0℃ 的有 38 年，小于等于 −2.0℃ 的有 4 年，其出现时间均为 12 月至翌年 2 月，以 1 月和 2 月居多。水温极小值为 −2.3℃，出现在 1971 年 1 月 9 日。

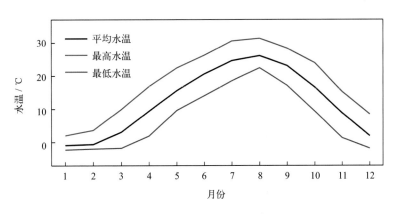

图4.1–1　水温年变化（1960—2018年）

### 2. 日平均水温稳定通过界限温度的日期

采用五日滑动平均方法求出稳定通过各个界限温度的日期，见表 4.1–1。日平均水温稳定通过 0℃ 的有 306 天，稳定通过 10℃ 的有 206 天，稳定通过 20℃ 的有 112 天。稳定通过 25℃ 的初日为 7 月 20 日，终日为 9 月 3 日，共 46 天。

表 4.1–1　日平均水温稳定通过界限温度的日期（1960—2018 年）

|  | 0℃ | 5℃ | 10℃ | 15℃ | 20℃ | 25℃ |
|---|---|---|---|---|---|---|
| 初日 | 2月26日 | 3月27日 | 4月19日 | 5月13日 | 6月12日 | 7月20日 |
| 终日 | 12月28日 | 11月29日 | 11月10日 | 10月22日 | 10月1日 | 9月3日 |
| 天数 | 306 | 248 | 206 | 163 | 112 | 46 |

### 3. 长期趋势变化

1960—2018 年，年平均水温呈波动上升趋势，上升速率为 0.19℃/（10 年）。年最高水温无明显变化趋势。秦皇岛站沿海冬季结冰，1980—2012 年 1 月和 2 月水温缺测，故未分析年最低水温的长期趋势变化。

十年平均水温的变化显示，2010—2018 年平均水温最高，高于 2000—2009 年平均水温 0.02℃，2000—2009 年平均水温较上一个十年升幅最大，升幅为 0.35℃（图 4.1-2）。

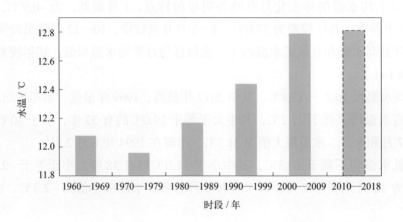

图4.1-2  十年平均水温变化（数据不足十年加虚线框表示，下同）

## 第二节  表层海水盐度

### 1. 平均盐度、最高盐度和最低盐度

秦皇岛站月平均盐度的年变化具有春季较高、夏秋季较低的特点，最高值出现在 4 月，为 31.15，随后 5—6 月缓慢下降，7 月下降较快，8 月降至最低，为 29.65，然后又稳定上升，其年较差为 1.50。月最高盐度与月平均盐度的年变化特征相似，3 月和 4 月的月最高盐度较高，2 月和 7 月较低，最高值与最低值相差 1.65。月最低盐度的年变化具有双峰双谷的特点，峰值出现在 4 月和 12 月，谷值出现在 1 月和 7 月，最高值与最低值相差 17.95（图 4.2-1）。

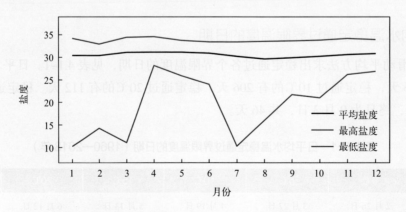

图4.2-1  盐度年变化（1960—2018年）

历年的平均盐度为 28.46 ~ 31.67，其中 2018 年最高，1964 年最低。

历年的最高盐度均不低于 30.21，其中大于 33.00 的有 13 年，大于 34.00 的有 3 年。年最高盐度多出现在春季，夏秋季较少。盐度极大值为 34.60，出现在 2003 年 4 月 24 日。

历年的最低盐度均不高于 31.01，其中小于 20.00 的有 9 年。年最低盐度多出现在 7 月和 8 月，出现在 7 月的有 21 年，出现在 8 月的有 17 年。盐度极小值为 10.26，出现在 1977 年 1 月 30 日。

### 2. 长期趋势变化

1960—2018 年，秦皇岛站年最高盐度和年最低盐度均呈波动上升趋势，年最高盐度的上升速率为 0.19 /（10 年），2003 年为 1960 年以来的第一高值，1972 年和 1980 年均为 1960 年以来的第二高值。年最低盐度的上升速率为 0.91 /（10 年），1977 年和 1962 年最低盐度分别为 1960 年以来的第一低值和第二低值。

## 第三节　海发光

1960—2018 年，观测到的海发光全部为火花型（H），3 级海发光共出现过 27 次，其中春季 9 次，夏季 4 次，秋季 13 次，冬季 1 次。1976 年 7 月 28 日唐山大地震前夜出现了 3 级海发光。

各月及全年海发光频率见表 4.3-1 和图 4.3-1。可以看出，海发光频率的年变化具有双峰双谷的特点，峰值出现在 4 月和 9 月，谷值出现在 6 月和 12 月。累年平均海发光频率 1 级最多，占 82.1%，2 级占 17.0%，3 级占 0.9%，未出现 4 级。

表 4.3-1　各月及全年海发光频率（1960—2018 年）

|  | 1月 | 2月 | 3月 | 4月 | 5月 | 6月 | 7月 | 8月 | 9月 | 10月 | 11月 | 12月 | 年 |
|---|---|---|---|---|---|---|---|---|---|---|---|---|---|
| 频率 / % | 5.5 | 7.4 | 10.6 | 28.1 | 17.7 | 4.0 | 5.5 | 25.1 | 40.5 | 25.7 | 13.1 | 4.8 | 17.0 |

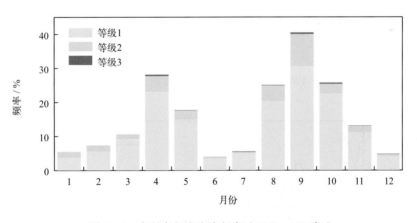

图4.3-1　各月各级海发光频率（1960—2018年）

# 第五章 海冰

## 第一节 冰期和有冰日数

1965/1966—2018/2019年度，秦皇岛站累年平均初冰日为12月4日，终冰日为2月27日，平均冰期为86天。初冰日最早为11月8日（1981年），最晚为1月7日（2015年），相差约两个月。终冰日最早为1月29日（2002年），最晚为3月24日（1969年），相差近两个月。最长冰期为133天，出现在1973/1974年度，最短冰期为34天，出现在2014/2015年度。1965/1966—2018/2019年度，年度冰期和有冰日数均呈明显的下降趋势，下降速率分别为1.26天/年度和1.23天/年度（图5.1-1）。

在有固定冰年度，累年平均固定冰初冰日为1月6日，终冰日为2月15日，平均固定冰冰期为41天。固定冰初冰日最早为12月10日（1967年），最晚为2月6日（1988年），终冰日最早为1月14日（1987年），最晚为3月23日（1969年）。最长固定冰冰期为82天，出现在1968/1969年度（图5.1-2）。

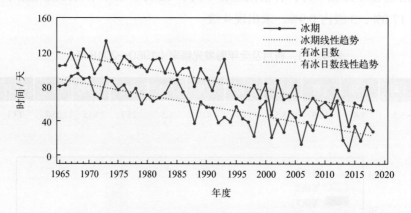

图5.1-1 1965/1966—2018/2019年度冰期与有冰日数变化

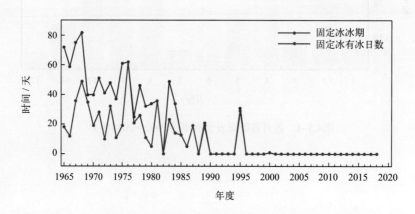

图5.1-2 1965/1966—2018/2019年度固定冰冰期与有冰日数变化

应该指出，冰期内并不是天天有冰。累年平均年度有冰日数为56天，占冰期的65%。1968/1969年度有冰日数最多，为95天，2014/2015年度有冰日数为6天。累年平均年度有固定冰日数为22天，占固定冰冰期的54%。

## 第二节　冰量和浮冰密集度

1965/1966—2018/2019 年度，年度总冰量超过 400 成的有 9 个年度，超过 600 成的有 3 个年度，其中 1968/1969 年度最多，为 691 成；不足 100 成的有 15 个年度。年度浮冰量最多为 601 成，出现在 1967/1968 年度。年度固定冰量最多为 114 成，出现在 1968/1969 年度，1987 年以后观测记录中极少出现固定冰（图 5.2–1）。

1965/1966—2018/2019 年度，总冰量和浮冰量均为 1 月最多，分别占年度总量的 56% 和57%，2 月次之，均占年度总量的 34%；固定冰量 2 月最多，占年度总量的 49%（表 5.2–1）。

1965/1966—2018/2019 年度，年度总冰量呈明显波动下降趋势，下降速率为 9.4 成 / 年度（图 5.2–1）。十年平均总冰量变化显示，1965/1966—1969/1970 年度平均总冰量最多，为 567 成，2010/2011—2018/2019 年度平均总冰量最少，为 83 成（图 5.2–2）。

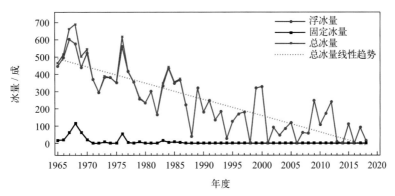

图5.2–1　1965/1966—2018/2019年度冰量变化

表 5.2–1　冰量的年变化（1965/1966—2018/2019 年度）

|  | 11月 | 12月 | 1月 | 2月 | 3月 | 年度 |
|---|---|---|---|---|---|---|
| 总冰量 / 成 | 0 | 879 | 7 315 | 4 456 | 339 | 12 989 |
| 平均总冰量 / 成 | 0.00 | 16.28 | 135.46 | 82.52 | 6.28 | 240.54 |
| 浮冰量 / 成 | 0 | 879 | 7 168 | 4 255 | 278 | 12 580 |
| 固定冰量 / 成 | 0 | 0 | 147 | 201 | 61 | 409 |

浮冰密集度各月及年度以 8 ～ 10 成为最多，其中 1 月占有冰日数的 74%，2 月占有冰日数的67%。浮冰密集度为 0 ～ 3 成的日数，1 月占有冰日数的 21%，2 月占有冰日数的 23%（表 5.2–2）。

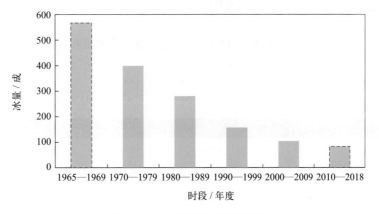

图5.2–2　十年平均总冰量变化

表 5.2-2　浮冰密集度的年变化（1965/1966—2018/2019 年度）

| | 11月 | 12月 | 1月 | 2月 | 3月 | 年度 |
|---|---|---|---|---|---|---|
| 8～10 成占有冰日数的比率 / % | 32 | 46 | 74 | 67 | 59 | 65 |
| 4～7 成占有冰日数的比率 / % | 16 | 5 | 5 | 10 | 15 | 7 |
| 0～3 成占有冰日数的比率 / % | 46 | 49 | 21 | 23 | 26 | 28 |

## 第三节　浮冰漂流方向和速度

　　秦皇岛站各向浮冰特征量见图 5.3-1 和表 5.3-1。1965/1966—2018/2019 年度，浮冰流向在 SW 向和 WSW 向出现的次数较多，频率和为 27.9%，并以此两个流向为轴向两侧频率逐渐降低，NW 向出现频率最低，为 0.1%。累年各向最大浮冰漂流速度差异较大，为 0.1～0.8 米 / 秒，其中 SSW 向最大，NW 向最小。

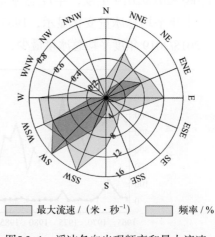

最大流速 /（米·秒⁻¹）　　频率 / %

图5.3-1　浮冰各向出现频率和最大流速

表 5.3-1　各向浮冰特征量（1965/1966—2018/2019 年度）

| | N | NNE | NE | ENE | E | ESE | SE | SSE | S | SSW | SW | WSW | W | WNW | NW | NNW |
|---|---|---|---|---|---|---|---|---|---|---|---|---|---|---|---|---|
| 出现频率 / % | 0.5 | 1.6 | 4.9 | 8.4 | 4.1 | 1.8 | 1.0 | 1.1 | 2.7 | 7.3 | 16.0 | 11.9 | 3.0 | 0.5 | 0.1 | 0.3 |
| 平均流速 /（米·秒⁻¹） | 0.1 | 0.2 | 0.2 | 0.2 | 0.2 | 0.1 | 0.1 | 0.1 | 0.2 | 0.2 | 0.2 | 0.2 | 0.2 | 0.1 | 0.1 | 0.1 |
| 最大流速 /（米·秒⁻¹） | 0.2 | 0.5 | 0.4 | 0.5 | 0.6 | 0.3 | 0.2 | 0.3 | 0.5 | 0.8 | 0.6 | 0.7 | 0.7 | 0.2 | 0.1 | 0.2 |

## 第四节　固定冰宽度和堆积高度 *

　　固定冰最大宽度为 1 925 米，出现在 1970 年 2 月 5 日；最大堆积高度为 4.5 米，出现在 1969 年 3 月。

表 5.4-1　固定冰特征值（1965/1966—2018/2019 年度）　　　　　　　　单位：米

| | 12月 | 1月 | 2月 | 3月 | 年度 |
|---|---|---|---|---|---|
| 最大宽度 | 20 | 1 100 | 1 925 | 435 | 1 925 |
| 最大堆积高度 | 0 | 3.3 | 4 | 4.5 | 4.5 |

---

* 固定冰特征值数据有限，且1987年后观测记录中极少出现固定冰，此节结果仅供参考。

# 第六章　海洋气象

## 第一节　气温

### 1. 平均气温、最高气温和最低气温

1960—2018 年，秦皇岛站累年平均气温为 10.9℃，月平均气温具有夏高冬低的变化特征，1 月最低，为 -4.5℃，8 月最高，为 24.8℃，年较差为 29.3℃。月最高气温、月最低气温和月平均气温的年变化特征相似，月最高气温极大值出现在 6 月，月最低气温极小值出现在 1 月（表 6.1-1，图 6.1-1）。

表 6.1-1　气温的年变化（1960—2018 年）　　　　　　　　　　　　　单位：℃

| | 1月 | 2月 | 3月 | 4月 | 5月 | 6月 | 7月 | 8月 | 9月 | 10月 | 11月 | 12月 | 年 |
|---|---|---|---|---|---|---|---|---|---|---|---|---|---|
| 平均气温 | -4.5 | -2.2 | 3.3 | 10.3 | 16.6 | 20.9 | 24.4 | 24.8 | 20.6 | 13.6 | 5.1 | -1.7 | 10.9 |
| 最高气温 | 13.4 | 17.8 | 24.0 | 32.8 | 36.5 | 38.6 | 38.3 | 35.8 | 33.8 | 30.0 | 21.3 | 14.8 | 38.6 |
| 最低气温 | -20.1 | -17.5 | -15.4 | -4.2 | 4.5 | 9.7 | 14.8 | 14.4 | 5.0 | -1.6 | -12.4 | -17.6 | -20.1 |

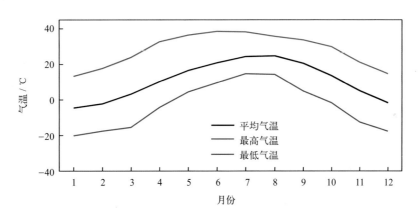

图6.1-1　气温年变化（1960—2018年）

历年的平均气温为 9.0 ~ 12.7℃，其中 2007 年最高，1969 年最低。

历年的最高气温均高于 29.5℃，其中高于 35℃ 的有 19 年。最早出现时间为 5 月 16 日（2012 年），最晚出现时间为 9 月 4 日（2014 年）。8 月最高气温出现频率最高，占统计年份的 38%，7 月次之，占 26%（图 6.1-2）。极大值为 38.6℃，出现在 2018 年 6 月 27 日。

历年的最低气温均低于 -8.0℃，其中低于 -15.0℃ 的有 19 年，低于 -18.0℃ 的有 4 年。最早出现时间为 12 月 16 日（1994 年），最晚出现时间为 3 月 6 日（2007 年）。1 月最低气温出现频率最高，占统计年份的 63%，2 月次之，占 20%（图 6.1-2）。极小值为 -20.1℃，出现在 1970 年 1 月 4 日。

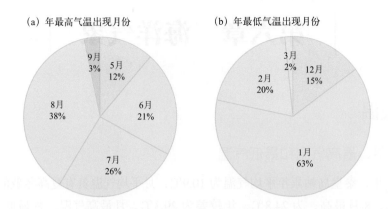

(a) 年最高气温出现月份          (b) 年最低气温出现月份

图6.1-2  年最高、最低气温出现月份及频率（1960—2018年）

## 2. 长期趋势变化

1960—2018年，秦皇岛站年平均气温、年最高气温和年最低气温均呈波动上升趋势，上升速率分别为0.34℃/（10年）、0.29℃/（10年）（线性趋势未通过显著性检验）和0.63℃/（10年）。

十年平均气温变化显示，2000—2009年平均气温最高，1990—1999年平均气温较上一个十年升幅最大，升幅为0.7℃（图6.1-3）。

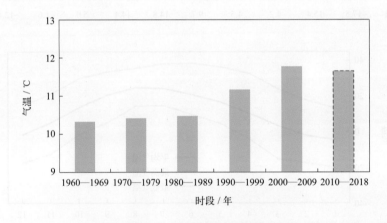

图6.1-3  十年平均气温变化

## 3. 常年自然天气季节和大陆度

利用秦皇岛站1965—2018年气温累年日平均数据计算五日滑动平均气温，根据《气候季节划分》（QX/T 152—2012）方法，秦皇岛平均春季时间从4月16日到6月26日，为72天；平均夏季时间从6月27日到9月9日，为75天；平均秋季时间从9月10日到10月31日，为52天；平均冬季时间从11月1日到翌年4月15日，为166天（图6.1-4）。冬季时间最长，秋季时间最短。

秦皇岛站焦金斯基大陆度指数为56.7%，属大陆性季风气候。

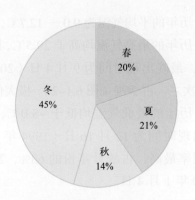

图6.1-4  四季平均日数百分率
（1965—2018年）

## 第二节 气压

### 1. 平均气压、最高气压和最低气压

1960—2018 年,秦皇岛站累年平均气压为 1 015.5 百帕,月平均气压具有冬高夏低的变化特征,1 月最高,为 1 026.1 百帕,7 月最低,为 1 002.9 百帕,年较差为 23.2 百帕。月最高气压 12 月最大,7 月最小,年较差为 32.6 百帕。月最低气压 1 月最大,4 月最小,年较差为 22.2 百帕(表 6.2-1,图 6.2-1)。

历年的平均气压为 1 014.1 ~ 1 017.5 百帕,其中 1964 年最高,2013 年最低。

历年的最高气压均高于 1 036.5 百帕,其中高于 1 045.0 百帕的有 5 年。极大值为 1 047.8 百帕,出现在 1994 年 12 月 19 日。

历年的最低气压均低于 996.5 百帕,其中低于 985.0 百帕的有 3 年。极小值为 982.5 百帕,出现在 1983 年 4 月 26 日。

表 6.2-1　气压的年变化(1960—2018 年)　　　　　　　　　　　　单位:百帕

|  | 1月 | 2月 | 3月 | 4月 | 5月 | 6月 | 7月 | 8月 | 9月 | 10月 | 11月 | 12月 | 年 |
|---|---|---|---|---|---|---|---|---|---|---|---|---|---|
| 平均气压 | 1 026.1 | 1 024.2 | 1 019.7 | 1 013.2 | 1 008.5 | 1 004.6 | 1 002.9 | 1 006.4 | 1 013.1 | 1 019.2 | 1 023.0 | 1 025.4 | 1 015.5 |
| 最高气压 | 1 046.9 | 1 046.0 | 1 040.2 | 1 033.4 | 1 026.6 | 1 019.5 | 1 015.2 | 1 019.3 | 1 031.7 | 1 040.1 | 1 044.6 | 1 047.8 | 1 047.8 |
| 最低气压 | 1 004.7 | 995.5 | 993.8 | 982.5 | 984.0 | 985.4 | 983.2 | 988.4 | 991.2 | 996.7 | 1 002.2 | 998.1 | 982.5 |

注:1965—1967年数据有缺测,最高气压和最低气压统计时间为1968—2018年。

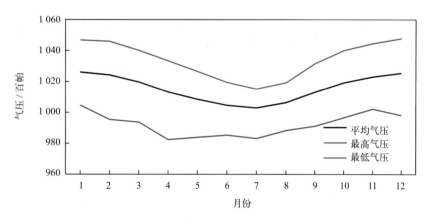

图6.2-1　气压年变化(1960—2018年)

### 2. 长期趋势变化

1960—2018 年,秦皇岛站年平均气压呈波动下降趋势,下降速率为 0.20 百帕 /(10 年)。1968—2018 年,年最高气压和年最低气压变化趋势均不明显。1960—2018 年,十年平均气压变化显示,1970—1979 年平均气压最高,均值为 1 016.2 百帕,2000—2009 年和 2010—2018 年平均气压最低,均为 1 014.9 百帕(图 6.2-2)。

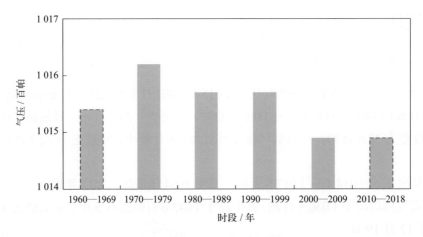

图6.2-2　十年平均气压变化

# 第三节　相对湿度

## 1. 平均相对湿度和最小相对湿度

1960—2018 年，秦皇岛站累年平均相对湿度为 63.7%，月平均相对湿度 7 月最大，为 84.3%，12 月最小，为 49.1%（表 6.3-1，图 6.3-1）。平均月最小相对湿度的年变化特征明显，7 月最大，为 44.0%，4 月最小，为 8.4%（表 6.3-1，图 6.3-1）。最小相对湿度的极小值为 1%（表 6.3-1）。

表 6.3-1　相对湿度的年变化（1960—2018 年）

| | 1月 | 2月 | 3月 | 4月 | 5月 | 6月 | 7月 | 8月 | 9月 | 10月 | 11月 | 12月 | 年 |
|---|---|---|---|---|---|---|---|---|---|---|---|---|---|
| 平均相对湿度 / % | 51.2 | 55.6 | 57.9 | 61.8 | 66.8 | 78.1 | 84.3 | 78.8 | 67.1 | 60.1 | 54.0 | 49.1 | 63.7 |
| 平均最小相对湿度 / % | 10.3 | 10.7 | 8.5 | 8.4 | 12.6 | 29.2 | 44.0 | 35.4 | 22.1 | 15.5 | 12.0 | 11.1 | 18.3 |
| 最小相对湿度 / % | 3 | 1 | 1 | 1 | 2 | 13 | 15 | 21 | 10 | 1 | 3 | 3 | 1 |

注：平均最小相对湿度为各月最小相对湿度的累年平均值及其年平均值。

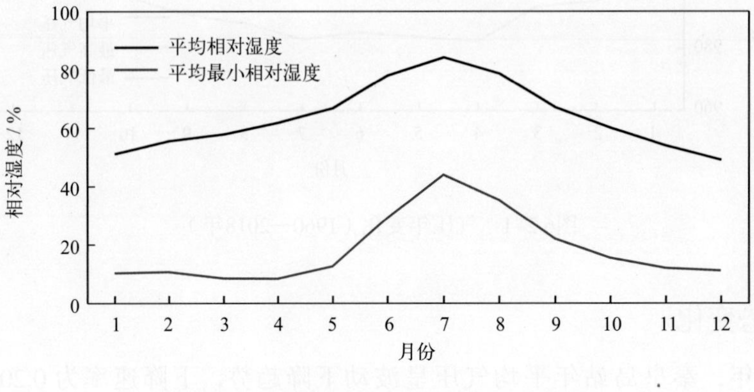

图6.3-1　相对湿度年变化（1960—2018年）

## 2. 长期趋势变化

1960—2018 年，年平均相对湿度为 58.9% ~ 69.0%，变化趋势不明显。十年平均相对湿度变化显示，2000—2009 年平均相对湿度最大，为 65.7%，比上一个十年大 2.4%（图 6.3-2）。

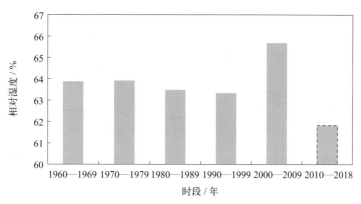

图6.3-2 十年平均相对湿度变化

### 3. 温湿指数

根据《人居环境气候舒适度评价》（GB/T 27963—2011）的温湿指数统计方法和气候舒适度等级划分方法，统计秦皇岛站各月温湿指数，结果显示：1—4月和10—12月温湿指数为0.6 ~ 13.8，感觉为寒冷；5月温湿指数为16.2，感觉为冷；6—9月温湿指数为19.5 ~ 23.6，感觉为舒适（表6.3-2）。

表6.3-2 温湿指数的年变化（1960—2018年）

| | 1月 | 2月 | 3月 | 4月 | 5月 | 6月 | 7月 | 8月 | 9月 | 10月 | 11月 | 12月 |
|---|---|---|---|---|---|---|---|---|---|---|---|---|
| 温湿指数 | 0.6 | 1.9 | 5.8 | 11.2 | 16.2 | 20.0 | 23.5 | 23.6 | 19.5 | 13.8 | 7.5 | 2.8 |
| 感觉程度 | 寒冷 | 寒冷 | 寒冷 | 寒冷 | 冷 | 舒适 | 舒适 | 舒适 | 舒适 | 寒冷 | 寒冷 | 寒冷 |

## 第四节 风

### 1. 平均风速和最大风速

秦皇岛站风速的年变化见表6.4-1和图6.4-1。1960—2018年，累年平均风速为3.3米/秒，月平均风速的年变化不明显，春季稍大，夏季稍小，其中4月最大，为3.9米/秒，8月最小，为3.0米/秒。最大风速的月平均值以春季最大，4月为13.7米/秒，3月为13.6米/秒；冬季最小，12月为11.5米/秒，1月为11.6米/秒。最大风速的月最大值对应风向多为ENE（6个月）。1995年7月至2018年12月，极大风速的极大值为29.9米/秒，出现在2017年7月5日，对应风向为N。

表6.4-1 风速的年变化（1960—2018年）　　　　单位：米/秒

| | | 1月 | 2月 | 3月 | 4月 | 5月 | 6月 | 7月 | 8月 | 9月 | 10月 | 11月 | 12月 | 年 |
|---|---|---|---|---|---|---|---|---|---|---|---|---|---|---|
| 平均风速 | | 3.1 | 3.4 | 3.7 | 3.9 | 3.7 | 3.1 | 3.1 | 3.0 | 3.2 | 3.3 | 3.3 | 3.1 | 3.3 |
| 最大风速 | 平均值 | 11.6 | 12.3 | 13.6 | 13.7 | 12.9 | 12.9 | 13.0 | 12.7 | 12.6 | 12.1 | 12.0 | 11.5 | 12.6 |
| | 最大值 | 20.0 | 18.0 | 23.0 | 20.0 | 17.3 | 20.0 | 23.7 | 22.0 | 24.0 | 22.0 | 18.9 | 20.0 | 24.0 |
| | 最大值对应风向 | ENE | NE | E | NE | S | ENE/WSW | ENE | ESE | SSE | ENE | ENE | ENE | SSE |
| 极大风速 | 最大值 | 17.0 | 20.7 | 20.4 | 20.7 | 22.1 | 23.0 | 29.9 | 26.9 | 24.9 | 21.0 | 24.9 | 17.2 | 29.9 |
| | 最大值对应风向 | NE | NE | NE | SW | SW | NE | N | WNW | WNW | S | ENE | ENE | N |

注：极大风速统计时间为1995年7月至2018年12月。

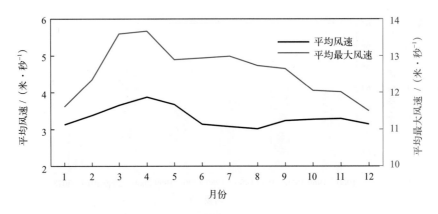

图6.4-1 平均风速和平均最大风速年变化（1960—2018年）

历年的平均风速为 2.3 ~ 4.1 米 / 秒，其中 1961 年和 1972 年最大，2007 年、2008 年和 2011 年均为最小；历年的最大风速均大于等于 12.0 米 / 秒，大于等于 18.0 米 / 秒的有 15 年。最大风速的最大值出现在 1986 年 9 月 1 日，受热带气旋影响，风速为 24.0 米 / 秒，风向为 SSE。年最大风速出现在 4 月的频率最高，出现在 1 月的频率最低，12 月未出现过年最大风速（图 6.4-2）。

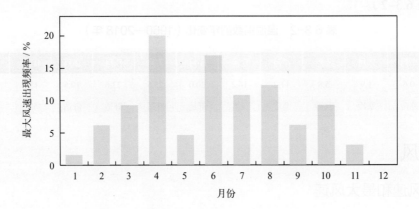

图6.4-2 年最大风速出现频率（1960—2018年）

### 2. 各向风频率

全年以 SW—W 向风居多，频率和为 27.0%，NE 向次之，频率为 7.2%，ESE 向的风最少，频率为 3.1%（图 6.4-3）。

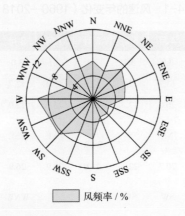

图6.4-3 全年各向风的频率（1965—2018年）

1月盛行风向为 W 和 NE，频率分别为 12.3% 和 10.3%，偏南向风少。4月盛行风向为 S—SW，频率和为 28.9%，与 1 月相比，偏北向风减少，偏南向风增多。7月盛行风向为 S—SW，频率和为 31.3%；WNW—NNE 5 个方向的频率和为 16.0%。10月盛行风向为 WSW 和 W，频率和为 23.5%，E—S 向风比 7 月明显减少（图 6.4-4）。

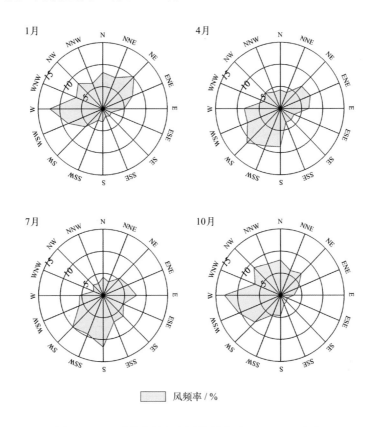

图6.4-4　四季代表月各向风的频率（1965—2018年）

## 3. 各向平均风速和最大风速

全年各向平均风速以 ENE 向最大，E 向次之，平均风速分别为 4.4 米 / 秒和 4.3 米 / 秒（图 6.4-5）。

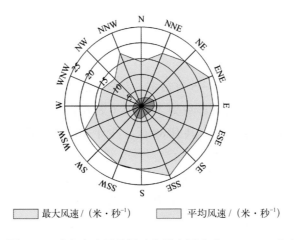

图6.4-5　全年各向平均风速和最大风速（1965—2018年）

各向平均风速在不同的季节呈现不同的特征（图6.4-6）。1月 ENE 向平均风速最大，为4.9米/秒，E 向次之，为4.2米/秒。4月 S 向和 SSW 向平均风速最大，均为4.9米/秒，ENE 向和 E 向次之，均为4.6米/秒。7月各向平均风速均不超过4.0米/秒，以 S 向和 SSW 向平均风速最大，均为3.9米/秒。10月 NE—E 向、S 向和 SSW 向平均风速均超过4.0米/秒，其中 ENE 向平均风速最大，为5.2米/秒。

全年各向最大风速以 ENE—S 向较大，均大于20.0米/秒，W—N 向较小，均未超过18.0米/秒（图6.4-5）。其中，1月、7月和10月均以 ENE 向最大，最大风速分别为20.0米/秒、23.7米/秒和22.0米/秒；4月 NE 向最大，最大风速为20.0米/秒（图6.4-6）。

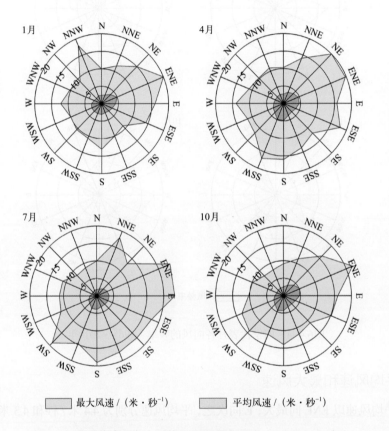

图6.4-6　四季代表月各向平均风速和最大风速（1965—2018年）

### 4. 大风日数

风力大于等于6级的大风日数以3—5月最多，占全年的46%，平均月大风日数为4.3～5.7天（表6.4-2，图6.4-7）。平均年大风日数为31.8天（表6.4-2）。历年大风日数差别很大，多于40天的有15年，其中1977年最多，共有88天，少于10天的有10年，最少的是2008年，有4天。

风力大于等于8级的大风最多出现在8月，平均为0.15天，5月和10月出现日数最少，均为0.02天（表6.4-2，图6.4-7）。历年大风日数最多的是1980年和1981年，均为8天，未出现最大风速大于等于8级的有36年。

风力大于等于6级的月大风日数最多为18天，出现在1976年5月；最长连续日数为8天，出现在1977年4月（表6.4-2）。

表6.4-2　各级大风日数的年变化（1960—2018年）　　　　　单位：天

| | 1月 | 2月 | 3月 | 4月 | 5月 | 6月 | 7月 | 8月 | 9月 | 10月 | 11月 | 12月 | 年 |
|---|---|---|---|---|---|---|---|---|---|---|---|---|---|
| 大于等于6级大风平均日数 | 1.2 | 2.2 | 4.3 | 5.7 | 4.6 | 2.6 | 2.1 | 1.7 | 2.3 | 2.2 | 1.6 | 1.3 | 31.8 |
| 大于等于7级大风平均日数 | 0.3 | 0.4 | 0.6 | 1.1 | 0.8 | 0.5 | 0.6 | 0.6 | 0.4 | 0.4 | 0.3 | 0.2 | 6.2 |
| 大于等于8级大风平均日数 | 0.07 | 0.04 | 0.07 | 0.09 | 0.02 | 0.13 | 0.09 | 0.15 | 0.09 | 0.02 | 0.04 | 0.04 | 0.85 |
| 大于等于6级大风最多日数 | 10 | 10 | 14 | 15 | 18 | 12 | 11 | 11 | 9 | 10 | 7 | 9 | 88 |
| 最长连续大于等于6级大风日数 | 4 | 5 | 4 | 8 | 6 | 4 | 4 | 3 | 4 | 4 | 3 | 2 | 8 |

注：大于等于6级大风统计时间为1960—2018年，大于等于7级和大于等于8级大风统计时间为1965—2018年。

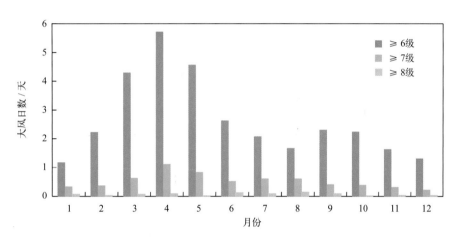

图6.4-7　各级大风平均出现日数

# 第五节　降水

## 1. 降水量和降水日数

### （1）降水量

秦皇岛站降水量的年变化见表6.5-1和图6.5-1。1960—2018年，平均年降水量为611.9毫米，降水量的季节分布很不均匀，夏多冬少。夏季（6—8月）为428.5毫米，占全年降水量的70.0%，冬季（12月至翌年2月）占全年的1.5%，春季（3—5月）占全年的13.2%。降水量多集中在7月和8月，其中7月平均降水量为183.1毫米，占全年的29.9%。

历年年降水量为326.0 ~ 1 339.1毫米，其中2012年最多，2001年最少。

最大日降水量超过100毫米的有20年，超过150毫米的有5年。最大日降水量为203.7毫米，出现在1975年7月30日。

表6.5-1　降水量的年变化（1960—2018年）　　　　　　　　　　单位：毫米

| | 1月 | 2月 | 3月 | 4月 | 5月 | 6月 | 7月 | 8月 | 9月 | 10月 | 11月 | 12月 | 年 |
|---|---|---|---|---|---|---|---|---|---|---|---|---|---|
| 平均降水量 | 2.2 | 3.9 | 8.1 | 27.9 | 45.0 | 84.5 | 183.1 | 160.9 | 52.3 | 30.1 | 10.8 | 3.1 | 611.9 |
| 最大日降水量 | 10.9 | 27.4 | 27.8 | 93.8 | 62.3 | 140.8 | 203.7 | 184.5 | 150.7 | 113.4 | 54.3 | 29.8 | 203.7 |

（2）降水日数

平均年降水日数（降水日数是指日降水量大于等于0.1毫米的天数，下同）为63.7天。降水日数的年变化特征与降水量相似，夏多冬少（图6.5-2和图6.5-3）。日降水量大于等于10毫米的平均年日数为16.1天，各月均有出现；日降水量大于等于50毫米的平均年日数为2.3天，出现在4—11月；日降水量大于等于100毫米的平均年日数为0.4天，出现在6—10月；日降水量大于等于150毫米的平均年日数为0.1天，出现在7—9月；日降水量大于等于200毫米的平均年日数为0.02天，在7月出现一次（图6.5-3）。

最多年降水日数为90天，出现在1985年；最少年降水日数为41天，出现在2006年。最长连续降水日数为10天，出现在2008年6月23日至7月2日；最长连续无降水日数为129天，出现在2017年10月29日至2018年3月6日。

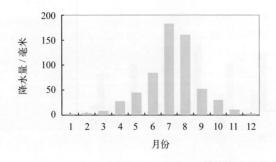

图6.5-1　降水量年变化（1960—2018年）

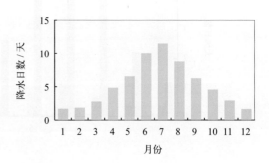

图6.5-2　降水日数年变化（1965—2018年）

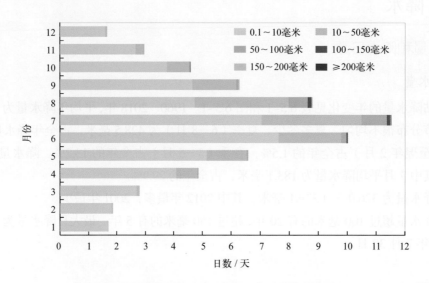

图6.5-3　各月各级平均降水日数分布（1960—2018年）

## 2. 长期趋势变化

1960—2018 年，秦皇岛站年降水量呈下降趋势，下降速率为 16.08 毫米 /（10 年）（线性趋势未通过显著性检验）。

十年平均年降水量在 2010 年以前下降趋势明显，1960—1969 年的平均年降水量最大，为 683.8 毫米，2000—2009 年的平均年降水量最小，为 531.1 毫米（图 6.5-4）。

1960—2018 年，年最大日降水量变化趋势不明显。

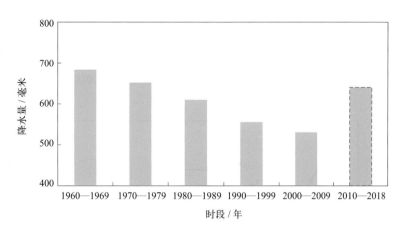

图6.5-4  十年平均年降水量变化

1965—2018 年，年降水日数呈减少趋势，减少速率为 2.18 天 /（10 年）。最长连续降水日数无明显变化趋势，最长连续无降水日数呈微弱增加趋势，增加速率为 2.59 天 /（10 年）（线性趋势未通过显著性检验）。

# 第六节  雾及其他天气现象

## 1. 雾

秦皇岛站雾日数的年变化见表 6.6-1，图 6.6-1 和图 6.6-2。1965—2018 年，平均年雾日数为 15.5 天。平均月雾日数 7 月最多，为 2.4 天，9 月最少，为 0.2 天；月雾日数最多为 11 天，出现在 2008 年 7 月；最长连续雾日数为 5 天，出现过 4 次，分别为 2008 年 7 月、2011 年 2 月、2011 年 6 月和 2013 年 2 月。

1965—2018 年，年雾日数呈上升趋势，上升速率为 2.59 天 /（10 年）。2014 年后年雾日数明显减少。出现雾日数最多的年份为 2013 年，共 44 天，最少的年份为 1975 年，共 2 天。

表 6.6-1  雾日数的年变化（1965—2018 年）  单位：天

| | 1月 | 2月 | 3月 | 4月 | 5月 | 6月 | 7月 | 8月 | 9月 | 10月 | 11月 | 12月 | 年 |
|---|---|---|---|---|---|---|---|---|---|---|---|---|---|
| 平均雾日数 | 0.8 | 1.5 | 1.3 | 1.7 | 1.8 | 2.0 | 2.4 | 1.1 | 0.2 | 0.9 | 0.9 | 0.9 | 15.5 |
| 最多雾日数 | 9 | 8 | 6 | 7 | 7 | 10 | 11 | 9 | 2 | 5 | 7 | 5 | 44 |
| 最长连续雾日数 | 4 | 5 | 3 | 3 | 3 | 5 | 5 | 4 | 2 | 4 | 4 | 4 | 5 |

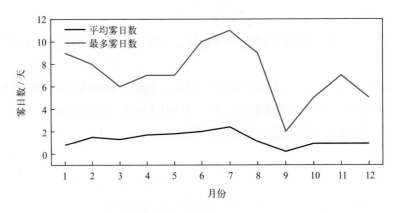

图6.6-1 平均雾日数和最多雾日数年变化（1965—2018年）

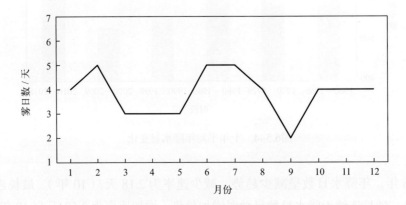

图6.6-2 最长连续雾日数年变化（1965—2018年）

十年平均年雾日数呈明显上升趋势，2000—2009年平均年雾日数最多，为21.1天，比上一个十年多4.8天（图6.6-3）。

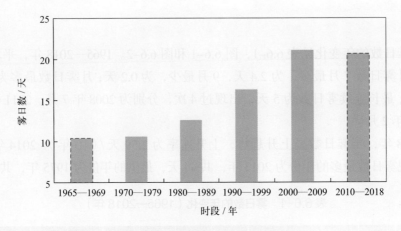

图6.6-3 十年平均年雾日数变化

### 2. 轻雾

秦皇岛站轻雾日数的年变化见表6.6-2和图6.6-4。1965—1995年，平均月轻雾日数7月最多，为15.0天，9月最少，为8.6天；最多月轻雾日数出现在1994年7月，共30天。1965—1994年，年轻雾日数呈上升趋势，上升速率为63.91天/（10年）（图6.6-5）。

表6.6-2 轻雾日数的年变化（1965—1995年） 单位：天

|  | 1月 | 2月 | 3月 | 4月 | 5月 | 6月 | 7月 | 8月 | 9月 | 10月 | 11月 | 12月 | 年 |
|---|---|---|---|---|---|---|---|---|---|---|---|---|---|
| 平均轻雾日数 | 10.0 | 9.2 | 12.0 | 11.4 | 10.4 | 12.3 | 15.0 | 10.2 | 8.6 | 10.7 | 11.0 | 11.4 | 132.2 |
| 最多轻雾日数 | 23 | 23 | 21 | 22 | 23 | 26 | 30 | 23 | 18 | 18 | 22 | 21 | 230 |

注：1995年7月停测。

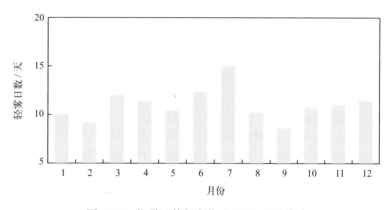

图6.6-4 轻雾日数年变化（1965—1995年）

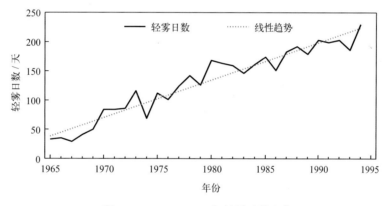

图6.6-5 1965—1994年轻雾日数变化

## 3. 雷暴

秦皇岛站雷暴日数的年变化见表6.6-3和图6.6-6。1960—1995年，平均年雷暴日数为26.2天。雷暴出现在春、夏和秋三季，以6月最高，为6.3天。最多月雷暴日数为16天，出现在1986年7月。雷暴最早初日为3月14日（1977年），最晚终日为11月5日（1970年）。

表6.6-3 雷暴日数的年变化（1960—1995年） 单位：天

|  | 1月 | 2月 | 3月 | 4月 | 5月 | 6月 | 7月 | 8月 | 9月 | 10月 | 11月 | 12月 | 年 |
|---|---|---|---|---|---|---|---|---|---|---|---|---|---|
| 平均雷暴日数 | 0.0 | 0.0 | 0.0 | 1.3 | 3.3 | 6.3 | 5.9 | 5.3 | 3.1 | 0.9 | 0.1 | 0.0 | 26.2 |
| 最多雷暴日数 | 0 | 0 | 1 | 4 | 8 | 14 | 16 | 12 | 12 | 4 | 2 | 0 | 40 |

注：1995年7月停测。

1960—1994年，年雷暴日数变化趋势不明显（图6.6-7）。1986年雷暴日数最多，为40天；1981年和1982年雷暴日数最少，均为13天。

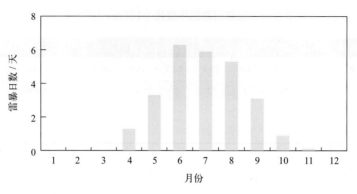

图6.6-6  雷暴日数年变化（1960—1995年）

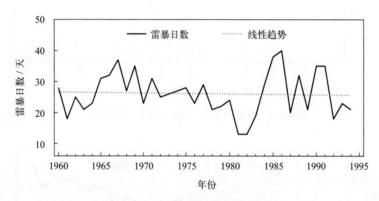

图6.6-7  1960—1994年雷暴日数变化

## 4. 霜

秦皇岛站霜日数的年变化见表 6.6-4 和图 6.6-8。平均年霜日数为 32.0 天，霜全部出现在 10 月至翌年 4 月，其中 1 月最多，平均为 7.7 天；霜最早初日为 10 月 4 日（1963 年），霜最晚终日为 4 月 14 日（1974 年）。

表 6.6-4  霜日数的年变化（1960—1995 年）　　　　　　　　　　　　　　单位：天

|  | 1月 | 2月 | 3月 | 4月 | 5月 | 6月 | 7月 | 8月 | 9月 | 10月 | 11月 | 12月 | 年 |
|---|---|---|---|---|---|---|---|---|---|---|---|---|---|
| 平均霜日数 | 7.7 | 6.4 | 4.9 | 0.2 | 0.0 | 0.0 | 0.0 | 0.0 | 0.0 | 0.7 | 5.6 | 6.5 | 32.0 |
| 最多霜日数 | 18 | 13 | 13 | 2 | 0 | 0 | 0 | 0 | 0 | 5 | 21 | 11 | 51 |

注：1979年数据缺测，1995年7月停测。

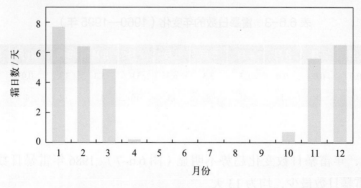

图6.6-8  霜日数年变化（1960—1995年）

1960—1994 年，年霜日数呈波动减少趋势，减少速率为 1.74 天 /（10 年）（线性趋势未通过显著性检验）。1973 年和 1978 年霜日数最多，均为 51 天；1993 年霜日数最少，为 17 天（图 6.6-9）。

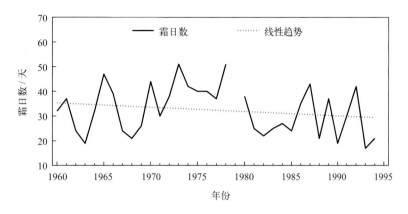

图6.6-9　1960—1994年霜日数变化

### 5. 降雪

秦皇岛站降雪日数的年变化见表 6.6-5 和图 6.6-10。平均年降雪日数为 12.1 天。降雪全部出现在 10 月至翌年 4 月，其中 1 月最多，为 3.3 天。降雪最早初日为 10 月 22 日（1982 年），最晚初日为 1 月 26 日（1984 年），最早终日为 1 月 7 日（1989 年），最晚终日为 4 月 18 日（1965 年）。

1960—1994 年，年降雪日数呈上升趋势，上升速率为 0.78 天 /（10 年）（线性趋势未通过显著性检验）。1985—1987 年连续 3 年降雪日数均为 21 天（图 6.6-11）。

表 6.6-5　降雪日数的年变化（1960—1995 年）　　　　　　　　　　单位：天

| | 1月 | 2月 | 3月 | 4月 | 5月 | 6月 | 7月 | 8月 | 9月 | 10月 | 11月 | 12月 | 年 |
|---|---|---|---|---|---|---|---|---|---|---|---|---|---|
| 平均降雪日数 | 3.3 | 3.1 | 2.2 | 0.2 | 0.0 | 0.0 | 0.0 | 0.0 | 0.0 | 0.1 | 1.3 | 1.9 | 12.1 |
| 最多降雪日数 | 9 | 8 | 9 | 2 | 0 | 0 | 0 | 0 | 0 | 1 | 4 | 6 | 21 |

注：1995年7月停测。

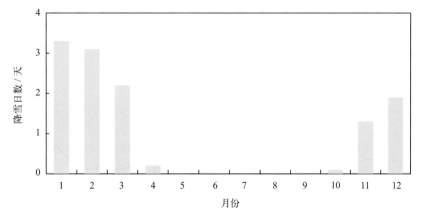

图6.6-10　降雪日数年变化（1960—1995年）

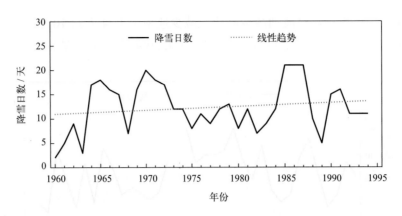

图6.6-11　1960—1994年降雪日数变化

## 第七节　能见度

1965—2018 年，秦皇岛站累年平均能见度为 15.4 千米。8—11 月平均能见度较大，均超过 16.0 千米，其中 9 月平均能见度最大，为 19.1 千米；6 月平均能见度最小，为 13.3 千米。能见度小于 1 千米的年平均日数为 11.9 天，7 月能见度小于 1 千米的平均日数最多，为 1.9 天，9 月能见度小于 1 千米的平均日数最少，为 0.1 天（表 6.7-1，图 6.7-1 和图 6.7-2）。

历年（1965—1972 年、1986—2018 年）平均能见度为 10.1 ~ 30.3 千米，其中 1965 年最高，2003 年最低；能见度小于 1 千米的日数，2013 年最多，为 35 天，1968 年和 1992 年最少，均为 2 天（图 6.7-3）。

1986—2018 年，年平均能见度呈下降趋势，下降速率为 0.89 千米 /（10 年）。2014 年后能见度明显好转。

表 6.7-1　能见度的年变化（1965—2018 年）

|  | 1月 | 2月 | 3月 | 4月 | 5月 | 6月 | 7月 | 8月 | 9月 | 10月 | 11月 | 12月 | 年 |
|---|---|---|---|---|---|---|---|---|---|---|---|---|---|
| 平均能见度 / 千米 | 14.7 | 14.7 | 14.5 | 13.9 | 14.8 | 13.3 | 13.4 | 16.9 | 19.1 | 17.8 | 16.2 | 15.2 | 15.4 |
| 能见度小于 1 千米 平均日数 / 天 | 0.7 | 1.2 | 1.1 | 1.2 | 1.1 | 1.4 | 1.9 | 1.1 | 0.1 | 0.9 | 0.8 | 0.6 | 11.9 |

注：1973—1985年数据缺测。

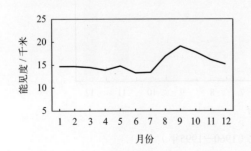

图6.7-1　能见度年变化

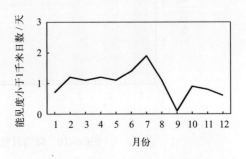

图6.7-2　能见度小于1千米平均日数年变化

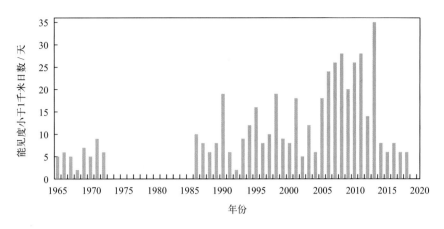

图6.7-3　能见度小于1千米的年日数变化

# 第八节　云

1965—1995年，秦皇岛站累年平均总云量为4.2成，其中7月最多，为6.6成，12月最少，为2.3成。累年平均低云量为1.7成，其中7月最多，为3.7成，1月最少，为0.5成（表6.8-1，图6.8-1）。

表6.8-1　总云量和低云量的年变化（1965—1995年）

| | 1月 | 2月 | 3月 | 4月 | 5月 | 6月 | 7月 | 8月 | 9月 | 10月 | 11月 | 12月 | 年 |
|---|---|---|---|---|---|---|---|---|---|---|---|---|---|
| 平均总云量/成 | 2.4 | 3.1 | 4.1 | 4.6 | 5.3 | 6.1 | 6.6 | 5.5 | 4.0 | 3.2 | 3.0 | 2.3 | 4.2 |
| 平均低云量/成 | 0.5 | 0.8 | 1.0 | 1.4 | 2.2 | 3.0 | 3.7 | 3.0 | 1.7 | 1.4 | 1.2 | 0.7 | 1.7 |

注：1995年7月停测。

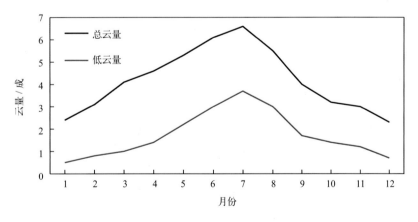

图6.8-1　总云量和低云量年变化（1965—1995年）

1965—1994年，年平均总云量呈微弱减少趋势，减少速率为0.08成/（10年）（线性趋势未通过显著性检验，图6.8-2），1985年平均总云量最多，为4.9成，1981年和1982年最少，均为3.6成；年平均低云量呈增加趋势，增加速率为0.12成/（10年），1990年的年平均低云量最多，为2.3成，1978年最少，为1.2成（图6.8-3）。

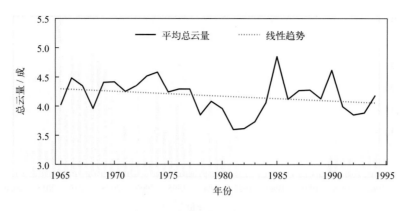

图6.8-2 1965—1994年平均总云量变化

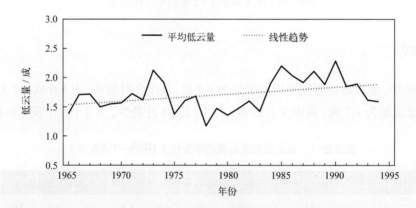

图6.8-3 1965—1994年平均低云量变化

# 第九节 蒸发量

1960—1972年，平均年蒸发量为1355.9毫米。蒸发量的年变化呈M型，具有夏半年蒸发量大、冬半年蒸发量小的特点。1月蒸发量最小，为36.6毫米，2月之后蒸发量逐渐增大，5月蒸发量最大，为181.7毫米，6月和7月略有减小，8月和9月略有回升，之后蒸发量逐渐减小（表6.9-1，图6.9-1）。

表6.9-1 蒸发量的年变化（1960—1972年）　　　　　　　　　　　单位：毫米

| | 1月 | 2月 | 3月 | 4月 | 5月 | 6月 | 7月 | 8月 | 9月 | 10月 | 11月 | 12月 | 年 |
|---|---|---|---|---|---|---|---|---|---|---|---|---|---|
| 平均蒸发量 | 36.6 | 41.4 | 87.6 | 132.3 | 181.7 | 163.9 | 147.4 | 156.3 | 156.6 | 122.1 | 81.6 | 48.4 | 1 355.9 |

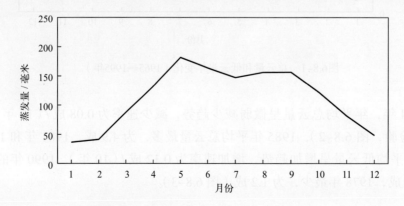

图6.9-1 蒸发量年变化（1960—1972年）

# 第七章　海平面

## 1. 年变化

秦皇岛沿海海平面年变化特征明显，1月最低，8月最高，年变幅为55厘米，平均海平面在验潮基面上84厘米（图7.1-1）。

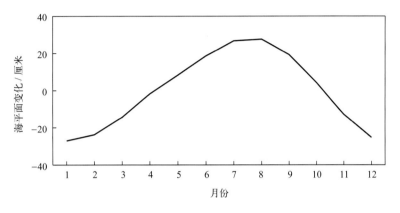

图7.1-1　海平面年变化（1965—2018年）

## 2. 长期趋势变化

1965—2018年，秦皇岛沿海海平面变化总体呈波动上升趋势，海平面上升速率为1.1毫米/年；1993—2018年，秦皇岛沿海海平面上升速率为4.0毫米/年，高于同期中国沿海3.8毫米/年的平均水平。秦皇岛沿海海平面在20世纪70年代中期经历了一次高峰之后，在20世纪80年代初期有所下降，之后波动上升，在2005年经历了小幅下降之后，2006—2018年海平面呈显著上升趋势，2012—2018年海平面一直处于有观测记录以来的高位（图7.1-2）。

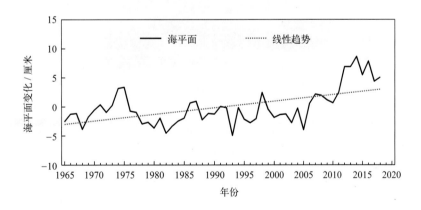

图7.1-2　1965—2018年秦皇岛沿海海平面变化

1970—1979年，秦皇岛沿海十年平均海平面处于近54年来（截至2018年）的第二高位；1980—1989年平均海平面处于1970年以来的最低位，较上一个十年低约18毫米；1990—1999年和2000—2009年，这两个十年的平均海平面逐步上升；2010—2018年，海平面上升显著，处于近54年来的最高位,比2000—2009年的平均海平面高约60毫米,比1980—1989年的平均海平面高约73毫米(图7.1-3)。

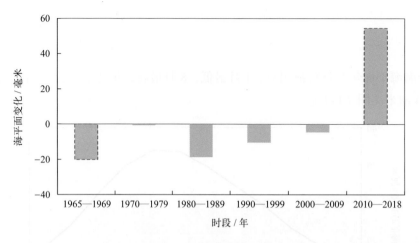

图7.1-3 十年平均海平面变化

### 3. 周期性变化

1965—2018年,秦皇岛沿海海平面有2~3年、准9年和14~15年的显著变化周期,振荡幅度均接近1厘米。由于时间序列长度为54年,因此图7.1-4中30~50年的周期暂时认为是假周期。1975年、1990年和2012—2014年皆处于2~3年、准9年和14~15年周期性振荡的高位,几个主要周期性振荡高位叠加,抬高了同时段海平面的高度(图7.1-4)。

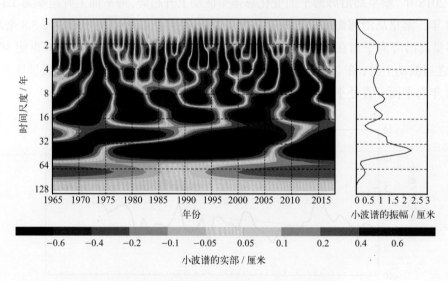

图7.1-4 年均海平面的小波(wavelet)变换

# 第八章 灾害

## 第一节 海洋灾害

### 1. 风暴潮

据有关历史资料记载（《秦皇岛海平面变化的规律及其海岸侵蚀原因的研究》《北海区海洋站海洋水文气候志》）及近年的调查访问，秦皇岛附近地区发生的较大风暴潮有：

1634 年（崇祯七年），海啸，淹没沿海居民无数。

1664 年（康熙三年），海啸，滦河溢。

1750 年（乾隆十五年），大风雨，海潮，沿海田禾稼淹。

1845 年（道光二十五年）4 月，昌黎、抚宁海啸上溢 20 余里，渔舍尽没。

1895 年（光绪二十一年）4 月 28—29 日海啸，海水侵溢到北戴河陆庄关帝庙前，村民扶老携幼逃上联峰山。

1913 年（民国 2 年）4 月 28—29 日，秦皇岛海潮大涨 8 英尺[①]，所有海口附近村庄均被淹没。

1923 年（民国 12 年）6 月，海水涨，秦皇岛平地水深 5 尺[②]左右，商民、警署房屋被淹。

1939 年（民国 28 年），海啸，海浪击毁北戴河海滨沙坊木制跳台。

1964 年 8 月 13 日，沿海发生海啸，伴随暴风雨，海水侵溢，北戴河刘庆六座楼房花园水深齐腰，海浪掏空外交部修养行环海路 3 处。中海滩南花园被淹，昌黎、抚宁海潮上涨，农田积水。

1972 年 7 月 26—28 日，秦皇岛等地 69 个大队遭海水侵袭。乐亭县遭受了台风海啸的袭击。沿海地区阵风达到 10～11 级，海潮猛涨 3.64 米，比平时最大潮高 1.2 米。渔业损失较大，海水内侵十多华里[③]，侵蚀耕地严重。

1997 年 8 月 18 日，11 号台风在浙江登陆北上，20 日从莱州湾入海继续沿渤海北上，途经河北沿海期间，水位上涨，并伴有狂风巨浪，秦皇岛沿岸最大风力达 9 级，最大波高 2 米，最大增水 1 米，沿海一些小型旅游码头、海水养殖区的防波堤等受到不同程度的破坏，文蛤冲跑 2 150 吨，扇贝损失 4 415 台，很多渔船被毁，大树被吹倒，砸断了部分电话线和供电线，直接经济损失近 2 亿元。

2003 年 10 月 11 日，强冷空气诱发温带风暴潮，受东北大风影响，近岸产生 2.7～3.2 米的大浪，昌黎、抚宁沿海扇贝养殖区损失 27 万亩，渔船损坏 70 艘，经济损失约 2 亿元（《中国海洋台站志·北海区卷上》）。

2005 年，秦皇岛遭受热带风暴"海马"余威波及。9 月 14 日 17 时许，正在沉箱中作业的 5 名工人被大风和巨浪围困。由于风高浪急，1 人被风浪卷入大海，4 人获救生还。

2006 年，受台风"麦莎"影响，8 月 8—9 日，秦皇岛沿海地区出现了 7～8 级偏东大风，最大风力达到 9 级。

2007 年 3 月，暖冬后的河北沿海海平面高于常年同期，适逢近 40 年来最强的温带风暴潮袭击河北沿海，沧州、唐山、秦皇岛等沿海地区发生了大的增水，使这些地区的供电供气系统、海

---

① 1 英尺= 0.304 8 米。

② 1 尺= 0.333 3 米。

③ 1 华里= 1 里= 500 米。

上作业和海水养殖等遭受较大损失。

2008年8—9月，河北沿海发生风暴潮和海浪灾害，海平面上升加大了致灾程度，海水养殖和海岸防护设施均遭受不同程度的损失。

2012年8月3—4日，受第十号台风"达维"北上影响，河北沿海出现了暴雨、大风、大浪及风暴增水过程，秦皇岛最高潮位197厘米，造成昌黎沿海海水养殖经济损失约3 000万元，秦皇岛经济损失约4.07亿元（《中国海洋台站志·北海区卷上》《2012年河北省海洋环境状况公报》）。

2016年7月20—21日，受温带气旋影响，秦皇岛市沿海出现一次超过黄色警戒潮位值的风暴潮过程，最高潮位达227厘米，最大增水值46厘米，造成直接经济损失1 030万元（《2016年河北省海洋环境状况公报》）。

### 2. 海冰

20世纪30年代以来，渤海发生5次严重冰情（1936年、1947年、1957年、1969年和1977年），造成海上严重灾害损失。冬季海冰阻碍海上航运交通，舰船航行受阻时有发生，20世纪90年代，辽东湾发生两起货轮遇难事件（《中国海洋灾害四十年资料汇编（1949—1990）》《中国近海海洋——海洋灾害》）。

1968/1969年度为罕见的重冰年。冰期长、冰量多、有冰日数多，特别是约有两个月整个能见海面出现了大范围的板冰、厚冰和堆积冰，单层冰厚达30厘米，最厚达60厘米。海上流冰的堆积重叠现象十分严重，有的高出海面2米以上。在严重冰期，经常有几平方千米甚至几十平方千米的巨大冰块出现，整个能见海面几乎完全被冰层所覆盖。因此，航行中断，港口作业停顿，造成严重灾情。据记载，万吨巨轮被夹在冰块中随冰漂移，货轮被冰冻在锚地，不少船只受到损伤，海岸设施也受到不同程度的破坏。另据调查，大清河口、南堡等沿岸，固定冰宽度达15～20千米。大蒲河口堆积冰的最大高度达9米之多（《北海区海洋站海洋水文气候志》）。

2000年11月至2001年3月，渤海和黄海北部冰情与常年相比明显偏重，是近二十年来最重的一年。2月7日至13日，辽东湾海冰距湾顶最大距离115海里，一般冰厚15～25厘米，最大冰厚60厘米。在冰情严重期，辽东湾北部沿岸港口基本处于封港状态，素有"不冻港"之称的秦皇岛港冰清严重，港口航道灯标被流冰破坏，港内外数十艘船舶被海冰围困，造成航运中断，锚地有40多艘船舶因流冰作用走锚（《2001年中国海洋灾害公报》）。

2009/2010年度，渤海及黄海北部冰情属偏重冰年，于2010年1月中下旬达到近30年同期最严重冰情，对沿海地区社会、经济产生严重影响，造成巨大损失。河北省船只损毁47艘，港口及码头封冻20个，水产养殖损失受损面积800公顷。因灾直接经济损失1.55亿元，其中秦皇岛市经济损失0.27亿元（《2010年中国海洋灾害公报》）。

### 3. 海浪

1972年7月27日，3号台风过境，平均风速达24.0米/秒，瞬时风速达30.0米/秒。秦皇岛站值班室的玻璃（海拔高度12.7米）被浪击碎，最大波高出现3.5米的多年极值（《中国海洋台站志·北海区卷上》）。

### 4. 海岸侵蚀

2000—2003年，秦皇岛市戴河周边岸段砂质海岸侵蚀速率为2.0～2.4米/年（《中国近海海洋——海洋灾害》)。

2009 年，砂质海岸侵蚀严重地区主要在河北省秦皇岛海岸等地。海岸和海上采砂、修建不合理海岸工程、河流水利、水电工程拦截泥沙和沿岸开采地下水等人为活动，是造成海岸侵蚀灾害的重要原因，同时海平面上升进一步加剧了海岸侵蚀（《2009 年中国海洋灾害公报》）。

2010 年，海岸侵蚀对北戴河的滨海环境造成了比较严重的威胁，部分海滩后退近 100 米，损失面积超过 30 万平方米（《2010 年中国海平面公报》)。

2012 年，河北省滦河口至戴河口砂质海岸岸段平均侵蚀速率为 11.0 米 / 年（《2012 年中国海洋灾害公报》）。

2013 年，河北省滦河口至戴河口砂质海岸岸段平均侵蚀速率为 9.1 米 / 年（《2013 年中国海洋灾害公报》）。

2014 年，秦皇岛北戴河新区岸段最大侵蚀距离 4.6 米，平均侵蚀距离 1.2 米，侵蚀面积 5.1 万平方米；山海关区侵蚀岸段最大侵蚀距离 3.1 千米（《2014 年中国海平面公报》）。

2015 年，秦皇岛北戴河新区岸段最大侵蚀距离 5.3 米，平均侵蚀距离 1.3 米，侵蚀面积 5.47 万平方米；岸滩下蚀最大高度 3.3 厘米。金梦海湾至浅水湾岸段最大侵蚀距离 3.4 米，平均侵蚀距离 1.2 米，侵蚀面积 1.34 万平方米（《2015 年中国海平面公报》）。

2016 年，秦皇岛北戴河新区岸段最大侵蚀距离 5.9 米，平均侵蚀距离 1.2 米，侵蚀面积 5.05 万平方米。秦皇岛金梦海湾至浅水湾岸段最大侵蚀距离 3.3 米，平均侵蚀距离 1.3 米，侵蚀面积 1.46 万平方米（《2016 年中国海平面公报》）。

2017 年，秦皇岛北戴河新区岸段最大侵蚀距离 5.9 米，平均侵蚀距离 1.3 米，岸滩下蚀平均高度 1.1 厘米，侵蚀面积 1.26 万平方米；秦皇岛金梦海湾至浅水湾岸段最大侵蚀距离 5.3 米，平均侵蚀距离 1.8 米，侵蚀面积 1.55 万平方米（《2017 年中国海平面公报》）。

2018 年，秦皇岛北戴河新区岸段年最大侵蚀距离 5.4 米，年平均侵蚀距离 1.2 米，与 2017 年基本持平，岸滩平均下蚀 10 厘米，下蚀高度较 2017 年增加。秦皇岛金梦海湾至浅水湾岸段年最大侵蚀距离 8.2 米，侵蚀长度 10.2 千米，年平均侵蚀距离 2.5 米，岸滩平均下蚀 13 厘米，侵蚀程度较 2017 年加重（《2018 年中国海平面公报》《2018 年中国海洋灾害公报》）。

### 5. 海水入侵与土壤盐渍化

2006 年，秦皇岛市海港区和抚宁县部分地段海水入侵长度已达 32 千米，入侵面积超过 300 平方千米，造成了该地区地下水水质咸化、土地盐碱化（《2006 年中国海平面公报》）。

2008 年，秦皇岛、沧州和曹妃甸均发生了较严重的海水入侵现象，入侵距离 7 ~ 22 千米不等，土壤含盐量最高达 2.69%（《2008 年中国海平面公报》）。

2009 年，由于海平面上升和地下水位下降等因素的影响，秦皇岛、唐山和沧州沿海地区都不同程度地发生了海水入侵，入侵距离分别超过 18 千米、21 千米和 53 千米，入侵区出现大片盐碱地，制约了土地资源的有效利用（《2009 年中国海平面公报》）。

2010 年，海水入侵严重地区分布于河北秦皇岛等地，秦皇岛市抚宁海水重度入侵距离 8.54 千米，轻度入侵距离 13.71 千米，海水入侵范围有所增加。与 2009 年相比，河北秦皇岛等监测区域盐渍化范围呈扩大趋势（《2010 年中国海洋灾害公报》）。

2011 年，海平面上升导致自然岸段海水入侵加剧，危害河北沿岸的滨海生态环境和旅游资源。唐山、秦皇岛和沧州的盐渍化区向内陆延伸最大距离分别约为 28 千米、19 千米和 53 千米（《2011 年中国海平面公报》）。

2012年，秦皇岛市滨海地区均出现了一定程度的海水入侵现象，大部分地区为轻度入侵，仅极个别站位出现严重入侵的情况。其中秦皇岛抚宁海水入侵距离13.9千米，昌黎县海水入侵距离超过22.3千米（2012年海平面变化影响调查信息）。

2013年，与上年相比，河北秦皇岛土壤盐渍化范围稍有扩大，秦皇岛抚宁监测到海水入侵距离为14.78千米，土壤盐渍化距离为0.71千米；秦皇岛昌黎监测到的海水入侵距离为14.43千米，土壤盐渍化距离为1.18千米（《2013年中国海洋环境状况公报》）。

2014年，河北秦皇岛抚宁洋河口监测到海水入侵距离为15.36千米，较2013年增加，土壤盐渍化程度较2013年下降；昌黎黄金海岸监测到的海水入侵距离5.1千米，较2013年下降，土壤盐渍化程度较2013年下降（《2014年中国海洋环境状况公报》）。

2015年，秦皇岛抚宁洋河口海水入侵距离8.51千米，昌黎黄金海岸海水入侵距离4.8千米，昌黎团山林东村海水入侵距离4.6千米。2011—2015年，河北秦皇岛部分监测区近岸站位土壤含盐量上升明显，盐渍化范围有所扩大（《2015年中国海洋环境状况公报》）。

2016年，与2015年相比，河北秦皇岛监测区海水入侵范围有所扩大，个别监测站位氯离子含量明显升高。其中秦皇岛抚宁洋河口海水入侵距离13.65千米，昌黎黄金海岸海水入侵距离6.69千米，昌黎团山林东村海水入侵距离5.92千米。本年度土壤盐渍化程度与2015相比呈稳定或下降趋势（《2016年中国海洋环境状况公报》）。

2017年，秦皇岛抚宁重度海水入侵距离8.11千米，轻度海水入侵距离12.76千米（《2017年中国海洋灾害公报》）。

2018年，秦皇岛抚宁重度海水入侵距离8.49千米，轻度海水入侵距离15.74千米，与2017年相比，河北秦皇岛部分监测区海水入侵范围有所扩大（《2018年中国海洋灾害公报》）。

# 第二节　灾害性天气

根据《中国气象灾害大典·河北卷》记载，秦皇岛站周边发生的主要灾害性天气有暴雨洪涝、大风（龙卷风）、冰雹和雷电。

## 1. 暴雨洪涝

1984年8月8—10日，秦皇岛降大暴雨，降雨量在200毫米以上，8月10日秦皇岛市暴雨大风成灾，最大雨量达500毫米，风力达7～8级，66 700余公顷农作物倒伏，洪水冲走柴油机、电动机和水泵100多台，冲毁桥梁4座，河堤防洪堤9 000米，冲倒树木65万棵，电线杆600多根，洪水造成17人死亡，40人受伤。

1987年8月26—27日，秦皇岛受暴风雨及大潮袭击，沿海建立的水产设施、停在港内的船只、浅海养殖的贝类、滩涂养殖的对虾和坑塘养殖的鱼蟹都遭到巨大损失。全市约40%的池塘漫水跑鱼，冲垮虾池17座，估计减产3.8万千克，全市贝类减产78万千克，海水贝类养殖直接经济损失125万元。

1991年7月28日，唐山、秦皇岛北部、承德南部和沧州东部降暴雨到特大暴雨，最大降雨量264毫米，局部伴有冰雹，部分县市沥涝风雹成灾。

1994年7月23日、8月6日和13日，承德、廊坊、唐山、秦皇岛、保定、沧州和衡水等33个县市连降3次大暴雨。

1995年7月28日至8月3日，唐山、承德、保定、廊坊和秦皇岛5个市20个县遭受大暴雨袭击。

1996 年 7 月 20—29 日，承德、秦皇岛和唐山等地，连续遭受暴雨和特大暴雨的袭击。一般降雨量 100 毫米左右，最大降雨量 400 毫米左右，导致平原沥涝成灾，山区山体滑坡，山洪暴发。8 月 9 日和 10 日，廊坊和秦皇岛两市的部分县市再次连降大到暴雨，平均降雨量 80 毫米，秦皇岛市的卢龙县降雨 171.5 毫米，卢龙县渠道决口 4 处 343 米，冲毁桥涵 19 座，井 350 眼，县级公路 2 处，毁坏日光温室 450 个，15 家企业厂房进水被迫停工停产。

1998 年 7 月 13—14 日晨，唐山、沧州和秦皇岛部分县市遭受不同程度的洪涝灾害。7 月 13 日 8—22 时，4 县 3 区普降大到暴雨。市区和抚宁县降雨量 238 毫米，卢龙县 170 毫米，昌黎县 90 毫米，青龙县 115 毫米，受灾乡镇 64 个，其中重灾乡镇 16 个，受灾人口 23.7 万，成灾人口 17.4 万，农作物受灾面积 1.1 万公顷，倒塌损坏房屋 510 间，部分交通、通讯、水利设施遭破坏，直接经济损失 945 万元。

根据《河北省气候公报》和《河北省气候灾害监测公报》资料信息，2012—2017 年秦皇岛地区较强降雨灾害过程如下：

2012 年 8 月 3—4 日，受强台风"达维"影响，秦皇岛、唐山南部和东部、沧州东部出现强降雨天气，雨量普遍在 50 毫米以上，秦皇岛、昌黎和乐亭超过 200 毫米，达到极端日降水量标准，秦皇岛最大，为 223.8 毫米，超过了 8 月上旬降水量的历史极值（《河北省气候公报 2012 年》）。

2016 年 7 月 24—25 日（23 日 21 时至 25 日 20 时），秦皇岛出现强降水天气过程，本次过程平均累计降水量达到 51.2 毫米（《河北省气候灾害监测公报 2016 年第 6 期》）。

2017 年 7 月 21—22 日，秦皇岛出现强降水过程，秦皇岛东部地区过程降水超过 50 毫米，其中秦皇岛站最大，为 169.9 毫米，达到大暴雨等级。本次降水局部强度大，与历史同期（7 月下旬）相比，秦皇岛日最大降水量为近 10 年最大。8 月 2—3 日，受减弱的台风低压和冷空气的共同影响，秦皇岛大部分地区出现降水，降水量较大，为 91.5 毫米（《河北省气候公报 2017 年》）。

### 2. 大风和龙卷风

1983 年 7 月 14 日，抚宁发生龙卷风，关庄大队 18 名打靶民兵在途中有 7 人被卷入空中，其中 4 人受伤。

1985 年 6 月 2 日，昌黎县遭飑线大风，最大风速 31 米／秒，4.5 公顷小麦倒伏，208 根低压电杆被刮倒。

### 3. 冰雹

1971 年，河北省沿海地区的冰雹次数偏多，秦皇岛和昌黎为 4 天。

1972 年 10 月 8—10 日，降雹主要发生在承德、唐山和秦皇岛地区，最大冰雹直径 40 毫米，有灾。

1975 年，秦皇岛和唐山地区的冰雹次数偏多，抚宁气象站 5 天，唐山气象站 3 天。

1980 年 6 月 19—20 日，降雹主要发生在唐山和秦皇岛地区。最大如馒头，有灾。

1986 年 9 月 1 日，邯郸、邢台、石家庄、保定和秦皇岛 5 个地市 28 县，遭历史上罕见的大风雹，受灾面积 16.7 万公顷，成灾面积 12.8 万公顷。

1989 年 6 月 26 日，秦皇岛市抚宁、卢龙和青龙 3 县 30 个乡镇遭 8 ~ 10 级大风和冰雹袭击，农作物受灾面积 8 538 公顷，果树倒折 59 万株，刮倒电杆 185 根，损坏、沉没船只 6 艘，96 间房屋遭受不同程度的损坏，有 1 人被大风掀到洋河水库淹死。

1990 年 7 月 15、16 日，沧州、衡水、保定、廊坊、唐山和秦皇岛等 10 地市遭受特大风雹灾害的袭击，风力 8 ~ 10 级，风速 30 ~ 40 米 / 秒，阵风 12 级，持续时间 2 ~ 3 个小时之久，局部地区伴有暴雨和冰雹。

1993 年 5—6 月中旬，秦皇岛等 11 个地市先后遭受不同程度的大风冰雹袭击。

1996 年，秦皇岛地区的冰雹次数较常年偏多，据秦皇岛市人工影响天气办公室统计：全区共出现 13 个冰雹日，大部分位于山区的抚宁县，冰雹日达 10 天（气象观测场为 5 天）。

1998 年 8 月 30 日和 9 月 3 日，秦皇岛发生了风雹灾害，昌黎受灾较重。

2000 年 6 月 8 日下午，河北部分地区产生了强对流天气。唐山、秦皇岛和石家庄 3 市的大部分先出现了雷阵雨，遵化、迁西、玉田、丰润、抚宁和青龙 6 个县降冰雹，测站冰雹最大直径 5 ~ 11 毫米。秦皇岛市遭受历史罕见的冰雹灾害，直接经济损失达 4 560 万元。

### 4. 雷电

1986 年 7 月 14 日，昌黎县雷电击坏 50 千伏变压器 2 台。8 月 8 日晚，秦皇岛市 1 个粮垛被雷击中起火，粮食损失 31 400 千克，折合人民币约 120 万元。

2000 年 5 月 17 日，秦皇岛中煤公司、山海关龙源酒店和耀华优能镜业有限公司遭雷击。中煤公司的程控机被雷击坏，直接经济损失 2.3 万元；龙园酒店电话交换机被雷击坏，造成损失 4.99 万元；耀华优能镜业有限公司的变电所被击坏，造成损失 3 万元。7 月 16 日，昌黎县供电局变压器被雷击坏，造成损失 1.16 万元。

# 塘沽海洋站

# 第一章 概况

## 第一节 基本情况

塘沽海洋站（简称塘沽站）位于天津市滨海新区（原塘沽区）。天津市滨海新区地处天津市东部，南北与河北省相邻，西部为天津市东丽区，东部为渤海，海岸线长约153千米，所辖海域面积约3000平方千米。滨海新区是环渤海经济圈的中心地带，也是国务院批准的第一个国家综合改革创新区。

塘沽站建于1959年12月，名为塘沽海洋水文气象站，隶属河北省气象局，1965年10月后隶属原国家海洋局北海分局；1966年3月，塘沽站正式成立；2001年11月，更名为国家海洋局北海分局塘沽海洋环境监测站。塘沽站成立时位于天津市原塘沽区新港海河防潮闸附近；2010年11月，迁址到天津港东突堤，办公、值班合署（图1.1–1）。塘沽近岸区多为淤泥底质，海底坡度极缓，水深较浅，河口输沙量少，受潮流的冲刷小。海水5米等深线比较均匀地分布在离岸约15千米处，10米等深线分布在离岸24～35千米处。

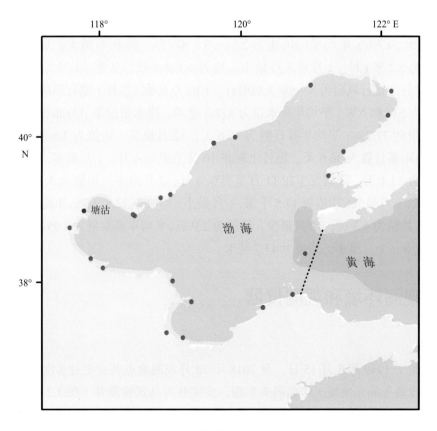

图1.1–1 塘沽站地理位置示意

塘沽站观测共经历了3个主要阶段：20世纪60年代至80年代，借助简易仪器设备进行人工观测；20世纪90年代至20世纪末，以半自动仪器观测为主；21世纪后，以自动化观测为主。

2013 年后，自动化观测项目有潮汐、海浪、表层海水温度、表层海水盐度、气温、气压、相对湿度、风和降水；人工观测项目有海冰等。

塘沽沿海为不正规半日潮特征，海平面 1 月最低，8 月最高，年变幅为 59 厘米，平均海平面为 245 厘米，平均高潮位为 361 厘米，平均低潮位为 124 厘米，均具有夏秋高、冬春低的年变化特点；全年海况以 0 ～ 4 级为主，年均十分之一大波波高值为 0.3 ～ 0.8 米，年均平均周期值为 1.5 ～ 3.4 秒，历史最大波高最大值为 6.5 米，历史平均周期最大值为 11.4 秒，常浪向为 E，强浪向为 NE；年均表层海水温度为 11.4 ～ 14.7℃，1 月最低，均值为 -0.6℃，8 月最高，均值为 27.3℃，历史水温最高值为 33.0℃，历史水温最低值为 -2.5℃；年均表层海水盐度为 21.77 ～ 33.52，具有春季较高、夏秋季较低的特点，2 月最高，均值为 30.32，8 月最低，均值为 27.18，历史盐度最高值为 36.40，历史盐度最低值为 4.20；海发光全部为火花型，频率峰值出现在 9 月，频率谷值出现在 1 月，1 级海发光最多，出现的最高级别为 4 级；平均年度有冰日数为 32 天，有固定冰日数为 23 天，1 月平均冰量最多，总冰量和浮冰量均占年度总量的 59%，2 月次之，总冰量和浮冰量均占年度总量的 33%。

塘沽站主要受大陆性季风气候影响，整体特点是冬季寒冷、少雪；春季干旱、多风；夏季气温高、湿度大、降水集中；秋季秋高气爽、风和日丽。年均气温为 11.7 ～ 14.9℃，1 月最低，平均气温为 -2.5℃，8 月最高，平均气温为 26.5℃，历史最高气温为 40.9℃，历史最低气温为 -18.0℃；年均气压为 1 014.5 ～ 1 018.6 百帕，具有冬高夏低的变化特征，1 月最高，均值为 1 027.8 百帕，7 月最低，均值为 1 003.0 百帕；年均相对湿度为 54.1% ～ 73.3%，7 月最大，均值为 77.7%，12 月最小，均值为 59.7%；年均平均风速为 2.5 ～ 6.9 米/秒，春秋季稍大，夏冬季稍小，4 月和 5 月最大，均为 5.2 米/秒，1 月和 8 月最小，均为 4.1 米/秒，冬季（1 月）盛行风向为 NW 和 NNW，春季（4 月）盛行风向为 S—SW（顺时针，下同），夏季（7 月）盛行风向为 E—S，秋季（10 月）盛行风向为 SW 和 NW；平均年降水量为 471.3 毫米，降水量的季节分布很不均匀，夏季降水量占全年降水量的 71.7%；平均年雾日数为 16.6 天，12 月最多，均值为 3.5 天，9 月最少，均值为 0.3 天；平均年霜日数为 36.6 天，霜日出现在 10 月至翌年 4 月，1 月最多，均值为 12.1 天；平均年降雪日数为 11.4 天，降雪发生在 11 月至翌年 4 月，2 月最多，均值为 3.3 天；年均能见度为 5.3 ～ 26.1 千米，9 月最大，均值为 17.5 千米，1 月最小，均值为 12.8 千米；年均总云量为 3.3 ～ 5.4 成，7 月最多，均值为 6.3 成，12 月最少，均值为 2.9 成；平均年蒸发量为 1 954.8 毫米，5 月最大，均值为 296.0 毫米，1 月最小，均值为 47.7 毫米。

## 第二节　观测环境和观测仪器

### 1. 潮汐

潮汐观测始于 1949 年 3 月 15 日，至 2018 年 12 月观测地点共变更过 3 次。1994 年 8 月起验潮测点位于天津港务局东突堤工作船码头东端，验潮井为岛式验潮井（图 1.2-1）。该处码头下面水深超过 10 米，与外海通畅，附近无直接排水口，低潮时水深一般超过 3 米。

观测仪器使用过日制卧式自动水位计自记验潮仪、瓦尔代水位计、德制立式水位计和 HCJ1-2 型滚筒式验潮仪等。1998 年 6 月开始，潮高、高（低）潮潮高及对应时间自动连续采集，2009 年开始使用 SCA11 型浮子式水位计及海洋站自动观测系统。

图1.2-1　塘沽站验潮室（摄于2019年7月）

## 2. 海浪

海浪观测始于 1959 年 12 月，1985 年 12 月 27 日至 2006 年 11 月 30 日停测（2002 年和 2003 年有短时观测）。2006 年 12 月 1 日起，观测点移至大沽灯塔（图 1.2-2）。大沽灯塔位于天津大沽锚地中间偏北位置，锚地可停泊万吨以上船舶，距塘沽站值班室约 16 千米。观测海域开阔，1 千米范围内海图水深约 8 米，附近涨、落潮流流速约 1.5 节[①]。灯塔底座周围海底的碎石、海蛎子等对测波仪器感应器和固定件有危害，附近过往大型船舶的锚泊及航行对波浪观测稍有影响。此外大沽灯塔本身对西南方向的波浪有遮挡。

海浪观测从人工目测到器测，使用过的仪器有 HAB-2 型岸用光学测波仪和不同类型的声学测波仪。2018 年 1 月起使用 LPB1-2 型声学测波仪，观测项目以波高和周期为主，不观测波向。

图1.2-2　大沽灯塔（摄于2009年3月）

---

① 　1节＝1海里/小时＝0.514 4 m/s。

### 3. 表层海水温度、盐度和海发光

海表水温观测始于 1959 年 12 月，盐度观测始于 1960 年 9 月，测点位置变化了 7 次。1994 年 8 月 4 日启用东突堤观测点，位于天津港务局东突堤工作船码头，附近无直接排水口，低潮时水深一般超过 3 米，与外海畅通。

海发光观测始于 1962 年 1 月，1970 年 4 月后因灯光影响时常观测不到海发光，1979 年 4 月停测。

2002 年 2 月前，使用表层水温表现场观测水温，采取海水样品后在化验室测定盐度。2002 年 2 月后使用 CZY1-1 型海洋站自动观测系统，2009 年 8 月后使用 YZY4-3 型温盐传感器自动观测。

### 4. 海冰

海冰观测始于 1963 年 1 月，观测时段为每年的 11 月至翌年的 3 月，早期观测点与温盐观测点一致。1994 年 11 月后，观测点位于天津港务局东突堤东端中部，距海边约 50 米，附近无直接排水口，海岸边有挡浪墙。测冰点能见水平线最大远程为 13.2 千米，视角范围为 180°，基线方向为东南偏南。

### 5. 气象要素

气象要素观测始于 1959 年 12 月，气象观测场多次变化。2010 年 11 月，气象观测场迁至塘沽站值班室东侧，测场形状不规则，面积约 200 平方米（图 1.2-3）。风传感器离地高度 10.2 米，温湿度传感器离地高度 1.5 米，降水传感器离地高度 0.7 米。

塘沽站气象观测主要包括气温、气压、风、相对湿度、能见度、降水、云和天气现象等，1995 年 7 月后取消了云和除雾外的天气现象观测。2001 年 7 月前使用的常规仪器主要有温度表、气压表、风速仪和雨量器等。2001 年 7 月开始使用自动观测系统，并不断升级。自 2010 年 11 月起，自动观测系统集成，能够自动传输气温、气压、相对湿度和风的逐时数据及对应极值数据。

图1.2-3　塘沽站气象观测场（摄于2014年6月）

# 第二章　潮位

## 第一节　潮汐

### 1. 潮汐类型

利用塘沽站近 19 年（2000—2018 年）验潮资料分析的调和常数，计算出潮汐系数 $(H_{K_1}+H_{O_1})/H_{M_2}$ 为 0.58。按我国潮汐类型分类标准，塘沽沿海为不正规半日潮，每个潮汐日（大约 24.8 小时）有两次高潮和两次低潮，低潮日不等现象较为明显。

1950—2018 年，塘沽站主要分潮调和常数存在趋势性变化。$M_2$ 分潮的振幅和迟角均呈明显减小趋势，减小速率分别为 2.05 毫米 / 年和 0.16°/ 年。$K_1$ 和 $O_1$ 分潮振幅均无明显变化趋势；$K_1$ 和 $O_1$ 分潮迟角呈减小趋势，减小速率均为 0.10°/ 年。

### 2. 潮汐特征值

由 1950—2018 年资料统计分析得出：塘沽站平均高潮位为 361 厘米，平均低潮位为 124 厘米，平均潮差为 237 厘米；平均高高潮位为 374 厘米，平均低低潮位为 85 厘米，平均大的潮差为 289 厘米；平均涨潮历时 5 小时 34 分钟，平均落潮历时 6 小时 52 分钟，两者相差 1 小时 18 分钟。

累年各月潮汐特征值见表 2.1-1。

表 2.1-1　累年各月潮汐特征值（1950—2018 年）　　　　　单位：厘米

| 月份 | 平均高潮位 | 平均低潮位 | 平均潮差 | 平均高高潮位 | 平均低低潮位 | 平均大的潮差 |
|---|---|---|---|---|---|---|
| 1 | 326 | 101 | 225 | 340 | 61 | 279 |
| 2 | 334 | 105 | 229 | 347 | 68 | 279 |
| 3 | 345 | 112 | 233 | 356 | 78 | 278 |
| 4 | 359 | 122 | 237 | 367 | 87 | 280 |
| 5 | 369 | 131 | 238 | 381 | 91 | 290 |
| 6 | 382 | 144 | 238 | 396 | 99 | 297 |
| 7 | 392 | 149 | 243 | 406 | 104 | 302 |
| 8 | 400 | 145 | 255 | 411 | 104 | 307 |
| 9 | 387 | 137 | 250 | 395 | 101 | 294 |
| 10 | 367 | 127 | 240 | 378 | 92 | 286 |
| 11 | 347 | 115 | 232 | 362 | 78 | 284 |
| 12 | 328 | 102 | 226 | 345 | 62 | 283 |
| 年 | 361 | 124 | 237 | 374 | 85 | 289 |

注：潮位值均以验潮零点为基面。

平均高潮位和平均低潮位均具有夏秋高、冬春低的特点，其中平均高潮位8月最高，为400厘米，1月最低，为326厘米，年较差74厘米；平均低潮位7月最高，为149厘米，1月最低，为101厘米，年较差48厘米；平均高高潮位8月最高，为411厘米，1月最低，为340厘米，年较差71厘米；平均低低潮位7月和8月最高，均为104厘米，1月最低，为61厘米，年较差43厘米（图2.1-1）。平均潮差和平均大的潮差夏秋季较大，冬春季较小，其年较差分别为30厘米和29厘米（图2.1-2）。

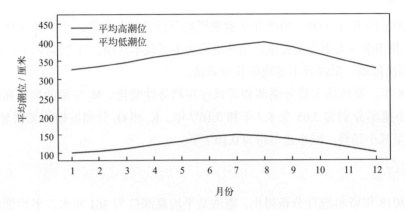

图2.1-1 平均高潮位和平均低潮位的年变化

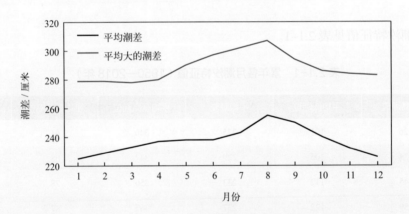

图2.1-2 平均潮差和平均大的潮差的年变化

1950—2018年，塘沽站平均高潮位和平均低潮位均呈波动上升趋势，上升速率分别为0.93毫米/年和5.19毫米/年。受天文潮长周期变化影响，平均高潮位和平均低潮位均存在较为显著的准19年周期变化，振幅分别为4.61厘米和3.47厘米。平均高潮位最高值出现在2012年和2013年，均为376厘米，最低值出现在1968年，为351厘米；平均低潮位最高值出现在2012年，为146厘米，最低值出现在1962年，为104厘米。

1950—2018年，塘沽站平均潮差呈波动减小趋势，减小速率为4.27毫米/年。平均潮差准19年周期变化较为显著，振幅为6.01厘米。平均潮差最大值出现在1964年，为257厘米；最小值出现在2004年，为217厘米（图2.1-3）。

图2.1-3　1950—2018年平均潮差距平变化

## 第二节　极值潮位

塘沽站年最高潮位和年最低潮位各月发生频率见表2.2-1。年最高潮位出现时间主要集中在8—11月，其中8月发生频率最高，为30%，9月次之，为23%。年最低潮位主要出现在11月至翌年3月，其中12月发生频率最高，为34%，1月和2月出现频率也较高，分别为23%和20%。

1950—2018年，塘沽站年最高潮位变化趋势不明显。历年的最高潮位均高于436厘米，其中高于520厘米的有5年。历史最高潮位为575厘米，出现在1992年9月1日，正值9216号台风（Poly）影响期间。塘沽站年最低潮位呈上升趋势，上升速率为6.91毫米/年。历年的最低潮位均低于12厘米，其中低于–100厘米的有7年。历史最低潮位为–131厘米，出现在2007年3月5日，由强寒潮大风引起（表2.2-1）。

表2.2-1　最高潮位和最低潮位及年极值出现频率（1950—2018年）

|  | 1月 | 2月 | 3月 | 4月 | 5月 | 6月 | 7月 | 8月 | 9月 | 10月 | 11月 | 12月 |
|---|---|---|---|---|---|---|---|---|---|---|---|---|
| 最高潮位值/厘米 | 461 | 487 | 482 | 478 | 479 | 475 | 522 | 536 | 575 | 525 | 554 | 455 |
| 年最高潮位出现频率/% | 1 | 3 | 3 | 0 | 0 | 3 | 7 | 30 | 23 | 15 | 15 | 0 |
| 最低潮位值/厘米 | –108 | –96 | –131 | –102 | –34 | –10 | 1 | 4 | –31 | –98 | –121 | –126 |
| 年最低潮位出现频率/% | 23 | 20 | 10 | 4 | 0 | 0 | 0 | 0 | 0 | 0 | 9 | 34 |

## 第三节　增减水

塘沽站位于渤海湾西岸，是我国风暴潮（特别是温带风暴潮）的多发区之一。该站出现100厘米以上减水的频率明显高于同等强度增水的频率，超过150厘米的减水平均约71天出现一次，而超过150厘米的增水平均约215天出现一次（表2.3-1）。

表 2.3-1 不同强度增减水的平均出现周期（1950—2018 年）

| 范围 / 厘米 | 出现周期 / 天 | |
|---|---|---|
| | 增水 | 减水 |
| >40 | 0.77 | 0.66 |
| >60 | 2.32 | 1.48 |
| >80 | 6.15 | 3.40 |
| >100 | 16.79 | 7.69 |
| >120 | 46.72 | 17.41 |
| >150 | 215.21 | 71.53 |
| >180 | 899.27 | 279.77 |
| >200 | 2 517.96 | 763.02 |

塘沽站 120 厘米以上的增水和 120 厘米以上的减水多出现在 10 月至翌年 4 月，这主要与该海域秋季、冬季、春季的温带气旋和寒潮大风多发有关（表 2.3-2）。

表 2.3-2 各月不同强度增减水的出现频率（1950—2018 年）

| 月份 | 增水 / % | | | | | | 减水 / % | | | | | |
|---|---|---|---|---|---|---|---|---|---|---|---|---|
| | >40 厘米 | >60 厘米 | >80 厘米 | >100 厘米 | >120 厘米 | >150 厘米 | >40 厘米 | >60 厘米 | >80 厘米 | >100 厘米 | >120 厘米 | >150 厘米 |
| 1 | 10.19 | 3.18 | 1.10 | 0.36 | 0.13 | 0.03 | 12.38 | 5.97 | 2.73 | 1.23 | 0.58 | 0.12 |
| 2 | 8.89 | 3.11 | 1.15 | 0.38 | 0.14 | 0.03 | 10.40 | 4.88 | 1.95 | 0.81 | 0.36 | 0.11 |
| 3 | 7.23 | 2.44 | 0.93 | 0.28 | 0.07 | 0.02 | 9.45 | 4.24 | 1.98 | 0.86 | 0.34 | 0.07 |
| 4 | 4.47 | 1.25 | 0.44 | 0.17 | 0.07 | 0.02 | 5.11 | 1.69 | 0.63 | 0.26 | 0.15 | 0.06 |
| 5 | 1.90 | 0.49 | 0.14 | 0.03 | 0.00 | 0.00 | 1.87 | 0.35 | 0.05 | 0.01 | 0.00 | 0.00 |
| 6 | 1.28 | 0.33 | 0.08 | 0.03 | 0.01 | 0.00 | 0.48 | 0.07 | 0.00 | 0.00 | 0.00 | 0.00 |
| 7 | 0.95 | 0.24 | 0.07 | 0.04 | 0.03 | 0.01 | 0.24 | 0.02 | 0.00 | 0.00 | 0.00 | 0.00 |
| 8 | 2.02 | 0.56 | 0.20 | 0.06 | 0.03 | 0.00 | 0.96 | 0.24 | 0.08 | 0.04 | 0.02 | 0.00 |
| 9 | 2.83 | 0.99 | 0.40 | 0.13 | 0.03 | 0.01 | 3.42 | 0.93 | 0.22 | 0.05 | 0.00 | 0.00 |
| 10 | 5.54 | 2.05 | 0.90 | 0.42 | 0.16 | 0.03 | 7.13 | 3.12 | 1.24 | 0.52 | 0.23 | 0.07 |
| 11 | 9.89 | 3.70 | 1.57 | 0.67 | 0.26 | 0.06 | 10.84 | 5.47 | 2.32 | 0.92 | 0.33 | 0.07 |
| 12 | 9.87 | 3.34 | 1.18 | 0.42 | 0.16 | 0.02 | 13.49 | 6.84 | 3.49 | 1.82 | 0.87 | 0.19 |

1950—2018 年，塘沽站年最大增水多出现在 10 月至翌年 4 月，其中 11 月出现频率最高，为 20%；10 月次之，为 19%。年最大减水多出现在 11 月至翌年 3 月，其中 12 月出现频率最高，为 28%；1 月次之，为 19%。塘沽站最大增水为 235 厘米，出现在 1966 年 2 月 20 日；1960 年、1964 年、1965 年、1969 年和 1997 年最大增水也达到或超过了 200 厘米。塘沽站最大减水为 244 厘米，出现在 1968 年 1 月 14 日，1980 年和 2007 年最大减水也达到或超过了 240 厘

米（表 2.3-3）。1950—2018 年，塘沽站年最大增水呈减小趋势，减小速率为 4.36 毫米 / 年；年最大减水呈减小趋势，减小速率为 2.99 毫米 / 年（线性趋势未通过显著性检验）。

表 2.3-3 最大增水和最大减水及年极值出现频率（1950—2018 年）

| | 1月 | 2月 | 3月 | 4月 | 5月 | 6月 | 7月 | 8月 | 9月 | 10月 | 11月 | 12月 |
|---|---|---|---|---|---|---|---|---|---|---|---|---|
| 最大增水值 / 厘米 | 186 | 235 | 177 | 201 | 116 | 154 | 189 | 185 | 163 | 199 | 217 | 189 |
| 年最大增水出现频率 / % | 4 | 16 | 10 | 7 | 0 | 3 | 1 | 3 | 2 | 19 | 20 | 15 |
| 最大减水值 / 厘米 | 244 | 198 | 240 | 211 | 112 | 103 | 78 | 133 | 124 | 243 | 206 | 225 |
| 年最大减水出现频率 / % | 19 | 17 | 10 | 3 | 0 | 0 | 0 | 0 | 0 | 6 | 17 | 28 |

# 第三章　海浪

## 第一节　海况

　　塘沽站全年及各月各级海况的频率见图3.1–1。全年海况以 0 ～ 4 级为主，频率为 87.65%，其中 0 ～ 2 级海况频率为 49.47%。全年 5 级及以上海况频率为 12.35%，最大频率出现在 11 月，为 20.65%。全年 7 级及以上海况频率为 1.72%，最大频率出现在 11 月，为 4.42%。

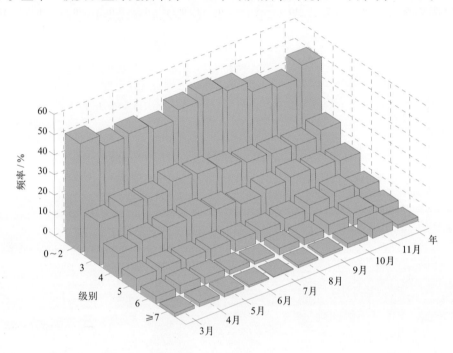

图3.1–1　全年及各月各级海况频率（1960—1985年，1985年后海况数据缺测）

## 第二节　波型

　　塘沽站风浪频率和涌浪频率的年变化见表 3.2–1。全年以风浪为主，频率为 99.77%，涌浪频率为 25.26%。风浪和涌浪相比较，各月的风浪频率相差不大，涌浪频率存在月份差异。涌浪在 6 月和 10 月较多，其中 10 月最多，频率为 28.50%；在 3 月、4 月、7 月和 8 月较少，其中 4 月最少，频率为 23.38%。

表 3.2–1　各月及全年风浪涌浪频率（1960—1985 年）

| | 3月 | 4月 | 5月 | 6月 | 7月 | 8月 | 9月 | 10月 | 11月 | 年 |
|---|---|---|---|---|---|---|---|---|---|---|
| 风浪 / % | 99.71 | 99.79 | 99.75 | 99.77 | 99.68 | 99.90 | 99.80 | 99.81 | 99.74 | 99.77 |
| 涌浪 / % | 24.35 | 23.38 | 25.06 | 26.23 | 24.66 | 24.46 | 25.32 | 28.50 | 25.17 | 25.26 |

　　注：风浪包含F、F/U、FU和U/F波型；涌浪包含U、U/F、FU和F/U波型；1985年后波型数据缺测。

# 第三节　波向

## 1. 各向风浪频率

塘沽站各月及全年各向风浪频率见图3.3–1。3月、6月和7月E向风浪居多，SE向次之。4月和5月SE向风浪居多，E向次之。8月E向风浪居多，SE向和NE向次之。9月SW向风浪居多，NE向次之。10月和11月SW向风浪居多，NW向次之。全年E向风浪居多，频率为8.13%，SE向次之，频率为7.34%，WNW向最少，频率为1.70%。

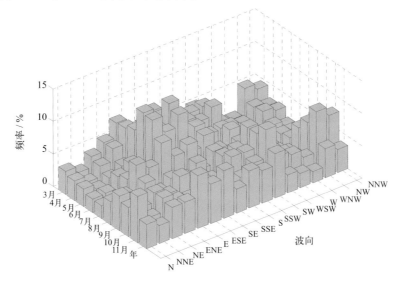

图3.3–1　各月及全年各向风浪频率（1960—1985年，1985年后波向数据缺测）

## 2. 各向涌浪频率

塘沽站各月及全年各向涌浪频率见图3.3–2。3月和10月ENE向涌浪居多，E向次之。4月ENE向涌浪居多，SE向次之。5月E向涌浪居多，ENE向和SE向次之。6月SE向涌浪居多，E向次之。7月E向涌浪居多，SE向次之。8月和9月NE向涌浪居多，E向次之。11月NE向涌浪居多，ENE向次之。全年E向涌浪居多，频率为4.29%，ENE向次之，频率为3.45%，W向最少，频率为0.16%。

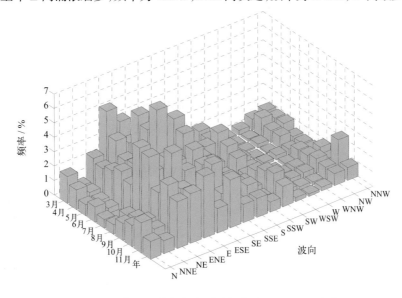

图3.3–2　各月及全年各向涌浪频率（1960—1985年）

## 第四节　波高

### 1. 平均波高和最大波高

塘沽站波高的年变化见表 3.4-1。月平均波高的年变化不明显，为 0.5 ~ 0.7 米。历年的平均波高为 0.3 ~ 0.8 米。

月最大波高比月平均波高的变化幅度大，极大值出现在 3 月，为 6.5 米，极小值出现在 6 月，为 4.0 米，变幅为 2.5 米。历年的最大波高值为 2.6 ~ 6.5 米，大于等于 4.0 米的共有 15 年，其中最大波高的极大值 6.5 米出现在 1961 年 3 月 25 日，波向为 NE，对应平均风速为 17 米 / 秒，对应平均周期为 5.0 秒。

表 3.4-1　波高的年变化（1960—2018 年）　　　　　　　　　　　　单位：米

| | 3 月 | 4 月 | 5 月 | 6 月 | 7 月 | 8 月 | 9 月 | 10 月 | 11 月 | 年 |
|---|---|---|---|---|---|---|---|---|---|---|
| 平均波高 | 0.6 | 0.6 | 0.6 | 0.6 | 0.5 | 0.5 | 0.6 | 0.7 | 0.7 | 0.6 |
| 最大波高 | 6.5 | 5.0 | 4.5 | 4.0 | 4.1 | 4.1 | 4.5 | 6.0 | 4.8 | 6.5 |

注：1986—2006 年数据有缺测。

### 2. 各向平均波高和最大波高

各季代表月及全年各向波高的分布见图 3.4-1。全年各向平均波高为 0.4 ~ 1.0 米，大值主要分布于 NW—E 向，其中 ENE 向最大，为 1.0 米；小值主要分布于 SE—WNW 向，变化范围为 0.4 ~ 0.5 米。全年各向最大波高 NE 向最大，为 6.5 米；ENE 向次之，为 5.5 米；WSW 向最小，为 2.0 米（表 3.4-2）。

表 3.4-2　全年各向平均波高和最大波高（1960—1985 年）　　　　　单位：米

| | N | NNE | NE | ENE | E | ESE | SE | SSE | S | SSW | SW | WSW | W | WNW | NW | NNW |
|---|---|---|---|---|---|---|---|---|---|---|---|---|---|---|---|---|
| 平均波高 | 0.8 | 0.7 | 0.9 | 1.0 | 0.7 | 0.6 | 0.5 | 0.4 | 0.4 | 0.5 | 0.5 | 0.5 | 0.4 | 0.5 | 0.8 | 0.9 |
| 最大波高 | 4.0 | 3.5 | 6.5 | 5.5 | 5.0 | 3.8 | 4.0 | 2.5 | 2.5 | 3.0 | 3.0 | 2.0 | 2.5 | 3.0 | 4.5 | 3.5 |

4 月平均波高 ENE 向最大，为 1.1 米；SSE 向和 S 向最小，均为 0.4 米。最大波高 E 向最大，为 5.0 米；ENE 向次之，为 4.1 米；WSW 向最小，为 1.2 米。

7 月平均波高 NE 向和 ENE 向最大，均为 0.7 米；SSE 向、S 向和 WSW—NW 向最小，均为 0.4 米。最大波高 SE 向最大，为 3.6 米；ENE 向次之，为 3.5 米；W 向和 NNW 向最小，均为 1.2 米。

10 月平均波高 NE 向和 ENE 向最大，均为 1.1 米；W 向最小，为 0.4 米。最大波高 NE 向最大，为 6.0 米；ENE 向次之，为 5.5 米；W 向最小，为 1.1 米。

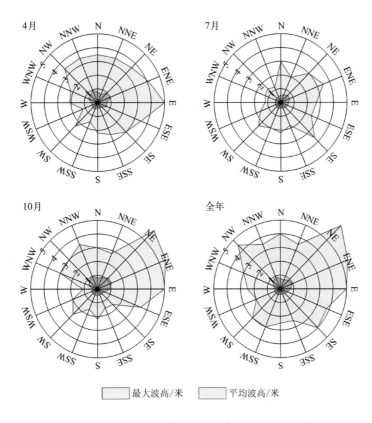

图3.4-1　各向平均波高和最大波高（1960—1985年）

# 第五节　周期

### 1. 平均周期和最大周期

塘沽站周期的年变化见表 3.5-1。月平均周期的年变化不明显，为 2.9 ～ 3.1 秒。月最大周期的年变化幅度较大，极大值出现在 11 月，为 11.4 秒，极小值出现在 7 月，为 8.0 秒。历年的平均周期为 1.5 ～ 3.4 秒（2002 年和 2003 年因数据较少未纳入历年均值统计），其中 2010 年最大，1961 年最小。历年的最大周期均大于等于 4.8 秒，大于 8.0 秒的共有 13 年，大于 9.0 秒的共有 6 年，其中最大周期的极大值 11.4 秒出现在 2015 年 11 月 22 日，未观测波向。

表 3.5-1　周期的年变化（1960—2018 年）　　　　　　　　　　　　　　单位：秒

| | 3月 | 4月 | 5月 | 6月 | 7月 | 8月 | 9月 | 10月 | 11月 | 年 |
|---|---|---|---|---|---|---|---|---|---|---|
| 平均周期 | 2.9 | 3.0 | 2.9 | 2.9 | 2.9 | 2.9 | 2.9 | 3.1 | 3.1 | 3.0 |
| 最大周期 | 8.5 | 8.6 | 8.8 | 8.6 | 8.0 | 9.0 | 9.7 | 8.6 | 11.4 | 11.4 |

### 2. 各向平均周期和最大周期

各季代表月及全年各向周期的分布见图 3.5-1。全年各向平均周期为 2.4 ～ 4.0 秒，NE 向和 ENE 向周期值较大。全年各向最大周期 ENE 向最大，为 9.2 秒；NE 向次之，为 8.6 秒；WSW 向最小，为 4.0 秒（表 3.5-2）。

表 3.5-2　全年各向平均周期和最大周期（1960—1985 年）　　　　　　　　　　单位：秒

| | N | NNE | NE | ENE | E | ESE | SE | SSE | S | SSW | SW | WSW | W | WNW | NW | NNW |
|---|---|---|---|---|---|---|---|---|---|---|---|---|---|---|---|---|
| 平均周期 | 3.1 | 3.2 | 3.8 | 4.0 | 3.4 | 2.9 | 2.7 | 2.6 | 2.5 | 2.5 | 2.6 | 2.5 | 2.4 | 2.6 | 2.9 | 3.3 |
| 最大周期 | 6.2 | 7.9 | 8.6 | 9.2 | 8.5 | 6.4 | 5.9 | 5.1 | 7.3 | 4.9 | 4.8 | 4.0 | 5.7 | 5.2 | 5.7 | 6.6 |

　　4 月平均周期 ENE 向最大，为 4.2 秒；SSE—SSW 向、WSW 向和 W 向最小，均为 2.5 秒。最大周期 NE 向最大，为 8.6 秒；ENE 向次之，为 8.3 秒；WSW 向最小，为 3.4 秒。

　　7 月平均周期 ENE 向最大，为 3.5 秒。S 向和 SW—WNW 向最小，均为 2.4 秒。最大周期 NE 向最大，为 6.8 秒；ENE 向次之，为 6.3 秒；WSW 向最小，为 3.6 秒。

　　10 月平均周期 ENE 向最大，为 4.7 秒；W 向最小，为 2.4 秒。最大周期 ENE 向最大，为 8.6 秒；NE 向次之，为 8.1 秒；W 向最小，为 3.8 秒。

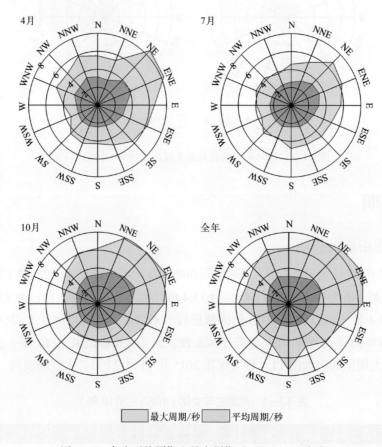

图3.5-1　各向平均周期和最大周期（1960—1985年）

# 第四章　表层海水温度、盐度和海发光

## 第一节　表层海水温度

### 1. 平均水温、最高水温和最低水温

塘沽站月平均水温的年变化具有峰谷明显的特点，1月最低，为 –0.6℃，8月最高，为27.3℃，秋季高于春季，其年较差为27.9℃。4—5月升温较快，10—12月降温较快，降温速率大于升温速率。月最高水温和月最低水温的年变化特征与月平均水温相似，其年较差分别为28.6℃和24.1℃（图4.1–1）。

历年的平均水温为11.4 ~ 14.7℃，其中2017年最高，1969年最低。累年平均水温为13.3℃。

历年的最高水温均不低于27.7℃，其中大于等于31.0℃的有8年，大于32.0℃的有2年，其出现时间均为7—8月。水温极大值为33.0℃，出现在1966年8月2日。

历年的最低水温均不高于1.2℃，其中小于 –1.5℃的有38年，小于等于 –2.0℃的有12年，其出现时间均为12月至翌年3月，以1月居多。水温极小值为 –2.5℃，出现在1960年1月23日和1960年1月27日。

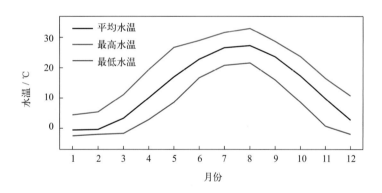

图4.1–1　水温年变化（1960—2018年）

### 2. 日平均水温稳定通过界限温度的日期

采用五日滑动平均方法求出稳定通过各个界限温度的日期，见表4.1–1。日平均水温稳定通过0℃的有317天，稳定通过10℃的有214天，稳定通过20℃的有127天。稳定通过25℃的初日为7月1日，终日为9月7日，共69天。

表 4.1–1　日平均水温稳定通过界限温度的日期（1960—2018 年）

|  | 0℃ | 5℃ | 10℃ | 15℃ | 20℃ | 25℃ |
|---|---|---|---|---|---|---|
| 初日 | 2月21日 | 3月25日 | 4月15日 | 5月7日 | 5月30日 | 7月1日 |
| 终日 | 1月3日 | 12月3日 | 11月14日 | 10月25日 | 10月3日 | 9月7日 |
| 天数 | 317 | 254 | 214 | 172 | 127 | 69 |

### 3. 长期趋势变化

1960—2018 年，年平均水温呈波动上升趋势，上升速率为 0.15℃/（10 年）。年最高水温呈波动下降趋势，下降速率为 0.36℃/（10 年）。年最低水温呈波动上升趋势，上升速率为 0.19℃/（10 年）。十年平均水温的变化显示，2010—2018 年平均水温最高，1990—1999 年平均水温较上一个十年升幅最大，升幅为 0.31℃（图 4.1-2）。

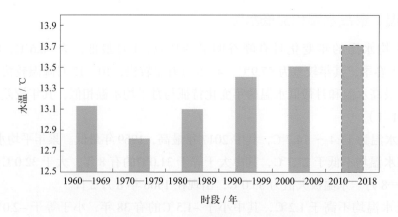

图4.1-2 十年平均水温变化（数据不足十年加虚线框表示，下同）

## 第二节 表层海水盐度

### 1. 平均盐度、最高盐度和最低盐度

塘沽站月平均盐度的年变化具有春季较高、夏秋季较低的特点，最高值出现在 2 月，为 30.32，随后缓慢下降，5—6 月略有上升，7 月下降较快，8 月降至最低，为 27.18，然后又稳定上升，其年较差为 3.14。月最高盐度的年变化不明显，其年较差为 2.20。月最低盐度上半年较高，其中 1 月最高；下半年较低，其中 10 月最低，其年较差为 15.94（图 4.2-1）。

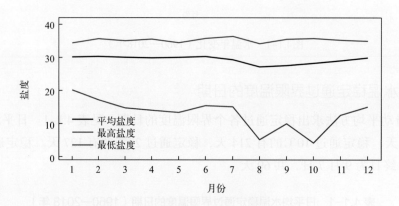

图4.2-1 盐度年变化（1960—2018年）

历年的平均盐度为 21.77 ~ 33.52，其中 2002 年最高，1964 年最低。

历年的最高盐度均不低于 29.24，其中大于 34.00 的有 5 年，大于 35.00 的有 3 年。年最高盐度在冬、春、夏三季均有出现，多集中于冬季。盐度极大值为 36.40，出现于 2000 年 7 月 11 日。

历年的最低盐度均不高于 31.20，其中小于 15.00 的有 9 年。年最低盐度多出现在 7—9 月，其中 8 月最多，出现在 8 月的有 23 年。盐度极小值为 4.20，出现于 1964 年 10 月 14 日。

### 2. 长期趋势变化

1960—2018 年，年平均盐度呈波动上升趋势，上升速率为 0.74 /（10 年）。年最高盐度呈波动上升趋势，上升速率为 0.30 /（10 年）。2000 年和 2002 年最高盐度分别为 1960 年以来的第一高值和第二高值。年最低盐度呈波动上升趋势，上升速率为 1.81 /（10 年），1964 年和 1996 年最低盐度分别为 1960 年以来的第一低值和第二低值。

十年平均盐度的变化显示，2000—2009 年平均盐度最高，1960—1969 年平均盐度最低，1980—1989 年平均盐度较上一个十年升幅最大，升幅为 2.64（图 4.2-2）。

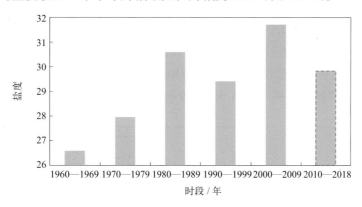

图4.2-2 十年平均盐度变化

# 第三节 海发光

塘沽站自 1962 年开始观测海发光，1970 年 4 月后因灯光影响经常观测不到海发光，1976 年 1 月后未观测到海发光，1979 年 4 月起停止观测。1962—1975 年，观测到的海发光全部为火花型（H），3 级海发光共出现过 5 次，其中 4 月 2 次，6 月 1 次，9 月和 10 月各 1 次。1963 年 4 月 28 日出现了 4 级海发光。

各月及全年海发光频率见表 4.3-1 和图 4.3-1。海发光频率年变化的峰值出现在 9 月，为 86.7%，谷值出现在 1 月，为 8.3%。累年平均以 1 级海发光最多，占 70.95%，2 级占 28.56%，3 级占 0.41%，4 级占 0.08%。

表 4.3-1 各月及全年海发光频率（1962—1975 年）

| | 1月 | 2月 | 3月 | 4月 | 5月 | 6月 | 7月 | 8月 | 9月 | 10月 | 11月 | 12月 | 年 |
|---|---|---|---|---|---|---|---|---|---|---|---|---|---|
| 频率 / % | 8.3 | 18.4 | 26.8 | 41.6 | 42.7 | 56.0 | 58.9 | 68.5 | 86.7 | 72.5 | 46.6 | 17.1 | 48.3 |

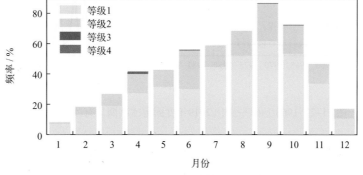

图4.3-1 各月各级海发光频率（1962—1975年）

# 第五章　海冰

## 第一节　冰期和有冰日数

1963/1964—2018/2019 年度（其中有 8 个年度为无冰年），在有冰年度，塘沽站累年平均初冰日为 12 月 29 日，终冰日为 2 月 17 日，平均冰期为 51 天。初冰日最早为 12 月 6 日（1993 年），最晚为 2 月 1 日（2012 年），相差近两个月。终冰日最早为 12 月 27 日（1985 年），最晚为 3 月 12 日（1985 年和 1988 年），相差近两个月。最长冰期为 97 天，出现在 1987/1988 年度，最短冰期为 12 天，出现在 2015/2016 年度。1963/1964—2018/2019 年度，年度冰期和有冰日数均呈明显的下降趋势，下降速率分别为 0.96 天 / 年度和 0.41 天 / 年度（图 5.1-1）。

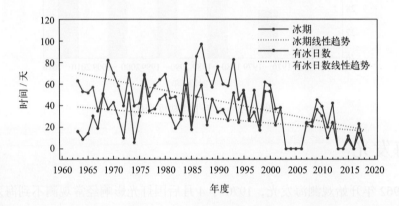

图5.1-1　1963/1964—2018/2019年度冰期与有冰日数变化

1995/1996—2018/2019 年度（1995 年前无固定冰记录），在有固定冰年度，累年平均固定冰初冰日为 1 月 12 日，终冰日为 2 月 8 日，平均固定冰冰期为 28 天。固定冰初冰日最早为 12 月 22 日（1999 年），最晚为 1 月 27 日（2008 年），终冰日最早为 1 月 8 日（2002 年），最晚为 3 月 2 日（2001 年）。最长固定冰冰期为 58 天，出现在 1999/2000 年度（图 5.1-2）。

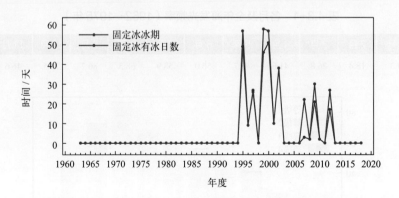

图5.1-2　1963/1964—2018/2019年度固定冰冰期与有冰日数变化

应该指出，冰期内并不是天天有冰。累年平均年度有冰日数为 32 天，占冰期的 63%。1976/1977 年度有冰日数最多，为 68 天，1974/1975 年度有冰日数最少，为 6 天。累年平均年度有固定冰日数为 23 天，占固定冰冰期的 82%。

## 第二节　冰量和浮冰密集度

1963/1964—2018/2019 年度，年度总冰量超过 400 成的有 3 个年度，其中 1976/1977 年度最多，为 574 成；不足 100 成的有 26 个年度。年度浮冰量最多为 574 成，出现在 1976/1977 年度。观测记录中未出现大于 0 的固定冰量（图 5.2-1）。

1963/1964—2018/2019 年度，总冰量和浮冰量均为 1 月最多，均占年度总量的 59%，2 月次之，均占年度总量的 33%（表 5.2-1）。

1963/1964—2018/2019 年度，年度总冰量呈波动下降趋势，下降速率为 4.4 成 / 年度（图 5.2-1）。十年平均总冰量变化显示，1970/1971—1979/1980 年度平均总冰量最多，为 227 成，2010/2010—2018/2019 年度平均总冰量最少，为 18 成（图 5.2-2）。

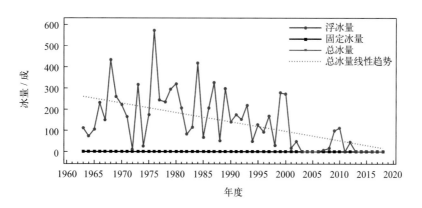

图5.2-1　1963/1964—2018/2019年度冰量变化

表 5.2-1　冰量的年变化（1963/1964—2018/2019 年度）

|  | 12月 | 1月 | 2月 | 3月 | 年度 |
|---|---|---|---|---|---|
| 总冰量 / 成 | 486 | 4 603 | 2 585 | 104 | 7 778 |
| 平均总冰量 / 成 | 8.68 | 82.20 | 46.16 | 1.86 | 138.89 |
| 浮冰量 / 成 | 486 | 4 603 | 2 585 | 104 | 7 778 |
| 固定冰量 / 成 | 0 | 0 | 0 | 0 | 0 |

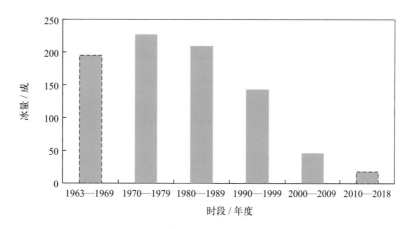

图5.2-2　十年平均总冰量变化

　　浮冰密集度各月及年度均以 8 ～ 10 成为最多，其中 1 月占有冰日数的 80%，2 月占有冰日数的 73%。浮冰密集度为 0 ～ 3 成的日数，1 月占有冰日数的 14%，2 月占有冰日数的 19%（表 5.2-2）。

表 5.2-2　浮冰密集度的年变化（1963/1964—2018/2019 年度）

| | 12月 | 1月 | 2月 | 3月 | 年度 |
|---|---|---|---|---|---|
| 8 ～ 10 成占有冰日数的比率 / % | 61 | 80 | 73 | 53 | 75 |
| 4 ～ 7 成占有冰日数的比率 / % | 13 | 5 | 6 | 20 | 6 |
| 0 ～ 3 成占有冰日数的比率 / % | 21 | 14 | 19 | 13 | 16 |

# 第三节　浮冰漂流方向和速度

　　塘沽站各向浮冰特征量见图 5.3-1 和表 5.3-1。1963/1964—2018/2019 年度，浮冰流向在 E—SE 向出现的次数较多，频率和为 22.4%，并以此为轴向两侧频率逐渐降低，在 N 向出现频率最低。累年各向最大浮冰漂流速度差异较大，为 0.3 ～ 1.1 米 / 秒，其中 SE 向最大，NNE 向和 NNW 向最小。

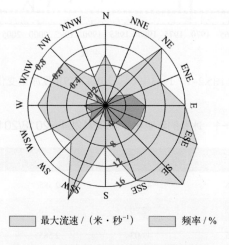

■ 最大流速 /（米·秒⁻¹）　　■ 频率 / %

图5.3-1　浮冰各向出现频率和最大流速

表 5.3-1　各向浮冰特征量（1963/1964—2018/2019 年度）

| | N | NNE | NE | ENE | E | ESE | SE | SSE | S | SSW | SW | WSW | W | WNW | NW | NNW |
|---|---|---|---|---|---|---|---|---|---|---|---|---|---|---|---|---|
| 出现频率 / % | 0.5 | 1.1 | 2.7 | 5.6 | 7.9 | 7.4 | 7.1 | 3.4 | 3.0 | 1.2 | 4.7 | 3.1 | 4.5 | 1.7 | 3.2 | 1.2 |
| 平均流速 /（米·秒⁻¹） | 0.3 | 0.2 | 0.3 | 0.3 | 0.3 | 0.3 | 0.3 | 0.3 | 0.2 | 0.3 | 0.2 | 0.3 | 0.2 | 0.3 | 0.2 | 0.2 |
| 最大流速 /（米·秒⁻¹） | 0.5 | 0.3 | 0.8 | 0.6 | 0.8 | 1.0 | 1.1 | 0.8 | 0.4 | 1.0 | 0.5 | 0.6 | 0.7 | 0.6 | 0.6 | 0.3 |

# 第六章　海洋气象

## 第一节　气温

### 1. 平均气温、最高气温和最低气温

1960—2018 年，塘沽站累年平均气温为 12.9℃。月平均气温具有夏高冬低的变化特征，1 月最低，为 -2.5℃，8 月最高，为 26.5℃，年较差为 29.0℃。月最高气温和月最低气温的年变化特征与月平均气温相似，月最高气温极大值出现在 7 月，月最低气温极小值出现在 2 月（表 6.1-1，图 6.1-1）。

表 6.1-1　气温的年变化（1960—2018 年）　　　　　　　　单位：℃

| | 1月 | 2月 | 3月 | 4月 | 5月 | 6月 | 7月 | 8月 | 9月 | 10月 | 11月 | 12月 | 年 |
|---|---|---|---|---|---|---|---|---|---|---|---|---|---|
| 平均气温 | -2.5 | -0.2 | 5.2 | 12.4 | 19.0 | 23.5 | 26.4 | 26.5 | 22.3 | 15.5 | 6.9 | 0.0 | 12.9 |
| 最高气温 | 10.8 | 17.7 | 26.1 | 34.0 | 37.2 | 38.8 | 40.9 | 38.1 | 35.1 | 30.8 | 21.7 | 14.5 | 40.9 |
| 最低气温 | -16.3 | -18.0 | -7.5 | -1.9 | 4.6 | 7.4 | 16.4 | 15.7 | 8.4 | -0.9 | -9.8 | -13.4 | -18.0 |

注：1968—1970年和1986年数据有缺测。

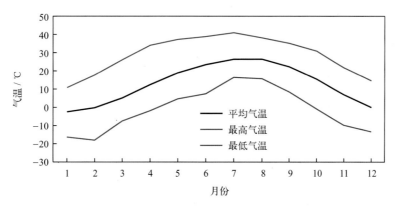

图6.1-1　气温年变化（1960—2018年）

历年的平均气温为 11.7 ~ 14.9℃，2007 年和 2017 年最高，1985 年最低。

历年的最高气温均高于 31.5℃，其中高于 36℃的有 18 年，高于 38℃的有 4 年。年最高气温最早出现时间为 5 月 17 日（1988 年），最晚出现时间为 8 月 21 日（1975 年）。7 月最高气温出现频率最高，占统计年份的 39%，6 月和 8 月次之，均占 27%（图 6.1-2）。极大值为 40.9℃，出现在 2002 年 7 月 14 日。

历年的最低气温均低于 -6.5℃，其中低于 -10.0℃的有 41 年，占统计年份的 72%，低于 -15.0℃的有 4 年。年最低气温最早出现时间为 11 月 26 日（2015 年），最晚出现时间为 2 月 27 日（1981 年）。1 月最低气温出现频率最高，占统计年份的 55%（图 6.1-2）。极小值为 -18.0℃，出现在 1969 年 2 月 20 日。

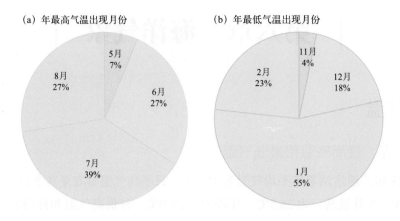

(a) 年最高气温出现月份

(b) 年最低气温出现月份

图6.1-2　年最高、最低气温出现月份及频率（1960—2018年）

## 2. 长期趋势变化

1960—2018年，年平均气温、年最高气温和年最低气温均呈波动上升趋势，上升速率分别为0.35℃/（10年）、0.56℃/（10年）和0.14℃/（10年）（线性趋势未通过显著性检验）。

十年平均气温变化显示，2000—2009年和2010—2018年平均气温最高，均为13.7℃，2000—2009年平均气温较上一个十年升幅最大，升幅为0.8℃（图6.1-3）。

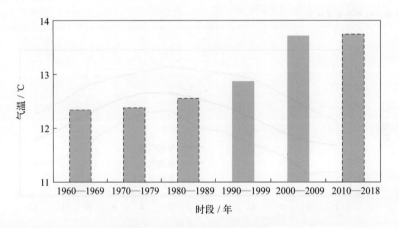

图6.1-3　十年平均气温变化

## 3. 常年自然天气季节和大陆度

利用塘沽站1965—2018年气温累年日平均数据计算五日滑动平均气温，根据《气候季节划分》（QX/T 152—2012）方法，塘沽平均春季时间从4月7日到6月5日，为60天；平均夏季时间从6月6日到9月19日，为106天；平均秋季时间从9月20日到11月8日，为50天；平均冬季时间从11月9日到翌年4月6日，为149天（图6.1-4）。冬季时间最长，秋季时间最短。

塘沽站焦金斯基大陆度指数为57.8%，属大陆性季风气候。

图6.1-4　四季平均日数百分率
（1965—2018年）

## 第二节  气压

### 1. 平均气压、最高气压和最低气压

1960—2018 年，塘沽站累年平均气压为 1 016.4 百帕。月平均气压具有冬高夏低的变化特征，1 月最高，为 1 027.8 百帕，7 月最低，为 1 003.0 百帕，年较差为 24.8 百帕。月最高气压 1 月最大，7 月最小，年较差为 32.7 百帕。月最低气压 11 月最大，7 月最小，年较差为 20.1 百帕（表 6.2-1，图 6.2-1）。

历年的平均气压为 1 014.5 ~ 1 018.6 百帕，其中 1972 年最高，1971 年最低。

历年的最高气压均高于 1 038.0 百帕，其中高于 1 045.0 百帕的有 9 年。极大值为 1 048.5 百帕，出现在 2000 年 1 月 31 日。

历年的最低气压均低于 998.5 百帕，其中低于 988.0 百帕的有 6 年。极小值为 985.2 百帕，出现在 1990 年 7 月 7 日。

表 6.2-1  气压的年变化（1960—2018 年）　　　　　　　　　　　　　　　　单位：百帕

| | 1月 | 2月 | 3月 | 4月 | 5月 | 6月 | 7月 | 8月 | 9月 | 10月 | 11月 | 12月 | 年 |
|---|---|---|---|---|---|---|---|---|---|---|---|---|---|
| 平均气压 | 1 027.8 | 1 025.4 | 1 020.7 | 1 013.9 | 1 008.9 | 1 004.6 | 1 003.0 | 1 006.9 | 1 013.8 | 1 020.1 | 1 024.2 | 1 027.2 | 1 016.4 |
| 最高气压 | 1 048.5 | 1 047.1 | 1 040.5 | 1 035.5 | 1 027.4 | 1 019.9 | 1 015.8 | 1 020.3 | 1 030.3 | 1 041.3 | 1 045.5 | 1 046.8 | 1 048.5 |
| 最低气压 | 1 004.7 | 994.2 | 994.7 | 987.3 | 987.4 | 985.4 | 985.2 | 989.9 | 991.4 | 998.7 | 1 005.3 | 1 000.4 | 985.2 |

注：1966—1970年和1986年数据有缺测。

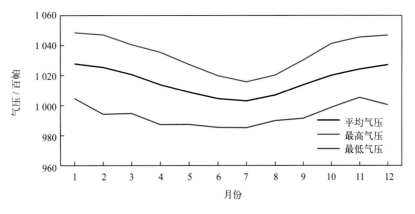

图6.2-1  气压年变化（1960—2018年）

### 2. 长期趋势变化

1960—2018 年，年平均气压呈波动下降趋势，下降速率为 0.14 百帕/（10 年）。1971—2018 年，年最高气压和年最低气压均无明显变化趋势。

1960—2018 年，十年平均气压变化显示，1970—1979 年平均气压最高，为 1 017.2 百帕，2000—2009 年平均气压最低，为 1 015.9 百帕（图 6.2-2）。

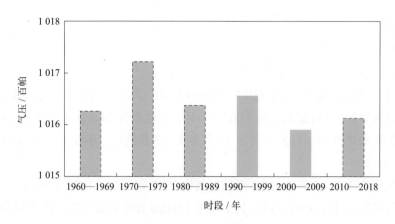

图6.2-2 十年平均气压变化

# 第三节 相对湿度

## 1. 平均相对湿度和最小相对湿度

1960—2018 年，塘沽站累年平均相对湿度为 64.9%。月平均相对湿度 7 月最大，为 77.7%，12 月最小，为 59.7%。平均月最小相对湿度的年变化特征明显，其中 7 月最大，为 38.1%，4 月最小，为 12.7%。最小相对湿度的极小值为 2%，出现在 10 月（表 6.3-1，图 6.3-1）。

表 6.3-1 相对湿度的年变化（1960—2018 年）

| | 1月 | 2月 | 3月 | 4月 | 5月 | 6月 | 7月 | 8月 | 9月 | 10月 | 11月 | 12月 | 年 |
|---|---|---|---|---|---|---|---|---|---|---|---|---|---|
| 平均相对湿度 / % | 60.5 | 62.5 | 60.9 | 60.7 | 62.8 | 70.6 | 77.7 | 74.2 | 65.4 | 62.5 | 61.6 | 59.7 | 64.9 |
| 平均最小相对湿度 / % | 18.1 | 17.0 | 13.7 | 12.7 | 14.8 | 24.0 | 38.1 | 36.1 | 22.8 | 18.4 | 18.2 | 18.6 | 21.0 |
| 最小相对湿度 / % | 5 | 5 | 4 | 4 | 4 | 4 | 12 | 9 | 2 | 7 | 7 | 2 |

注：平均最小相对湿度为各月最小相对湿度的累年平均值及其年平均值；1966—1968年数据有缺测。

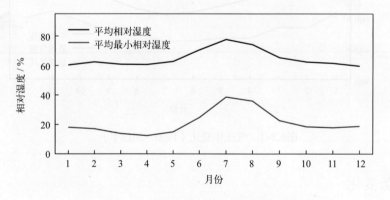

图6.3-1 相对湿度的年变化（1960—2018年）

## 2. 长期趋势变化

1960—2018 年，年平均相对湿度为 54.1% ~ 73.3%，呈下降趋势，下降速率为 1.36%/（10 年）。十年平均相对湿度变化显示，1970—1979 年平均相对湿度最大，为 67.6%，2010—2018 年平均相对湿度最小，为 58.0%（图 6.3-2）。

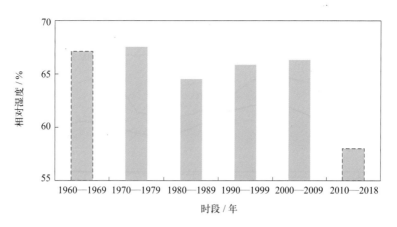

图6.3-2　十年平均相对湿度变化

### 3. 温湿指数

根据《人居环境气候舒适度评价》（GB/T 27963—2011）温湿指数统计方法和气候舒适度等级划分方法，统计塘沽站各月温湿指数，结果显示：1—4月、11月和12月温湿指数为1.2～12.9，感觉为寒冷；10月温湿指数为15.3，感觉为冷；5—9月温湿指数为18.0～25.0，感觉为舒适（表6.3-2）。

表6.3-2　温湿指数的年变化（1960—2018年）

| | 1月 | 2月 | 3月 | 4月 | 5月 | 6月 | 7月 | 8月 | 9月 | 10月 | 11月 | 12月 |
|---|---|---|---|---|---|---|---|---|---|---|---|---|
| 温湿指数 | 1.2 | 2.8 | 7.2 | 12.9 | 18.0 | 22.0 | 25.0 | 24.8 | 20.8 | 15.3 | 8.5 | 3.2 |
| 感觉程度 | 寒冷 | 寒冷 | 寒冷 | 寒冷 | 舒适 | 舒适 | 舒适 | 舒适 | 舒适 | 冷 | 寒冷 | 寒冷 |

# 第四节　风

### 1. 平均风速和最大风速

塘沽站风速的年变化见表6.4-1和图6.4-1。1960—2018年，累年平均风速为4.6米/秒。月平均风速的年变化特征为春秋季稍大，夏冬季稍小，其中4月和5月最大，均为5.2米/秒，1月和8月最小，均为4.1米/秒。最大风速的月平均值春秋季较大，其中10月最大，为15.9米/秒，4月次之，为15.8米/秒，8月最小，为14.1米/秒。最大风速的月最大值对应风向多为NNW（8个月）。极大风速的极大值为29.2米/秒，出现在2000年5月17日，对应风向为WSW。

表6.4-1　风速的年变化（1960—2018年）　　　　　　　　　　　　　　单位：米/秒

| | | 1月 | 2月 | 3月 | 4月 | 5月 | 6月 | 7月 | 8月 | 9月 | 10月 | 11月 | 12月 | 年 |
|---|---|---|---|---|---|---|---|---|---|---|---|---|---|---|
| 平均风速 | | 4.1 | 4.3 | 4.8 | 5.2 | 5.2 | 5.0 | 4.5 | 4.1 | 4.3 | 4.5 | 4.7 | 4.4 | 4.6 |
| 最大风速 | 平均值 | 14.8 | 14.6 | 15.5 | 15.8 | 15.6 | 14.8 | 14.3 | 14.1 | 14.4 | 15.9 | 15.5 | 14.9 | 15.0 |
| | 最大值 | 23.7 | 23.0 | 29.3 | 23.0 | 26.0 | 31.0 | 26.0 | 27.7 | 24.0 | 24.0 | 25.7 | 25.0 | 31.0 |
| | 最大值对应风向 | N | NNW | NNW | NNW | NNW | NNW | NE | NNE | N | NW/NNW | NNW | NNW | NNW |
| 极大风速 | 最大值 | 25.4 | 22.2 | 25.8 | 25.7 | 29.2 | 28.6 | 29.1 | 26.0 | 22.8 | 27.2 | 22.8 | 21.0 | 29.2 |
| | 最大值对应风向 | NW | NNW | NNW | NNW | WSW | NW | S | NW | ENE | ENE | E | NW | WSW |

注：极大风速统计时间为1995年7月至2018年12月。

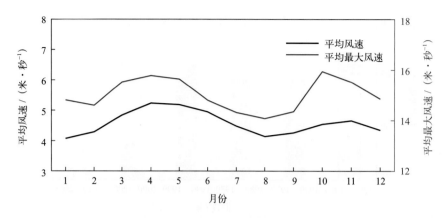

图6.4-1 平均风速和平均最大风速年变化（1960—2018年）

历年的平均风速为2.5～6.9米/秒，其中1981年最大，2014年和2017年均最小；历年的最大风速均大于等于12.3米/秒，其中大于等于18.0米/秒的有34年。最大风速的最大值出现在1983年6月27日，受热带气旋影响，风速为31.0米/秒，风向为NNW。最大风速出现在5月的频率最高，出现在2月和9月的频率最低（图6.4-2）。

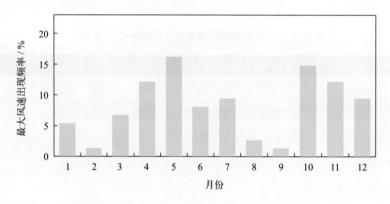

图6.4-2 年最大风速出现频率（1960—2018年）

## 2. 各向风频率

全年以S向风最多，频率为8.4%，E向次之，频率为8.1%，NNE向的风最少，频率为2.9%（图6.4-3）。

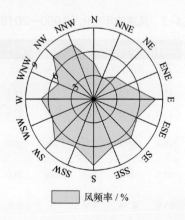

图6.4-3 全年各向风的频率（1965—2018年）

1月盛行风向为 NW 和 NNW，频率和为 26.8%，ESE—SSE 向风最少，频率和为 7.8%。4 月盛行风向为 S—SW，频率和为 26.7%，E 向次之，频率为 8.8%，与 1 月相比，偏北风减少，偏南风增多。7 月盛行风向为 E—S，频率和为 58.6%，WNW—NNE 5 个方向的频率和为 12.1%。10 月盛行风向为 SW，频率为 9.3%，NW 向次之，频率为 8.9%，ESE 向风最少，频率为 3.3%（图 6.4-4）。

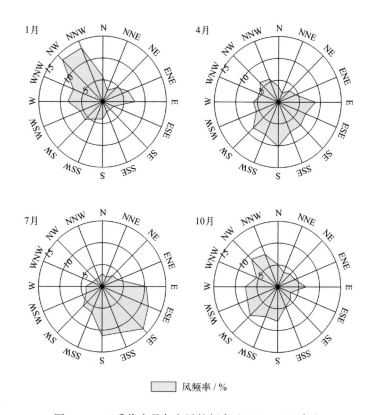

图6.4-4　四季代表月各向风的频率（1965—2018年）

## 3. 各向平均风速和最大风速

全年各向平均风速以 ENE 向和 E 向最大，平均风速均为 5.4 米 / 秒，NNW 向次之，平均风速为 5.3 米 / 秒（图 6.4-5）。

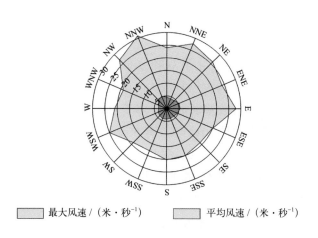

图6.4-5　全年各向平均风速和最大风速（1965—2018年）

各向平均风速在不同的季节呈现不同的特征（图6.4-6），1月NW—N向、NE—E向的平均风速均超过4.0米/秒，其中NNW向最大，为5.7米/秒。4月ENE向平均风速最大，为6.3米/秒，WNW向最小，为3.8米/秒。7月ESE向平均风速最大，为5.3米/秒，WNW向最小，为2.8米/秒。10月ENE向平均风速最大，为6.3米/秒，E向次之，为5.8米/秒，W向最小，为3.3米/秒。

全年各向最大风速以NNW向最大，为31.0米/秒，E向次之，为28.0米/秒，SSW向最小，为18.0米/秒（图6.4-5）。1月N向最大，最大风速为23.7米/秒。4月NNW向最大，最大风速为23.0米/秒。7月NE向最大，最大风速为26.0米/秒。10月NW向和NNW向最大，最大风速均为24.0米/秒（图6.4-6）。

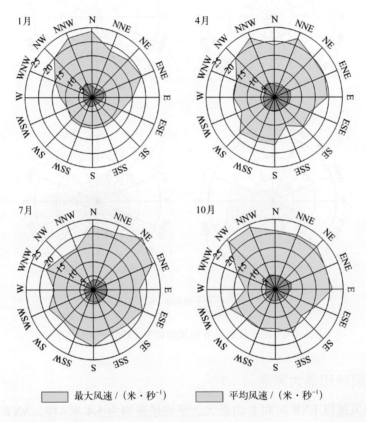

■ 最大风速/（米·秒⁻¹）　　■ 平均风速/（米·秒⁻¹）

图6.4-6　四季代表月各向平均风速和最大风速（1965—2018年）

## 4. 大风日数

风力大于等于6级的大风日数年变化呈双峰分布，以4月和5月最多，平均大风日数均为6.5天；另一个高值区在11月，平均大风日数为6.0天（表6.4-2，图6.4-7）。平均年大风日数为60.5天（表6.4-2）。历年大风日数差别很大，多于100天的有10年，最多的是1983年，有169天，少于10天的有6年，最少的是2014年，有5天。

风力大于等于8级的大风日数11月最多，平均为1.1天，7—9月最少，均为0.2天。历年大风日数差别很大，最多的是1983年，共有46天，未出现最大风速大于等于8级的有19年。

风力大于等于6级的月大风日数最多为27天，出现在1982年5月；最长连续大于等于6级大风日数为12天，出现在1985年5月（表6.4-2）。

表 6.4-2　各级大风日数的年变化（1960—2018 年）　　　　　　　　　单位：天

| | 1月 | 2月 | 3月 | 4月 | 5月 | 6月 | 7月 | 8月 | 9月 | 10月 | 11月 | 12月 | 年 |
|---|---|---|---|---|---|---|---|---|---|---|---|---|---|
| 大于等于6级大风平均日数 | 4.1 | 3.8 | 5.7 | 6.5 | 6.5 | 5.2 | 4.1 | 3.3 | 4.3 | 5.7 | 6.0 | 5.3 | 60.5 |
| 大于等于7级大风平均日数 | 1.8 | 1.6 | 2.4 | 2.2 | 2.5 | 1.7 | 1.2 | 1.3 | 1.5 | 2.4 | 2.9 | 2.3 | 23.8 |
| 大于等于8级大风平均日数 | 0.4 | 0.7 | 0.5 | 0.5 | 0.8 | 0.4 | 0.2 | 0.2 | 0.2 | 0.8 | 1.1 | 0.8 | 6.6 |
| 大于等于6级大风最多日数 | 11 | 15 | 21 | 20 | 27 | 20 | 18 | 14 | 13 | 18 | 19 | 18 | 169 |
| 最长连续大于等于6级大风日数 | 5 | 8 | 7 | 7 | 12 | 11 | 7 | 5 | 8 | 7 | 11 | 10 | 12 |

注：大于等于6级大风统计时间为1960—2018年，大于等于7级和大于等于8级统计时间为1965—2018年。

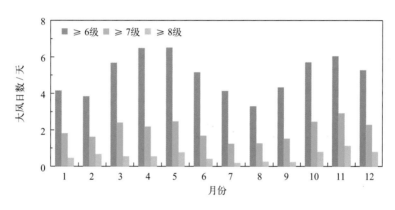

图6.4-7　各月各级大风平均出现日数

# 第五节　降水

## 1. 降水量和降水日数

### （1）降水量

塘沽站降水量的年变化见表 6.5-1 和图 6.5-1。1960—2018 年，平均年降水量为 471.3 毫米，降水量的季节分布很不均匀，夏季（6—8 月）为 337.9 毫米，占全年的 71.7%，冬季（12 月至翌年 2 月）占全年的 2.2%。7 月降水量最多，平均月降水量为 147.8 毫米，占全年的 31.4%。

历年年降水量为 160.5 ~ 1 083.5 毫米，其中 1964 年最多，1979 年最少。最大日降水量超过 100 毫米的有 16 年，超过 150 毫米的有 3 年。最大日降水量为 187.4 毫米，出现在 1987 年 8 月 26 日。

表 6.5-1　降水量的年变化（1960—2018 年）　　　　　　　　　单位：毫米

| | 1月 | 2月 | 3月 | 4月 | 5月 | 6月 | 7月 | 8月 | 9月 | 10月 | 11月 | 12月 | 年 |
|---|---|---|---|---|---|---|---|---|---|---|---|---|---|
| 平均降水量 | 3.0 | 3.6 | 4.1 | 18.2 | 28.1 | 59.7 | 147.8 | 130.4 | 42.3 | 21.2 | 9.3 | 3.6 | 471.3 |
| 最大日降水量 | 12.9 | 28.5 | 16.0 | 40.4 | 41.0 | 94.2 | 168.4 | 187.4 | 83.5 | 38.8 | 33.5 | 30.0 | 187.4 |

注：1966—1970年和1986年数据有缺测。

### (2) 降水日数

平均年降水日数（降水日数是指日降水量大于等于 0.1 毫米的天数，下同）为 57.8 天。降水日数的年变化特征与降水量相似，夏多冬少（图 6.5-2 和图 6.5-3）。日降水量大于等于 10 毫米的平均年日数为 13.2 天，在各月均有出现；日降水量大于等于 50 毫米的平均年日数为 1.5 天，出现在 6—9 月；日降水量大于等于 100 毫米的平均年日数为 0.3 天，出现在 7—8 月；日降水量大于等于 150 毫米的平均年日数为 0.05 天，出现在 7—8 月；日降水量大于等于 200 毫米的情况在各月均未出现（图 6.5-3）。

最多年降水日数为 85 天，出现在 1990 年；最少年降水日数为 36 天，出现在 2002 年。

最长连续降水日数为 9 天，出现在 1977 年 7 月 26 日至 8 月 3 日；最长连续无降水日数为 106 天，出现在 2011 年 12 月 8 日至 2012 年 3 月 22 日。

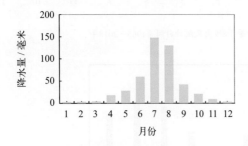

图6.5-1 降水量年变化（1960—2018年）

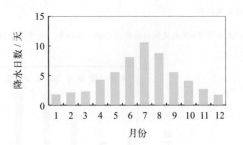

图6.5-2 降水日数年变化（1970—2018年）

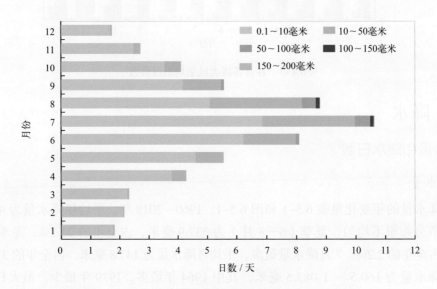

图6.5-3 各月各级平均降水日数分布（1960—2018年）

### 2. 长期趋势变化

1960—2018 年，年降水量无明显变化趋势。

十年平均降水量变化显示，1960—1969 年的平均年降水量最大，为 606.6 毫米；2000—2009 年的平均年降水量最小，为 393.8 毫米（图 6.5-4）。

1960—2018 年，年最大日降水量呈弱下降趋势，下降速率为 3.86 毫米 /（10 年）（线性趋势未通过显著性检验）。1971—2018 年，年降水日数呈微弱增加趋势，增加速率为 1.80 天 /（10 年）

（线性趋势未通过显著性检验）。最长连续降水日数无明显变化趋势，最长连续无降水日数呈微弱增加趋势，增加速率为 2.14 天/（10 年）（线性趋势未通过显著性检验）。

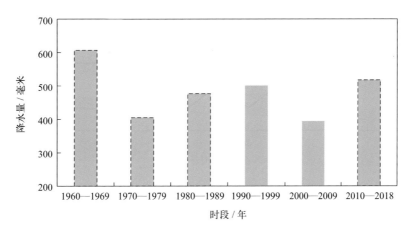

图6.5-4　十年平均年降水量变化

# 第六节　雾及其他天气现象

## 1. 雾

塘沽站雾日数的年变化见表6.6-1，图6.6-1 和图6.6-2。平均年雾日数为 16.6 天。冬季（12 月至翌年 2 月）雾日最多，平均月雾日数不低于 2.3 天，其中 12 月最多，为 3.5 天，9 月最少，为 0.3 天；月雾日数最多为 13 天，出现在 2013 年 1 月；最长连续雾日数为 7 天，出现在 2007 年 1 月和 2014 年 2 月。

表 6.6-1　雾日数的年变化（1965—2018 年）　　　　　　　　　　　单位：天

|  | 1月 | 2月 | 3月 | 4月 | 5月 | 6月 | 7月 | 8月 | 9月 | 10月 | 11月 | 12月 | 年 |
|---|---|---|---|---|---|---|---|---|---|---|---|---|---|
| 平均雾日数 | 3.3 | 2.3 | 1.0 | 1.1 | 0.6 | 0.4 | 0.4 | 0.4 | 0.3 | 1.3 | 2.0 | 3.5 | 16.6 |
| 最多雾日数 | 13 | 11 | 7 | 4 | 4 | 6 | 6 | 7 | 4 | 7 | 6 | 11 | 60 |
| 最长连续雾日数 | 7 | 7 | 5 | 3 | 2 | 3 | 2 | 3 | 4 | 4 | 4 | 6 | 7 |

注：1965年、1969年、1986年和2003—2005年数据有缺测。

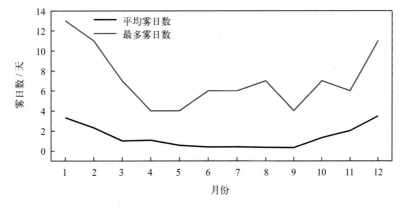

图6.6-1　平均雾日数和最多雾日数年变化（1965—2018年）

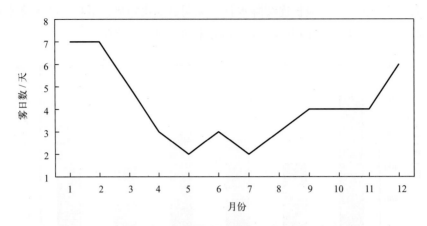

图6.6-2　最长连续雾日数年变化（1965—2018年）

1965—2018年，年雾日数呈明显的上升趋势，上升速率为3.22天/（10年）。2013年雾日数最多，共60天，1971年最少，为5天。

2010—2018年的十年平均年雾日数最多，为29.1天，1970—1979年最少，为9.7天（图6.6-3）。

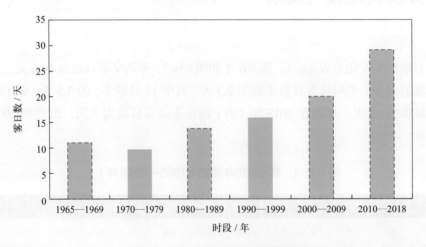

图6.6-3　十年平均年雾日数变化

## 2. 轻雾

轻雾日数的年变化见表6.6-2和图6.6-4。1965—1995年，平均月轻雾日数12月最多，为13.6天，9月最少，为3.7天。最多月轻雾日数出现在1992年1月和1987年12月，均为25天。

1966—1994年，年轻雾日数呈波动上升趋势，上升速率为38.18天/（10年）（图6.6-5）。

表6.6-2　轻雾日数的年变化（1965—1995年）　　　　　　　　单位：天

| | 1月 | 2月 | 3月 | 4月 | 5月 | 6月 | 7月 | 8月 | 9月 | 10月 | 11月 | 12月 | 年 |
|---|---|---|---|---|---|---|---|---|---|---|---|---|---|
| 平均日数 | 11.4 | 8.8 | 8.6 | 6.8 | 4.7 | 5.4 | 5.9 | 3.8 | 3.7 | 6.9 | 10.6 | 13.6 | 90.2 |
| 最多日数 | 25 | 18 | 16 | 17 | 19 | 20 | 17 | 14 | 12 | 18 | 20 | 25 | 167 |

注：1965年和1986年数据有缺测，1995年7月停测。

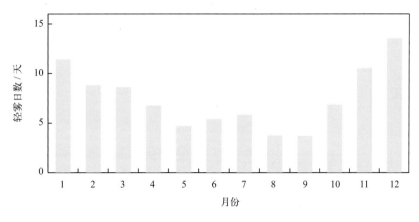

图6.6-4　轻雾日数年变化（1965—1995年）

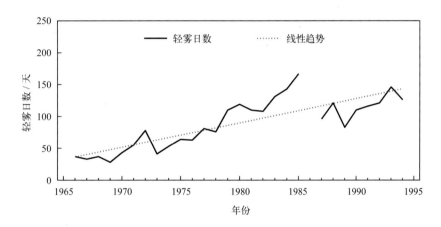

图6.6-5　1966—1994年轻雾日数变化

## 3. 雷暴

雷暴日数的年变化见表6.6-3和图6.6-6。1960—1995年，平均年雷暴日数为20.2天，雷暴日数出现在春、夏和秋三季，以7月最多，平均为5.8天，冬季（12月至翌年2月）没有雷暴；雷暴最早初日为3月11日（1992年），最晚终日为11月17日（1978年）。

表6.6-3　雷暴日数的年变化（1960—1995年）　　　　　　单位：天

|  | 1月 | 2月 | 3月 | 4月 | 5月 | 6月 | 7月 | 8月 | 9月 | 10月 | 11月 | 12月 | 年 |
|---|---|---|---|---|---|---|---|---|---|---|---|---|---|
| 平均雷暴日数 | 0.0 | 0.0 | 0.1 | 1.1 | 1.7 | 4.0 | 5.8 | 5.0 | 2.0 | 0.4 | 0.1 | 0.0 | 20.2 |
| 最多雷暴日数 | 0 | 0 | 1 | 5 | 5 | 12 | 12 | 14 | 7 | 3 | 2 | 0 | 43 |

注：1986年数据有缺测，1995年7月停测。

1960—1994年，年雷暴日数呈下降趋势，下降速率为2.64天/（10年）（线性趋势未通过显著性检验，图6.6-7）。1964年雷暴日数最多，为43天；1970年和1971年雷暴日数最少，均为7天。

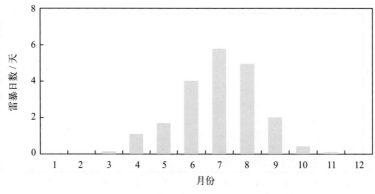

图6.6-6　雷暴日数年变化（1960—1995年）

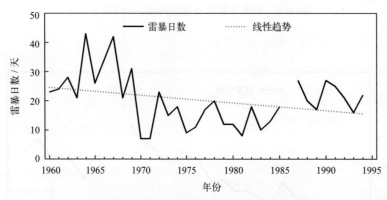

图6.6-7　1960—1994年雷暴日数变化

## 4. 霜

霜日数的年变化见表 6.6-4 和图 6.6-8。1960—1995 年，平均年霜日数为 36.6 天，1964 年最多，为 72 天，1977 年最少，为 8 天；霜全部出现在 10 月至翌年 4 月，其中 1 月最多，平均为 12.1 天；月最多霜日数为 26 天，出现在 1965 年 1 月；霜最早初日为 10 月 22 日（1986 年），霜最晚终日为 4 月 12 日（1987 年）。

表6.6-4　霜日数的年变化（1960—1995 年）　　　　　　　　　　　　　　单位：天

| | 1月 | 2月 | 3月 | 4月 | 5月 | 6月 | 7月 | 8月 | 9月 | 10月 | 11月 | 12月 | 年 |
|---|---|---|---|---|---|---|---|---|---|---|---|---|---|
| 平均霜日数 | 12.1 | 9.1 | 3.1 | 0.2 | 0.0 | 0.0 | 0.0 | 0.0 | 0.0 | 0.0 | 3.0 | 9.1 | 36.6 |
| 最多霜日数 | 26 | 18 | 10 | 2 | 0 | 0 | 0 | 0 | 0 | 1 | 12 | 24 | 72 |

注：1979年和1986年数据有缺测，1995年7月停测。

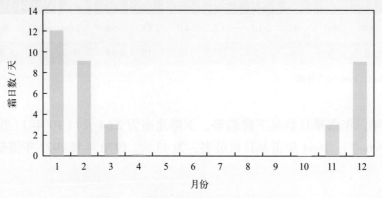

图6.6-8　霜日数年变化（1960—1995年）

## 5. 降雪

降雪日数的年变化见表 6.6-5 和图 6.6-9。平均年降雪日数为 11.4 天，降雪全部出现在 11 月至翌年 4 月，其中 2 月最多，为 3.3 天（图 6.6-9）；降雪最早初日为 11 月 1 日（1987 年），最晚初日为 1 月 28 日（1978 年），最早终日为 1 月 3 日（1982 年），最晚终日为 4 月 18 日（1965 年）。

1960—1994 年，年降雪日数变化趋势不明显，其中 1985 年降雪日数最多，为 21 天（图 6.6-10）。

表 6.6-5　降雪日数的年变化（1960—1995 年）　　　　　　　　　　　单位：天

| | 1月 | 2月 | 3月 | 4月 | 5月 | 6月 | 7月 | 8月 | 9月 | 10月 | 11月 | 12月 | 年 |
|---|---|---|---|---|---|---|---|---|---|---|---|---|---|
| 平均降雪日数 | 2.9 | 3.3 | 1.7 | 0.2 | 0.0 | 0.0 | 0.0 | 0.0 | 0.0 | 0.0 | 1.1 | 2.2 | 11.4 |
| 最多降雪日数 | 10 | 8 | 9 | 2 | 0 | 0 | 0 | 0 | 0 | 0 | 7 | 8 | 21 |

注：1986年数据有缺测，1995年7月停测。

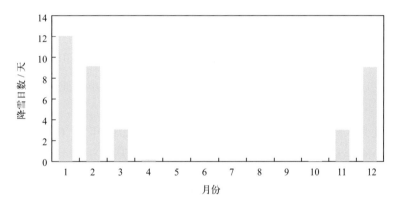

图6.6-9　降雪日数年变化（1960—1995年）

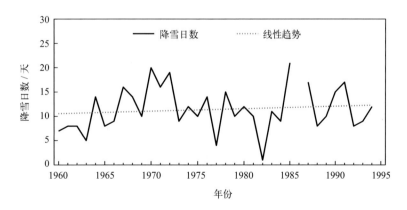

图6.6-10　1960—1994年降雪日数变化

# 第七节　能见度

1965—2018 年，塘沽站累年平均能见度为 14.8 千米。8—10 月平均能见度较大，超过 16.0 千米，其中 9 月平均能见度最大，为 17.5 千米；1 月平均能见度最小，为 12.8 千米。能见度小于

1千米的年平均日数为13.7天，其中1月和12月能见度小于1千米的平均日数最多，均为2.8天，9月能见度小于1千米的平均日数最少，为0.3天（表6.7–1，图6.7–1和图6.7–2）。

表6.7–1 能见度的年变化（1965—2018年）

| | 1月 | 2月 | 3月 | 4月 | 5月 | 6月 | 7月 | 8月 | 9月 | 10月 | 11月 | 12月 | 年 |
|---|---|---|---|---|---|---|---|---|---|---|---|---|---|
| 平均能见度/千米 | 12.8 | 13.0 | 13.2 | 14.0 | 15.3 | 15.4 | 15.5 | 16.5 | 17.5 | 16.1 | 14.9 | 13.5 | 14.8 |
| 能见度小于1千米平均日数/天 | 2.8 | 2.2 | 0.8 | 0.6 | 0.4 | 0.5 | 0.4 | 0.4 | 0.3 | 0.9 | 1.8 | 2.8 | 13.7 |

注：1965年、1973—1984年、1986年和2002—2010年数据有缺测。

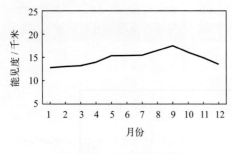

图6.7–1 能见度年变化

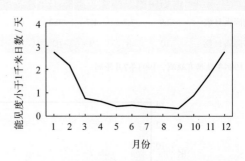

图6.7–2 能见度小于1千米平均日数年变化

历年平均能见度为5.3～26.1千米，其中1971年最高，2013年和2014年均最低；能见度小于1千米的日数，2013年最多，为44天，1966年最少，为2天（图6.7–3）。

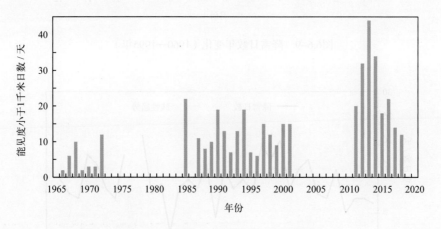

图6.7–3 能见度小于1千米的年日数变化

# 第八节 云

1965—1995年，塘沽站累年平均总云量为4.3成，其中7月平均总云量最多，为6.3成，12月平均总云量最少，为2.9成；累年平均低云量为1.0成，其中7月平均低云量最多，为2.4成，2月和3月最少，均为0.5成（表6.8–1，图6.8–1）。

表6.8-1  总云量和低云量的年变化（1965—1995年）

|  | 1月 | 2月 | 3月 | 4月 | 5月 | 6月 | 7月 | 8月 | 9月 | 10月 | 11月 | 12月 | 年 |
|---|---|---|---|---|---|---|---|---|---|---|---|---|---|
| 平均总云量/成 | 3.0 | 3.6 | 4.4 | 4.8 | 5.0 | 5.7 | 6.3 | 5.3 | 4.1 | 3.6 | 3.3 | 2.9 | 4.3 |
| 平均低云量/成 | 0.6 | 0.5 | 0.5 | 0.7 | 0.9 | 1.5 | 2.4 | 1.9 | 1.0 | 0.8 | 0.8 | 0.6 | 1.0 |

注：1965年、1969年和1986年数据有缺测，1995年7月停测。

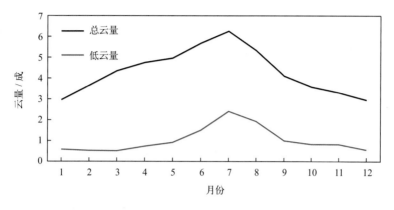

图6.8-1  总云量和低云量年变化（1965—1995年）

1966—1994年，年平均总云量呈增加趋势，增加速率为0.36成/（10年），1985年平均总云量最多，为5.4成，1968年最少，为3.3成；年平均低云量呈增加趋势，增加速率为0.23成/（10年），1985年平均低云量最多，为1.8成，1968年、1971年和1972年最少，均为0.6成（图6.8-2和图6.8-3）。

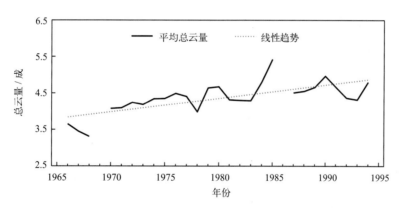

图6.8-2  1966—1994年平均总云量变化

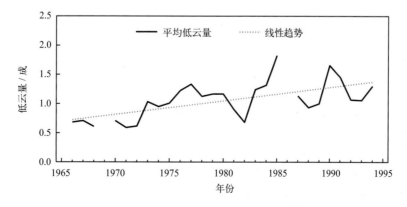

图6.8-3  1966—1994年平均低云量变化

## 第九节　蒸发量

　　1960—1965 年，塘沽站平均年蒸发量为 1 954.8 毫米。夏半年蒸发量大，冬半年蒸发量小。5 月蒸发量最大，为 296.0 毫米，6 月次之，为 295.8 毫米，1 月蒸发量最小，为 47.7 毫米（表 6.9–1，图 6.9–1 ）。

表 6.9–1　蒸发量的年变化（1960—1965 年）　　　　　　　　　　　　单位：毫米

| | 1月 | 2月 | 3月 | 4月 | 5月 | 6月 | 7月 | 8月 | 9月 | 10月 | 11月 | 12月 | 年 |
|---|---|---|---|---|---|---|---|---|---|---|---|---|---|
| 平均蒸发量 | 47.7 | 64.7 | 135.8 | 192.6 | 296.0 | 295.8 | 234.0 | 216.8 | 201.7 | 135.6 | 82.5 | 51.6 | 1 954.8 |

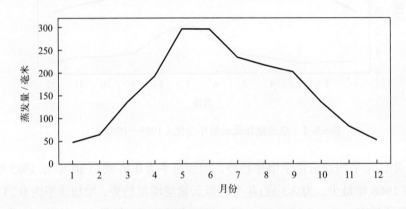

图6.9–1　蒸发量年变化（1960—1965年）

# 第七章　海平面

## 第一节　海平面

### 1. 年变化

塘沽沿海海平面年变化特征明显，1月最低，8月最高，年变幅为59厘米，平均海平面在验潮基面上245厘米（图7.1–1）。

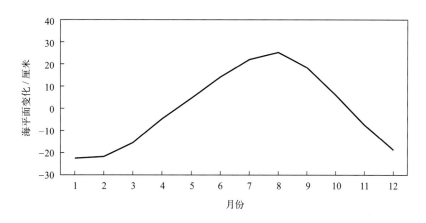

图7.1–1　海平面年变化（1950—2018年）

### 2. 长期趋势变化

1950—2018年，塘沽沿海海平面变化呈波动上升趋势，海平面上升速率为3.3毫米／年；1993—2018年，塘沽沿海海平面上升速率为5.8毫米／年，明显高于同期中国沿海3.8毫米／年的平均水平。塘沽沿海海平面在20世纪50年代至60年代末期呈下降趋势，且存在显著的年际振荡；20世纪60年代末期至2018年，海平面总体呈上升趋势，并在1968—1974年和2009—2012年经历了2次快速抬升。2012年海平面处于近70年的最高位，2013年处于第二高位；1962年海平面处于最低位，1968年处于第二低位（图7.1–2）。

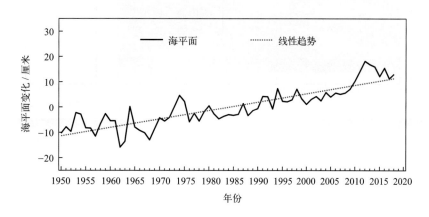

图7.1–2　1950—2018年塘沽沿海海平面变化

1950—2018 年，塘沽沿海十年平均海平面呈明显上升趋势。1960—1969 年，塘沽沿海十年平均海平面处于近 70 年的最低位，海平面较上一个十年下降约 18 毫米；1970—1979 年，海平面明显回升，较上一个十年上升约 66 毫米，仍处于低位；1980—1989 年，十年平均海平面与上个十年基本持平；1990—1999 年，海平面上升明显，较上一个十年高约 55 毫米；2000—2009 年，海平面上升较慢；2010—2018 年，海平面上升显著，较 2000—2009 年的平均海平面上升约 97 毫米，处于近 70 年来最高位（图 7.1-3）。

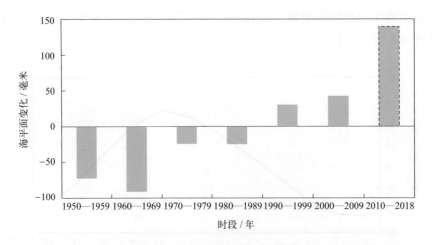

图7.1-3　十年平均海平面变化

### 3. 周期性变化

1950—2018 年，塘沽沿海海平面有 3 年、5 年、13 ~ 14 年和准 19 年的显著变化周期，振荡幅度为 1.5 ~ 3.0 厘米。2010—2018 年，塘沽沿海海平面处于 3 年、5 年、13 ~ 14 年和准 19 年周期性振荡的高位，几个主要周期性振荡高位叠加，抬高了同时段海平面的高度（图 7.1-4）。

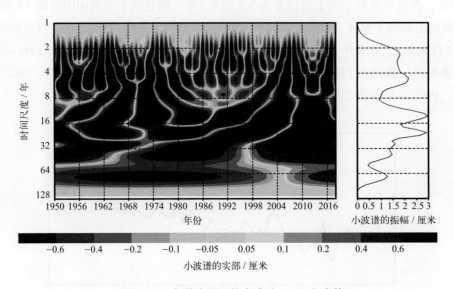

图7.1-4　年均海平面的小波（wavelet）变换

## 第二节　地面沉降

沿海地面沉降增大相对海平面上升幅度，加大海平面上升风险。天津滨海新区地面沉降相对较重，是全国地面沉降严重区域之一。

2001—2003 年间，天津沿海海平面在全国各沿海省（自治区、直辖市）中升幅最大，其主要原因是该地区地面沉降较为严重，年沉降率达到厘米级，部分地区多年累计沉降量较大，局部地区甚至低于平均海平面，从而加剧了该地区相对海平面上升（《2003 年中国海平面公报》）。

2011 年，天津滨海新区平均地面沉降量为 21 毫米，沉降量大于 30 毫米的面积为 450 平方千米，沉降量大于 50 毫米的面积为 76 平方千米。地面沉降加大了海平面相对上升幅度，海平面上升影响范围加大（《2012 年中国海平面公报》）。

2012 年，滨海新区平均地面沉降 24 毫米，其中塘沽平均沉降量为 23 毫米，上海道与河北路交口一带的地面高程已低于平均海面 1.087 米；塘沽岸段防潮堤沉降量为 24 毫米，防潮堤沉降直接导致对海平面上升和相关海洋灾害的防御水平降低（《2013 年中国海平面公报》）。

2013 年，滨海新区平均地面沉降量为 22 毫米，其中，塘沽平均沉降量为 22 毫米；滨海新区上海道与河北路交口一带的地面高程已低于平均海面 1.108 米，1959—2013 年累计沉降量为 3.448 米。塘沽岸段防潮堤平均沉降量为 19 毫米（《2014 年中国海平面公报》）。

2014 年，滨海新区平均地面沉降量为 23 毫米。其中，塘沽平均沉降量 18 毫米，最大沉降量 54 毫米。2012—2014 年，滨海新区防潮堤年平均沉降量为 20 毫米左右（《2015 年中国海平面公报》）。

2015 年，滨海新区平均地面沉降量为 23 毫米，最大沉降量为 85 毫米。其中，塘沽平均沉降量为 18 毫米，最大沉降量为 28 毫米。滨海新区防潮堤平均沉降量约 20 毫米（《2016 年中国海平面公报》）。

2016 年，滨海新区平均地面沉降量为 21 毫米。其中，塘沽平均沉降量为 16 毫米，最大沉降量为 40 毫米（《2017 年中国海平面公报》）。

2017 年，天津滨海新区平均地面沉降量为 16 毫米，较 2016 年度减少 5 毫米，其中塘沽平均沉降量为 14 毫米，最大沉降量为 58 毫米（《2018 年中国海平面公报》）。

# 第八章　灾害

## 第一节　海洋灾害

### 1. 风暴潮

据有关历史资料记载（《中国气象灾害大典·天津卷》《北海区海洋站海洋水文气候志》等），塘沽附近地区发生的较大风暴潮有：

1892年（清光绪十八年）6月，大雨，海潮倒灌，塘沽、北塘等三十一村重灾。

1895年（清光绪二十一年）4月28—29日，东南风如吼，入夜风益怒号，雨如瀑布，沿海浪高七米。淹没土屋千数百家，塘沽至北塘间铁路冲断，海挡全部冲决。从大沽口到歧口"七十二连营"基地被冲得荡然无存，死者二千余人（当时塘沽区总人口五万余）。

1905年（清光绪二十八年）10月，海啸（风暴潮），塘沽、邓沽滩地淹，存盐漂损五万余包。

1949年7月30日，因台风登陆引发风暴潮，大沽盐滩全淹，塘沽区低洼处积水1.3米，冲毁渔港4个，倒塌房屋83间，晚秋作物淹损7成以上。10月31日，台风，海潮倒灌，塘沽一带大部进水，低洼处积水1米左右，房屋淹浸。

1963年10月3日，出现风暴潮，潮位达4.5米，塘沽出现风暴潮，13点出现海啸，13点后海水溢出，15点后慢慢退下，最高潮位达8.7米，漫过了船闸，比三码头高约12厘米，冲坏土堤。海上损失较大，有一渔民被大风从船上卷下，掉海淹死。这次海啸的发生主要是偏东大风和大潮一起造成的。

1966年8月21日，大海潮，塘沽潮位4.61米，全市积水，南北排污河受潮水顶托部分决口，淹泡农田1.57万亩。

1968年10月6日，沿海独流减河一带发生风暴潮，塘沽海河闸最高潮位4.01米。

1972年7月26日，台风进入渤海，27日在塘沽南登陆，码头涌进海水，部分海堤坍塌。

1980年6月30日，塘沽17时10分潮位4.92米。

1981年9月26日晚，渤海湾海面刮起东北大风，风力达10级左右。伴随大风，沿海出现大海潮，持续时间达5小时。塘沽海河闸最高潮位4.09米，强潮涌进塘沽新港码头，货场水深0.3～0.5米。

1984年8月9—10日，受"8407号"台风北上影响，天津塘沽区发生风暴潮。海河水位暴涨，超过警戒水位（3米）0.36米。塘沽区海河堤埝两次决口。10日下午海河大桥附近北岸被冲开长约1.5米的口子，洪水以20立方米/秒流量涌入街区，全市三分之二的土地面临洪水威胁，经8小时奋战后合龙。塘沽盐场共化掉9万多吨海盐，经济损失达230万元。全区工商企业淹损872.6万元。

1985年8月2日下午，塘沽新港地区受到海潮袭击，16点潮水漫过新港，船闸桥面海水直泄闸内，新港码头由于潮位高，海水通过下水道倒灌，部分码头堆场水深0.3米，最深0.5米，部分货场淹泡。

1987年7月29日，塘沽海潮涨至4.64米。8月26日，塘沽潮位达4.72米。潮浸加风雨内涝使塘沽大部积水，最深处达1米以上，使12 472户进水，造成危房、倒塌房屋100余间。长芦盐场淹没盐坨277个，损失原盐23.7吨。港区全部进水，直接经济损失1 700余万元。

1991年8月25日下午和26日凌晨，塘沽沿海出现风暴潮，潮位达3.8米，超过警戒水位。海水漫埝涌进盐场，盐场职工全力抢险、修复，损失不大。

1992 年 6 月 5 日，温带气旋造成风暴潮，使塘沽港出现了 4.13 米的高潮位，最大增水几乎与天文高潮同时发生。9 月 1 日，受 16 号热带风暴影响，天津海域发生了潮高 5.93 米的风暴潮。10 月 2 日，天津沿海出现最高潮位 5.21 米（9 月和 10 月信息由天津海洋环境监测中心站提供）。

1993 年 11 月 16 日，渤海发生一次较强的温带风暴潮，恰遇农历十月初三天文大潮期，天津沿海潮位较高，观测到的最高潮位 4.86 米，超过警戒水位 0.16 米，使天津塘沽新港客运码头和航道局管线队等地部分堤埝少量上水，新港船闸漏水，地沟返水。

1994 年受 15 号台风外围影响，塘沽沿海 8 月 14—16 日连续 3 天出现风暴潮，最高潮位 5.0 米，超过警戒水位 0.85 米，使塘沽和汉沽部分码头漫水，低洼处积水 1 米左右，房屋淹浸。

1996 年渤海湾有 3 次较强的风暴潮过程，分别是 7 月 30 日 15 时 10 分、10 月 30 日 5 时 20 分及 11 月 11 日 14 时 40 分。天津塘沽站先后观测到 4.93 米、5.10 米和 4.95 米的最高潮位，分别超过警戒水位 0.23 米、0.40 米和 0.25 米，天津市塘沽区部分地区堤埝少量上水。

1997 年 8 月 20 日，受 97 年第 11 号台风影响，天津沿海出现最高潮位 5.59 米的高潮位（该信息由天津海洋环境监测中心站提供）。

1999 年 8 月 10 日 15 时 15 分，受温带气旋影响，塘沽最高潮位达 4.96 米，塘沽低洼地区、渤海石油公司码头一度上水。

2003 年 10 月 11—12 日，受北方强冷空气影响，渤海湾、莱州湾沿岸发生了近 10 年来最强的一次温带风暴潮。受其影响，天津塘沽站最大增水 160 厘米，该站最高潮位 533 厘米，超过当地警戒水位 43 厘米。风暴潮给天津带来直接经济损失约 1.13 亿元，失踪 1 人。新港船厂设备被淹，库存物资损失严重，部分企业停产。天津港遭受浸泡的货物有 37 万余件，计 22.5 万吨，740 个集装箱和 107 台（辆）设备遭海水淹泡。大港石油公司油田停产 1 094 井次。原盐损失 15.3 万吨；淹没鱼池 3 440 亩；渔船损毁 156 条、渔网 27 排；海堤损毁 7.3 千米，泵房损坏 13 处；倒塌民房 1 间，损坏 544 间（《2003 年中国海洋灾害公报》）。

2005 年 8 月 8 日，9 号台风"麦莎"北上，受其影响天津沿岸出现增水，最高潮为 520 厘米，超过警戒水位 30 厘米。

2007 年 10 月 27—28 日，天津市、河北省沿海发生温带风暴潮过程。天津市塘沽站最大风暴增水为 123 厘米（《2007 年中国海洋灾害公报》）。

2008 年 8 月 22 日，渤海沿海发生一次强温带风暴过程，天津市塘沽站增水 101 厘米，最高潮位超过当地警戒潮位 16 厘米，位于塘沽的中海油码头被淹（《2008 年中国海洋灾害公报》）。

2009 年 4 月 15 日，受强冷空气和低压倒槽共同影响，天津近岸海域出现了接近警戒水位的高潮位，最高潮位为 454 厘米，部分地区轻微上水。此次温带风暴潮灾害过程造成天津市 3 人死亡，6 人失踪，防波堤损坏 3.7 千米，护坡损坏 350 平方米，大港油田公司 630 多口油井停产。全市直接经济损失 2.49 亿元。

2011 年 8 月 31 日至 9 月 1 日，受冷空气影响，渤海沿岸出现一次较强温带风暴潮过程，渤海湾、莱州湾均出现 100 厘米以上风暴增水，其中天津市塘沽站最大增水为 110 厘米，发生在当日天文高潮时，高潮位超过当地警戒潮位 27 厘米。受其影响，天津市防波堤损毁 3 千米，因灾直接经济损失 0.1 亿元（《2011 年中国海洋灾害公报》）。

2012 年台风风暴潮"达维"影响期间天津塘沽站最大增水 141 厘米，水产养殖受灾面积 173 公顷，损毁海堤、护岸 0.80 千米，直接经济损失 415 万元（《2012 年中国海洋灾害公报》）。

2013 年 9 月 23 日，受冷空气影响，天津市沿海出现了超过黄色警戒潮位的高潮位，实测资料显示，本次风暴潮过程最高潮位为 512 厘米，高潮时增水 100 厘米，过程最大增水 115 厘米（《中国海洋台站志·北海区卷下》)。

2016 年 7 月 19 — 21 日，温带气旋影响天津沿海，局部地区出现特大暴雨，在季节性高海平面、天文大潮和风暴增水的共同作用下，塘沽站出现了达到当地蓝色警戒潮位的高潮位，行洪排涝困难，内涝严重，农业生产和交通设施等遭受损失，天津市水产养殖受灾面积 400 公顷。渔船毁坏 2 艘。防波堤损毁 2.03 千米，海堤、护岸损毁 11.48 千米，道路损毁 4.02 千米（《2016 年中国海洋灾害公报》《2016 年中国海平面公报》)。

2018 年，强热带风暴"摩羯"减弱形成的低压从渤海湾附近出海，在其与冷空气共同作用下，出现了一次较强的温带风暴潮过程，天津塘沽站观测到风暴增水为 113 厘米，塘沽站最高潮位达到当地蓝色警戒潮位（《2018 年中国海洋灾害公报》)。

### 2. 海冰

海冰灾害对天津沿海影响程度仅次于风暴潮。通常海冰主要影响海上交通，造成海上工程无法施工。

1916 年 1 月，塘沽沿岸有 2 艘船因受到大潮携带的浮冰受阻于港口。

1945 年春节前后，寒潮突然袭来，塘沽沿海有不少船只冻在冰上。

1946 年 12 月至 1947 年 2 月，航道冰封，船舶受阻。1—2 月，渤海湾许多船只，尤其马力较小者，为大冰田（冰封）所困。

1948 年 1 月，塘沽受冰凌阻塞，撞凌后勉强通航。

1955 年 1 月，强寒潮袭击渤海湾塘沽沿海，最低气温达到 –20℃ 左右，海冰特别大，从海边冻出 20 千米，冰厚 60 ~ 70 厘米。

1969 年渤海湾出现特大冰情，该年度的海冰是有记录以来最严重的冰情年度。1 月渤海湾出现大量浮冰，中旬冰厚大于 10 多厘米，下旬增至 20 多厘米，海面出现整体冰层（《中国海洋台站志·北海区卷下》)。2 月中旬大沽锚地附近海面冰厚 30 ~ 40 厘米，大沽灯船以东约 4 海里处海面堆积冰高 4 ~ 5 米。流冰挟走了塘沽航道所有浮鼓灯标，推倒了天津港务局回淤研究所观测平台，全面割断了"塘海一井"石油平台桩柱的钢管拉筋，还彻底摧毁了 15 根（锰钢板厚 22 厘米卷成的）空心圆筒桩柱（直径 0.85 米，长 41 米，打入海底 28 米深）以及全钢结构的"海二井"石油平台。据不完全统计，从 2 月 5 日至 3 月 5 日的一个月时间内，进出天津塘沽港的 123 艘客货轮中有 58 艘被海冰夹住，不能航行，随冰漂移（《中国气象灾害大典·天津卷》)；其中有的被海冰挤压，船体变形，舱内进水，有的推进器被海冰碰碎，动力失灵。海冰堵塞了海港，舰船受阻，海上交通处于瘫痪状态，造成了严重灾害（《中国海洋灾害四十年资料汇编（1949—1990）》)。

1977 年 1—2 月，严重冰情，渤海湾塘沽港航道冰厚 30 厘米，"海四井"附近海面冰厚 20 ~ 40 厘米，最大 60 厘米。破冰船 C722、破冰船 C721 破冰引航（《中国气象灾害大典·天津卷》)。

1996/1997 年度冬季，渤海湾最大结冰范围出现在 1997 年 1 月下旬初期，流冰范围为 15 海里。1 月上旬末天津塘沽港至东经 118° 的海域布满了 10 厘米左右厚的海冰，使大批出海作业的渔船不能返港（《1997 年中国海洋灾害公报》)。

2009/2010 年度冬季渤海湾海冰属于偏重年份，特征为发生时间早、发展速度快、分布范围广，对海上航行和生产作业造成了一定的影响。盛冰期内天津海域被大量流冰和固定冰包围，流冰最大外缘线为 30 海里，出现在 2 月 12 日至 13 日。天津塘沽东突堤测点观察到的冰期为 44 天。天津市船只损毁 20 艘（《中国海洋台站志·北海区卷下》)。

### 3. 海浪

天津海域水深不大，且滩涂长，坡度多在2‰以内，因此海浪灾害影响相对较小，对海洋捕捞、海岸工程作业有一定影响。

1979年11月，"渤海2"号石油钻井平台在移动作业中，遇气旋大风海浪沉没于渤海中部，平台上74人全部落水，除2人获救外其余全部遇难，经济损失严重（《中国海洋灾害四十年资料汇编（1949—1990）》）。

1997年，在"9711号"台风风暴潮期间，天津塘沽验潮站的高潮位超过当地警戒水位。20日16时前后，在天津港锚地实测平均波高3~3.5米，由于潮位较高，天津港码头东突堤处出现2米以上的拍岸浪，致使一部分物资因为没来得及倒运而受海水浸泡，仅5000多吨氧化铝被海水浸泡就损失近千万美元，停在码头上的高级轿车也被海浪卷入海中（《1997年中国海洋灾害公报》）。

2009年4月15日海浪灾害期间，在大港海域作业的两艘个体船只未按预警信号返港，风大浪高吹断缆绳，发生倾斜，造成3人遇难（《中国海洋台站志·北海区卷下》）。

### 4. 赤潮

1998年9—10月，渤海发生了有记录以来最严重的大面积赤潮，范围遍及辽东湾、渤海湾、莱州湾和渤海中部部分海域。此次赤潮持续时间长达40余天，最大覆盖面积达5000多平方千米，给辽宁、河北、山东省及天津市的海水养殖造成巨大损失（《1998年中国海洋灾害公报》）。

1999年7月2—4日，天津大沽锚地、河北歧口以东海域、山东老黄河口附近海域发生400~1500平方千米赤潮，海水呈酱紫色，此次赤潮被称为"歧口赤潮"（《1999年中国海洋灾害公报》）。

2001年，我国海域赤潮发生次数增多、发生时间提前、影响范围扩大。全年共发现赤潮77次，累计面积达15000平方千米。其中渤海发现赤潮20次，天津出现2次（《2001年中国海洋灾害公报》）。

2004年6月12日，天津附近海域发生赤潮，面积约3200平方千米，主要赤潮生物为米氏凯伦藻，有毒性（《2004年中国海洋灾害公报》）。

2006年10月8—26日，天津近岸海域发生赤潮，最大面积约210平方千米，主要赤潮生物为有毒性的球形棕囊藻（《2006年中国海洋灾害公报》）。

2007年11月9—22日，天津北塘、汉沽附近海域发生赤潮，最大面积约80平方千米，主要赤潮生物为浮动弯角藻（《2007年中国海洋灾害公报》）。

2009年5月31日，渤海湾附近海域发生大面积赤潮，持续时间14天，最大面积约4460平方千米，赤潮区水体呈酱紫色，赤潮优势种为赤潮异弯藻，此次赤潮是2009年度发生面积最大的一次（《2009年中国海洋灾害公报》）。

2010年，天津赤潮灾害发生在6月3日至6月12日，主要位于天津港锚地附近海域，优势藻种为夜光藻，最大面积140平方千米（《2010年中国海洋灾害公报》）。

2013年，天津发生两次赤潮灾害过程，第一次发生在7月5日至7月8日，主要位于临港经济区东部海域，赤潮优势种为中肋骨条藻，最大面积154平方千米；第二次发生在7月16日至7月25日，主要位于汉沽海域，赤潮优势种为夜光藻，最大面积100平方千米（《2013年中国海洋灾害公报》）。

2014年，天津赤潮发生在8月26日至9月25日，主要位于天津滨海旅游区附近海域，赤潮优势种为离心列海链藻、多环旋沟藻和叉状角藻，最大面积300平方千米（《2014年中国海洋灾害公报》)。

2015 年，天津赤潮发生在 8 月 21 日至 9 月 3 日，主要位于天津港南侧海域，赤潮优势种为多环旋沟藻，最大面积 264 平方千米（《2015 年中国海洋灾害公报》）。

2016 年，河北和天津赤潮发生在 8 月 18 日至 10 月 24 日，主要位于渤海湾北部海域，最大面积 630 平方千米，赤潮优势种包括多环旋沟藻、叉角藻、伊姆裸甲藻、太平洋海链藻、浮动弯角藻、链状亚历山大藻、锥状斯克里普藻、红色赤潮藻、圆海链藻等（《2016 年中国海洋灾害公报》）。

### 5. 海水入侵与土壤盐渍化

2007 年，天津中心城市周边地区的土壤盐渍化面积已达 175 平方千米，比 1982 年增加了 1/10（天津地矿局《天津市中心城区周边土壤污染调查》）。2007 年，滨海新区重度盐碱化耕地主要分布在处于滨海新区范围的塘沽区西侧、东丽区及北大港水库的周边及其他地势低洼地区附近土壤中。重度以上盐碱化耕地面积为 110.56 平方千米，占滨海新区耕地总面积的 27.4%。土壤盐渍化的主要原因有气候干旱、潜水埋深浅和潜水矿化度高等（天津地矿局《天津市滨海新区土壤盐碱化调查》）。

天津市是全国各省市盐碱地所占比例最大的一个地区。滨海新区土壤全盐量从西部到东部沿海逐渐升高，基本呈条带状分布；盐土面积较大，占滨海新区陆地总面积的一半以上，非盐渍化土壤分布较少（2012 年海平面变化影响调查信息）。

2013 年，天津境内各监测站点所在区域土壤均呈碱性，随着由海向内陆延伸，pH 值总体呈逐渐降低趋势；土壤盐渍化类型主要为硫酸盐型，占总站位的 55.6%（2013 年海平面变化影响调查信息）。

2014 年，天津境内各监测站点所在区域土壤均呈碱性，大神堂 3 号点的盐渍化程度由轻盐渍化土（2012 年 11 月）转变为非盐渍化土（2013 年 9 月）。天津土壤盐渍化面积和程度均呈逐渐缓和趋势，天津重盐渍化区主要分布在滨海新区靠近沿海区域（2014 年海平面变化影响调查信息）。

2015 年，天津大神堂断面盐渍化区土壤为盐土，盐渍化类型为硫酸盐－氯化物型，土壤酸碱性为碱性；过渡区土壤盐渍化类型为硫酸盐－氯化物型，盐渍化程度为中盐渍化土，土壤酸碱性为碱性；非盐渍化区的 2 个站位土壤盐渍化类型均为硫酸盐型，土壤盐渍化程度为非盐渍化土，酸碱性为碱性。马棚口断面盐渍化区土壤为盐土，盐渍化类型为氯化物－硫酸盐型，土壤酸碱性为碱性；过渡区土壤盐渍化类型为氯化物－硫酸盐型，盐渍化程度为中盐渍化土，土壤酸碱性为碱性；非盐渍化区土壤盐渍化类型为硫酸盐型，土壤盐渍化程度为非盐渍化土，酸碱性为碱性（2015 年海平面变化影响调查信息）。

## 第二节　灾害性天气

根据《中国气象灾害大典·天津卷》和《中国气象灾害年鉴》记载，塘沽站周边发生的主要灾害性天气有暴雨洪涝、大风（龙卷风）、冰雹、雷电和大雾。

### 1. 暴雨洪涝

1982 年，塘沽区因涝受灾 1.1 万亩，成灾 0.6 万亩。

1983 年 4 月 25—26 日，天津各区县普降大到暴雨，塘沽盐场因暴雨冲走海盐 20 万吨。1983 年塘沽区因涝受灾 1.1 万亩，成灾 0.6 万亩。

1987年8月19日，塘沽区出现降雨量为132.6毫米的暴雨，使该区低洼地区出现短时积水，6 000多户居民家中进水。8月26日下午至夜间，天津普降暴雨。塘沽区日总降水量达177.2毫米，1小时最大降水量88.7毫米，时间短，雨量大，降水强度是有历史资料以来罕见的。暴雨过程中伴有8级偏东大风，10分钟平均最大风速18.0米/秒，极大风速达30.8米/秒。全区大部分街道积水，积水最深达1米，塘沽地道口被灌，造成交通中断。全区12 472户受淹，造成危房104户，倒塌房屋34间，天碱大化、调料厂、盐场等工厂、企业以及百货公司批发部、仓库、粮店等单位受淹泡。农村大部分菜田见明水，雨灾较重和绝收面积共达4 129亩，造成的直接经济损失约1 700万元。

1988年7月21日，天津除蓟县和静海县外普降大暴雨，由于时间短、强度大，造成农田积水，面积达140.21万亩，成灾81.09万亩，绝收22.54万亩。天津市区降水量为121.1毫米，积水51片。塘沽区日降水量为168.2毫米，普遍造成积水，一般为40～70厘米，交通中断，有6个粮店及门市部进水，粮食一库粮垛一层上水受淹，几千户居民家中进水，向阳明渠漫水，向阳街受淹，两排泵站工地临时挡潮草袋围捻冲开20米缺口。

1998年5月19日夜至20日凌晨，天津市除蓟县外的11个区县程度不同的遭受了一次雷雨、大风、冰雹的袭击。8月1日夜间，塘沽区12小时降水量达81.7毫米，24小时过程降水量达99.8毫米，由于降水强度较大，排水不畅，区内积水严重。

2007年8月25—26日，天津市出现区域性暴雨，由于降雨强度较大，塘沽老城区低洼处积水，交通受阻。

2009年7月22日傍晚至23日上午，天津出现了入夏以来范围最大、强度最强的一次降水过程，全市普降大到暴雨，其中宁河、武清、塘沽达到了大暴雨量级。

2010年6月17日，天津出现强降水，武清、静海、津南和塘沽降暴雨。7月19日天津出现强降水，大港、塘沽、宁河和汉沽降暴雨。8月21日大港和宁河暴雨，塘沽大暴雨。

## 2. 大风、沙尘暴和龙卷风

1981年8月13日，塘沽区雷阵雨伴有大风，瞬时风速达36.7米/秒，发生吊车吹倒，电线吹断、停电等事故，造成部分经济损失。

1983年6月27日18时许，市区、大港区、塘沽区等刮起了6级以上大风，飞沙走石，天昏地暗，塘沽盐场覆盖池的薄膜被刮烂。

1984年3月20日，受强冷空气影响，海上平均风力10级，阵风12级，塘沽区5时前后至12时，平均风力达9～10级，瞬时风速达31.7米/秒，给工农业生产造成极大的损失。

1985年3月27日夜至28日上午，全市刮起7～8级西北大风，损失较重，塘沽区大风持续时间长，最大风速22.0米/秒（10分钟平均风速），瞬时风速达30.6米/秒，并伴有沙尘暴。塘沽区有87个塑料大棚被掀掉，占地113.9亩。大、中扣（由塑料薄膜做成的圆形物）损失408亩，地膜损坏966.8亩，温室有1 500平方米玻璃损坏。8月3日塘沽区出现罕见龙卷现象。8月22日12时30分至40分，塘沽区西沽街渔丰新村、海防大队一带出现龙卷风，渔民宿舍4排36间房顶油毡刮走，电线杆刮弯。

1986年7月8日23时20分至9日0时30分，以塘沽区盐场三分场至新港一带为中心，范围约20平方千米出现飑线天气，狂风暴雨，瞬时极大风速达52.7米/秒，雨量48.0毫米，极大风速打破35年极大风纪录。大风造成港务局龙门吊被风刮滑动错位8台，其中2台出轨，1台撞倒10多米围墙。集装箱被大风刮掉9个，错位52个。3个仓库、7个货垛以及1艘船舱货物受损。船务4处水塔顶电视塔架被刮倒，储运公司仓库货垛被风掀开。民工临建棚刮倒，砸伤民工4～5

人，重伤 1 人。塘沽区气象局动力电杆折断 5 根。

1987 年 7 月 21 日，塘沽区出现大风，并有雷暴，但无降水。塘沽区气象观测站 19 时 07 分至 19 时 10 分观测到风力达 10 级的大风（极大风速 25.6 米 / 秒，10 分钟平均最大风速 12.0 米 / 秒），在距气象站西北偏北方向大约 16 千米的北塘（驻塘空军 88612 部队营区），19 时 50 分遭受龙卷风袭击，持续时间 20～30 分钟。受灾范围走向是西北—东南向，80～100 米宽，长 500 米左右。龙卷风袭击时营区内飞砖走石，房顶被掀起，门窗被刮散，瓦片像树叶一样，在空中旋转，屋内的衣物零星物品等从门窗中被吸出。营区共 17 幢房屋，从北向南，有 7 排房屋损失严重。人们被刮得跌跌撞撞，两名关窗户的战士被卷出 20～30 米，甩在旁边的芦苇塘中。有 8 人受伤，其中 3 人伤势较严重。营区西北部的车库（南边无大门）里的汽车，风挡玻璃被打碎，车门被吹开扭曲变形。有 10 根电线杆被吹倒，当时供电通讯全部中断。营房东边数棵碗口粗的树被齐腰折断，有 3 棵直径 30～50 厘米的大树被连根拔起刮倒，直接损失 15 万～18 万元。相邻芦苇场的房屋、苇垛受龙卷风横扫。8 月 26 日，塘沽区暴雨过程中伴有 8 级偏东大风，10 分钟平均最大风速 18.0 米 / 秒，极大风速达 30.8 米 / 秒。

1988 年 1 月 21 日夜至 22 日，天津大部分区县出现 5～6 级大风，阵风 9 级。11 月 9 日凌晨，塘沽区最大风速达 19.3 米 / 秒，天津港货垛发生重大火灾，烧毁货垛 1 600 平方米，77 垛进口新闻纸、板纸、人造棉、天然橡胶及机械设备等货物被烧毁，损失惨重。

1989 年 10 月 11 日，渤海八号石油钻井平台附近出现龙卷风、冰雹天气，龙卷风把海水卷向半空，从距平台 1 000 米处刮过消失，持续时间达 5～6 分钟。

1991 年 4 月 24 日 20 时 56 分至 21 时 12 分及 23 时 41 分至 23 时 47 分，全市大部分区县出现大风天气，局部出现冰雹。塘沽区、北辰区、大港区、东丽区受灾较严重。塘沽区瞬时风速达 31.5 米 / 秒，风灾给该区农业生产带来了很大的损失，并使部分工厂企业受损，港务局二公司粮食码头用的进口精密仪器折断刮到海中，造成几百万元损失。

1992 年 6 月 3 日 18 时前后，天津市区、塘沽区、大港区、津南区、东丽区、西青区、北辰区、静海县和武清县先后出现大风天气，各区县最大风速在 14～17 米 / 秒之间。

1993 年 8 月 29 日下午 2 点多，塘沽区南部的塘沽盐厂第一化工厂，复晒工区出现龙卷风，持续时间十几分钟。

1996 年 7 月 24 日晚 20 时 16 分至 20 时 41 分，塘沽区雷雨伴有 8 级短时大风，造成多起风灾事故，集装箱刮落摔坏，汽车、广告牌、房屋等受损，直接经济损失达十几万元。

1997 年 3 月 29 日上午，大风肆虐津城，塘沽区陆地出现 6～7 级偏东大风，海上 7 级以上，10 时 58 分海上最大风速达 35 米 / 秒，而且海上偏东大风持续长达 12 小时以上。

1998 年 8 月 1 日夜间，塘沽区出现雷雨、短时大风天气，港区内有飑线和龙卷风出现，导致天津碱厂直接经济损失人民币 200 万元。天津港务局直接经济损失 3 000 万元左右。

2000 年 4 月 9 日上午，天津市出现大风并伴扬沙天气，瞬时最大风速市区为 17 米 / 秒，塘沽区为 21 米 / 秒，海上为 34 米 / 秒。

### 3. 冰雹

1970 年 4 月 16 日，塘沽区邓善沽雹粒黄豆大小。

1971 年 5 月 5 日，塘沽区、宁河县降雹。9 月 6 日，塘沽区降雹，直径 1 厘米。

1972 年 4 月 15 日夜，静海县、塘沽区降雹。9 月 18 日，塘沽区降雹。9 月 28 日，天津市区、塘沽区降雹。

1973 年 7 月 21 日，塘沽区气象站附近公社冰雹一般玉米粒大，个别樟脑球大小，持续时间短。

1975 年 5 月 17 日，天津市区、西郊区、北郊区、东郊区、塘沽区、武清县、宝坻县、宁河县降雹。6 月 6 日，宁河县、静海县、塘沽区、汉沽区、北郊区降雹。

1976 年 6 月 7 日，南郊区、西郊区、塘沽区、东郊区、蓟县先后降雹。9 月 28 日，宁河县、汉沽区、塘沽区降雹，雹大如卫生球，一般如玉米粒。

1977 年 5 月 5 日，塘沽区降雹。6 月 29 日，塘沽区盐场降雹。

1978 年 3 月 27 日，北大港区、宁河县、汉沽区、南郊区、塘沽区降雹。4 月 16 日，塘沽区降雹。6 月 9 日，塘沽区降雹。6 月 20 日，东郊区大毕庄公社、塘沽区降雹。7 月 24 日下午，塘沽区新城公社、板桥盐场、污水河附近降雹，小的如玉米粒，大的如樟脑球，62 亩园田受灾较重。

1979 年 4 月 28 日，北郊区、东郊区、塘沽区、武清县降雹。7 月 13 日，静海县、塘沽区降雹。

1980 年 6 月 20 日，塘沽区雹大如樟脑球，2 000 亩玉米受灾。6 月 21 日，东郊区、北郊区、宁河县、宝坻县、武清县、南郊区、塘沽区、西郊区、静海县降雹。6 月 22 日夜间，受强冷涡天气影响，南郊区、东郊区、汉沽区、武清县、塘沽区出现降雹。7 月 20 日 20—24 时，塘沽区盐场降雹。8 月 10 日，塘沽区降雹。9 月 1 日 10 时 45 分至 14 时 25 分，静海县、北郊区、市区、南郊区、东郊区、西郊、塘沽区先后降雹。塘沽区 14 时 23 分至 14 时 25 分降雹，最大冰雹直径约 2 厘米。塘沽区因雹受灾 0.92 万亩，成灾 0.58 万亩。

1981 年 5 月 15 日，武清县、静海县、塘沽区、北郊区降雹。5 月 27 日，塘沽区、汉沽区降雹。8 月 13 日，塘沽区降雹。

1982 年 5 月 2 日 14 时 03 分至 17 时 22 分，蓟县、宝坻县、市区、北郊区、塘沽区、西郊区、东郊区、静海县先后降雹，冰雹直径 0.5 ~ 1.5 厘米。6 月 22 日 22 时，塘沽区降雹。10 月 4 日 19—21 时，宝坻县、宁河县、塘沽区先后降雹。

1983 年 9 月 1 日 1 时 45 分至 2 时，塘沽区宁车沽、中心桥等地降雹。

1984 年 5 月 27 日 18 时 15 分至 19 时 47 分，南郊区、静海县、东郊区、塘沽区先后降雹。

1985 年 4 月 15 日 13 时 25 分至 14 时 54 分，静海县、西郊区、市区、南郊区、东郊区、塘沽区先后降雹。6 月 19 日 17 时后塘沽区降雹。

1986 年 4 月 14 日上午，塘沽区、东郊区、南郊区、宝坻县先后降雹。6 月 23 日 23 时 45 分至 24 时塘沽区邓善沽降雹，冰雹直径 10 ~ 15 毫米，每平方米 500 粒，有灾。7 月 8 日 22 时 13 分至 23 时 25 分宝坻县、北郊区、东郊区、塘沽区、汉沽区先后降雹。8 月 9 日下午至夜间，宝坻县、北郊区、东郊区、宁河县、塘沽区、武清县先后降雹。9 月 5 日 12 时 10 分至 12 时 15 分，塘沽区宁车沽降雹。

1987 年 4 月 18 日上午，塘沽区降雹，最密每平方米 1 000 粒。5 月 22 日，静海县、西郊区、东郊区、市区、大港区、塘沽区、蓟县、武清县、北郊区、宝坻县先后降雹，损失严重。塘沽区冰雹直径 0.6 厘米。7 月 14 日 5 时 52 分，市区开始降雹，此次过程影响到南郊区、塘沽区，塘沽区新城冰雹似玉米粒大小，每平方米 300 粒。8 月 1 日 13 时 40 分，塘沽区降雹。

1988 年 8 月 27 日 16 时 20 分，塘沽区雨中夹雹。

1989 年 4 月 18 日 7 时 37 分，塘沽区、北郊区先后降雹。

1990 年 5 月 6 日下午，宁河县、塘沽区、大港区、蓟县、宝坻县、东郊区先后降雹。6 月 8 日 16 时 38 分至 19 时 27 分，蓟县、静海县、塘沽区先后降雹。9 月 16 日 16 时 05 分至 16 时 55 分，东郊区、市区、南郊区、塘沽区先后降雹。

1991 年 4 月 24 日 18 时 33 分，塘沽区新城、邓善沽、于庄子、中新庄、中心桥、新河、河头降雹，冰雹直径 2 ～ 4 毫米，每平方米 30 ～ 40 粒，伴有大风，该区的农业受灾。5 月 14 日 3 时 41 分至 9 时 46 分，武清县、东郊区、塘沽区、汉沽区、宁河县、南郊区先后降雹，给农业生产造成损失。7 月 8 日，汉沽、北郊区、塘沽区降雹。9 月 1 日下午，静海县、西郊区、南郊区、塘沽区先后降雹。19 时 15 分至 19 时 27 分，塘沽区新城、河头、于庄子冰雹直径 2 ～ 3 毫米，最密每平方米 80 ～ 100 粒，一般每平方米 10 ～ 20 粒。9 月 18 日 8 时 24 分至 9 时 38 分，静海县、南郊区、西郊区、塘沽区降雹。

1992 年 6 月 5 日 0 时 01 分至 1 时 05 分，北辰区、东丽区、塘沽区先后降雹。

1995 年 5 月 8 日 21 时 27 分，塘沽区降雹，塘沽区气象站测得冰雹最大直径 20 毫米，平均重量 2 克。6 月 22 日下午，蓟县、北辰区、西青区、市区、津南区、东丽区、塘沽区、静海县先后降雹，损失严重。8 月 27 日，塘沽区降雹。

1996 年 6 月 29 日下午至晚上，蓟县、宝坻县、西青区、北辰区、塘沽区先后降雹。20 时 43 分至 20 时 45 分，塘沽区降雹，冰雹直径 2 ～ 3 毫米，密度每平方米 10 ～ 20 粒。

1998 年 6 月 16 日下午到 17 日凌晨，天津市两次降冰雹，塘沽区也降雹。8 月 1 日 22 时 55 分，塘沽区暴雨伴有冰雹，最大冰雹直径 10 毫米，对农作物有伤害。

1999 年 4 月 19 日，宝坻县、塘沽区、西青区、北辰区、宁河县、东丽区、津南区先后降雹。塘沽区 10 时 20 分宁车沽降雹。11 时 27 分中心桥降雹。16 时 07 分新城降雹。16 时 25 分中心桥再次降雹。塘沽区降雹，最大冰雹直径 12 毫米，最大平均重量 1 克，对农作物有伤害。

2000 年 5 月 17 日 17 时 24 分，塘沽区宁车沽降雹，冰雹直径 3 ～ 5 毫米，密度每平方米 10 粒。5 月 18 日 16 时 10 分至 16 时 34 分，塘沽区中心桥、新河、创业降雹，5 月 31 日，蓟县、宝坻县、宁河县、东丽区、塘沽区降雹，塘沽区 4 亩葡萄园受灾。6 月 1 日 20 时 29 分至 20 时 46 分，汉沽区、塘沽区降雹。

## 4. 雷电

1987 年 7 月 8 日 7 时 20 分，塘沽区出现雷阵雨，塘沽盐场 2 名工人在室外作业时被雷击中，1 名当场死亡，1 名抢救无效死亡。

1988 年 9 月 3 日上午 10 时 30 分左右，塘沽区新河村仓库因雷击起火，造成待出口的 78 万千克皮棉毁于一炬，经济损失 70 万元。

## 5. 大雾

2000 年 11 月 28 日，天津出现大雾。大雾天气给天津港造成影响，由于能见度差，天津港从上午 8 时至下午 2 时实施封港令，船舶全部停止进出港。

# 龙口海洋站

# 第一章 概况

## 第一节 基本情况

龙口海洋站（简称龙口站）位于山东省龙口市龙港开发区。龙口市（原黄县）位于渤海南部、胶东半岛西北部，东邻烟台，南接青岛，北与大连、天津依海呼应，海岸线长 68.4 千米。

龙口站建于 1959 年 10 月，名为龙口海洋水文气象站，隶属于山东省黄县农业局，1966 年 3 月后隶属原国家海洋局北海分局。龙口站位于屺峒岛，该岛总面积约为 2 平方千米，东西长约 10 千米、南北宽约 2 千米，形似一把"朴刀"，刀背向北，刀刃朝南，由龙口市区西北处平直西插入海。刀身为丘陵地貌，北、西两面濒临渤海，海岸多为高于海面 20 ~ 30 米的悬崖峭壁，南临龙口湾，坡缓滩浅。西南—东北方向距岸 500 米以内海区水面下约 1 米处多是暗礁，低潮时经常露出水面，暗礁以外海底多为泥沙，地貌较平坦。刀柄为自然形成的沙堤，与龙口城区相连（图 1.1–1）。

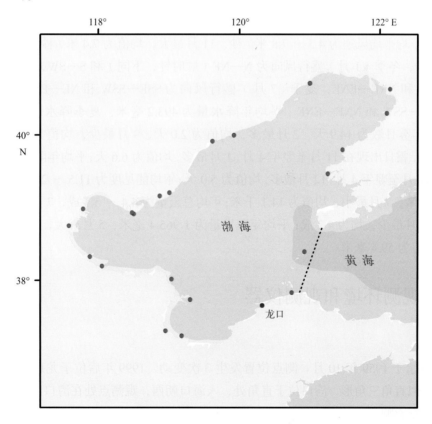

图1.1–1　龙口站地理位置示意

龙口站观测项目有潮汐、海浪、表层海水温度、表层海水盐度、海冰、气温、气压、相对湿度、风、能见度和降水等。从 1959 年建站到 20 世纪 90 年代中期，观测项目大多采用人工与常规仪器相结合的观测方法；20 世纪 90 年代后期到 21 世纪初期，逐步采用自动仪器与自动观测系统相连接的观测方法；2010 年后，基本实现了所有观测项目的自动观测与传输。

龙口沿海为不正规半日潮特征，海平面 1 月最低，8 月最高，年变幅为 48 厘米，平均海平面为 96 厘米，平均高潮位为 136 厘米，平均低潮位为 54 厘米，均具有夏秋高、冬春低的年变化特点；全年海况以 0 ~ 3 级为主，年均十分之一大波波高值为 0.3 ~ 0.8 米，年均平均周期值为 1.0 ~ 4.0 秒，历史最大波高最大值为 7.2 米，历史平均周期最大值为 13.1 秒，常浪向为 NE，强浪向为 NE；年均表层海水温度为 12.2 ~ 14.9℃，1 月最低，均值为 0.2℃，8 月最高，均值为 27.1℃，历史水温最高值为 32.7℃，历史水温最低值为 -3.4℃；年均表层海水盐度为 24.53 ~ 32.68，6 月最高，均值为 29.72，12 月最低，均值为 26.95，历史盐度最高值为 34.00，历史盐度最低值为 11.92；海发光全部为火花型，频率最大值出现在 11 月，频率最小值出现在 5 月，1 级海发光最多，出现的最高级别为 3 级；平均年度有冰日数为 34 天，有固定冰日数为 19 天，1 月平均冰量最多，总冰量和浮冰量均占年度总量的 47%，2 月次之，总冰量和浮冰量均占年度总量的 45%。

龙口站主要受大陆性季风气候影响，年均气温为 10.8 ~ 14.0℃，1 月最低，平均气温为 -1.3℃，8 月最高，平均气温为 25.5℃，历史最高气温为 38.2℃，历史最低气温为 -17.6℃；年均气压为 1 013.9 ~ 1 015.7 百帕，具有冬高夏低的变化特征，1 月最高，均值为 1 025.6 百帕，7 月最低，均值为 1 002.4 百帕；年均相对湿度为 60.5% ~ 75.7%，7 月最大，均值为 83.1%，12 月最小，均值为 63.6%；年均平均风速为 4.3 ~ 7.8 米／秒，11 月最大，均值为 7.4 米／秒，7 月和 8 月最小，均为 5.4 米／秒，冬季（1 月）盛行风向为 N—NE（顺时针，下同）和 S—SW，春季（4 月）盛行风向为 S—SW 和 NNE—ENE，夏季（7 月）盛行风向为 SSE—SSW 和 NE—ENE，秋季（10 月）盛行风向为 S—SW 和 NNE—ENE；平均年降水量为 493.2 毫米，夏季降水量占全年降水量的 62.4%；平均年雾日数为 14.9 天，2 月最多，均值为 2.0 天，9 月最少，均值为 0.1 天；平均年霜日数为 19.3 天，霜日出现在 11 月至翌年 4 月，1 月最多，均值为 6.6 天；平均年降雪日数为 18.4 天，降雪发生在 11 月至翌年 4 月，12 月最多，均值为 5.0 天；年均能见度为 11.5 ~ 26.6 千米，9 月最大，均值为 23.2 千米，7 月最小，均值为 14.1 千米；年均总云量为 4.4 ~ 5.7 成，7 月最多，均值为 6.5 成，1 月和 10 月最少，均为 4.2 成；平均年蒸发量为 1 965.4 毫米，5 月最大，均值为 289.1 毫米，1 月最小，均值为 59.4 毫米。

# 第二节　观测环境和观测仪器

### 1. 潮汐

潮汐观测始于 1959 年 10 月。测点位置发生 3 次变动，1999 年后位于龙口港 1 号码头西端。龙口港港湾形似直角三角形，湾口位于直角处，入海口朝西，观测点处在湾口，有泥沙淤积现象，对潮汐观测没有影响。

1959 年 10 月至 1998 年 9 月，先后采用国产日转型验潮仪、SCJ–1 型验潮仪和 SCA–1 型验潮仪，记录整点潮高和高（低）潮潮高及对应时间。1998 年 10 月至 2002 年 3 月，使用浮子式水位计。2002 年 4 月至 2010 年 6 月，使用 CZY1–1 型海洋站自动观测系统和 SCA11–2 型浮子式水位计连续观测。自 2010 年 7 月起，使用 SCA11–3A 型浮子式水位计和 CZY1 型海洋站自动观测系统（图 1.2–1），实现了连续观测、记录与实时传输一体化。自 1961 年后观测数据序列较为连续稳定，因此潮汐的统计时间均从 1961 年开始。

图1.2-1　SCA11-3A型浮子式水位计（摄于2017年4月）

## 2. 海浪

海浪观测始于1959年10月，测波室沿用龙口海洋水文气象站测波室，2012年后位于业务楼三楼东北角。观测方向为北，海面开阔度180°。遥测波浪仪（图1.2-2）通常距测波室900～1 200米，水深12～14米。2016年起，每年6—11月有水产养殖户从事网笼吊养式扇贝养殖活动，有可能对该时段海浪观测数据产生影响。

海浪观测采用过人工目测、岸用光学测波仪（$H$=10米、$H$=20米）和SBF3-1型遥测波浪仪。2012年后使用HAB-2型岸用光学测波仪，2014年后增加SBF3-2型遥测波浪仪。观测项目包括海况、波型、波向、波高和周期等。

图1.2-2　遥测波浪仪（摄于2018年4月）

## 3. 表层海水温度、盐度和海发光

自1959年10月开始观测，观测点位于验潮室外的码头边缘，并随验潮室迁移了3次。1990年后测点位于龙口港1号码头西端，在龙口港港池内，水体交换情况一般。

1959年10月至2010年12月，先后使用耶拿16型表层水温表和SWL1-1型表层水温表测量水温。1959年10月至1985年12月，先后采用比重计、摩尔－柯钮森氯度滴定法和WUS型感应式盐度计，每日定时采集海水样品，在实验室测量盐度。1986年盐度停测。2011年1月起恢复盐度观测，使用CZY1型海洋站自动观测系统和YZY4型温盐传感器，实现了表层海水温度和盐度的自动观测、记录和实时传输一体化。

1959年10月至1967年9月，每日天黑后人工观测海发光。1967年10月停止观测。

### 4. 海冰

海冰观测始于1959年10月，观测时段为每年的11月至翌年的3月。海冰观测位置与海浪相同，共发生3次变动，2012年后位于业务楼三楼值班室，观测方向为北，海面开阔度180°。结冰期间观测浮冰，观测时次为每日08时和14时，观测记录内容有初（终）冰日、冰量、冰型、冰表面特征、冰状、最大浮冰块水平尺度、浮冰密集度、浮冰漂流方向和速度，并绘制冰情图。

### 5. 气象要素

气象要素观测始于1959年10月。观测场位置发生3次变动，2012年后位于新业务楼东北侧约70米处的辅助房平台上，观测场地20米×16米。周边环境对气象观测没有影响。风传感器离地高度10.6米，温湿度传感器离地高度1.5米，雨量器离地高度0.7米（图1.2-3）。

2001年12月前，主要采用常规仪器进行观测，观测项目有气温、气压、相对湿度、风、降水、能见度、云和天气现象等，1995年7月后取消了云和除雾外的天气现象观测。2001年12月，应用CZY1-1型海洋站自动观测系统。2010年11月，应用CZY1型海洋站自动观测系统，实现了自动观测、记录和实时传输一体化。

图1.2-3　龙口站气象观测场（摄于2017年5月）

# 第二章 潮位

## 第一节 潮汐

### 1. 潮汐类型

利用龙口站近 19 年（2000—2018 年）验潮资料分析的调和常数，计算出潮汐系数 $(H_{K_1}+H_{O_1})/H_{M_2}$ 为 1.26。按我国潮汐类型分类标准，龙口沿海为不正规半日潮，每个潮汐日（大约 24.8 小时）有两次高潮和两次低潮，高潮日不等现象较为明显。

1961—2018 年（1990 年数据缺测），龙口站主要分潮调和常数存在趋势性变化。$M_2$ 分潮振幅呈减小趋势，减小速率为 2.86 毫米 / 年，迟角无明显变化趋势。$K_1$ 分潮振幅呈减小趋势，减小速率为 0.11 毫米 / 年，$O_1$ 分潮振幅无明显变化趋势；$K_1$ 和 $O_1$ 分潮迟角呈减小趋势，减小速率分别为 0.08°/ 年和 0.10°/ 年。

### 2. 潮汐特征值

由 1961—2018 年资料统计分析得出：龙口站平均高潮位为 136 厘米，平均低潮位为 54 厘米，平均潮差为 82 厘米；平均高高潮位为 155 厘米，平均低低潮位为 47 厘米，平均大的潮差为 108 厘米；平均涨潮历时 6 小时 27 分钟，平均落潮历时 6 小时 12 分钟，两者相差 15 分钟。

龙口站累年各月潮汐特征值见表 2.1-1。

表 2.1-1 累年各月潮汐特征值（1961—2018 年）　　　　单位：厘米

| 月份 | 平均高潮位 | 平均低潮位 | 平均潮差 | 平均高高潮位 | 平均低低潮位 | 平均大的潮差 |
|---|---|---|---|---|---|---|
| 1 | 112 | 35 | 77 | 132 | 24 | 108 |
| 2 | 114 | 34 | 80 | 132 | 24 | 108 |
| 3 | 122 | 39 | 83 | 138 | 29 | 109 |
| 4 | 131 | 50 | 81 | 149 | 43 | 106 |
| 5 | 140 | 60 | 80 | 159 | 55 | 104 |
| 6 | 150 | 69 | 81 | 171 | 64 | 107 |
| 7 | 159 | 75 | 84 | 179 | 70 | 109 |
| 8 | 164 | 76 | 88 | 182 | 69 | 113 |
| 9 | 156 | 70 | 86 | 173 | 64 | 109 |
| 10 | 143 | 60 | 83 | 161 | 52 | 109 |
| 11 | 128 | 48 | 80 | 149 | 38 | 111 |
| 12 | 116 | 38 | 78 | 138 | 28 | 110 |
| 年 | 136 | 54 | 82 | 155 | 47 | 108 |

注：潮位值均以验潮零点为基面。

平均高潮位和平均低潮位均具有夏秋高、冬春低的特点，其中平均高潮位 8 月最高，为 164 厘米，1 月最低，为 112 厘米，年较差 52 厘米；平均低潮位 8 月最高，为 76 厘米，2 月最低，为 34 厘米，年较差 42 厘米；平均高高潮位 8 月最高，为 182 厘米，1 月和 2 月最低，均为 132 厘米，年较差 50 厘米；平均低低潮位 7 月最高，为 70 厘米，1 月和 2 月最低，均为 24 厘米，年较差 46 厘米（图 2.1–1）。平均潮差 8 月最大，1 月最小，年较差为 11 厘米；平均大的潮差 8 月最大，5 月最小，年较差为 9 厘米（图 2.1–2）。

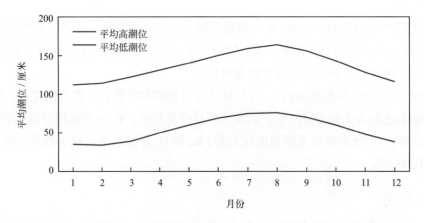

图2.1–1 平均高潮位和平均低潮位的年变化

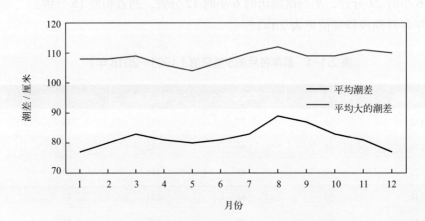

图2.1–2 平均潮差和平均大的潮差的年变化

1961—2018 年，龙口站平均高潮位无明显变化趋势。受天文潮长周期变化影响，平均高潮位存在显著的准 19 年周期变化，振幅为 2.52 厘米。平均高潮位最高值出现在 1961 年、1975 年和 2016 年，均为 143 厘米；最低值出现在 2000 年，为 128 厘米。龙口站平均低潮位呈显著上升趋势，上升速率为 5.28 毫米 / 年。平均低潮位准 19 年周期变化明显，振幅为 1.04 厘米。平均低潮位最高值出现在 2016 年，为 75 厘米；最低值出现在 1980 年，为 39 厘米。

1961—2018 年，龙口站平均潮差呈波动减小趋势，减小速率为 5.42 毫米 / 年。平均潮差准 19 年周期变化较为显著，振幅为 1.48 厘米。平均潮差最大值出现在 1979 年，为 98 厘米；最小值出现在 2016 年，为 68 厘米（图 2.1–3）。

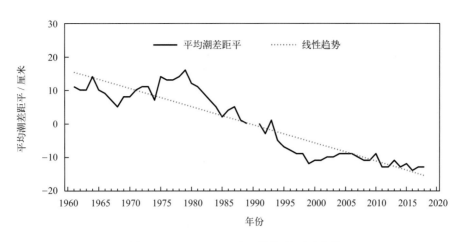

图2.1-3　1961—2018年平均潮差距平变化

## 第二节　极值潮位

龙口站年最高潮位和年最低潮位的各月发生频率见表2.2-1。年最高潮位出现时间主要集中在6—11月，其中8月发生频率最高，为25%；10月次之，为16%。年最低潮位主要出现在11月至翌年3月，其中3月发生频率最高，为23%；2月次之，为21%。

1961—2018年，龙口站年最高潮位无明显变化趋势。历年的最高潮位均高于223厘米，其中高于290厘米的有5年；历史最高潮位为340厘米，出现在1972年7月27日，正值7203号热带风暴（Rita）影响期间。龙口站年最低潮位呈上升趋势，上升速率为5.22毫米/年。历年最低潮位均低于-29厘米，其中低于-105厘米的有7年；历史最低潮位为-123厘米，出现在1972年4月1日，是由强温带气旋引起的（表2.2-1）。

表2.2-1　最高潮位和最低潮位及年极值出现频率（1961—2018年）

|  | 1月 | 2月 | 3月 | 4月 | 5月 | 6月 | 7月 | 8月 | 9月 | 10月 | 11月 | 12月 |
|---|---|---|---|---|---|---|---|---|---|---|---|---|
| 最高潮位值/厘米 | 263 | 246 | 281 | 245 | 265 | 294 | 340 | 299 | 287 | 284 | 260 | 255 |
| 年最高潮位出现频率/% | 7 | 2 | 4 | 0 | 2 | 10 | 10 | 25 | 10 | 16 | 12 | 2 |
| 最低潮位值/厘米 | -120 | -120 | -120 | -123 | -23 | -14 | 29 | -55 | -43 | -103 | -86 | -108 |
| 年最低潮位出现频率/% | 19 | 21 | 23 | 7 | 0 | 0 | 0 | 0 | 0 | 2 | 11 | 18 |

## 第三节　增减水

受地形和气候特征的影响，龙口站出现60厘米以上减水的频率明显高于同等强度增水的频率，超过120厘米的减水平均约75天出现一次，而超过120厘米的增水平均约159天出现一次（表2.3-1）。

表 2.3-1　不同强度增减水的平均出现周期（1961—2018 年）

| 范围 / 厘米 | 出现周期 / 天 | |
|---|---|---|
| | 增水 | 减水 |
| >30 | 0.64 | 0.62 |
| >40 | 1.32 | 1.03 |
| >50 | 2.66 | 1.72 |
| >60 | 5.43 | 2.80 |
| >70 | 10.79 | 4.63 |
| >80 | 20.68 | 7.70 |
| >90 | 37.90 | 12.53 |
| >100 | 63.84 | 21.96 |
| >120 | 158.61 | 74.98 |
| >150 | 1 374.62 | 665.14 |

龙口站 120 厘米以上的增水主要出现在 1—4 月和 11 月，120 厘米以上的减水多发生在 12 月至翌年 4 月，这些大的增减水过程主要与该区域受寒潮大风和温带气旋等的影响有关（表 2.3-2）。

表 2.3-2　各月不同强度增减水的出现频率（1961—2018 年）

| 月份 | 增水 / % | | | | | | 减水 / % | | | | | |
|---|---|---|---|---|---|---|---|---|---|---|---|---|
| | >30 厘米 | >40 厘米 | >60 厘米 | >80 厘米 | >100 厘米 | >120 厘米 | >30 厘米 | >40 厘米 | >60 厘米 | >80 厘米 | >100 厘米 | >120 厘米 |
| 1 | 12.15 | 5.93 | 1.53 | 0.37 | 0.10 | 0.05 | 12.97 | 8.05 | 2.97 | 1.02 | 0.37 | 0.13 |
| 2 | 9.75 | 4.89 | 1.26 | 0.35 | 0.09 | 0.03 | 11.73 | 7.45 | 2.95 | 0.98 | 0.33 | 0.11 |
| 3 | 8.15 | 3.80 | 0.93 | 0.24 | 0.08 | 0.04 | 11.19 | 6.98 | 2.79 | 1.14 | 0.36 | 0.12 |
| 4 | 5.97 | 2.77 | 0.51 | 0.17 | 0.08 | 0.06 | 5.60 | 2.85 | 0.88 | 0.32 | 0.16 | 0.08 |
| 5 | 2.45 | 0.82 | 0.16 | 0.04 | 0.00 | 0.00 | 1.46 | 0.49 | 0.06 | 0.00 | 0.00 | 0.00 |
| 6 | 1.09 | 0.40 | 0.13 | 0.05 | 0.00 | 0.00 | 0.43 | 0.12 | 0.05 | 0.02 | 0.00 | 0.00 |
| 7 | 1.24 | 0.54 | 0.16 | 0.05 | 0.02 | 0.02 | 0.21 | 0.03 | 0.00 | 0.00 | 0.00 | 0.00 |
| 8 | 2.46 | 1.19 | 0.33 | 0.13 | 0.06 | 0.01 | 0.73 | 0.31 | 0.09 | 0.06 | 0.03 | 0.00 |
| 9 | 3.28 | 1.55 | 0.35 | 0.07 | 0.04 | 0.02 | 2.72 | 1.03 | 0.21 | 0.02 | 0.01 | 0.00 |
| 10 | 6.40 | 2.92 | 0.79 | 0.20 | 0.05 | 0.01 | 7.04 | 4.07 | 1.26 | 0.38 | 0.12 | 0.04 |
| 11 | 11.58 | 6.00 | 1.47 | 0.45 | 0.17 | 0.07 | 11.97 | 7.70 | 2.88 | 0.95 | 0.30 | 0.02 |
| 12 | 12.47 | 6.44 | 1.47 | 0.27 | 0.08 | 0.01 | 13.27 | 8.49 | 3.49 | 1.50 | 0.55 | 0.16 |

1961—2018 年，龙口站年最大增水各月均有出现，其中 11 月出现频率最高，为 18%；2 月次之，为 16%。年最大减水多出现在 11 月至翌年 3 月，其中 3 月出现频率最高，为 21%；1 月和 12 月次之，均为 19%。龙口站最大增水为 164 厘米，出现在 1992 年 9 月 1 日；1961 年、1965 年和 1995 年最大增水均超过或达到 160 厘米。龙口站最大减水为 181 厘米，发生在 2007 年 3 月 6 日；

1972 年、1994 年和 2005 年最大减水均超过 160 厘米（表 2.3-3）。1961—2018 年，龙口站年最大增水和年最大减水均无明显变化趋势。

表 2.3-3　最大增水和最大减水及年极值出现频率（1961—2018 年）

| | 1月 | 2月 | 3月 | 4月 | 5月 | 6月 | 7月 | 8月 | 9月 | 10月 | 11月 | 12月 |
|---|---|---|---|---|---|---|---|---|---|---|---|---|
| 最大增水值 / 厘米 | 160 | 162 | 152 | 147 | 115 | 96 | 151 | 142 | 164 | 131 | 161 | 137 |
| 年最大增水出现频率 / % | 9 | 16 | 10 | 10 | 2 | 2 | 3 | 9 | 7 | 5 | 18 | 9 |
| 最大减水值 / 厘米 | 155 | 163 | 181 | 161 | 100 | 90 | 102 | 121 | 113 | 154 | 137 | 170 |
| 年最大减水出现频率 / % | 19 | 10 | 21 | 9 | 0 | 0 | 0 | 4 | 0 | 4 | 14 | 19 |

# 第三章　海浪

## 第一节　海况

　　龙口站全年及各月各级海况的频率见图3.1-1。全年海况以 0 ~ 3 级为主，频率为81.98%，其中 0 ~ 2 级海况频率为65.55%。全年 5 级及以上海况频率为8.27%，最大频率出现在11月，为16.55%。全年 7 级及以上海况频率为0.77%，最大频率出现在11月，为1.66%。

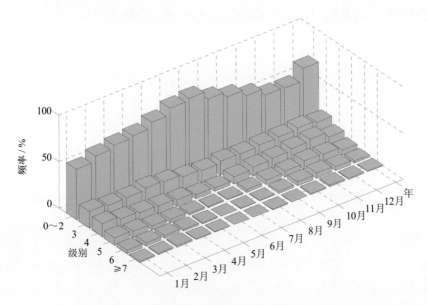

图3.1-1　全年及各月各级海况频率（1960—2018年）

## 第二节　波型

　　龙口站风浪频率和涌浪频率的年变化见表 3.2-1。全年以风浪为主，频率为99.80%，涌浪频率为10.91%。各月的风浪频率相差不大，涌浪频率差异较大。涌浪在 1 月、11 月和 12 月较多，其中 12 月最多，频率为20.47%，在 6 月和 7 月较少，其中 6 月最少，频率为3.88%。

表3.2-1　各月及全年风浪涌浪频率（1960—2018 年）

| | 1月 | 2月 | 3月 | 4月 | 5月 | 6月 | 7月 | 8月 | 9月 | 10月 | 11月 | 12月 | 年 |
|---|---|---|---|---|---|---|---|---|---|---|---|---|---|
| 风浪 / % | 99.60 | 99.68 | 99.68 | 99.77 | 99.86 | 99.96 | 99.88 | 99.85 | 99.84 | 99.78 | 99.85 | 99.83 | 99.80 |
| 涌浪 / % | 16.85 | 13.72 | 9.63 | 7.59 | 6.29 | 3.88 | 3.98 | 7.31 | 10.72 | 13.85 | 17.39 | 20.47 | 10.91 |

　　注：风浪包含F、F/U、FU和U/F波型；涌浪包含U、U/F、FU和F/U波型。

## 第三节　波向

### 1. 各向风浪频率

　　龙口站各月及全年各向风浪频率见图3.3-1。1—4月和8—11月 NE 向风浪居多,NNE 向次之。

5—7月NE向风浪居多，S向次之。12月NW向风浪居多，NE向次之。全年NE向风浪居多，频率为11.54%，NNE向次之，频率为7.07%，ESE向最少，频率为0.02%。

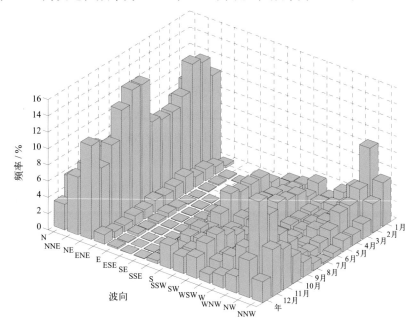

图3.3-1　各月及全年各向风浪频率（1960—2018年）

## 2. 各向涌浪频率

龙口站各月及全年各向涌浪频率见图3.3-2。1月和11月NNE向涌浪居多，NW向次之。2—5月和8—10月NNE向涌浪居多，NE向次之。6月NNE向涌浪居多，W向次之。7月NNE向涌浪居多，N向次之。12月NW向涌浪居多，NNE向次之。全年NNE向涌浪居多，频率为2.67%，NW向次之，频率为1.83%，E—SSE向频率接近0或未出现。

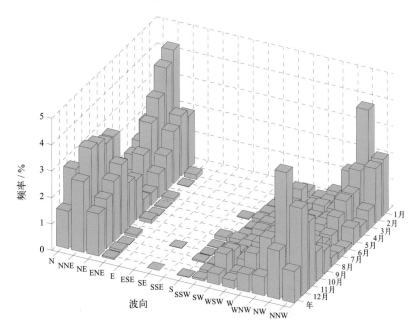

图3.3-2　各月及全年各向涌浪频率（1960—2018年）

## 第四节 波高

### 1. 平均波高和最大波高

龙口站波高的年变化见表3.4-1。月平均波高的年变化较大，为 0.2 ～ 0.9 米。历年的平均波高为 0.3 ～ 0.8 米。

月最大波高比月平均波高的变化幅度大，极大值出现在 1 月，为 7.2 米，极小值出现在 6 月，为 3.6 米，变幅为 3.6 米。历年的最大波高值为 2.9 ～ 7.2 米，大于等于 5.0 米的共有 21 年，其中最大波高的极大值 7.2 米出现在 1979 年 1 月 29 日，波向为 NE，对应平均风速为 21 米 / 秒，对应平均周期为 8.4 秒。

表3.4-1 波高的年变化（1960—2018 年） 单位：米

| | 1月 | 2月 | 3月 | 4月 | 5月 | 6月 | 7月 | 8月 | 9月 | 10月 | 11月 | 12月 | 年 |
|---|---|---|---|---|---|---|---|---|---|---|---|---|---|
| 平均波高 | 0.8 | 0.6 | 0.5 | 0.4 | 0.3 | 0.2 | 0.2 | 0.3 | 0.4 | 0.6 | 0.8 | 0.9 | 0.5 |
| 最大波高 | 7.2 | 6.6 | 5.0 | 5.6 | 5.4 | 3.6 | 5.0 | 4.9 | 6.0 | 5.7 | 5.6 | 5.4 | 7.2 |

### 2. 各向平均波高和最大波高

各季代表月及全年各向波高的分布见图3.4-1 和图3.4-2。全年各向平均波高为 0.1 ～ 1.3 米，大值主要分布于 WNW—NE 向，其中 NNE 向、NW 向和 NNW 向最大，小值主要分布于 E 向、ESE 向、SSE 向和 S 向。全年各向最大波高 NE 向最大，为 7.2 米；NNE 向次之，为 6.6 米；ESE 向最小，为 1.0 米（表 3.4-2）。

表3.4-2 全年各向平均波高和最大波高（1960—2018 年） 单位：米

| | N | NNE | NE | ENE | E | ESE | SE | SSE | S | SSW | SW | WSW | W | WNW | NW | NNW |
|---|---|---|---|---|---|---|---|---|---|---|---|---|---|---|---|---|
| 平均波高 | 1.2 | 1.3 | 1.1 | 0.6 | 0.1 | 0.1 | 0.3 | 0.1 | 0.2 | 0.4 | 0.5 | 0.6 | 0.8 | 1.1 | 1.3 | 1.3 |
| 最大波高 | 5.6 | 6.6 | 7.2 | 3.8 | 1.9 | 1.0 | 1.3 | 1.7 | 2.3 | 2.9 | 2.7 | 3.0 | 3.6 | 4.9 | 5.7 | 5.3 |

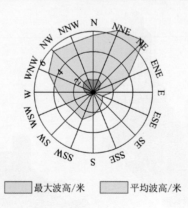

■ 最大波高/米　　■ 平均波高/米

图3.4-1 全年各向平均波高和最大波高（1960—2018年）

1 月平均波高 NNE 向和 NE 向最大，均为 1.5 米；SE 向最小，为 0.1 米。最大波高 NE 向最大，为 7.2 米；NW 向次之，为 5.7 米；SE 向最小，为 0.2 米。1 月未出现 E 向、ESE 向和 SSE 向波高有效样本。

4月平均波高 NNE 向最大，为 1.3 米；SE 向和 SSE 向最小，均为 0.1 米。最大波高 NNE 向最大，为 5.6 米；NE 向次之，为 5.0 米；SE 向最小，为 0.3 米。4月未出现 ESE 向波高有效样本。

7月平均波高 N 向和 NNE 向最大，均为 0.6 米；E 向、ESE 向和 S 向最小，均为 0.1 米。最大波高 NE 向最大，为 5.0 米；N 向次之，为 4.3 米；ESE 向最小，为 0.3 米。

10月平均波高 NNE 向最大，为 1.5 米；E 向和 SSE 向最小，均为 0.1 米。最大波高 NNE 向最大，为 5.7 米；NE 向次之，为 5.0 米；SE 向最小，为 0.3 米。10月未出现 ESE 向波高有效样本。

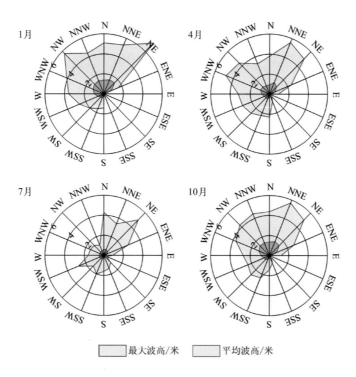

图3.4-2　四季代表月各向平均波高和最大波高（1960—2018年）

# 第五节　周期

## 1. 平均周期和最大周期

龙口站周期的年变化见表 3.5-1。月平均周期的年变化较大，为 2.0 ～ 3.4 秒。月最大周期的年变化幅度较大，极大值出现在 4 月，为 13.1 秒，极小值出现在 6 月，为 7.6 秒。历年的平均周期为 1.0 ～ 4.0 秒，其中 2016 年最大，1995 年、1998 年和 2000 年最小。历年的最大周期均大于等于 4.6 秒，大于等于 8.0 秒的共有 31 年，其中最大周期的极大值 13.1 秒出现在 1964 年 4 月 6 日，波向为 NNE。

表 3.5-1　周期的年变化（1960—2018 年）　　　　　　　　　　单位：秒

| | 1月 | 2月 | 3月 | 4月 | 5月 | 6月 | 7月 | 8月 | 9月 | 10月 | 11月 | 12月 | 年 |
|---|---|---|---|---|---|---|---|---|---|---|---|---|---|
| 平均周期 | 3.2 | 2.9 | 2.7 | 2.3 | 2.1 | 2.0 | 2.0 | 2.2 | 2.6 | 3.0 | 3.4 | 3.4 | 2.6 |
| 最大周期 | 9.9 | 10.3 | 9.4 | 13.1 | 9.9 | 7.6 | 9.8 | 8.8 | 9.0 | 10.0 | 10.3 | 8.9 | 13.1 |

## 2. 各向平均周期和最大周期

各季代表月及全年各向周期的分布见图3.5-1和图3.5-2。全年各向平均周期为0.6～4.8秒，NNE向和NNW向周期值较大。全年各向最大周期NNE向最大，为13.1秒；NE向次之，为10.4秒；ESE向最小，为3.3秒（表3.5-2）。

表 3.5-2　全年各向平均周期和最大周期（1960—2018年）　　　　　　　单位：秒

|  | N | NNE | NE | ENE | E | ESE | SE | SSE | S | SSW | SW | WSW | W | WNW | NW | NNW |
|---|---|---|---|---|---|---|---|---|---|---|---|---|---|---|---|---|
| 平均周期 | 4.5 | 4.8 | 4.0 | 2.6 | 0.6 | 0.9 | 1.5 | 0.7 | 1.1 | 2.0 | 2.5 | 2.9 | 3.6 | 4.1 | 4.5 | 4.7 |
| 最大周期 | 10.3 | 13.1 | 10.4 | 7.0 | 6.8 | 3.3 | 3.9 | 5.8 | 5.8 | 6.6 | 6.7 | 7.1 | 7.0 | 7.4 | 10.3 | 8.8 |

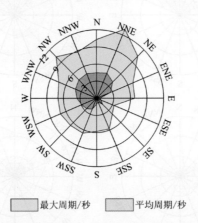

图3.5-1　全年各向平均周期和最大周期（1960—2018年）

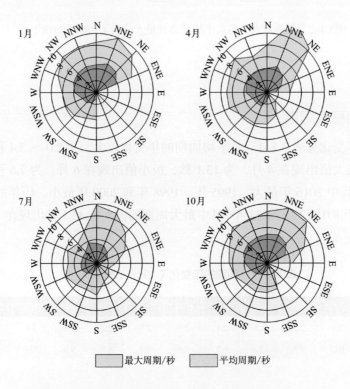

图3.5-2　四季代表月各向平均周期和最大周期（1960—2018年）

1月平均周期NNE向最大，为5.2秒；S向最小，为1.1秒。最大周期NNE向最大，为9.9秒；NE向次之，为8.9秒；SE向最小，为1.9秒。

4月平均周期NNE向最大，为4.7秒；SSE向最小，为0.6秒。最大周期NNE向最大，为13.1秒；NE向次之，为10.4秒；SE向最小，为2.0秒。

7月平均周期NNW向最大，为3.8秒；E—S向最小，均为0.7秒。最大周期N向最大，为9.8秒；NNE向次之，为9.1秒；ESE向最小，为2.2秒。

10月平均周期NNE向最大，为5.1秒；E向最小，为0.6秒。最大周期NNE向最大，为10.0秒；NE向次之，为9.7秒；SE向最小，为1.5秒。

# 第四章 表层海水温度、盐度和海发光

## 第一节 表层海水温度

### 1. 平均水温、最高水温和最低水温

龙口站月平均水温的年变化具有峰谷明显的特点，1月最低，为0.2℃，8月最高，为27.1℃，秋季高于春季，其年较差为26.9℃。4—5月升温较快，10—12月降温较快，降温速率大于升温速率。月最高水温和月最低水温的年变化特征与月平均水温相似，其年较差分别为26.7℃和26.1℃（图4.1-1）。

历年的平均水温为12.2～14.9℃，其中2017年最高，1969年最低。累年平均水温为13.6℃。

历年的最高水温均不低于27.9℃，其中大于等于31.0℃的有8年，大于32℃的有3年，其出现时间除1993年为9月外，其余均为7月和8月。水温极大值为32.7℃，出现在1967年8月8日。

历年的最低水温均不高于1.2℃，其中小于-1.0℃的有44年，小于等于-2.0℃的有4年，其出现时间均为12月至翌年2月，以1月居多。水温极小值为-3.4℃，出现在1960年12月20日。

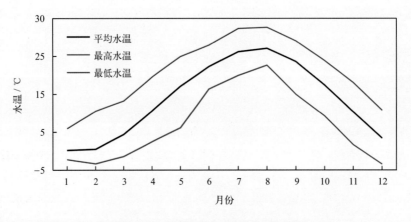

图4.1-1 水温年变化（1960—2018年）

### 2. 日平均水温稳定通过界限温度的日期

采用五日滑动平均方法求出稳定通过各个界限温度的日期，见表4.1-1。日平均水温稳定通过0℃的有349天，稳定通过10℃的有217天，稳定通过20℃的有126天。稳定通过25℃的初日为7月5日，终日为9月7日，共65天。

表4.1-1 日平均水温稳定通过界限温度的日期（1960—2018年）

|  | 0℃ | 5℃ | 10℃ | 15℃ | 20℃ | 25℃ |
|---|---|---|---|---|---|---|
| 初日 | 2月6日 | 3月19日 | 4月14日 | 5月6日 | 5月31日 | 7月5日 |
| 终日 | 1月20日 | 12月6日 | 11月16日 | 10月26日 | 10月3日 | 9月7日 |
| 天数 | 349 | 263 | 217 | 174 | 126 | 65 |

### 3. 长期趋势变化

1960—2018 年，年平均水温呈波动上升趋势，上升速率为 0.16℃ /（10 年）。年最高水温呈波动下降趋势，下降速率为 0.21℃ /（10 年），1967 年和 1960 年最高水温分别为 1960 年以来的第一高值和第二高值。年最低水温呈波动上升趋势，上升速率为 0.28℃ /（10 年），1960 年和 1977 年最低水温分别为 1960 年以来的第一低值和第二低值。

十年平均水温的变化显示，2010—2018 年平均水温最高，1970—1979 年平均水温较上一个十年升幅最大，升幅为 0.35℃（图 4.1-2）。

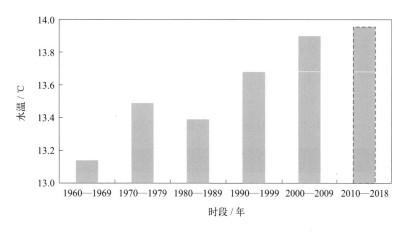

图4.1-2　十年平均水温变化（数据不足十年加虚线框表示，下同）

## 第二节　表层海水盐度

### 1. 平均盐度、最高盐度和最低盐度

龙口站月平均盐度的年变化具有峰谷明显的特点，最高值出现在 6 月，为 29.72，最低值出现在 12 月，为 26.95，其年较差为 2.77。月最高盐度峰值出现在 10 月，谷值出现在 5 月，其年较差为 1.30。月最低盐度峰值出现在 6 月，谷值出现在 2 月，其年较差为 12.75（图 4.2-1）。

历年（1986—2010 年数据缺测）的平均盐度为 24.53 ~ 32.68，其中 2017 年最高，1964 年最低。

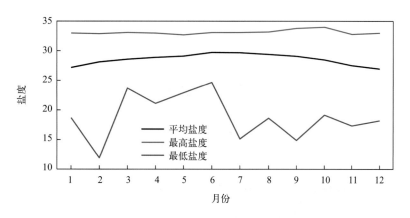

图4.2-1　盐度年变化（1960—2018年）

历年的最高盐度均不低于 29.31，其中大于 31.00 的有 12 年，大于 32.00 的有 5 年。年最高盐度出现月份比较分散，多出现在 7 月。盐度极大值为 34.00，出现在 2017 年 10 月 6 日。

历年的最低盐度均不高于 30.30，其中小于 20.00 的有 7 年。年最低盐度出现月份比较分散，多出现在 7 月。盐度极小值为 11.92，出现在 1963 年 2 月 9 日。

### 2. 长期趋势变化

龙口站 1986—2010 年无盐度观测数据，故不做长期趋势变化分析。

## 第三节　海发光

1960—1967 年，观测到的海发光全部为火花型（H）。3 级海发光共出现过 4 次，均出现在 3 月。各月各级海发光频率见表 4.3-1 和图 4.3-1。海发光频率最大值出现在 11 月，为 75.7%，最小值出现在 5 月，频率为 33.7%。累年平均以 1 级海发光为最多，占 76.8%，2 级占 22.8%，3 级占 0.4%，未出现 4 级。

表 4.3-1　各月及全年海发光频率（1960—1967 年）

| | 1月 | 2月 | 3月 | 4月 | 5月 | 6月 | 7月 | 8月 | 9月 | 10月 | 11月 | 12月 | 年 |
|---|---|---|---|---|---|---|---|---|---|---|---|---|---|
| 频率 / % | 39.6 | 40.2 | 49.7 | 52.9 | 33.7 | 38.5 | 47.9 | 62.2 | 75.6 | 70.2 | 75.7 | 63.9 | 53.4 |

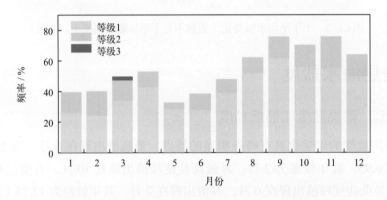

图4.3-1　各月各级海发光频率（1960—1967年）

# 第五章  海冰

## 第一节  冰期和有冰日数

1963/1964—2018/2019年度，在有冰年度（22个年度），龙口站累年平均初冰日为12月27日，终冰日为2月27日，平均冰期为64天。初冰日最早为12月7日（1965年和1966年），最晚为1月27日（1985年），相差超过一个半月。终冰日最早为1月29日（2010年），最晚为3月31日（1985年），相差约两个月。最长冰期为97天，出现在1963/1964年度，最短冰期为29天，出现在2009/2010年度。1963/1964—2018/2019年度，年度冰期和有冰日数均呈下降趋势，下降速率分别为1.16天/年度和0.76天/年度（线性趋势未通过显著性检验，图5.1-1）。

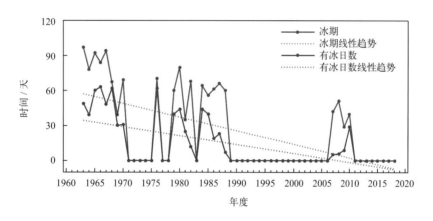

图5.1-1  1963/1964—2018/2019年度冰期与有冰日数变化

在有固定冰年度（仅4个年度，1981年后无固定冰记录），累年平均固定冰初冰日为1月15日，终冰日为2月27日，平均固定冰冰期为44天。固定冰初冰日最早为12月30日（1967年），最晚为2月8日（1980年），终冰日最早为2月12日（1965年），最晚为3月12日（1966年）。最长固定冰冰期为60天，出现在1965/1966年度。

应该指出，冰期内并不是天天有冰。累年平均年度有冰日数为34天，占冰期的53%。1966/1967年度有冰日数最多，为63天，2007/2008年度有冰日数最少，为5天。累年平均年度有固定冰日数为19天，占固定冰冰期的43%。

## 第二节  冰量和浮冰密集度

1963/1964—2018/2019年度，在有冰年度（22个年度），年度总冰量超过400成的是1967/1968年度，为656成；不足100成的有13个年度。年度浮冰量最多为375成，出现在1968/1969年度。年度固定冰量最多为463成，出现在1967/1968年度（图5.2-1）。

1963/1964—2018/2019年度，总冰量和浮冰量均为1月最多，均占年度总量的47%，2月次之，均占年度总量的45%；固定冰量2月最多，占年度总量的49%（表5.2-1）。

1963/1964—2018/2019年度，年度总冰量呈下降趋势，下降速率为3.5成/年度（线性趋势未通过显著性检验，图 5.2-1）。十年平均总冰量变化显示，1963/1964—1969/1970 年平均总冰量最多，为 251 成，2010/2011—2018/2019 年平均总冰量为 9 成（图 5.2-2）。

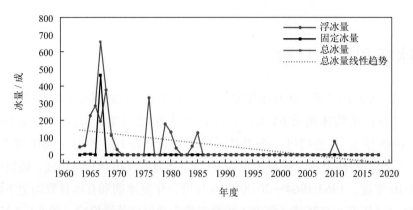

图5.2-1　1963/1964—2018/2019年度冰量变化

表 5.2-1　冰量的年变化（1963/1964—2018/2019 年度）

| | 12 月 | 1 月 | 2 月 | 3 月 | 年度 |
|---|---|---|---|---|---|
| 总冰量 / 成 | 132 | 1 283 | 1 240 | 67 | 2 722 |
| 平均总冰量 / 成 | 2.36 | 22.91 | 22.14 | 1.20 | 48.61 |
| 浮冰量 / 成 | 120 | 1 058 | 1 008 | 65 | 2 251 |
| 固定冰量 / 成 | 12 | 225 | 232 | 2 | 471 |

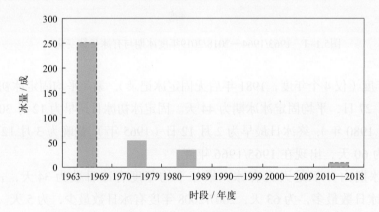

图5.2-2　十年平均总冰量变化

浮冰密集度各月及年度以 8 ~ 10 成为最多，其中 1 月占有冰日数的 62%，2 月占有冰日数的 68%。浮冰密集度为 0 ~ 3 成的日数，1 月占有冰日数的 26%，2 月占有冰日数的 15%（表 5.2-2）。

表 5.2-2　浮冰密集度的年变化（1963/1964—2018/2019 年度）

| | 12 月 | 1 月 | 2 月 | 3 月 | 年度 |
|---|---|---|---|---|---|
| 8 ~ 10 成占有冰日数的比率 / % | 77 | 62 | 68 | 47 | 64 |
| 4 ~ 7 成占有冰日数的比率 / % | 10 | 10 | 11 | 6 | 10 |
| 0 ~ 3 成占有冰日数的比率 / % | 10 | 26 | 15 | 44 | 22 |

## 第三节　浮冰漂流方向和速度

　　各向浮冰特征量见图 5.3-1 和表 5.3-1。1963/1964—2018/2019 年度，浮冰流向在 NNE 向和 NE 向出现的次数较多，频率和为 46.1%，在 E 向和 ESE 向出现频率较低，在 SSE 向、S 向、WNW 向和 NW 向未出现。累年各向最大浮冰漂流速度差异较大，为 0.1 ～ 1.2 米 / 秒，其中 NNE 向最大。

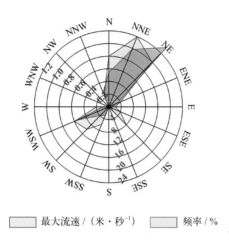

最大流速 /（米·秒⁻¹）　　　频率 / %

图5.3-1　浮冰各向出现频率和最大流速

表 5.3-1　各向浮冰特征量（1963/1964—2018/2019 年度）

| | N | NNE | NE | ENE | E | ESE | SE | SSE | S | SSW | SW | WSW | W | WNW | NW | NNW |
|---|---|---|---|---|---|---|---|---|---|---|---|---|---|---|---|---|
| 出现频率 / % | 10.8 | 19.6 | 26.5 | 2.9 | 1.0 | 1.0 | 2.0 | 0.0 | 0.0 | 2.9 | 3.9 | 10.8 | 2.0 | 0.0 | 0.0 | 4.9 |
| 平均流速 /（米·秒⁻¹） | 0.4 | 0.4 | 0.4 | 0.1 | 0.1 | 0.2 | 0.4 | — | — | 0.3 | 0.4 | 0.2 | 0.2 | — | — | 0.2 |
| 最大流速 /（米·秒⁻¹） | 0.8 | 1.2 | 1.0 | 0.2 | 0.1 | 0.2 | 0.4 | — | — | 0.3 | 0.5 | 0.6 | 0.2 | — | — | 0.2 |

　　"—"表示无数据。

## 第四节　固定冰宽度和堆积高度 *

　　固定冰最大宽度大于 10 000 米，出现在 1968 年的 1 月和 2 月；最大堆积高度为 3 米，出现在 1980 年的 2 月。

表 5.4-1　固定冰特征值（1963/1964—2018/2019 年度）　　　　　　单位：米

| | 12 月 | 1 月 | 2 月 | 3 月 | 年度 |
|---|---|---|---|---|---|
| 最大宽度 | 5 000 | >10 000 | >10 000 | 1 | >10 000 |
| 最大堆积高度 | 1.1 | 2 | 3 | 0.3 | 3 |

---

\* 固定冰特征值数据有限，此节结果仅供参考。

# 第六章 海洋气象

## 第一节 气温

### 1. 平均气温、最高气温和最低气温

1960—2018 年，龙口站累年平均气温为 12.6℃。月平均气温具有夏高冬低的变化特征，1 月最低，为 –1.3℃，8 月最高，为 25.5℃，年较差为 26.8℃。月最高气温和月最低气温的年变化特征与月平均气温相似，月最高气温极大值出现在 8 月，月最低气温极小值出现在 1 月（表 6.1–1，图 6.1–1）。

表 6.1-1　气温的年变化（1960—2018 年）　　　　　　　　　　　　　　单位：℃

|  | 1月 | 2月 | 3月 | 4月 | 5月 | 6月 | 7月 | 8月 | 9月 | 10月 | 11月 | 12月 | 年 |
|---|---|---|---|---|---|---|---|---|---|---|---|---|---|
| 平均气温 | –1.3 | –0.4 | 4.1 | 10.7 | 17.0 | 21.8 | 25.1 | 25.5 | 21.8 | 15.9 | 8.6 | 1.8 | 12.6 |
| 最高气温 | 10.5 | 21.3 | 26.2 | 29.7 | 34.6 | 36.5 | 37.6 | 38.2 | 32.4 | 28.2 | 22.2 | 14.7 | 38.2 |
| 最低气温 | –17.6 | –17.0 | –9.9 | –5.2 | 1.7 | 7.0 | 14.5 | 14.4 | 7.4 | 0.9 | –7.1 | –13.3 | –17.6 |

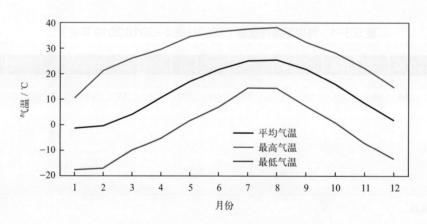

图6.1-1　气温年变化（1960—2018年）

历年的平均气温为 10.8 ～ 14.0℃，其中 2017 年最高，1969 年最低。

历年的最高气温均高于 30.0℃，其中高于 36℃的有 8 年。年最高气温最早出现时间为 6 月 5 日（1968 年），最晚出现时间为 8 月 17 日（1969 年）。7 月最高气温出现频率最高，占统计年份的 56%（图 6.1–2）。极大值为 38.2℃，出现在 1983 年 8 月 4 日。

历年的最低气温均低于 –4.5℃，其中低于 –10.0℃的有 17 年，占统计年份的 28.8%，低于 –15.0℃的有 2 年，分别为 1960 年和 1963 年。年最低气温最早出现时间为 12 月 5 日（2008 年），最晚出现时间为 3 月 5 日（2007 年）。1 月最低气温出现频率最高，占统计年份的 52%，2 月次之，占 32%（图 6.1–2）。极小值为 –17.6℃，出现在 1963 年 1 月。

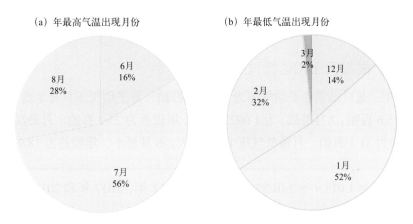

图6.1-2 年最高、最低气温出现月份及频率（1960—2018年）

## 2. 长期趋势变化

1960—2018年，年平均气温、年最高气温和年最低气温均呈波动上升趋势，上升速率分别为0.35℃/（10年）、0.27℃/（10年）和0.87℃/（10年）。

十年平均气温变化显示，1960—2018年平均气温呈增长趋势，2010—2018年平均气温最高，均值为13.3℃，1960—1969年平均气温最低，均值为11.7℃，1990—1999年平均气温较上一个十年升幅最大，升幅为0.6℃（图6.1-3）。

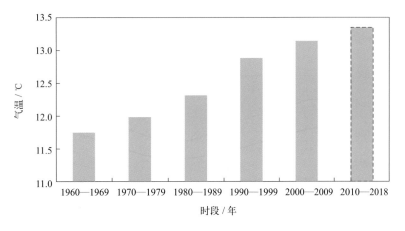

图6.1-3 十年平均气温变化

## 3. 常年自然天气季节和大陆度

利用龙口站1965—2018年气温累年日平均数据计算五日滑动平均气温，根据《气候季节划分》（QX/T 152—2012）方法，龙口平均春季时间从4月15日到6月19日，为66天；平均夏季时间从6月20日到9月19日，为92天；平均秋季时间从9月20日到11月11日，为53天；平均冬季时间从11月12日到翌年4月14日，为154天（图6.1-4）。冬季时间最长，秋季时间最短。

龙口站焦金斯基大陆度指数为54.1%，属大陆性季风气候。

图6.1-4 四季平均日数百分率（1965—2018年）

## 第二节 气压

### 1. 平均气压、最高气压和最低气压

1980—2018 年，龙口站累年平均气压为 1 014.9 百帕。月平均气压具有冬高夏低的变化特征，1 月最高，为 1 025.6 百帕，7 月最低，为 1 002.4 百帕，年较差为 23.2 百帕。月最高气压 12 月最大，7 月最小，年较差为 31.1 百帕。月最低气压 11 月最大，6 月最小，年较差为 18.9 百帕（表 6.2-1，图 6.2-1）。

历年的平均气压为 1 013.9 ～ 1 015.7 百帕，其中 2011 年、2017 年和 2018 年最高，2007 年和 2009 年最低。

历年的最高气压均高于 1 035.0 百帕，其中高于 1 043.0 百帕的有 3 年。极大值为 1 044.6 百帕，出现在 1994 年 12 月 19 日。

历年的最低气压均低于 997.0 百帕，其中低于 986.0 百帕的有 3 年。极小值为 984.6 百帕，出现在 1984 年 6 月 16 日。

表 6.2-1 气压的年变化（1980—2018 年）　　　　　　　　　　　　　　单位：百帕

| | 1月 | 2月 | 3月 | 4月 | 5月 | 6月 | 7月 | 8月 | 9月 | 10月 | 11月 | 12月 | 年 |
|---|---|---|---|---|---|---|---|---|---|---|---|---|---|
| 平均气压 | 1 025.6 | 1 023.5 | 1 019.1 | 1 012.7 | 1 008.2 | 1 004.1 | 1 002.4 | 1 005.6 | 1 012.5 | 1 018.5 | 1 022.0 | 1 025.1 | 1 014.9 |
| 最高气压 | 1 043.6 | 1 043.8 | 1 037.4 | 1 032.3 | 1 025.2 | 1 017.2 | 1 013.5 | 1 019.7 | 1 026.6 | 1 036.5 | 1 041.0 | 1 044.6 | 1 044.6 |
| 最低气压 | 1 000.1 | 988.7 | 993.8 | 987.6 | 988.3 | 984.6 | 985.9 | 985.6 | 991.8 | 997.8 | 1 003.5 | 1 000.4 | 984.6 |

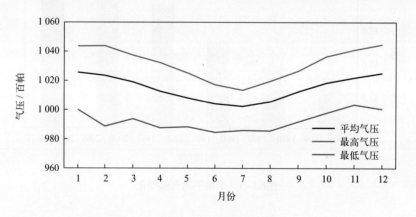

图6.2-1　气压年变化（1980—2018年）

### 2. 长期趋势变化

1980—2018 年，年平均气压无明显变化趋势；年最高气压变化趋势不明显；年最低气压呈波动上升趋势，上升速率为 0.64 百帕/（10 年）（线性趋势未通过显著性检验）。

十年平均气压变化显示，2010—2018 年平均气压最高，均值为 1 015.3 百帕，2000—2009 年平均气压最低，均值为 1 014.4 百帕（图 6.2-2）。

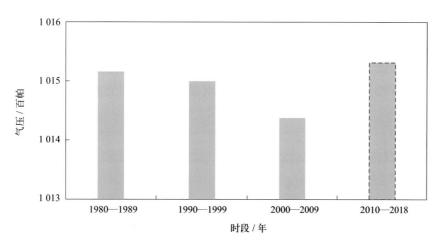

图6.2-2　十年平均气压变化

# 第三节　相对湿度

### 1. 平均相对湿度和最小相对湿度

1960—2018 年，龙口站累年平均相对湿度为 70.2%。月平均相对湿度 7 月最大，为 83.1%，12 月最小，为 63.6%。平均月最小相对湿度的年变化特征明显，其中 7 月和 8 月最大，均为 48.9%，4 月最小，为 21.6%。最小相对湿度的极小值为 2%（表 6.3-1，图 6.3-1）。

表 6.3-1　相对湿度的年变化（1960—2018 年）

| | 1月 | 2月 | 3月 | 4月 | 5月 | 6月 | 7月 | 8月 | 9月 | 10月 | 11月 | 12月 | 年 |
|---|---|---|---|---|---|---|---|---|---|---|---|---|---|
| 平均相对湿度 /% | 68.6 | 66.9 | 66.2 | 67.4 | 70.0 | 75.3 | 83.1 | 80.7 | 70.1 | 65.5 | 64.6 | 63.6 | 70.2 |
| 平均最小相对湿度 /% | 30.9 | 27.9 | 23.4 | 21.6 | 25.2 | 31.0 | 48.9 | 48.9 | 32.8 | 28.6 | 28.6 | 29.6 | 31.5 |
| 最小相对湿度 /% | 16 | 10 | 6 | 2 | 9 | 13 | 27 | 27 | 17 | 15 | 16 | 13 | 2 |

注：平均最小相对湿度为各月最小相对湿度的累年平均值及其年平均值。

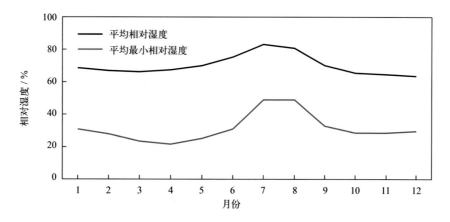

图6.3-1　相对湿度年变化（1960—2018年）

### 2. 长期趋势变化

1960—2018 年，年平均相对湿度为 60.5% ～ 75.7%，总体无明显变化趋势。2011—2018 年，年平均相对湿度均偏低，其中 2014 年最低。十年平均相对湿度变化显示，2000—2009 年平均相对湿度最高，均值为 72.2%，2010—2018 年平均相对湿度最低，均值为 67.2%（图 6.3-2）。

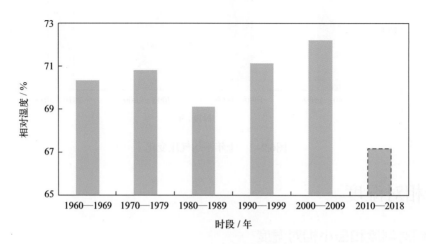

图6.3-2　十年平均相对湿度变化

### 3. 温湿指数

根据《人居环境气候舒适度评价》（GB/T 27963—2011）的温湿指数统计方法和气候舒适度等级划分方法，统计龙口站各月温湿指数，结果显示：1—4 月、11 月和 12 月温湿指数为 1.4 ～ 11.4，感觉为寒冷；5 月和 10 月温湿指数分别为 16.6 和 15.6，感觉为冷；6—9 月温湿指数为 20.6 ～ 24.3，感觉为舒适（表 6.3-2）。

表 6.3-2　温湿指数的年变化（1960—2018 年）

| | 1月 | 2月 | 3月 | 4月 | 5月 | 6月 | 7月 | 8月 | 9月 | 10月 | 11月 | 12月 |
|---|---|---|---|---|---|---|---|---|---|---|---|---|
| 温湿指数 | 1.4 | 2.3 | 6.0 | 11.4 | 16.6 | 20.8 | 24.1 | 24.3 | 20.6 | 15.6 | 9.7 | 4.3 |
| 感觉程度 | 寒冷 | 寒冷 | 寒冷 | 寒冷 | 冷 | 舒适 | 舒适 | 舒适 | 舒适 | 冷 | 寒冷 | 寒冷 |

# 第四节　风

### 1. 平均风速和最大风速

龙口站风速的年变化见表 6.4-1 和图 6.4-1。1960—2018 年，累年平均风速为 6.4 米 / 秒，月平均风速春秋季大，冬季稍小，夏季最小，其中 11 月最大，为 7.4 米 / 秒，7 月和 8 月最小，均为 5.4 米 / 秒。最大风速的月平均值年变化与平均风速相似，春秋季大，冬夏季小，其中 4 月最大，为 21.9 米 / 秒，3 月次之，为 21.4 米 / 秒，7 月最小，为 18.1 米 / 秒。最大风速的月最大值对应风向多为 NNE（9 个月）。1996—2018 年，极大风速的极大值为 36.6 米 / 秒，出现在 2000 年 4 月 9 日，对应风向为 NE。

表 6.4-1　风速的年变化（1960—2018 年）　　　　　　　　　　　　　　单位：米 / 秒

| | | 1月 | 2月 | 3月 | 4月 | 5月 | 6月 | 7月 | 8月 | 9月 | 10月 | 11月 | 12月 | 年 |
|---|---|---|---|---|---|---|---|---|---|---|---|---|---|---|
| 平均风速 | | 6.8 | 6.5 | 6.7 | 7.0 | 6.4 | 5.9 | 5.4 | 5.4 | 5.8 | 6.6 | 7.4 | 7.2 | 6.4 |
| 最大风速 | 平均值 | 19.8 | 20.4 | 21.4 | 21.9 | 19.6 | 18.5 | 18.1 | 18.3 | 19.1 | 20.9 | 21.0 | 19.9 | 19.9 |
| | 最大值 | 34.0 | 40.0 | 28.0 | 34.0 | 30.5 | 26.0 | 28.0 | 28.0 | 27.7 | 28.0 | 29.0 | 40.0 | 40.0 |
| | 最大值对应风向 | NNE | NNE | NNE/NE | NNE | NNE | NNE | NNW | NE | NNE | NW | NNE | NNE | NNE |
| 极大风速 | 最大值 | 28.4 | 29.4 | 32.9 | 36.6 | 31.6 | 25.9 | 34.8 | 28.3 | 32.5 | 35.4 | 28.3 | 28.6 | 36.6 |
| | 最大值对应风向 | NNE | NNE | N | NE | NE | SW | W | E | W | NNW | NE | NW | NE |

注：极大风速的统计时间为1996—2018年。

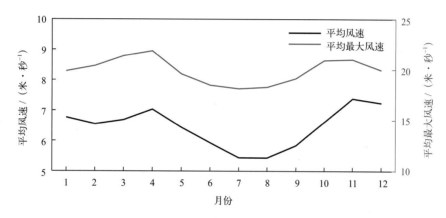

图6.4-1　平均风速和平均最大风速年变化（1960—2018年）

1960—2018 年，历年的平均风速为 4.3 ~ 7.8 米 / 秒，其中 1966 年最大，1964 年最小。历年的最大风速均大于等于 18.0 米 / 秒，其中大于等于 22.0 米 / 秒的有 48 年，大于等于 30.0 米 / 秒的有 6 年。最大风速的最大值出现在 1965 年 12 月 23 日和 1966 年 2 月 10 日，风速为 40.0 米 / 秒，风向均为 NNE。最大风速出现在 4 月的频率最高，出现在 6 月和 7 月的频率最低（图 6.4-2）。

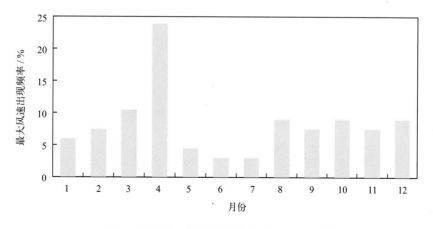

图6.4-2　年最大风速出现频率（1960—2018年）

## 2. 各向风频率

全年以 S 向风最多，频率为 20.9%，NE 向次之，频率为 15.2%，ESE 向和 SE 向的风最少，频率和为 3.3%（图 6.4-3）。

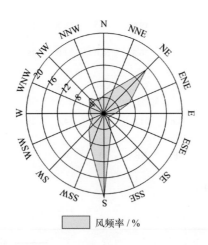

图6.4-3　全年各向风的频率（1965—2018年）

1月盛行风向为 N—NE 和 S—SW，频率和分别为 30.5% 和 26.9%。4月盛行风向为 S—SW 和 NNE—ENE，频率和分别为 44.2% 和 25.8%。7月盛行风向为 SSE—SSW 和 NE—ENE，频率和分别为 43.6% 和 26.5%。10月盛行风向为 S—SSW 和 NNE—ENE，频率和分别为 28.5% 和 26.9%（图 6.4-4）。

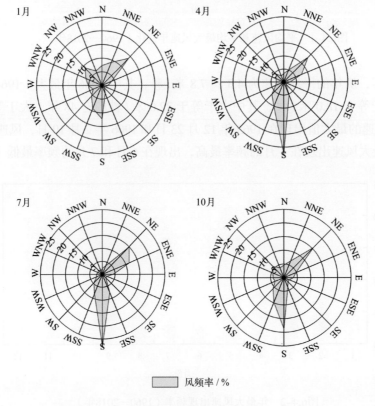

图6.4-4　四季代表月各向风的频率（1965—2018年）

### 3. 各向平均风速和最大风速

全年各向平均风速以 NE 向最大，平均风速为 8.1 米 / 秒，NNE 向次之，平均风速为 8.0 米 / 秒
（图 6.4-5）。1 月偏北向风速最大，WNW—NE 向平均风速均超过 6.5 米 / 秒，其中 NNE 向最大，
为 9.4 米 / 秒。4 月 S 向平均风速最大，为 8.5 米 / 秒，NNE 向次之，为 8.4 米 / 秒。7 月 S 向平均
风速最大，为 6.9 米 / 秒，NE 向次之，为 5.9 米 / 秒。10 月 NE 向平均风速最大，为 9.4 米 / 秒，
NNE 向次之，为 9.1 米 / 秒（图 6.4-6）。

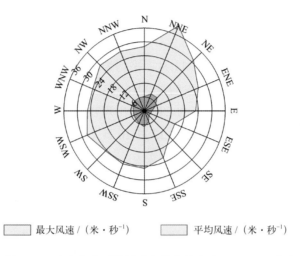

图6.4-5　全年各向平均风速和最大风速（1965—2018年）

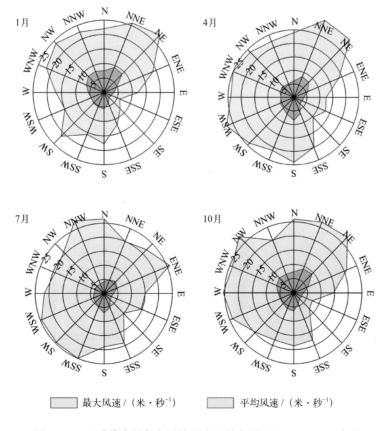

图6.4-6　四季代表月各向平均风速和最大风速（1965—2018年）

全年各向最大风速以 NNE 向最大，为 40.0 米 / 秒，ESE 向最小，为 14.7 米 / 秒（图 6.4-5）。1 月 NE 向最大，最大风速为 28.0 米 / 秒。4 月 NNE 向最大，最大风速为 31.0 米 / 秒。7 月 NNW 向最大，最大风速为 28.0 米 / 秒。10 月 NW 向最大，最大风速为 28.0 米 / 秒（图 6.4-6）。

### 4. 大风日数

风力大于等于 6 级的大风日数年变化呈双峰分布，以 4 月最多，占全年的 10.4%，平均月大风日数为 16.9 天，11 月次之，平均月大风日数为 16.2 天（表 6.4-2，图 6.4-7）。平均年大风日数为 161.7 天（表 6.4-2）。历年大风日数差别很大，多于 100 天的有 44 年，最多的是 1987 年，共有 242 天，最少的是 1964 年，有 26 天。

风力大于等于 8 级的大风最多出现在 11 月，平均为 4.6 天，8 月最少，平均为 1.2 天，历年大风日数最多的是 1990 年，有 69 天，最少的是 2016 年，有 5 天。

风力大于等于 6 级的月大风日数最多为 28 天，出现在 1978 年 4 月和 1997 年 10 月；最长连续日数为 27 天，出现在 1975 年 11 月 20 日至 12 月 16 日（表 6.4-2）。

表 6.4-2 各级大风日数的年变化（1960—2018 年） 单位：天

| | 1月 | 2月 | 3月 | 4月 | 5月 | 6月 | 7月 | 8月 | 9月 | 10月 | 11月 | 12月 | 年 |
|---|---|---|---|---|---|---|---|---|---|---|---|---|---|
| 大于等于 6 级大风平均日数 | 13.7 | 11.9 | 15.2 | 16.9 | 14.6 | 12.4 | 10.4 | 9.7 | 10.8 | 13.9 | 16.2 | 16.0 | 161.7 |
| 大于等于 7 级大风平均日数 | 7.2 | 6.8 | 8.0 | 9.7 | 8.2 | 5.4 | 4.3 | 4.2 | 5.5 | 8.4 | 10.1 | 9.4 | 87.2 |
| 大于等于 8 级大风平均日数 | 2.6 | 2.8 | 3.3 | 3.7 | 2.8 | 1.6 | 1.3 | 1.2 | 2.2 | 3.5 | 4.6 | 3.3 | 32.9 |
| 大于等于 6 级大风最多日数 | 24 | 22 | 25 | 28 | 27 | 23 | 22 | 25 | 23 | 28 | 26 | 26 | 242 |
| 最长连续大于等于 6 级大风日数 | 13 | 15 | 14 | 20 | 26 | 22 | 11 | 17 | 12 | 22 | 21 | 27 | 27 |

注：大于等于6级大风统计时间为1960—2018年，大于等于7级和大于等于8级大风统计时间为1965—2018年。

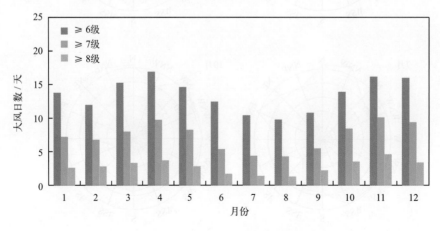

图6.4-7 各月各级大风平均出现日数

## 第五节　降水

### 1. 降水量和降水日数

#### (1) 降水量

龙口站降水量的年变化见表 6.5-1 和图 6.5-1。平均年降水量为 493.2 毫米，降水量的季节分布很不均匀，夏季（6—8 月）为 307.8 毫米，占全年降水量的 62.4%，冬季（12 月至翌年 2 月）占全年的 4.5%。7 月平均月降水量为 136.4 毫米，占全年的 27.7%。

历年年降水量为 276.0 ~ 944.9 毫米，其中 1964 年最多，2010 年最少。

最大日降水量超过 100 毫米的有 11 年，超过 120 毫米的有 3 年。最大日降水量为 136.5 毫米，出现在 2013 年 7 月 10 日。

表 6.5-1　降水量的年变化（1960—2018 年）　　　　　　　　单位：毫米

| | 1月 | 2月 | 3月 | 4月 | 5月 | 6月 | 7月 | 8月 | 9月 | 10月 | 11月 | 12月 | 年 |
|---|---|---|---|---|---|---|---|---|---|---|---|---|---|
| 平均降水量 | 5.9 | 7.8 | 10.2 | 24.6 | 37.0 | 55.2 | 136.4 | 116.2 | 47.2 | 25.9 | 18.3 | 8.5 | 493.2 |
| 最大日降水量 | 30.6 | 24.8 | 27.6 | 61.6 | 78.3 | 92.5 | 136.5 | 112.9 | 122.3 | 64.8 | 52.6 | 32.1 | 136.5 |

#### (2) 降水日数

平均年降水日数（降水日数是指日降水量大于等于 0.1 毫米的天数，下同）为 64.3 天。降水日数的年变化特征与降水量相似，夏多冬少（图 6.5-2 和图 6.5-3）。日降水量大于等于 10 毫米的平均年日数为 14.0 天，出现在 1—12 月；日降水量大于等于 50 毫米的平均年日数为 1.4 天，出现在 4—11 月；日降水量大于等于 100 毫米的平均年日数为 0.2 天，出现在 7—9 月；无日降水量大于等于 150 毫米的情况出现（图 6.5-3）。

最多年降水日数为 87 天，出现在 1990 年；最少年降水日数为 41 天，出现在 1999 年。最长连续降水日数为 8 天，出现过 3 次，分别为 1973 年 7 月 15 日至 22 日、1978 年 6 月 28 日至 7 月 5 日和 2013 年 7 月 9 日至 16 日；最长连续无降水日数为 74 天，出现在 1996 年 1 月 15 日至 3 月 28 日。

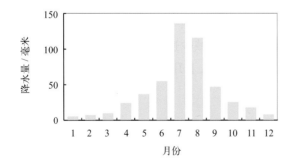

图6.5-1　降水量年变化（1960—2018年）

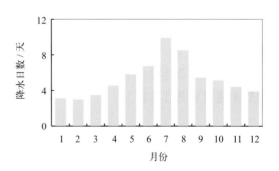

图6.5-2　降水日数年变化（1965—2018年）

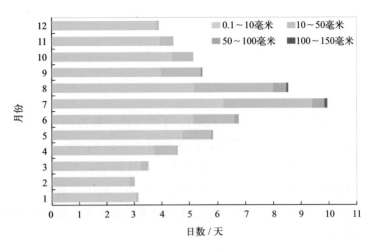

图6.5-3 各月各级平均降水日数分布（1960—2018年）

## 2. 长期趋势变化

1960—2018年，年降水量呈下降趋势，下降速率为32.06毫米/（10年）。1960—2018年，十年平均年降水量变化显示，1970—1979年的平均年降水量最大，为585.9毫米；2000—2009年的平均年降水量最小，为405.1毫米；1980—1989年平均年降水量较上一个十年降幅最大，降幅为161.0毫米（图6.5-4）。

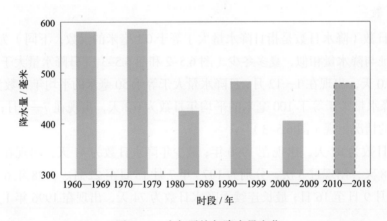

图6.5-4 十年平均年降水量变化

1960—2018年，年最大日降水量变化趋势不明显。1965—2018年，历年降水日数呈减少趋势，减少速率为1.81天/（10年）。最长连续降水日数呈减少趋势，减少速率为0.14天/（10年）（线性趋势未通过显著性检验）；最长连续无降水日数呈微弱上升趋势，上升速率为0.60天/（10年）（线性趋势未通过显著性检验）。

# 第六节　雾及其他天气现象

## 1. 雾

雾日数的年变化见表6.6-1、图6.6-1和图6.6-2。1965—2018年，平均年雾日数为14.9天；平均月雾日数2月最多，为2.0天，9月最少，为0.1天；月雾日数最多为11天，出现在1990年2月；最长连续雾日数为8天，出现在1992年1月。

表 6.6-1　雾日数的年变化（1965—2018 年）　　　　　　　　　　　　　　单位：天

| | 1月 | 2月 | 3月 | 4月 | 5月 | 6月 | 7月 | 8月 | 9月 | 10月 | 11月 | 12月 | 年 |
|---|---|---|---|---|---|---|---|---|---|---|---|---|---|
| 平均雾日数 | 1.7 | 2.0 | 1.8 | 1.7 | 1.6 | 1.6 | 1.5 | 0.3 | 0.1 | 0.4 | 0.8 | 1.4 | 14.9 |
| 最多雾日数 | 9 | 11 | 8 | 6 | 6 | 6 | 5 | 5 | 1 | 3 | 4 | 6 | 31 |
| 最长连续雾日数 | 8 | 5 | 3 | 4 | 3 | 3 | 4 | 3 | 1 | 3 | 3 | 4 | 8 |

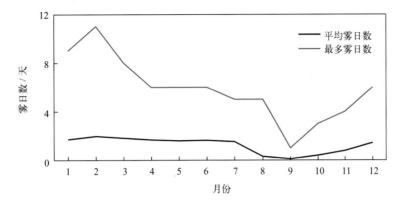

图6.6-1　平均雾日数和最多雾日数年变化（1965—2018年）

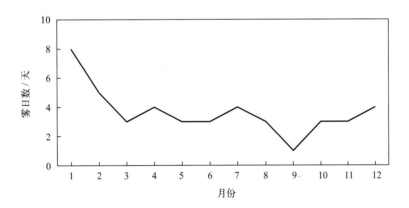

图6.6-2　最长连续雾日数年变化（1965—2018年）

　　1965—2018 年，年雾日数呈上升趋势，上升速率为 1.61 天 /（10 年）。年雾日数最多的年份是 2003 年和 2007 年，均为 31 天，最少的年份是 1974 年和 1975 年，均为 4 天。

　　十年平均年雾日数 2000—2009 年最多，为 22.0 天，1970—1979 年最少，为 9.6 天（图 6.6-3）。

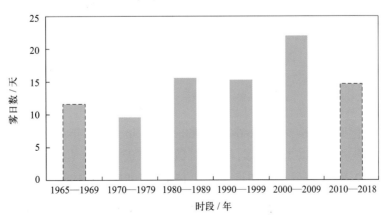

图6.6-3　十年平均年雾日数变化

### 2. 轻雾

轻雾日数的年变化见表6.6-2和图6.6-4。1965—1995年，平均月轻雾日数7月最多，为11.4天，3月次之，为11.2天，9月最少，为3.2天。最多月轻雾日数为21天，出现在1992年1月。

1965—1994年，年轻雾日数呈上升趋势，上升速率为43.8天／（10年），轻雾日数最多的年份是1991年，为158天（图6.6-5）。

表6.6-2　轻雾日数的年变化（1965—1995年）　　　　　　　单位：天

| | 1月 | 2月 | 3月 | 4月 | 5月 | 6月 | 7月 | 8月 | 9月 | 10月 | 11月 | 12月 | 年 |
|---|---|---|---|---|---|---|---|---|---|---|---|---|---|
| 平均轻雾日数 | 10.9 | 10.0 | 11.2 | 10.6 | 8.3 | 8.4 | 11.4 | 6.7 | 3.2 | 6.0 | 7.8 | 10.5 | 105.0 |
| 最多轻雾日数 | 21 | 20 | 19 | 18 | 19 | 16 | 20 | 15 | 8 | 17 | 20 | 20 | 158 |

注：1995年7月停测。

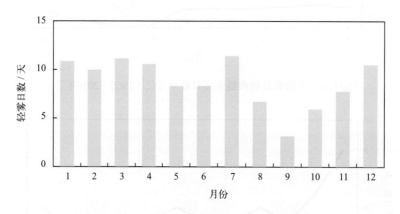

图6.6-4　轻雾日数年变化（1965—1995年）

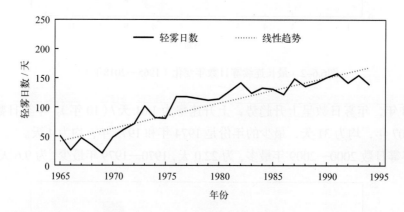

图6.6-5　1965—1994年轻雾日数变化

### 3. 雷暴

雷暴日数的年变化见表6.6-3和图6.6-6。1960—1995年，平均年雷暴日数为24.1天。雷暴主要出现在春、夏和秋三季，以7月最多，平均日数为7.7天，冬季（12月至翌年2月）鲜有雷暴出现（除1967年12月）；雷暴最早初日为3月15日（1982年和1984年），最晚终日为12月14日（1967年）。

表 6.6-3 雷暴日数的年变化（1960—1995 年） 单位：天

| | 1月 | 2月 | 3月 | 4月 | 5月 | 6月 | 7月 | 8月 | 9月 | 10月 | 11月 | 12月 | 年 |
|---|---|---|---|---|---|---|---|---|---|---|---|---|---|
| 平均雷暴日数 | 0.0 | 0.0 | 0.2 | 1.3 | 2.0 | 4.2 | 7.7 | 5.6 | 1.9 | 1.1 | 0.1 | 0.0 | 24.1 |
| 最多雷暴日数 | 0 | 0 | 2 | 6 | 6 | 8 | 15 | 16 | 6 | 3 | 1 | 1 | 43 |

注：1995年7月停测。

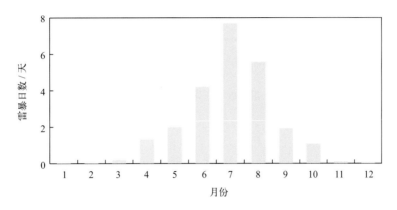

图6.6-6 雷暴日数年变化（1960—1995年）

1960—1994 年，年雷暴日数呈下降趋势，下降速率为 2.57 天 /（10 年）（图 6.6-7）。1964 年和 1967 年雷暴日数最多，均为 43 天；1968 年和 1978 年雷暴日数最少，均为 16 天。

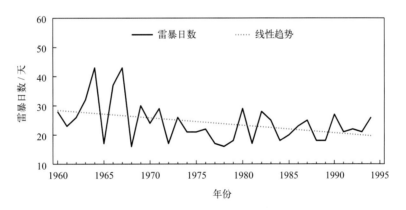

图6.6-7 1960—1994年雷暴日数变化

4. 霜

霜日数的年变化见表 6.6-4 和图 6.6-8。1965—1995 年，平均年霜日数为 19.3 天，霜全部出现在 11 月至翌年 4 月，其中 1 月最多，平均为 6.6 天；霜最早初日为 11 月 15 日（1985 年），霜最晚终日为 4 月 4 日（1982 年）。

表 6.6-4 霜日数的年变化（1965—1995 年） 单位：天

| | 1月 | 2月 | 3月 | 4月 | 5月 | 6月 | 7月 | 8月 | 9月 | 10月 | 11月 | 12月 | 年 |
|---|---|---|---|---|---|---|---|---|---|---|---|---|---|
| 平均霜日数 | 6.6 | 5.4 | 3.0 | 0.1 | 0.0 | 0.0 | 0.0 | 0.0 | 0.0 | 0.0 | 0.2 | 4.0 | 19.3 |
| 最多霜日数 | 15 | 11 | 8 | 1 | 0 | 0 | 0 | 0 | 0 | 0 | 2 | 12 | 29 |

注：1979年数据缺测，1995年7月停测。

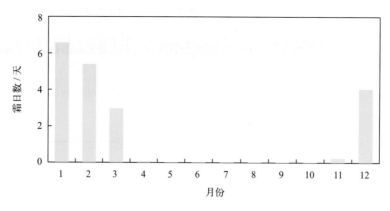

图6.6-8 霜日数年变化（1965—1995年）

1965—1994年，年霜日数呈上升趋势，上升速率为2.19天/（10年）（线性趋势未通过显著性检验）。1968年霜日数最多，为29天；1965年和1988年霜日数最少，均为9天（图6.6-9）。

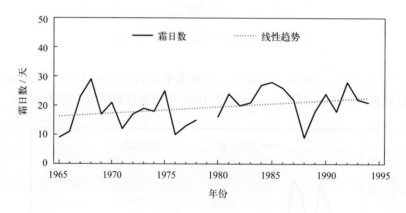

图6.6-9 1965—1994年霜日数变化

## 5. 降雪

降雪日数的年变化见表6.6-5和图6.6-10。1965—1995年，平均年降雪日数为18.4天，降雪集中在11月至翌年4月，其中12月最多，为5.0天，5—10月无降雪；降雪最早初日为11月8日（1968年和1981年），最晚初日为1月6日（1985年），最早终日为2月17日（1987年），最晚终日为4月6日（1980年）。

表6.6-5 降雪日数的年变化（1965—1995年）　　　　　　　　单位：天

| | 1月 | 2月 | 3月 | 4月 | 5月 | 6月 | 7月 | 8月 | 9月 | 10月 | 11月 | 12月 | 年 |
|---|---|---|---|---|---|---|---|---|---|---|---|---|---|
| 平均降雪日数 | 4.8 | 4.4 | 2.5 | 0.2 | 0.0 | 0.0 | 0.0 | 0.0 | 0.0 | 0.0 | 1.5 | 5.0 | 18.4 |
| 最多降雪日数 | 12 | 10 | 11 | 2 | 0 | 0 | 0 | 0 | 0 | 0 | 5 | 13 | 47 |

注：1995年7月停测。

1965—1994年，年降雪日数呈下降趋势，下降速率为7.77天/（10年）。年降雪日数最多为47天，出现在1971年，最少为6天，出现在1988年（图6.6-11）。

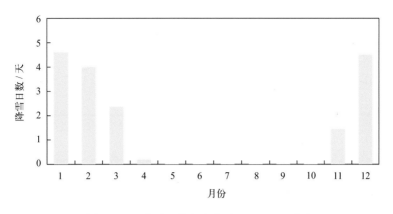

图6.6-10　降雪日数年变化（1965—1995年）

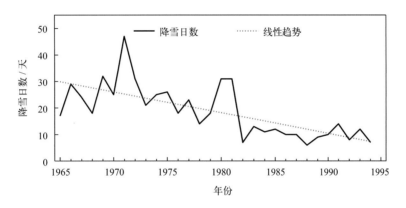

图6.6-11　1965—1994年降雪日数变化

# 第七节　能见度

1965—2018 年，龙口站累年平均能见度为 17.9 千米。9 月平均能见度最大，为 23.2 千米；7 月平均能见度最小，为 14.1 千米。能见度小于 1 千米的年平均日数为 8.8 天，其中 1 月和 2 月最多，均为 1.4 天，9 月最少，出现过 1 次（表 6.7-1，图 6.7-1 和图 6.7-2）。

历年平均能见度为 11.5 ~ 26.6 千米，其中 1967 年最高，2006 年最低。能见度小于 1 千米的日数，2009 年最多，为 17 天；1971 年和 2017 年最少，均为 3 天（图 6.7-3）。

1986—2018 年，年平均能见度总体呈下降趋势，下降速率为 1.42 千米 /（10 年），2006 年为历史最低，2006 年之前下降趋势明显，2006 年之后逐步上升。

表 6.7-1　能见度的年变化（1965—2018 年）

| | 1月 | 2月 | 3月 | 4月 | 5月 | 6月 | 7月 | 8月 | 9月 | 10月 | 11月 | 12月 | 年 |
|---|---|---|---|---|---|---|---|---|---|---|---|---|---|
| 平均能见度 /<br>千米 | 17.5 | 17.5 | 15.1 | 14.5 | 15.5 | 14.8 | 14.1 | 18.6 | 23.2 | 23.0 | 20.5 | 19.9 | 17.9 |
| 能见度小于 1 千米<br>平均日数 / 天 | 1.4 | 1.4 | 1.1 | 1.0 | 0.8 | 0.7 | 0.6 | 0.1 | 0.0 | 0.2 | 0.5 | 1.0 | 8.8 |

注：1973—1985年数据缺测。

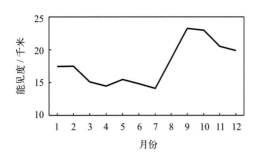

图6.7-1　能见度年变化

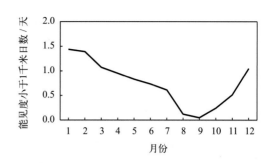

图6.7-2　能见度小于1千米平均日数年变化

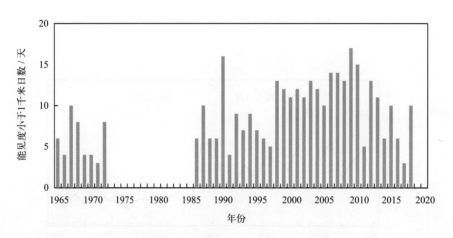

图6.7-3　能见度小于1千米的年日数变化

# 第八节　云

　　1965—1995 年，龙口站累年平均总云量为 5.0 成，其中 7 月平均总云量最多，为 6.5 成，1 月和 10 月平均总云量最少，均为 4.2 成。累年平均低云量为 1.6 成，其中 12 月平均低云量最多，为 2.6 成，3 月和 4 月最少，均为 0.9 成（表6.8-1，图 6.8-1）。

　　1965—1994 年，年平均总云量呈减少趋势，减少速率为 0.17 成 /（10 年）（图 6.8-2），其中 1985 年的平均总云量最多，为 5.7 成，1992 年最少，为 4.4 成；年平均低云量无明显变化趋势，其中 1985 年的平均低云量最多，为 2.0 成，1968 年、1972 年、1983 年和 1988 年的平均低云量最少，均为 1.4 成（图 6.8-3）。

表 6.8-1　总云量和低云量的年变化（1965—1995 年）

| | 1月 | 2月 | 3月 | 4月 | 5月 | 6月 | 7月 | 8月 | 9月 | 10月 | 11月 | 12月 | 年 |
|---|---|---|---|---|---|---|---|---|---|---|---|---|---|
| 平均总云量 / 成 | 4.2 | 4.6 | 4.9 | 5.1 | 5.3 | 6.0 | 6.5 | 5.5 | 4.6 | 4.2 | 4.6 | 4.6 | 5.0 |
| 平均低云量 / 成 | 1.9 | 1.3 | 0.9 | 0.9 | 1.2 | 1.6 | 2.3 | 2.0 | 1.2 | 1.4 | 2.2 | 2.6 | 1.6 |

注：1995年7月停测。

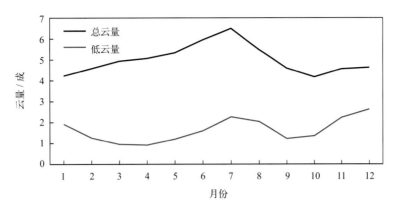

图6.8-1 总云量和低云量年变化（1965—1995年）

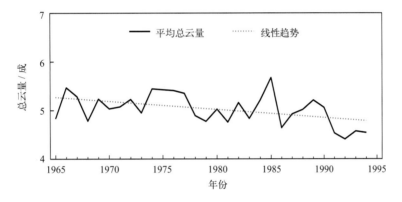

图6.8-2 1965—1994年平均总云量变化

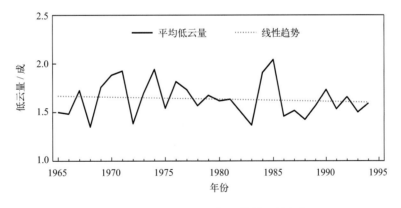

图6.8-3 1965—1994年平均低云量变化

# 第九节 蒸发量

1962—1963 年，龙口站平均年蒸发量为 1 965.4 毫米。夏半年蒸发量大，冬半年蒸发量小。5 月蒸发量最大，为 289.1 毫米，1 月蒸发量最小，为 59.4 毫米（表 6.9-1，图 6.9-1）。

表6.9-1  蒸发量的年变化（1962—1963年）　　　　　　　　　　　　　　　　　单位：毫米

| | 1月 | 2月 | 3月 | 4月 | 5月 | 6月 | 7月 | 8月 | 9月 | 10月 | 11月 | 12月 | 年 |
|---|---|---|---|---|---|---|---|---|---|---|---|---|---|
| 平均蒸发量 | 59.4 | 63.7 | 155.8 | 213.3 | 289.1 | 279.7 | 225.6 | 181.5 | 163.8 | 158.1 | 99.9 | 75.5 | 1 965.4 |

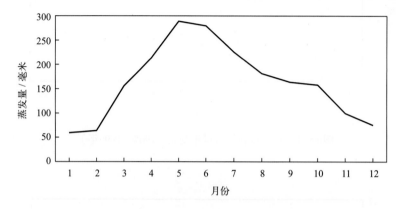

图6.9-1  蒸发量年变化（1962—1963年）

# 第七章　海平面

## 1. 年变化

龙口沿海海平面年变化特征明显，1月最低，8月最高，年变幅为48厘米，平均海平面在验潮基面上96厘米（图7.1-1）。

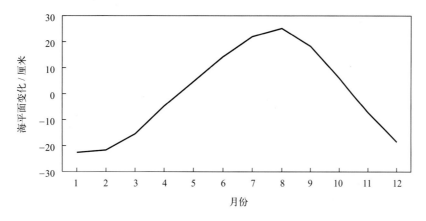

图7.1-1　海平面年变化（1961—2018年）

## 2. 长期趋势变化

1961—2018 年（1990 年数据缺测），龙口沿海海平面变化总体呈波动上升趋势，海平面上升速率为3.2毫米/年；1993—2018 年，龙口沿海海平面上升速率为6.4毫米/年，明显高于同期中国沿海3.8毫米/年的平均水平。

1961—2018 年，龙口沿海十年平均海平面呈现波动上升趋势。1980—1989 年，十年平均海平面处于近58年来最低位，2010—2018 年，平均海平面处于近58年来最高位；1990—1999 年，十年平均海平面上升明显，较上一个十年高约52毫米；2000—2009 年平均海平面上升变缓，比1990—1999 年平均海平面高32毫米；2010—2018 年平均海平面上升显著，较 2000—2009 年平均海平面上升约80毫米，比1961—1969 年平均海平面高约160毫米（图7.1-2）。

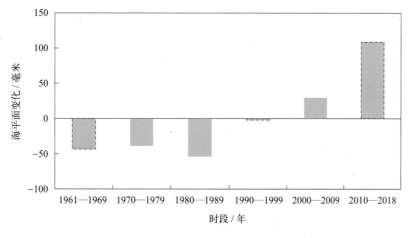

图7.1-2　十年平均海平面变化

## 3. 周期性变化

1961—2018 年，龙口沿海海平面有 2 ～ 3 年、4 ～ 7 年、13 ～ 14 年和准 35 年的显著变化周期，其振幅为 1.0 ～ 3.5 厘米。2006—2018 年，海平面处于这几个显著周期的高位，抬高了同时段海平面的高度（图 7.1-3）。

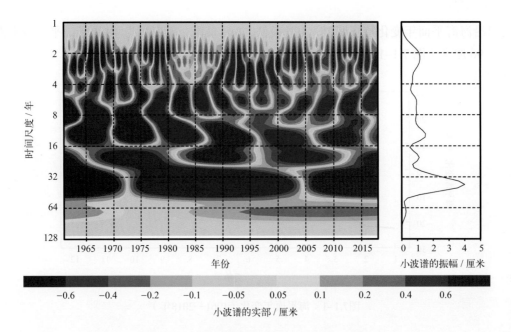

图7.1-3　年均海平面的小波（wavelet）变换

# 第八章 灾害

## 第一节 海洋灾害

### 1. 风暴潮

1972年7月26—27日，7203号台风在洋面上三次打转，三次登陆，是历史上少见的。最大增水超过1米的有大连、龙口和温州等共13个站，其中龙口和秦皇岛超过警戒水位。7203号台风第一次在山东省荣成登陆时，龙口站最高潮位达340厘米，超过警戒水位30厘米，龙口港码头上水，部分农田被淹（《中国气象灾害大典·山东卷》）。

1994年8月15日至16日，渤海和黄海北部沿岸发生较大风暴潮，塘沽、羊角沟、夏营、龙口、老虎滩、秦皇岛等测站及大连东部、长海县、庄河、皮口沿海的潮位普遍比正常潮位偏高0.8～1.6米；龙口海洋站出现接近当地警戒水位的高潮位（《1994年中国海洋灾害公报》）。

2007年，"0303"特大温带风暴潮期间，龙口验潮站超过当地警戒潮位（《2007年中国海洋灾害公报》）。

2009年，"04·15"温带风暴潮影响期间，山东龙口验潮站风暴增水超过100厘米（《2009年中国海洋灾害公报》）。

### 2. 海冰

1967/1968年度，严重冰灾年，龙口港区视野范围内海面均被结成厚冰的固定冰封锁覆盖，离岸宽度10千米以上，封锁四次。固定冰封锁龙口港和航道，3 000吨货轮不能出港，驶往该港的其他船只不得进港，海上运输完全停顿（《中国海洋灾害四十年资料汇编（1949—1990）》）。

1980年2月1—22日期间，龙口港莱州湾全部布满海冰，龙口港监测重叠冰厚高达40～45厘米，平整冰厚10～20厘米，冰区外缘线离龙口港20～30海里，龙口港锚地冰厚最大60厘米，像棉絮状，海上交通一度处于停航状态（《中国海洋灾害四十年资料汇编（1949—1990）》）。

### 3. 海浪

1979年11月25日02时，受冷空气和东北低压共同影响，渤海形成4米以上巨浪区，船舶测得最大风速18米/秒，东北风，风浪4米，龙口站最大风速16米/秒，最大波高6.5米，25日14时减为3米大浪区。"渤海2"号石油钻井平台上一个大窗口（即通气孔）被风浪打坏进水，加上安全措施不力，平台在拖航中翻沉，74名工作人员除2名得救外，其余全部遇难，经济损失严重（《中国海洋灾害四十年资料汇编（1949—1990）》）。

1989年10月31日凌晨，气旋大风突发，渤海、渤海海峡和黄海北部的风力达8～10级，海上掀起6.5米的狂浪。上海港务局4 800吨级的"金山"号轮，于10月30日下午2时由塘沽启航驶向上海，受疾风狂浪的袭击，于10月31日03时沉没在山东省龙口市以北48海里处，船上34人全部遇难，经济损失达5 000万元（《1989年中国海洋灾害公报》）。

2003年2月22日，受黄海气旋和冷空气影响，渤海、黄海出现4米巨浪，大连渤海轮船公司所属的"辽旅渡7"轮从山东龙口市开往辽宁旅顺途中，在渤海海峡北砣矶岛西北8海里处沉没。

死亡 4 人，直接经济损失 1 000 万元（《2003 年中国海洋灾害公报》）。

2004 年 11 月 26 日，受冷空气浪影响，福建"海鹭 15"轮在山东龙口附近海域沉没，造成 1 人死亡，直接经济损失 1 500 万元（《2004 年中国海洋灾害公报》）。

2005 年 12 月 21 日，受冷空气浪影响，浙江省温岭市"铭扬少洲 178"轮在山东龙口港锚地沉没，造成 13 人死亡，直接经济损失 1 000 万元（《2005 年中国海洋灾害公报》）。

### 4. 赤潮

1995 年 6 月 6 日，在山东莱州湾附近海域发现大面积赤潮，赤潮颜色呈粉红，主要生物种是夜光虫，其最高含量达 $2.16 \times 10^7$ 个/立方米，主要发生在龙口港至其西南方向 15 千米处，波及范围达 90 平方千米（《1995 年中国海洋灾害公报》）。

### 5. 海岸侵蚀

2006 年，受海平面变化影响，山东沿海海水入侵、海岸侵蚀等海洋灾害有所加重。其中龙口至烟台海岸侵蚀长度约 30 千米，累积最大侵蚀宽度达 57 米，严重影响了当地水资源环境和生态环境（《2006 年中国海平面公报》）。

2009 年，山东省龙口至烟台海岸是砂质海岸侵蚀严重的地区之一，龙口至烟台岸段年平均侵蚀速率为 4.6 米/年（《2009 年中国海洋灾害公报》）。

2014 年，龙口港北侧部分岸段海岸侵蚀和岸滩下蚀严重，岸边建筑物损毁（《2014 年中国海平面公报》）。

## 第二节　灾害性天气

根据《中国气象灾害大典·山东卷》记载，龙口站周边发生的主要灾害性天气有暴雨洪涝、大风（龙卷风）、冰雹、雷电和大雪。

### 1. 暴雨洪涝

1956 年 8 月 4—6 日，龙口降水量 257.5 毫米，黄水河侧岭高家站最大洪峰流量达 1 940 立方米/秒，河坝决口 59 处，冲毁耕地 3 445 亩，倒房 4 048 间，死亡 5 人，伤 2 人。

1970 年 7 月中、下旬，龙口连降大雨至 27 日降水量高达 309.7 毫米，且降水均集中在中旬末至下旬，全县水库、河流水位猛涨，在 29 日、30 日一次大暴雨中（龙口气象站 60 毫米，测站以东均达 100 毫米以上），造成极大水灾，倒塌房屋 3 056 间，倒塌院墙 1 368 座（总长 56 884 米）。农田受灾面积 7 038 亩（不包括受淹面积），其中绝产面积 4 842 亩，损失粮食：集体 4.282 万斤，个人 3.524 万斤。损失化肥 2.185 万斤，冲毁桥梁 11 座、大小塘坝 49 座，河堤决口 33 处，在抢险救灾中伤 18 人，死亡 9 人。牲畜伤 39 头、亡 14 头。

1990 年 7 月 9—10 日，山东省较大范围发生暴风雨和冰雹灾害，包含龙口在内 12 个市地 30 个县市区，不同程度地遭受暴风雨和冰雹袭击。这次灾害的突出特点，一是受灾范围广、面积大；二是来势猛、强度大；三是灾害损失严重。

1994 年 8 月 15—16 日，第 15 号强热带风暴在胶东半岛登陆，中心最大风力达 12 级。伴随着暴风，半岛地区普降大暴雨。这次强热带风暴给威海市和烟台市的龙口、蓬莱等多个县市区的人民群众生命财产和工农业生产，特别是渔业和海上养殖业造成巨大损失。

## 2. 大风和龙卷风

1962 年 7 月 26 日，龙口受台风影响，海水倒灌，损失折价 176 000 元，淹没农田 1 060 亩、树林 2 330 亩，冲倒墙 300 米，12 万亩玉米被刮断 20% ~ 30%，翻船 2 只，死亡 1 人，碰坏船 10 只，损坏渔网 4 000 多挂。

1986 年 10 月 14 日上午 8 时 10—30 分，龙口港西北 1 千米海面上同时形成两股龙卷风（起初不接水面），南边一股自海面向东南在渔港登陆，经船厂、针织厂、自来水公司、红光新村向东南而去；另一股从电厂登陆，经桥上新村向东南移去，涡动直径约 100 米，属历史罕见龙卷风，给龙口、中村、北马 3 镇造成重大损失。龙卷风在海上卷起 7 ~ 8 米高的巨大水柱。据市政府统计，全市共损坏房屋 605 间，倒大墙 2 385 米，刮倒、刮断电线杆 30 根，刮断电线 2 750 米，刮走苇箔 940 张、小干鱼 500 余千克，翻沉 20 马力渔船 1 只（船体损坏），共有 3 人受轻伤。

1987 年 9 月 3—5 日，烟台市普降中到大雨，局部暴雨、大暴雨。降雨期间伴有狂风，风力 7 至 8 级，最大 11 级。狂风暴雨给秋作物、果品和渔业生产造成很大损失，部分建筑物、林业、水利设施等也遭到不同程度的破坏。全市普遍受灾，其中受灾特别重的有龙口、蓬莱等多个县市区。

1993 年 6 月 1—2 日，龙口、芝罘等 10 县市区遭受狂风暴雨袭击，平均降雨 30.7 毫米，最大 90 毫米，并伴有 7~10 级大风，阵风 11 级。有 20.8 万公顷接近成熟期的小麦不同程度地倒伏，大风造成果树幼果脱落，蔬菜受灾 960 公顷，毁坏大棚近 7 万个，损坏房屋 4 649 间，倒塌 44 间，刮倒院墙 350 米、高压线杆及通讯线杆 152 根，倒折树木 8.8 万棵，损坏各类渔船 310 多只，水产养殖受灾面积 1.1 万公顷，因房屋倒塌砸死 3 人，伤 13 人，直接经济损失 28.45 亿元。

1994 年 4 月 7 日凌晨，龙口市黄山、海岱，厢城 3 个乡镇遭受大风袭击，海上养殖遭到破坏，部分渔船被毁，死亡 2 人，3 人下落不明，直接经济损失约 5 000 万元。

2000 年，烟台市北部沿海的龙口、莱州、蓬莱三市受强冷空气影响，遭受 7 ~ 8 级、阵风 9 级的大风袭击，三市毁坏塑料大棚 5 024 个、果树 9 500 公顷，海上毁坏船只 22 条，死亡 2 人，失踪 3 人，损失养殖海带 120 公顷，刮丢渔网 70 挂，毁坏房屋 204 间，倒塌院墙 360 米，刮断、刮倒线杆 120 余根、成材树木 225 棵，全市造成直接经济损失 6 041 万元。

## 3. 冰雹

1959 年 7 月 28 日，龙口北马、七甲、石良、城关、大吕家 5 处镇区遭暴风冰雹袭击，雹径 5 ~ 6 厘米，有 3 500 亩作物受灾，减产 20% 以上，倒房 14 间，死亡 3 人。

1967 年 5 月 23 日 16 时前后，龙口降冰雹约 10 ~ 20 分钟，轻的地区盖地皮，重区半尺厚，最大雹粒有鸡蛋大小，降雹区果树有 10% ~ 20% 落果，小麦受灾面积 3 万亩，其中绝产 3 000 亩，减产 70% ~ 80% 的为 4 000 亩，余者减产 20% ~ 30%。

1979 年 10 月 1 日 15 时 43 分至 16 时 07 分，龙口降冰雹，平均重量 2.2 克，最大直径 3 厘米，龙口、海岱受灾较重，整个地面被冰雹覆盖，较深处 4 厘米，龙口、海岱、北马、东江、石良、诸由共 6 个乡镇 92 个村受灾。龙口镇被冰雹砸坏葡萄 690 亩、苹果 208 亩，损失约 6 万元，海岱损失葡萄 15 万千克、苹果 35 万千克，蔬菜损失千余亩，约值 29 万元。

1990 年 7 月 9 日下午 2 时许，龙口市 11 个乡镇遭受大风冰雹袭击，持续 15 ~ 20 分钟，冰雹一度铺满地面，最大雹粒如鸡蛋，直径约 3 ~ 5 厘米，阵风达 10 级以上，半小时降水达 50 毫米以上。据市民政局统计：全市倒塌房屋 50 多间，作物受灾面积 10 万亩，成灾 3.6 万亩，玉米减产 250 万千克，5 000 多亩瓜菜受到严重损坏，损失大梨 1 515 万千克、苹果 300 万千克，杂果

100万千克，刮断果树、材树4 900棵，部分电线杆被刮倒，通讯一度中断，全市因大风、冰雹灾害损失约2800万元。

1992年6月30日晚至7月1日凌晨，龙口、海阳、莱阳3个县市的芦头、高家等8个乡镇共50个村遭风雹袭击，降雹持续10分钟，并伴有7～8级阵风。共有800公顷果园和750公顷农作物受灾。总计经济损失超过2 500万元。

2000年5月18日15时前后，受高空冷涡和渤海低压影响，龙口市丰仪、七甲、下丁家3镇和东江、石良镇部分地区出现冰雹，降雹持续时间约20分钟，冰雹平均直径1厘米，最大直径5厘米，最大积雹厚度13厘米，使果树遭受重大伤害，全市果树受灾面积5 800公顷，水果减产8.5万吨，直接经济损失6 500万元。10月4日19时许，受高空冷涡影响，龙口市开发区海岱镇、大陈家镇、芦头镇及下丁家镇、田家、黄山镇6镇115个村遭受冰雹袭击。冰雹最大直径4厘米，地面积雹厚度3～4厘米，降雹时间15分钟左右，冰雹砸坏水果、蔬菜，击碎民房玻璃，砸坏塑料大棚，果品受损490万千克，蔬菜受损1 200亩，房屋受损6 200间，玻璃破碎1.5万平方米，倒塌院墙98米，损坏蘑菇大棚32个、蔬菜大棚20个、鸡棚11个，倒树465棵，倒电线杆54根。据市民政局统计，全市果园受灾面积3.27万亩，蔬菜受灾面积2.8万亩，直接经济损失7 800万元。

### 4. 雷电

1975年6月3日，龙口海岱镇后徐家村雷电击死1人；4日，龙口大陈家镇雷电击死1人，石良镇医院雷电击毁烟筒1个。

### 5. 大雪

1985年12月7—10日，龙口市连续降雪，总降雪量12.0毫米，积雪深度达11厘米，日平均气温由2.5℃降至零下5.2℃，因雪大气温骤降，使龙口近海鳗鱼大量患病死亡，死鱼随海潮涌上沙滩堆积，厚度达20厘米，约计10余万千克，成为奇闻。同时因雪大积雪深，视线差，路面滑，公路交通受阻8～12天。

1999年12月17日凌晨至12月21日傍晚，龙口出现前所未有的连续降雪天气，过程降雪量达28.1毫米，18日降雪量10.4毫米，突破日降雪量最大纪录。19日和21日积雪深度达27厘米，突破历史最大纪录。降雪缓解了旱情，对小麦越冬非常有利。但降雪时间长。积雪深度大，形成雪阻，使交通中断，事故增多，同时积雪还压坏了部分塑料大棚。

# 蓬莱海洋站

# 第一章 概况

## 第一节 基本情况

蓬莱海洋站（简称蓬莱站）位于山东省蓬莱市。蓬莱市位于胶东半岛北端，濒临渤海和黄海，辖区海域面积506平方千米，海岸线长64千米，人口41万。

蓬莱站始建于1984年1月，隶属原国家海洋局北海分局。2012年10月蓬莱站综合业务办公楼竣工，位于蓬莱市西北方向的港南路（图1.1-1）。

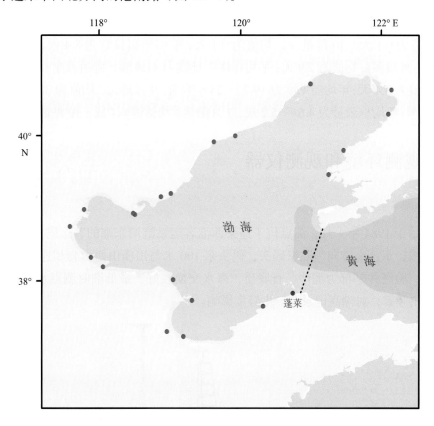

图1.1-1 蓬莱站地理位置示意

蓬莱站观测项目有潮汐、海浪、表层海水温度、表层海水盐度、气温、气压、相对湿度、风和降水等。自1984年1月至1998年6月，观测项目大多采用人工与常规仪器相结合的方法观测；1998年7月后逐步采用自动观测仪器与自动观测系统；2010年后基本实现了自动观测与传输。

蓬莱沿海为正规半日潮特征，海平面1月最低，8月最高，年变幅为47厘米，平均海平面为172厘米，平均高潮位为225厘米，平均低潮位为119厘米，均具有夏秋高、冬春低的年变化特点；全年海况以0～3级为主，年均十分之一大波波高值为0.2～0.3米，年均平均周期值为1.2～1.7秒，历史最大波高最大值为4.1米，历史平均周期最大值为8.0秒，常浪向为NNE，强浪向为NE；年均表层海水温度为 11.9 ~ 14.0℃，2 月最低，均值为 1.3℃，8 月最高，均值为 25.1℃，历史水温最高值为 28.2℃，历史水温最低值为 –2.0℃；年均表层海水盐度为 29.17 ~ 31.85，4 月最高，均值为 31.18，12 月最低，均值为 30.09，历史盐度最高值为 33.00，历史盐度最低值为 23.93。

蓬莱站主要受大陆性季风气候影响，年均气温为 12.1 ~ 14.1℃，1 月最低，平均气温为 –0.6℃，8 月最高，平均气温为 25.5℃，历史最高气温为 37.6℃，历史最低气温为 –12.6℃；年均气压为 1 015.8 ~ 1 017.7 百帕，具有冬高夏低的变化特征，1 月最高，均值为 1 027.1 百帕，7 月最低，均值为 1 004.1 百帕；累年平均相对湿度为 64.1%，7 月最大，均值为 80.6%，3 月和 4 月最小，均为 56.4%；年均平均风速为 3.6 ~ 6.2 米 / 秒，12 月最大，均值为 5.8 米 / 秒，7 月和 8 月最小，均为 3.3 米 / 秒，冬季（1 月）盛行风向为 N—NNE（顺时针，下同），春季（4 月）盛行风向为 S—SSW 和 WSW—W，夏季（7 月）盛行风向为 S—SSW，秋季（10 月）盛行风向为 S—SSW 和 N—NNE；平均年降水量为 482.6 毫米，夏季降水量占全年降水量的 64.1%；平均年雾日数为 28.8 天，7 月最多，均值为 6.1 天，10 月最少，均值为 0.1 天；平均年霜日数为 8.4 天，霜日出现在 10 月至翌年 3 月，1 月最多，均值为 2.9 天；平均年降雪日数为 11.8 天，降雪发生在 11 月至翌年 3 月，12 月最多，均值为 3.4 天；年均能见度为 19.7 ~ 24.6 千米，9 月最大，均值为 30.8 千米，7 月最小，均值为 15.3 千米；年均总云量为 4.6 ~ 5.2 成，7 月最多，均值为 6.4 成，10 月最少，均值为 3.7 成。

## 第二节　观测环境和观测仪器

### 1. 潮汐

潮汐观测始于 1984 年 1 月，测点位于蓬莱西港客运站港湾东端的客运码头 3 号泊位上，西、北方向毗邻港湾，东、南方向为陆岸码头，码头东 100 米与田横山西山脚相连接，测点位置无变动（图 1.2–1）。验潮井基部为泥沙、石底质，海水交换较好，最低潮时测点水深可达 1.5 米。码头客运轮船进出频繁，对潮高记录会产生轻度影响。

图1.2–1　蓬莱站验潮室（摄于2013年5月）

1984 年 1 月开始使用 HCJ1-2 型滚筒式验潮仪进行连续 24 小时观测，并人工整理记录整点潮高和高（低）潮潮高及对应时间；1998 年 7 月后，使用 XZA3-1 型自动观测系统和 SCA5-2 型浮子式水位计进行自动观测；2005 年，更新为 CZY1-1 型海洋站自动观测系统和 SCA11-1 型浮子式水位计，自动观测每 5 分钟潮高、高（低）潮潮高和潮时；2010 年 12 月，改用 CZY1 型海洋站自动观测系统和 SCA11-1 型浮子式水位计；2012 年后，使用 SCA11-3 型浮子式水位计，自动观测每分钟潮高、高（低）潮潮高和潮时。

## 2. 海浪

海浪观测始于 1988 年 1 月。测浪室位于蓬莱田横山北端，渤海、黄海的分界线山东分界点附近，岸线蜿蜒曲折，多是高于海面 50 米的悬崖峭壁，测点周边多为灌木野草和松林，东南方约 600 米处毗邻蓬莱阁风景区，西侧 10 米有灯塔和信号台。海浪测点地处蓬莱和庙岛群岛之间，秋冬季西北风形成的海浪代表性较差，故于 1997 年停止观测。

海浪观测采用 HAB-2 型岸用光学测波仪和抛设在海上的浮筒进行海浪观测。主要由人工目测海况和判断波型，使用测波仪和浮筒观测波向、周期和波高。

## 3. 表层海水温度和盐度

自 1988 年 1 月开始水温和盐度观测，观测点位于蓬莱西港客运站港湾东岸的客运码头 3 号泊位上，与验潮室位置相同。

1988—2012 年，使用 SWL1-2 型水温表测量水温，其间有半年时间因测点改造而停测。1988—1995 年，先后使用 SYY1-1 光学折射盐度计和 SYA2-1 型实验室盐度计测量盐度。1996 年 1 月起停止盐度观测。2012 年年底，更新为自动观测系统和 YZY4 型温盐传感器，恢复盐度观测，并实现了温盐自动观测、记录和实时传输一体化。

## 4. 气象要素

气象要素观测始于 1988 年 1 月。观测场位置发生两次变动，1998 年后位于验潮室屋顶上，周边环境对气象观测没有影响。风传感器离地高度 9.8 米，温湿度传感器离地高度 5.9 米，雨量器离地高度 5.1 米。

2005 年 10 月前，主要采用常规仪器进行观测，观测项目包括气压、气温、相对湿度、降水、能见度、云和天气现象等，1995 年 7 月后取消了云和除雾外的天气现象观测。2005 年 10 月起，应用 CZY1-1 型海洋站自动观测系统。2012 年末，应用 CZY1 型海洋站自动观测系统，实现了自动观测、记录和实时传输一体化。

# 第二章 潮位

## 第一节 潮汐

### 1. 潮汐类型

利用蓬莱站近 19 年（2000—2018 年）验潮资料分析的调和常数，计算出潮汐系数 $(H_{K_1}+H_{O_1})/H_{M_2}$ 为 0.35。按我国潮汐类型分类标准，蓬莱沿海为正规半日潮，每个潮汐日（大约 24.8 小时）有两次高潮和两次低潮，高、低潮日不等现象均不明显。

1984—2018 年（1995 年数据缺测），蓬莱站主要分潮调和常数存在趋势性变化。$M_2$ 分潮振幅呈增大趋势，增大速率为 0.53 毫米 / 年；$M_2$ 分潮迟角呈减小趋势，减小速率为 0.34°/ 年。$K_1$ 分潮振幅无明显变化趋势，$O_1$ 分潮振幅呈增大趋势，增大速率为 0.08 毫米 / 年（线性趋势未通过显著性检验）；$K_1$ 和 $O_1$ 分潮迟角均呈减小趋势，减小速率分别为 0.15°/ 年和 0.17°/ 年。

### 2. 潮汐特征值

由 1984—2018 年资料统计分析得出：蓬莱站平均高潮位为 225 厘米，平均低潮位为 119 厘米，平均潮差为 106 厘米；平均高高潮位为 235 厘米，平均低低潮位为 111 厘米，平均大的潮差为 124 厘米；平均涨潮历时 5 小时 51 分钟，平均落潮历时 6 小时 34 分钟，两者相差 43 分钟。

累年各月潮汐特征值见表 2.1–1。

表 2.1–1　累年各月潮汐特征值（1984—2018 年）　　　　　　　　单位：厘米

| 月份 | 平均高潮位 | 平均低潮位 | 平均潮差 | 平均高高潮位 | 平均低低潮位 | 平均大的潮差 |
|---|---|---|---|---|---|---|
| 1 | 201 | 98 | 103 | 211 | 89 | 122 |
| 2 | 202 | 98 | 104 | 212 | 89 | 123 |
| 3 | 210 | 105 | 105 | 220 | 97 | 123 |
| 4 | 220 | 115 | 105 | 230 | 108 | 122 |
| 5 | 230 | 124 | 106 | 239 | 118 | 121 |
| 6 | 239 | 134 | 105 | 249 | 125 | 124 |
| 7 | 247 | 141 | 106 | 257 | 132 | 125 |
| 8 | 252 | 142 | 110 | 261 | 132 | 129 |
| 9 | 245 | 135 | 110 | 253 | 127 | 126 |
| 10 | 231 | 124 | 107 | 241 | 116 | 125 |
| 11 | 217 | 113 | 104 | 229 | 104 | 125 |
| 12 | 204 | 101 | 103 | 216 | 92 | 124 |
| 年 | 225 | 119 | 106 | 235 | 111 | 124 |

注：潮位值均以验潮零点为基面。

平均高潮位和平均低潮位均具有夏秋高、冬春低的特点，其中平均高潮位 8 月最高，为 252 厘米，1 月最低，为 201 厘米，年较差 51 厘米；平均低潮位 8 月最高，为 142 厘米，1 月和 2 月最低，均为 98 厘米，年较差 44 厘米；平均高高潮位 8 月最高，为 261 厘米，1 月最低，为 211 厘米，年较差 50 厘米；平均低低潮位 7 月和 8 月最高，均为 132 厘米，1 月和 2 月最低，均为 89 厘米，年较差 43 厘米（图 2.1–1）。平均潮差和平均大的潮差夏秋季较大，冬春季较小，年较差分别为 7 厘米和 8 厘米（图 2.1–2）。

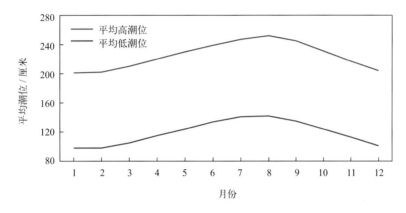

图2.1–1　平均高潮位和平均低潮位的年变化

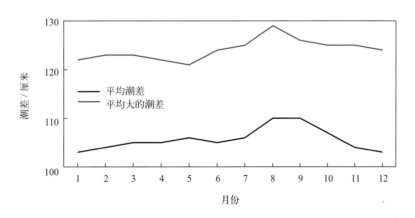

图2.1–2　平均潮差和平均大的潮差的年变化

1984—2018 年，蓬莱站平均高潮位和平均低潮位均呈波动上升趋势，上升速率分别为 3.88 毫米 / 年和 1.26 毫米 / 年。受天文潮长周期变化影响，平均高潮位和平均低潮位均存在较为明显的准 19 年周期变化，振幅分别为 1.74 厘米和 2.05 厘米。平均高潮位最高值出现在 2014 年和 2016 年，均为 234 厘米；最低值出现在 1984 年和 1988 年，均为 218 厘米。平均低潮位最高值出现在 2004 年和 2012 年，均为 124 厘米；最低值出现在 1996 年和 1997 年，均为 114 厘米。

1984—2018 年，蓬莱站平均潮差呈波动增大趋势，增大速率为 2.61 毫米 / 年。平均潮差准 19 年周期变化较为显著，振幅为 3.53 厘米。平均潮差最大值出现在 2015 年，为 113 厘米；最小值出现 1984 年、1985 年和 1988 年，均为 101 厘米（图 2.1–3）。

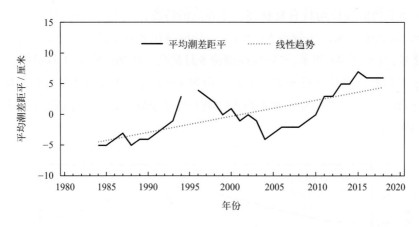

图2.1-3　1984—2018年平均潮差距平变化

## 第二节　极值潮位

蓬莱站年最高潮位和年最低潮位的各月发生频率见表2.2-1。年最高潮位出现时间主要集中在8—10月，其中8月发生频率最高，为41%。年最低潮位主要出现在12月至翌年3月，其中3月发生频率最高，为29%；2月和1月出现频率也较高，分别为26%和21%。

1984—2018年，蓬莱站年最高潮位呈上升趋势，上升速率为2.15毫米/年（线性趋势未通过显著性检验）。历年的最高潮位均高于285厘米，其中高于330厘米的有5年。历史最高潮位为385厘米，出现在1992年9月2日，正值9216号台风（Polly）影响期间。蓬莱站年最低潮位变化趋势不明显。历年的最低潮位均低于47厘米，其中低于−15厘米的有5年。历史最低潮位为−39厘米，出现在1987年2月3日，主要由强寒潮大风所致（表2.2-1）。

表2.2-1　最高潮位和最低潮位及年极值出现频率（1984—2018年）

| | 1月 | 2月 | 3月 | 4月 | 5月 | 6月 | 7月 | 8月 | 9月 | 10月 | 11月 | 12月 |
|---|---|---|---|---|---|---|---|---|---|---|---|---|
| 最高潮位值/厘米 | 291 | 328 | 320 | 300 | 327 | 316 | 304 | 356 | 385 | 349 | 333 | 307 |
| 年最高潮位出现频率/% | 0 | 3 | 3 | 0 | 6 | 6 | 8 | 41 | 12 | 15 | 6 | 0 |
| 最低潮位值/厘米 | −23 | −39 | −38 | −8 | 62 | 52 | 92 | 49 | 48 | 7 | 12 | −16 |
| 年最低潮位出现频率/% | 21 | 26 | 29 | 3 | 0 | 0 | 0 | 0 | 0 | 3 | 0 | 18 |

## 第三节　增减水

受地形和气候特征的影响，蓬莱站出现50厘米以上减水的频率明显高于同等强度增水的频率，超过100厘米的减水平均约52天出现一次，而超过100厘米的增水平均约312天出现一次（表2.3-1）。

蓬莱站120厘米以上的增水主要出现在3月和9月，120厘米以上的减水多发生在12月至翌年3月，这些大的增减水过程主要与该区域受寒潮大风和温带气旋等的影响有关（表2.3-2）。

表 2.3-1　不同强度增减水的平均出现周期（1984—2018 年）

| 范围 / 厘米 | 出现周期 / 天 | |
|---|---|---|
| | 增水 | 减水 |
| >30 | 0.99 | 0.79 |
| >40 | 2.53 | 1.41 |
| >50 | 7.01 | 2.48 |
| >60 | 20.17 | 4.37 |
| >80 | 103.98 | 14.93 |
| >100 | 311.93 | 51.99 |
| >120 | 1 013.76 | 178.90 |
| >150 | — | 2 433.03 |

"—"表示无数据。

表 2.3-2　各月不同强度增减水的出现频率（1984—2018 年）

| 月份 | 增水 / % | | | | | | 减水 / % | | | | | |
|---|---|---|---|---|---|---|---|---|---|---|---|---|
| | >30 厘米 | >40 厘米 | >60 厘米 | >80 厘米 | >100 厘米 | >120 厘米 | >30 厘米 | >40 厘米 | >60 厘米 | >80 厘米 | >100 厘米 | >120 厘米 |
| 1 | 8.28 | 3.12 | 0.29 | 0.02 | 0.00 | 0.00 | 9.93 | 5.68 | 1.97 | 0.61 | 0.18 | 0.07 |
| 2 | 7.11 | 2.82 | 0.41 | 0.07 | 0.02 | 0.01 | 10.78 | 6.35 | 1.94 | 0.60 | 0.28 | 0.09 |
| 3 | 5.73 | 2.15 | 0.33 | 0.06 | 0.04 | 0.02 | 8.48 | 4.96 | 1.96 | 0.56 | 0.12 | 0.06 |
| 4 | 3.30 | 1.19 | 0.13 | 0.00 | 0.00 | 0.00 | 3.68 | 1.73 | 0.57 | 0.20 | 0.08 | 0.01 |
| 5 | 1.56 | 0.48 | 0.05 | 0.00 | 0.00 | 0.00 | 0.81 | 0.24 | 0.00 | 0.00 | 0.00 | 0.00 |
| 6 | 0.65 | 0.27 | 0.12 | 0.00 | 0.00 | 0.00 | 0.22 | 0.09 | 0.06 | 0.00 | 0.00 | 0.00 |
| 7 | 0.33 | 0.04 | 0.00 | 0.00 | 0.00 | 0.00 | 0.15 | 0.02 | 0.00 | 0.00 | 0.00 | 0.00 |
| 8 | 1.61 | 0.78 | 0.21 | 0.07 | 0.02 | 0.00 | 0.41 | 0.24 | 0.07 | 0.04 | 0.00 | 0.00 |
| 9 | 1.51 | 0.56 | 0.10 | 0.05 | 0.04 | 0.02 | 1.62 | 0.63 | 0.15 | 0.03 | 0.00 | 0.00 |
| 10 | 3.47 | 1.18 | 0.12 | 0.00 | 0.00 | 0.00 | 5.33 | 2.89 | 0.56 | 0.08 | 0.00 | 0.00 |
| 11 | 7.36 | 3.17 | 0.33 | 0.11 | 0.03 | 0.00 | 9.01 | 5.29 | 1.67 | 0.47 | 0.04 | 0.00 |
| 12 | 8.50 | 3.59 | 0.33 | 0.08 | 0.01 | 0.00 | 11.82 | 6.70 | 2.30 | 0.71 | 0.25 | 0.06 |

　　1984—2018 年，蓬莱站年最大增水出现频率较为分散，除 5 月和 7 月外，其余月份均有发生，其中 2 月出现频率最高，为 18%；8 月和 12 月次之，均为 15%。年最大减水多出现在 11 月至翌年 3 月，其中 12 月出现频率最高，为 24%；1 月和 3 月次之，均为 20%。蓬莱站最大增水为 145 厘米，出现在 2007 年 3 月 4 日；2009 年和 1992 年最大增水均超过 125 厘米。蓬莱站最大减水为 167 厘米，出现在 2007 年 3 月 5 日；1994 年和 2005 年最大减水均超过 140 厘米（表 2.3-3）。历史最大增水和最大减水均发生在 2007 年 070303 号特大温带风暴潮影响期间。1984—2018 年，蓬

莱站年最大增水呈增大趋势，增大速率为 2.98 毫米 / 年（线性趋势未通过显著性检验），年最大减水无明显变化趋势。

表 2.3-3　最大增水和最大减水及年极值出现频率（1984—2018 年）

| | 1月 | 2月 | 3月 | 4月 | 5月 | 6月 | 7月 | 8月 | 9月 | 10月 | 11月 | 12月 |
|---|---|---|---|---|---|---|---|---|---|---|---|---|
| 最大增水值 / 厘米 | 91 | 134 | 145 | 87 | 73 | 75 | 44 | 113 | 126 | 86 | 111 | 103 |
| 年最大增水出现频率 / % | 9 | 18 | 11 | 3 | 0 | 3 | 0 | 15 | 6 | 9 | 11 | 15 |
| 最大减水值 / 厘米 | 137 | 142 | 167 | 123 | 56 | 80 | 45 | 98 | 93 | 97 | 107 | 153 |
| 年最大减水出现频率 / % | 20 | 15 | 20 | 6 | 0 | 0 | 0 | 3 | 0 | 0 | 12 | 24 |

# 第三章　海浪

## 第一节　海况

蓬莱站全年及各月各级海况的频率见图3.1-1。全年海况以0～3级为主，频率为90.73%，其中0～2级海况频率为76.35%。全年5级及以上海况的频率为3.30%，最大频率出现在12月，为6.93%，7月未出现。全年7级及以上海况的频率为0.09%，出现在1月、2月、4月、10月和11月，其中10月频率最大，为0.36%。

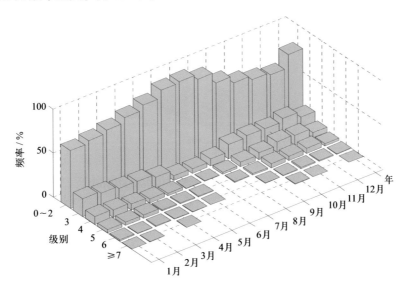

图3.1-1　全年及各月各级海况频率（1988—1996年）

## 第二节　波型

蓬莱站风浪频率和涌浪频率的年变化见表3.2-1。全年以风浪为主，频率为100.00%，涌浪频率为13.32%。各月的风浪频率均为100.00%，未出现纯涌浪。涌浪在1月和10—12月较多，其中11月最多，频率为24.10%，在5—8月较少，其中6月最少，频率为1.72%。

表3.2-1　各月及全年风浪涌浪频率（1988—1996年）

| | 1月 | 2月 | 3月 | 4月 | 5月 | 6月 | 7月 | 8月 | 9月 | 10月 | 11月 | 12月 | 年 |
|---|---|---|---|---|---|---|---|---|---|---|---|---|---|
| 风浪 / % | 100.00 | 100.00 | 100.00 | 100.00 | 100.00 | 100.00 | 100.00 | 100.00 | 100.00 | 100.00 | 100.00 | 100.00 | 100.00 |
| 涌浪 / % | 20.34 | 18.02 | 16.81 | 10.22 | 4.95 | 1.72 | 2.45 | 4.25 | 12.70 | 21.51 | 24.10 | 22.06 | 13.32 |

注：风浪包含F、F/U、FU和U/F波型；涌浪包含U、U/F、FU和F/U波型。

## 第三节　波向

### 1. 各向风浪频率

蓬莱站各月及全年各向风浪频率见图3.3-1。1月和12月NNE向风浪居多，NW向次之。

2月、3月、10月和11月 NNE 向风浪居多，NE 向次之。4月 NNE 向风浪居多，W 向次之。5月 ENE 向风浪居多，W 向次之。6月 ENE 向风浪居多，NNE 向和 E 向次之。7月 ENE 向风浪居多，E 向次之。8月 NE 向风浪居多，ENE 向次之。9月 NNE 向风浪居多，ENE 向次之。全年 NNE 向风浪居多，频率为 7.41%，NE 向次之，频率为 3.85%，SSE 向和 S 向最少，频率均为 0.01%。

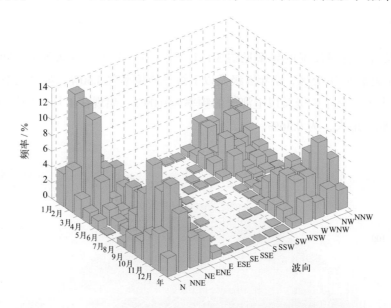

图3.3-1　各月及全年各向风浪频率（1988—1996年）

## 2. 各向涌浪频率

蓬莱站各月及全年各向涌浪频率见图 3.3-2。1月、2月、9月和12月 NNE 向涌浪居多，NE 向次之。3月、10月和11月 NE 向涌浪居多，NNE 向次之。4月 NNE 向涌浪居多，NE 向和 WNW 向次之。5月 WNW 向涌浪居多，ENE 向次之。6月 ENE 向涌浪居多，NW 向次之。7月和8月 NE 向涌浪居多，ENE 向次之。全年 NNE 向涌浪居多，频率为 3.89%，NE 向次之，频率为 3.58%，未出现 SE 向、SSE 向、S 向和 SSW 向涌浪。

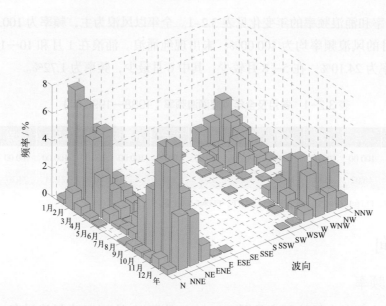

图3.3-2　各月及全年各向涌浪频率（1988—1996年）

## 第四节 波高

### 1. 平均波高和最大波高

蓬莱站波高的年变化见表3.4-1。月平均波高的年变化明显，为0.1～0.5米，具有冬大夏小的特点。历年的平均波高为0.2～0.3米。

月最大波高极大值出现在3月，为4.1米，极小值出现在7月，为1.8米，变幅为2.3米。历年的最大波高值为2.6～4.1米，大于3.0米的共有5年，其中最大波高的极大值4.1米出现在1992年3月1日，波向为NE，对应平均风速为19米/秒，对应平均周期为6.6秒。

表 3.4-1　波高的年变化（1988—1996 年）　　　　　　　单位：米

| | 1月 | 2月 | 3月 | 4月 | 5月 | 6月 | 7月 | 8月 | 9月 | 10月 | 11月 | 12月 | 年 |
|---|---|---|---|---|---|---|---|---|---|---|---|---|---|
| 平均波高 | 0.4 | 0.4 | 0.3 | 0.2 | 0.1 | 0.1 | 0.1 | 0.1 | 0.2 | 0.4 | 0.5 | 0.5 | 0.3 |
| 最大波高 | 3.9 | 3.9 | 4.1 | 2.5 | 2.7 | 2.1 | 1.8 | 2.5 | 3.1 | 3.4 | 3.8 | 2.9 | 4.1 |

### 2. 各向平均波高和最大波高

各季代表月及全年各向波高的分布见图3.4-1和图3.4-2。全年各向平均波高为0.4～1.0米，大值主要分布于N—NE向，其中NNE向最大，小值主要分布于E—SE向和SSW—WSW向，其中ESE向和SE向最小。全年各向最大波高NE向最大，为4.1米；NNE向次之，为3.9米；SE向最小，为0.5米（表3.4-2）。

表 3.4-2　全年各向平均波高和最大波高（1988—1996 年）　　　　　　单位：米

| | N | NNE | NE | ENE | E | ESE | SE | SSE | S | SSW | SW | WSW | W | WNW | NW | NNW |
|---|---|---|---|---|---|---|---|---|---|---|---|---|---|---|---|---|
| 平均波高 | 0.9 | 1.0 | 0.9 | 0.6 | 0.5 | 0.4 | 0.4 | — | — | 0.5 | 0.5 | 0.5 | 0.7 | 0.8 | 0.8 | 0.8 |
| 最大波高 | 3.8 | 3.9 | 4.1 | 2.8 | 2.0 | 1.0 | 0.5 | — | — | 0.8 | 1.1 | 1.2 | 2.7 | 2.6 | 2.4 | 2.8 |

"—"表示未出现有效样本。

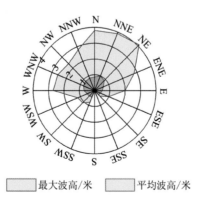

图3.4-1　全年各向平均波高和最大波高（1988—1996年）

1月平均波高NNE向最大，为1.1米；ESE向、SSW向和SW向最小，均为0.4米。最大波高NNE向最大，为3.9米；NE向次之，为2.6米；ESE向最小，为0.5米。1月未出现E向和SE—S向波高有效样本。

4月平均波高NNE向和E向最大，均为0.9米；WSW向最小，为0.4米。最大波高NNE向最大，为2.5米；ENE向次之，为2.2米；SW向最小，为0.6米。4月未出现SE—S向波高有效样本。

7月平均波高NNE向、NE向、W向、WNW向和NNW向最大，均为0.6米；E向和ESE向最小，均为0.4米。最大波高NE向最大，为1.8米；NNE向和ENE向次之，均为1.3米；ESE向最小，为0.5米。7月未出现N向、NW向和SE—S向波高有效样本。

10月平均波高NNW向最大，为1.2米；ESE向最小，为0.2米。最大波高NNE向最大，为3.4米；NNW向次之，为2.8米；E向和ESE向最小，均为0.4米。10月未出现SE—S向波高有效样本。

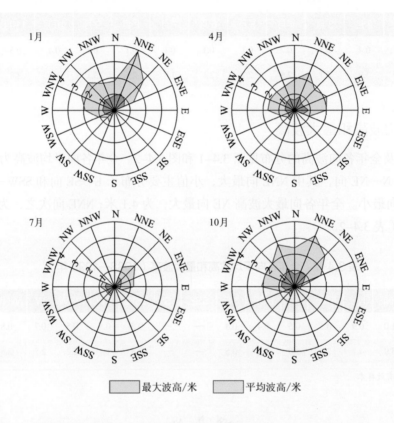

图3.4-2 四季代表月各向平均波高和最大波高（1988—1996年）

# 第五节 周期

## 1. 平均周期和最大周期

蓬莱站周期的年变化见表3.5-1。月平均周期的年变化较大，为0.4～2.3秒，具有冬大夏小的特点。月最大周期的极大值出现在8月，为8.0秒，极小值出现在7月，为6.0秒。历年的平均周期为1.2～1.7秒，其中1991年最大，1993年、1995年和1996年最小。历年的最大周期均不低于6.3秒，大于7.0秒的共有5年，其中最大周期的极大值8.0秒出现在1991年8月24日，波向为ENE。

表 3.5-1　周期的年变化（1988—1996 年）　　　　　　　　　　单位：秒

| | 1月 | 2月 | 3月 | 4月 | 5月 | 6月 | 7月 | 8月 | 9月 | 10月 | 11月 | 12月 | 年 |
|---|---|---|---|---|---|---|---|---|---|---|---|---|---|
| 平均周期 | 2.0 | 1.9 | 1.6 | 1.0 | 0.7 | 0.4 | 0.4 | 0.7 | 1.4 | 1.8 | 2.3 | 2.2 | 1.4 |
| 最大周期 | 7.2 | 7.2 | 7.3 | 6.3 | 6.7 | 6.2 | 6.0 | 8.0 | 6.9 | 7.5 | 7.0 | 7.3 | 8.0 |

### 2. 各向平均周期和最大周期

各季代表月及全年各向周期的分布见图 3.5-1 和图 3.5-2。全年各向平均周期为 2.8 ～ 4.7 秒，NNE 向和 NE 向周期值最大。全年各向最大周期 ENE 向最大，为 8.0 秒；NNW 向次之，为 7.5 秒；SE 向最小，为 3.2 秒（表 3.5-2）。

表 3.5-2　全年各向平均周期和最大周期（1988—1996 年）　　　　　　单位：秒

| | N | NNE | NE | ENE | E | ESE | SE | SSE | S | SSW | SW | WSW | W | WNW | NW | NNW |
|---|---|---|---|---|---|---|---|---|---|---|---|---|---|---|---|---|
| 平均周期 | 4.2 | 4.7 | 4.7 | 3.9 | 3.5 | 3.6 | 2.8 | — | — | 3.2 | 4.1 | 3.7 | 3.9 | 4.2 | 4.2 | 4.3 |
| 最大周期 | 7.0 | 7.2 | 7.3 | 8.0 | 5.8 | 5.8 | 3.2 | — | — | 3.8 | 4.7 | 5.1 | 5.9 | 6.8 | 7.2 | 7.5 |

"—"表示未出现有效样本。

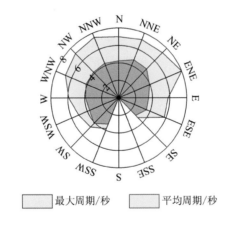

　　　　　　最大周期/秒　　　　平均周期/秒

图3.5-1　全年各向平均周期和最大周期（1988—1996年）

1 月平均周期 NNE 向最大，为 4.9 秒；SSW 向最小，为 3.3 秒。最大周期 NW 向最大，为 7.2 秒；NNE 向次之，为 7.0 秒；ESE 向最小，为 3.6 秒。

4 月平均周期 NNE 向最大，为 4.4 秒；SSW 向最小，为 3.1 秒。最大周期 NNE 向最大，为 6.3 秒；NE 向次之，为 6.2 秒；SSW 向最小，为 3.4 秒。

7 月平均周期 WSW 向最大，为 4.3 秒；E 向、ESE 向、SSW 向和 NNW 向最小，均为 3.2 秒。最大周期 NE 向最大，为 6.0 秒；NNE 向次之，为 5.3 秒；SSW 向和 NNW 向最小，均为 3.2 秒。

10 月平均周期 NNW 向最大，为 5.2 秒；ESE 向最小，为 2.9 秒。最大周期 NNW 向最大，为 7.5 秒；NNE 向次之，为 6.9 秒；ESE 向最小，为 2.9 秒。

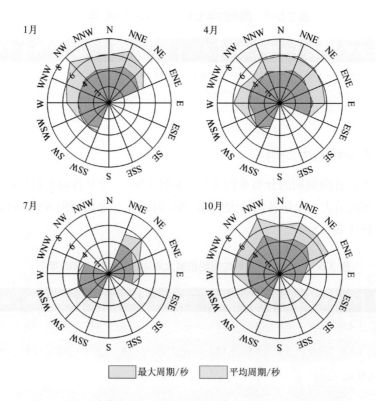

图3.5-2　四季代表月各向平均周期和最大周期（1988—1996年）

# 第四章　表层海水温度和盐度

## 第一节　表层海水温度

### 1. 平均水温、最高水温和最低水温

蓬莱站月平均水温的年变化具有峰谷明显的特点，2 月最低，为 1.3℃，8 月最高，为 25.1℃，秋季高于春季，其年较差为 23.8℃。3—8 月为升温期，9 月至翌年 2 月为降温期。月最高水温和月最低水温的年变化特征与月平均水温相似，其年较差分别为 23.1℃和 24.3℃（图 4.1-1）。

历年的平均水温为 11.9 ~ 14.0℃，其中 2017 年最高，2010 年最低。累年平均水温为 12.9℃。

历年的最高水温均不低于 25.0℃，其中大于 27.0℃的有 10 年，其出现时间为 7—9 月，以 8 月居多。水温极大值为 28.2℃，出现在 1991 年 8 月 21 日。

历年的最低水温均不高于 1.4℃，其中小于 0℃的有 19 年，小于等于 –1.0℃的有 10 年，其出现时间为 1—2 月，以 2 月居多。水温极小值为 –2.0℃，出现在 2011 年 1 月 12 日。

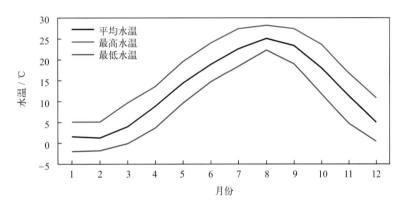

图4.1-1　水温年变化（1988—2018年）

### 2. 日平均水温稳定通过界限温度的日期

采用五日滑动平均方法求出稳定通过各个界限温度的日期，见表 4.1-1。日平均水温全年均稳定通过 0℃，其中稳定通过 10℃的有 213 天，稳定通过 20℃的有 104 天。稳定通过 25℃的初日为 8 月 10 日，终日为 9 月 1 日，共 23 天。

表 4.1-1　日平均水温稳定通过界限温度的日期（1988—2018 年）

|  | 5℃ | 10℃ | 15℃ | 20℃ | 25℃ |
|---|---|---|---|---|---|
| 初日 | 3 月 24 日 | 4 月 22 日 | 5 月 20 日 | 6 月 24 日 | 8 月 10 日 |
| 终日 | 12 月 14 日 | 11 月 20 日 | 10 月 30 日 | 10 月 5 日 | 9 月 1 日 |
| 天数 | 266 | 213 | 164 | 104 | 23 |

### 3. 长期趋势变化

1988—2018 年，年平均水温呈波动上升趋势，上升速率为 0.17℃ /（10 年）（线性趋势未通过显著性检验）。年最高水温变化趋势不明显，1991 年和 1995 年最高水温分别为 1988 年以来的第

一高值和第二高值。年最低水温变化趋势不明显。

十年平均水温的变化显示，2010—2018 年平均水温最高，2000—2009 年平均水温较上一个十年升幅为 0.17℃（图 4.1-2）。

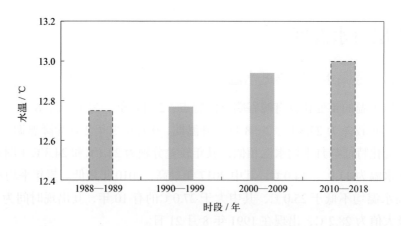

图4.1-2　十年平均水温变化（数据不足十年加虚线框表示，下同）

## 第二节　表层海水盐度

### 1. 平均盐度、最高盐度和最低盐度

蓬莱站月平均盐度最高值出现在 4 月，为 31.18，最低值出现在 12 月，为 30.09，其年较差为 1.09。月最高盐度 1 月最高，9 月最低，两者相差 0.80。月最低盐度 4 月最高，7 月最低，两者相差 5.44（图 4.2-1）。

历年（1996—2012 年数据缺测）的平均盐度为 29.17 ~ 31.85，其中 2017 年最高，2013 年最低。累年平均盐度为 30.67。

历年的最高盐度均大于 30.80，其中大于 31.00 的有 13 年，大于 32.00 的有 10 年。年最高盐度出现月份比较分散。盐度极大值为 33.00，在 2018 年 1 月出现 9 次。

历年的最低盐度均小于 30.40，其中小于 28.00 的有 7 年。年最低盐度多出现在 8 月和 12 月，出现在 12 月的有 5 年。盐度极小值为 23.93，出现在 2013 年 7 月 23 日，当日降水量 12.2 毫米。

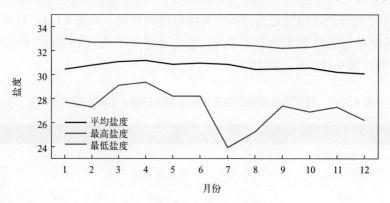

图4.2-1　盐度年变化（1988—2018年）

### 2. 长期趋势变化

蓬莱站缺测数据较多（1996—2012 年缺测），故不做长期趋势变化分析。

# 第五章　海洋气象

## 第一节　气温

### 1. 平均气温、最高气温和最低气温

1988—2018 年，蓬莱站累年平均气温为 12.9℃，月平均气温具有夏高冬低的变化特征，1 月最低，为 -0.6℃，8 月最高，为 25.5℃，年较差为 26.1℃。月最高气温、月最低气温和月平均气温的年变化特征相似，月最高气温极大值出现在 7 月，月最低气温极小值出现在 1 月（表 5.1-1，图 5.1-1）。

表 5.1-1　气温的年变化（1988—2018 年）　　　　　　　　　　　　　　　　单位：℃

|  | 1月 | 2月 | 3月 | 4月 | 5月 | 6月 | 7月 | 8月 | 9月 | 10月 | 11月 | 12月 | 年 |
|---|---|---|---|---|---|---|---|---|---|---|---|---|---|
| 平均气温 | -0.6 | 0.6 | 5.2 | 11.7 | 17.4 | 21.6 | 24.9 | 25.5 | 21.9 | 16.0 | 8.6 | 2.4 | 12.9 |
| 最高气温 | 11.1 | 21.6 | 27.5 | 33.7 | 36.6 | 36.5 | 37.6 | 37.3 | 32.0 | 28.2 | 23.6 | 19.7 | 37.6 |
| 最低气温 | -12.6 | -10.6 | -6.3 | 0.0 | 6.5 | 11.3 | 16.6 | 17.6 | 12.0 | 1.9 | -4.3 | -7.5 | -12.6 |

注：1998年7月至2012年12月缺测。

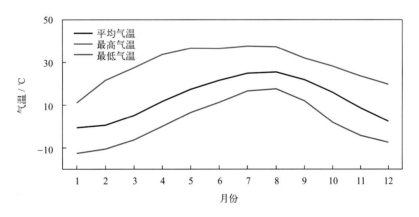

图5.1-1　气温年变化（1988—2018年）

历年的平均气温为 12.1 ~ 14.1℃，其中 2017 年最高，1996 年最低。

历年的最高气温均高于 32.5℃，其中高于 36℃的有 6 年。年最高气温最早出现时间为 5 月 29 日（2014 年），最晚出现时间为 8 月 16 日（2013 年）。7 月最高气温出现频率最高，占统计年份的 50%，8 月次之，占 25%（图 5.1-2）。极大值为 37.6℃，出现在 1992 年 7 月 25 日。

历年的最低气温均低于 -5.0℃，其中低于 -10.0℃的有 3 年。年最低气温最早出现时间为 1 月 15 日（1989 年），最晚出现时间为 2 月 22 日（1991 年）。1 月最低气温出现频率最高，占统计年份的 61%，2 月次之，占 39%（图 5.1-2）。极小值为 -12.6℃，出现在 1990 年 1 月 25 日。

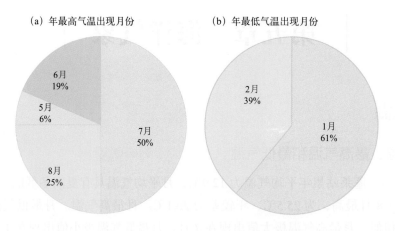

(a) 年最高气温出现月份　　　　(b) 年最低气温出现月份

图5.1-2　年最高、最低气温出现月份及频率（1988—2018年）

### 2. 常年自然天气季节和大陆度

利用蓬莱站1988—2018年气温累年日平均数据计算五日滑动平均气温，根据《气候季节划分》（QX/T 152—2012）方法，蓬莱平均春季时间从4月13日到6月17日，为66天；平均夏季时间从6月18日到9月18日，为93天；平均秋季时间从9月19日到11月12日，为55天；平均冬季时间从11月13日到翌年4月12日，为151天。冬季时间最长，秋季时间最短。

蓬莱站焦金斯基大陆度指数为51.9%，属大陆性季风气候。

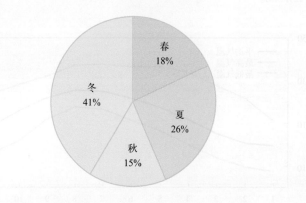

图5.1-3　四季平均日数百分率（1988—2018年）

# 第二节　气压

### 1. 平均气压、最高气压和最低气压

1988—2018年，蓬莱站累年平均气压为1 016.5百帕，月平均气压具有冬高夏低的变化特征，1月最高，为1 027.1百帕，7月最低，为1 004.1百帕，年较差为23.0百帕。月最高气压2月最大，7月最小，年较差为30.7百帕。月最低气压1月最大，6月最小，年较差为19.9百帕（表5.2-1，图5.2-1）。

历年的平均气压为1 015.8～1 017.7百帕，其中2011年最高，1998年和2004年最低。

历年的最高气压均高于1 037.0百帕，其中高于1 044.0百帕的有3年。极大值为1 046.3百帕，出现在1994年12月19日和2006年2月3日。

历年的最低气压均低于 998.0 百帕，其中低于 990.0 百帕的有 5 年。极小值为 987.2 百帕，出现在 1994 年 6 月 25 日。

表 5.2-1　气压的年变化（1988—2018 年）　　　　　　　　　　　　　单位：百帕

| | 1月 | 2月 | 3月 | 4月 | 5月 | 6月 | 7月 | 8月 | 9月 | 10月 | 11月 | 12月 | 年 |
|---|---|---|---|---|---|---|---|---|---|---|---|---|---|
| 平均气压 | 1 027.1 | 1 025.1 | 1 020.6 | 1 014.4 | 1 009.8 | 1 005.7 | 1 004.1 | 1 007.4 | 1 014.0 | 1 020.0 | 1 023.4 | 1 026.6 | 1 016.5 |
| 最高气压 | 1 044.7 | 1 046.3 | 1 037.9 | 1 033.4 | 1 027.0 | 1 020.5 | 1 015.6 | 1 020.9 | 1 030.3 | 1 038.4 | 1 042.7 | 1 046.3 | 1 046.3 |
| 最低气压 | 1 007.1 | 990.6 | 993.7 | 991.6 | 989.3 | 987.2 | 987.9 | 987.3 | 993.2 | 999.6 | 1 004.8 | 1 001.5 | 987.2 |

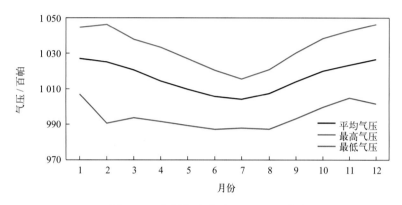

图5.2-1　气压年变化（1988—2018年）

## 2. 长期趋势变化

1988—2018 年，年平均气压和年最高气压均无明显变化趋势，年最低气压呈上升趋势，上升速率为 0.37 百帕 /（10 年）（线性趋势未通过显著性检验）。十年平均气压变化显示，1988—1989 年平均气压最高，均值为 1 017.0 百帕，2000—2009 年平均气压最低，均值为 1 016.2 百帕（图 5.2-2）。

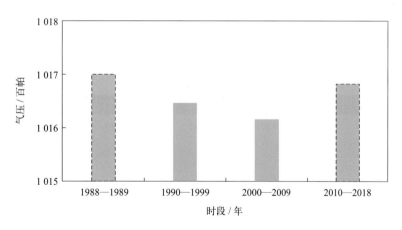

图5.2-2　十年平均气压变化

# 第三节　相对湿度

## 1. 平均相对湿度和最小相对湿度

1988—2018 年，蓬莱站累年平均相对湿度为 64.1%，月平均相对湿度 7 月最大，为 80.6%，3 月和 4 月最小，均为 56.4%。平均月最小相对湿度的年变化特征明显，8 月最大，为 46.7%，

4 月最小，为 12.5%。最小相对湿度的极小值为 3%（表 5.3-1，图 5.3-1）。

表 5.3-1　相对湿度的年变化（1988—2018 年）

| | 1月 | 2月 | 3月 | 4月 | 5月 | 6月 | 7月 | 8月 | 9月 | 10月 | 11月 | 12月 | 年 |
|---|---|---|---|---|---|---|---|---|---|---|---|---|---|
| 平均相对湿度 /% | 59.1 | 58.3 | 56.4 | 56.4 | 61.1 | 70.5 | 80.6 | 79.4 | 67.3 | 60.3 | 60.9 | 58.8 | 64.1 |
| 平均最小相对湿度 /% | 21.8 | 21.5 | 15.2 | 12.5 | 16.9 | 26.1 | 41.0 | 46.7 | 30.9 | 25.1 | 21.3 | 22.0 | 25.1 |
| 最小相对湿度 /% | 15 | 10 | 10 | 3 | 8 | 14 | 25 | 31 | 15 | 17 | 12 | 6 | 3 |

注：平均最小相对湿度为各月最小相对湿度的累年平均值及其年平均值；1997—2012年数据缺测。

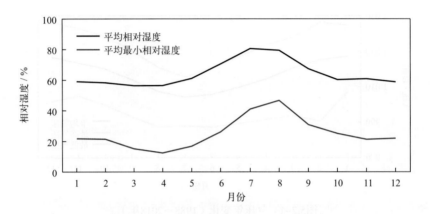

图5.3-1　相对湿度年变化（1988—2018年）

### 2. 温湿指数

根据《人居环境气候舒适度评价》（GB/T 27963—2011）温湿指数统计方法和气候舒适度等级划分方法，统计蓬莱站各月温湿指数，结果显示：1—4 月和 11—12 月温湿指数为 2.8 ～ 12.4，感觉为寒冷；5 月和 10 月温湿指数分别为 16.8 和 15.6，感觉为冷；6—9 月温湿指数为 20.5 ～ 24.2，感觉为舒适（表 5.3-2）。

表 5.3-2　温湿指数的年变化（1988—2018 年）

| | 1月 | 2月 | 3月 | 4月 | 5月 | 6月 | 7月 | 8月 | 9月 | 10月 | 11月 | 12月 |
|---|---|---|---|---|---|---|---|---|---|---|---|---|
| 温湿指数 | 2.8 | 3.7 | 7.4 | 12.4 | 16.8 | 20.5 | 23.8 | 24.2 | 20.5 | 15.6 | 9.9 | 5.1 |
| 感觉程度 | 寒冷 | 寒冷 | 寒冷 | 寒冷 | 冷 | 舒适 | 舒适 | 舒适 | 舒适 | 冷 | 寒冷 | 寒冷 |

# 第四节　风

### 1. 平均风速和最大风速

蓬莱站风速的年变化见表 5.4-1 和图 5.4-1。累年平均风速为 4.6 米 / 秒，月平均风速的年变化为冬季大，夏季小，其中 12 月最大，为 5.8 米 / 秒，7 月和 8 月最小，均为 3.3 米 / 秒。最大风速的月平均值 11 月最大，为 17.7 米 / 秒，10 月次之，为 17.6 米 / 秒，7 月最小，为 13.0 米 / 秒。最大风速的月最大值对应风向多为 NNE（4 个月）。极大风速的极大值为 29.9 米 / 秒，出现在 2007 年 3 月 5 日，对应风向为 N。

表5.4-1　风速的年变化（1988—2018年）　　　　　　　单位：米/秒

| | | 1月 | 2月 | 3月 | 4月 | 5月 | 6月 | 7月 | 8月 | 9月 | 10月 | 11月 | 12月 | 年 |
|---|---|---|---|---|---|---|---|---|---|---|---|---|---|---|
| 平均风速 | | 5.4 | 5.0 | 5.1 | 5.0 | 4.5 | 3.8 | 3.3 | 3.3 | 3.9 | 4.9 | 5.7 | 5.8 | 4.6 |
| 最大风速 | 平均值 | 16.7 | 16.7 | 17.4 | 17.5 | 15.6 | 14.0 | 13.0 | 14.4 | 15.4 | 17.6 | 17.7 | 16.9 | 16.1 |
| | 最大值 | 25.0 | 27.0 | 28.0 | 29.0 | 28.0 | 20.7 | 21.0 | 30.7 | 30.0 | 25.0 | 26.3 | 23.7 | 30.7 |
| | 最大值对应风向 | NNE | NNE | WNW | NNE | WNW | NE | WNW | ENE | ENE | NNW | NNE/NW | NE | ENE |
| 极大风速 | 最大值 | 23.1 | 23.9 | 29.9 | 28.1 | 23.8 | 27.8 | 21.9 | 27.2 | 21.7 | 24.1 | 26.1 | 25.9 | 29.9 |
| | 最大值对应风向 | NNW | N | N | N | SSW | WSW | S/WSW | NNE | W | N | W | E | N |

注：极大风速的统计时间为1998年3月至2018年12月。

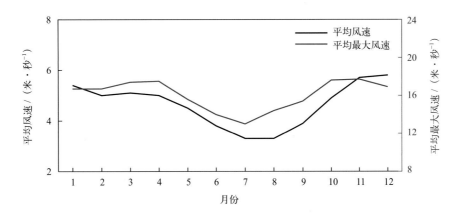

图5.4-1　平均风速和平均最大风速年变化（1988—2018年）

　　历年的平均风速为 3.6 ~ 6.2 米/秒，其中 1988 年和 1991 年最大，2016 年和 2017 年最小；历年的最大风速均大于等于 14.8 米/秒，大于等于 18.0 米/秒的有 18 年。最大风速的最大值为 30.7 米/秒，出现在 1994 年，风向为 ENE。最大风速出现在 3 月和 11 月的频率最高，6 月和 7 月未出现过年最大风速（图 5.4–2）。

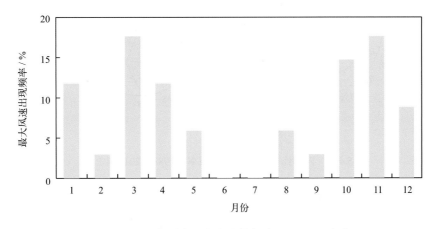

图5.4-2　年最大风速出现频率（1988—2018年）

## 2. 各向风频率

全年以 S—SSW 向风居多，频率和为 18.0%，NNE 向次之，频率为 9.9%，E—ESE 向的风最少，频率和为 7.5%（图 5.4-3）。

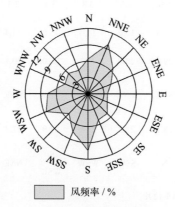

图5.4-3　全年各向风的频率（1988—2018年）

1 月盛行风向为 N—NNE，频率和为 21.6%，其次是 WSW—W，频率和为 19.8%。4 月盛行风向为 S—SSW 和 WSW—W，频率和分别为 23.1% 和 20.5%。7 月盛行风向为 S—SSW，频率和为 20.7%。10 月盛行风向为 S—SSW 和 N—NNE，频率和均为 19.0%（图 5.4-4）。

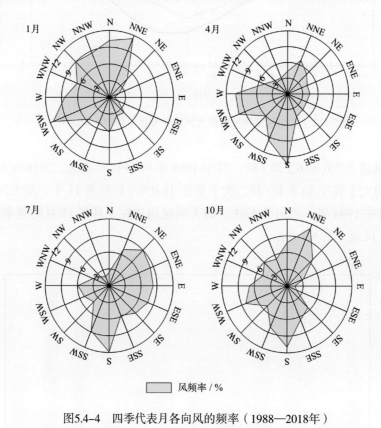

图5.4-4　四季代表月各向风的频率（1988—2018年）

## 3. 各向平均风速和最大风速

全年各向平均风速以 NNE 向最大，平均风速为 5.6 米 / 秒，N 向次之，平均风速为 5.2 米 / 秒（图 5.4-5）。

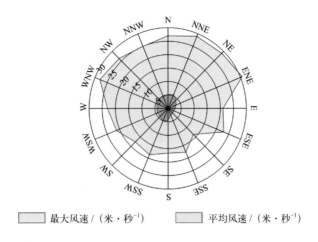

最大风速 / (米·秒⁻¹)　　平均风速 / (米·秒⁻¹)

图5.4-5　全年各向平均风速和最大风速（1988—2018年）

各向平均风速在不同的季节呈现不同的特征（图5.4-6）。1月NNE向平均风速最大，为7.0米/秒，NW向次之，为6.7米/秒；4月S—WSW向和N—NNE向平均风速均超过5.0米/秒，SSW向平均风速最大，为6.8米/秒；7月各向平均风速均不超过5.0米/秒，SSW向平均风速最大，为4.6米/秒；10月NNE向平均风速最大，为6.6米/秒。

全年各向最大风速以ENE向最大，为30.7米/秒，SE向最小，为13.7米/秒。1月和4月NNE向最大，最大风速分别为25.0米/秒和29.0米/秒，7月WNW向最大，最大风速为21.0米/秒，10月NNW向最大，最大风速为25.0米/秒。

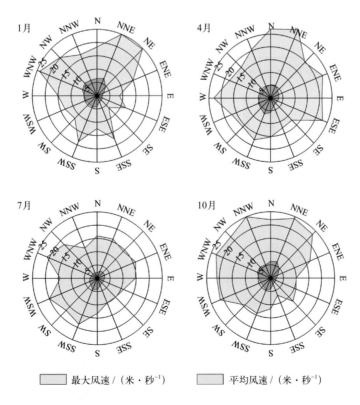

最大风速 / (米·秒⁻¹)　　平均风速 / (米·秒⁻¹)

图5.4-6　四季代表月各向平均风速和最大风速（1988—2018年）

## 4. 大风日数

风力大于等于 6 级的大风日数年变化呈双峰分布,以 12 月最多,月平均大风日数为 11.5 天,4 月和 11 月次之,均为 10.6 天(表 5.4-2,图 5.4-7)。平均年大风日数为 90.5 天(表 5.4-2),历年大风日数差别很大,多于 100 天的有 10 年,最多的是 1988 年,共有 177 天,最少的是 2010 年,有 35 天。

风力大于等于 8 级的大风最多出现在 11 月,平均为 1.7 天,6 月和 7 月出现次数最少,均为 0.2 天。历年大风日数最多的是 1990 年,为 39 天,有 7 年未出现大于等于 8 级大风。

风力大于等于 6 级的月大风日数最多为 25 天,出现在 1990 年 5 月;最长连续日数为 15 天,出现在 1988 年 12 月(表 5.4-2)。

表 5.4-2  各级大风日数的年变化(1988—2018 年)                                    单位: 天

| | 1月 | 2月 | 3月 | 4月 | 5月 | 6月 | 7月 | 8月 | 9月 | 10月 | 11月 | 12月 | 年 |
|---|---|---|---|---|---|---|---|---|---|---|---|---|---|
| 大于等于 6 级<br>大风平均日数 | 9.6 | 7.9 | 9.5 | 10.6 | 7.7 | 4.1 | 2.8 | 2.6 | 5.0 | 8.6 | 10.6 | 11.5 | 90.5 |
| 大于等于 7 级<br>大风平均日数 | 3.4 | 2.8 | 3.6 | 3.4 | 2.5 | 1.1 | 0.7 | 0.8 | 1.6 | 3.6 | 4.4 | 4.3 | 32.2 |
| 大于等于 8 级<br>大风平均日数 | 0.8 | 1.2 | 1.4 | 0.8 | 0.6 | 0.2 | 0.2 | 0.3 | 0.5 | 1.2 | 1.7 | 1.4 | 10.3 |
| 大于等于 6 级<br>大风最多日数 | 21 | 21 | 20 | 23 | 25 | 15 | 10 | 8 | 11 | 18 | 21 | 22 | 177 |
| 最长连续大于等<br>于 6 级大风日数 | 7 | 9 | 8 | 10 | 12 | 8 | 4 | 3 | 4 | 9 | 9 | 15 | 15 |

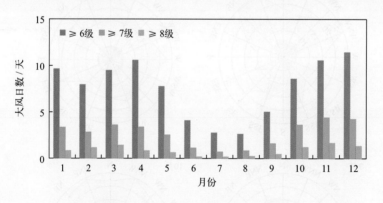

图 5.4-7  各月各级大风平均出现日数

# 第五节  降水

## 1. 降水量

蓬莱站降水量的年变化见表 5.5-1 和图 5.5-1。平均年降水量为 482.6 毫米,降水量的季节分布很不均匀,夏多冬少。夏季(6—8 月)为 309.4 毫米,占全年降水量的 64.1%,冬季(12 月至翌年 2 月)占全年的 5.0%,春季(3—5 月)占全年的 15.1%。夏季的降水量多集中在 7 月,平均月降水量为 138.4 毫米,占全年的 28.7%。

历年年降水量为 288.2 ~ 750.2 毫米,其中 1996 年最多,1989 年最少。

最大日降水量超过 100 毫米的有 2 年。最大日降水量为 138.6 毫米,出现在 1995 年 7 月 31 日。

表 5.5-1　降水量的年变化(1988—2018 年)　　　　　　　　　单位:毫米

| | 1月 | 2月 | 3月 | 4月 | 5月 | 6月 | 7月 | 8月 | 9月 | 10月 | 11月 | 12月 | 年 |
|---|---|---|---|---|---|---|---|---|---|---|---|---|---|
| 平均降水量 | 6.5 | 6.1 | 10.5 | 21.0 | 41.5 | 62.7 | 138.4 | 108.3 | 41.5 | 17.8 | 17.0 | 11.3 | 482.6 |
| 最大日降水量 | 12.3 | 15.8 | 15.7 | 28.9 | 41.3 | 65.6 | 138.6 | 109.9 | 66.0 | 27.2 | 20.6 | 21.9 | 138.6 |

注:1997—2012年数据缺测,2013—2017年冬季不观测。

## 2. 降水日数

平均年降水日数(降水日数是指日降水量大于等于 0.1 毫米的天数,下同)为 67.7 天。降水日数的年变化特征与降水量相似,夏多冬少(图 5.5-2 和图 5.5-3)。日降水量大于等于 10 毫米的平均年日数为 13.9 天,各月均有出现;日降水量大于等于 50 毫米的平均年日数为 1.3 天,出现在 6—9 月;日降水量大于等于 100 毫米的平均年日数为 0.1 天,出现在 7—8 月;未出现日降水量大于等于 150 毫米的情况(图 5.5-3)。

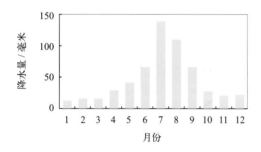

图5.5-1　降水量年变化(1988—2018年)

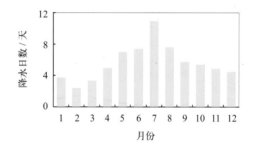

图5.5-2　降水日数年变化(1988—2018年)

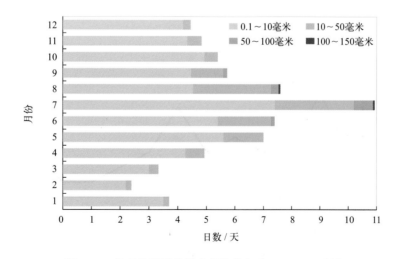

图5.5-3　各月各级平均降水日数分布(1988—2018年)

最多年降水日数为 84 天,出现在 1990 年;最少年降水日数为 58 天,出现在 1996 年。最长连续降水日数为 8 天,出现在 2015 年 8 月 2 日至 9 日;最长连续无降水日数为 59 天,出现在 1996 年 1 月 17 日至 3 月 15 日。

## 第六节　雾及其他天气现象

### 1. 雾

雾日数的年变化见表 5.6-1、图 5.6-1 和图 5.6-2。1988—1996 年，平均年雾日数为 28.8 天，平均月雾日数 7 月最多，为 6.1 天，10 月最少，为 0.1 天；月雾日数最多为 12 天，出现在 1993 年 7 月；最长连续雾日数为 7 天，出现在 1990 年 2 月。

1988—1996 年，出现雾日数最多的年份为 1990 年，共 51 天，最少的年份为 1991 年，为 17 天。

表 5.6-1　雾日数的年变化（1988—1996 年）　　　　　　　　　　　　单位：天

| | 1月 | 2月 | 3月 | 4月 | 5月 | 6月 | 7月 | 8月 | 9月 | 10月 | 11月 | 12月 | 年 |
|---|---|---|---|---|---|---|---|---|---|---|---|---|---|
| 平均雾日数 | 1.6 | 2.1 | 2.7 | 2.2 | 4.8 | 4.9 | 6.1 | 2.6 | 0.3 | 0.1 | 0.2 | 1.2 | 28.8 |
| 最多雾日数 | 4 | 10 | 6 | 4 | 9 | 10 | 12 | 7 | 2 | 1 | 1 | 6 | 51 |
| 最长连续雾日数 | 3 | 7 | 3 | 3 | 4 | 3 | 6 | 3 | 2 | 1 | 1 | 3 | 7 |

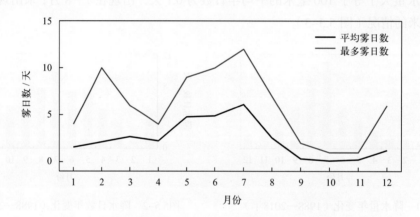

图5.6-1　平均月雾日数和最多月雾日数年变化（1988—1996年）

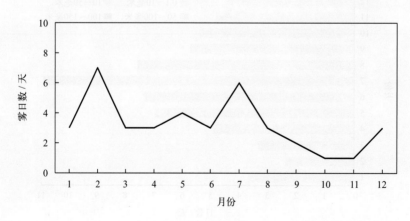

图5.6-2　最长连续雾日数年变化（1988—1996年）

### 2. 轻雾

轻雾日数的年变化见表 5.6-2 和图 5.6-3。1988—1995 年，平均年轻雾日数为 186.0 天，1991 年最多，为 201 天，1989 年最少，为 166 天；平均月轻雾日数 7 月最多，为 20.9 天，9 月最少，为 9.0 天；最多月轻雾日数出现在 1994 年 7 月，共 28 天。

表 5.6-2　轻雾日数的年变化（1988—1995 年）　　　　单位：天

| | 1月 | 2月 | 3月 | 4月 | 5月 | 6月 | 7月 | 8月 | 9月 | 10月 | 11月 | 12月 | 年 |
|---|---|---|---|---|---|---|---|---|---|---|---|---|---|
| 平均轻雾日数 | 15.3 | 14.6 | 15.8 | 15.1 | 16.4 | 18.5 | 20.9 | 19.9 | 9.0 | 10.0 | 13.9 | 16.6 | 186.0 |
| 最多轻雾日数 | 20 | 20 | 18 | 21 | 23 | 22 | 28 | 24 | 13 | 13 | 20 | 20 | 201 |

注：1995年7月停测。

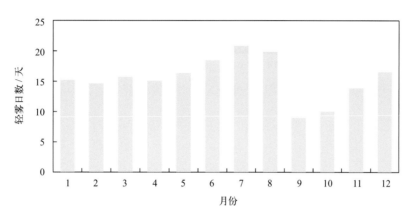

图5.6-3　平均月轻雾日数年变化（1988—1995年）

### 3. 雷暴

雷暴日数的年变化见表 5.6-3 和图 5.6-4。1988—1995 年，平均年雷暴日数为 18.5 天，1994 年最多，为 25 天，1992 年最少，为 12 天；雷暴出现在 3—12 月，以 7 月最多，为 6.0；月最多雷暴日数为 11 天，出现在 1990 年 7 月；雷暴最早初日为 3 月 30 日（1989 年），最晚终日为 12 月 1 日（1990 年）。

表 5.6-3　雷暴日数的年变化（1988—1995 年）　　　　单位：天

| | 1月 | 2月 | 3月 | 4月 | 5月 | 6月 | 7月 | 8月 | 9月 | 10月 | 11月 | 12月 | 年 |
|---|---|---|---|---|---|---|---|---|---|---|---|---|---|
| 平均雷暴日数 | 0.0 | 0.0 | 0.3 | 1.9 | 2.3 | 2.6 | 6.0 | 2.0 | 2.6 | 0.6 | 0.1 | 0.1 | 18.5 |
| 最多雷暴日数 | 0 | 0 | 1 | 6 | 5 | 4 | 11 | 5 | 6 | 3 | 1 | 1 | 25 |

注：1995年7月停测。

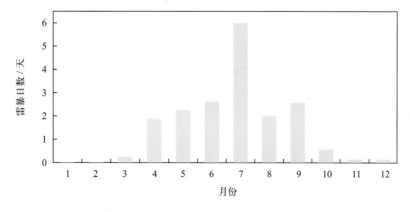

图5.6-4　雷暴日数年变化（1988—1995年）

## 4.霜

霜日数的年变化见表5.6-4。1988—1995年，平均年霜日数为8.4天，1990年最多，为13天，1993年最少，为6天；霜全部出现在10月至翌年3月，其中1月最多，平均为2.9天；月最多霜日数为8天，出现在1992年1月；霜最早初日为10月21日（1990年），霜最晚终日为3月10日（1992年和1993年）。

表5.6-4 霜日数的年变化（1988—1995年） 单位：天

| | 1月 | 2月 | 3月 | 4月 | 5月 | 6月 | 7月 | 8月 | 9月 | 10月 | 11月 | 12月 | 年 |
|---|---|---|---|---|---|---|---|---|---|---|---|---|---|
| 平均霜日数 | 2.9 | 2.3 | 1.4 | 0.0 | 0.0 | 0.0 | 0.0 | 0.0 | 0.0 | 0.1 | 0.4 | 1.3 | 8.4 |
| 最多霜日数 | 8 | 5 | 3 | 0 | 0 | 0 | 0 | 0 | 0 | 1 | 2 | 2 | 13 |

注：1995年7月停测。

## 5.降雪

降雪日数的年变化见表5.6-5和图5.6-5。1988—1995年，平均年降雪日数为11.8天，1990年最多，为23天，1993年最少，为6天；降雪全部出现在11月至翌年3月，其中12月最多，为3.4天；月最多降雪日数为13天，出现在1990年1月；降雪最早初日为11月8日（1992年），最晚初日为12月8日（1988年），最早终日为2月23日（1990年），最晚终日为3月23日（1992年）。

表5.6-5 降雪日数的年变化（1988—1995年） 单位：天

| | 1月 | 2月 | 3月 | 4月 | 5月 | 6月 | 7月 | 8月 | 9月 | 10月 | 11月 | 12月 | 年 |
|---|---|---|---|---|---|---|---|---|---|---|---|---|---|
| 平均降雪日数 | 3.1 | 2.5 | 1.5 | 0.0 | 0.0 | 0.0 | 0.0 | 0.0 | 0.0 | 0.0 | 1.3 | 3.4 | 11.8 |
| 最多降雪日数 | 13 | 5 | 6 | 0 | 0 | 0 | 0 | 0 | 0 | 0 | 3 | 5 | 23 |

注：1995年7月停测。

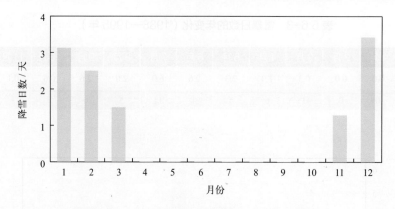

图5.6-5 平均降雪日数年变化（1988—1995年）

# 第七节 能见度

1988—1996年，蓬莱站累年平均能见度为22.2千米。9月平均能见度最大，为30.8千米；7月平均能见度最小，为15.3千米。能见度小于1千米的年平均日数为18.9天，7月能见度小于1千米的平均日数最多，为4.3天，10月未出现能见度小于1千米的情况（表5.7-1，图5.7-1和图5.7-2）。

表 5.7-1　能见度的年变化（1988—1996 年）

| | 1月 | 2月 | 3月 | 4月 | 5月 | 6月 | 7月 | 8月 | 9月 | 10月 | 11月 | 12月 | 年 |
|---|---|---|---|---|---|---|---|---|---|---|---|---|---|
| 平均能见度 / 千米 | 23.0 | 23.4 | 20.1 | 19.1 | 19.1 | 16.9 | 15.3 | 18.6 | 30.8 | 30.2 | 25.0 | 24.3 | 22.2 |
| 能见度小于 1 千米<br>平均日数 / 天 | 0.8 | 1.6 | 1.7 | 1.3 | 3.4 | 3.3 | 4.3 | 1.1 | 0.2 | 0.0 | 0.1 | 1.1 | 18.9 |

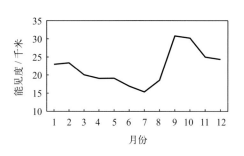

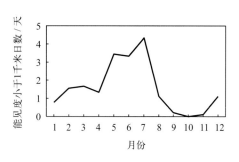

图5.7-1　平均能见度年变化　　　　　图5.7-2　能见度小于1千米平均日数年变化

历年平均能见度为 19.7 ~ 24.6 千米，其中 1989 年最高，1996 年最低；能见度小于 1 千米的日数，1990 年最多，为 33 天，1989 年最少，为 10 天。

# 第八节　云

1988—1995 年，蓬莱站累年平均总云量为 4.8 成，其中 7 月最多，为 6.4 成，10 月最少，为 3.7 成。年平均低云量为 1.6 成，其中 12 月最多，为 2.6 成，4 月最少，为 0.8 成（表 5.8-1，图 5.8-1）。

表 5.8-1　总云量和低云量的年变化（1988—1995 年）

| | 1月 | 2月 | 3月 | 4月 | 5月 | 6月 | 7月 | 8月 | 9月 | 10月 | 11月 | 12月 | 年 |
|---|---|---|---|---|---|---|---|---|---|---|---|---|---|
| 平均总云量 / 成 | 4.3 | 4.5 | 4.7 | 4.4 | 5.1 | 6.2 | 6.4 | 5.0 | 4.2 | 3.7 | 4.4 | 4.7 | 4.8 |
| 平均低云量 / 成 | 1.9 | 1.3 | 1.0 | 0.8 | 1.6 | 1.6 | 2.5 | 1.5 | 1.1 | 1.1 | 2.4 | 2.6 | 1.6 |

注：1995年7月停测。

1990 年的年平均总云量最多，为 5.2 成，1992 年最少，为 4.6 成；1990 年的年平均低云量最多，为 2.1 成，1989 年、1991 年和 1992 年最少，均为 1.4 成。

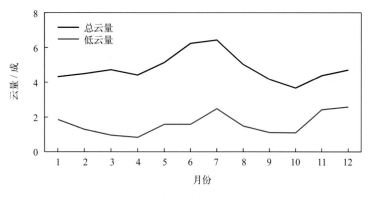

图5.8-1　总云量和低云量年变化（1988—1995年）

# 第六章 海平面

## 1. 年变化

蓬莱沿海海平面年变化特征明显，1月最低，8月最高，年变幅为47厘米，平均海平面在验潮基面上172厘米（图6.1-1）。

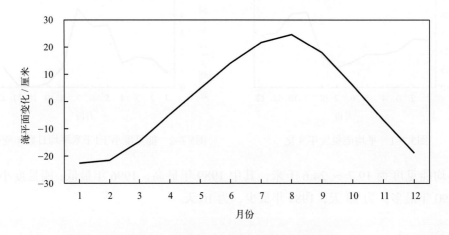

图6.1-1 海平面年变化（1984—2018年）

## 2. 长期趋势变化

1984—2018年，蓬莱沿海海平面变化呈波动上升趋势，海平面上升速率为2.7毫米/年。1993—2018年，蓬莱沿海海平面上升速率为3.1毫米/年，低于同期中国沿海3.8毫米/年的平均水平。2011—2012年，海平面上升明显，升幅超过50毫米；2016—2017年，海平面下降明显，降幅约55毫米。

1984—2018年，蓬莱沿海十年平均海平面呈梯度上升。1984—1989年，沿海平均海平面处于近35年来最低位；2010—2018年，沿海平均海平面处于近35年来最高位，较1984—1989年平均海平面高82毫米，较2000—2009年平均海平面高37毫米（图6.1-2）。

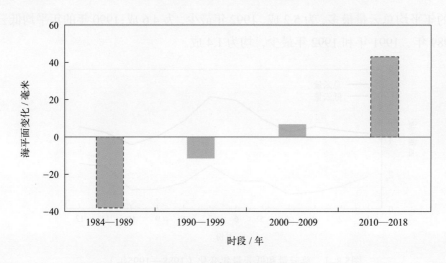

图6.1-2 十年平均海平面变化

## 3. 周期性变化

1984—2018年，蓬莱沿海海平面具有2～3年、6～7年和准9年的显著变化周期，振荡幅度约为1.0厘米。2012—2016年，海平面处于这几个显著周期的高位，抬升了海平面的高度（图6.1-3）。

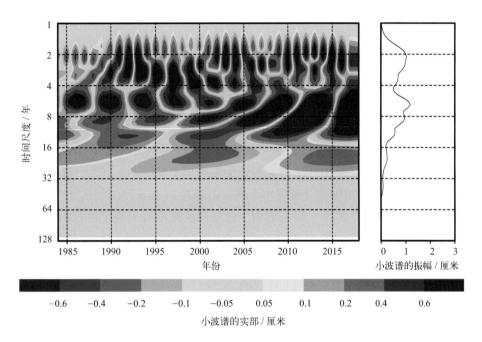

图6.1-3　年均海平面的小波（wavelet）变换

# 第七章 灾害

## 第一节 海洋灾害

### 1. 风暴潮

1994 年 8 月 15 日至 16 日，蓬莱发生特大潮灾，这次潮灾是 1994 年第 15 号台风引起的，中心最大风力 12 级，损失惨重。其中损坏渔船 68 只，总价值 150 万元；全市 2 万亩扇贝养殖面积，有 1.1 万亩受损严重，总价值达 9 000 万元；损坏护浪堤坝 0.5 千米，总价值 850 万元；损毁扇贝育苗袋 4 500 万个，总价值 1 000 万元，累计海上损失 1.11 亿元（《中国气象灾害大典·山东卷》）。

1996 年 4 月 29 日 8 时至 30 日凌晨，蓬莱市马格庄镇、大季家镇遭受 10 级大风及风暴潮侵袭，500 余只船只受损，其中报废 81 只；海上养殖受损面积 1 500 公顷，其中绝产面积 240 公顷，直接经济损失达 1 100 多万元（《中国气象灾害大典·山东卷》）。

2013 年 5 月 26—28 日，受黄海气旋的影响，渤海和黄海沿海出现了一次较强的温带风暴潮过程，蓬莱站的最高潮位超过当地警戒潮位，山东省因灾直接经济损失 1.44 亿元（《2013 年中国海洋灾害公报》）。

2015 年 9 月 30 日至 10 月 1 日，受 21 号台风"杜鹃"和冷空气的共同影响，10 月 1 日蓬莱站出现年最高潮位 349 厘米，超警戒潮位 29 厘米，持续时间 84 分钟，最大增水 88 厘米（基准潮位核定信息）。

### 2. 赤潮

1997 年 4 月 13 日，在蓬莱港东北方向与长岛之间的水域内发现赤潮，面积较大的有两条，长约 6 海里，宽约 20 米，平行于海岸，呈橘红色；此外，另有 7 条带状赤潮分布在周围，有的已延伸到长岛的部分海湾内；有些侵入到部分养殖区内。4 月 14 日，赤潮现象已明显减少，逐渐消散（《1997 年中国海洋灾害公报》）。

### 3. 海岸侵蚀

1995 年，山东省海岸的一些岸段缓发性（连续性）海岸侵蚀仍有发生，有的岸段还十分严重，如蓬莱一带黄土海岸年均后退 0.6 米，林格庄一带尚未护岸的岸段年均后退 1 米以上（《1995 年中国海洋灾害公报》）。

2006 年，受海平面变化影响，山东沿海海水入侵、海岸侵蚀等海洋灾害有所加重。其中龙口至烟台海岸侵蚀长度约 30 千米，累积最大侵蚀宽度达 57 米，严重影响了当地水资源环境和生态环境（《2006 年中国海平面公报》）。

2009 年，山东省龙口至烟台海岸是砂质海岸侵蚀严重的地区之一，龙口至烟台岸段年平均侵蚀速率为 4.6 米 / 年（《2009 年中国海洋灾害公报》）。

根据 2010 年海平面变化影响调查结果，山东蓬莱的部分岸线近 50 年来后退 500 米，最大超过 700 米（《2010 年中国海平面公报》）。

2011 年，山东蓬莱的部分岸段侵蚀速率达 2.8 米 / 年（《2011 年中国海平面公报》）。

## 第二节　灾害性天气

根据《中国气象灾害大典·山东卷》记载，蓬莱站周边发生的主要灾害性天气有暴雨洪涝、大风（龙卷风）、雷电和大雪。

### 1. 暴雨洪涝

1952 年 7 月，蓬莱遇暴雨，公路基桥墩遭受严重水毁，全县所有路线，几乎全部断绝交通，金乡因暴雨，全县仅两个乡没有被淹，农作物普遍绝产。

1959 年 7 月 5 日，蓬莱县 10 多个公社突降暴雨，有的公社 2 ~ 5 小时降雨 150 毫米以上。冲毁水库、塘坝 40 余座，淹没耕地 1.8 万亩，大河决口 8 处。死亡 2 人。

1963 年蓬莱县汛期 19 个公社、19 条河边流域，受淹面积 2.34 万亩，绝产 0.46 万亩，减产 6 ~ 9 成的 0.44 万亩，减产 3 ~ 5 成的 0.48 万亩，倒房子 661 间，死亡 6 人，死亡牲畜 2 头。

1972 年 8 月 4—5 日，因暴雨，蓬莱龙山店 8 人死亡，冲倒房屋 203 间、院墙 40 处，冲走粮食 1.56 万千克、食油 596.5 千克，死猪 20 头、羊 50 头、鸡 130 只，冲毁地 100 亩。小门家公社冲毁公路桥 1 座、50 米护路坡。

1973 年 8 月 31 日，蓬莱平均降雨量 108.4 毫米，最大 143.0 毫米，最大风速达 21 米 / 秒。全县受灾，河道决口 8 处，损坏树木 2.6 万棵，房屋倒塌 411 间，3 人落水死亡，碰坏机帆船 14 只。

1976 年 7 月 30 日，蓬莱降雨量 100 ~ 200 毫米，最大约 340 毫米。82 个大队受灾，6 人死亡，4 人受伤，倒塌房屋 250 间，1.4 万亩粮田绝产，河道决口 236 处，冲毁桥梁 25 座，公路 5 千米。

1982 年 8 月 25 日，蓬莱县出现特大暴雨，并伴有大风，全县平均雨量为 252.7 毫米，降雨最多的公社雨量达 341.5 毫米。

1983 年 7 月 2 日，蓬莱降水量 102.4 毫米，并伴有东到东北大风，风力 6 ~ 7 级，阵风 8 级以上。全县死亡 3 人，损坏渔船 43 只、养殖舢板 62 只，损失海带 300 亩、贻贝 200 亩，损坏房屋 516 间、树木 8 460 棵。

1985 年 8 月 19—21 日，蓬莱降雨量大于 100 毫米，全县死亡 7 人，房屋倒塌 4 613 间，河堤决口 3 千米，停电 30 多个小时，受涝面积 21 万亩，损坏渔船 89 只。

1996 年 7 月 29—30 日，莱州、招远、蓬莱 3 市的 11 个乡镇遭暴风雨袭击，平均降雨量 100 毫米以上。

1998 年 8 月 22 日 17 时至 23 日凌晨，蓬莱市普降暴雨，风力 7 ~ 8 级，受灾人口 15 万，农作物受灾面积 12 533 公顷，损坏房屋 605 间，冲毁桥涵 16 座、乡村公路 8 千米、河道墙 3 千米，直接经济损失 5 540 万元。

### 2. 大风和龙卷风

1951 年 12 月 25 日，因遭寒潮大风袭击，蓬莱、长岛、掖县损失船只 20 多艘，渔民 49 人死亡。

1955 年 10 月 17 日，烟台地区蓬莱县大风 7 ~ 8 级，翻船 6 只，死亡 3 人，损失渔具 40 万元以上。

1956 年 4 月，蓬莱遭受 12 级以上龙卷风袭击，直径 25 米。从于庄公社前卫村至宋家店，由南往北移动。把 1 个大照壁刮走，损坏房屋 40 余间。

1958 年 7 月，蓬莱县南王乡南王村出现 10 级东北大风，庄稼减产 2 成。11 月 7 日，蓬莱县大季家公社山后李家渔业队出现 7 ~ 8 级西北风，造成死亡 6 人，船、网具等损失约 2 000 元。

1960 年 10 月，蓬莱县马格庄公社泊儿沟渔业队，风向东北，风力 8 级，损失船 5 只。

1961 年 3 月 25 日，蓬莱县潮水公社衙前渔业队受北向大风影响死亡 3 人。5 月 3 日，蓬莱县遭受 7～8 级西北大风袭击，死亡渔民 17 人，损坏船 5 只，经济损失 45 万多元。

1962 年 4 月，蓬莱县大季家公社初旺渔业队遭到 8 级东北大风袭击，死亡渔民 17 人。

1964 年 4 月 5 日，蓬莱县沿海一带出现 12 级以上东北大风，25 只船被海潮推上滩，落水 8 人，其中死亡 2 人，海带、网具损失折合人民币 2.9 万元。

1965 年 11 月 12—13 日，蓬莱县出现 9 级东北大风，死亡渔民 2 人，损失海带 60 亩。

1971 年 10 月上旬，烟台地区蓬莱县出现 10 级大风，丹东市 60 马力船触礁，死亡 11 人。

1972 年 7 月 26 日，蓬莱县出现 8～9 级大风，全县碰坏小帆船 29 只，115 间房屋倒塌，死亡 50～60 人，农作物减产 7 成。

1975 年 5 月 4 日 11—15 时，蓬莱县出现 6～7 级西北偏西大风，最大风速 21 米/秒。泊儿沟渔业队 60 马力机船被风浪打翻，7 人落水死亡。

1985 年 6 月 2 日，蓬莱县出现一次飑线天气，阵风达 27 米/秒，7 个乡镇受灾，直接经济损失 600 多万元。8 月 19 日 12 时 30 分至 19 时 05 分，蓬莱县出现东到东北风转西北大风，最大风速达 24 米/秒。全县死亡 7 人，房屋倒塌 4 613 间，毁坏渔船 89 只。

1990 年 5 月 1 日中午，长岛、蓬莱海域东南风达 10 级以上，持续时间 12 小时，并伴随大雨和狂潮，造成直接经济损失 1.05 亿元。其中长岛 6 200 多万元，蓬莱 4 300 多万元。

1996 年 4 月 28—29 日，受江淮气旋和高空冷涡的共同影响，蓬莱市出现了一次大风降雨天气，其中在 29 日蓬莱气象站出现了最大风速 14.3 米/秒的东北大风，降雨量 44.8 毫米。这次大风降水天气造成 3 人死亡，经济损失 6 020 万元。

1998 年 8 月 22 日 12 时至 23 日 6 时，受气旋影响，蓬莱市遭受暴雨大风的袭击。蓬莱气象站出现瞬时最大风速 23 米/秒的北到东北大风，平均最大风速 16 米/秒，累计降雨量 174.2 毫米，强度之大历史罕见，受灾人口 15 万，经济损失 6 800 余万元。

### 3. 雷电

1971 年 7 月 5 日，蓬莱县村里公社东方红水库遭雷击，死亡 1 人，伤 9 人；大季公社遭雷击，死亡 1 人，伤 2 人。7 月 6 日，蓬莱县城关公社在公路上发生雷击，死亡 1 人；南王、北王公社遭雷击，死亡 2 人，伤 5 人；崮寺公社遭雷击，死亡 1 人，伤 1 人；大柳行公社遭雷击，伤 1 人。

### 4. 大雪

1990 年 11 月 30 日夜间至 12 月 1 日，蓬莱全县降特大暴雪，平均降雪量 34.3 毫米，最大乡镇 62.8 毫米，最小乡镇 21.7 毫米。气象局观测资料 26.7 毫米，积雪深度 29 厘米，为历年来所罕见。

# 北隍城海洋站

# 第一章　概况

## 第一节　基本情况

北隍城海洋站（简称北隍城站）位于山东省长岛县北隍城乡（北隍城岛）山后村，地处渤、黄海分界线附近，地理位置独特（图1.1-1）。北隍城岛南海岸隔隍城水道与南隍城岛相望，北海岸隔老铁山水道与辽东半岛西南端的老铁山遥相对峙。岛屿面积为3.7平方千米，岛上平地稀少，无河流。岛屿岸线全长10.7千米，海岸蜿蜒陡峭，近岸海区水深流急、多礁石、有暗礁，海底为硬质泥沙。

北隍城站于1959年10月成立，隶属山东省气象局。1966年3月后隶属原国家海洋局北海分局。1998年9月，由独立海洋站改为蓬莱站的一个测点，保留所有观测点和观测项目，由蓬莱站统一管理（图1.1-1）。

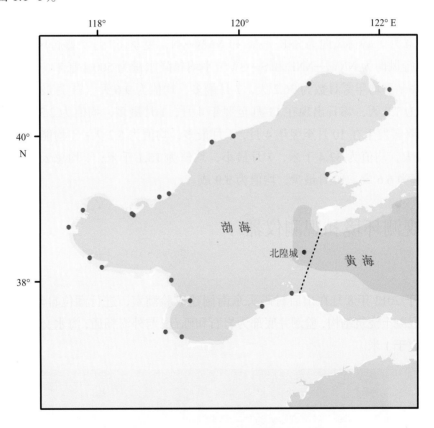

图1.1-1　北隍城站地理位置示意

北隍城站观测项目有潮汐、海浪、表层海水温度、表层海水盐度、气温、气压、相对湿度、风、能见度和降水等。早期观测设备比较简陋，观测项目多采用人工和常规仪器进行观测。20世纪90年代中期，随着自动观测系统的使用，大多数观测项目相继实现了自动观测和数据实时传输。

北隍城站附近海域为正规半日潮特征，海平面1月最低，8月最高，年变幅为48厘米，平均海平面为178厘米，平均高潮位为243厘米，平均低潮位为112厘米，均具有夏秋高、冬春低的年变化特点；全年海况以0~4级为主，年均十分之一大波波高值为0.5~1.3米，年均平均周期值为1.9~4.4秒，历史最大波高最大值为13.9米，历史平均周期最大值为13.7秒，常浪向为N，强浪向为N；年均表层海水温度为10.6~12.6℃，2月和3月最低，均为3.1℃，8月最高，均值为21.9℃，历史水温最高值为27.7℃，历史水温最低值为-1.2℃；年均表层海水盐度为30.74~32.51，2月最高，均值为31.91，8月最低，均值为30.84，历史盐度最高值为33.16，历史盐度最低值为24.79；海发光大部分为火花型，频率峰值出现在4月和10月，频率谷值出现在2月和6月，1级海发光最多，出现的最高级别为4级。

北隍城站附近海域主要受海洋性季风气候影响，年均气温为10.3~13.5℃，1月最低，平均气温为-0.7℃，8月最高，平均气温为24.4℃，历史最高气温为35.3℃，历史最低气温为-15.1℃；年均气压为1 013.9~1 016.5百帕，具有冬高夏低的变化特征，1月最高，均值为1 025.5百帕，7月最低，均值为1 003.0百帕；年均相对湿度为62.4%~72.7%，7月最大，均值为85.6%，12月最小，均值为59.1%；年均平均风速为4.4~7.1米/秒，冬季大，夏季小，1月和12月最大，均为6.6米/秒，7月最小，均值为3.7米/秒，冬季（1月）盛行风向为NNW—NNE（顺时针，下同），春季（4月）盛行风向为SSE—SW和NNW—N，夏季（7月）盛行风向为SE—SW，秋季（10月）盛行风向为NNW—NNE和S—SW；平均年降水量为500.4毫米，夏季降水量占全年降水量的62.1%；平均年雾日数为36.2天，7月最多，均值为9.6天，11月最少，均值为0.2天；平均年霜日数为7.0天，霜日出现在11月至翌年4月，1月最多，均值为2.3天；平均年降雪日数为18.4天，降雪发生在10月至翌年4月，1月最多，均值为5.2天；年均能见度为17.7~34.9千米，10月最大，均值为32.4千米，7月最小，均值为15.1千米；年均总云量为4.2~6.0成，7月最多，均值为6.6成，10月最少，均值为3.9成。

## 第二节　观测环境和观测仪器

### 1. 潮汐

北隍城站于2013年8月在山后村码头东南侧建成验潮室，进行潮位自动观测（图1.2-1）。验潮室为水泥混凝土浇筑结构，验潮井底部为岩石和砾石，与外海畅通，海水交换好，无淤积现象，最低潮时水深大于1米。

图1.2-1　SCA11-3A型浮子式水位计（拍摄于2018年12月）

2013 年 8 月起，使用 SCA2-2A 型浮子式水位计进行潮位自动观测，并通过无线网络将数据实时传输至主控值班室。2014 年 10 月 11 日改用 SCA11-3A 型浮子式水位计。

## 2. 海浪

自 1959 年 10 月开始海浪观测，观测点共变更过两次，1988 年 1 月起使用新测波室（图 1.2-2）。观测点位于北隍城岛东北部，海岸蜿蜒陡峭，近岸海域水深流急、多礁石、有暗礁，海底为硬质泥沙，观测方向为东北，开阔度为 160°，遥测波浪仪通常置于测波室北约 500 米的海域，水深约 20 米，地形对西向、西南向、南向和东南向的浪有一定影响，局地海流也会对浪产生影响。

图1.2-2　北隍城站测波室（拍摄于2018年12月）

海浪观测的方式及仪器历经多次变化，使用过的仪器有秒表、岸用光学测波仪（I 型）、HAB-2 型岸用光学测波仪、SZF1-2 型遥测波浪仪、SBF3-1 型遥测波浪仪和 SBF3-2 型遥测波浪仪。因测波浮筒丢失或天气原因无法使用测波仪观测时，采用人工目测。

## 3. 表层海水温度、盐度和海发光

1959 年 10 月开始观测。2013 年 8 月，温盐观测点迁至验潮室温盐井内，井底部为岩石和砾石，与外海畅通，海水交换好，无淤积现象。

温盐观测仪器历经多次更换，水温观测曾使用过耶拿 16 型水温表和 SWL1-1 型水温表等，盐度测定曾使用过比重计、氯度滴定法、WUS 型感应式盐度计、SYC1-1 型感应式盐度计、SYC2-2 型实验室盐度计和 SYA2-2 型实验室盐度计。

海发光观测始于 1959 年 10 月，每日天黑后人工观测。

## 4. 气象要素

1959 年 10 月以来，气象观测场地址经过多次变更，1987 年后位于山后村海湾北端小庙山上，场地规格为 16 米 × 14 米，其东、北两侧面向大海，西、南两侧为起伏山峦，形成西高东低之势。因受西山影响,刮西风时风向风速均不稳定;南部虽隔海湾有山,因距离远,山的高度很低,故不受南风影响。风传感器离地高度 11.0 米,温湿度传感器离地高度 1.5 米,降水传感器离地高度 0.7 米。

自 1959 年 10 月开始气象观测,1962—1964 年因迁站停测。早期观测以人工和常规仪器为主,主要观测项目有气温、气压、相对湿度、风、降水、能见度、云和天气现象等。1995 年 7 月后取消了云和除雾外的天气现象观测。2001 年 12 月至 2010 年 7 月,使用 CZY1–1 型海洋站自动观测系统和各类传感器连续自动观测。2010 年 8 月起,使用 CZY1 型海洋站自动观测系统和 HMP45A 型温湿度传感器连续观测,实现了自动观测、记录与实时传输一体化。

# 第二章 潮位

## 第一节 潮汐

### 1. 潮汐类型

利用北隍城站近 5 年（2014—2018 年）验潮资料分析调和常数，计算出潮汐系数 $(H_{K_1}+H_{O_1})/H_{M_2}$ 为 0.18。按我国潮汐类型分类标准，北隍城站附近海域为正规半日潮，每个潮汐日（大约 24.8 小时）有两次高潮和两次低潮，高、低潮日不等现象均不明显。

### 2. 潮汐特征值

由 2014—2018 年资料统计分析得出：北隍城站平均高潮位为 243 厘米，平均低潮位为 112 厘米，平均潮差为 131 厘米；平均高高潮位为 250 厘米，平均低低潮位为 106 厘米，平均大的潮差为 144 厘米；平均涨潮历时 5 小时 59 分钟，平均落潮历时 6 小时 27 分钟，两者相差 28 分钟。

北隍城站累年各月潮汐特征值见表 2.1–1。

表 2.1–1　累年各月潮汐特征值（2014—2018 年）　　　　单位：厘米

| 月份 | 平均高潮位 | 平均低潮位 | 平均潮差 | 平均高高潮位 | 平均低低潮位 | 平均大的潮差 |
|---|---|---|---|---|---|---|
| 1 | 219 | 89 | 130 | 228 | 79 | 149 |
| 2 | 222 | 91 | 131 | 231 | 82 | 149 |
| 3 | 231 | 100 | 131 | 237 | 92 | 145 |
| 4 | 241 | 110 | 131 | 248 | 104 | 144 |
| 5 | 247 | 118 | 129 | 253 | 113 | 140 |
| 6 | 256 | 128 | 128 | 261 | 123 | 138 |
| 7 | 263 | 132 | 131 | 266 | 128 | 138 |
| 8 | 268 | 134 | 134 | 272 | 131 | 141 |
| 9 | 263 | 129 | 134 | 268 | 126 | 142 |
| 10 | 249 | 117 | 132 | 256 | 111 | 145 |
| 11 | 236 | 106 | 130 | 244 | 98 | 146 |
| 12 | 221 | 92 | 129 | 231 | 81 | 150 |
| 年 | 243 | 112 | 131 | 250 | 106 | 144 |

注：潮位值均以验潮零点为基面。

平均高潮位和平均低潮位均具有夏秋高、冬春低的特点，其中平均高潮位 8 月最高，为 268 厘米，1 月最低，为 219 厘米，年较差 49 厘米；平均低潮位 8 月最高，为 134 厘米，1 月最低，为 89 厘米，年较差 45 厘米；平均高高潮位 8 月最高，为 272 厘米，1 月最低，为 228 厘米，年较差 44 厘米；平均低低潮位 8 月最高，为 131 厘米，1 月最低，为 79 厘米，年较差 52 厘米（图 2.1–1）。平均潮差 8 月和 9 月最大，6 月最小，年较差为 6 厘米；平均大的潮差 12 月最大，6 月和 7 月最小，年较差为 12 厘米（图 2.1–2）。

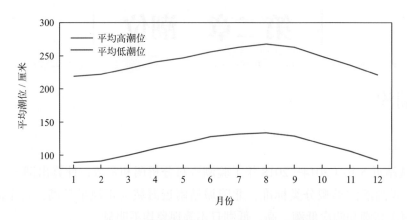

图2.1-1　平均高潮位和平均低潮位的年变化

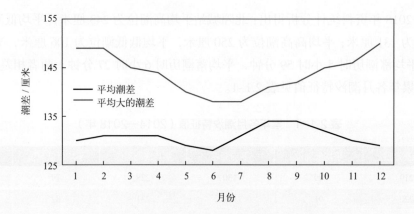

图2.1-2　平均潮差和平均大的潮差的年变化

北隍城站平均高潮位最高值出现在 2014 年和 2016 年，均为 245 厘米；最低值出现在 2017 年和 2018 年，均为 241 厘米。北隍城站平均低潮位最高值出现在 2014 年和 2016 年，均为 114 厘米；最低值出现在 2015 年、2017 年和 2018 年，均为 111 厘米。

北隍城站平均潮差最大值出现在 2015 年，为 132 厘米；最小值出现在 2017 和 2018 年，均为 130 厘米（图 2.1-3）。

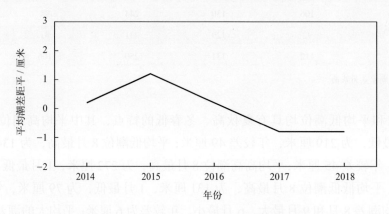

图2.1-3　2014—2018年平均潮差距平变化

## 第二节　极值潮位

北隍城站年最高潮位和年最低潮位的各月发生频率见表2.2-1。年最高潮位出现时间主要集中在8—10月，其中8月和9月发生频率最高，均为40%；10月次之，为20%。年最低潮位主要出现在1月、3月和12月，其中1月发生频率最高，为60%；3月和12月次之，均为20%。

2014—2018年，北隍城站历年最高潮位均高于299厘米；历史最高潮位为324厘米，出现在2014年10月12日。北隍城站历年最低潮位均低于4厘米；历史最低潮位为−35厘米，出现在2016年1月24日（表2.2-1）。

表2.2-1　最高潮位和最低潮位及年极值出现频率（2014—2018年）

| | 1月 | 2月 | 3月 | 4月 | 5月 | 6月 | 7月 | 8月 | 9月 | 10月 | 11月 | 12月 |
|---|---|---|---|---|---|---|---|---|---|---|---|---|
| 最高潮位值/厘米 | 280 | 297 | 302 | 299 | 301 | 302 | 302 | 321 | 318 | 324 | 300 | 289 |
| 年最高潮位出现频率/% | 0 | 0 | 0 | 0 | 0 | 0 | 0 | 40 | 40 | 20 | 0 | 0 |
| 最低潮位值/厘米 | −35 | −9 | 3 | 37 | 62 | 92 | 92 | 63 | 80 | 24 | 12 | −11 |
| 年最低潮位出现频率/% | 60 | 0 | 20 | 0 | 0 | 0 | 0 | 0 | 0 | 0 | 0 | 20 |

## 第三节　增减水

受地形和气候特征的影响，北隍城站出现50厘米以上减水的频率明显高于同等强度增水的频率，超过70厘米的减水平均约8天出现一次，而超过70厘米的增水平均约228天出现一次（表2.3-1）。

表2.3-1　不同强度增减水的平均出现周期（2014—2018年）

| 范围/厘米 | 出现周期/天 | |
|---|---|---|
| | 增水 | 减水 |
| >30 | 1.20 | 0.73 |
| >40 | 3.75 | 1.26 |
| >50 | 12.01 | 2.15 |
| >60 | 38.04 | 3.48 |
| >70 | 228.25 | 7.58 |
| >80 | — | 13.23 |
| >90 | — | 22.54 |
| >100 | — | 62.97 |
| >110 | — | 260.86 |

"—"表示无数据。

北隍城站60厘米以上的增水主要出现在2—4月和11月，100厘米以上的减水多发生在12月和1月，这些大的增减水过程主要与该区域受寒潮大风和温带气旋等的影响有关（表2.3-2）。

表 2.3-2  各月不同强度增减水的出现频率（2014—2018 年）

| 月份 | 增水 / % | | | | | 减水 / % | | | | |
|---|---|---|---|---|---|---|---|---|---|---|
| | >30厘米 | >40厘米 | >50厘米 | >60厘米 | >70厘米 | >30厘米 | >40厘米 | >60厘米 | >80厘米 | >100厘米 |
| 1 | 7.26 | 1.45 | 0.24 | 0.00 | 0.00 | 12.66 | 7.93 | 3.23 | 1.16 | 0.16 |
| 2 | 7.06 | 2.93 | 0.89 | 0.30 | 0.00 | 11.88 | 6.06 | 2.07 | 0.86 | 0.00 |
| 3 | 3.20 | 1.37 | 0.62 | 0.32 | 0.00 | 7.12 | 4.70 | 1.88 | 0.27 | 0.00 |
| 4 | 3.67 | 1.47 | 0.50 | 0.33 | 0.14 | 3.42 | 1.78 | 0.56 | 0.00 | 0.00 |
| 5 | 0.97 | 0.32 | 0.00 | 0.00 | 0.00 | 0.99 | 0.27 | 0.00 | 0.00 | 0.00 |
| 6 | 0.00 | 0.00 | 0.00 | 0.00 | 0.00 | 0.00 | 0.00 | 0.00 | 0.00 | 0.00 |
| 7 | 0.65 | 0.19 | 0.00 | 0.00 | 0.00 | 0.22 | 0.00 | 0.00 | 0.00 | 0.00 |
| 8 | 1.59 | 0.94 | 0.48 | 0.00 | 0.00 | 1.13 | 0.70 | 0.00 | 0.00 | 0.00 |
| 9 | 1.19 | 0.11 | 0.00 | 0.00 | 0.00 | 0.67 | 0.00 | 0.00 | 0.00 | 0.00 |
| 10 | 4.87 | 1.26 | 0.19 | 0.00 | 0.00 | 8.44 | 4.70 | 1.61 | 0.30 | 0.00 |
| 11 | 4.86 | 0.94 | 0.47 | 0.33 | 0.08 | 8.25 | 5.33 | 2.00 | 0.19 | 0.00 |
| 12 | 6.69 | 2.45 | 0.81 | 0.05 | 0.00 | 13.63 | 7.77 | 2.72 | 1.02 | 0.62 |

北隍城站年最大增水多出现在 2—4 月和 12 月，其中 2 月出现频率最高，为 40%。年最大减水多出现在 12 月至翌年 3 月，其中 1 月出现频率最高，为 40%。北隍城站最大增水为 78 厘米，出现在 2015 年 4 月 2 日；2017 年次之，为 70 厘米。北隍城站最大减水为 120 厘米，发生在 2014 年 12 月 2 日；2016 年次之，为 105 厘米（表 2.3-3）。

表 2.3-3  最大增水和最大减水及年极值出现频率（2014—2018 年）

| | 1月 | 2月 | 3月 | 4月 | 5月 | 6月 | 7月 | 8月 | 9月 | 10月 | 11月 | 12月 |
|---|---|---|---|---|---|---|---|---|---|---|---|---|
| 最大增水值 / 厘米 | 53 | 70 | 66 | 78 | 46 | 29 | 46 | 60 | 43 | 53 | 74 | 63 |
| 年最大增水出现频率 / % | 0 | 40 | 20 | 20 | 0 | 0 | 0 | 0 | 0 | 0 | 0 | 20 |
| 最大减水值 / 厘米 | 105 | 100 | 95 | 68 | 54 | 27 | 34 | 58 | 37 | 89 | 89 | 120 |
| 年最大减水出现频率 / % | 40 | 20 | 20 | 0 | 0 | 0 | 0 | 0 | 0 | 0 | 0 | 20 |

# 第三章  海浪

## 第一节  海况

北隍城站全年及各月各级海况的频率见图3.1-1。全年海况以0～4级为主，频率为90.02%，其中0～2级海况频率为54.76%。全年5级及以上海况频率为9.98%，最大频率出现在1月，为19.91%。全年7级及以上海况频率为1.05%，最大频率出现在11月，为2.77%。

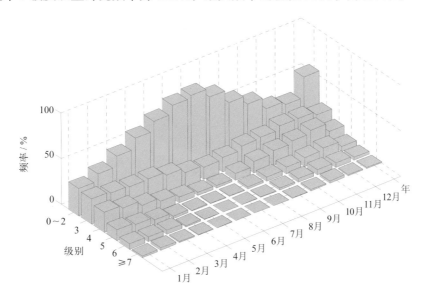

图3.1-1  全年及各月各级海况频率（1960—2018年）

## 第二节  波型

北隍城站风浪频率和涌浪频率的年变化见表3.2-1。全年以风浪为主，频率为99.77%，涌浪频率为27.44%。各月的风浪频率相差不大，涌浪频率差异较大。涌浪在7月和10—12月较多，其中11月最多，频率为33.34%，在3—5月较少，其中5月最少，频率为21.21%。

表3.2-1  各月及全年风浪涌浪频率（1960—2018年）

| | 1月 | 2月 | 3月 | 4月 | 5月 | 6月 | 7月 | 8月 | 9月 | 10月 | 11月 | 12月 | 年 |
|---|---|---|---|---|---|---|---|---|---|---|---|---|---|
| 风浪 / % | 99.84 | 99.89 | 99.86 | 99.73 | 99.72 | 99.67 | 99.51 | 99.71 | 99.70 | 99.74 | 99.89 | 99.92 | 99.77 |
| 涌浪 / % | 28.37 | 24.03 | 21.88 | 22.05 | 21.21 | 23.82 | 31.22 | 28.51 | 28.21 | 32.21 | 33.34 | 33.00 | 27.44 |

注：风浪包含F、F/U、FU和U/F波型；涌浪包含U、U/F、FU和F/U波型。

## 第三节  波向

### 1. 各向风浪频率

北隍城站各月及全年各向风浪频率见图3.3-1。1—3月和8—12月N向风浪居多，NNW向次之。

4 月和 5 月 NNW 向风浪居多,N 向次之。6 月 SSE 向风浪居多,NNW 向次之。7 月 SSE 向风浪居多,SE 向次之。全年 N 向风浪居多,频率为 16.74%,NNW 向次之,频率为 10.67%,WNW 向最少,频率为 0.80%。

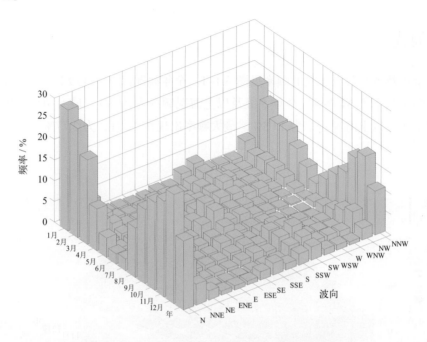

图3.3-1　各月及全年各向风浪频率（1960—2018年）

## 2. 各向涌浪频率

北隍城站各月及全年各向涌浪频率见图 3.3-2。1—5 月和 9—12 月 N 向涌浪居多, NNW 向次之。6 月和 7 月 E 向涌浪居多, ESE 向次之。8 月 E 向涌浪居多, N 向次之。全年 N 向涌浪居多,频率为 6.92%, NNW 向次之,频率为 5.71%, WSW 向最少,频率为 0.08%。

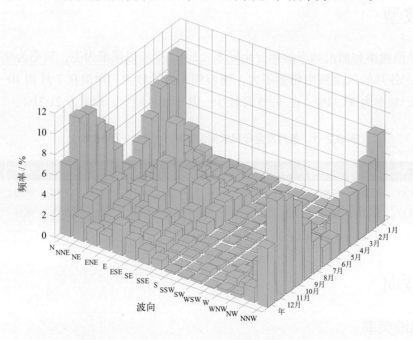

图3.3-2　各月及全年各向涌浪频率（1960—2018年）

## 第四节　波高

### 1. 平均波高和最大波高

北隍城站波高的年变化见表 3.4-1。月平均波高的年变化较大，为 0.3 ~ 1.2 米，具有冬大夏小的特点。历年的平均波高为 0.5 ~ 1.3 米。

月最大波高比月平均波高的变化幅度大，极大值出现在 3 月，为 13.9 米[1]，极小值出现在 7 月，为 4.6 米，变幅为 9.3 米。历年的最大波高值为 3.7 ~ 13.9 米，大于等于 8.0 米的共有 7 年，其中最大波高的极大值 13.9 米出现在 1962 年 3 月 25 日，波向为 N，对应平均风速为 19 米 / 秒，对应平均周期为 11.4 秒。

表 3.4-1　波高的年变化（1960—2018 年）　　　　　　　　　　　　　单位：米

|  | 1月 | 2月 | 3月 | 4月 | 5月 | 6月 | 7月 | 8月 | 9月 | 10月 | 11月 | 12月 | 年 |
|---|---|---|---|---|---|---|---|---|---|---|---|---|---|
| 平均波高 | 1.2 | 1.0 | 0.8 | 0.5 | 0.3 | 0.3 | 0.4 | 0.5 | 0.7 | 0.9 | 1.1 | 1.1 | 0.7 |
| 最大波高 | 7.0 | 8.0 | 13.9 | 11.5 | 6.9 | 5.3 | 4.6 | 6.1 | 7.9 | 7.7 | 8.0 | 6.8 | 13.9 |

### 2. 各向平均波高和最大波高

各季代表月及全年各向波高的分布见图 3.4-1 和图 3.4-2。全年各向平均波高为 0.4 ~ 1.6 米，大值主要分布于 N 向和 NNE 向，小值主要分布于 S 向和 SSW 向，其中 SSW 向最小。全年各向最大波高 N 向最大，为 13.9 米；NW 向次之，为 11.5 米；S 向最小，为 2.3 米（表 3.4-2）。

表 3.4-2　全年各向平均波高和最大波高（1960—2018 年）　　　　　　单位：米

|  | N | NNE | NE | ENE | E | ESE | SE | SSE | S | SSW | SW | WSW | W | WNW | NW | NNW |
|---|---|---|---|---|---|---|---|---|---|---|---|---|---|---|---|---|
| 平均波高 | 1.6 | 1.6 | 1.1 | 0.8 | 0.7 | 0.6 | 0.6 | 0.6 | 0.5 | 0.4 | 0.6 | 0.6 | 0.7 | 0.9 | 1.1 | 1.1 |
| 最大波高 | 13.9 | 8.1 | 7.9 | 4.4 | 4.5 | 6.1 | 5.3 | 4.6 | 2.3 | 2.6 | 4.5 | 4.6 | 3.5 | 4.9 | 11.5 | 8.0 |

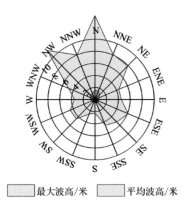

■最大波高/米　　■平均波高/米

图3.4-1　全年各向平均波高和最大波高（1960—2018年）

---

[1]　北隍城站认为该值发生在建站初期，观测人员缺乏经验，测值误差可能较大，建议该值仅供参考。该值发生前后最大波高值均较大，存在一个大的波浪过程，因此保留。

1月平均波高 N 向和 NNE 向最大，均为 1.7 米；SE 向、SSE 向和 SSW 向最小，均为 0.6 米。最大波高 NNE 向最大，为 7.0 米；N 向次之，为 6.9 米；SSE 向最小，为 1.6 米。

4月平均波高 N 向和 NNE 向最大，均为 1.3 米；SSW 向最小，为 0.4 米。最大波高 NW 向最大，为 11.5 米；N 向次之，为 6.8 米；SSW 向最小，为 1.5 米。

7月平均波高 NE 向最大，为 0.9 米；S—SW 向和 W—NW 向最小，均为 0.4 米。最大波高 WSW 向最大，为 4.6 米；NE 向次之，为 4.3 米；WNW 向最小，为 0.8 米。

10月平均波高 N 向和 NNE 向最大，均为 1.6 米；S 向最小，为 0.4 米。最大波高 N 向最大，为 7.7 米；NNE 向次之，为 7.5 米；S 向最小，为 1.2 米。

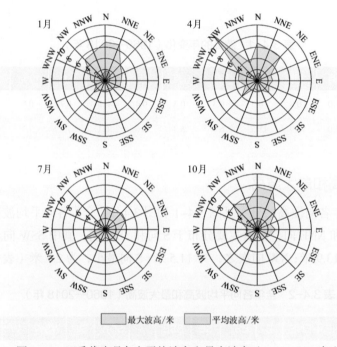

图3.4-2　四季代表月各向平均波高和最大波高（1960—2018年）

# 第五节　周期

## 1. 平均周期和最大周期

北隍城站周期的年变化见表 3.5-1。月平均周期的年变化较大，为 2.3 ~ 4.3 秒。月最大周期的年变化幅度较大，极大值出现在 1 月，为 13.7 秒，极小值出现在 6 月，为 8.0 秒。历年的平均周期为 1.9 ~ 4.4 秒，其中 1966 年最大，2006 年、2007 年和 2008 年最小。历年的最大周期均大于等于 6.8 秒，大于等于 10.0 秒的共有 17 年，其中最大周期的极大值 13.7 秒出现在 1971 年 1 月 21 日，波向为 N。

表 3.5-1　周期的年变化（1960—2018年）　　　　　　　　　　　　　单位：秒

|  | 1月 | 2月 | 3月 | 4月 | 5月 | 6月 | 7月 | 8月 | 9月 | 10月 | 11月 | 12月 | 年 |
|---|---|---|---|---|---|---|---|---|---|---|---|---|---|
| 平均周期 | 4.3 | 3.8 | 3.4 | 2.8 | 2.4 | 2.3 | 2.9 | 3.0 | 3.3 | 3.6 | 4.0 | 4.1 | 3.4 |
| 最大周期 | 13.7 | 13.2 | 11.4 | 12.7 | 10.5 | 8.0 | 9.9 | 9.6 | 10.5 | 11.5 | 12.9 | 10.0 | 13.7 |

## 2. 各向平均周期和最大周期

各季代表月及全年各向周期的分布见图 3.5-1 和图 3.5-2。全年各向平均周期为 3.2 ～ 5.1 秒，N 向和 NNE 向周期值较大。全年各向最大周期 N 向最大，为 13.7 秒；NNE 向次之，为 13.6 秒；SSW 向最小，为 6.9 秒（表 3.5-2）。

1 月平均周期 NNE 向最大，为 5.3 秒；SE 向、S 向和 SW 向最小，均为 3.7 秒。最大周期 N 向最大，为 13.7 秒；NNE 向次之，为 13.6 秒；SSE 向最小，为 5.6 秒。

4 月平均周期 N 向最大，为 4.8 秒；SSW 向最小，为 2.9 秒。最大周期 NW 向最大，为 12.7 秒；N 向和 NE 向次之，均为 11.0 秒；S 向最小，为 4.9 秒。

7 月平均周期 NE 向和 ENE 向最大，均为 4.4 秒；W 向最小，为 3.1 秒。最大周期 N 向最大，为 9.9 秒；ENE 向次之，为 9.3 秒；WNW 向最小，为 4.7 秒。

10 月平均周期 NNE 向最大，为 5.2 秒；WSW 向最小，为 3.2 秒。最大周期 N 向最大，为 11.5 秒；NNE 向次之，为 10.0 秒；S 向最小，为 5.4 秒。

表 3.5-2　全年各向平均周期和最大周期（1960—2018 年）　　　　　　单位：秒

| | N | NNE | NE | ENE | E | ESE | SE | SSE | S | SSW | SW | WSW | W | WNW | NW | NNW |
|---|---|---|---|---|---|---|---|---|---|---|---|---|---|---|---|---|
| 平均周期 | 5.0 | 5.1 | 4.4 | 4.3 | 4.1 | 4.0 | 3.6 | 3.7 | 3.3 | 3.3 | 3.2 | 3.4 | 3.8 | 4.2 | 4.3 | 4.5 |
| 最大周期 | 13.7 | 13.6 | 11.0 | 9.3 | 8.5 | 9.0 | 7.7 | 8.3 | 7.0 | 6.9 | 8.3 | 8.9 | 8.2 | 9.6 | 12.7 | 11.0 |

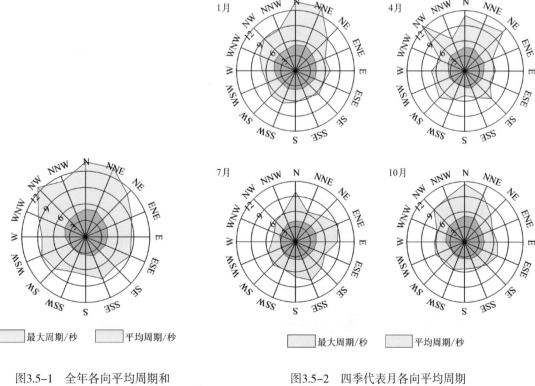

图 3.5-1　全年各向平均周期和
最大周期（1960—2018 年）

图 3.5-2　四季代表月各向平均周期
和最大周期（1960—2018 年）

# 第四章 表层海水温度、盐度和海发光

## 第一节 表层海水温度

### 1. 平均水温、最高水温和最低水温

北隍城站月平均水温的年变化具有峰谷明显的特点，2月和3月最低，均为3.1℃，8月最高，为21.9℃，秋季高于春季，其年较差为18.8℃。3—8月为升温期，9月至翌年2月为降温期。月最高水温和月最低水温的年变化特征与月平均水温相似，其年较差分别为18.6℃和17.8℃（图4.1-1）。

历年的平均水温为10.6～12.6℃，其中1999年最高，1969年最低。累年平均水温为11.6℃。

历年的最高水温均不低于23.2℃，其中大于26.0℃的有13年，大于27.0℃的有4年，其出现时间为7—9月。水温极大值为27.7℃，出现在1981年8月23日。

历年的最低水温均不高于4.2℃，其中小于0℃的有5年，小于–1.0℃的有2年，其出现时间为1—4月，以2月和3月居多。水温极小值为–1.2℃，出现在1969年2月28日和1969年3月1日。

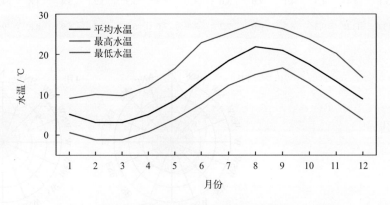

图4.1-1 水温年变化（1960—2018年）

### 2. 日平均水温稳定通过界限温度的日期

采用五日滑动平均方法求出稳定通过各个界限温度的日期，见表4.1-1。日平均水温全年均稳定通过0℃，其中稳定通过5℃的有277天，稳定通过10℃的有196天。稳定通过20℃的初日为7月28日，终日为9月26日，共61天。

表4.1-1 日平均水温稳定通过界限温度的日期（1960—2018年）

|  | 5℃ | 10℃ | 15℃ | 20℃ |
| --- | --- | --- | --- | --- |
| 初日 | 4月16日 | 5月26日 | 6月25日 | 7月28日 |
| 终日 | 1月17日 | 12月7日 | 11月3日 | 9月26日 |
| 天数 | 277 | 196 | 132 | 61 |

### 3. 长期趋势变化

1960—2018年，年平均水温变化趋势不明显。年最高水温变化趋势亦不明显，1981年和

2018 年最高水温分别为 1960 年以来的第一高值和第二高值。年最低水温呈波动上升趋势，上升速率为 0.33℃ /（10 年），1969 年和 1977 年最低水温分别为 1960 年以来的第一低值和第二低值。十年平均水温的变化显示，2000—2009 年平均水温最高，1970—1979 年平均水温最低，1990—1999 年平均水温较上一个十年升幅最大，升幅为 0.21℃（图 4.1-2）。

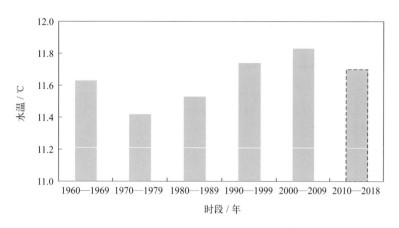

图4.1-2　十年平均水温变化（数据不足十年加虚线框表示，下同）

## 第二节　表层海水盐度

### 1. 平均盐度、最高盐度和最低盐度

北隍城站月平均盐度的年变化具有冬春季较高、夏秋季较低的特点，最高值出现在 2 月，为 31.91，随后 3—6 月缓慢下降，7 月下降较快，8 月降至最低，为 30.84，然后又稳定上升，其年较差为 1.07。月最高盐度 3 月最大，8 月和 9 月最小，两者相差 0.86。月最低盐度 1 月最大，7 月最小，两者相差 6.29（图 4.2-1）。

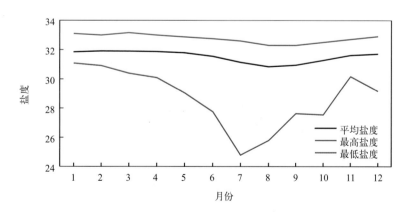

图4.2-1　盐度年变化（1960—2018年）

历年的平均盐度为 30.74 ~ 32.51，其中 2018 年最高，2014 年最低。

历年的最高盐度均大于 31.45，其中大于 32.00 的有 43 年，大于 33.00 的有 2 年。年最高盐度多出现在春季，夏秋季较少。盐度极大值为 33.16，出现在 2003 年 3 月 24 日。

历年的最低盐度均小于 31.80，其中小于 30.00 的有 27 年。年最低盐度多出现在 7—9 月，出现在 7 月的有 14 年，出现在 8 月的有 23 年。盐度极小值为 24.79，出现在 1964 年 7 月 6 日。

## 2. 长期趋势变化

1960—2018 年，年平均盐度呈波动上升趋势，上升速率为 0.07 /（10 年）。年最高盐度呈波动上升趋势，上升速率为 0.07 /（10 年），2003 年和 2018 年最高盐度分别为 1960 年以来的第一高值和第二高值。年最低盐度呈波动上升趋势，上升速率为 0.20 /（10 年），1964 年和 1995 年最低盐度分别为 1960 年以来的第一低值和第二低值。

十年平均盐度的变化显示，2000—2009 年平均盐度最高，1960—1969 年平均盐度最低，1980—1989 年平均盐度较上一个十年升幅最大，升幅为 0.26（图 4.2-2）。

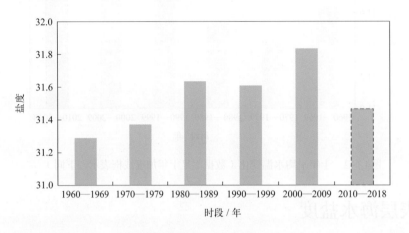

图4.2-2　十年平均盐度变化

# 第三节　海发光

1960—2018 年，北隍城站观测到的海发光大部分为火花型（H），弥漫型海发光共出现过 129 次，占全部海发光的 1.04%，其中 1 级 33 次，2 级 96 次。

各月及全年海发光频率见表 4.3-1 和图 4.3-1。可以看出，海发光频率的年变化具有双峰双谷的特点，峰值出现在 4 月和 10 月，谷值出现在 2 月和 6 月。累年平均海发光频率 1 级最多，占 88.12%，2 级占 11.05%，3 级占 0.81%，4 级罕见，只在 1965 年和 1973 年各出现过一次。

表 4.3-1　各月及全年海发光频率（1960—2018 年）

| | 1月 | 2月 | 3月 | 4月 | 5月 | 6月 | 7月 | 8月 | 9月 | 10月 | 11月 | 12月 | 年 |
|---|---|---|---|---|---|---|---|---|---|---|---|---|---|
| 频率 / % | 91.4 | 90.6 | 92.8 | 95.2 | 89.5 | 84.1 | 84.7 | 89.8 | 96.7 | 97.1 | 94.8 | 93.4 | 91.8 |

图4.3-1　各月各级海发光频率（1960—2018年）

# 第五章　海洋气象

## 第一节　气温

### 1. 平均气温、最高气温和最低气温

1965—2018 年，北隍城站累年平均气温为 12.0℃，月平均气温具有夏高冬低的变化特征，1 月最低，为 -0.7℃，8 月最高，为 24.4℃，年较差为 25.1℃。月最高气温、月最低气温和月平均气温的年变化特征相似，月最高气温极大值出现在 6 月，月最低气温极小值出现在 1 月（表 5.1-1，图 5.1-1）。

表 5.1-1　气温的年变化（1965—2018 年）　　　　　　　　单位：℃

| | 1月 | 2月 | 3月 | 4月 | 5月 | 6月 | 7月 | 8月 | 9月 | 10月 | 11月 | 12月 | 年 |
|---|---|---|---|---|---|---|---|---|---|---|---|---|---|
| 平均气温 | -0.7 | 0.1 | 4.0 | 9.6 | 15.2 | 19.5 | 23.1 | 24.4 | 21.5 | 16.1 | 8.9 | 2.4 | 12.0 |
| 最高气温 | 12.9 | 15.0 | 22.1 | 27.6 | 31.7 | 35.3 | 33.9 | 34.0 | 31.0 | 27.3 | 23.2 | 15.8 | 35.3 |
| 最低气温 | -15.1 | -13.3 | -10.1 | -2.4 | 5.3 | 9.6 | 14.6 | 16.1 | 9.8 | 2.4 | -8.8 | -12.9 | -15.1 |

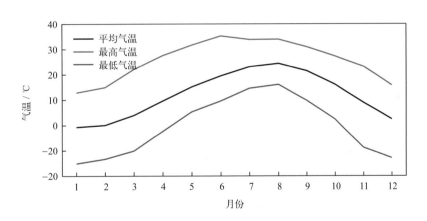

图5.1-1　气温年变化（1965—2018年）

历年的平均气温为 10.3 ~ 13.5℃，其中 2007 年和 2014 年最高，1969 年最低。

历年的最高气温均高于 28.5℃，其中高于 33.5℃ 的有 4 年。年最高气温最早出现时间为 5 月 19 日（2001 年），最晚出现时间为 8 月 27 日（1967 年）。8 月最高气温出现频率最高，占统计年份的 42%，7 月次之，占 37%（图 5.1-2）。极大值为 35.3℃，出现在 1972 年 6 月 10 日。

历年的最低气温均低于 -4.0℃，其中低于 -10.0℃ 的有 28 年，低于 -14.0℃ 的有 2 年。年最低气温最早出现时间为 11 月 26 日（1992 年），最晚出现时间为 3 月 5 日（2007 年）。1 月最低气温出现频率最高，占统计年份的 57%，2 月次之，占 27%（图 5.1-2）。极小值为 -15.1℃，出现在 1986 年 1 月 5 日。

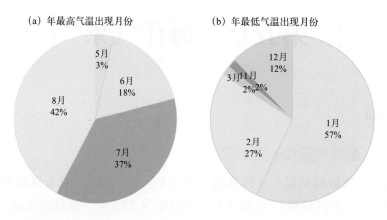

(a) 年最高气温出现月份 (b) 年最低气温出现月份

图5.1-2 年最高、最低气温出现月份及频率（1965—2018年）

## 2. 长期趋势变化

1965—2018年，年平均气温、年最高气温和年最低气温均呈波动上升趋势，上升速率分别为0.32℃/（10年）、0.20℃/（10年）（线性趋势未通过显著性检验）和0.61℃/（10年）。

十年平均气温变化显示，2000—2009年平均气温最高，为12.6℃，1990—1999年平均气温较上一个十年升幅最大，升幅为0.7℃（图5.1-3）。

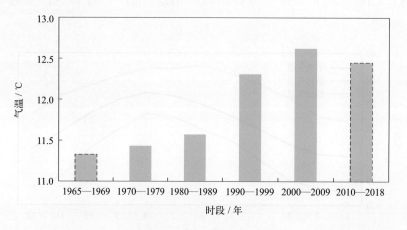

图5.1-3 十年平均气温变化

## 3. 常年自然天气季节和大陆度

利用北隍城站1965—2018年气温累年日平均数据计算五日滑动平均气温，根据《气候季节划分》（QX/T 152—2012）方法，北隍城平均春季时间从4月20日到7月6日，为78天；平均夏季时间从7月7日到9月15日，为71天；平均秋季时间从9月16日到11月11日，为57天；平均冬季时间从11月12日到翌年4月19日，为159天（图5.1-4）。冬季时间最长，秋季时间最短。

北隍城站焦金斯基大陆度指数为48.3%，属海洋性季风气候。

图5.1-4 四季平均日数百分率（1965—2018年）

## 第二节 气压

### 1. 平均气压、最高气压和最低气压

1980—2018 年，北隍城站累年平均气压为 1 015.1 百帕，月平均气压具有冬高夏低的变化特征，1 月最高，为 1 025.5 百帕，7 月最低，为 1 003.0 百帕，年较差为 22.5 百帕。月最高气压 2 月最大，7 月最小，年较差为 31.2 百帕。月最低气压 1 月最大，4 月最小，年较差为 21.1 百帕（表 5.2-1，图 5.2-1）。

历年的平均气压为 1 013.9 ~ 1 016.5 百帕，其中 1984 年最高，2009 年最低。

历年的最高气压均高于 1 035.0 百帕，其中高于 1 042.0 百帕的有 4 年。极大值为 1 045.5 百帕，出现在 2006 年 2 月 3 日。

历年的最低气压均低于 997.0 百帕，其中低于 985.0 百帕的有 2 年。极小值为 983.6 百帕，出现在 1983 年 4 月 26 日。

表 5.2-1 气压的年变化（1980—2018 年） 单位：百帕

| | 1月 | 2月 | 3月 | 4月 | 5月 | 6月 | 7月 | 8月 | 9月 | 10月 | 11月 | 12月 | 年 |
|---|---|---|---|---|---|---|---|---|---|---|---|---|---|
| 平均气压 | 1 025.5 | 1 023.6 | 1 019.2 | 1 012.9 | 1 008.5 | 1 004.6 | 1 003.0 | 1 006.0 | 1 012.8 | 1 018.5 | 1 021.9 | 1 024.8 | 1 015.1 |
| 最高气压 | 1 044.3 | 1 045.5 | 1 038.0 | 1 031.2 | 1 025.7 | 1 018.3 | 1 014.3 | 1 019.0 | 1 027.7 | 10 36.4 | 1 041.8 | 1 045.0 | 1 045.5 |
| 最低气压 | 1 004.7 | 990.7 | 993.3 | 983.6 | 988.8 | 984.2 | 986.9 | 986.0 | 991.8 | 996.6 | 1 002.9 | 999.1 | 983.6 |

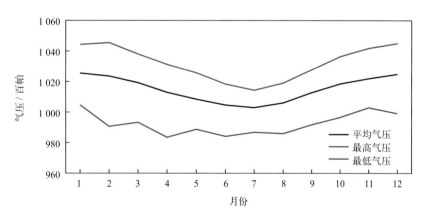

图5.2-1 气压年变化（1980—2018年）

### 2. 长期趋势变化

1980—2018 年，年平均气压呈波动下降趋势，下降速率为 0.46 百帕 /（10 年）。1980—2018 年，年最高气压和年最低气压变化趋势均不明显。1980—2018 年，十年平均气压变化显示，1980—1989 年平均气压最高，均值为 1 016.1 百帕，2010—2018 年平均气压最低，均值为 1 014.6 百帕（图 5.2-2）。

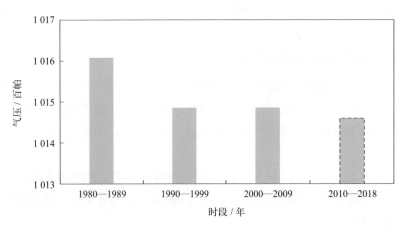

图5.2-2　十年平均气压变化

# 第三节　相对湿度

## 1. 平均相对湿度和最小相对湿度

1965—2018 年，北隍城站累年平均相对湿度为 67.2%，月平均相对湿度 7 月最大，为 85.6%，12 月最小，为 59.1%。平均月最小相对湿度的年变化特征明显，8 月最大，为 49.8%，4 月最小，为 17.0%。最小相对湿度的极小值为 3%（表 5.3-1，图 5.3-1）。

表 5.3-1　相对湿度的年变化（1965—2018 年）

| | 1月 | 2月 | 3月 | 4月 | 5月 | 6月 | 7月 | 8月 | 9月 | 10月 | 11月 | 12月 | 年 |
|---|---|---|---|---|---|---|---|---|---|---|---|---|---|
| 平均相对湿度 / % | 59.3 | 60.2 | 61.4 | 62.2 | 65.4 | 76.4 | 85.6 | 83.3 | 71.4 | 62.4 | 60.3 | 59.1 | 67.2 |
| 平均最小相对湿度 / % | 28.9 | 26.4 | 20.1 | 17.0 | 18.4 | 30.2 | 48.3 | 49.8 | 32.6 | 28.4 | 27.2 | 28.8 | 29.7 |
| 最小相对湿度 / % | 20 | 14 | 3 | 3 | 5 | 11 | 21 | 24 | 19 | 7 | 15 | 20 | 3 |

注：平均最小相对湿度为各月最小相对湿度的累年平均值及其年平均值。

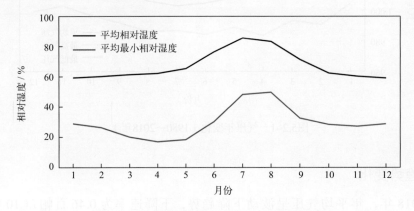

图5.3-1　相对湿度年变化（1965—2018年）

## 2. 长期趋势变化

1965—2018 年，年平均相对湿度为 62.4% ~ 72.7%，呈下降趋势，下降速率为 0.18%/（10 年）

（线性趋势未通过显著性检验）。十年平均相对湿度变化显示，1990—1999年平均相对湿度最大，为68.3%，2000—2009年平均相对湿度最小，为66.4%（图5.3-2）。

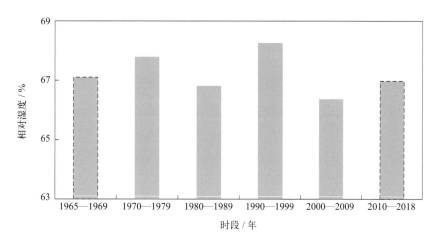

图5.3-2 十年平均相对湿度变化

### 3. 温湿指数

根据《人居环境气候舒适度评价》（GB/T 27963—2011）的温湿指数统计方法和气候舒适度等级划分方法，统计北隍城站各月温湿指数，结果显示：1—4月和11—12月温湿指数为2.7 ~ 10.6，感觉为寒冷；5月和10月温湿指数分别为15.0和15.7，感觉为冷；6—9月温湿指数为18.8 ~ 23.5，感觉为舒适（表5.3-2）。

表5.3-2 温湿指数的年变化（1965—2018年）

| | 1月 | 2月 | 3月 | 4月 | 5月 | 6月 | 7月 | 8月 | 9月 | 10月 | 11月 | 12月 |
|---|---|---|---|---|---|---|---|---|---|---|---|---|
| 温湿指数 | 2.7 | 3.2 | 6.2 | 10.6 | 15.0 | 18.8 | 22.4 | 23.5 | 20.4 | 15.7 | 10.1 | 5.1 |
| 感觉程度 | 寒冷 | 寒冷 | 寒冷 | 寒冷 | 冷 | 舒适 | 舒适 | 舒适 | 舒适 | 冷 | 寒冷 | 寒冷 |

# 第四节 风

## 1. 平均风速和最大风速

北隍城站风速的年变化见表5.4-1和图5.4-1。累年平均风速为5.3米/秒，月平均风速的年变化为冬季大、夏季小，其中1月和12月最大，均为6.6米/秒，7月最小，为3.7米/秒。最大风速的月平均值11月最大，为23.8米/秒，2月次之，为23.0米/秒，7月最小，为13.4米/秒。最大风速的月最大值对应风向多为N（8个月）。极大风速的极大值为39.7米/秒，出现在2002年11月3日，对应风向为NNE。

历年的平均风速为4.4 ~ 7.1米/秒，其中1969年最大，1982年最小；历年的最大风速均大于等于19.0米/秒，大于等于28.5米/秒的有14年。最大风速的最大值为40.0米/秒，1965—1973年均有出现，风向分别为N、SW和NNE。最大风速出现在2月的频率最高，7月未出现过年最大风速（图5.4-2）。

表 5.4-1　风速的年变化（1965—2018 年）　　　　　　　　　单位：米 / 秒

|  | | 1月 | 2月 | 3月 | 4月 | 5月 | 6月 | 7月 | 8月 | 9月 | 10月 | 11月 | 12月 | 年 |
|---|---|---|---|---|---|---|---|---|---|---|---|---|---|---|
| 平均风速 | | 6.6 | 6.3 | 5.6 | 5.1 | 4.6 | 4.2 | 3.7 | 3.8 | 4.6 | 5.6 | 6.5 | 6.6 | 5.3 |
| 最大风速 | 平均值 | 22.7 | 23.0 | 21.7 | 19.0 | 16.0 | 15.1 | 13.4 | 15.8 | 18.7 | 21.6 | 23.8 | 21.5 | 19.4 |
| | 最大值 | 40.0 | 40.0 | 40.0 | 40.0 | 34.0 | 40.0 | 20.7 | 28.0 | 34.0 | 40.0 | 40.0 | 40.0 | 40.0 |
| | 最大值对应风向 | N | NNE/N | N | NNE | NNE | SW | NNE | N | N | N | N/NNE | N/NNE | N/SW/NNE |
| 极大风速 | 最大值 | 29.2 | 33.2 | 39.3 | 33.9 | 37.5 | 28.4 | 28.9 | 30.4 | 26.5 | 32.4 | 39.7 | 27.6 | 39.7 |
| | 最大值对应风向 | N | N | N | N | SW | S | N | N | N | NNE | NNE | N | NNE |

注：极大风速的统计时间为1995年7月至2018年12月。

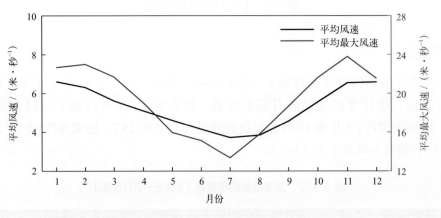

图5.4-1　平均风速和平均最大风速年变化（1965—2018年）

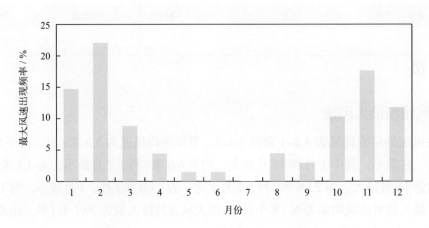

图5.4-2　年最大风速出现频率（1965—2018年）

### 2. 各向风频率

全年以 SSE—SW 向风居多，频率和为 40.6%，NNW—NNE 向次之，频率和为 36.8%，WNW 向的风最少，频率为 1.3%（图 5.4-3）。

1 月盛行风向为 NNW—NNE，频率和为 59.4%，偏南向风少。4 月盛行风向为 SSE—SW 和

NNW—N，频率和分别为 50.4% 和 23.4%。7 月盛行风向为 SE—SW，频率和为 63.6%。10 月盛行风向为 NNW—NNE 和 S—SW，频率和分别为 42.1% 和 31.8%（图5.4-4）。

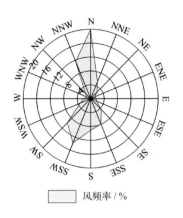

图5.4-3　全年各向风的频率（1965—2018年）

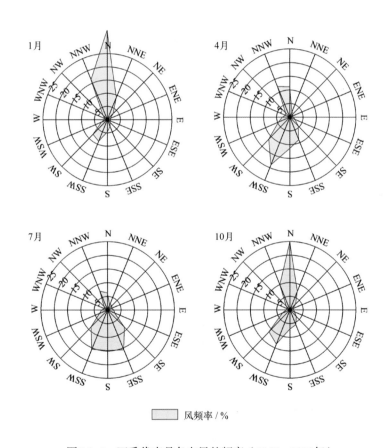

图5.4-4　四季代表月各向风的频率（1965—2018年）

### 3. 各向平均风速和最大风速

全年各向平均风速以 N 向最大，平均风速为 7.3 米／秒，NNE 向次之，平均风速为 6.0 米／秒（图 5.4-5）。

各向平均风速不同的季节呈现不同的特征（图 5.4-6）。1 月 N 向平均风速最大，为 9.3 米／秒，

NNE 向次之，为 8.0 米 / 秒。4 月 N 向平均风速最大，为 7.4 米 / 秒，NNW 向次之，为 5.8 米 / 秒。7 月各向平均风速均不超过 5.0 米 / 秒，SSW 向平均风速最大，为 4.5 米 / 秒。10 月 N 向平均风速最大，为 9.0 米 / 秒。

全年各向最大风速以 N—NNE 向和 SW 向最大，均为 40.0 米 / 秒，ESE 向和 WSW 向较小，均低于 18.0 米 / 秒。1 月和 10 月均为 N 向最大，最大风速均为 40.0 米 / 秒，4 月和 7 月均为 NNE 向最大，最大风速分别为 40.0 米 / 秒和 20.7 米 / 秒。

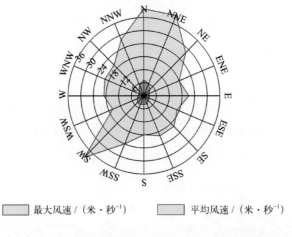

图5.4-5　全年各向平均风速和最大风速（1965—2018年）

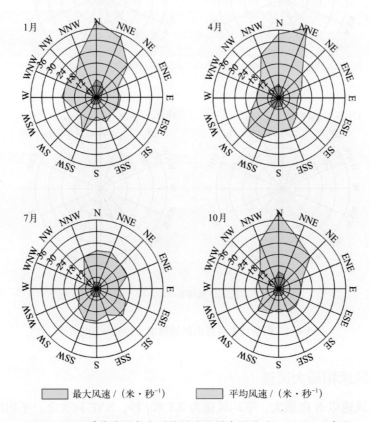

图5.4-6　四季代表月各向平均风速和最大风速（1965—2018年）

## 4. 大风日数

风力大于等于 6 级的大风日数以 11 月至翌年 1 月最多，占全年的 39.6%，平均月大风日数为 12.6 ～ 14.4 天（表 5.4-2，图 5.4-7）。平均年大风日数为 102.0 天（表 5.4-2），历年大风日数差别很大，多于 100 天的有 25 年，最多的是 1987 年，共有 141 天，少于 90 天的有 12 年，最少的是 1977 年，有 59 天。

风力大于等于 8 级的大风最多出现在 11 月，平均为 3.7 天，7 月出现日数最少，为 0.1 天。历年大风日数最多的是 1987 年，为 47 天，最少的是 2004 年，为 6 天。

风力大于等于 6 级的月大风日数最多为 21 天，出现在 1988 年 11 月和 2001 年 12 月；最长连续日数为 14 天，出现在 1985 年 12 月（表 5.4-2）。

表 5.4-2　各级大风日数的年变化（1965—2018 年）　　　　　　　　　　　　单位：天

| | 1月 | 2月 | 3月 | 4月 | 5月 | 6月 | 7月 | 8月 | 9月 | 10月 | 11月 | 12月 | 年 |
|---|---|---|---|---|---|---|---|---|---|---|---|---|---|
| 大于等于 6 级大风平均日数 | 13.4 | 10.8 | 9.3 | 8.1 | 6.4 | 4.1 | 2.3 | 3.8 | 6.6 | 10.2 | 12.6 | 14.4 | 102.0 |
| 大于等于 7 级大风平均日数 | 7.3 | 6.5 | 4.9 | 3.0 | 1.6 | 1.1 | 0.4 | 1.3 | 3.1 | 6.4 | 7.9 | 8.1 | 51.6 |
| 大于等于 8 级大风平均日数 | 3.0 | 3.1 | 2.4 | 1.0 | 0.4 | 0.3 | 0.1 | 0.4 | 1.3 | 2.9 | 3.7 | 3.3 | 21.9 |
| 大于等于 6 级大风最多日数 | 20 | 16 | 16 | 13 | 15 | 9 | 7 | 9 | 13 | 17 | 21 | 21 | 141 |
| 最长连续大于等于 6 级大风日数 | 12 | 9 | 7 | 8 | 5 | 5 | 3 | 4 | 6 | 7 | 8 | 14 | 14 |

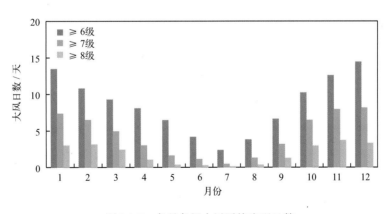

图5.4-7　各月各级大风平均出现日数

# 第五节　降水

## 1. 降水量和降水日数

### （1）降水量

北隍城站降水量的年变化见表 5.5-1 和图 5.5-1。1965—2018 年，平均年降水量为 500.4 毫米，降水量的季节分布很不均匀，夏多冬少。夏季（6—8 月）为 310.6 毫米，占全年降水量的 62.1%，冬季（12 月至翌年 2 月）占全年的 5.1%，春季（3—5 月）占全年的 15.9%。夏季的降水量多集中在 7 月，平均月降水量为 127.3 毫米，占全年的 25.4%。

历年年降水量为 244.6 ~ 759.4 毫米，其中 1966 年最多，1999 年最少。

最大日降水量超过 100 毫米的有 8 年，超过 150 毫米的有 1 年。最大日降水量为 150.1 毫米，出现在 1998 年 7 月 9 日。

表 5.5-1　降水量的年变化（1965—2018 年）　　　　　　　　　单位：毫米

| | 1月 | 2月 | 3月 | 4月 | 5月 | 6月 | 7月 | 8月 | 9月 | 10月 | 11月 | 12月 | 年 |
|---|---|---|---|---|---|---|---|---|---|---|---|---|---|
| 平均降水量 | 7.6 | 7.2 | 12.5 | 26.4 | 40.5 | 67.1 | 127.3 | 116.2 | 42.5 | 24.8 | 17.7 | 10.6 | 500.4 |
| 最大日降水量 | 23.6 | 18.3 | 59.2 | 59.4 | 64.3 | 115.9 | 150.1 | 142.2 | 106.2 | 39.0 | 25.5 | 25.2 | 150.1 |

（2）降水日数

平均年降水日数（降水日数是指日降水量大于等于 0.1 毫米的天数，下同）为 70.7 天。降水日数的年变化特征与降水量相似，夏多冬少（图 5.5-2 和图 5.5-3）。日降水量大于等于 10 毫米的平均年日数为 14.3 天，各月均有出现；日降水量大于等于 50 毫米的平均年日数为 1.4 天，出现在 3—9 月；日降水量大于等于 100 毫米的平均年日数为 0.2 天，出现在 6—9 月；日降水量大于等于 150 毫米的平均年日数为 0.02 天，在 7 月出现一次；未出现日降水量大于等于 200 毫米的情况（图 5.5-3）。

最多年降水日数为 100 天，出现在 1985 年；最少年降水日数为 41 天，出现在 1999 年。最长连续降水日数为 11 天，出现在 2001 年 1 月 6 日至 16 日；最长连续无降水日数为 74 天，出现在 1996 年 1 月 15 日至 3 月 28 日。

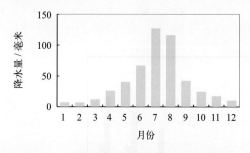

图5.5-1　降水量年变化（1965—2018年）

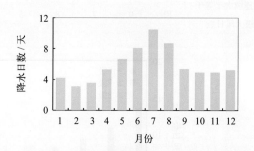

图5.5-2　降水日数年变化（1965—2018年）

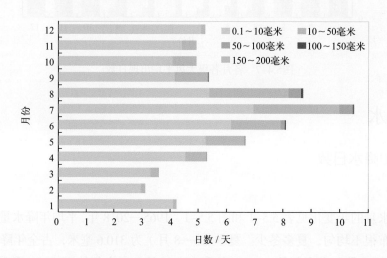

图5.5-3　各月各级平均降水日数分布（1965—2018年）

## 2. 长期趋势变化

1965—2018 年，年降水量呈下降趋势，下降速率为 17.88 毫米 /（10 年）（线性趋势未通过显著性检验）。十年平均年降水量在 1970—1979 年最大，为 609.1 毫米，1980—1989 年的平均年降水量最小，为 444.6 毫米（图 5.5-4）。

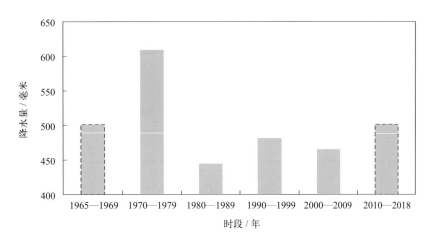

图5.5-4　十年平均年降水量变化

1965—2018 年，年最大日降水量无明显变化趋势。1965—2018 年，年降水日数呈减少趋势，减少速率为 1.51 天 /（10 年）（线性趋势未通过显著性检验）。最长连续降水日数无明显变化趋势，最长连续无降水日数呈增加趋势，增加速率为 1.31 天 /（10 年）（线性趋势未通过显著性检验）。

# 第六节　雾及其他天气现象

## 1. 雾

北隍城站雾日数的年变化见表 5.6-1、图 5.6-1 和图 5.6-2。1965—2018 年，平均年雾日数为 36.2 天；平均月雾日数 7 月最多，为 9.6 天，11 月最少，为 0.2 天；月雾日数最多为 22 天，出现在 2011 年 7 月；最长连续雾日数为 15 天，出现在 2013 年 7 月。

表 5.6-1　雾日数的年变化（1965—2018 年）　　　　　　　　　单位：天

|  | 1月 | 2月 | 3月 | 4月 | 5月 | 6月 | 7月 | 8月 | 9月 | 10月 | 11月 | 12月 | 年 |
|---|---|---|---|---|---|---|---|---|---|---|---|---|---|
| 平均雾日数 | 0.3 | 1.5 | 2.4 | 3.9 | 6.1 | 8.3 | 9.6 | 3.0 | 0.3 | 0.3 | 0.2 | 0.3 | 36.2 |
| 最多雾日数 | 2 | 7 | 10 | 11 | 17 | 19 | 22 | 10 | 2 | 2 | 2 | 5 | 64 |
| 最长连续雾日数 | 2 | 5 | 5 | 5 | 8 | 10 | 15 | 8 | 1 | 2 | 2 | 3 | 15 |

1965—2018 年，年雾日数呈上升趋势，上升速率为 3.76 天 /（10 年）。出现雾日数最多的年份为 2006 年，共 64 天，最少的年份为 1975 年和 1986 年，均为 14 天。

十年平均年雾日数呈明显上升趋势，2000—2009 年平均年雾日数最多，为 46.2 天，比上一个十年多 8.9 天（图 5.6-3）。

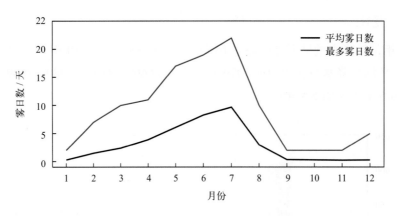

图5.6-1 平均雾日数和最多雾日数年变化（1965—2018年）

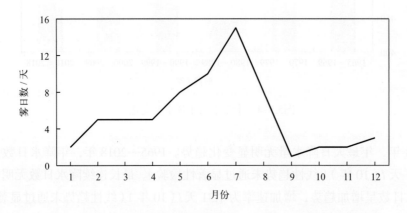

图5.6-2 最长连续雾日数年变化（1965—2018年）

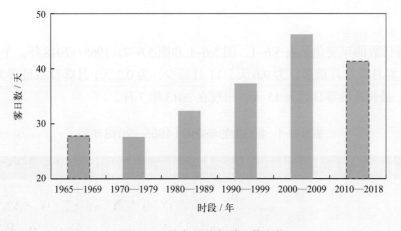

图5.6-3 十年平均年雾日数变化

## 2. 轻雾

轻雾日数的年变化见表5.6-2和图5.6-4。1965—1995年，平均年轻雾日数为61.2天；平均月轻雾日数7月最多，为13.3天，9月最少，为1.2天；最多月轻雾日数出现在1994年7月，共28天。

1965—1994年，年轻雾日数呈上升趋势，上升速率为30.11天/（10年）（图5.6-5）。

表 5.6-2　轻雾日数的年变化（1965—1995 年）　　　　　　　　　单位：天

| | 1月 | 2月 | 3月 | 4月 | 5月 | 6月 | 7月 | 8月 | 9月 | 10月 | 11月 | 12月 | 年 |
|---|---|---|---|---|---|---|---|---|---|---|---|---|---|
| 平均轻雾日数 | 2.1 | 2.9 | 4.7 | 6.2 | 6.9 | 11.0 | 13.3 | 6.4 | 1.2 | 1.4 | 2.5 | 2.6 | 61.2 |
| 最多轻雾日数 | 13 | 14 | 11 | 19 | 18 | 24 | 28 | 23 | 7 | 11 | 17 | 12 | 154 |

注：1995年7月停测。

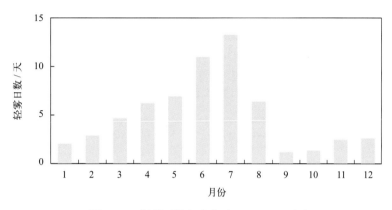

图5.6-4　轻雾日数年变化（1965—1995年）

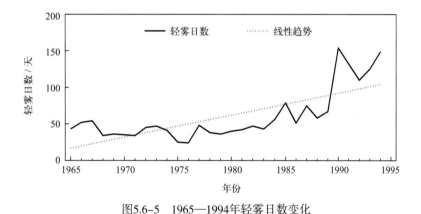

图5.6-5　1965—1994年轻雾日数变化

## 3. 雷暴

雷暴日数的年变化见表 5.6-3 和图 5.6-6。1965—1995 年，平均年雷暴日数为 17.8 天。雷暴出现在春、夏和秋三季，以 7 月最高，为 4.5 天。最多月雷暴日数为 11 天，出现在 1971 年 7 月。雷暴最早初日为 3 月 11 日（1992 年），最晚终日为 11 月 16 日（1983 年）。

1965—1994 年，年雷暴日数呈上升趋势，上升速率为 1.25 天/（10 年）（线性趋势未通过显著性检验，图 5.6-7）。1966 年雷暴日数最多，为 27 天；1965 年雷暴日数最少，为 9 天。

表 5.6-3　雷暴日数的年变化（1965—1995 年）　　　　　　　　　单位：天

| | 1月 | 2月 | 3月 | 4月 | 5月 | 6月 | 7月 | 8月 | 9月 | 10月 | 11月 | 12月 | 年 |
|---|---|---|---|---|---|---|---|---|---|---|---|---|---|
| 平均雷暴日数 | 0.0 | 0.0 | 0.1 | 1.4 | 2.1 | 3.4 | 4.5 | 3.1 | 1.8 | 1.3 | 0.1 | 0.0 | 17.8 |
| 最多雷暴日数 | 0 | 0 | 2 | 6 | 6 | 8 | 11 | 9 | 5 | 4 | 1 | 0 | 27 |

注：1995年7月停测。

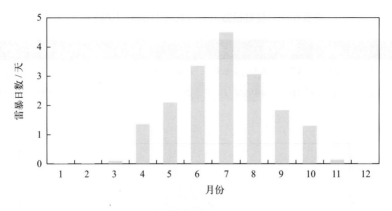

图5.6-6　雷暴日数年变化（1965—1995年）

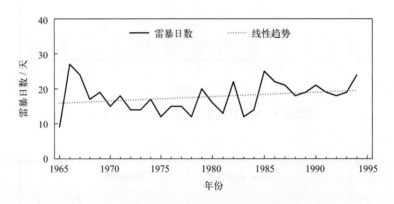

图5.6-7　1965—1994年雷暴日数变化

### 4. 霜

霜日数的年变化见表5.6-4和图5.6-8。1965—1995年，平均年霜日数为7.0天，霜全部出现在11月至翌年4月，其中1月最多，平均为2.3天；霜最早初日为11月25日（1991年），最晚终日为4月6日（1971年和1984年）。

表5.6-4　霜日数的年变化（1965—1995年）　　　　　　　　　　　单位：天

| | 1月 | 2月 | 3月 | 4月 | 5月 | 6月 | 7月 | 8月 | 9月 | 10月 | 11月 | 12月 | 年 |
|---|---|---|---|---|---|---|---|---|---|---|---|---|---|
| 平均霜日数 | 2.3 | 2.1 | 1.3 | 0.1 | 0.0 | 0.0 | 0.0 | 0.0 | 0.0 | 0.0 | 0.1 | 1.1 | 7.0 |
| 最多霜日数 | 7 | 7 | 5 | 2 | 0 | 0 | 0 | 0 | 0 | 0 | 2 | 4 | 15 |

注：1979年数据缺测，1995年7月停测。

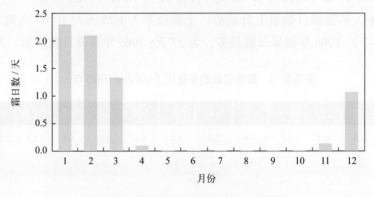

图5.6-8　霜日数年变化（1965—1995年）

1965—1994 年, 年霜日数无明显变化趋势。1986 年霜日数最多, 为 15 天。1988 年霜日数最少, 为 1 天 (图 5.6-9)。

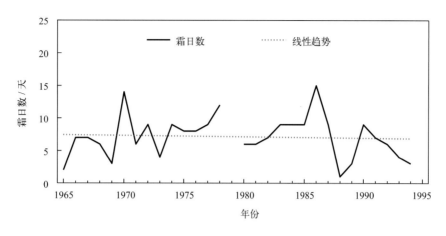

图5.6-9　1965—1994年霜日数变化

### 5. 降雪

降雪日数的年变化见表 5.6-5 和图 5.6-10。1965—1995 年, 平均年降雪日数为 18.4 天。降雪全部出现在 10 月至翌年 4 月, 其中 1 月最多, 为 5.2 天。降雪最早初日为 10 月 22 日 (1981 年), 最晚初日为 12 月 25 日 (1990 年), 最早终日为 2 月 2 日 (1992 年), 最晚终日为 4 月 6 日 (1980 年)。

表 5.6-5　降雪日数的年变化 (1965—1995 年)　　　　　　　　　　　　单位: 天

|  | 1月 | 2月 | 3月 | 4月 | 5月 | 6月 | 7月 | 8月 | 9月 | 10月 | 11月 | 12月 | 年 |
|---|---|---|---|---|---|---|---|---|---|---|---|---|---|
| 平均降雪日数 | 5.2 | 4.1 | 2.5 | 0.1 | 0.0 | 0.0 | 0.0 | 0.0 | 0.0 | 0.1 | 1.9 | 4.5 | 18.4 |
| 最多降雪日数 | 12 | 9 | 12 | 1 | 0 | 0 | 0 | 0 | 0 | 2 | 9 | 14 | 36 |

注: 1995年7月停测。

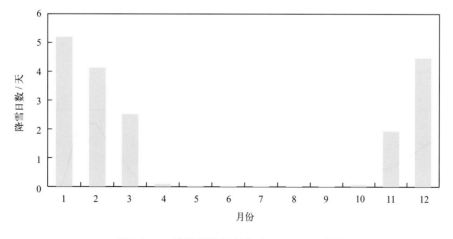

图5.6-10　降雪日数年变化 (1965—1995年)

1965—1994 年, 年降雪日数呈下降趋势, 下降速率为 5.48 天 / (10 年)。1981 年降雪日数最多，为 36 天；1989 年最少，为 6 天（图 5.6-11）。

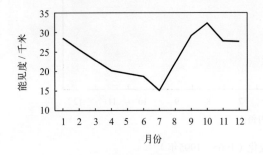

图5.6-11　1965—1994年降雪日数变化

## 第七节　能见度

1965—2018 年，北隍城站累年平均能见度为 24.1 千米。10 月平均能见度最大，为 32.4 千米；7 月平均能见度最小，为 15.1 千米。能见度小于 1 千米的年平均日数为 24.8 天，7 月能见度小于 1 千米的平均日数最多，为 6.2 天，10 月能见度小于 1 千米的平均日数最少，为 0.1 天（表 5.7-1，图 5.7-1 和图 5.7-2）。

历年平均能见度为 17.7 ~ 34.9 千米，其中 1988 年最高，2006 年最低；能见度小于 1 千米的日数，2006 年最多，为 43 天，1986 年最少，为 10 天（图 5.7-3）。

1986—2018 年，年平均能见度呈下降趋势，下降速率为 3.09 千米/（10 年）。

表 5.7-1　能见度的年变化（1965—2018 年）

| | 1月 | 2月 | 3月 | 4月 | 5月 | 6月 | 7月 | 8月 | 9月 | 10月 | 11月 | 12月 | 年 |
|---|---|---|---|---|---|---|---|---|---|---|---|---|---|
| 平均能见度/千米 | 28.5 | 25.6 | 22.9 | 20.2 | 19.4 | 18.7 | 15.1 | 22.1 | 29.2 | 32.4 | 27.8 | 27.7 | 24.1 |
| 能见度小于 1 千米平均日数/天 | 0.2 | 1.0 | 1.5 | 2.8 | 4.2 | 6.0 | 6.2 | 1.9 | 0.2 | 0.1 | 0.2 | 0.5 | 24.8 |

注：1973—1985年数据缺测。

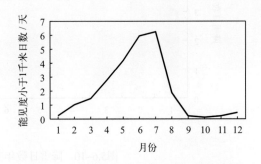

图5.7-1　能见度年变化　　　　　图5.7-2　能见度小于1千米平均日数年变化

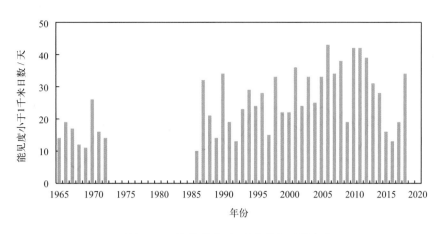

图5.7-3　能见度小于1千米的年日数变化

# 第八节　云

1965—1995 年，北隍城站累年平均总云量为 4.9 成，其中 7 月最多，为 6.6 成，10 月最少，为 3.9 成；年平均低云量为 2.2 成，其中 7 月和 12 月最多，均为 3.3 成，3 月最少，为 1.2 成（表 5.8-1，图 5.8-1）。

表 5.8-1　总云量和低云量的年变化（1965—1995 年）

|  | 1月 | 2月 | 3月 | 4月 | 5月 | 6月 | 7月 | 8月 | 9月 | 10月 | 11月 | 12月 | 年 |
|---|---|---|---|---|---|---|---|---|---|---|---|---|---|
| 平均总云量 / 成 | 4.4 | 4.3 | 4.6 | 4.9 | 5.4 | 6.1 | 6.6 | 5.3 | 4.2 | 3.9 | 4.6 | 4.9 | 4.9 |
| 平均低云量 / 成 | 2.4 | 1.6 | 1.2 | 1.5 | 2.0 | 2.7 | 3.3 | 2.5 | 1.5 | 1.6 | 2.8 | 3.3 | 2.2 |

注：1995年7月停测。

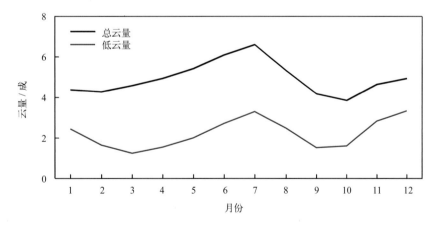

图5.8-1　总云量和低云量年变化（1965—1995年）

1965—1994 年，年平均总云量呈减少趋势，减少速率为 0.23 成 /（10 年）（图 5.8-2），1985 年的年平均总云量最多，为 6.0 成，1992 年最少，为 4.2 成；年平均低云量呈减少趋势，减少速率为 0.25 成 /（10 年），1985 年的年平均低云量最多，为 2.9 成，1989 年最少，为 1.6 成（图 5.8-3）。

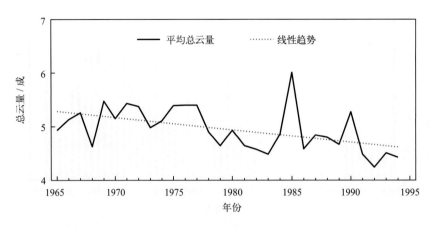

图5.8-2　1965—1994年平均总云量变化

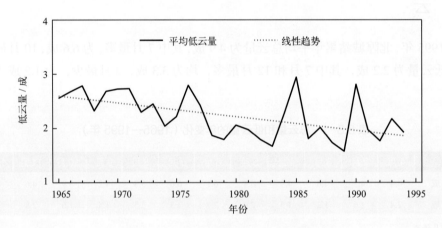

图5.8-3　1965—1994年平均低云量变化

# 第六章　海平面

　　北隍城沿海海平面年变化特征明显，1月最低，8月最高，年变幅为48厘米，平均海平面在验潮基面上178厘米（图6.1-1）。

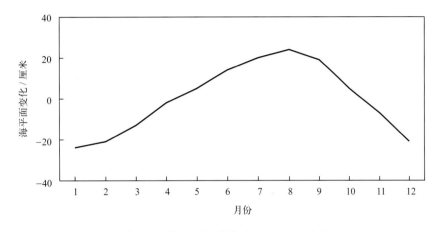

图6.1-1　海平面年变化（2014—2018年）

渤　海

# 第一章　概况

## 第一节　基本情况

渤海是中国内海,是深入中国北部大陆的半封闭型浅海,位于 37°07′—41°00′N,117°35′—121°10′E,面积约 7.7 万平方千米,其北、西、南三面被陆地包围。渤海通过东面的渤海海峡与黄海相通。渤海与黄海的界限,一般以辽东半岛西南端的老铁山岬经庙岛群岛至山东半岛北部的蓬莱角连线为界。

渤海的形状大致呈三角形,凸出的三个角分别对应于辽东湾、渤海湾和莱州湾。北面的辽东湾位于长兴岛与秦皇岛连线以北;西面的渤海湾和南面的莱州湾,则由黄河三角洲分割开来。渤海水深较浅,平均水深 18 米,最大水深约 86 米,位于老铁山水道西侧,深度小于 30 米的范围占总面积的 95%,因而海底地势较为平坦,地形相对单调。通常可将渤海细分为辽东湾、渤海湾、莱州湾、中央盆地和渤海海峡 5 部分。渤海及其周边省市拥有丰富的海洋资源、矿产资源、油气资源、煤炭资源和旅游资源,为我国沿海经济发展的重要战略基地,因此渤海对我国的政治、经济和安全方面均有重要的战略意义。

渤海沿海主要包含长兴岛、温坨子、鲅鱼圈、葫芦岛、芷锚湾、秦皇岛、塘沽、龙口、蓬莱和北隍城等海洋站,分布情况如图 1.1-1 所示。

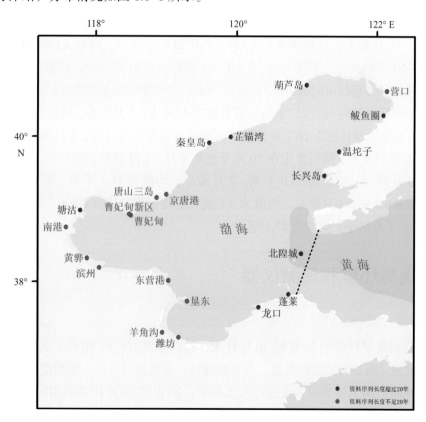

图1.1-1　渤海区海洋站地理位置示意

渤海沿海多为不正规半日潮特征，秦皇岛和东营附近海域为正规日潮特征，渤海海峡为正规半日潮特征。海平面一般1月最低，8月最高，年变幅平均约为54厘米。平均潮差从湾口向湾顶逐渐增大，最大值出现在辽东湾东北部沿海，超过270厘米，最小值出现在东营附近海域，低于60厘米。全年海况以0～4级为主，年均十分之一大波波高值为0.4～0.7米，年均平均周期为1.8～3.2秒，历史最大波高最大值出现在北隍城站，为13.9米，历史平均周期最大值也出现在北隍城站，为13.7秒，渤海西部沿海常浪向主要为偏南向和偏西向，东部沿海常浪向主要为偏北向和偏东向，强浪向规律不明显。年均表层海水温度总体呈现西部高、东部低和海湾高、海峡低的分布态势；2月最低，均值为0.0℃，8月最高，均值为25.3℃；历史水温最高值出现在鲅鱼圈站，为33.2℃，历史水温最低值出现在葫芦岛站，为-3.8℃。年均表层海水盐度总体呈现渤海海峡最高、辽东湾次之、莱州湾最低的分布态势；渤海沿海平均盐度总体呈冬季高、夏季低（莱州湾除外）的变化特征，辽东湾、渤海湾、渤海海峡盐度最高值分别出现在5月、2月和4月，最低值均出现在8月，莱州湾盐度最高值出现在6月，最低值出现在12月。海发光主要为火花型，频率最大值出现在9月，为58.1%，频率最小值出现在12月，为24.5%，1级海发光最多，出现的最高级别为4级。海冰冰情空间上自北向南逐渐减轻，时间上总体呈减轻趋势，辽东湾冰期约3个月，渤海湾和莱州湾冰期均约2个月，1月冰量最多，2月次之。

渤海沿海主要受季风气候影响。年均气温总体上呈现北低南高、北部西低东高、南部西高东低的特点；1月最低，均值为-4.2℃，8月最高，均值为25.0℃；历史最高气温出现在塘沽站，为40.9℃，历史最低气温出现在葫芦岛站，为-25.1℃。平均海平面气压为1 017.1百帕，海平面气压具有冬高夏低的变化特征，1月最高，均值为1 028.1百帕，7月最低，均值为1 004.7百帕。平均相对湿度为65.6%，7月最大，均值为82.6%，12月最小，均值为56.5%。平均风速为5.0米/秒，西部小于东部，11月最大，均值为5.7米/秒，7月和8月最小，均为4.1米/秒，冬季（1月）盛行风向为N—NE（顺时针，下同），春季（4月）盛行风向为S—SW，夏季（7月）盛行风向为SSE—SW，秋季（10月）盛行风向为N—NE和S—SW。平均年降水量为536.1毫米，北部多于南部，夏季降水量占全年降水量的66.3%。平均年雾日数为17.4天，7月最多，均值为2.7天，9月最少，均值为0.3天。平均年霜日数为26.7天，霜日出现在9月至翌年4月，1月最多，均值为7.3天。平均年降雪日数为15.8天，降雪发生在10月至翌年4月，1月最多，均值为3.9天。平均能见度为19.3千米，9月最大，均值为23.0千米，7月最小，均值为16.1千米。平均总云量为4.5成，7月最多，均值为6.6成，1月最少，均值为3.1成。平均年蒸发量为1 806.7毫米，5月最大，均值为260.4毫米，1月最小，均值为47.1毫米。

## 第二节　观测环境和观测仪器

### 1. 潮汐

渤海潮汐观测最早开始于20世纪40年代末，最长观测时间近70年。各站均采用验潮井进行潮汐观测，验潮井所处海域均较宽阔，与外海通畅，水流相对平稳，淤积情况较少。

渤海潮汐观测初期主要采用水尺进行人工测量，20世纪80年代多采用滚筒式验潮仪，2008年前后各站潮汐观测设备相继更换为浮子式水位计。

## 2. 海浪

渤海海浪观测最早开始于 1959 年，最长观测时间近 60 年，主要观测波向、十分之一大波波高、最大波高和平均周期等。各观测点所处位置水深 6 ~ 20 米不等，除个别站点观测受到工程建设和大型船舶航行等影响之外，多数站点均具有较好的代表性。

海浪观测初期主要观测方式为目测，各站先后采用过多种类型的光学测波仪和声学测波仪，2011 年后部分站点使用遥测波浪仪进行海浪观测，但在设备发生故障时仍采用人工目测进行补充观测。

## 3. 表层海水温度、盐度和海发光

渤海表层海水温度和盐度观测最早开始于 1959 年，最长观测时间近 60 年。水温、盐度和海发光观测多位于同一观测点。除温坨子站受核电站加氯影响、龙口站在港池内水体交换较慢外，其他站点海水交换较好。冬季结冰严重时停止观测水温和盐度。

观测初期多采用水温表测定海表温度，采用比重计、氯度滴定法和感应式盐度计测定盐度，2002 年后主要采用自动化温盐传感器进行观测。温盐传感器发生故障时，仍采用水温表和实验室盐度计进行测定。

海发光为每日天黑后人工观测。

## 4. 海冰

渤海海冰观测最早开始于 1959 年，主要观测冰量、冰型、浮冰漂流方向和漂流速度及海冰厚度等。浮冰漂流方向和漂流速度主要采用岸用光学测波仪观测，海冰厚度用冰尺测量。海冰观测易受到大雾和能见度等因素的影响。

## 5. 气象要素

渤海气象观测最早开始于 1959 年，主要观测气温、气压、相对湿度、风、能见度、降水、云和天气现象等。1995 年 7 月后，取消了云和除雾外的天气现象观测。早期观测以人工和常规仪器为主，如干湿球温度表、DWJ1 型双簧片温度计、DHJ1 型毛发相对湿度计、福丁式气压表、动槽式气压表、DYJ1 型气压自记仪、维尔达测风仪以及 EL 型电接风向风速计等。2002 年后，逐步更新为海洋站自动观测系统并配合各类传感器，实现了自动化连续观测。

# 第二章　潮位

## 第一节　潮汐

### 1. 潮汐类型

按我国潮汐类型分类标准，渤海沿海多为不正规半日潮。受 $M_2$ 分潮无潮点影响，秦皇岛、芷锚湾和东营（黄河口）附近海域为正规日潮，其外围环状区域为不正规日潮；受 $K_1$ 分潮无潮点影响，蓬莱和北隍城附近海域为正规半日潮（表 2.1–1）。

表 2.1–1　渤海沿海各站潮汐类型

| 序号 | 站名 | 潮汐系数 * | 潮汐类型 | 序号 | 站名 | 潮汐系数 | 潮汐类型 |
|---|---|---|---|---|---|---|---|
| 1 | 长兴岛 | 1.14 | 不正规半日潮 | 12 | 南港 | 0.57 | 不正规半日潮 |
| 2 | 鲅鱼圈 | 0.57 | 不正规半日潮 | 13 | 黄骅 | 0.63 | 不正规半日潮 |
| 3 | 营口 | 0.53 | 不正规半日潮 | 14 | 滨州港 | 0.72 | 不正规半日潮 |
| 4 | 葫芦岛 | 0.66 | 不正规半日潮 | 15 | 东营 | 4.58 | 正规日潮 |
| 5 | 芷锚湾 | 6.14 | 正规日潮 | 16 | 垦东 | 1.34 | 不正规半日潮 |
| 6 | 秦皇岛 | 6.68 | 正规日潮 | 17 | 潍坊 | 0.89 | 不正规半日潮 |
| 7 | 京唐港 | 1.36 | 不正规半日潮 | 18 | 羊角沟 | 0.72 | 不正规半日潮 |
| 8 | 唐山三岛 | 1.12 | 不正规半日潮 | 19 | 龙口 | 1.26 | 不正规半日潮 |
| 9 | 曹妃甸 | 0.85 | 不正规半日潮 | 20 | 蓬莱 | 0.35 | 正规半日潮 |
| 10 | 曹妃甸新区 | 0.81 | 不正规半日潮 | 21 | 北隍城 | 0.18 | 正规半日潮 |
| 11 | 塘沽 | 0.58 | 不正规半日潮 | | | | |

注：潮汐系数为 $K_1$、$O_1$ 分潮振幅之和与 $M_2$ 分潮振幅比值，潮汐系数小于等于0.5时为正规半日潮，潮汐系数大于0.5且小于等于2.0时为不正规半日潮，潮汐系数大于2.0且小于等于4.0时为不正规日潮，潮汐系数大于4.0时为正规日潮。

渤海沿海 $M_2$ 分潮振幅和迟角长期变化趋势区域特征明显，不同时段变化速率存在差异（表 2.1–2）。辽东湾沿海 $M_2$ 分潮振幅均呈增大趋势，其中鲅鱼圈站 1980—2018 年增大速率为 0.81 毫米 / 年，葫芦岛站 1960—2018 年增大速率为 0.44 毫米 / 年，芷锚湾站 1984—2018 年增大速率为 0.83 毫米 / 年。除羊角沟外，渤海西部至莱州湾沿海 $M_2$ 分潮振幅均呈减小趋势，其中塘沽站 1950—2018 年减小速率为 2.05 毫米 / 年，龙口站 1961—2018 年减小速率为 2.86 毫米 / 年。渤海海峡南部沿海 $M_2$ 分潮振幅略呈增大趋势，蓬莱站 1984—2018 年增大速率为 0.53 毫米 / 年。除羊角沟外，渤海沿海 $M_2$ 分潮迟角均呈减小趋势，其中芷锚湾站 1984—2018 年减小速率为 1.24°/ 年。各站 $M_2$ 分潮振幅和迟角变化详细情况见各站具体章节。

渤海沿海 $K_1$ 分潮振幅长期变化趋势不明显，其中营口站 1953—1994 年增大速率为 0.54 毫米 / 年，葫芦岛站 1960—2018 年减小速率为 0.14 毫米 / 年。除羊角沟外，渤海沿海 $K_1$ 分潮迟角均呈减小趋势，其中蓬莱站 1984—2018 年减小速率为 0.15°/ 年。各站 $K_1$ 分潮振幅和迟角变化详细情况见各站具体章节。

渤海沿海 $O_1$ 分潮振幅长期变化趋势不明显，其中营口站 1953—1994 年增大速率为 0.37 毫米 / 年，秦皇岛站 1965—2018 年增大速率为 0.09 毫米 / 年。除羊角沟外，渤海沿海 $O_1$ 分潮迟角均呈减小趋势,其中蓬莱站 1984—2018 年减小速率为 0.17°/ 年。各站 $O_1$ 分潮振幅和迟角变化详细情况见各站具体章节。

表 2.1-2　渤海沿海各站 $M_2$ 分潮振幅和迟角变化速率

| 序号 | 站 名 | 时段 / 年 | 振幅变化速率 /(毫米·年$^{-1}$) | 迟角变化速率 /[(°)·年$^{-1}$] |
|------|-------|-----------|-------------------------------|-------------------------------|
| 1 | 鲅鱼圈 | 1980—2018 | 0.81 | -0.14 |
| 2 | 营 口 | 1953—1994 | 1.07 | — |
| 3 | 葫芦岛 | 1960—2018 | 0.44 | -0.19 |
| 4 | 芷锚湾 | 1984—2018 | 0.83 | -1.24 |
| 5 | 秦皇岛 | 1965—2018 | -0.80 | -0.44 |
| 6 | 塘 沽 | 1950—2018 | -2.05 | -0.16 |
| 7 | 羊角沟 | 1972—1999 | 5.34 | 1.47 |
| 8 | 龙 口 | 1961—2018 | -2.86 | — |
| 9 | 蓬 莱 | 1984—2018 | 0.53 | -0.34 |

"—"表示变化趋势未通过显著性检验。

## 2. 潮汐特征值

渤海沿海各站累年各月潮汐特征值见表 2.1-3 至表 2.1-5。

渤海沿海各站平均高潮位和平均低潮位均具有夏秋高、冬春低的特点。渤海沿海各站平均高潮位年较差为 49 ~ 76 厘米,其中渤海湾最大,为 73 ~ 76 厘米;辽东湾东北部次之,为 71 厘米;渤海海峡最小,为 49 厘米。渤海沿海各站平均低潮位年较差为 34 ~ 58 厘米,其中东营(黄河口)和辽东湾西部最大,为 57 ~ 58 厘米;莱州湾和辽东湾东南部次之,为 53 ~ 54 厘米;辽东湾东北部最小,为 34 厘米(表 2.1-3 和表 2.1-4)。

表 2.1-3　渤海沿海各站各月平均高潮位　　　　　　　　　单位:厘米

| 序号 | 站名 | 1月 | 2月 | 3月 | 4月 | 5月 | 6月 | 7月 | 8月 | 9月 | 10月 | 11月 | 12月 | 年 | 年较差 |
|------|------|-----|-----|-----|-----|-----|-----|-----|-----|-----|------|------|------|-----|--------|
| 1 | 长兴岛 | 177 | 182 | 191 | 202 | 210 | 219 | 225 | 228 | 224 | 210 | 194 | 180 | 203 | 51 |
| 2 | 鲅鱼圈 | 302 | 305 | 317 | 330 | 340 | 349 | 357 | 360 | 352 | 337 | 317 | 304 | 331 | 58 |
| 3 | 营 口 | 290 | 293 | 308 | 328 | 339 | 349 | 359 | 361 | 353 | 334 | 313 | 300 | 327 | 71 |
| 4 | 葫芦岛 | 235 | 239 | 250 | 265 | 276 | 287 | 296 | 297 | 289 | 271 | 251 | 239 | 266 | 62 |
| 5 | 芷锚湾 | 246 | 244 | 250 | 265 | 285 | 301 | 307 | 299 | 284 | 272 | 262 | 256 | 273 | 63 |
| 6 | 秦皇岛 | 94 | 93 | 102 | 117 | 129 | 142 | 151 | 149 | 138 | 123 | 108 | 96 | 120 | 58 |
| 7 | 京唐港 | 148 | 153 | 160 | 171 | 182 | 192 | 201 | 205 | 197 | 182 | 167 | 148 | 176 | 57 |
| 8 | 唐山三岛 | 148 | 153 | 165 | 178 | 186 | 198 | 208 | 213 | 206 | 187 | 172 | 155 | 181 | 65 |
| 9 | 曹妃甸 | 238 | 243 | 251 | 263 | 275 | 288 | 297 | 303 | 292 | 277 | 259 | 238 | 269 | 65 |
| 10 | 曹妃甸新区 | 241 | 245 | 258 | 270 | 279 | 291 | 301 | 307 | 299 | 280 | 265 | 246 | 274 | 66 |
| 11 | 塘 沽 | 326 | 334 | 345 | 359 | 369 | 382 | 392 | 400 | 387 | 367 | 347 | 328 | 361 | 74 |
| 12 | 南 港 | 348 | 350 | 371 | 382 | 393 | 402 | 416 | 421 | 411 | 390 | 367 | 350 | 383 | 73 |

续表

| 序号 | 站名 | 1月 | 2月 | 3月 | 4月 | 5月 | 6月 | 7月 | 8月 | 9月 | 10月 | 11月 | 12月 | 年 | 年较差 |
|---|---|---|---|---|---|---|---|---|---|---|---|---|---|---|---|
| 13 | 黄骅 | 329 | 339 | 347 | 359 | 372 | 386 | 396 | 405 | 394 | 375 | 354 | 333 | 366 | 76 |
| 14 | 滨州港 | 324 | 327 | 340 | 349 | 353 | 368 | 382 | 377 | 371 | 357 | 347 | 327 | 352 | 58 |
| 15 | 东营 | 115 | 111 | 118 | 131 | 143 | 155 | 161 | 162 | 151 | 144 | 129 | 114 | 136 | 51 |
| 16 | 垦东 | 165 | 169 | 186 | 190 | 199 | 207 | 217 | 223 | 214 | 197 | 185 | 170 | 194 | 58 |
| 17 | 潍坊 | 216 | 216 | 237 | 237 | 244 | 254 | 266 | 273 | 257 | 246 | 227 | 216 | 241 | 57 |
| 18 | 羊角沟 | 344 | 349 | 362 | 367 | 374 | 383 | 394 | 404 | 394 | 380 | 366 | 351 | 372 | 60 |
| 19 | 龙口 | 112 | 114 | 122 | 131 | 140 | 150 | 159 | 164 | 156 | 143 | 128 | 116 | 136 | 52 |
| 20 | 蓬莱 | 201 | 202 | 210 | 220 | 230 | 239 | 247 | 252 | 245 | 231 | 217 | 204 | 225 | 51 |
| 21 | 北隍城 | 219 | 222 | 231 | 241 | 247 | 256 | 263 | 268 | 263 | 249 | 236 | 221 | 243 | 49 |

表2.1-4　渤海沿海各站各月平均低潮位　　　　　　　　单位：厘米

| 序号 | 站名 | 1月 | 2月 | 3月 | 4月 | 5月 | 6月 | 7月 | 8月 | 9月 | 10月 | 11月 | 12月 | 年 | 年较差 |
|---|---|---|---|---|---|---|---|---|---|---|---|---|---|---|---|
| 1 | 长兴岛 | 76 | 80 | 90 | 102 | 110 | 120 | 127 | 129 | 123 | 107 | 94 | 80 | 103 | 53 |
| 2 | 鲅鱼圈 | 58 | 62 | 72 | 83 | 92 | 100 | 107 | 105 | 96 | 84 | 71 | 61 | 83 | 49 |
| 3 | 营口 | 47 | 52 | 42 | 50 | 57 | 67 | 75 | 74 | 65 | 53 | 41 | 43 | 55 | 34 |
| 4 | 葫芦岛 | 32 | 35 | 46 | 60 | 70 | 81 | 89 | 87 | 77 | 63 | 46 | 36 | 60 | 57 |
| 5 | 芷锚湾 | 166 | 176 | 188 | 198 | 201 | 205 | 213 | 222 | 220 | 204 | 182 | 165 | 195 | 57 |
| 6 | 秦皇岛 | 21 | 26 | 37 | 49 | 59 | 67 | 71 | 73 | 68 | 54 | 38 | 24 | 49 | 52 |
| 7 | 京唐港 | 61 | 65 | 74 | 85 | 96 | 105 | 112 | 112 | 106 | 95 | 81 | 65 | 88 | 51 |
| 8 | 唐山三岛 | 47 | 48 | 61 | 73 | 78 | 91 | 98 | 98 | 93 | 76 | 68 | 52 | 74 | 51 |
| 9 | 曹妃甸 | 105 | 108 | 116 | 127 | 135 | 144 | 150 | 150 | 141 | 132 | 121 | 103 | 128 | 47 |
| 10 | 曹妃甸新区 | 91 | 91 | 105 | 116 | 119 | 132 | 138 | 136 | 132 | 118 | 111 | 95 | 115 | 47 |
| 11 | 塘沽 | 101 | 105 | 112 | 122 | 131 | 144 | 149 | 145 | 137 | 127 | 115 | 102 | 124 | 48 |
| 12 | 南港 | 112 | 113 | 126 | 139 | 140 | 155 | 161 | 161 | 153 | 142 | 132 | 115 | 137 | 49 |
| 13 | 黄骅 | 126 | 132 | 136 | 147 | 154 | 165 | 170 | 168 | 163 | 154 | 143 | 126 | 149 | 44 |
| 14 | 滨州港 | 143 | 143 | 155 | 167 | 179 | 187 | 191 | 195 | 189 | 173 | 165 | 148 | 170 | 52 |
| 15 | 东营 | 50 | 56 | 68 | 79 | 87 | 92 | 98 | 105 | 99 | 88 | 67 | 47 | 78 | 58 |
| 16 | 垦东 | 89 | 91 | 102 | 111 | 122 | 132 | 136 | 139 | 132 | 119 | 110 | 96 | 115 | 50 |
| 17 | 潍坊 | 97 | 97 | 106 | 118 | 123 | 132 | 144 | 151 | 139 | 128 | 115 | 102 | 121 | 54 |
| 18 | 羊角沟 | 225 | 227 | 224 | 230 | 237 | 245 | 257 | 265 | 255 | 243 | 231 | 220 | 238 | 45 |
| 19 | 龙口 | 35 | 34 | 39 | 50 | 60 | 69 | 75 | 76 | 70 | 60 | 48 | 38 | 54 | 42 |
| 20 | 蓬莱 | 98 | 98 | 105 | 115 | 124 | 134 | 141 | 142 | 135 | 124 | 113 | 101 | 119 | 44 |
| 21 | 北隍城 | 89 | 91 | 100 | 110 | 118 | 128 | 132 | 134 | 129 | 117 | 106 | 92 | 112 | 45 |

　　渤海沿海总体平均潮差8月最大，1月最小。渤海沿海半日潮显著海区平均潮差多以8月或9月最大，1月或2月最小，具有单峰单谷变化特征；日潮显著海区，如秦皇岛和东营（黄河口）

沿海，平均潮差冬夏季较大、春秋季较小，具有双峰双谷的年变化特征。受地形等因素影响，一般平均潮差从湾口向湾顶逐渐增大，而最小平均潮差出现在 $M_2$ 分潮无潮点附近。渤海沿海平均潮差以辽东湾东北部最大，营口和鲅鱼圈沿海分别为 272 厘米和 248 厘米；渤海湾顶端次之，南港和塘沽沿海分别为 246 厘米和 237 厘米；东营（黄河口）和秦皇岛沿海最小，分别为 58 厘米和 71 厘米，其他各站沿海平均潮差多为 100～200 厘米（表 2.1-5）。

表 2.1-5　渤海沿海各站各月平均潮差　　　　　　　　　　　　单位：厘米

| 序号 | 站名 | 1月 | 2月 | 3月 | 4月 | 5月 | 6月 | 7月 | 8月 | 9月 | 10月 | 11月 | 12月 | 年 |
|---|---|---|---|---|---|---|---|---|---|---|---|---|---|---|
| 1 | 长兴岛 | 101 | 102 | 101 | 100 | 100 | 99 | 98 | 99 | 101 | 103 | 100 | 100 | 100 |
| 2 | 鲅鱼圈 | 244 | 243 | 245 | 247 | 248 | 249 | 250 | 255 | 256 | 253 | 246 | 243 | 248 |
| 3 | 营口 | 243 | 241 | 266 | 278 | 282 | 282 | 284 | 287 | 288 | 281 | 272 | 257 | 272 |
| 4 | 葫芦岛 | 203 | 204 | 204 | 205 | 206 | 206 | 207 | 210 | 212 | 208 | 205 | 203 | 206 |
| 5 | 芷锚湾 | 80 | 68 | 62 | 67 | 84 | 96 | 94 | 77 | 64 | 68 | 80 | 91 | 78 |
| 6 | 秦皇岛 | 73 | 67 | 65 | 68 | 70 | 75 | 80 | 76 | 70 | 69 | 70 | 72 | 71 |
| 7 | 京唐港 | 87 | 88 | 86 | 86 | 86 | 87 | 89 | 93 | 91 | 87 | 86 | 83 | 88 |
| 8 | 唐山三岛 | 101 | 105 | 104 | 105 | 108 | 107 | 110 | 115 | 113 | 111 | 104 | 103 | 107 |
| 9 | 曹妃甸 | 133 | 135 | 135 | 136 | 140 | 144 | 147 | 153 | 151 | 145 | 138 | 135 | 141 |
| 10 | 曹妃甸新区 | 150 | 154 | 153 | 154 | 160 | 159 | 163 | 171 | 167 | 162 | 154 | 151 | 159 |
| 11 | 塘沽 | 225 | 229 | 233 | 237 | 238 | 238 | 243 | 255 | 250 | 240 | 232 | 226 | 237 |
| 12 | 南港 | 236 | 237 | 245 | 243 | 253 | 247 | 255 | 260 | 258 | 248 | 235 | 235 | 246 |
| 13 | 黄骅 | 203 | 207 | 211 | 212 | 218 | 221 | 226 | 237 | 231 | 221 | 211 | 207 | 217 |
| 14 | 滨州港 | 181 | 184 | 185 | 182 | 174 | 181 | 191 | 182 | 182 | 184 | 182 | 179 | 182 |
| 15 | 东营 | 65 | 55 | 50 | 52 | 56 | 63 | 63 | 57 | 52 | 56 | 62 | 67 | 58 |
| 16 | 垦东 | 76 | 78 | 84 | 79 | 77 | 75 | 81 | 84 | 82 | 78 | 75 | 74 | 79 |
| 17 | 潍坊 | 119 | 119 | 131 | 119 | 121 | 122 | 122 | 122 | 118 | 118 | 112 | 114 | 120 |
| 18 | 羊角沟 | 119 | 122 | 138 | 137 | 137 | 138 | 137 | 139 | 139 | 137 | 135 | 131 | 134 |
| 19 | 龙口 | 77 | 80 | 83 | 81 | 80 | 81 | 84 | 88 | 86 | 83 | 80 | 78 | 82 |
| 20 | 蓬莱 | 103 | 104 | 105 | 105 | 106 | 105 | 106 | 110 | 110 | 107 | 104 | 103 | 106 |
| 21 | 北隍城 | 130 | 131 | 131 | 131 | 129 | 128 | 131 | 134 | 134 | 132 | 130 | 129 | 131 |
| | 平均 | 140 | 141 | 144 | 144 | 146 | 148 | 151 | 153 | 150 | 147 | 143 | 142 | 146 |

渤海沿海平均高潮位、平均低潮位和平均潮差长期变化趋势区域特征明显，不同时段变化速率存在差异。辽东湾沿海平均高潮位均呈上升趋势，其中鲅鱼圈站 1980—2018 年上升速率为 4.64 毫米/年；除羊角沟外，渤海西部至莱州湾沿海平均高潮位略呈上升趋势；渤海海峡南部沿海平均高潮位呈上升趋势，蓬莱站 1984—2018 年上升速率为 3.88 毫米/年。辽东湾沿海平均低潮位上升趋势不明显，其中葫芦岛站 1960—2018 年上升速率为 1.16 毫米/年；渤海西部至莱州湾沿海平均低潮位上升趋势明显，其中塘沽站 1950—2018 年上升速率为 5.19 毫米/年，龙口站 1961—2018 年上升速率为 5.28 毫米/年；渤海海峡南部沿海平均低潮位略呈上升趋势，蓬莱站 1984—2018 年上升速率为 1.26 毫米/年。辽东湾沿海平均潮差均呈增大趋势，其中鲅鱼圈站

1980—2018 年增大速率为 4.27 毫米 / 年；除羊角沟外，渤海西部至莱州湾沿海平均潮差均呈减小趋势，其中塘沽站 1950—2018 年减小速率为 4.27 毫米 / 年，龙口站 1961—2018 年减小速率为 5.42 毫米 / 年；渤海海峡南部沿海平均潮差呈增大趋势，蓬莱站 1984—2018 年增大速率为 2.61 毫米 / 年。各站平均高潮位、平均低潮位和平均潮差变化详细情况见各站具体章节。

# 第二节　极值潮位

渤海沿海各站年最高潮位和年最低潮位的各月发生频率见表 2.2-1 和表 2.2-2。渤海沿海各站年最高潮位出现时间均集中在 7 月和 8 月，其中 8 月各站平均发生频率最高，为 29%；7 月次之，为 23%。渤海沿海各站年最低潮位多出现在 11 月至翌年 3 月，其中 12 月各站平均发生频率最高，为 27%；1 月次之，为 20%。

表 2.2-1　渤海沿海各站年最高潮位的出现频率 / %

| 序号 | 站名 | 1月 | 2月 | 3月 | 4月 | 5月 | 6月 | 7月 | 8月 | 9月 | 10月 | 11月 | 12月 | 时段/年 |
|---|---|---|---|---|---|---|---|---|---|---|---|---|---|---|
| 1 | 鲅鱼圈 | 0 | 0 | 0 | 3 | 14 | 5 | 43 | 22 | 5 | 8 | 0 | 0 | 1980—2018 |
| 2 | 营口 | 0 | 0 | 0 | 0 | 11 | 0 | 54 | 24 | 3 | 3 | 5 | 0 | 1953—1994 |
| 3 | 葫芦岛 | 0 | 0 | 0 | 0 | 8 | 14 | 44 | 24 | 5 | 2 | 3 | 0 | 1960—2018 |
| 4 | 芷锚湾 | 0 | 0 | 0 | 0 | 12 | 12 | 16 | 44 | 13 | 0 | 0 | 3 | 1984—2018 |
| 5 | 秦皇岛 | 0 | 0 | 2 | 0 | 4 | 15 | 22 | 42 | 9 | 4 | 0 | 2 | 1965—2018 |
| 6 | 塘沽 | 1 | 3 | 3 | 0 | 0 | 3 | 7 | 30 | 23 | 15 | 15 | 0 | 1950—2018 |
| 7 | 羊角沟 | 5 | 5 | 8 | 11 |  | 0 | 3 | 11 | 11 | 16 | 16 | 11 | 1972—1999 |
| 8 | 龙口 | 7 | 2 | 4 | 0 | 2 | 10 | 10 | 25 | 10 | 16 | 12 |  | 1961—2018 |
| 9 | 蓬莱 |  | 3 | 4 |  | 6 | 6 | 8 | 41 |  | 15 | 6 |  | 1984—2018 |
| | 平均 | 0 | 1 | 2 | 2 | 6 | 8 | 23 | 29 | 10 | 6 | 2 |  | |

表 2.2-2　渤海沿海各站年最低潮位的出现频率 / %

| 序号 | 站名 | 1月 | 2月 | 3月 | 4月 | 5月 | 6月 | 7月 | 8月 | 9月 | 10月 | 11月 | 12月 | 时段/年 |
|---|---|---|---|---|---|---|---|---|---|---|---|---|---|---|
| 1 | 鲅鱼圈 | 26 | 18 | 13 | 3 | 0 | 0 | 0 | 0 | 0 | 8 | 8 | 24 | 1980—2018 |
| 2 | 营口 | 8 | 3 | 16 | 14 |  |  |  | 3 |  | 38 | 16 |  | 1953—1994 |
| 3 | 葫芦岛 | 22 | 17 | 15 | 5 | 0 | 0 | 0 | 0 | 0 | 0 | 10 | 31 | 1960—2018 |
| 4 | 芷锚湾 | 25 | 16 | 9 | 0 | 0 | 0 | 0 | 0 | 0 | 0 | 19 | 31 | 1984—2018 |
| 5 | 秦皇岛 | 20 | 17 |  |  |  |  |  |  |  |  | 4 | 39 | 1965—2018 |
| 6 | 塘沽 | 23 | 20 | 10 | 4 | 0 | 0 | 0 | 0 | 0 | 0 | 9 | 34 | 1950—2018 |
| 7 | 羊角沟 | 16 | 19 | 14 | 5 |  | 3 |  |  |  | 5 | 8 | 30 | 1972—1999 |
| 8 | 龙口 | 19 | 21 | 23 | 7 | 0 | 0 | 0 | 0 | 0 | 2 | 11 | 18 | 1961—2018 |
| 9 | 蓬莱 | 21 | 26 | 29 | 3 | 0 | 0 | 0 | 0 | 0 | 3 |  | 18 | 1984—2018 |
| | 平均 | 20 | 17 | 16 | 3 | 0 | 0 | 0 | 0 | 0 | 2 | 13 | 27 | |

渤海沿海年最高潮位和年最低潮位长期变化趋势区域特征明显，不同时段变化速率存在差异。除辽东湾东部沿海外，渤海沿海年最高潮位长期变化趋势不明显。除羊角沟外，渤海西部至莱州

湾沿海年最低潮位呈明显上升趋势，其中秦皇岛站 1965—2018 年上升速率为 4.29 毫米 / 年，塘沽站 1950—2018 年上升速率为 6.91 毫米 / 年，龙口站 1961—2018 年上升速率为 5.22 毫米 / 年；辽东湾西部和渤海海峡南部沿海年最低潮位上升趋势不明显；辽东湾东部沿海年最低潮位呈上升趋势，鲅鱼圈站 1980—2018 年上升速率为 7.22 毫米 / 年。各站年最高潮位和年最低潮位变化详细情况见各站具体章节。

渤海沿海各站历史最高潮位主要出现在 7—9 月，多为风暴增水、天文大潮和季节性高海平面三者叠加的结果。渤海沿海各站历史最低潮位出现时间比较分散，在秋季、冬季和春季均有发生，主要为温带气旋和冷空气所致（表 2.2-3）。

表 2.2-3　渤海沿海各站最高潮位和最低潮位及出现时间　　　　　　　　　　　　单位：厘米

| 序号 | 站 名 | 最高潮位及出现时间 | | 最低潮位及出现时间 | | 时段 / 年 |
|---|---|---|---|---|---|---|
| 1 | 鲅鱼圈 | 518 | 1994 年 9 月 4 日 | -110 | 1980 年 10 月 26 日 | 1980—2018 |
| 2 | 营 口 | 512 | 1985 年 8 月 2 日 | -46 | 1990 年 11 月 21 日 | 1953—1994 |
| 3 | 葫芦岛 | 434 | 1985 年 8 月 2 日 | -162 | 2005 年 12 月 5 日 | 1960—2018 |
| 4 | 芷锚湾 | 381 | 2013 年 5 月 27 日 | 44 | 1987 年 2 月 3 日 | 1984—2018 |
| 5 | 秦皇岛 | 243 | 1972 年 7 月 26 日 | -173 | 2007 年 3 月 5 日 | 1965—2018 |
| 6 | 塘 沽 | 575 | 1992 年 9 月 1 日 | -131 | 2007 年 3 月 5 日 | 1950—2018 |
| 7 | 羊角沟 | 645 | 1992 年 9 月 1 日 | 101 | 1981 年 10 月 23 日 | 1972—1999 |
| 8 | 龙 口 | 340 | 1972 年 7 月 27 日 | -123 | 1972 年 4 月 1 日 | 1961—2018 |
| 9 | 蓬 莱 | 385 | 1992 年 9 月 2 日 | -39 | 1987 年 2 月 3 日 | 1984—2018 |

# 第三节　增减水

1950 年以来，渤海沿海各站年最大增水多出现在 11 月至翌年 4 月，其中 12 月平均出现频率最高，为 18%；11 月次之，为 17%。年最大减水多出现在 11 月至翌年 3 月，其中 12 月平均出现频率最高，为 23%；1 月次之，为 19%（表 2.3-1 和表 2.3-2）。

表 2.3-1　渤海沿海各站年最大增水的出现频率 / %

| 序号 | 站名 | 1月 | 2月 | 3月 | 4月 | 5月 | 6月 | 7月 | 8月 | 9月 | 10月 | 11月 | 12月 | 时段 / 年 |
|---|---|---|---|---|---|---|---|---|---|---|---|---|---|---|
| 1 | 鲅鱼圈 | 8 | 8 | 13 | 5 | 0 | 0 | 0 | 11 | 6 | 13 | 18 | 18 | 1980—2018 |
| 2 | 营 口 | 16 | 3 | 8 | 8 | 0 | 0 | 11 | 5 | 3 | 5 | 19 | 22 | 1953—1994 |
| 3 | 葫芦岛 | 14 | 7 | 15 | 7 | 0 | 0 | 3 | 7 | 3 | 3 | 17 | 24 | 1960—2018 |
| 4 | 芷锚湾 | 0 | 6 | 16 | 13 | 3 | 0 | 0 | 9 | 6 | 0 | 16 | 31 | 1984—2018 |
| 5 | 秦皇岛 | 17 | 9 | 13 | 6 | 2 | 0 | 4 | 7 | 5 | 2 | 13 | 22 | 1965—2018 |
| 6 | 塘 沽 | 4 | 16 | 10 | 7 | 0 | 3 | 1 | 3 | 2 | 19 | 20 | 15 | 1950—2018 |
| 7 | 羊角沟 | 3 | 8 | 11 | 19 | 8 | 0 | 3 | 3 | 5 | 16 | 19 | 5 | 1972—1999 |
| 8 | 龙 口 | 9 | 16 | 10 | 10 | 2 | 3 | 3 | 7 | 5 | 18 | 18 | 9 | 1961—2018 |
| 9 | 蓬 莱 | 9 | 18 | 11 | 3 | 0 | 3 | 0 | 15 | 6 | 9 | 11 | 15 | 1984—2018 |
| | 平 均 | 9 | 10 | 12 | 9 | 2 | 1 | 3 | 7 | 4 | 8 | 17 | 18 | |

表 2.3-2　渤海沿海各站年最大减水的出现频率 / %

| 序号 | 站名 | 1月 | 2月 | 3月 | 4月 | 5月 | 6月 | 7月 | 8月 | 9月 | 10月 | 11月 | 12月 | 时段 / 年 |
|---|---|---|---|---|---|---|---|---|---|---|---|---|---|---|
| 1 | 鲅鱼圈 | 26 | 16 | 13 | 2 | 0 | 0 | 0 | 0 | 3 | 16 | 8 | 16 | 1980—2018 |
| 2 | 营　口 | 22 | 24 | 3 | 8 | 0 | 0 | 0 | 0 | 0 | 11 | 16 | 16 | 1953—1994 |
| 3 | 葫芦岛 | 19 | 14 | 15 | 5 | 2 | 0 | 0 | 2 | 2 | 3 | 12 | 27 | 1960—2018 |
| 4 | 芷锚湾 | 19 | 22 | 16 | 3 | 0 | 0 | 0 | 3 | 0 | 0 | 13 | 25 | 1984—2018 |
| 5 | 秦皇岛 | 17 | 15 | 16 | 4 | 0 | 0 | 0 | 4 | 0 | 7 | 13 | 24 | 1965—2018 |
| 6 | 塘　沽 | 19 | 17 | 10 | 3 | 0 | 0 | 0 | 0 | 0 | 6 | 17 | 28 | 1950—2018 |
| 7 | 羊角沟 | 11 | 11 | 22 | 11 | 0 | 0 | 0 | 0 | 0 | 8 | 13 | 24 | 1972—1999 |
| 8 | 龙　口 | 19 | 10 | 21 | 9 | 0 | 0 | 0 | 4 | 0 | 4 | 14 | 19 | 1961—2018 |
| 9 | 蓬　莱 | 20 | 15 | 20 | 6 | 0 | 0 | 0 | 3 | 0 | 0 | 12 | 24 | 1984—2018 |
| | 平　均 | 19 | 16 | 15 | 6 | 0 | 0 | 0 | 2 | 1 | 5 | 13 | 23 | |

　　渤海沿海年最大增水和年最大减水长期变化趋势区域特征明显，不同时段变化速率存在差异。除营口和羊角沟站外，渤海沿海年最大增水均呈减小趋势，其中塘沽站 1950—2018 年减小速率为 4.36 毫米 / 年，葫芦岛站 1960—2018 年减小速率为 3.12 毫米 / 年；渤海海峡南部沿海年最大增水呈增大趋势，蓬莱站 1984—2018 年增大速率为 2.98 毫米 / 年（线性趋势未通过显著性检验）。辽东湾东部和渤海西部沿海年最大减水呈减小趋势，其中鲅鱼圈站 1980—2018 年减小速率为 5.75 毫米 / 年（线性趋势未通过显著性检验），塘沽站 1950—2018 年减小速率为 2.99 毫米 / 年（线性趋势未通过显著性检验）；其他各站沿海无明显变化趋势。各站年最大增水和年最大减水变化详细情况见各站具体章节。

　　渤海沿海历史最大增水为 304 厘米，出现在莱州湾羊角沟站，时间为 1992 年 9 月 1 日；渤海沿海历史最大减水为 296 厘米，出现在辽东湾营口站，时间为 1987 年 2 月 3 日（表 2.3-3）。

表 2.3-3　渤海沿海各站年最大增水和年最大减水　　　　　　　　　　　单位：厘米

| 序号 | 站　名 | 年最大增水及出现时间 | | 年最大减水及出现时间 | | 时段 / 年 |
|---|---|---|---|---|---|---|
| 1 | 鲅鱼圈 | 135 | 2004 年 9 月 15 日 | 230 | 1987 年 2 月 3 日 | 1980—2018 |
| 2 | 营　口 | 182 | 1981 年 3 月 24 日 | 296 | 1987 年 2 月 3 日 | 1953—1994 |
| 3 | 葫芦岛 | 181 | 1972 年 7 月 27 日 | 237 | 2007 年 3 月 5 日 | 1960—2018 |
| 4 | 芷锚湾 | 98 | 1987 年 8 月 27 日 | 178 | 1987 年 2 月 3 日 | 1984—2018 |
| 5 | 秦皇岛 | 170 | 1972 年 7 月 27 日 | 210 | 2007 年 3 月 5 日 | 1965—2018 |
| 6 | 塘　沽 | 235 | 1966 年 2 月 20 日 | 244 | 1968 年 1 月 14 日 | 1950—2018 |
| 7 | 羊角沟 | 304 | 1992 年 9 月 1 日 | 189 | 1972 年 12 月 30 日 | 1972—1999 |
| 8 | 龙　口 | 164 | 1992 年 9 月 1 日 | 181 | 2007 年 3 月 6 日 | 1961—2018 |
| 9 | 蓬　莱 | 145 | 2007 年 3 月 4 日 | 167 | 2007 年 3 月 5 日 | 1984—2018 |

# 第三章　海浪

## 第一节　海况

　　渤海沿海全年及各月各级海况的频率见图3.1-1。全年海况以 0 ～ 4 级为主，频率为92.92%，其中 0 ～ 2 级海况频率为54.36%。全年 5 级及以上海况频率为7.08%，最大频率出现在 1 月，为14.33%。全年 7 级及以上海况频率为0.47%，最大频率出现在 2 月，为1.54%。

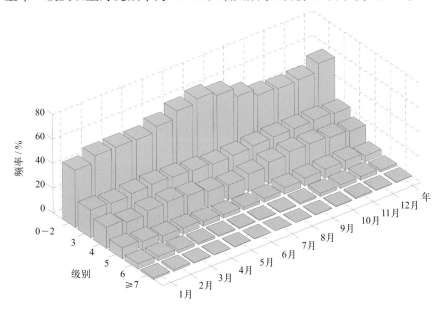

图3.1-1　渤海沿海全年及各月各级海况频率（1959—2018年）

　　渤海西部（以葫芦岛、芷锚湾、秦皇岛和塘沽站为代表站，下同） 0 ～ 2 级海况频率均在50% 以下，渤海东部（以龙口、蓬莱、北隍城、温坨子和鲅鱼圈站为代表站，下同） 0 ～ 2 级海况频率均在50% 以上（表 3.1-1）。蓬莱站 0 ～ 2 级海况频率最高，为76.35%，龙口站次之，为65.55%，温坨子站第三，为65.44%，葫芦岛站最低，为41.21%。塘沽站 7 级及以上海况频率最高，为1.72%，北隍城站次之，为1.05%，温坨子站最小，为0.01%。

表 3.1-1　渤海沿海各站主要海况全年频率 / %（1959—2018 年）

| | 温坨子 | 鲅鱼圈 | 葫芦岛 | 芷锚湾 | 秦皇岛 | 塘沽 | 龙口 | 蓬莱 | 北隍城 |
|---|---|---|---|---|---|---|---|---|---|
| 0 ～ 2 级 | 65.44 | 57.16 | 41.21 | 43.72 | 48.61 | 49.47 | 65.55 | 76.35 | 54.76 |
| ≥ 7 级 | 0.01 | 0.04 | 0.21 | 0.12 | 0.05 | 1.72 | 0.77 | 0.09 | 1.05 |

## 第二节　波型

　　渤海沿海风浪频率和涌浪频率见表3.2-1。全年以风浪为主，频率为99.68%，涌浪频率为

19.26%。各站风浪频率均不低于99.00%。温坨子站涌浪频率最高，为29.47%，北隍城次之，为27.44%；芷锚湾、秦皇岛和塘沽站涌浪频率居中，为21.62%～25.26%；鲅鱼圈、龙口、蓬莱和葫芦岛站涌浪频率较低，均在20%以下，其中鲅鱼圈站最低，为2.99%。

表 3.2-1 渤海沿海各站全年风浪涌浪频率（1959—2018 年）

| | 温坨子 | 鲅鱼圈 | 葫芦岛 | 芷锚湾 | 秦皇岛 | 塘沽 | 龙口 | 蓬莱 | 北隍城 | 平均 |
|---|---|---|---|---|---|---|---|---|---|---|
| 风浪 / % | 99.97 | 99.96 | 99.00 | 99.51 | 99.34 | 99.77 | 99.80 | 100.00 | 99.77 | 99.68 |
| 涌浪 / % | 29.47 | 2.99 | 18.34 | 21.62 | 24.01 | 25.26 | 10.91 | 13.32 | 27.44 | 19.26 |

注：风浪包含F、F/U、FU和U/F波型；涌浪包含U、U/F、FU和F/U波型。

# 第三节　波向

## 1. 各向风浪频率

海浪在近岸的传播受地形影响较大，渤海沿海各站各向风浪和涌浪的频率分布既具有共性特征也具有较强的局地特征。渤海西部（除塘沽站外）偏南向风浪较多，如葫芦岛和秦皇岛站风浪频率较大的方向为 SSW 和 S，芷锚湾站风浪频率较大的方向为 SSW 和 SW。渤海东部（除鲅鱼圈站外）偏北向风浪居多，如龙口和蓬莱站风浪频率较大的方向为 NE 和 NNE，北隍城站风浪频率较大的方向为 N 和 NNW，温坨子站风浪频率较大的方向为 NNE 和 N。塘沽和鲅鱼圈站局地特征明显，塘沽站风浪频率较大的方向为 E 和 SE；鲅鱼圈站风浪频率较大的方向为 SW 和 NNE，两个方向的夹角接近 180°。

渤海沿海风浪频率最小的方向多为各站向岸方向。除鲅鱼圈站外，各站（从温坨子站开始沿渤海岸线逆时针旋转）风浪频率最大方向呈逆时针变化特征。

渤海沿海全年各向风浪频率见表 3.3-1。渤海西部 S—SW 向风浪较多，其中 SSW 向风浪最多，频率为 14.38%；W—NNW 向风浪较少，其中 WNW 向风浪最少，频率为 0.88%。渤海东部 N—NE 向风浪较多，其中 N 向风浪最多，频率为 8.55%；E 向和 ESE 向风浪较少，其中 ESE 向风浪最少，频率为 0.38%。

表 3.3-1 全年各向风浪频率 / %（1959—2018 年）

| | N | NNE | NE | ENE | E | ESE | SE | SSE | S | SSW | SW | WSW | W | WNW | NW | NNW |
|---|---|---|---|---|---|---|---|---|---|---|---|---|---|---|---|---|
| 渤海西部 | 2.60 | 3.58 | 4.60 | 3.85 | 5.12 | 3.50 | 3.56 | 3.60 | 8.71 | 14.38 | 8.49 | 3.63 | 1.69 | 0.88 | 1.36 | 1.29 |
| 渤海东部 | 8.55 | 7.34 | 6.15 | 0.96 | 0.47 | 0.38 | 0.91 | 1.68 | 3.32 | 3.82 | 4.77 | 2.41 | 1.95 | 1.50 | 3.32 | 5.14 |

## 2. 各向涌浪频率

渤海沿海各站涌浪频率较大方向与风浪频率较大方向相近。葫芦岛、芷锚湾、秦皇岛、塘沽、蓬莱和北隍城站涌浪频率最大方向与风浪频率最大方向相同，龙口和温坨子站涌浪频率最大方向与风浪频率第二大方向相同，鲅鱼圈站涌浪频率最大方向接近向岸方向，具有较强局地特征。各站（从温坨子站开始沿渤海岸线逆时针旋转）涌浪频率最大方向呈逆时针变化特征。

渤海沿海全年各向涌浪频率见表 3.3-2。渤海西部 S 向和 SSW 向涌浪较多,其中 S 向涌浪最多,频率为 3.87%;W—NNW 向涌浪较少,其中 WNW 向涌浪最少,频率为 0.08%。渤海东部 NNW—NNE 向涌浪较多,其中 N 向涌浪最多,频率为 3.32%;SSE—SSW 向涌浪较少,其中 S 向涌浪最少,频率为 0.14%。

表 3.3-2　全年各向涌浪频率 / %（1959—2018 年）

| | N | NNE | NE | ENE | E | ESE | SE | SSE | S | SSW | SW | WSW | W | WNW | NW | NNW |
|---|---|---|---|---|---|---|---|---|---|---|---|---|---|---|---|---|
| 渤海西部 | 0.25 | 0.39 | 1.12 | 1.05 | 2.15 | 1.92 | 2.36 | 1.75 | 3.87 | 3.44 | 1.57 | 0.41 | 0.16 | 0.08 | 0.15 | 0.15 |
| 渤海东部 | 3.32 | 2.26 | 1.19 | 0.49 | 0.89 | 0.57 | 0.41 | 0.28 | 0.14 | 0.26 | 0.74 | 0.81 | 0.59 | 0.54 | 1.61 | 2.54 |

# 第四节　波高

## 1. 平均波高和最大波高

渤海沿海波高的年变化见表 3.4-1。月平均波高的年变化较大,为 0.3 ~ 0.8 米,具有冬大夏小的特点。历年的平均波高为 0.4 ~ 0.7 米。月最大波高极大值出现在 3 月,为 13.9 米[1],极小值出现在 7 月,为 5.0 米,变幅为 8.9 米。历年（1960—2018 年）的最大波高值为 3.7 ~ 13.9 米,大于等于 8.0 米的共有 7 年,其中最大波高的极大值 13.9 米出现在北隍城站,出现时间为 1962 年 3 月 25 日,波向为 N。

表 3.4-1　波高的年变化（1959—2018 年）　　　　　　　　单位:米

| | 1月 | 2月 | 3月 | 4月 | 5月 | 6月 | 7月 | 8月 | 9月 | 10月 | 11月 | 12月 | 年 |
|---|---|---|---|---|---|---|---|---|---|---|---|---|---|
| 平均波高 | 0.8 | 0.7 | 0.5 | 0.4 | 0.4 | 0.3 | 0.3 | 0.4 | 0.5 | 0.6 | 0.7 | 0.8 | 0.5 |
| 最大波高 | 7.2 | 8.0 | 13.9 | 11.5 | 6.9 | 5.3 | 5.0 | 6.1 | 7.9 | 7.7 | 8.0 | 6.8 | 13.9 |

各站的波高特征值见表 3.4-2。平均波高北隍城站最大,为 0.7 米,塘沽站次之,为 0.6 米,鲅鱼圈和蓬莱站最小,均为 0.3 米。最大波高北隍城站最大,为 13.9 米,对应平均周期为 11.4 秒,龙口站次之,为 7.2 米,对应平均周期为 8.4 秒,鲅鱼圈站最小,为 3.5 米,对应平均周期为 4.7 秒。

表 3.4-2　渤海沿海各站的波高及周期特征值（1959—2018 年）

| | 温坨子 | 鲅鱼圈 | 葫芦岛 | 芷锚湾 | 秦皇岛 | 塘沽 | 龙口 | 蓬莱 | 北隍城 | 平均 / 最大 |
|---|---|---|---|---|---|---|---|---|---|---|
| 平均波高 / 米 | 0.4 | 0.3 | 0.5 | 0.5 | 0.5 | 0.6 | 0.5 | 0.3 | 0.7 | 0.5 |
| 最大波高 / 米 | 4.5 | 3.5 | 4.6 | 3.6 | 4.2 | 6.5 | 7.2 | 4.1 | 13.9 | 13.9 |
| 最大波高对应平均周期 / 秒 | 7.4 | 4.7 | 6.6 | 5.5 | 6.0 | 5.0 | 8.4 | 6.6 | 11.4 | 11.4 |

---

[1] 北隍城站认为该值发生在建站初期,观测人员缺乏经验,测值误差可能较大,建议该值仅供参考。该值发生前后最大波高值均较大,存在一大的波浪过程,因此保留。

## 2. 各向平均波高和最大波高

渤海西部各季代表月及全年各向波高的分布见图 3.4-1 和图 3.4-2。全年各向平均波高为 0.4 ~ 0.7 米，大值主要分布于 NE 向和 ENE 向，小值主要分布于 W 向和 WNW 向。全年各向最大波高 NE 向最大，为 6.5 米；ENE 向次之，为 5.5 米；W 向最小，为 2.5 米（表 3.4-3）。

表 3.4-3　渤海西部全年各向平均波高和最大波高（1959—2018 年）　　　　单位：米

| | N | NNE | NE | ENE | E | ESE | SE | SSE | S | SSW | SW | WSW | W | WNW | NW | NNW |
|---|---|---|---|---|---|---|---|---|---|---|---|---|---|---|---|---|
| 平均波高 | 0.5 | 0.6 | 0.7 | 0.7 | 0.6 | 0.5 | 0.5 | 0.5 | 0.5 | 0.6 | 0.6 | 0.5 | 0.4 | 0.4 | 0.5 | 0.5 |
| 最大波高 | 4.0 | 3.5 | 6.5 | 5.5 | 5.0 | 3.8 | 4.1 | 4.6 | 4.0 | 4.4 | 3.9 | 3.0 | 2.5 | 3.0 | 4.5 | 3.5 |

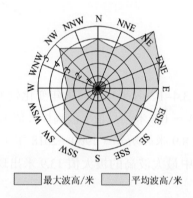

图3.4-1　渤海西部全年各向平均波高和最大波高（1959—2018年）

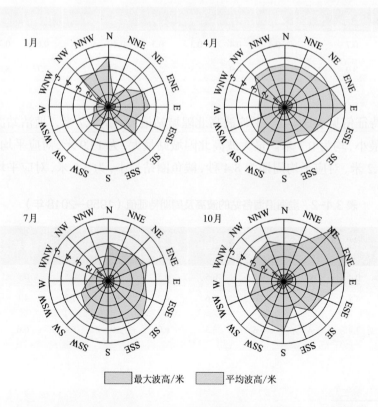

图3.4-2　渤海西部四季代表月各向平均波高和最大波高（1959—2018年）

1月平均波高ENE向和E向最大,均为0.6米;SSE向、S向、W向和WNW向最小,均为0.3米。最大波高N向最大,为4.0米;E向和NW向次之,均为3.5米;S向和WNW向最小,均为0.8米。

4月平均波高NE向和ENE向最大,均为0.7米;在10个方向较小,均为0.5米。最大波高E向最大,为5.0米;ENE向次之,为4.1米;WSW向和W向最小,均为2.1米。

7月平均波高NE向、SE向和SSW向最大,均为0.6米;NNW向最小,为0.3米。最大波高SE向最大,为4.1米;ENE向、ESE向、SSE向和S向次之,均为3.5米;NNW向最小,为1.2米。

10月平均波高NE向和ENE向最大,均为0.8米;SE向和SSE向最小,均为0.4米。最大波高NE向最大,为6.0米;ENE向次之,为5.5米;SSE最小,为2.2米。

渤海东部各季代表月及全年各向波高的分布见图3.4-3和图3.4-4。全年各向平均波高为0.3~1.1米,大值主要分布于N向和NNE向,其中NNE向最大,小值主要分布于E—SSW向,其中ESE向和SSE向最小。全年各向最大波高N向最大,为13.9米;NW向次之,为11.5米;S向最小,为2.3米(表3.4-4)。

表3.4-4 渤海东部全年各向平均波高和最大波高(1960—2018年) 单位:米

| | N | NNE | NE | ENE | E | ESE | SE | SSE | S | SSW | SW | WSW | W | WNW | NW | NNW |
|---|---|---|---|---|---|---|---|---|---|---|---|---|---|---|---|---|
| 平均波高 | 1.0 | 1.1 | 0.9 | 0.6 | 0.4 | 0.3 | 0.4 | 0.3 | 0.4 | 0.4 | 0.5 | 0.5 | 0.6 | 0.8 | 0.9 | 0.9 |
| 最大波高 | 13.9 | 8.1 | 7.9 | 4.4 | 4.5 | 6.1 | 5.3 | 4.6 | 2.3 | 2.9 | 4.5 | 4.6 | 3.6 | 4.9 | 11.5 | 8.0 |

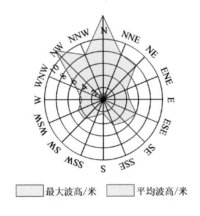

□ 最大波高/米  □ 平均波高/米

图3.4-3 渤海东部全年各向平均波高和最大波高(1960—2018年)

1月平均波高NNE向和NNW向最大,均为1.1米;SSE向最小,为0.3米。最大波高NE向最大,为7.2米;NNE向次之,为7.0米;SSE向最小,为1.6米。

4月平均波高NNE向最大,为1.0米;SSE向最小,为0.3米。最大波高NW向最大,为11.5米;N向次之,为6.8米;SSE向最小,为1.9米。

7月平均波高N—NE向最大,均为0.6米;E向、ESE向、SSE向和S向最小,均为0.3米。最大波高NE向最大,为5.0米;WSW向次之,为4.6米;WNW向和NW向最小,均为1.5米。

10月平均波高NNE向最大,为1.2米;ESE向和SSE向最小,均为0.3米。最大波高N向最大,为7.7米;NNE向次之,为7.5米;S向最小,为1.6米。

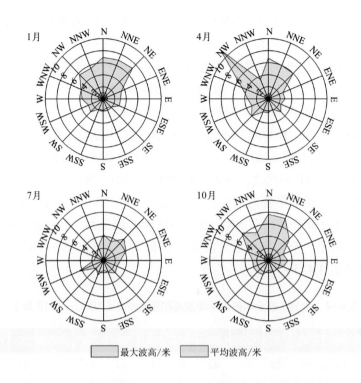

图3.4-4　渤海东部四季代表月各向平均波高和最大波高（1960—2018年）

最大波高/米　　　平均波高/米

# 第五节　周期

## 1. 平均周期和最大周期

渤海沿海周期的年变化见表3.5-1。月平均周期的年变化为2.0～3.2秒，具有冬大夏小的特点。月最大周期极大值出现在1月，为13.7秒，极小值出现在6月，为8.8秒。历年的平均周期为1.8～3.2秒，其中1965年、1966年和2013年最大，1996年最小。历年（1960—2018年）的最大周期均大于等于7.1秒，大于等于10.0秒的共有18年，其中最大周期的极大值13.7秒出现在北隍城站，出现时间为1971年1月21日，波向为N。

各站的周期特征值见表3.5-2。平均周期北隍城站最大，为3.4秒，塘沽站次之，为3.0秒，蓬莱站最小，为1.4秒。最大周期北隍城站最大，为13.7秒，龙口站次之，为13.1秒，芷锚湾站最小，为6.8秒。

表3.5-1　周期的年变化（1959—2018年）　　　　　　　　　　　　单位：秒

| | 1月 | 2月 | 3月 | 4月 | 5月 | 6月 | 7月 | 8月 | 9月 | 10月 | 11月 | 12月 | 年 |
|---|---|---|---|---|---|---|---|---|---|---|---|---|---|
| 平均周期 | 3.2 | 2.9 | 2.6 | 2.4 | 2.2 | 2.0 | 2.1 | 2.2 | 2.5 | 2.8 | 3.0 | 3.2 | 2.5 |
| 最大周期 | 13.7 | 13.2 | 11.4 | 13.1 | 10.5 | 8.8 | 9.9 | 9.6 | 10.5 | 11.5 | 12.9 | 10.0 | 13.7 |

表 3.5-2　渤海沿海各站的周期特征值（1959—2018 年）　　　　单位：秒

| | 温坨子 | 鲅鱼圈 | 葫芦岛 | 芷锚湾 | 秦皇岛 | 塘沽 | 龙口 | 蓬莱 | 北隍城 | 平均 / 最大 |
|---|---|---|---|---|---|---|---|---|---|---|
| 平均周期 | 2.0 | 1.9 | 2.8 | 2.4 | 2.9 | 3.0 | 2.6 | 1.4 | 3.4 | 2.5 |
| 最大周期 | 8.9 | 8.3 | 12.1 | 6.8 | 10.0 | 11.4 | 13.1 | 8.0 | 13.7 | 13.7 |

### 2. 各向平均周期和最大周期

渤海西部各季代表月及全年各向周期的分布见图 3.5-1 和图 3.5-2。全年各向平均周期为 2.7 ~ 3.3 秒，NE 向和 ENE 向周期值最大，W—NW 向周期值最小。全年各向最大周期 S 向最大，为 12.1 秒；SSE 向次之，为 12.0 秒；WNW 向最小，为 5.9 秒（表 3.5-3）。

表 3.5-3　渤海西部全年各向平均周期和最大周期（1959—2018 年）　　　　单位：秒

| | N | NNE | NE | ENE | E | ESE | SE | SSE | S | SSW | SW | WSW | W | WNW | NW | NNW |
|---|---|---|---|---|---|---|---|---|---|---|---|---|---|---|---|---|
| 平均周期 | 2.9 | 3.0 | 3.3 | 3.3 | 3.2 | 3.1 | 3.1 | 3.0 | 3.0 | 3.0 | 3.0 | 2.9 | 2.7 | 2.7 | 2.7 | 2.8 |
| 最大周期 | 6.3 | 7.9 | 10.0 | 9.2 | 8.5 | 8.4 | 8.8 | 12.0 | 12.1 | 7.3 | 9.8 | 6.2 | 7.8 | 5.9 | 7.0 | 6.6 |

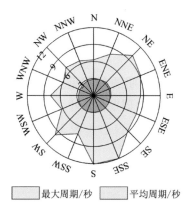

最大周期/秒　　　平均周期/秒

图3.5-1　渤海西部全年各向平均周期和最大周期（1959—2018年）

1 月平均周期 SE 向最大，为 3.3 秒；W 向和 NW 向最小，均为 2.3 秒。最大周期 N 向最大，为 5.7 秒；SE 向次之，为 5.6 秒；SSE 向最小，为 3.8 秒。

4 月平均周期 NE 向和 ENE 向最大，均为 3.3 秒；W—NNW 向最小，均为 2.7 秒。最大周期 S 向最大，为 12.1 秒；SSE 向次之，为 12.0 秒；WNW 向最小，为 5.2 秒。

7 月平均周期 NE 向、ENE 向和 SE 向最大，均为 3.1 秒；WNW 向和 NNW 向最小，均为 2.6 秒。最大周期 SE 向最大，为 8.8 秒；S 向次之，为 8.5 秒；WNW 向最小，为 4.3 秒。

10 月平均周期 ENE 向最大，为 3.7 秒；W 向和 WNW 向最小，均为 2.7 秒。最大周期 SW 向最大，为 9.3 秒；ENE 向和 S 向次之，均为 8.6 秒；NW 向最小，为 5.3 秒。

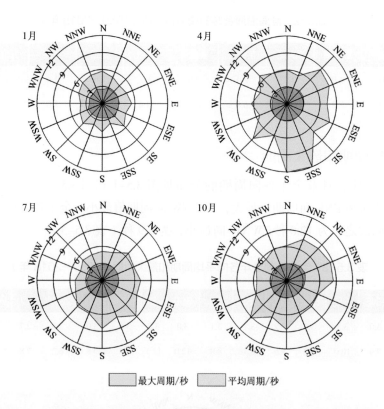

图3.5-2　渤海西部四季代表月各向平均周期和最大周期（1959—2018年）

渤海东部各季代表月及全年各向周期的分布见图 3.5-3 和图 3.5-4。全年各向平均周期为 2.4 ~ 4.3 秒，NNE 向周期值最大，SSE 向周期值最小。全年各向最大周期 N 向最大，为 13.7 秒；NNE 向次之，为 13.6 秒；SSW 向最小，为 6.9 秒（表 3.5-4）。

表 3.5-4　渤海东部全年各向平均周期和最大周期（1960—2018 年）　　　　单位：秒

| | N | NNE | NE | ENE | E | ESE | SE | SSE | S | SSW | SW | WSW | W | WNW | NW | NNW |
|---|---|---|---|---|---|---|---|---|---|---|---|---|---|---|---|---|
| 平均周期 | 4.1 | 4.3 | 3.9 | 3.3 | 2.6 | 2.6 | 2.6 | 2.4 | 2.5 | 2.9 | 3.2 | 3.3 | 3.5 | 3.7 | 3.9 | 4.0 |
| 最大周期 | 13.7 | 13.6 | 11.0 | 9.3 | 8.5 | 9.0 | 7.7 | 8.3 | 7.0 | 6.9 | 8.3 | 8.9 | 8.2 | 9.6 | 12.7 | 11.0 |

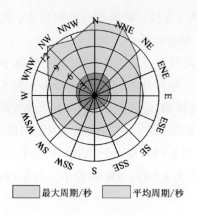

图3.5-3　渤海东部全年各向平均周期和最大周期（1960—2018年）

1月平均周期NNW向最大，为4.5秒；SSE向最小，为2.0秒。最大周期N向最大，为13.7秒；NNE向次之，为13.6秒；SSE向最小，为5.6秒。

4月平均周期NNE向最大，为4.1秒；SE向和SSE向最小，均为2.3秒。最大周期NNE向最大，为13.1秒；NW向次之，为12.7秒；ESE向最小，为5.6秒。

7月平均周期N向、NNE向和NNW向最大，均为3.4秒；SE最小，为2.3秒。最大周期N向最大，为9.9秒；ENE向次之，为9.3秒；W向最小，为5.1秒。

10月平均周期NNE向最大，为4.5秒；SSE向最小，为2.4秒。最大周期N向最大，为11.5秒；NNE向次之，为10.0秒；SSE向最小，为5.6秒。

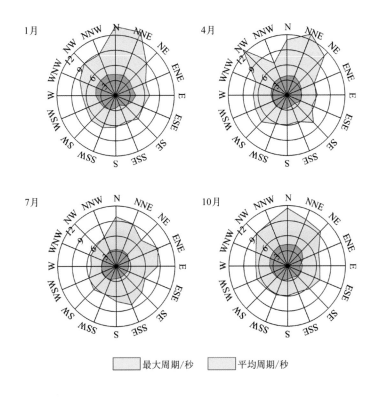

图3.5-4　渤海东部四季代表月各向平均周期和最大周期（1960—2018年）

# 第四章　表层海水温度、盐度和海发光

## 第一节　表层海水温度

### 1. 平均水温、最高水温和最低水温

渤海为我国内海，水深较浅，封闭性和孤立性均较强，受大陆气候影响显著。渤海沿海平均表层海水温度总体呈现西部高、东部低和海湾高、海峡低的分布态势。渤海沿海 10 个海洋站中莱州湾龙口站平均水温最高，为 13.6℃，辽东湾东部温坨子站平均水温最低，为 11.1℃（表 4.1-1）。

渤海沿海月平均水温年较差总体上呈由北向南递减的分布态势。渤海湾塘沽站水温年较差最大，为 27.9℃，辽东湾鲅鱼圈站次之，为 27.4℃，渤海海峡北隍城站最小，为 18.8℃（表 4.1-1）。

渤海沿海最高水温总体上呈东部高、西部低和海湾高、海峡低的分布态势，最高水温极大值出现在辽东湾鲅鱼圈站，为 33.2℃，出现时间为 1981 年 7 月 30 日；渤海沿海最低水温呈海湾低、海峡高的分布态势，最低水温极小值出现在辽东湾葫芦岛站，为 –3.8℃，出现时间为 1961 年 1 月 17 日（表 4.1-1）。

表 4.1-1　渤海沿海各站水温特征　　　　　　　　　　　单位：℃

| 序号 | 站　名 | 时段 / 年 | 年平均 | 年较差 | 最高 | 最低 |
|---|---|---|---|---|---|---|
| 1 | 长兴岛 | 1960—1987<br>2013—2018 | 11.5 | 25.1 | 31.4 | –2.2 |
| 2 | 温坨子 | 1988—2002<br>2012—2018 | 11.1 | 25.0 | 29.2 | –3.5 |
| 3 | 鲅鱼圈 | 1960—1993<br>2006—2018 | 11.5 | 27.4 | 33.2 | –3.4 |
| 4 | 葫芦岛 | 1960—2018 | 11.8 | 26.8 | 31.8 | –3.8 |
| 5 | 芷锚湾 | 1960—2018 | 11.6 | 26.5 | 31.6 | –2.5 |
| 6 | 秦皇岛 | 1960—2018 | 12.4 | 27.0 | 31.3 | –2.3 |
| 7 | 塘　沽 | 1960—2018 | 13.3 | 27.9 | 33.0 | –2.5 |
| 8 | 龙　口 | 1960—2018 | 13.6 | 26.9 | 32.7 | –3.4 |
| 9 | 蓬　莱 | 1988—2018 | 12.9 | 23.8 | 28.2 | –2.0 |
| 10 | 北隍城 | 1960—2018 | 11.6 | 18.8 | 27.7 | –1.2 |

### 2. 日平均水温稳定通过界限温度的日期

采用五日滑动平均方法求出渤海沿海各站稳定通过各个界限温度的日期，见表 4.1-2。渤海沿海各站日平均水温稳定通过 0℃天数最长的是蓬莱站和北隍城站，全年均稳定通过，最短的是鲅鱼圈站，为 287 天。日平均水温稳定通过 5℃日期最早的是龙口站，初日为 3 月 19 日，其次是蓬莱站，初日为 3 月 24 日，最晚的是北隍城站，初日为 4 月 16 日；稳定通过 5℃天数最长的是北隍城站，为 277 天，最短的是鲅鱼圈站，为 232 天。日平均水温稳定通过 20℃日期最早的是塘沽站，初日为 5 月 30 日，其次是龙口站，初日为 5 月 31 日，最晚的是北隍城站，初日为 7 月 28 日；稳定通过 20℃天数最长的是塘沽站，为 127 天，最短的是北隍城站，为 61 天。

表 4.1-2 渤海沿海各站日平均水温稳定通过界限温度的日期（1960—2018 年）

| 序号 | 站名 | ≥0℃ | | | ≥5℃ | | | ≥10℃ | | | ≥15℃ | | | ≥20℃ | | | ≥25℃ | | |
|---|---|---|---|---|---|---|---|---|---|---|---|---|---|---|---|---|---|---|---|
| | | 初日 | 终日 | 天数 | 初日 | 终日 | 天数 | 初日 | 终日 | 天数 | 初日 | 终日 | 天数 | 初日 | 终日 | 天数 | 初日 | 终日 | 天数 |
| 1 | 长兴岛 | 3月5日 | 1月8日 | 310 | 4月7日 | 12月4日 | 242 | 4月29日 | 11月11日 | 197 | 5月26日 | 10月21日 | 149 | 6月22日 | 9月26日 | 97 | — | — | — |
| 2 | 温坨子 | 3月1日 | 1月9日 | 315 | 4月9日 | 12月3日 | 239 | 5月10日 | 11月9日 | 184 | 6月5日 | 10月23日 | 141 | 7月2日 | 10月1日 | 92 | — | — | — |
| 3 | 鲅鱼圈 | 3月6日 | 12月17日 | 287 | 4月1日 | 11月18日 | 232 | 4月21日 | 10月30日 | 193 | 5月13日 | 10月12日 | 153 | 6月9日 | 9月23日 | 107 | 7月12日 | 8月27日 | 47 |
| 4 | 葫芦岛 | 3月4日 | 12月23日 | 295 | 4月4日 | 11月26日 | 237 | 4月26日 | 11月8日 | 197 | 5月18日 | 10月19日 | 155 | 6月13日 | 9月27日 | 107 | 7月16日 | 8月31日 | 47 |
| 5 | 芷锚湾 | 2月28日 | 12月19日 | 295 | 3月27日 | 11月23日 | 242 | 4月19日 | 11月6日 | 202 | 5月16日 | 10月16日 | 154 | 6月15日 | 9月25日 | 103 | 7月27日 | 8月26日 | 31 |
| 6 | 秦皇岛 | 2月26日 | 12月28日 | 306 | 3月27日 | 11月29日 | 248 | 4月19日 | 11月10日 | 206 | 5月13日 | 10月22日 | 163 | 6月12日 | 10月1日 | 112 | 7月20日 | 9月3日 | 46 |
| 7 | 塘沽 | 2月21日 | 1月3日 | 317 | 3月25日 | 12月3日 | 254 | 4月15日 | 11月14日 | 214 | 5月7日 | 10月25日 | 172 | 5月30日 | 10月3日 | 127 | 7月1日 | 9月7日 | 69 |
| 8 | 龙口 | 2月6日 | 1月20日 | 349 | 3月19日 | 12月6日 | 263 | 4月14日 | 11月16日 | 217 | 5月6日 | 10月26日 | 174 | 5月31日 | 10月3日 | 126 | 7月5日 | 9月7日 | 65 |
| 9 | 蓬莱 | 1月1日 | 12月31日 | 365 | 3月24日 | 12月14日 | 266 | 4月22日 | 11月20日 | 213 | 5月20日 | 10月30日 | 164 | 6月24日 | 10月5日 | 104 | 8月10日 | 9月1日 | 23 |
| 10 | 北隍城 | 1月1日 | 12月31日 | 365 | 4月16日 | 1月17日 | 277 | 4月26日 | 12月7日 | 196 | 6月25日 | 11月3日 | 132 | 7月28日 | 9月26日 | 61 | — | — | — |

"—"表示无数据。

### 3. 年变化

渤海沿海的月平均水温 8 月最高，为 25.3℃，2 月最低，为 0.0℃。月最高水温和月最低水温的年变化与月平均水温相似，但略有差异。月最高水温的峰值出现在 7 月（鲅鱼圈站），谷值出现在 1 月（北隍城站）；月最低水温峰值出现在 8 月（北隍城站），谷值出现在 1 月（葫芦岛站）（图 4.1-1）。

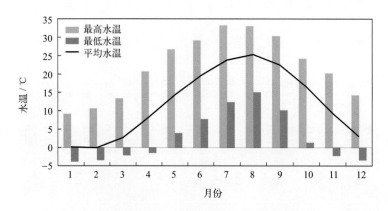

图4.1-1　渤海沿海水温年变化（1960—2018年）

冬季（1 月）北隍城站水温最高，为 5.2℃，鲅鱼圈站水温最低，为 -1.5℃；春季（4 月）龙口站水温最高，为 10.6℃，北隍城站水温最低，为 5.1℃；夏季（7 月）塘沽站水温最高，为 26.6℃，北隍城站水温最低，为 18.4℃；秋季（10 月）蓬莱站水温最高，为 18.0℃，鲅鱼圈站水温最低，为 14.2℃（图 4.1-2）。

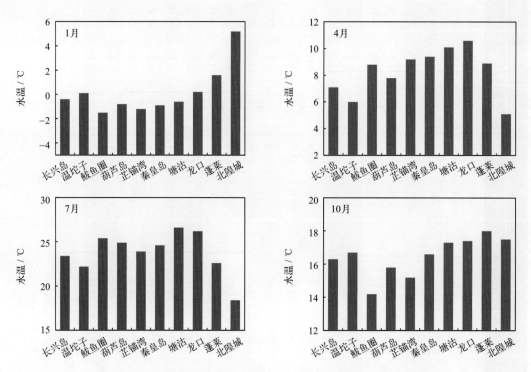

图4.1-2　渤海沿海各站四季代表月平均水温（1960—2018年）

## 4. 长期趋势变化

1960—2018 年，渤海沿海年平均水温呈波动上升趋势，上升速率为 0.12℃ /（10 年）（图 4.1-3）。年最高水温呈波动下降趋势，下降速率为 0.41℃ /（10 年），1981 年和 1966 年最高水温分别为 1960 年以来的第一高值和第二高值（图 4.1-4）。年最低水温变化趋势不明显，1961 年最低水温为 1960 年以来的第一低值，1960 年和 2012 年最低水温均为 1960 年以来的第二低值（图 4.1-5）。

十年平均水温的变化显示，2010—2018 年平均水温最高，1970—1979 年平均水温最低，1990—1999 年平均水温较上一个十年升幅最大，升幅为 0.24℃（图 4.1-6）。

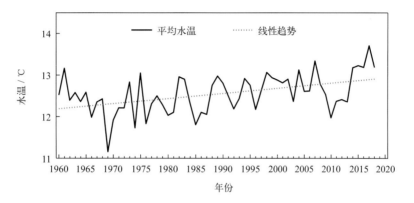

图4.1-3　1960—2018年渤海沿海平均水温变化

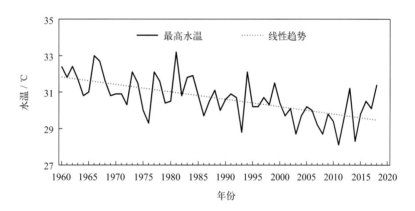

图4.1-4　1960—2018年渤海沿海最高水温变化

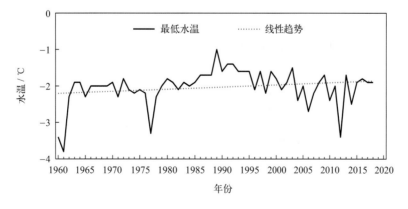

图4.1-5　1960—2018年渤海沿海最低水温变化

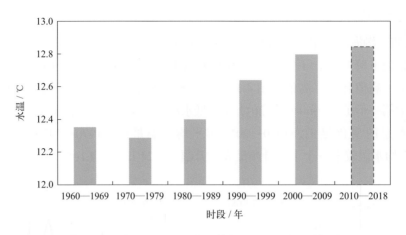

图4.1-6　渤海沿海十年平均水温变化（数据不足十年加虚线框表示，下同）

# 第二节　表层海水盐度

## 1. 平均盐度、最高盐度和最低盐度

渤海表层海水盐度分布和变化特征受蒸发、降水、大陆径流以及北黄海高盐水入侵的影响。渤海沿海平均表层盐度总体呈现渤海海峡最高、辽东湾次之、莱州湾最低的分布态势，10个海洋站中，北隍城站平均盐度最高，为31.53，龙口站平均盐度最低，为28.56（表4.2-1）。

渤海沿海月平均盐度年较差以渤海湾塘沽站最大，为3.14，辽东湾鲅鱼圈站次之，为2.94；辽东湾东岸温坨子站最小，为0.82（表4.2-1）。

渤海沿海最高盐度均不小于33.00，极大值出现在渤海湾塘沽站，为36.40，出现时间为2000年7月11日，其次是辽东湾鲅鱼圈站（35.28）和芷锚湾站（35.00），渤海海峡蓬莱站最低，为33.00；渤海沿海最低盐度均不大于24.80，极小值出现在辽东湾芷锚湾站，为2.64，出现时间为2012年8月4日（当日降水量为159.2毫米），辽东湾鲅鱼圈站（3.60）和渤海湾塘沽站（4.20）最低盐度也较小，渤海海峡北隍城站最高，为24.79（表4.2-1）。

表 4.2-1　渤海沿海各站盐度特征

| 序号 | 站　名 | 时段 / 年 | 年平均 | 年较差 | 最高 | 最低 |
|---|---|---|---|---|---|---|
| 1 | 长兴岛 | 1960—1987<br>2013—2018 | 30.45 | 0.99 | 34.00 | 10.80 |
| 2 | 温坨子 | 1988—2002<br>2012—2018 | 30.97 | 0.82 | 33.60 | 11.53 |
| 3 | 鲅鱼圈 | 1960—1993<br>2013—2018 | 28.82 | 2.94 | 35.28 | 3.60 |
| 4 | 葫芦岛 | 1960—2018 | 29.73 | 2.30 | 34.99 | 8.13 |
| 5 | 芷锚湾 | 1960—2018 | 30.84 | 1.79 | 35.00 | 2.64 |
| 6 | 秦皇岛 | 1960—2018 | 30.55 | 1.50 | 34.60 | 10.26 |
| 7 | 塘　沽 | 1960—2018 | 29.34 | 3.14 | 36.40 | 4.20 |

续表

| 序号 | 站 名 | 时段 / 年 | 年平均 | 年较差 | 最高 | 最低 |
|---|---|---|---|---|---|---|
| 8 | 龙 口 | 1960—1985<br>2011—2018 | 28.56 | 2.77 | 34.00 | 11.92 |
| 9 | 蓬 莱 | 1988—1995<br>2013—2018 | 30.67 | 1.09 | 33.00 | 23.93 |
| 10 | 北隍城 | 1960—2018 | 31.53 | 1.07 | 33.16 | 24.79 |

## 2. 年变化

渤海沿海平均盐度总体呈冬季高、夏季低（莱州湾除外）的变化特征，其中辽东湾、渤海湾、渤海海峡盐度最高值分别出现在5月、2月和4月，最低值均出现在8月；莱州湾盐度最高值出现在6月，最低值出现在12月（图4.2-1）。

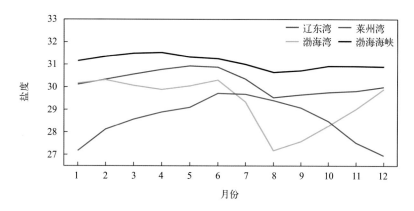

图4.2-1 渤海沿海平均盐度年变化（1960—2018年）

最高盐度极大值出现在7月（渤海湾塘沽站，2000年），极小值出现在8月（辽东湾芷锚湾站，1980年）；最低盐度极大值出现在6月（渤海湾塘沽站，1964年），极小值出现在8月（辽东湾芷锚湾站，2012年）（表4.2-2）。

表 4.2-2 极值盐度的年变化

| | 1月 | 2月 | 3月 | 4月 | 5月 | 6月 | 7月 | 8月 | 9月 | 10月 | 11月 | 12月 |
|---|---|---|---|---|---|---|---|---|---|---|---|---|
| 最高盐度 | 35.00 | 35.70 | 35.07 | 35.58 | 34.90 | 35.80 | 36.40 | 34.60 | 35.56 | 35.79 | 35.27 | 34.96 |
| 最低盐度 | 10.16 | 7.93 | 10.80 | 14.05 | 11.53 | 15.43 | 8.20 | 2.64 | 9.99 | 4.20 | 12.56 | 8.13 |

冬季（1月）北隍城站盐度最高，为31.85，龙口站盐度最低，为27.17；春季（4月）北隍城站盐度最高，为31.87，龙口站盐度最低，为28.89；夏季（7月）温坨子站盐度最高，为31.15，塘沽站盐度最低，为29.34；秋季（10月）北隍城站盐度最高，为31.27，鲅鱼圈站盐度最低，为27.27（图4.2-2）。

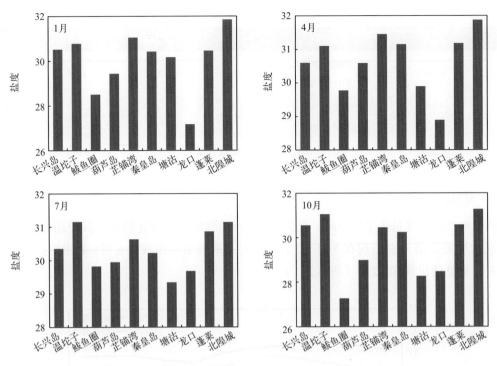

图4.2-2　渤海沿海各站四季代表月平均盐度（1960—2018年）

## 3. 长期趋势变化

1960—2018年，渤海沿海年平均盐度呈波动上升趋势，上升速率为0.39/（10年），其中2002年平均盐度最高，1964年最低（图4.2-3）。辽东湾、渤海湾和莱州湾年平均盐度上升速率分别为0.24/（10年）、0.74/（10年）和0.51/（10年），渤海海峡年平均盐度上升速率最小，为0.07/（10年）。

渤海沿海年最高盐度变化趋势不明显，2000年和2002年最高盐度分别为1960年以来的第一高值和第二高值（图4.2-4）。渤海沿海年最低盐度呈波动上升趋势，上升速率为1.72/（10年），2012年和1977年最低盐度分别为1960年以来的第一低值和第二低值（图4.2-5）。

渤海沿海十年平均盐度的变化显示，2000—2009年平均盐度最高，1960—1969年平均盐度最低，1980—1989年平均盐度较上一个十年升幅最大，升幅为1.07（图4.2-6）。

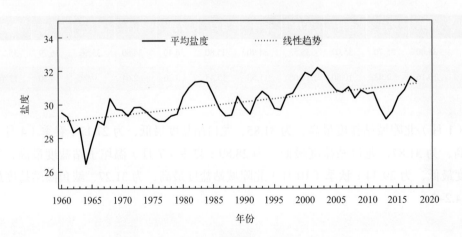

图4.2-3　1960—2018年渤海沿海平均盐度变化

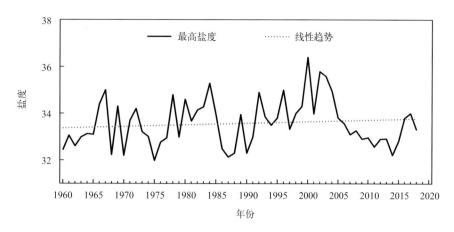

图4.2-4　1960—2018年渤海沿海最高盐度变化

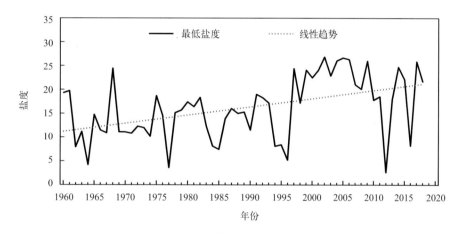

图4.2-5　1960—2018年渤海沿海最低盐度变化

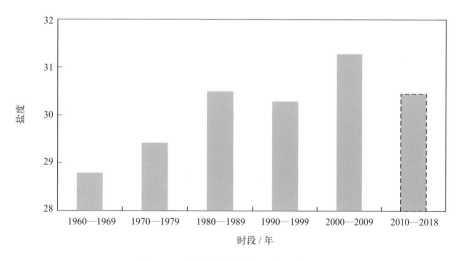

图4.2-6　渤海沿海十年平均盐度变化

## 第三节　海发光

　　1960—2018 年，渤海沿海观测到的海发光大部分为火花型（H），其他类型很少，弥漫型（M）出现 169 次，闪光型（S）出现 1 次。观测到的 1 次闪光型出现在辽东湾葫芦岛站，出现时间为 1964 年 8 月 23 日。1976 年 7 月 28 日唐山大地震前夜秦皇岛沿海出现了 3 级海发光（火花型）。

　　各月及全年海发光频率见表 4.3-1 和图 4.3-1。海发光频率 9 月最高，为 58.1%，12 月最低，为 24.5%。累年平均以 1 级海发光最多，占 82.29%，2 级占 16.09%，3 级占 1.55%，4 级占 0.06%。

表 4.3-1　各月及全年海发光频率

| | 1月 | 2月 | 3月 | 4月 | 5月 | 6月 | 7月 | 8月 | 9月 | 10月 | 11月 | 12月 | 年 |
|---|---|---|---|---|---|---|---|---|---|---|---|---|---|
| 频率 / % | 45.0 | 45.3 | 29.4 | 33.1 | 29.9 | 27.1 | 30.2 | 48.2 | 58.1 | 44.8 | 29.1 | 24.5 | 36.5 |

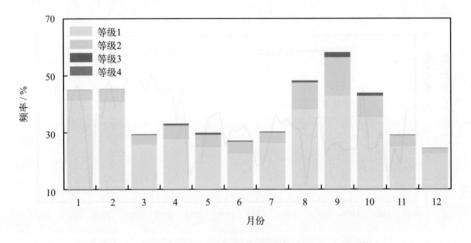

图4.3-1　渤海沿海各月各级海发光频率（1960—2018年）

# 第五章 海冰[*]

## 第一节 冰期和有冰日数

渤海沿海每年冬季都有结冰现象发生，一般自12月上旬开始，由北向南开始结冰，翌年2月下旬至3月中旬终冰，冰期为3个月左右，盛冰期出现在1—2月；最早初冰日为11月3日（鲅鱼圈站，1969年），最晚终冰日为4月7日（鲅鱼圈站，1964年）（表5.1-1）。

1963/1964—2018/2019年度，渤海沿海年度平均冰期呈波动下降趋势，其中莱州湾下降速率最大，辽东湾下降速率最小；2010/2011—2018/2019年度平均冰期明显少于1963/1964—1969/1970年度平均冰期。

表5.1-1 渤海沿海各站海冰冰期冰日

| 序号 | 站名 | 时段/年度 | 年度平均冰期/天 | 有冰日数/天 | 平均初冰日 | 平均终冰日 | 最早初冰日 | 最晚终冰日 |
|---|---|---|---|---|---|---|---|---|
| 1 | 长兴岛 | 1966/1967—1986/1987 | 64 | 55 | 1月11日 | 3月16日 | 12月11日 | 4月5日 |
| 2 | 温坨子 | 1987/1988—2018/2019 | 69 | 57 | 12月27日 | 3月5日 | 12月1日 | 3月25日 |
| 3 | 鲅鱼圈 | 1963/1964—2018/2019 | 101 | 89 | 12月2日 | 3月12日 | 11月3日 | 4月7日 |
| 4 | 葫芦岛 | 1963/1964—2018/2019 | 79 | 69 | 12月17日 | 3月5日 | 11月17日 | 3月23日 |
| 5 | 芷锚湾 | 1963/1964—2018/2019 | 93 | 71 | 12月3日 | 3月3日 | 11月7日 | 4月4日 |
| 6 | 秦皇岛 | 1965/1966—2018/2019 | 86 | 56 | 12月4日 | 2月27日 | 11月8日 | 3月24日 |
| 7 | 塘沽 | 1963/1964—2018/2019 | 51 | 32 | 12月29日 | 2月17日 | 12月6日 | 3月12日 |
| 8 | 龙口 | 1963/1964—2018/2019 | 64 | 34 | 12月27日 | 2月27日 | 12月7日 | 3月31日 |

### 1. 辽东湾

辽东湾是我国冰情最严重的海区，特别是辽东湾北部，其东部沿海的冰情又较西部沿海严重。一般初冰日出现在12月上旬，终冰日出现在翌年3月中旬，冰期3个月左右，盛冰期为1月中、下旬至2月中、下旬；最早初冰日为11月3日（鲅鱼圈站，1969年），最晚终冰日为4月7日（鲅鱼圈站，1964年）。

辽东湾各年的冰情差异很大，冰期的年际变化特征较为显著。1963/1964—2018/2019年度，年度平均冰期呈波动下降趋势，下降速率为0.89天/年度；十年平均冰期变化显示，1963/1964—1969/1970年度平均冰期最长，为111天，2010/2011—2018/2019年度平均冰期最短，为66天（图5.1-1）。

### 2. 渤海湾

渤海湾一般于12月下旬开始结冰，翌年2月中旬终冰，冰期约2个月，其中1月下旬至2月中旬为盛冰期；最早初冰日为12月6日（塘沽站，1993年），最晚终冰日为3月12日（塘沽站，1988年）。

---

[*] 本章中辽东湾以长兴岛、温坨子、鲅鱼圈、葫芦岛、芷锚湾和秦皇岛站为代表站进行统计分析。渤海湾和莱州湾受海洋站数量的局限，渤海湾以塘沽站为代表站、莱州湾以龙口站为代表站进行统计分析。

1963/1964—2018/2019 年度，渤海湾年度平均冰期呈波动下降趋势，下降速率为 0.96 天 / 年度；十年平均冰期变化显示，1980/1981—1989/1990 年度平均冰期最长，为 60 天，2010/2011—2018/2019 年度平均冰期最短，为 15 天（图 5.1-2）。

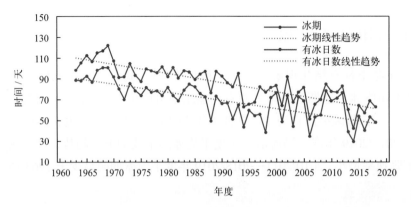

图5.1-1　1963/1964—2018/2019年度辽东湾冰期与有冰日数变化

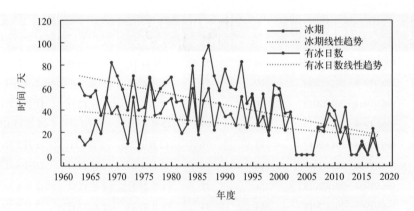

图5.1-2　1963/1964—2018/2019年度渤海湾冰期与有冰日数变化

### 3. 莱州湾

莱州湾一般于 12 月下旬开始结冰，翌年 2 月下旬终冰；最早初冰日为 12 月 7 日（龙口站，1965 年和 1966 年），最晚终冰日为 3 月 31 日（龙口站，1985 年）。近年，气候变暖，无冰年度增多。

1963/1964—2018/2019 年度，莱州湾年度平均冰期呈波动下降趋势，下降速率为 1.16 天 / 年度；十年平均冰期变化显示，1963/1964—1969/1970 年度平均冰期最长，为 79 天，2010/2011—2018/2019 年度平均冰期为 4 天（图 5.1-3）。

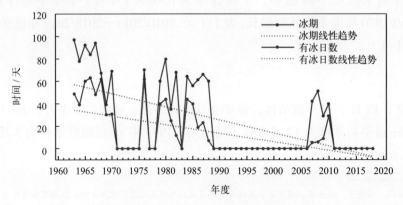

图5.1-3　1963/1964—2018/2019年度莱州湾冰期与有冰日数变化

## 第二节　冰量和浮冰密集度

渤海沿海 1—2 月海冰冰量最多，辽东湾占年度总冰量的 86%，渤海湾占年度总冰量的 92%，莱州湾占年度总冰量的 92%。年平均总冰量营口站最多，为 820 成，其中 1967/1968 年度总冰量最多，为 1 120 成；龙口站最少，为 49 成（表 5.2-1）。

1963/1964—2018/2019 年度，渤海沿海年度总冰量呈波动下降趋势，其中辽东湾下降速率最大，莱州湾下降速率最小；2010/2011—2018/2019 年度平均总冰量明显少于 1963/1964—1969/1970 年度平均总冰量。

表 5.2-1　渤海沿海各站海冰冰量

| 序号 | 站名 | 时段 / 年度 | 年度平均总冰量 / 成 | 年度最多总冰量 / 成 | 总冰量超过 400 成年度个数 |
|---|---|---|---|---|---|
| 1 | 长兴岛 | 1966/1967—1986/1987 | 223 | 409（1970/1971 年度） | 1 |
| 2 | 温坨子 | 1987/1988—2018/2019 | 232 | 620（2002/2003 年度） | 5 |
| 3 | 鲅鱼圈 | 1963/1964—2018/2019 | 580 | 929（1967/1968 年度） | 50 |
| 4 | 葫芦岛 | 1963/1964—2018/2019 | 425 | 725（1965/1966 年度） | 33 |
| 5 | 芷锚湾 | 1963/1964—2018/2019 | 336 | 684（1968/1969 年度） | 22 |
| 6 | 秦皇岛 | 1965/1966—2018/2019 | 241 | 691（1968/1969 年度） | 9 |
| 7 | 塘沽 | 1963/1964—2018/2019 | 139 | 574（1976/1977 年度） | 3 |
| 8 | 龙口 | 1963/1964—2018/2019 | 49 | 656（1967/1968 年度） | 1 |

### 1. 辽东湾

辽东湾沿海年度平均总冰量为 362 成，其中 1 月冰量最多，为 172 成，占年度总冰量的 48%，2 月次之，为 138 成，占年度总冰量的 38%（图 5.2-1）。

辽东湾沿海浮冰密集度以 8～10 成最多，其中 1 月占有冰日数的 81%，2 月占有冰日数的 76%，全年度占有冰日数的 72%。浮冰密集度为 0～3 成的日数，1 月占有冰日数的 12%，2 月占有冰日数的 12%，全年度占有冰日数的 18%（表 5.2-2）。

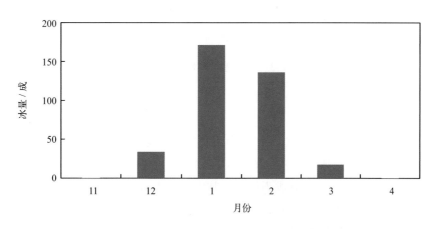

图5.2-1　辽东湾冰量年变化（1963/1964—2018/2019年度）

表 5.2-2　辽东湾浮冰密集度的年变化（1963/1964—2018/2019 年度）

|  | 11月 | 12月 | 1月 | 2月 | 3月 | 4月 | 年度 |
|---|---|---|---|---|---|---|---|
| 8～10 成占有冰日数 / % | 46 | 58 | 81 | 76 | 49 | 33 | 72 |
| 4～7 成占有冰日数 / % | 11 | 9 | 6 | 9 | 17 | 50 | 9 |
| 0～3 成占有冰日数 / % | 42 | 32 | 12 | 12 | 30 | 17 | 18 |

1963/1964—2018/2019 年度，辽东湾年度总冰量呈波动下降趋势，下降速率为 5.7 成 / 年度（图 5.2-2）；十年平均总冰量变化显示，1963/1964—1969/1970 年度平均总冰量最多，为 569 成，2010/2011—2018/2019 年度平均总冰量最少，为 265 成（图 5.2-3）。

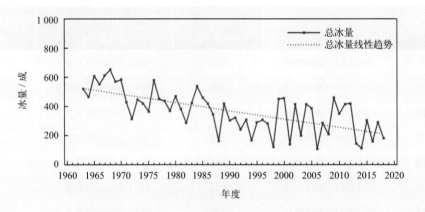

图5.2-2　1963/1964—2018/2019年度辽东湾总冰量变化

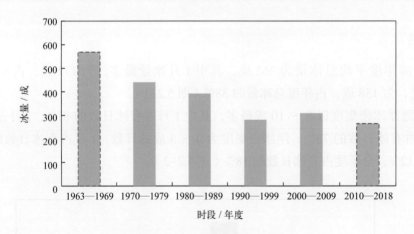

图5.2-3　辽东湾十年平均总冰量

## 2. 渤海湾

渤海湾沿海年度平均总冰量为 139 成，其中 1 月冰量最多，为 82 成，占年度总冰量的 59%，2 月次之，为 46 成，占年度总冰量的 33%（图 5.2-4）。

渤海湾沿海浮冰密集度以 8～10 成为最多，其中 1 月占有冰日数的 78%，2 月占有冰日数的 70%，全年度占有冰日数的 73%。浮冰密集度为 0～3 成的日数，1 月占有冰日数的 13%，2 月占有冰日数的 18%，全年度占有冰日数的 16%（表 5.2-3）。

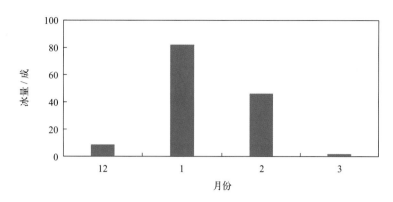

图5.2-4　渤海湾冰量年变化（1963/1964—2018/2019年度）

表 5.2-3　渤海湾浮冰密集度的年变化（1963/1964—2018/2019 年度）

| | 12 月 | 1 月 | 2 月 | 3 月 | 年度 |
|---|---|---|---|---|---|
| 8～10 成占有冰日数 / % | 60 | 78 | 70 | 53 | 73 |
| 4～7 成占有冰日数 / % | 13 | 5 | 6 | 20 | 6 |
| 0～3 成占有冰日数 / % | 21 | 13 | 18 | 13 | 16 |

　　1963/1964—2018/2019 年度，渤海湾年度总冰量呈波动下降趋势，下降速率为 4.4 成 / 年度（图 5.2-5）；十年平均总冰量变化显示，1970/1971—1979/1980 年度平均总冰量最多，为 226.5 成，2010/2011—2018/2019 年度平均总冰量最少，为 18 成（图 5.2-6）。

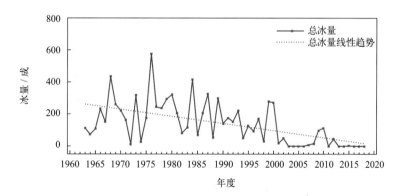

图5.2-5　1963/1964—2018/2019年度渤海湾总冰量变化

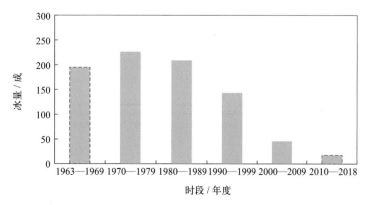

图5.2-6　渤海湾十年平均总冰量

### 3. 莱州湾

莱州湾沿海年度平均总冰量为 49 成，其中 1 月冰量最多，为 23 成，占年度总冰量的 47%，2 月次之，为 22 成，占年度总冰量的 45%（图 5.2-7）。

莱州湾沿海浮冰密集度以 8 ~ 10 成为最多，其中 1 月占有冰日数的 62%，2 月占有冰日数的 68%，全年度占有冰日数的 64%。浮冰密集度为 0 ~ 3 成的日数，1 月占有冰日数的 26%，2 月占有冰日数的 15%，全年度占有冰日数的 22%（表 5.2-4）。

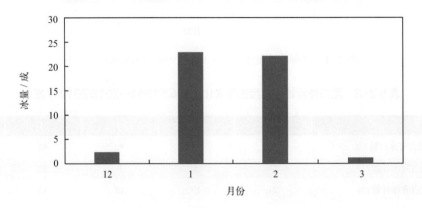

图5.2-7　莱州湾冰量年变化（1963/1964—2018/2019年度）

表 5.2-4　莱州湾浮冰密集度的年变化（1963/1964—2018/2019 年度）

|  | 12月 | 1月 | 2月 | 3月 | 年度 |
|---|---|---|---|---|---|
| 8 ~ 10 成占有冰日数 / % | 77 | 62 | 68 | 47 | 64 |
| 4 ~ 7 成占有冰日数 / % | 1 | 1 | 11 | 6 | 1 |
| 0 ~ 3 成占有冰日数 / % | 1 | 26 | 15 | 44 | 22 |

1963/1964—2018/2019 年度，莱州湾年度总冰量呈波动下降趋势，下降速率为 3.5 成 / 年度（图 5.2-8）；十年平均总冰量变化显示，1963/1964—1969/1970 年度平均总冰量最多，为 251 成，2010/2011—2018/2019 年度平均总冰量为 9 成（图 5.2-9）。

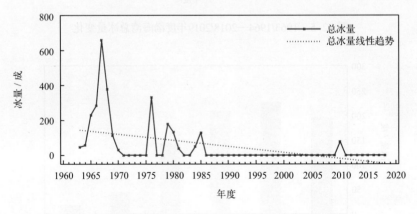

图5.2-8　1963/1964—2018/2019年度莱州湾总冰量变化

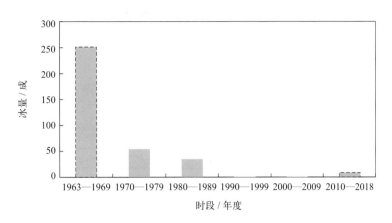

图5.2-9　莱州湾十年平均总冰量

## 第三节　浮冰漂流方向和速度

渤海沿海浮冰流向多为离岸方向，辽东湾多为偏南向和偏西向；渤海湾各向均有出现，以偏东向为主；莱州湾以偏北向为主。各向平均流速均不超过 0.7 米 / 秒，辽东湾平均流速大于渤海湾和莱州湾。最大流速为 1.9 米 / 秒，对应方向为 SSW，出现在辽东湾鲅鱼圈站（表 5.3-1）。

表 5.3-1　渤海沿海各站浮冰特征量

| 序号 | 站名 | 时段 / 年度 | 最多方向 | 最多方向出现频率 / % | 各向平均流速最大值 / （米·秒⁻¹） | 最大流速 / （米·秒⁻¹） | 最大流速对应方向 |
|---|---|---|---|---|---|---|---|
| 1 | 长兴岛 | 1966/1967—1986/1987 | S | 59.5 | 0.3 | 0.7 | S |
| 2 | 温坨子 | 1987/1988—2018/2019 | SSW | 45.1 | 0.7 | 1.8 | S |
| 3 | 鲅鱼圈 | 1963/1964—2018/2019 | SW | 15.8 | 0.5 | 1.9 | SSW |
| 4 | 葫芦岛 | 1963/1964—2018/2019 | WSW | 14.6 | 0.3 | 1.5 | SW |
| 5 | 芷锚湾 | 1963/1964—2018/2019 | WSW | 26.8 | 0.4 | 1.2 | SW |
| 6 | 秦皇岛 | 1965/1966—2018/2019 | SW | 16.0 | 0.2 | 0.8 | SSW |
| 7 | 塘沽 | 1963/1964—2018/2019 | E | 7.9 | 0.3 | 1.1 | SE |
| 8 | 龙口 | 1963/1964—2018/2019 | NE | 26.5 | 0.4 | 1.2 | NNE |

### 1. 辽东湾

辽东湾西北部葫芦岛站浮冰主要漂流方向为 WSW 向和 W 向，频率和为 27.8%，其中 WSW 向频率最高，为 14.6%；其次为偏东向，ENE—ESE 向的频率和为 28.4%；各向平均流速不超过 0.3 米 / 秒，最大流速为 1.5 米 / 秒，方向为 SW（图 5.3-1）。

辽东湾东北部鲅鱼圈站浮冰主要漂流方向为 SW 向和 WSW 向，频率和为 27.4%，其中 SW 向频率最高，为 15.8%；各向平均流速不超过 0.5 米 / 秒，最大流速为 1.9 米 / 秒，方向为 SSW（图 5.3-1）。

辽东湾西南部芷锚湾站浮冰主要漂流方向为 SW 向和 WSW 向，频率和为 52.7%，其次为 ENE 向，频率为 12.6%，其他方向甚少；各向平均流速不超过 0.4 米 / 秒，最大流速为 1.2 米 / 秒，方向为 SW（图 5.3-1）。

辽东湾东南部温坨子站浮冰主要漂流方向为 SSW 向，频率为 45.1%，其次为 SW 向，频率为 19.4%；各向平均流速不超过 0.7 米 / 秒，最大流速为 1.8 米 / 秒，方向为 S（图 5.3-1）。

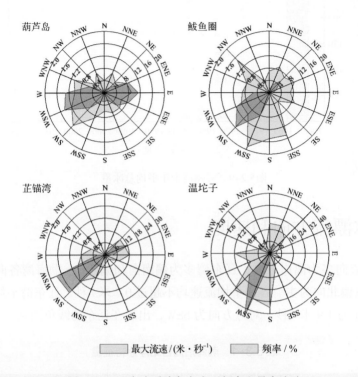

图5.3-1　辽东湾浮冰各向出现频率和最大流速

## 2. 渤海湾

渤海湾浮冰的漂流在各个方向上都有出现，主要集中在偏东方向，ENE—SE 向的频率和为 28%；各向平均流速不超过 0.3 米 / 秒，最大流速为 1.1 米 / 秒，方向为 SE（图 5.3-2）。

## 3. 莱州湾

莱州湾浮冰漂流方向主要集中在 NNE 向和 NE 向，其频率和为 46.1%，其次为 N 向和 WSW 向，频率均为 10.8%；各向平均流速不超过 0.4 米 / 秒，最大流速为 1.2 米 / 秒，方向为 NNE（图 5.3-3）。

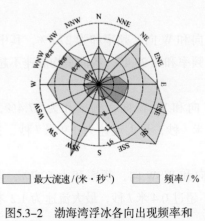

图5.3-2　渤海湾浮冰各向出现频率和
最大流速

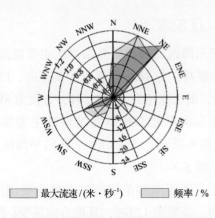

图5.3-3　莱州湾浮冰各向出现频率和
最大流速

## 第四节　固定冰宽度和堆积高度

渤海沿海固定冰最大宽度和最大堆积高度一般出现在1—2月。辽东湾固定冰最大宽度大于4 000米，出现在葫芦岛站1969年、1970年和1984年的2月；最大堆积高度为7.2米，出现在鲅鱼圈站1982年的1月。莱州湾固定冰最大宽度大于10 000米，出现在龙口站1968年的1月和2月；最大堆积高度为3米，出现在龙口站1980年的2月（表5.4—1）。

表5.4-1　渤海沿海各站固定冰最大宽度和最大堆积高度

| 序号 | 站名 | 时段/年度 | 最大宽度/米 | 出现月份 | 最大堆积高度/米 | 出现月份 |
|---|---|---|---|---|---|---|
| 1 | 鲅鱼圈 | 1963/1964—2018/2019 | 2 500 | 2 | 7.2 | 1 |
| 2 | 葫芦岛 | 1963/1964—2018/2019 | >4 000 | 2 | 6 | 1、2 |
| 3 | 芷锚湾 | 1963/1964—2018/2019 | 470 | 1 | 4.5 | 2 |
| 4 | 秦皇岛 | 1965/1966—2018/2019 | 1 925 | 2 | 4.5 | 3 |
| 5 | 龙　口 | 1963/1964—2018/2019 | >10 000 | 1、2 | 3 | 2 |

# 第六章 海洋气象

## 第一节 气温

### 1. 平均气温、最高气温和最低气温

渤海沿海平均气温为11.2℃,受纬度和海陆分布的影响,总体上呈现北低南高、北部西低东高、南部西高东低的分布态势。塘沽站平均气温最高,为12.9℃,龙口站次之,为12.6℃,葫芦岛站最低,为9.9℃(表6.1-1,图6.1-1)。

渤海沿海气温年较差北大南小,鲅鱼圈站气温年较差最大,为31.8℃,葫芦岛站次之,为31.5℃,北隍城站最小,为25.1℃。

渤海沿海最高气温极大值西部和南部高,东部和北部低,塘沽站最高,为40.9℃(2002年),温坨子、北隍城和鲅鱼圈站均不超过36.0℃,鲅鱼圈站最低,为35.0℃;最低气温极小值西部和北部低,东部和南部高,葫芦岛站最低(2001年),为-25.1℃,北隍城站最高,为-15.1℃。

表6.1-1 渤海沿海各站气温特征 单位:℃

| 序号 | 站名 | 年平均 | 年较差 | 最高 | 最低 | 时段 / 年 |
|---|---|---|---|---|---|---|
| 1 | 温坨子[①] | 10.7 | 30.6 | 35.1 | -23.9 | 1961—2018 |
| 2 | 鲅鱼圈 | 10.2 | 31.8 | 35.0 | -23.6 | 1960—2018 |
| 3 | 葫芦岛 | 9.9 | 31.5 | 38.5 | -25.1 | 1963—2018 |
| 4 | 芷锚湾 | 10.1 | 29.8 | 36.2 | -21.7 | 1960—2018 |
| 5 | 秦皇岛 | 10.9 | 29.3 | 38.6 | -20.1 | 1960—2018 |
| 6 | 塘沽 | 12.9 | 29.0 | 40.9 | -18.0 | 1960—2018 |
| 7 | 龙口 | 12.6 | 26.8 | 38.2 | -17.6 | 1960—2018 |
| 8 | 蓬莱[②] | 12.9 | 26.1 | 37.6 | -12.6 | 1988—1998<br>2013—2018 |
| 9 | 北隍城 | 12.0 | 25.1 | 35.3 | -15.1 | 1965—2018 |

①温坨子的气象观测资料为长兴岛站和温坨子站数据综合统计得到,下同。

②蓬莱站的气象观测时段与其他站相差较大,未纳入渤海区特征值统计,下同。

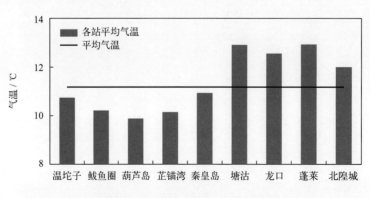

图6.1-1 渤海沿海各站平均气温

## 2. 年变化

渤海沿海的平均气温 8 月最高，为 25.0℃，1 月最低，为 –4.2℃。最高气温和最低气温的年变化与平均气温相似，但略有差异，极端最高气温出现在 7 月（塘沽站 2002 年），极端最低气温出现在 1 月（葫芦岛站 2001 年）（表 6.1–2，图 6.1–2）。

表 6.1-2　渤海沿海气温的年变化　　　　　　　　　　　　　　　　　　单位：℃

| | 1月 | 2月 | 3月 | 4月 | 5月 | 6月 | 7月 | 8月 | 9月 | 10月 | 11月 | 12月 |
|---|---|---|---|---|---|---|---|---|---|---|---|---|
| 平均气温 | –4.2 | –2.2 | 3.2 | 10.1 | 16.4 | 21.1 | 24.6 | 25.0 | 21.0 | 14.3 | 6.0 | –1.1 |
| 最高气温 | 13.4 | 21.3 | 26.2 | 34 | 37.2 | 38.8 | 40.9 | 38.2 | 35.1 | 30.8 | 23.2 | 15.8 |
| 最低气温 | –25.1 | –22.4 | –18.4 | –6.0 | 1.7 | 6.5 | 11.5 | 11.3 | 0.8 | –5.4 | –17.5 | –20.7 |

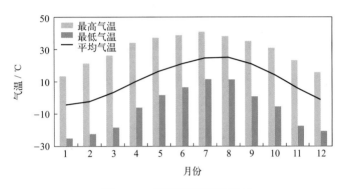

图6.1-2　渤海沿海气温年变化

冬季（1 月）北隍城站气温最高，为 –0.7℃，葫芦岛站气温最低，为 –7.0℃；春季（4 月）塘沽站气温最高，为 12.4℃，温坨子站气温最低，为 9.1℃；夏季（7 月）塘沽站气温最高，为 26.4℃，北隍城站气温最低，为 23.1℃；秋季（10 月）北隍城站气温最高，为 16.1℃，葫芦岛和鲅鱼圈站气温最低，均为 12.7℃（图 6.1–3）。

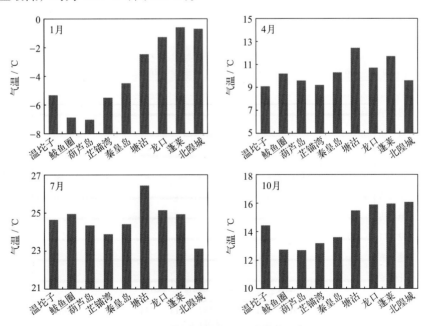

图6.1-3　渤海沿海各站四季代表月气温

根据《气候季节划分》（QX/T 152—2012）中的方法统计渤海沿海春、夏、秋、冬四季的分布和变化，结果显示：渤海沿海的平均冬季时间最长，秋季时间最短，春季平均69天，夏季79天，秋季53天，冬季164天。北隍城站春季最长，塘沽站春季最短；塘沽站夏季最长，温坨子站夏季最短；温坨子站和北隍城站秋季最长，均为57天，葫芦岛站和塘沽站秋季最短，均为50天；葫芦岛站和芷锚湾站平均冬季时间最长，均为173天，塘沽站平均冬季时间最短，为149天。塘沽站最早进入春季，温坨子站最晚进入春季；塘沽站最早进入夏季，北隍城站最晚进入夏季；芷锚湾站最早进入秋季，塘沽站和龙口站最晚进入秋季；葫芦岛站最早进入冬季，北隍城站和龙口站最晚进入冬季（表6.1-3，图6.1-4）。

表6.1-3　渤海沿海各站四季分布

| 序号 | 站名 | 春季 | | | 夏季 | | | 秋季 | | | 冬季 | | |
|---|---|---|---|---|---|---|---|---|---|---|---|---|---|
| | | 开始时间 | 结束时间 | 天数 | 开始时间 | 结束时间 | 天数 | 开始时间 | 结束时间 | 天数 | 开始时间 | 结束时间 | 天数 |
| 1 | 温坨子 | 4月23日 | 7月3日 | 72 | 7月4日 | 9月7日 | 66 | 9月8日 | 11月3日 | 57 | 11月4日 | 4月22日 | 170 |
| 2 | 鲅鱼圈 | 4月16日 | 6月21日 | 67 | 6月22日 | 9月7日 | 78 | 9月8日 | 10月28日 | 51 | 10月29日 | 4月15日 | 169 |
| 3 | 葫芦岛 | 4月19日 | 6月26日 | 69 | 6月27日 | 9月7日 | 73 | 9月8日 | 10月27日 | 50 | 10月28日 | 4月18日 | 173 |
| 4 | 芷锚湾 | 4月21日 | 6月30日 | 71 | 7月1日 | 9月6日 | 68 | 9月7日 | 10月29日 | 53 | 10月30日 | 4月20日 | 173 |
| 5 | 秦皇岛 | 4月16日 | 6月26日 | 72 | 6月27日 | 9月9日 | 75 | 9月10日 | 10月31日 | 52 | 11月1日 | 4月15日 | 166 |
| 6 | 塘沽 | 4月7日 | 6月5日 | 60 | 6月6日 | 9月19日 | 106 | 9月20日 | 11月8日 | 50 | 11月9日 | 4月6日 | 149 |
| 7 | 龙口 | 4月15日 | 6月19日 | 66 | 6月20日 | 9月19日 | 92 | 9月20日 | 11月11日 | 53 | 11月12日 | 4月14日 | 154 |
| 8 | 蓬莱 | 4月13日 | 6月17日 | 66 | 6月18日 | 9月18日 | 93 | 9月19日 | 11月12日 | 55 | 11月13日 | 4月12日 | 151 |
| 9 | 北隍城 | 4月20日 | 7月6日 | 78 | 7月7日 | 9月15日 | 71 | 9月16日 | 11月11日 | 57 | 11月12日 | 4月19日 | 159 |

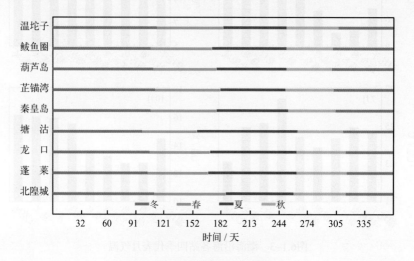

图6.1-4　渤海沿海各站季节分布

## 3. 长期趋势变化

1960—2018 年，渤海沿海平均气温、最高气温和最低气温均呈波动上升趋势，上升速率分别为 0.30℃ /（10 年）、0.52℃ /（10 年）和 0.45℃ /（10 年）（图 6.1-5 至图 6.1-7）。

图6.1-5　1960—2018年渤海沿海平均气温变化

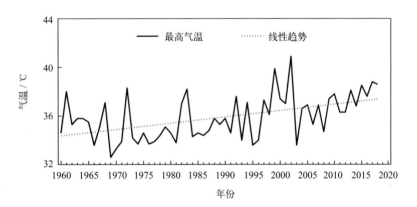

图6.1-6　1960—2018年渤海沿海最高气温变化

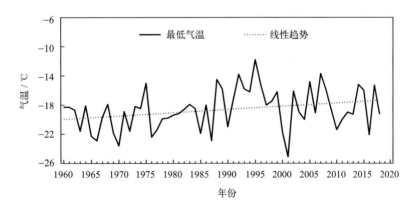

图6.1-7　1960—2018年渤海沿海最低气温变化

十年平均气温变化显示，1960—2018 年平均气温呈增长趋势，2000—2009 年平均气温最高，均值为 11.8℃，1960—1969 年平均气温最低，均值为 10.6℃，1990—1999 年平均气温较上一个十年升幅最大，升幅为 0.6℃（图 6.1-8）。

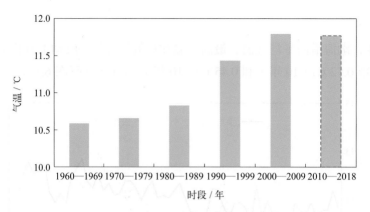

图6.1-8　渤海沿海十年平均气温变化

# 第二节　气压

## 1. 平均气压、最高气压和最低气压

渤海沿海平均气压（本节中的气压均指海平面气压）空间分布差异不大，总体上呈现南部略高北部略低的分布态势。1980—2018 年，渤海沿海平均气压为 1 017.1 百帕，龙口和北隍城站平均气压最高，均为 1 017.4 百帕，鲅鱼圈和葫芦岛站最低，均为 1 016.9 百帕，塘沽站气压年较差最大，为 24.9 百帕，北隍城站气压年较差最小，为 22.8 百帕（表 6.2-1，图 6.2-1）。

最高气压极大值为 1 049.6 百帕，出现在 1994 年 12 月 19 日（秦皇岛站）和 2000 年 1 月 31 日（塘沽站）；最低气压极小值为 980.9 百帕，出现在 1983 年 4 月 26 日（温坨子站）。

表 6.2-1　渤海沿海各站气压特征　　　　　　　　　　　　　　　　单位：百帕

| 序号 | 站名 | 年平均 | 年较差 | 最高 | 最低 | 时段/年 | 年平均 | 年较差 | 最高 | 最低 | 时段/年 |
|---|---|---|---|---|---|---|---|---|---|---|---|
| 1 | 温坨子 | 1 017.0 | 22.7 | 1 047.8 | 980.9 | 1975—2018 | 1 017.0 | 22.9 | 1 047.8 | 980.9 | 1980—2018 |
| 2 | 鲅鱼圈 | 1 016.9 | 22.9 | 1 048.6 | 983.3 | 1965—2018 | 1 016.9 | 23.1 | 1 048.6 | 983.3 | 1980—2018 |
| 3 | 葫芦岛 | 1 016.9 | 23.6 | 1 049.2 | 985.6 | 1981—2018 | 1 016.9 | 23.6 | 1 049.2 | 985.6 | 1981—2018 |
| 4 | 芷锚湾 | 1 017.0 | 23.2 | 1 049.2 | 984.0 | 1974—2018 | 1 017.0 | 23.5 | 1 049.2 | 984.0 | 1980—2018 |
| 5 | 秦皇岛 | 1 017.3 | 23.5 | 1 049.6 | 984.2 | 1967—2018 | 1 017.2 | 23.6 | 1 049.6 | 984.2 | 1980—2018 |
| 6 | 塘沽 | 1 017.7 | 24.9 | 1 049.6 | 985.6 | 1970—2018 | 1 017.3 | 24.9 | 1 049.6 | 985.6 | 1980—2018 |
| 7 | 龙口 | 1 017.4 | 23.5 | 1 047.3 | 987.0 | 1980—2018 | 1 017.4 | 23.5 | 1 047.3 | 987.0 | 1980—2018 |
| 8 | 蓬莱 | 1 017.0 | 23.0 | 1 046.8 | 987.7 | 1988—2018 | — | — | — | — | — |
| 9 | 北隍城 | 1 017.4 | 22.8 | 1 048.1 | 984.7 | 1980—2018 | 1 017.4 | 22.8 | 1 048.1 | 984.7 | 1980—2018 |

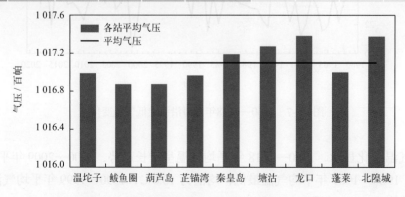

图6.2-1　渤海沿海各站平均气压（1980—2018年）

## 2. 年变化

渤海沿海的平均气压 1 月最高，为 1 028.1 百帕，7 月最低，为 1 004.7 百帕，年较差为 23.4 百帕。最高气压 1 月和 12 月均最大，7 月最小，相差 32.1 百帕；最低气压 1 月最大，4 月最小，相差 21.7 百帕（表 6.2–2，图 6.2–2）。

表 6.2–2　渤海沿海气压的年变化　　　　　　　　　　　　　　　单位：百帕

| | 1月 | 2月 | 3月 | 4月 | 5月 | 6月 | 7月 | 8月 | 9月 | 10月 | 11月 | 12月 |
|---|---|---|---|---|---|---|---|---|---|---|---|---|
| 平均气压 | 1 028.1 | 1 025.9 | 1 021.3 | 1 014.7 | 1 010.1 | 1 006.2 | 1 004.7 | 1 008.0 | 1 014.7 | 1 020.6 | 1 024.5 | 1 027.4 |
| 最高气压 | 1 049.6 | 1 048.7 | 1 042.6 | 1 038.4 | 1 028.4 | 1 021.3 | 1 017.5 | 1 022.2 | 1 034.6 | 1 042.1 | 1 049.2 | 1 049.6 |
| 最低气压 | 1 002.6 | 991.4 | 994.5 | 980.9 | 983.9 | 984.8 | 984.7 | 987.1 | 992.4 | 996.3 | 999.4 | 997.8 |

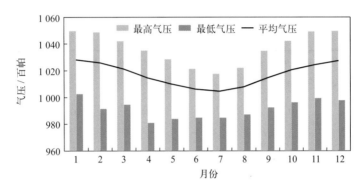

图6.2–2　渤海沿海气压年变化

1980—2018 年，冬季（1 月）塘沽站气压最高，为 1 028.9 百帕，鲅鱼圈站最低，为 1 027.7 百帕；春季（4 月）龙口站和北隍城站最高，均为 1 015.2 百帕，葫芦岛站最低，为 1 014.0 百帕;夏季(7 月)北隍城站最高，为 1 005.1 百帕，塘沽站最低，为 1 004.0 百帕;秋季（10 月）塘沽站和龙口站最高，均为 1 020.9 百帕，温坨子站、鲅鱼圈站和葫芦岛站最低，均为 1 020.3 百帕（图 6.2–3）。

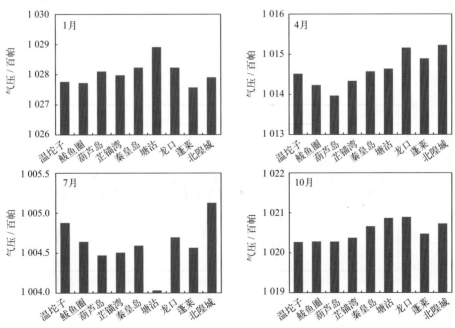

图6.2–3　渤海沿海各站四季代表月气压

## 3. 长期趋势变化

1965—2018 年，渤海沿海平均气压呈波动下降趋势，下降速率为 0.11 百帕 /（10 年），最高气压变化趋势不明显，最低气压呈波动下降趋势，下降速率为 0.27 百帕 /（10 年）（线性趋势未通过显著性检验，图 6.2-4 至图 6.2-6 )。

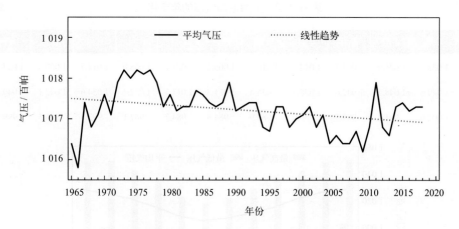

图6.2-4　1965—2018年渤海沿海平均气压变化

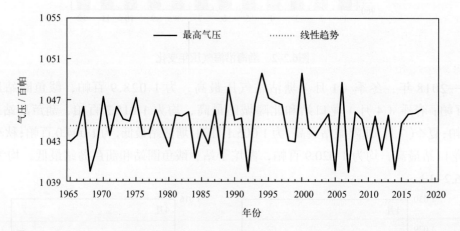

图6.2-5　1965—2018年渤海沿海最高气压变化

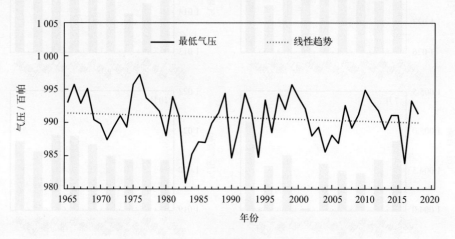

图6.2-6　1965—2018年渤海沿海最低气压变化

十年平均气压变化显示，1970—2009 年气压呈下降趋势，1970—1979 年最高，均值为 1 017.8 百帕，2000—2009 年最低，均值为 1 016.7 百帕，2010—2018 年气压比上一个十年略有上升，升幅为 0.5 百帕（图 6.2-7）。

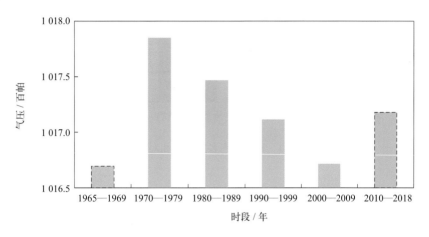

图6.2-7　渤海沿海十年平均气压变化

# 第三节　相对湿度

## 1. 平均相对湿度和最小相对湿度

渤海沿海平均相对湿度为 65.6%，总体上呈现东高西低的分布态势。龙口站相对湿度最大，为 70.2%，葫芦岛站最小，为 62.5%（表 6.3-1，图 6.3-1）。

渤海沿海，芷锚湾站相对湿度年较差最大，为 36.0%，塘沽站相对湿度年较差最小，为 18.0%（表 6.3-1）。最小相对湿度为 1%，出现在秦皇岛和芷锚湾站（在 2—4 月、10 月和 12 月多次出现）。

表6.3-1　渤海沿海各站相对湿度特征

| 序号 | 站名 | 年平均 / % | 年较差 / % | 最小 | 时段 / 年 |
|---|---|---|---|---|---|
| 1 | 温坨子 | 67.5 | 25.6 | 4 | 1961—2018 |
| 2 | 鲅鱼圈 | 63.7 | 20.2 | 5 | 1960—2018 |
| 3 | 葫芦岛 | 62.5 | 28.4 | 3 | 1963—2018 |
| 4 | 芷锚湾 | 65.5 | 36.0 | 1 | 1960—2018 |
| 5 | 秦皇岛 | 63.7 | 35.2 | 1 | 1960—2018 |
| 6 | 塘　沽 | 64.9 | 18.0 | 2 | 1960—1965<br>1969—2018 |
| 7 | 龙　口 | 70.2 | 19.5 | 2 | 1960—2018 |
| 8 | 蓬　莱 | 64.1 | 24.2 | 3 | 1988—1996<br>2013—2018 |
| 9 | 北隍城 | 67.2 | 26.5 | 3 | 1965—2018 |

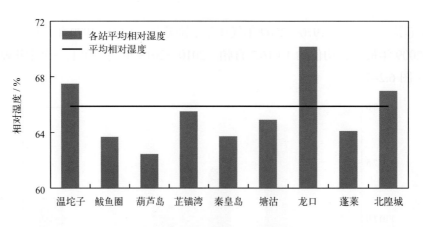

图6.3-1 渤海沿海各站平均相对湿度

## 2. 年变化

渤海沿海的平均相对湿度夏大冬小，其中7月最大，为82.6%，12月最小，为56.5%。平均最小相对湿度7月最大，为46.3%，4月最小，为14.9%（表6.3-2，图6.3-2）。

表6.3-2 渤海沿海相对湿度的年变化

| | 1月 | 2月 | 3月 | 4月 | 5月 | 6月 | 7月 | 8月 | 9月 | 10月 | 11月 | 12月 |
|---|---|---|---|---|---|---|---|---|---|---|---|---|
| 平均相对湿度 / % | 57.9 | 59.6 | 60.2 | 62.3 | 65.8 | 75.3 | 82.6 | 79.2 | 67.9 | 61.8 | 58.8 | 56.5 |
| 平均最小相对湿度 / % | 20.6 | 19.6 | 16.6 | 14.9 | 18.2 | 30.6 | 46.3 | 42.3 | 27.0 | 21.7 | 20.5 | 20.4 |

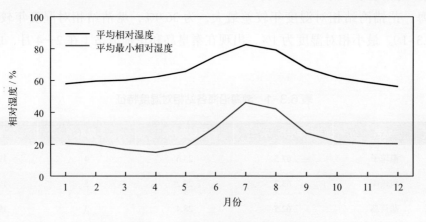

图6.3-2 渤海沿海相对湿度年变化

冬季（1月）龙口站相对湿度最大，为68.6%，秦皇岛站最小，为51.2%；春季（4月）龙口站最大，为67.4%，葫芦岛站最小，为58.2%；夏季（7月）芝锚湾站最大，为86.4%，塘沽站最小，为77.7%；秋季（10月）龙口站最大，为65.5%，葫芦岛站最小，为59.5%（图6.3-3）。

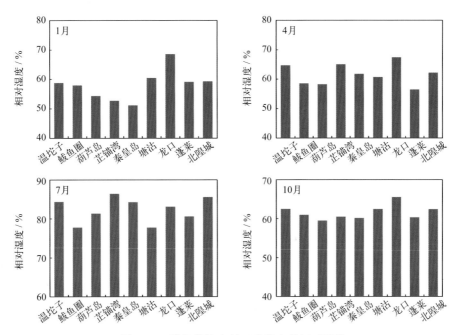

图6.3-3 渤海沿海各站四季代表月相对湿度

## 3. 长期趋势变化

1960—2018 年，渤海沿海平均相对湿度总体无明显变化趋势，阶段性变化特征明显，1960—2010 年呈上升趋势，上升速率为 0.41% /（10 年），2010—2018 年下降趋势明显，下降速率为 6.77% /（10 年）（图 6.3-4）。十年平均相对湿度显示，1990—1999 年和 2000—2009 年相对湿度最大，均为 67.2%，2010—2018 年最小，为 63.4%（图 6.3-5）。

图6.3-4 1960—2018年渤海沿海平均相对湿度变化

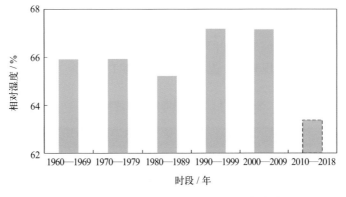

图6.3-5 渤海沿海十年平均相对湿度变化

### 4. 温湿指数

根据《人居环境气候舒适度评价》(GB/T 27963—2011)的温湿指数统计方法和气候舒适度等级划分方法，统计各月温湿指数，结果显示：渤海沿海全年的温湿指数变化范围为 −1.9 ~ 25.0，感觉为寒冷、冷和舒适。1月各站均感觉寒冷，北隍城站温湿指数最高，鲅鱼圈站温湿指数最低；4月各站均感觉寒冷，塘沽站温湿指数最高，温坨子站温湿指数最低；7月各站均感觉舒适，塘沽站温湿指数最高，北隍城站温湿指数最低；10月南部的塘沽站、龙口站、蓬莱站和北隍城站感觉冷，北部的温坨子站、鲅鱼圈站、葫芦岛站、芷锚湾站和秦皇岛站感觉寒冷，北隍城站温湿指数最高，鲅鱼圈站和葫芦岛站温湿指数最低（图 6.3–6）。

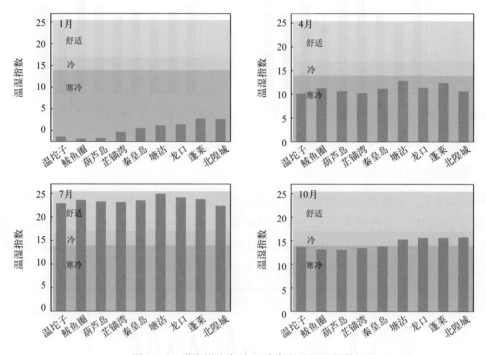

图6.3–6 渤海沿海各站四季代表月温湿指数

# 第四节 风

## 1. 平均风速和最大风速

渤海沿海的累年平均风速为 5.0 米/秒，西部的葫芦岛站、芷锚湾站、秦皇岛站和塘沽站偏小，均小于 5.0 米/秒，东部的温坨子站、鲅鱼圈站、龙口站和北隍城站偏大，均大于 5.0 米/秒，其中龙口站平均风速最大，为 6.4 米/秒，秦皇岛站平均风速最小，为 3.3 米/秒。温坨子站风速年较差最大，为 3.3 米/秒，秦皇岛站风速年较差最小，为 0.9 米/秒。最大风速为 40.0 米/秒，在温坨子站、龙口站和北隍城站出现多次（表 6.4–1，图 6.4–1）。

表 6.4-1 渤海沿海各站风速特征 单位：米/秒

| 序号 | 站名 | 年平均 | 年较差 | 最大 | 时段/年 |
|---|---|---|---|---|---|
| 1 | 温坨子 | 5.7 | 3.3 | 40.0 | 1961—2018 |
| 2 | 鲅鱼圈 | 5.5 | 2.1 | 33.0 | 1960—2018 |

| 序号 | 站名 | 年平均 | 年较差 | 最大 | 时段／年 |
|---|---|---|---|---|---|
| 3 | 葫芦岛 | 4.9 | 1.7 | 34.0 | 1963—2018 |
| 4 | 芷锚湾 | 4.3 | 1.7 | 28.3 | 1960—2018 |
| 5 | 秦皇岛 | 3.3 | 0.9 | 24.0 | 1960—2018 |
| 6 | 塘沽 | 4.6 | 1.1 | 31.0 | 1960—2018 |
| 7 | 龙口 | 6.4 | 2.0 | 40.0 | 1960—2018 |
| 8 | 蓬莱 | 4.6 | 2.5 | 30.7 | 1988—2018 |
| 9 | 北隍城 | 5.3 | 2.9 | 40.0 | 1965—2018 |

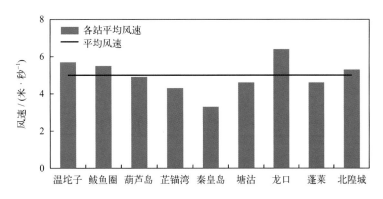

图6.4-1　渤海沿海各站平均风速

## 2. 年变化

渤海沿海的平均风速 11 月最大，为 5.7 米／秒，7 月和 8 月最小，均为 4.1 米／秒。最大风速为 40.0 米／秒，在 1—4 月、6 月和 10—12 月均有出现。年最大风速出现在 4 月的频率最大，为 15.2%，11 月次之，为 11.8%，9 月最小，为 4.2%（表 6.4-2，图 6.4-2）。

表 6.4-2　渤海沿海风速的年变化

| | 1月 | 2月 | 3月 | 4月 | 5月 | 6月 | 7月 | 8月 | 9月 | 10月 | 11月 | 12月 |
|---|---|---|---|---|---|---|---|---|---|---|---|---|
| 平均风速／(米·秒$^{-1}$) | 5.1 | 5.1 | 5.4 | 5.5 | 5.1 | 4.5 | 4.1 | 4.1 | 4.6 | 5.3 | 5.7 | 5.4 |
| 最大风速／(米·秒$^{-1}$) | 40.0 | 40.0 | 40.0 | 40.0 | 34.0 | 40.0 | 28.0 | 30.0 | 34.0 | 40.0 | 40.0 | 40.0 |
| 年最大风速出现频率／% | 7.3 | 8.6 | 11.3 | 15.2 | 7.7 | 4.9 | 4.7 | 5.8 | 4.2 | 10.6 | 11.8 | 8.0 |

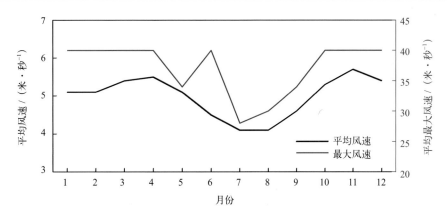

图6.4-2　渤海沿海平均风速和最大风速年变化

### 3. 各向风频率

渤海沿海为典型的季风气候，全年以 S—SW 向风最多，频率和为 29.3%，N—NE 向次之，频率和为 24.5%（图 6.4-3）。

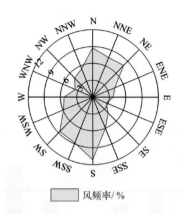

图6.4-3　渤海沿海全年各向风的频率

1 月盛行风向为 N—NE，频率和为 35.3%。4 月盛行风向为 S—SW，频率和为 37.2%。7 月盛行风向为 SSE—SW，频率和为 48.0%。10 月盛行风向为 N—NE 和 S—SW，频率和分别为 27.6% 和 26.8%（图 6.4-4）。

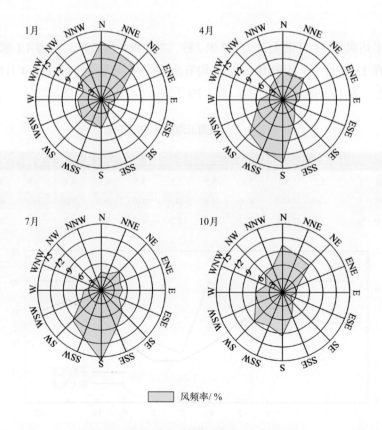

图6.4-4　渤海沿海四季代表月各向风的频率

### 4. 大风日数

渤海沿海出现大于等于 6 级大风的平均年日数为 95.1 天，空间分布为东多西少，龙口站最多，平均年日数为 161.7 天，秦皇岛站最少，为 31.8 天。大于等于 8 级大风的平均年日数为 13.4 天，与大于等于 6 级大风的平均年日数空间分布相似，东多西少，龙口站最多，平均年日数为 32.9 天，秦皇岛站最少，为 0.7 天（图 6.4-5）。

渤海沿海出现大于等于 6 级大风的平均日数 4 月最多，为 10.9 天，11 月次之，为 10.4 天，7 月最少，为 3.9 天；大于等于 8 级大风的平均日数 11 月最多，为 2.1 天，10 月和 12 月次之，均为 1.6 天，7 月最少，为 0.3 天（图 6.4-6）。

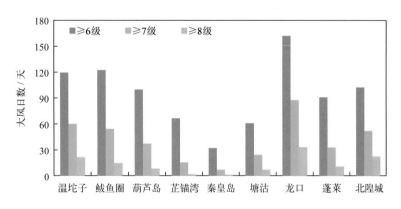

图6.4-5　渤海沿海各站平均年大风日数

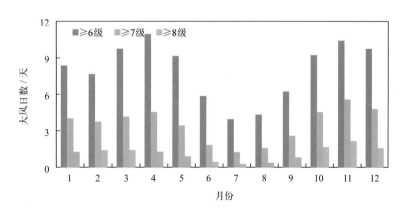

图6.4-6　渤海沿海大风日数年变化

## 第五节　降水

### 1. 降水量和降水日数

渤海沿海平均年降水量为 536.1 毫米，北部略多，南部略少，其中秦皇岛站平均年降水量最多，为 611.9 毫米，塘沽站最少，为 471.3 毫米。最大日降水量为 363.0 毫米，出现在葫芦岛站（2010 年 8 月 5 日）。渤海沿海平均年降水日数（日降水量大于等于 0.1 毫米的日数，下同）为 63.5 天，北隍城站平均年降水日数最多，为 70.7 天，塘沽站最少，为 57.8 天（表 6.5-1，图 6.5-1）。

渤海沿海降水量的季节分布很不均匀，夏多冬少。夏季（6—8 月）降水量为 355.5 毫米，占全年的 66.3%，其中 7 月最多，平均月降水量为 149.2 毫米，占全年的 27.8%；冬季（12 月至翌年 2 月）为 14.3 毫米，占全年的 2.7%；春季（3—5 月）为 74.2 毫米，占全年的 13.9%；秋季（9—

11月）为91.9毫米，占全年的17.1%。1月最大日降水量出现在龙口站，为30.6毫米；2月和5月最大日降水量出现在鲅鱼圈站，分别为46.0毫米和118.3毫米；3月最大日降水量出现在北隍城站，为59.2毫米；4月、6月、8月、9月和12月最大日降水量出现在葫芦岛站，分别为125.8毫米、200.9毫米、363.0毫米、152.6毫米和36.1毫米；7月最大日降水量出现在芷锚湾站，为241.4毫米；10月和11月最大日降水量出现在秦皇岛站，分别为113.4毫米和54.3毫米（表6.5-2，图6.5-2和图6.5-3）。

表6.5-1　渤海沿海各站降水量和降水日数　　　　　　　　　　　　　　　　单位：毫米

| 序号 | 站名 | 平均年降水量 | 最大日降水量 | 平均年降水日数 / 天 | 时段 / 年 |
|---|---|---|---|---|---|
| 1 | 温坨子 | 544.7 | 276.1 | 63.2 | 1961—2018 |
| 2 | 鲅鱼圈 | 528.2 | 204.7 | 64.6 | 1960—2018 |
| 3 | 葫芦岛 | 536.4 | 363.0 | 63.9 | 1963—2018 |
| 4 | 芷锚湾 | 600.7 | 241.4 | 60.2 | 1960—2018 |
| 5 | 秦皇岛 | 611.9 | 203.7 | 63.7 | 1960—2018 |
| 6 | 塘沽 | 471.3 | 187.4 | 57.8 | 1960—2018 |
| 7 | 龙口 | 493.2 | 136.5 | 64.3 | 1960—2018 |
| 8 | 蓬莱 | 482.6 | 138.6 | 67.7 | 1988—1996 2013—2018 |
| 9 | 北隍城 | 500.4 | 150.1 | 70.7 | 1965—2018 |

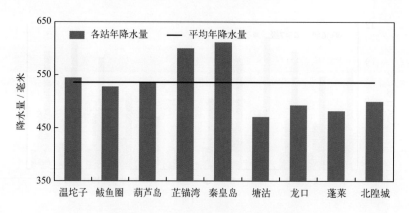

图6.5-1　渤海沿海各站平均年降水量

表6.5-2　渤海沿海降水的年变化

| | 1月 | 2月 | 3月 | 4月 | 5月 | 6月 | 7月 | 8月 | 9月 | 10月 | 11月 | 12月 |
|---|---|---|---|---|---|---|---|---|---|---|---|---|
| 平均降水量 / 毫米 | 3.9 | 4.9 | 8.4 | 25.9 | 39.9 | 70.4 | 149.2 | 136.0 | 49.6 | 28.4 | 14.0 | 5.5 |
| 最大日降水量 / 毫米 | 30.6 | 46.0 | 59.2 | 125.8 | 118.3 | 200.9 | 241.4 | 363.0 | 152.6 | 113.4 | 54.3 | 36.1 |
| 最大日降水量对应出现站 | 龙口 | 鲅鱼圈 | 北隍城 | 葫芦岛 | 鲅鱼圈 | 葫芦岛 | 芷锚湾 | 葫芦岛 | 葫芦岛 | 秦皇岛 | 秦皇岛 | 葫芦岛 |
| 平均降水日数 / 天 | 2.3 | 2.3 | 2.9 | 5.0 | 6.3 | 8.7 | 10.5 | 8.9 | 5.8 | 4.8 | 3.6 | 2.6 |

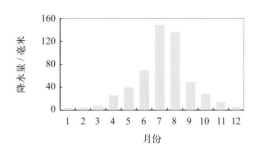

图6.5-2 渤海沿海降水量年变化

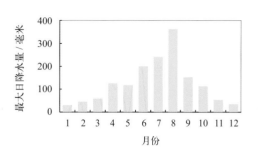

图6.5-3 渤海沿海最大日降水量年变化

## 2. 长期趋势变化

1960—2018 年，渤海沿海平均年降水量呈下降趋势，下降速率为 24.23 毫米 /（10 年）；最大日降水量呈波动上升趋势，上升速率为 4.45 毫米 /（10 年）（线性趋势未通过显著性检验）；1965—2018 年，渤海沿海平均降水日数呈下降趋势，下降速率为 1.64 天 /（10 年）（图 6.5-4 至图 6.5-6）。

十年平均年降水量变化显示，1960—2009 年平均降水量呈减少趋势，1960—1969 年平均降水量最多，均值为 618.4 毫米，2000—2009 年平均降水量最少，均值为 433.8 毫米。2010—2018 年 9 年的平均降水量比 2000—2009 年有所增加，升幅为 109.8 毫米（图 6.5-7）。

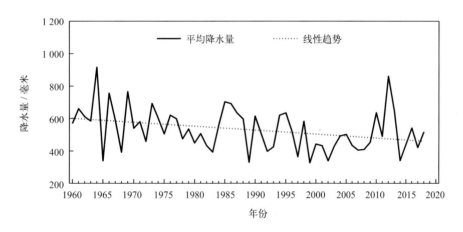

图6.5-4 1960—2018年渤海沿海平均降水量变化

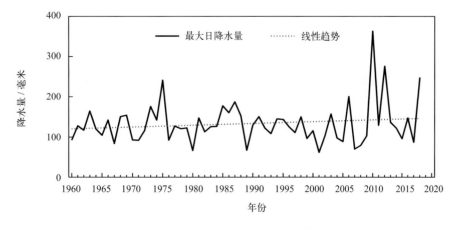

图6.5-5 1960—2018年渤海沿海最大日降水量变化

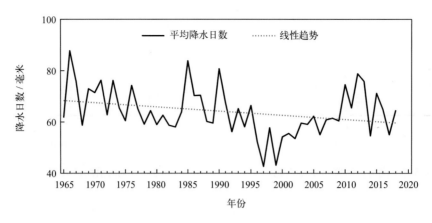

图6.5-6　1965—2018年渤海沿海平均降水日数变化

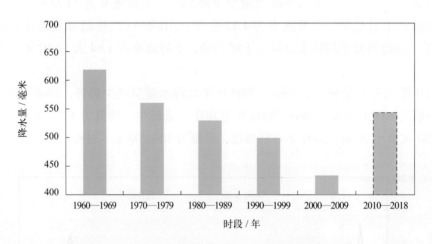

图6.5-7　渤海沿海十年平均降水量变化

# 第六节　雾及其他天气现象

## 1.雾

渤海沿海平均年雾日数为17.4天，北隍城站平均年雾日数最多，为36.2天，鲅鱼圈站平均年雾日数最少，为6.0天（表6.6-1，图6.6-1）。渤海沿海雾日数年变化明显，7月雾日数最多，平均为2.7天，9月雾日数最少，平均为0.3天。月最多雾日数为22天（2011年7月），最长连续雾日数为15天（2013年7月），均出现在北隍城站（表6.6-2，图6.6-2）。

表6.6-1　渤海沿海各站雾日数　　　　　　　　　　　单位：天

| 序号 | 站名 | 平均年雾日数 | 最长连续雾日数 | 时段／年 |
|---|---|---|---|---|
| 1 | 温坨子 | 16.2 | 5 | 1965—2018 |
| 2 | 鲅鱼圈 | 6.0 | 5 | 1965—2018 |
| 3 | 葫芦岛 | 13.3 | 6 | 1965—2018 |
| 4 | 芷锚湾 | 19.5 | 8 | 1965—2018 |
| 5 | 秦皇岛 | 15.5 | 5 | 1965—2018 |
| 6 | 塘　沽 | 16.6 | 7 | 1965—2002<br>2006—2018 |

| 序号 | 站名 | 平均年雾日数 | 最长连续雾日数 | 时段 / 年 |
|---|---|---|---|---|
| 7 | 龙 口 | 14.9 | 8 | 1965—2018 |
| 8 | 蓬莱 | 28.8 | 7 | 1988—1996 |
| 9 | 北隍城 | 36.2 | 15 | 1965—2018 |

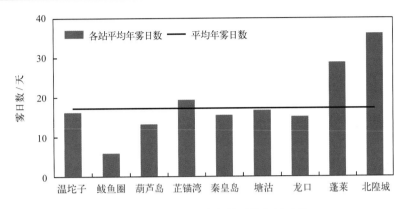

图6.6-1　渤海沿海各站平均年雾日数

表 6.6-2　渤海沿海雾日数的年变化（1965—2018 年）　　　　　　　　单位：天

| | 1月 | 2月 | 3月 | 4月 | 5月 | 6月 | 7月 | 8月 | 9月 | 10月 | 11月 | 12月 |
|---|---|---|---|---|---|---|---|---|---|---|---|---|
| 平均雾日数 | 1.3 | 1.7 | 1.4 | 1.8 | 1.9 | 2.3 | 2.7 | 1.0 | 0.3 | 0.7 | 1.0 | 1.3 |
| 最多雾日数<br>及对应出现站 | 13 | 11 | 10 | 11 | 17 | 19 | 22 | 13 | 4 | 7 | 7 | 11 |
| | 塘沽 | 塘沽<br>龙口 | 北隍城 | 北隍城 | 北隍城 | 北隍城 | 北隍城 | 芷锚湾 | 塘沽 | 塘沽 | 芷锚湾<br>秦皇岛 | 塘沽 |
| 最长连续雾<br>日数及对应<br>出现站 | 8 | 7 | 5 | 5 | 8 | 10 | 15 | 8 | 4 | 4 | 4 | 6 |
| | 龙口 | 塘沽 | 塘沽<br>北隍城 | 北隍城 | 北隍城 | 北隍城 | 北隍城 | 北隍城 | 塘沽 | 4个站 | 4个站 | 塘沽 |

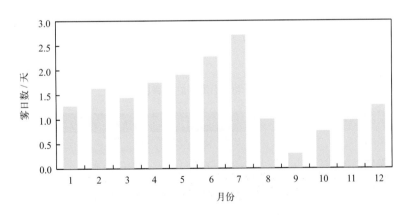

图6.6-2　渤海沿海雾日数年变化

　　1965—2018 年，年雾日数呈明显的增加趋势，增加速率为 2.24 天 /（10 年）（图 6.6-3）。除鲅鱼圈站和葫芦岛站变化趋势不明显外，其他站均为增加趋势。

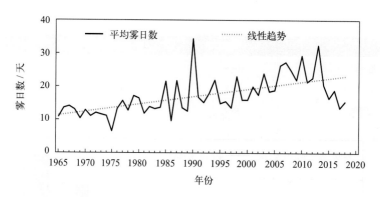

图6.6-3　1965—2018年渤海沿海平均雾日数变化

十年平均年雾日数显示，1965—2009 年雾日数呈明显增加趋势，2010—2018 年比 2000—2009 年雾日数减少，2000—2009 年最多，为 21.6 天，1965—1969 年最少，为 12.4 天（图 6.6-4）。

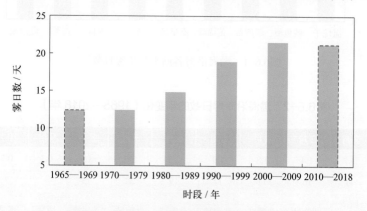

图6.6-4　渤海沿海十年平均年雾日数变化

## 2. 轻雾

1965—1995 年（1995 年 7 月停测），渤海沿海平均年轻雾日数为 92.4 天。除蓬莱站外，秦皇岛站平均年轻雾日数最多，为 132.2 天，鲅鱼圈站平均年轻雾日数最少，为 37.5 天（表 6.6-3，图 6.6-5）。渤海沿海轻雾日数年变化明显，7 月轻雾日数最多，平均为 11.2 天，9 月轻雾日数最少，平均为 4.0 天（图 6.6-6）。

表 6.6-3　渤海沿海各站轻雾日数　　　　　　　　　　　　　　　　单位：天

| 序号 | 站名 | 平均年轻雾日数 | 时段／年 |
| --- | --- | --- | --- |
| 1 | 温坨子 | 71.2 | 1965—1995 |
| 2 | 鲅鱼圈 | 37.5 | 1965—1995 |
| 3 | 葫芦岛 | 123.9 | 1965—1995 |
| 4 | 芷锚湾 | 117.2 | 1965—1995 |
| 5 | 秦皇岛 | 132.2 | 1965—1995 |
| 6 | 塘沽 | 90.2 | 1965—1995 |
| 7 | 龙口 | 105.0 | 1965—1995 |
| 8 | 蓬莱 | 186.0 | 1988—1995 |
| 9 | 北隍城 | 61.2 | 1965—1995 |

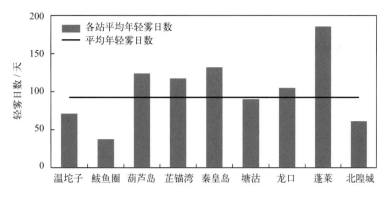

图6.6-5　渤海沿海各站平均年轻雾日数

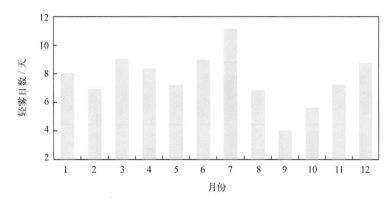

图6.6-6　渤海沿海轻雾日数年变化

1965—1994 年，轻雾日数呈明显的增加趋势，增加速率为 32.21 天 /（10 年）（图 6.6-7）。除鲅鱼圈站轻雾日数为减少趋势外，其他各站均呈明显的增加趋势。

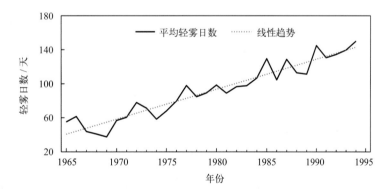

图6.6-7　1965—1994年渤海沿海平均轻雾日数变化

## 3. 雷暴

1960—1995 年（1995 年 7 月停测），渤海沿海平均年雷暴日数为 23.1 天。芷锚湾站平均年雷暴日数最多，为 28.5 天，北隍城站平均年雷暴日数最少，为 17.8 天（表 6.6-4，图 6.6-8）。渤海沿海雷暴主要集中在 3—11 月，12 月至翌年 2 月鲜有雷暴发生；7 月雷暴日数最多，平均为 5.6 天。最早雷暴初日为 3 月 11 日（塘沽站和北隍城站，1992 年）；最晚雷暴终日为 12 月 14 日（龙口站，1967 年）（图 6.6-9）。

表 6.6-4　渤海沿海各站雷暴日数　　　　　　　　　　　　　　　单位: 天

| 序号 | 站名 | 平均年雷暴日数 | 时段 / 年 |
|---|---|---|---|
| 1 | 温坨子 | 22.0 | 1965—1995 |
| 2 | 鲅鱼圈 | 22.1 | 1960—1995 |
| 3 | 葫芦岛 | 22.6 | 1963—1995 |
| 4 | 芷锚湾 | 28.5 | 1960—1995 |
| 5 | 秦皇岛 | 26.2 | 1960—1995 |
| 6 | 塘沽 | 20.2 | 1960—1995 |
| 7 | 龙口 | 24.1 | 1960—1995 |
| 8 | 蓬莱 | 18.5 | 1988—1995 |
| 9 | 北隍城 | 17.8 | 1965—1995 |

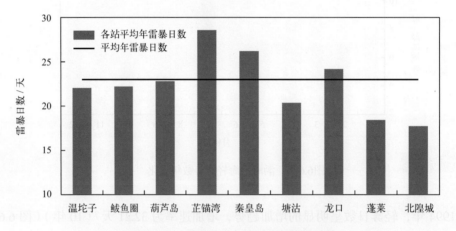

图6.6-8　渤海沿海各站平均年雷暴日数

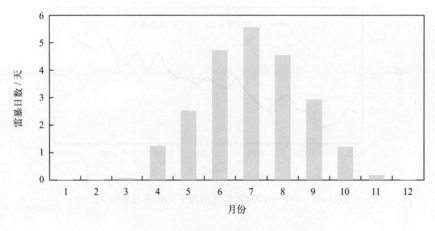

图6.6-9　渤海沿海雷暴日数年变化

1965—1994 年，渤海沿海雷暴日数变化趋势不明显（图 6.6-10），其中，葫芦岛站和北隍城站雷暴日数为增加趋势，塘沽站和龙口站为减少趋势，其他各站变化趋势不明显。

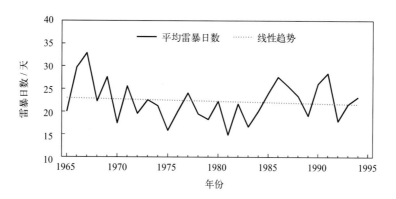

图6.6-10　1965—1994年渤海沿海平均雷暴日数变化

### 4. 霜

　　1960—1995 年（1995 年 7 月停测），渤海沿海平均年霜日数为 26.7 天。塘沽站平均年霜日数最多，为 36.6 天，北隍城站平均年霜日数最少，为 7.0 天（表 6.6-5，图 6.6-11）。渤海沿海霜日主要出现在 9 月至翌年 4 月，5—8 月无霜；1 月霜日数最多，平均为 7.3 天。最早霜初日为 9 月 26 日（芷锚湾站，1973 年）；最晚霜终日为 4 月 26 日（鲅鱼圈站，1987 年）（图 6.6-12）。

表 6.6-5　渤海沿海各站霜日数　　　　　　　　　　　　　　　　　　单位：天

| 序号 | 站名 | 平均年霜日数 | 时段 / 年 |
|---|---|---|---|
| 1 | 温坨子 | 35.2 | 1965—1978; 1980—1995 |
| 2 | 鲅鱼圈 | 28.7 | 1960—1978; 1980—1995 |
| 3 | 葫芦岛 | 26.1 | 1963—1978; 1980—1995 |
| 4 | 芷锚湾 | 29.1 | 1960—1978; 1980—1995 |
| 5 | 秦皇岛 | 32.0 | 1960—1978; 1980—1995 |
| 6 | 塘沽 | 36.6 | 1960—1978; 1980—1995 |
| 7 | 龙口 | 19.3 | 1965—1978; 1980—1995 |
| 8 | 蓬莱 | 8.4 | 1988—1995 |
| 9 | 北隍城 | 7.0 | 1965—1978; 1980—1995 |

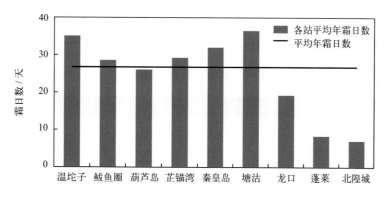

图6.6-11　渤海沿海各站平均年霜日数

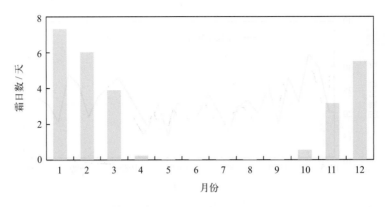

图6.6-12　渤海沿海霜日数年变化

1965—1994年，渤海沿海霜日数总体变化趋势不明显（图6.6-13），其中芷锚湾站和龙口站霜日数为增加趋势，温坨子站和秦皇岛站为减少趋势，其他各站变化趋势不明显。

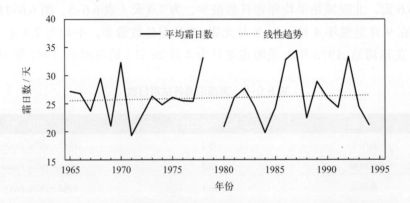

图6.6-13　1965—1994年渤海沿海平均霜日数变化（1979年数据缺测）

### 5. 降雪

1960—1995年（1995年7月停测），渤海沿海平均年降雪日数为15.8天，呈东多西少的分布态势。龙口站和北隍城站平均年降雪日数最多，为18.4天，塘沽站平均年降雪日数最少，为11.4天（表6.6-6，图6.6-14）。渤海沿海降雪主要出现在10月至翌年4月，5—9月无降雪；1月降雪日数最多，平均为3.9天。最早降雪初日为10月3日（葫芦岛站，1963年）；最晚降雪终日为4月29日（鲅鱼圈站，1983年）（图6.6-15）。

表6.6-6　渤海沿海各站降雪日数　　　　　　　　　　　　　　　　单位：天

| 序号 | 站名 | 平均年降雪日数 | 时段 / 年 |
|---|---|---|---|
| 1 | 温坨子 | 18.0 | 1965—1995 |
| 2 | 鲅鱼圈 | 18.3 | 1960—1995 |
| 3 | 葫芦岛 | 14.1 | 1963—1995 |
| 4 | 芷锚湾 | 15.9 | 1960—1995 |
| 5 | 秦皇岛 | 12.1 | 1960—1995 |
| 6 | 塘沽 | 11.4 | 1960—1995 |

续表

| 序号 | 站名 | 平均年降雪日数 | 时段 / 年 |
|---|---|---|---|
| 7 | 龙口 | 18.4 | 1965—1995 |
| 8 | 蓬莱 | 11.8 | 1988—1995 |
| 9 | 北隍城 | 18.4 | 1965—1995 |

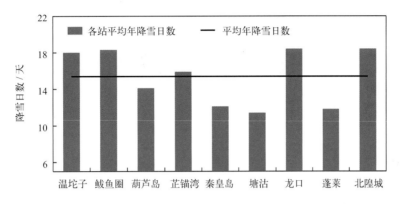

图6.6-14　渤海沿海各站平均年降雪日数

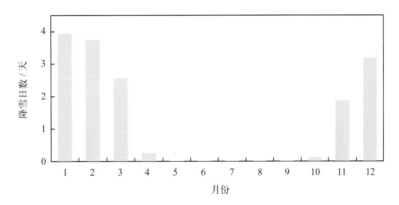

图6.6-15　渤海沿海降雪日数年变化

1965—1994年，渤海沿海降雪日数为减少趋势，减少速率为2.97天/（10年）（图6.6-16）。葫芦岛站降雪日数为增加趋势，鲅鱼圈站和塘沽站变化趋势不明显，其他各站均为减少趋势。

图6.6-16　1965—1994年渤海沿海平均降雪日数变化

## 第七节　能见度

### 1. 平均能见度

渤海沿海平均能见度为 19.3 千米，鲅鱼圈站的平均能见度最大，为 25.3 千米，北隍城站次之，平均能见度 24.1 千米，葫芦岛站的平均能见度最小，为 13.6 千米（表 6.7–1，图 6.7–1）。

表 6.7–1　渤海沿海各站能见度　　　　　　　　　　　　单位：千米

| 序号 | 站名 | 平均能见度 | 时段 / 年 |
|---|---|---|---|
| 1 | 温坨子 | 22.8 | 1965—1972; 1986—2018 |
| 2 | 鲅鱼圈 | 25.3 | 1965—1972; 1986—2018 |
| 3 | 葫芦岛 | 13.6 | 1965—1972; 1986—2018 |
| 4 | 芷锚湾 | 20.2 | 1965—1972; 1986—2018 |
| 5 | 秦皇岛 | 15.4 | 1965—1972; 1986—2018 |
| 6 | 塘沽 | 14.8 | 1965—1972; 1984—2002; 2010—2018 |
| 7 | 龙口 | 17.9 | 1965—1972; 1986—2018 |
| 8 | 蓬莱 | 22.2 | 1988—1996 |
| 9 | 北隍城 | 24.1 | 1965—1972; 1986—2018 |

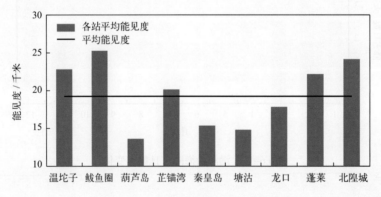

图 6.7–1　渤海沿海各站平均能见度

渤海沿海能见度年变化特征明显，秋季能见度最大，其次是冬季，春夏季节能见度较小。9 月能见度最大，平均为 23.0 千米，10 月次之，平均为 22.9 千米，7 月最小，平均为 16.1 千米（图 6.7–2）。

1 月和 10 月，北隍城站能见度最高，分别为 28.5 千米和 32.4 千米，4 月和 7 月，鲅鱼圈站能见度最高，分别为 24.3 千米和 25.6 千米；1 月、4 月、7 月和 10 月葫芦岛站能见度最低，分别为 12.0 千米、12.5 千米、11.7 千米和 15.1 千米（图 6.7–3）。

### 2. 长期变化趋势

1986—2018 年，渤海沿海平均能见度呈下降趋势，下降速率为 2.05 千米 /（10 年）。平均能见度最高值出现在 1988 年，为 23.8 千米，平均能见度最低值出现在 2006 年，为 14.2 千米。

1986—2006 年，波动下降趋势明显，下降速率为 3.27 千米 / (10 年)。2006—2018 年能见度呈波动上升趋势，上升速率为 2.49 千米 / (10 年)(图 6.7-4)。

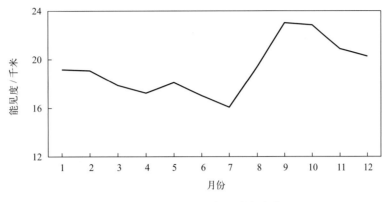

图6.7-2 渤海沿海能见度年变化

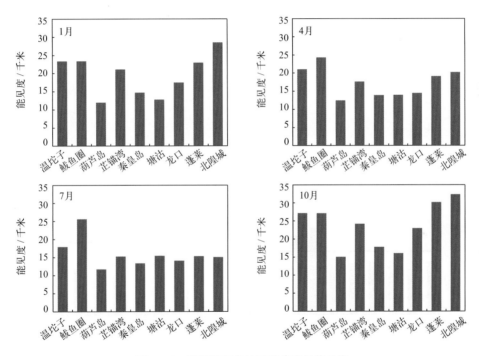

图6.7-3 渤海沿海各站四季代表月能见度

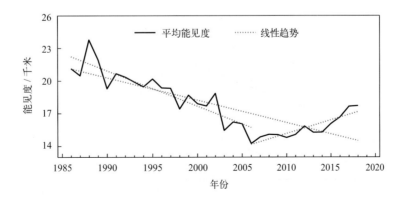

图6.7-4 1986—2018年渤海沿海平均能见度变化

## 第八节 云

1965—1995 年（1995 年 7 月停测），渤海沿海平均总云量为 4.5 成，各站平均总云量以龙口站最多，为 5.0 成，温坨子站、芷锚湾站和秦皇岛站最少，均为 4.2 成；渤海沿海平均低云量为 1.7 成，各站平均低云量以北隍城站最多，为 2.2 成，塘沽站最少，为 1.0 成（图 6.8-1 和图 6.8-2）。渤海沿海云量年变化特征明显，其中 7 月平均总云量最多，为 6.6 成，1 月最少，为 3.1 成；7 月平均低云量最多，为 3.3 成，2 月和 3 月最少，均为 0.9 成（图 6.8-3）。

表 6.8-1 渤海沿海各站云量

| 序号 | 站名 | 平均总云量 / 成 | 平均低云量 / 成 | 时段 / 年 |
|---|---|---|---|---|
| 1 | 温坨子 | 4.2 | 1.6 | 1965—1995 |
| 2 | 鲅鱼圈 | 4.5 | 1.9 | 1965—1995 |
| 3 | 葫芦岛 | 4.3 | 1.6 | 1965—1995 |
| 4 | 芷锚湾 | 4.2 | 1.6 | 1965—1995 |
| 5 | 秦皇岛 | 4.2 | 1.7 | 1965—1995 |
| 6 | 塘沽 | 4.3 | 1.0 | 1965—1995 |
| 7 | 龙口 | 5.0 | 1.6 | 1965—1995 |
| 8 | 蓬莱 | 4.8 | 1.6 | 1988—1995 |
| 9 | 北隍城 | 4.9 | 2.2 | 1965—1995 |

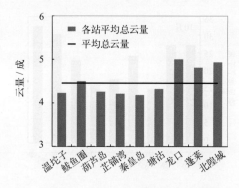

图6.8-1 渤海沿海各站平均总云量

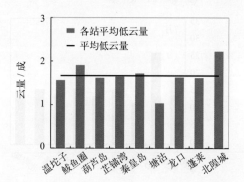

图6.8-2 渤海沿海各站平均低云量

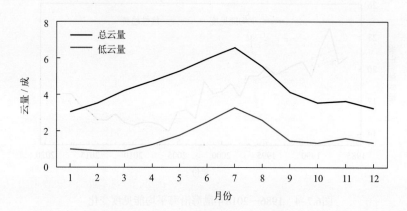

图6.8-3 渤海沿海云量年变化

1965—1994 年，渤海沿海平均总云量呈微弱减少趋势，减少速率为 0.11 成 /（10 年）（线性趋势未通过显著性检验，图 6.8-4），其中塘沽站总云量为增加趋势，温坨子站变化趋势不明显，其他各站均为减少趋势；低云量变化趋势不明显（图 6.8-5），葫芦岛站、秦皇岛站和塘沽站为增加趋势，鲅鱼圈站和北隍城站为减少趋势，其他各站变化趋势均不明显。

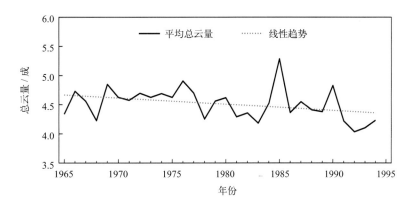

图6.8-4　1965—1994年渤海沿海平均总云量变化

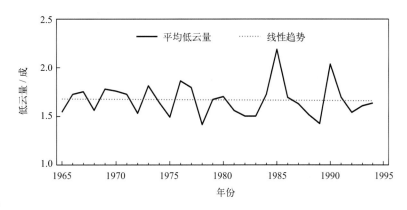

图6.8-5　1965—1994年渤海沿海平均低云量变化

## 第九节　蒸发量

渤海沿海平均年蒸发量为 1 806.7 毫米。葫芦岛、秦皇岛、塘沽和龙口站统计结果显示，龙口站年蒸发量最大，平均为 1 965.4 毫米，秦皇岛站年蒸发量最小，平均为 1 355.9 毫米（表 6.9-1，图 6.9-1）。蒸发量年变化特征明显，春末夏初蒸发量大，冬季蒸发量小，5 月蒸发量最大，为 260.4 毫米，1 月蒸发量最小，为 47.1 毫米（图 6.9-2）。

表 6.9-1　渤海沿海各站蒸发量　　　　　单位：毫米

| 序号 | 站名 | 平均年蒸发量 | 时段 / 年 |
| --- | --- | --- | --- |
| 1 | 葫芦岛 | 1 950.9 | 1967—1972 |
| 2 | 秦皇岛 | 1 355.9 | 1960—1972 |
| 3 | 塘沽 | 1 954.8 | 1960—1965 |
| 4 | 龙口 | 1 965.4 | 1962—1963 |

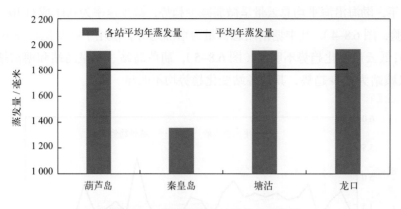

图6.9-1　渤海沿海各站平均年蒸发量

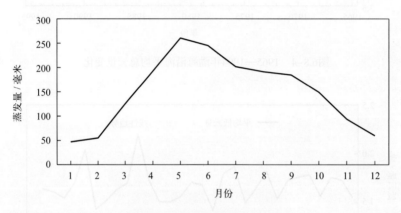

图6.9-2　渤海沿海蒸发量年变化

# 第七章　海平面

## 第一节　海平面

### 1. 年变化

受地球公转影响，中国沿海海平面具有明显的年变化，且区域特征明显。渤海沿海海平面一般 1 月最低，8 月最高，年变幅平均约 54 厘米。从葫芦岛站到蓬莱站，年变化位相从 120.3° 到 129.3°，相差近 10 天（图 7.1–1，表 7.1–1）。

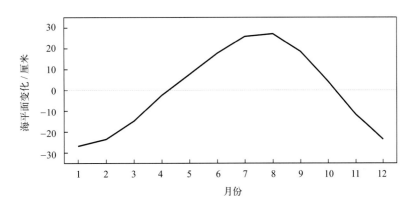

图7.1–1　渤海沿海海平面年变化（1950—2018年）

表 7.1–1　渤海沿海各站海平面季节（年与半年）变化

| 序号 | 站名 | 平均海平面 / 厘米 | 年变化（Sa） | | 半年变化（Ssa） | | 季节性高、低海平面发生时间 | |
|---|---|---|---|---|---|---|---|---|
| | | | 振幅 / 厘米 | 初位相 / (°) | 振幅 / 厘米 | 初位相 / (°) | 最高海平面发生时间 / 月 | 最低海平面发生时间 / 月 |
| 1 | 鲅鱼圈 | 206 | 28.2 | 120.4 | 2.6 | 4.0 | 7、8 | 1 |
| 2 | 营　口 | 189 | 28.2 | 123.0 | 3.6 | 333.0 | 7 | 1 |
| 3 | 葫芦岛 | 164 | 29.3 | 120.3 | 2.8 | 352.0 | 7 | 1 |
| 4 | 芷锚湾 | 229 | 27.2 | 120.8 | 3.9 | 350.1 | 8 | 1 |
| 5 | 秦皇岛 | 84 | 27.6 | 119.6 | 3.3 | 332.1 | 8 | 1 |
| 6 | 长兴岛 | 156 | 25.5 | 124.1 | 3.2 | 5.1 | 8 | 1 |
| 7 | 北隍城 | 178 | 23.4 | 126.7 | 3.1 | 1.1 | 8 | 1 |
| 8 | 塘　沽 | 245 | 31.2 | 128.3 | 4.9 | 302.2 | 8 | 1 |
| 9 | 羊角沟 | 313 | 26.5 | 132.3 | 6.6 | 318.5 | 8 | 1 |
| 10 | 龙　口 | 96 | 24.0 | 129.9 | 1.7 | 351.4 | 8 | 1 |
| 11 | 蓬　莱 | 172 | 24.0 | 129.3 | 3.4 | 331.7 | 8 | 1 |

### 2. 长期趋势变化

渤海沿海海平面变化呈波动上升趋势。1950—2018年,渤海沿海海平面平均上升速率为1.9毫米/年;1993—2018年,渤海沿海海平面平均上升速率为4.3毫米/年,高于同期中国沿海3.8毫米/年的平均水平,其中龙口和塘沽沿海海平面上升速率相对较大,分别为6.4毫米/年和5.8毫米/年(图7.1-2,表7.1-2)。

渤海沿海海平面在20世纪70年代初经历了一次高海平面期,之后海平面回落,至20世纪90年代初海平面回升,21世纪初短暂回落后加速上升,2012—2018年连续7年处于有观测记录以来的高位,其中2014年最高(图7.1-2)。

图7.1-2　1950—2018年渤海沿海平均海平面变化

表7.1-2　　渤海沿海各站海平面变化速率　　　　　　　　单位:毫米/年

| 序号 | 站 名 | 时段/年 | 海平面变化速率 | 时段/年 | 海平面变化速率 |
|---|---|---|---|---|---|
| 1 | 鲅鱼圈 | 1980—2018 | 3.7 | 1993—2018 | 4.6 |
| 2 | 营 口 | 1953—1994 | 2.1 | — | — |
| 3 | 葫芦岛 | 1960—2018 | 1.8 | 1993—2018 | 4.2 |
| 4 | 芷锚湾 | 1984—2018 | 3.3 | 1993—2018 | 3.5 |
| 5 | 秦皇岛 | 1965—2018 | 1.1 | 1993—2018 | 4.0 |
| 6 | 塘 沽 | 1950—2018 | 3.3 | 1993—2018 | 5.8 |
| 7 | 羊角沟 | 1972—1999 | 5.6 | — | — |
| 8 | 龙 口 | 1961—2018 | 3.2 | 1993—2018 | 6.4 |
| 9 | 蓬 莱 | 1984—2018 | 2.7 | 1993—2018 | 3.1 |

1950—2018年,渤海沿海十年平均海平面总体呈波动上升趋势。1950—1959年和1960—1969年,海平面处于近70年来低位;1970—1979年,海平面上升明显,较上一个十年平均海平面高40毫米;1980—1989年,海平面下降约15毫米;1990—1999年,海平面持续回升;2010—2018年,渤海沿海海平面处于近70年来最高位,平均海平面较上一个十年高约65毫米,较1950—1959年平均海平面高130毫米(图7.1-3)。

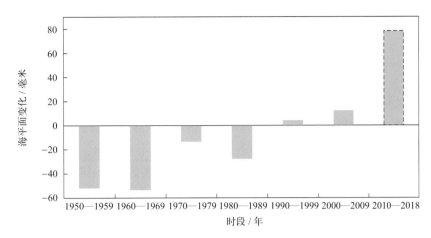

图7.1-3 渤海沿海十年平均海平面变化

## 第二节 地面沉降

沿海地面沉降导致相对海平面上升幅度增大，加大海平面上升风险。渤海沿海地面沉降主要发生在天津沿海，其中滨海新区地面沉降相对较重。

2001—2003 年间，天津沿海海平面在全国各沿海省（自治区、直辖市）中升幅最大，其主要原因是该地区地面沉降较为严重，年沉降率达到厘米级，部分地区多年累计沉降量较大，局部地区甚至低于平均海平面，从而加剧了该地区相对海平面上升（《2003 年中国海平面公报》）。

2011 年，天津滨海新区平均地面沉降量为 21 毫米，沉降量大于 30 毫米的面积为 450 平方千米，沉降量大于 50 毫米的面积为 76 平方千米（《2012 年中国海平面公报》）。

2012 年，滨海新区平均地面沉降 24 毫米，其中塘沽、汉沽和大港平均沉降量分别为 23 毫米、24 毫米和 25 毫米，上海道与河北路交口一带的地面高程已低于平均海面 1.087 米；塘沽、汉沽和大港岸段防潮堤沉降量分别为 24 毫米、25 毫米和 17 毫米（《2013 年中国海平面公报》）。

2013 年，滨海新区平均地面沉降量为 22 毫米，塘沽、汉沽和大港的平均沉降量分别为 22 毫米、37 毫米和 17 毫米；滨海新区上海道与河北路交口一带的地面高程已低于平均海面 1.108 米，1959—2013 年累计沉降量为 3.448 米。2013 年，塘沽、汉沽和大港各段防潮堤平均沉降量分别为 19 毫米、37 毫米和 11 毫米（《2014 年中国海平面公报》）。

2014 年，滨海新区平均地面沉降量为 23 毫米。其中，塘沽平均沉降量 18 毫米，最大沉降量 54 毫米；汉沽平均沉降量 30 毫米，最大沉降量 66 毫米；大港平均沉降量 26 毫米，最大沉降量 76 毫米。2012—2014 年，滨海新区防潮堤年平均沉降量为 20 毫米左右（《2015 年中国海平面公报》）。

2015 年，滨海新区平均地面沉降量为 23 毫米，最大沉降量为 85 毫米。其中，塘沽平均沉降量为 18 毫米，最大沉降量为 28 毫米；汉沽平均沉降量为 40 毫米，最大沉降量为 60 毫米；大港平均沉降量为 21 毫米，最大沉降量为 50 毫米。滨海新区防潮堤平均沉降量约 20 毫米（《2016 年中国海平面公报》）。

2016 年，滨海新区平均地面沉降量为 21 毫米。其中，塘沽平均沉降量为 16 毫米，最大沉降量为 40 毫米；汉沽平均沉降量为 38 毫米，最大沉降量为 101 毫米；大港平均沉降量为 18 毫米，最大沉降量为 55 毫米（《2017 年中国海平面公报》）。

2017 年，天津滨海新区平均地面沉降量为 16 毫米，较 2016 年度减少 5 毫米，其中塘沽平均沉降量为 14 毫米，最大沉降量为 58 毫米；汉沽平均沉降量为 27 毫米，最大沉降量为 58 毫米；大港平均沉降量为 14 毫米，最大沉降量为 51 毫米（《2018 年中国海平面公报》）。

# 第八章 灾害

　　近几十年来，风暴潮、海浪、海冰、赤潮、海岸侵蚀和海水入侵与土壤盐渍化等海洋环境灾害、生态灾害和地质灾害，以及暴雨洪涝、大风、冰雹、雷电、大雾、寒潮和霜冻等灾害性天气，对渤海沿海经济发展、生态环境、交通运输和人民生活等造成不利影响。观测调查结果显示，渤海沿海台风风暴潮多发生在7—9月，影响程度相对较低，次数较少；温带风暴全年均有发生，主要集中在11月至翌年4月。渤海灾害性海浪主要受强冷空气影响。渤海海冰灾害在辽东湾顶部相对较重，冰期一般为11月至翌年3月。渤海赤潮灾害在辽宁葫芦岛至盘锦沿海发生次数相对较多。渤海沿海长期受到海岸侵蚀影响，其中葫芦岛绥中砂质海岸、营口白沙湾砂质海岸侵蚀相对较重。渤海滨海平原地区海水入侵较为严重，主要分布于河北秦皇岛、唐山和沧州，以及山东滨州和潍坊地区。土壤盐渍化较严重的区域主要分布于河北沧州、天津、山东滨州和潍坊等滨海平原地区。

　　渤海沿海各地灾害性天气多发。暴雨集中在6—9月，尤以7—8月居多。大多数洪涝灾害都发生在夏季，春季和秋季较少。大风一年四季均有发生，大风灾害既有大范围区域性的，也有小范围局地性的。冰雹是夏半年的主要灾害性天气之一，以6月居多。雷电天气主要集中在夏季6—8月。雾灾局地性强，地区差异较大，并以11月多发。寒潮、霜冻和降雪灾害基本发生在冬半年。

## 第一节 海洋灾害

### 1. 风暴潮

　　1969年4月23日，发生了1950—1990年期间最强的一次温带风暴潮，自渤海湾到莱州湾，普遍出现2米以上的增水，山东寿光县羊角沟水文站最大增水3.50米，最高潮位6.74米，超过当地警戒水位1.74米，是1949年以来的最高纪录。2米以上增水持续20小时，5米以上高潮位持续26小时，最大增水超过1.00米的有塘沽、龙口。山东无棣县到昌邑县沿海普遍遭灾，被淹面积1000多平方千米，海水侵陆最深处达40千米（《中国海洋灾害四十年资料汇编（1949—1990）》）。

　　1972年7月26—27日，3号强台风登陆时正逢农历六月十六、十七天文大潮期，葫芦岛站最大增水203厘米，多站最大增水超过100厘米。该台风生命史长达26天，路径特殊，在洋面上三次打转，三次登陆，是历史上少见的。第一次在山东省荣成登陆。龙口站最高潮位达340厘米，超过警戒水位30厘米。龙口港码头上水，部分农田被淹。第二次在天津登陆，渤海西岸由葫芦岛至塘沽都出现海水上陆，淹没盐田及农田，并造成土地进一步盐碱化（《中国海洋灾害四十年资料汇编（1949—1990）》）。

　　1985年8月16—20日，9号台风北上，大量海水涌入渤海。塘沽地区风平浪静，但海水上涨不退，数小时后淹没东沽一带，东沽淹水1米多，新港船厂和港务局码头淹水0.60～0.70米，塘沽盐场防潮堤全线漫水，造成塘沽地区直接经济损失7000多万元（《中国海洋灾害四十年资料汇编（1949—1990）》）。

　　1992年，发生在渤海的温带风暴潮比常年偏多，共32次，有两次造成局部地区成灾。6月

5 日一次温带风暴潮过程使塘沽港出现了 4.85 米的高潮位，超过当地警戒水位 15 厘米，最大增水几乎与天文高潮同时发生；9 月 1 日第 16 号强热带风暴作用期间，渤海中南部出现 8 ~ 9 级，阵风 10 级的偏东大风。渤海莱州湾和渤海湾沿岸增水较大，1 日 23 时山东羊角沟站最大增水 304 厘米，为有记录以来的第二大高潮位，1 日 16 时塘沽最大增水 178 厘米，为破历史纪录的高潮位；10 月 2 日，塘沽最高潮位 5.21 米，超过警戒水位 51 厘米，过程最大增水与天文高潮同时发生，高潮增水 117 厘米，塘沽港局部低洼地区受潮水浸泡（《1992 年中国海洋灾害公报》）。

1993 年 11 月 16 日，渤海发生一次较强的温带风暴潮，恰遇农历十月三日天文大潮期，沿海潮位较高，天津塘沽站 11 月 16 日 04 时 45 分观测到最高潮位超过当地警戒水位 16 厘米，使天津塘沽新港客运码头和航道局管线队等地部分堤埝少量上水，新港船闸漏水，东沽部分船闸漏水，地沟反水（《1993 年中国海洋灾害公报》）。

1994 年 8 月 15 日至 16 日，渤海沿岸发生较大风暴潮，塘沽、羊角沟、夏营、龙口、秦皇岛等测站沿海潮位普遍比正常潮位偏高 0.8 ~ 1.6 米；塘沽站的最高潮位先后 3 次超过当地警戒水位，羊角沟和龙口站也先后出现过接近或略超过当地警戒水位的高潮位（《1994 年中国海洋灾害公报》）。

2003 年 10 月 11—12 日，受北方强冷空气影响，渤海湾、莱州湾沿岸发生了近 10 年来最强的一次温带风暴潮，其中山东羊角沟潮位站最大增水 300 厘米。此次温带风暴潮来势猛、强度大、持续时间长，成灾严重，河北省直接经济损失 5.84 亿元，天津直接经济损失约 1.13 亿元，失踪 1 人，山东省直接经济损失 6.13 亿元（《2003 年中国海洋灾害公报》）。

2007 年 3 月 3 日至 5 日凌晨，受北方强冷空气和黄海气旋的共同影响，渤海湾、莱州湾发生了一次强温带风暴潮过程，辽宁、河北、山东省海洋灾害直接经济损失 40.65 亿元（《2007 年中国海洋灾害公报》）。

2008 年 8 月 22 日，渤海沿海发生一次强温带风暴潮过程。受其影响，沿海最大风暴增水 109 厘米，出现在辽宁省营口市鲅鱼圈站；天津市塘沽站增水 101 厘米；河北省曹妃甸海域海水养殖受损面积 269.33 公顷，直接经济损失 0.20 亿元（《2008 年中国海洋灾害公报》）。

2009 年 4 月 15 日，渤海沿岸发生一次强温带风暴潮过程，河北省、天津市、山东省因灾造成直接经济损失 6.20 亿元（《2009 年中国海洋灾害公报》）。

2011 年 8 月 31 日至 9 月 1 日，受冷空气影响，渤海沿岸出现一次较强温带风暴潮过程，受其影响，河北省黄骅市水产养殖受损 2 130 公顷，防波堤损毁 0.2 千米，因灾直接经济损失 1.58 亿元（《2011 年中国海洋灾害公报》）。

2013 年 5 月 26—28 日，受黄海气旋的影响，渤海和黄海沿海出现了一次较强的温带风暴潮过程，山东省因灾直接经济损失 1.44 亿元（《2013 年中国海洋灾害公报》）。

2016 年 7 月 19—21 日，受温带气旋影响，渤海沿海出现了一次较强的温带风暴潮过程，河北省黄骅站监测到的最大风暴增水为 115 厘米。辽宁、河北和天津三地因灾直接经济损失合计 8.56 亿元（《2016 年中国海洋灾害公报》）。

2018 年 8 月 15 日，强热带风暴"摩羯"减弱形成的低压从渤海湾附近出海，在其与冷空气共同作用下，出现了一次较强的温带风暴潮过程，造成河北省直接经济损失 0.86 亿元，山东省直接经济损失 0.39 亿元，两地直接经济损失合计 1.25 亿元（《2018 年中国海洋灾害公报》）。

## 2. 海浪

1979 年 11 月 25 日 02 时，受冷空气和东北低压共同影响，渤海形成 4 米以上巨浪区，船舶测得最大风速 18 米 / 秒，东北风，风浪 4 米，龙口站最大风速 16 米 / 秒，最大波高 6.5 米，25 日 14 时减为 3 米大浪区。"渤海 2"号石油钻井平台在这次过程中，由于风浪较大，平台上一个大窗口（即通气孔）被风浪打坏进水，加上安全措施不力，致使平台在拖航中翻沉，74 名工作人员除 8 人得救外，其余全部遇难，经济损失严重（《中国海洋灾害四十年资料汇编（1949—1990）》）。

1989 年 10 月 31 日凌晨，气旋大风突发，渤海、渤海海峡和黄海北部的风力达 8 ～ 10 级，海上掀起 6.5 米的狂浪。上海港务局 4 800 吨的"金山"号轮，于 10 月 30 日下午 2 时由塘沽启航驶向上海，受疾风狂浪的袭击，于 10 月 31 日 03 时沉没在山东省龙口市以北 48 海里处，船上 34 人全部遇难，经济损失达 5 000 万元（《1989 年中国海洋灾害公报》）。

1991 年 3 月 6 日上午，有一股中等强度的冷空气入侵渤海，海面有 6 ～ 7 级大风，并出现 3 ～ 3.5 米的大浪区，7 日山东省莱州市"鲁莱渔 2228"和"鲁莱渔 2323"渔船于莱州湾遭大风浪袭击而失去控制，与陆上联系中断，后经烟台救捞局救助，终于找到其中一艘渔船，船上 13 名渔民也同时得救，而另一艘渔船下落不明（《1991 年中国海洋灾害公报》）。

1992 年 10 月 2 日上午，渤海受低气压和冷空气共同作用，海上刮起 7 ～ 8 级的东北风，偏东向浪高约 3 ～ 4 米，14 时韩国的一艘集装箱船因遭受这一恶劣海况的影响沉没在老铁山水道附近（《1992 年中国海洋灾害公报》）。

1997 年 8 月 20 日 08 时至 20 日 20 时，受 9711 号台风影响，渤海出现了 4 ～ 5 米的巨浪区，20 日 16 时左右，在天津港锚地实测平均波高 3 ～ 3.5 米，由于潮位较高，天津港码头东突堤处出现 2 米以上的拍岸浪，致使一部分物资因为没来得及倒运而受海水浸泡，仅 5 000 多吨氧化铝被海水浸泡就损失近千万美元，停在码头上高级轿车也被海浪卷入海中。汉沽区有 3 处海堤出现决口，虾池被冲，造成严重经济损失（《1997 年中国海洋灾害公报》）。

2002 年 10 月 18—21 日，受强冷空气与东海气旋影响，渤海、黄海出现 4 ～ 5 米巨浪，河北省昌黎县外海沉没船舶 2 艘，失踪 2 人，直接经济损失 60 万元；山东省潍坊市寒亭区、滨州市沾化县、无棣县水产受灾面积 8 200 公顷，堤防损毁 10.5 千米，直接经济损失 1 100 万元（《2002 年中国海洋灾害公报》）。

2003 年 2 月 22 日，受黄海气旋和冷空气影响，渤海、黄海出现 4 米巨浪，大连渤海轮船公司所属的"辽旅渡 7"轮从山东龙口市开往辽宁旅顺途中，在渤海海峡北砣矶岛西北 8 海里处沉没，死亡 4 人，直接经济损失 1 000 万元。当天另有一艘小型渔船在长海县附近海域遇难沉没，船上 4 人全部失踪，直接经济损失 30 万元。4 月 17 日，受巨浪影响，绥中县外海沉没 1 艘小型渔船，死亡（失踪）5 人，经济损失 50 万元。10 月 11—12 日，受南下强冷空气和西南倒槽共同影响，渤海出现 4 ～ 6 米巨浪。浙江舟山市普陀永和海运有限公司货船"顺达 2"号和上海运得船务有限公司货船"华源胜 18"遇到大风巨浪，分别在渤海中部和西部海域沉没，"顺达 2"船 29 人、"华源胜 18"船 11 人下落不明，直接经济损失 5 000 万元（《2003 年中国海洋灾害公报》）。

2004 年 11 月 26 日，受冷空气浪影响，福建"海鹭 15"轮在山东龙口附近海域沉没，造成 1 人死亡，直接经济损失 1 500 万元（《2004 年中国海洋灾害公报》）。

2005 年 12 月 21 日，受冷空气浪影响，浙江省温岭市"铭扬少洲 178"轮在山东龙口港锚地沉没，造成 13 人死亡，直接经济损失 1 000 万元（《2005 年中国海洋灾害公报》）。

2007 年 3 月 3—6 日，受黄海气旋和北方强冷空气的共同影响，我国渤海地区发生了严重的海浪灾害，辽宁、河北、天津、山东等地遭受到不同程度的灾害，其中辽宁和山东出现人员伤亡和严重经济财产损失（《2007 年中国海洋灾害公报》）。

2012 年 11 月 10 日 12 时至 12 日 10 时，受冷空气和低压的共同影响，渤海海域最大有效波高达 6.0 米，4 米以上灾害性海浪累计持续时间长达 36 小时。受其影响，辽宁省和山东省因灾直接经济损失合计 5.97 亿元（《2012 年中国海洋灾害公报》）。

### 3. 海冰

1957 年 1 月 20 日至 2 月 20 日为渤海盛冰期，冰情极为严重。辽东湾浮冰最大外缘线离岸 185 海里，冰厚 30 ～ 40 厘米，最大 70 厘米；渤海湾浮冰最大外缘线离岸 105 海里，冰厚 30 ～ 40 厘米，最大 70 厘米；莱州湾浮冰最大外缘线离岸 85 海里，冰厚 30 ～ 40 厘米，最大 70 厘米；整个渤海几乎被冰覆盖，是 1949 年以来冰情最重的一年《中国海洋灾害四十年资料汇编（1949—1990）》。

1969 年，严重冰情年，2 月 20 日—3 月 30 日为盛冰期。初冰期比常年晚 5 ～ 20 天，但冰情发展迅速，2 月下旬整个渤海处于冰封状态。渤海湾、莱州湾、辽东湾西部秦皇岛、滦河口海面冰厚一般 50 ～ 70 厘米，最大 100 厘米。到处有冰堆积现象，堆积高度一般为 2 米，最大 5 米，冰质坚硬。严重冰封持续到 3 月中旬，渤海海峡南侧有大量流冰飘向黄海。3 月中旬，冰块解体，随风、流漂移，逐渐融化。渤海湾终冰最晚，直到 4 月 6 日大沽浅滩上还留有少量的厚冰残迹《中国海洋灾害四十年资料汇编（1949—1990）》。

1977 年，严重冰情年。1—2 月辽东湾结冰范围 118 海里，冰厚一般 30 ～ 40 厘米，最大 50 ～ 80 厘米；渤海湾最大冰厚 45 厘米，黄海北部最大冰厚 60 厘米，一般都在 25 ～ 30 厘米。1 月 16 日至 2 月 14 日，进出秦皇岛的船只中有 12 艘万吨级以上货轮被夹住，其中两艘的循环水孔被海冰堵塞，主辅机失灵。另外在渤海湾作业的石油公司"海四井"烽火台被流冰推倒，平台栈桥跳动剧烈，行人困难。2 月 21 日"红旗 104"号轮（6 000 匹马力）在秦皇岛遇 40 厘米厚冰不能通行《中国海洋灾害四十年资料汇编（1949—1990）》。

1989/1990 年度冬季渤海冰情最严重期出现在 1990 年 1 月下旬至 2 月上旬，在此期间，冰情发展迅速，使船舶航行受阻，石油平台受到威胁。有的船只在流冰的作用下发生走锚现象，1 月底有两艘日本 5 000 吨级货轮在辽东湾受流冰障碍，随冰漂移（《1990 年中国海洋灾害公报》）。

1994 年 1 月上旬后期至 2 月中旬前期为冰情最严重的时期。在冰情严重期间，辽东湾海上石油平台及海上交通运输受到一定影响（《1994 年中国海洋灾害公报》）。

1995/1996 年度冬季渤海冰情严重期间，辽东湾海上石油平台及海上交通运输受到一定影响。2 月 3 日 18 时一艘 2 000 吨级外籍油轮受海冰的碰撞，在距鲅鱼圈港 37 海里附近沉没，4 人死亡（《1996 年中国海洋灾害公报》）。

1996/1997 年度冬季渤海冰情严重期间，辽东湾海上石油平台及海上交通运输均受到威胁，1 月下旬辽东湾 JZ20-2 石油平台遭受海冰碰撞，引发石油平台强烈震动。1 月上旬末天津塘沽港至东经 118° 的海域布满了 10 厘米左右的海冰，使大批出海作业的渔船不能返港。1 月 31 日 19 时，辽东湾发生一次沉船事故，一艘 2 000 吨级外籍货轮在冰区航行，受海冰的碰撞，在寺家礁附近距鲅鱼圈港 22 海里处（40°8.4′N，121°45′E）沉没（《1997 年中国海洋灾害公报》）。

1999/2000 年度冬季渤海冰情较前 9 年严重，流冰范围大，并造成一定的损失（《2000 年中国海洋灾害公报》）。

2000 年 11 月至 2001 年 3 月，渤海冰情为近 20 年来最重年份。在冰情严重期，辽东湾北部沿岸港口基本处于封港状态，素有"不冻港"之称的秦皇岛港冰情严重，港口航道灯标被流冰破坏，港内外数十艘船舶被海冰围困，造成航运中断，锚地有 40 多艘船舶因流冰作用走锚，天津港船舶进出困难，影响了海上施工船作业，渤海海上石油平台受到流冰严重威胁，海上航运和生产活动受到严重影响（《2001年中国海洋灾害公报》）。

2003年1、2月冰情严重期间，海冰对辽东湾沿岸港口航行的船只影响较为严重，但对钻井平台的安全未造成影响。同期进出天津港的船只也受到影响（《2003年中国海洋灾害公报》）。

2004/2005年度冬季严重冰情期间，辽东湾沿岸港口均处于封冻状态。受海冰影响，中国海洋石油有限公司位于辽东湾的石油平台需靠破冰船引航才能保证平台供给及石油运输（《2005年中国海洋灾害公报》）。

2005/2006年度冬季莱州湾海域的冰情为近25年来最为严重的一年，特别是2005年12月份的冰情为历史同期罕见。莱州湾近海一般冰厚10～20厘米，最大冰厚40厘米，岸边堆积冰冰厚高达1米。莱州湾沿岸多个港口处于瘫痪状态，冰情给海上交通运输、海岸工程和沿海水产养殖等行业造成严重危害和较大经济损失。2005年12月15—22日山东省莱州市芙蓉岛外海有20艘渔船被海冰包围，53名船员被困。在冰情严重期，位于辽东湾的石油平台被海冰挤压，发生了剧烈震动（《2006年中国海洋灾害公报》）。

2007年1月5日，辽宁省葫芦岛市龙港区先锋渔场发生罕见的海冰上岸现象，坚硬的冰块堆积上岸推倒民房，但没有造成人员伤亡（《2007年中国海洋灾害公报》）。

2009年1月下旬至2月上旬为本年度冰情最严重时期，其间辽宁省盘锦市1个码头封航120天，直接经济损失500万元；河北省沿岸7个码头封冻共计60多天，水产养殖损失1000万元；山东省昌邑市1个码头封冻滞航，11艘船只受损，直接经济损失200万元（《2009年中国海洋灾害公报》）。

2009/2010年度冬季渤海冰情属偏重冰年，于2010年1月中下旬达到近30年同期最严重冰情。冰情发生早，时间较常年提前了半个月左右；冰情发展速度快，其中莱州湾浮冰范围从1月9日的16海里迅速增加到1月22日的46海里，为40年来最大浮冰范围；浮冰范围大、冰层厚，辽东湾最大浮冰范围达108海里，最大单层冰厚达50多厘米。因灾直接经济损失63.18亿元（《2010年中国海洋灾害公报》）。

2011/2012年度，渤海和黄海北部沿岸海域受海冰灾害影响，直接经济损失1.55亿元，较2010/2011年度减少82%。其中，辽宁省直接经济损失113万元，山东省直接经济损失1.54亿元（《2012年中国海洋灾害公报》）。

2012/2013年度，渤海冰情等级为常年略偏重（3.5级），最大浮冰范围出现在2013年2月8日，覆盖面积34 824平方千米。渤海和黄海北部海域受海冰灾害影响，直接经济损失3.22亿元，是2011/2012年度的2.08倍，主要为水产养殖损失（《2013年中国海洋灾害公报》）。

2013/2014年度，渤海和黄海北部沿海受海冰灾害影响，直接经济损失0.24亿元，其中辽宁省直接经济损失0.15亿元，山东省直接经济损失0.09亿元（《2014年中国海洋灾害公报》）。

2014/2015年度，海冰灾害影响我国渤海和黄海北部海域，造成直接经济损失0.06亿元（《2015年中国海洋灾害公报》）。

2015/2016年度，海冰灾害影响我国渤海和黄海海域，造成直接经济损失0.20亿元（《2016年中国海洋灾害公报》）

2016/2017年度，海冰灾害影响我国渤海和黄海北部海域，造成直接经济损失0.01亿元（《2017年中国海洋灾害公报》）。

2017/2018年度，海冰灾害影响我国渤海和黄海北部海域，造成直接经济损失0.01亿元（《2018年中国海洋灾害公报》）。

### 4. 赤潮

1990 年，我国沿海共发生 34 起赤潮灾害。其中渤海发生 7 起。本年度赤潮灾害发生时间早，分布范围广，持续时间长，尤其是渤海连续发生赤潮是近年来罕见的（《1990 年中国海洋灾害公报》）。

1991 年，我国沿海共发生 38 起赤潮，其中渤海 2 起。7 月 4 日，在渤海辽东湾，北起盘锦市大洼县二界沟，南至营口市鲅鱼圈西北海域，发生面积约 100 平方千米的赤潮，这次赤潮持续到了 13 日才逐渐消失，使沿海养殖和海洋生物资源受到严重损失（《1991 年中国海洋灾害公报》）。

1995 年 8 月 20 日，辽宁省芷锚湾海域发生严重赤潮，面积超过 100 平方千米，赤潮生物呈条状分布，海水呈橘红色，浓度大的赤潮带像黏稠的果茶一样，其面积如此之大、浓度如此之高，为近年来北方海区所罕见（《1995 年中国海洋灾害公报》）。

1998 年 9—10 月，渤海发生了有记录以来的最严重的大面积赤潮，范围遍及辽东湾、渤海湾、莱州湾和渤海中部部分海域。此次赤潮持续时间长达 40 余天，最大覆盖面积达 5 000 多平方千米，给辽宁、河北、山东省及天津市的海水养殖造成巨大损失（《1998 年中国海洋灾害公报》）。

1999 年 9 月 25 日，渤海中部发生 30 平方千米的赤潮，海水呈棕褐色（《1999 年中国海洋灾害公报》）。

2000 年 5—10 月，我国海域共发现赤潮 28 起，其中渤海 7 起（面积近 2 000 平方千米）（《2000 年中国海洋灾害公报》）。

2001 年，渤海发现赤潮 20 次（《2001 年中国海洋灾害公报》）。

2002 年，我国海域共发现赤潮 79 次，其中渤海 13 次（《2002 年中国海洋灾害公报》）。

2003 年，我国海域共发现赤潮 119 次，其中渤海 12 次（《2003 年中国海洋灾害公报》）。

2004 年，我国海域共发现赤潮 96 次，其中渤海 12 次（《2004 年中国海洋灾害公报》）。

2005 年，我国海域共发现赤潮 82 次，其中渤海 9 次。6 月 2—10 日，渤海湾赤潮，最大面积约 3 000 平方千米，主要赤潮生物为裸甲藻和棕囊藻（《2005 年中国海洋灾害公报》）。

2006 年，我国海域共发现赤潮 93 次，其中渤海 11 次（《2006 年中国海洋灾害公报》）。

2007 年，我国海域共发现赤潮 82 次，其中渤海 7 次。8 月 21—24 日，辽东湾芷锚湾近岸海域发生赤潮，最大面积约 400 平方千米，主要赤潮生物为链状裸甲藻、柔弱菱形藻（《2007 年中国海洋灾害公报》）。

2009 年，中国沿海共发生赤潮 68 次，造成直接经济损失 0.65 亿元。其中，渤海 4 次，累计面积 5 279 平方千米。5 月 31 日渤海湾附近海域发生大面积赤潮，持续时间 14 天，最大面积约 4 460 平方千米，赤潮区水体呈酱紫色，赤潮优势种为赤潮异弯藻，此次赤潮是本年度发生面积最大的一次（《2009 年中国海洋灾害公报》）。

2010 年，中国沿海共发生赤潮 69 次，累计面积 10 892 平方千米。其中，渤海 7 次，累计面积 3 560 平方千米（《2010 年中国海洋灾害公报》）。

2011 年，我国沿海共发生赤潮 55 次，累计面积 6 076 平方千米。其中，渤海 13 次，累计面积 217 平方千米（《2011 年中国海洋灾害公报》）。

2013 年 5 月 25 日至 8 月 31 日，秦皇岛—绥中附近海域发生赤潮，最大面积 1 450 平方千米，主要赤潮生物为抑食金秋藻（《2013 年中国海洋灾害公报》）。

2015 年，我国渤海海域赤潮累计面积最大，为 1 522 平方千米（《2015 年中国海洋灾害公报》）。

2016 年，我国沿岸海域赤潮单次持续时间最长的赤潮过程发生在渤海湾北部海域，持续时间

68 天，为 8 月 18 日至 10 月 24 日，最大面积 630 平方千米（《2016 年中国海洋灾害公报》）。

2018 年，我国渤海海域发生 4 次赤潮过程，累计面积 59 平方千米（《2018 年中国海洋灾害公报》）。

## 5. 海岸侵蚀

1992 年，辽宁、河北和山东等沿海砂质海岸侵蚀尤为严重。淤泥质海岸侵蚀速率各处差异较大，如渤海湾南部约为每年 10 米（《1992 年中国海洋灾害公报》）。

2009 年，砂质海岸侵蚀严重的地区主要集中在辽宁营口鲅鱼圈、营口绥中和山东龙口至烟台等区域，其中营口盖州鲅鱼圈平均年侵蚀速率为 0.5 米 / 年；绥中海岸侵蚀主要在六股河南至新立屯 30 多千米岸线，平均侵蚀速率为 2.5 米 / 年，最大海岸侵蚀宽度在南江屯附近，一年海岸侵蚀 5 米；龙口至烟台岸段年平均侵蚀速率为 4.6 米 / 年（《2009 年中国海洋灾害公报》）。

2010 年，辽宁营口等地区海岸侵蚀严重，营口部分岸段的侵蚀速率接近 5 米 / 年，滨海生态环境和农田受损（《2010 年中国海平面公报》）。

2011 年，葫芦岛市部分岸段平均侵蚀速率达 2.5 米 / 年，侵蚀区内农田被毁，海防林被破坏（《2011 年中国海平面公报》）。

2012 年，辽宁盖州部分海岸年蚀退距离 2.9 米，营口白沙湾自然岸段蚀退距离 1.5 米，绥中团山角岸段自 2000 年以来后退约 60 米，被迫后退重建的近岸房屋再次面临搬迁（《2012 年中国海平面公报》）。

2013 年，与上年相比，辽宁盖州海岸侵蚀速度增加，盖州侵蚀海岸长度 18 千米，最大侵蚀速率 5.4 米 / 年，平均侵蚀速率 3.8 米 / 年。葫芦岛市绥中县海岸侵蚀长度 28.1 千米，最大侵蚀速率 3.0 米 / 年，平均侵蚀速率 1.8 米 / 年（《2013 年中国海洋环境状况公报》）。

2014 年，龙口港北侧部分岸段海岸侵蚀和岸滩下蚀严重，岸边建筑物损毁（《2014 年中国海平面公报》）。2014 年，辽宁绥中地区海岸侵蚀长度和速度明显加大，绥中 112.5 千米砂质监测岸段中，侵蚀岸段长度为 34.9 千米，平均侵蚀速率为 2.5 米 / 年（《2014 年中国海洋灾害公报》）。

2015 年，辽宁盖州侵蚀海岸长度 3.5 千米，最大侵蚀速率 3.3 米 / 年，平均侵蚀速率 3.0 米 / 年；葫芦岛市绥中县海岸侵蚀长度 34.2 千米，最大侵蚀速率 5.0 米 / 年，平均侵蚀速率 2.3 米 / 年（《2015 年中国海洋环境状况公报》）。2015 年，大连瓦房店李官镇部分岸段海岸侵蚀最大距离 3.01 米，平均侵蚀距离 1.68 米，平均下蚀高度 22 厘米（《2015 年中国海平面公报》）。

2016 年，大连瓦房店李官镇部分岸段海岸侵蚀最大距离 8.23 米，岸滩平均下蚀高度 6.88 厘米（《2016 年中国海平面公报》）。2016 年，辽宁盖州侵蚀海岸长度 4.4 千米，最大侵蚀速率 8.2 米 / 年，平均侵蚀速率 1.0 米 / 年；葫芦岛市绥中县砂质海岸侵蚀长度 11.8 千米，最大侵蚀速率 17.8 米 / 年，平均侵蚀速率 3.6 米 / 年（《2016 年中国海洋环境状况公报》）。

2017 年，秦皇岛北戴河新区岸段最大侵蚀距离 5.9 米，平均侵蚀距离 1.3 米，岸滩下蚀平均高度 1.1 厘米，侵蚀面积 1.26 万平方米；秦皇岛金梦海湾至浅水湾岸段最大侵蚀距离 5.3 米，平均侵蚀距离 1.8 米，侵蚀面积 1.55 万平方米。辽宁葫芦岛市绥中南江屯岸段最大侵蚀距离 13.12 米，平均侵蚀距离 1.67 米（《2017 年中国海平面公报》）。

2018 年，辽宁绥中南江屯岸段年平均侵蚀距离 11.72 米，岸滩平均下蚀 15.13 厘米，侵蚀距离和下蚀高度均大于 2017 年。河北秦皇岛北戴河新区岸段岸滩平均下蚀 10 厘米，下蚀高度较 2017 年增加。秦皇岛金梦海湾至浅水湾岸段年最大侵蚀距离 8.2 米，年平均侵蚀距离 2.5 米，岸滩平均下蚀 13 厘米，侵蚀程度较 2017 年加重（《2018 年中国海平面公报》）。

## 6. 海水入侵与土壤盐渍化

2008 年，渤海沿海海水入侵主要分布在辽宁省营口市、盘锦市、锦州市和葫芦岛市，河北省秦皇岛市、唐山市、黄骅市，山东省滨州市、莱州湾沿岸，海水入侵区一般距岸 20～30 千米（《2008 年中国海洋灾害公报》）。

2009 年，土壤盐渍化较严重的区域主要分布于辽宁、河北、天津和山东的滨海平原地区。与 2008 年监测结果比较，辽宁省营口盖州、锦州小凌河东西两侧、葫芦岛龙港区，河北省唐山梨树园村和南堡镇、黄骅南排河镇、沧州渤海新区，山东省潍坊和威海张村镇等部分区域盐渍化范围呈扩大趋势（《2009 年中国海洋灾害公报》）。

2010 年，海水入侵严重地区分布于辽宁盘锦和锦州，河北秦皇岛、唐山和黄骅，山东滨州和潍坊滨海平原地区。海水入侵距离一般距岸 20～30 千米。与 2009 年相比，渤海沿岸大部分监测区基本稳定。辽宁盘锦、葫芦岛龙港区北港镇，河北秦皇岛、唐山及山东烟台莱州监测区海水入侵范围有所增加（《2010 年中国海洋灾害公报》）。

2011 年，辽宁营口轻度海水入侵面积接近 90 平方千米，重度海水入侵面积达 13 平方千米，最远入侵距离超过 7 千米，海水入侵区土壤盐渍化严重（《2011 年中国海平面公报》）。

2012 年，渤海滨海平原地区海水入侵较为严重，主要分布于辽宁盘锦地区，河北秦皇岛、唐山和沧州地区，山东滨州和潍坊地区，海水入侵距离一般距岸 10～30 千米。与 2011 年相比，辽宁营口、河北秦皇岛、山东潍坊滨海地区个别站位氯度明显升高，辽宁盘锦和葫芦岛、河北唐山和秦皇岛监测区入侵范围有所增加（《2012 年中国海洋灾害公报》）。

2013 年，渤海滨海平原地区海水入侵较为严重，主要分布于辽宁盘锦地区，河北秦皇岛、唐山和沧州地区，山东滨州和潍坊地区，海水入侵距离一般距岸 10～30 千米。与 2012 年相比，辽宁锦州、山东潍坊滨海地区个别站位氯离子含量明显升高，辽宁盘锦和唐山监测区入侵范围有所扩大（《2013 年中国海洋灾害公报》）。

2014 年，渤海滨海平原地区海水入侵较为严重，主要分布于辽宁盘锦地区，河北秦皇岛、唐山和沧州地区，山东滨州和潍坊地区，海水入侵距离一般距岸 15～30 千米。土壤盐渍化较严重的区域主要分布在河北沧州、山东潍坊和天津等滨海平原地区（《2014 年中国海洋灾害公报》）。

2015 年，渤海沿海平原地区海水入侵较为严重，主要分布于辽宁盘锦地区、河北唐山和沧州地区、山东滨州和潍坊地区，海水入侵距离一般距岸 15～22 千米。与 2014 年相比，辽宁盘锦和河北唐山监测区海水入侵范围略有扩大。土壤盐渍化较严重的区域主要分布于辽宁盘锦、河北唐山和沧州、山东潍坊、天津等沿海平原地区（《2015 年中国海洋灾害公报》）。

2016 年，渤海滨海平原地区海水入侵较为严重，主要分布于河北秦皇岛、唐山和沧州地区，以及山东滨州和潍坊地区，海水入侵距离一般距岸 13～25 千米。土壤盐渍化较严重的区域主要分布于河北沧州、天津、山东滨州和潍坊等滨海平原地区（《2016 年中国海洋灾害公报》）。

2017 年，渤海滨海平原地区海水入侵较为严重，主要分布于辽宁盘锦，河北秦皇岛、唐山和沧州，以及山东潍坊地区，海水入侵距离一般距岸 12～25 千米。土壤盐渍化较严重的区域主要分布于辽宁盘锦、河北唐山和沧州、天津、山东潍坊等滨海平原地区，盐渍化距离一般距岸 9～25 千米，其他监测区盐渍化距离一般距岸 4 千米以内（《2017 年中国海洋灾害公报》）。

2018 年，渤海滨海平原地区海水入侵依然较为严重，主要分布于辽宁锦州地区，河北秦皇岛、唐山和沧州，以及山东潍坊地区，海水入侵距离一般距岸 13～25 千米。土壤盐渍化较严重的区域主要分布于辽宁盘锦、河北唐山和沧州、天津、山东潍坊等滨海平原地区（《2018 年中国海洋灾害公报》）。

# 第二节 灾害性天气

根据《中国气象灾害大典·辽宁卷》《中国气象灾害大典·河北卷》《中国气象灾害大典·天津卷》《中国气象灾害大典·山东卷》和《中国气象灾害年鉴》等文献记载,渤海沿海发生的主要灾害性天气有暴雨洪涝、大风(龙卷风)、冰雹、雷电、大雾和大雪等。

## 1. 暴雨洪涝

### (1) 辽宁沿海

1959年7月20—21日辽西暴雨中心在绥中秋子沟,雨量达437毫米。大于100毫米雨量覆盖面积达3.6万平方千米,水库平均雨量均在200～300毫米。绥中县四大水库决口,六股河决口,沈大线火车中断,出现百年不遇的灾害。7月末至8月初,绥中雨量为470毫米,9个水库决口。

1962年7月下旬,营口市连续3次大雨,雨量为150～200毫米。由于雨量大而集中,低洼地内涝,成灾农田面积为6.1万亩。

1975年7月29—31日,盖县、熊岳、复州城一带31日24小时雨量达250～332毫米,盖县两天连续雨量380毫米,是建站以来从未有的。7月31日,复县1—14时降雨量264毫米。

1981年7月27日夜间,地处普兰店、瓦房店、盖州交界的辽南老帽山地区,在超历史纪录特大暴雨冲击下,山洪暴发,泥石流俱下,给辽南的大连、营口地区的广大城乡造成5.47亿元的直接经济损失。7月,盖县降暴雨,熊岳杨运公社26日23时至28日06时雨量为270毫米,引起山洪暴发1 930处,全县死亡329人。

1987年8月24日,锦州降特大暴雨,最大雨量为223毫米,6小时雨量222.7毫米,并伴有大风。8月26—27日,锦州沿海地区一般雨量为65～114毫米。受灾农田238.3万亩,渔民死亡31人,失踪2人。

1991年7月28—29日,兴城、锦西一带降特大暴雨,雨量分别达231和252毫米。锦西市(葫芦岛)全市农业直接经济损失6 662万元。

1994年5月2—4日,锦州、瓦房店降雨量为100～133毫米,同时伴有6～7级东北大风,最大风力达10级,直接或间接经济损失2亿多元。7月12—14日,锦州市的凌海市30个村,受台风暴雨的影响,大凌河急涌而下的洪峰高达11 400立方米/秒,超过大堤防洪标准4 900立方米/秒,是凌海市境内出现30年未有的特大洪峰。直接经济损失达2 792万元。

2000年8月8—10日,葫芦岛大部分地区降水超过190毫米,其中兴城市的两个乡降水为390毫米和393毫米。经济损失4 000万元,一村民被冲走。

### (2) 河北沿海

1971年7月下旬至8月3日,海兴县连降大雨或暴雨,雨量600～700毫米,全县沥水径流,公路被淹,出入困难,灾情较重。

1984年8月9—11日,沧州的黄骅县普降暴雨,暴雨中心的歧口乡雨量达560毫米。

1987年8月26—27日,秦皇岛市由于遭暴风雨及大潮袭击,水产设施、船只、养殖受到巨大损失,全市约有40%的池塘漫水跑鱼,冲垮虾池17座预计减产38 000千克,全市贝类减产78万千克,海水贝类养殖直接经济损失125万元。

1990年7月29日凌晨,沧州地区海兴、黄骅等县(市)普降大到暴雨,降雨持续20多小时,降雨量一般在120～150毫米。

1996 年 7 月 20—29 日，秦皇岛、唐山等地，连续遭受暴雨和特大暴雨袭击。一般降水量100 毫米左右，最大降水量达 400 毫米左右。

（3）天津沿海

1964 年，春季阴雨连绵，雨水之多为历史罕见，夏季降水量偏多，6—8 月降水量全市平均为 555.6 毫米，塘沽区达 745.8 毫米，出现多次暴雨。

1966 年，夏季全市平均降水量 608.6 毫米，比常年偏多 5 成多。7 月 17 日晚至 18 日凌晨天津普降大雨和暴雨，暴雨中心在塘沽区新城，降水量 239.0 毫米。

1969 年 6—8 月，天津市降水量全市平均为 647.7 毫米，比常年偏多 6 成，其中 7 月塘沽区降水量达 443.5 毫米。

1975 年 7 月 29—30 日，塘沽区出现历史罕见的特大暴雨，并伴有 6 ~ 7 级（阵风 9 级）的东、东北大风，最大雨量出现在盐场三分厂，为 340.2 毫米。全区交通中断，农业生产、城市居民财产遭受不同程度的损失。汉沽区的特大暴雨也是历史上罕见的，降水量为 321.1 毫米。

1977 年 7 月 26—27 日，塘沽区大暴雨，24 小时降水量约 200 毫米，水深 0.3 ~ 0.6 米，工、农业生产遭受严重损失。

1984 年 8 月 9—10 日，由于受 07 号台风北上影响，全市普降大暴雨和特大暴雨。汉沽区降雨量为 315.7 毫米，由于雨势较猛，加上降雨时风速较大，给该区工农业生产带来严重的影响，对工农业造成的经济损失达 400 多万元。

1987 年 8 月 26 日下午至夜间，天津普降暴雨。塘沽区日总降水量达 177.2 毫米，1 小时最大降水量 88.7 毫米，时间短，雨量大，降水强度是有历史资料以来罕见的。暴雨过程中伴有 8 级偏东大风，10 分钟平均最大风速 18.0 米 / 秒，极大风速达 30.8 米 / 秒，造成的直接经济损失约1 700 万元。

1991 年 7 月 28 日，大港区大部分乡镇出现暴雨和特大暴雨，并伴有雷暴、大风（瞬时风速达 25 米 / 秒），各乡镇降水量多数在 100 毫米以上。

2012 年 7 月 26 日，大港出现特大暴雨，降水量为 253.3 毫米，突破最大日降水量历史纪录。

（4）山东沿海

1951 年 2 月 3 日，黄河自利津王庄决口，主流由富国以南入徒骇河，泛区长 40 千米，宽 140 千米。沾化、利津两县 122 个村庄 8.54 万人受灾，死亡 18 人，倒房 34 560 间，淹地 45 万亩。

1952 年 7 月 14 日至 8 月 12 日，莱州 4 次降水 799 毫米，1 小时最大降水量 180 毫米，致使山洪暴发，河水漫堤决口，遍野洪水，一片汪洋。全县死亡 152 人，伤 328 人，食宿无着落者 4.3万余人，毁坏农田 17 万亩。

1963 年 8 月 8—10 日，沾化降水量 362.1 毫米，造成 111 个村庄被水围困，成灾 78.6 万亩，其中 47 万亩绝产。7—9 月，潍坊寒亭两个多月全县平均降水 900 多毫米，有 102 个村庄被水包围，倒塌房屋 38 000 间，造成 26 人死亡，农作物成灾面积 55.2 万亩，减产 1.2 亿斤。

1974 年 8 月 1—14 日，沾化连续降水，成涝灾，倒塌房屋 3 590 间，农田成灾面积 67.6 万亩，其中 12.9 万亩绝产。广饶盛夏大涝（7、8 月降水 601.7 毫米），受灾 62.6 万亩，绝产 25.3 万亩。

1976 年 7 月 30 日，龙口特大暴雨，石良降雨 336 毫米，几个小时的雨量几乎达全年总雨量的一半，雨量之多，强度之大，均为历史罕见。

1982 年 8 月 25 日，蓬莱县出现特大暴雨，并伴有大风。其中自 25 日 4 时降雨开始到 20 时，日降雨量为 208.1 毫米，全县平均雨量为 252.7 毫米，降雨最多的公社雨量达 341.5 毫米，最少为

185.0 毫米。雨势之急，雨量之大，历时之长，是历史罕见的一次。

1985 年 8 月 18—21 日，暴雨中心在招远县栾家河乡，降雨量 648 毫米，超过 500 年一遇标准，该次暴雨量在 100 毫米以上的笼罩面积达 38 530 平方千米。死亡 6 人。

1992 年 8 月 31 日 10 时至 9 月 1 日 21 时，东营市遭受了自 1938 年以来最大的海潮和暴风雨袭击。海上风力 7 ~ 8 级、阵风 10 级以上。海潮 9 月 1 日 15 时起，持续 6 个小时之久，最高潮位 3.59 米（黄海高程），全市平均降水 70 毫米，最大降水量 200 毫米。这次特大风暴给该市工农业生产和人民群众生命财产造成了惨重损失，全市（不包括胜利油田）累计直接经济损失 35 880 万元。

1997 年 8 月 19—21 日，受 11 号台风影响，东营市普遭大风暴雨袭击，过程降水量全市平均为 158.0 毫米，河口区最多，为 169.9 毫米，给全市工农业生产和人民生活造成了重大损失，全市农业直接经济损失 6.28 亿元。

1998 年 8 月 7 日 5—14 时，东营市垦利县、利津县、河口区普降大到暴雨，最大降雨量达 200 毫米，全市受灾人口 22.65 万，直接经济损失达 1.5 亿元。

2000 年 8 月 28 日晚 12 时至 8 月 29 日 9 时，寿光突降大暴雨，局部特大暴雨，全市平均降雨 117.7 毫米，最大降雨量为城区 229 毫米。受灾人口 40 万，成灾人口 25 万，给城市生产、群众财产及生活造成很大损失，直接经济损失 1.2 亿元。

## 2. 大风和龙卷风

### (1) 辽宁沿海

1955 年 9 月 16 日，旅大市大风。风向东南，最大风力 10 ~ 11 级，海面 12 级以上，持续 17 个小时。农田损失严重，80% 苹果刮落，大树、电杆被刮倒，触电死亡 1 人。

1963 年 4 月 5 日，在鲅鱼圈附近海域生产的拖网渔船，突然遇 9 级北风，阵风 10 级，打沉渔船 10 多只，落水死亡 15 人（其中盖平渔场 4 人、海星大队 11 人）。

1964 年 4 月 5 日至 6 日，辽宁大部地区大风，中心在锦州至大连沿海一带。平均风速 15 ~ 20 米 / 秒，最大风速 25 ~ 28 米 / 秒，渤海海峡达 12 级以上，持续时间一般为 30 ~ 35 小时。锦州地区长达 39 小时。

1972 年 7 月 26—27 日，受 3 号台风影响，大连、锦州、营口等沿海地区出现大风，一般风力 8 ~ 9 级，最大风力 12 级（31 米 / 秒），最长持续 18 小时，风向由东北转东南。死亡 19 人，经济损失价值 1 214 万元。

1982 年 11 月 10 日 2 时，复州城风速 16 米 / 秒，复州湾等 4 个盐场遭受雨、雪和大风的袭击，化损池中盐 10 万吨，占年计划 8%。刮断低压电柱 39 根，毁掉变压器 4 台，以上损失价值 930 万元。

### (2) 河北沿海

1955 年，黄骅县海堡区由东北刮来 6 ~ 7 级大风，持续 4 日 3 夜，达 82 小时，海堡区 21 个村均遭灾，刮走各种网杆 4 331 根，各种渔网 465 条，各种绳子 11 281.5 千克。

1978 年 4 月 14 日 3—7 时，黄骅县沿海遭 7 ~ 8 级东北风袭击，15 日晚 20—23 时又遭 7 级阵风、10 级西北大风袭击，致 5 只渔船遇难，24 名渔民落水，11 人死亡，渔船渔具有不同程度损失。

1993 年 4 月 9 日 10 时许，沧州市局部遭大风袭击，最大风速 33 米 / 秒，最大风力 11 级，黄骅市沿海死亡 9 人。

（3）天津沿海

1966 年 7 月 2 日 18 时 20 分至 18 时 35 分，塘沽区出现 12 级大风，瞬时风速达 37.4 米 / 秒，塘沽区盐场瞬时风速达 37.2 米 / 秒，伤 140 人，死 1 人，毁房 600 间，损失盐 3.13 万吨，倒电线杆 1 011 根，折断电线杆 77 根，估计折款 43.77 万元。

1984 年 3 月 20 日，塘沽区平均风力达 9 ~ 10 级，瞬时风力达 12 级（风速 31.7 米 / 秒），汉沽区瞬时极大风速达 25 米 / 秒左右，给工农业生产造成极大损失。

1986 年 7 月 8 日 23 时 20 分至 9 日 0 时 30 分，以塘沽区盐场三分场至新港一带为中心，范围约 20 平方千米出现飑线天气，狂风暴雨，瞬时极大风速达 52.7 米 / 秒，雨量 48.0 毫米，极大风速打破 35 年极大风纪录。

1991 年 4 月 24 日，塘沽区瞬时风速达 31.5 米 / 秒，港务局二公司粮食码头用的进口精密仪器折断刮到海中，造成几百万元损失。7 月 27—28 日，大港区普降暴雨或特大暴雨，并伴短时有大风，最大风速 25 米 / 秒，损失达 691 万元。

1998 年 8 月 1 日夜间，塘沽区出现雷雨、短时大风天气，港区内有飑线和龙卷风出现。天津碱厂和天津港务局直接经济损失约 3 200 万元。

（4）山东沿海

1949 年 7 月 26—30 日，招远县大风 12 级，全县玉米折断，减产约 5 成，水果损失 30%，刮倒树木 73 290 棵，损失渔船 6 只。

1951 年 12 月 25 日，因遭寒潮大风袭击，蓬莱、长岛、掖县损失船只 20 多艘，渔民 49 人死亡。

1958 年 4 月，长岛县大风 9 ~ 10 级，损失船 1 只，死亡 11 人。5 月 19 日，长岛县帆船在莱州湾渔场作业，遭遇 7 ~ 8 级东北大风翻船，11 名船员遇难。

1960 年 2 月 25 日 1 时，莱州县刮起 8 级以上北风，最大风力 10 级，持续 9 小时，18 个公社受灾，刮坏房屋 3 万间，损失饲料草 18 万千克、海带架 144 个、海带苗 4 万棵，损失渔船 6 只，死亡 9 人。

1964 年 4 月 6 日，寿光县出现 10 级大风，北部地区海水倒灌，死亡 17 人，全县直接经济损失共 1 000 多万元。

1975 年 5 月 4 日，莱州县发生 10 级以上西北大风，瞬间风速达 35 米 / 秒（12 级）。刮倒树木 8.9 万棵，毁坏房屋 5.6 万余间，翻船 6 只，伤 19 人，死亡 5 人，损坏船 54 只，报废 4 只。

1983 年 4 月 26—29 日，长岛县两次遭受 10 ~ 11 级大风袭击，经济损失约 1 200 万元。

1990 年 5 月 1 日中午，长岛、蓬莱海域东南风达 10 级以上，持续时间 12 小时，并伴随大雨和狂潮，造成直接经济损失 1.05 亿元。7 月 15 日晚 10 时，寿光、寒亭、昌邑 3 县区遭飑线大风并伴有降水，最大风力 9 ~ 13 级，直接经济损失 4 500 万元。9 月 16 日晚 9 时，长岛县沿海遭大风雨袭击，风力 9 级以上，总计损失达 5 700 万元以上。

1993 年 6 月 1—2 日，招远、龙口等 10 县市区遭受狂风暴雨袭击，平均降雨 30.7 毫米，最大 90 毫米，并伴有 7 ~ 10 级大风，阵风 11 级，直接经济损失 28.45 亿元。

1998 年 8 月 22 日 12 时至 23 日 6 时，受气旋影响，蓬莱市遭受暴雨大风的袭击。瞬时最大风速 23 米 / 秒，平均最大风速 16 米 / 秒，累计降雨量 174.2 毫米，尤其在 22 日 20 时至 23 时的 3 个小时中，降雨超过 100 毫米，强度之大历史罕见。大风和暴雨造成经济损失 6 800 余万元。

2000 年 4 月 9 日，龙口、莱州、蓬莱三市受强冷空气影响，遭受 7 ~ 8 级、阵风 9 级的大风袭击，直接经济损失 6 041 万元。

## 3. 冰雹

### (1) 辽宁沿海

1955 年 5 月 30 日至 6 月 1 日，绥中、锦县等县出现雹灾。锦县降雹长达 2 小时，垄沟被冰雹填平，农业受灾严重。

1957 年 6 月 22—23 日，黑山、盖县、营口县降雹，受灾农田面积 51 万亩，棉花、花生、大豆受灾严重。

1963 年 6 月 8 日、13 日、22 日，兴城县冰雹最大如鸡蛋，小如杏核。受灾农田 15 万亩，重灾 12.6 万亩。

1974 年 6 月 14 日，复县降雹，冰雹最大直径 30 ～ 50 毫米。受灾农田 2.5 万亩、果树 2 000 株。8 月 31 日，复县降冰雹 20 分钟，大的如鹅蛋，小的如鸡蛋。农作物受灾 14 500 亩，打坏苹果 0.65 亿千克，蔬菜 1 524 亩。

1978 年 6 月 20 日，锦州市 7 个县区降雹，绥中受灾农田 95 600 亩，重灾 2.8 万亩，打落水果 440 万千克。7 月 9 日，兴城县降雹 30 分钟，最大冰雹如苹果大，一般像乒乓球大，地面积雹 15 厘米厚。

1983 年 9 月 11 日、12 日、14 日，盖县连续 3 次降雹，其中 14 日中午降雹 80 分钟，密度大、雹粒大，为历史罕见。受灾农田 684 万亩，水果、粮食减产。复县 8 个公社降雹，受灾农田 8 490 亩，总计经济损失约 1 120 万元。

1986 年 6 月 2—3 日，营口县和盖县的 12 个乡镇降雹，47 389 亩农田严重受灾。9 月 11 日，盖县 2 个乡降雹 15 分钟，冰雹直径一般 40 ～ 50 毫米，最大 60 ～ 70 毫米，地面积雹半尺厚。

1987 年 7 月 4 日，绥中县 8 个乡降雹 35 分钟，其中 35 分钟内降雨量 48 毫米，是 30 年气象记录所未有的，冰雹最大直径 60 毫米，最大重量 400 克。

2000 年 8 月 24 日，葫芦岛市连山区部分乡镇受冰雹、大风袭击，其中 2 个乡受灾最重，经济损失 501 万元。

### (2) 河北沿海

1952 年 9 月 5 日 14 时至 14 时 40 分，黄骅县五区的 11 个村遭冰雹袭击，冰雹大者似鸡卵，小者如玉米粒，雹伤 7 人，农作物减产 70% 以上。

1954 年 5 月 29 日，黄骅、沧县等县遭受雹灾，大者如鸡卵，小的像玉米粒，受灾农作物 2.1 万公顷。

1967 年 9 月 23 日晚 19 时前后，沧州专区的黄骅、海兴等 7 县降雹，一般延续 15 分钟，有的达 1 小时，最大雹块像馒头，严重地区积雹 10 厘米。

1980 年 6 月 19—20 日，唐山、秦皇岛地区降雹，最大如馒头。

1988 年 9 月 3 日 16—23 时，沧州专区海兴、黄骅等 7 县遭暴雨、冰雹袭击，冰雹如鸡卵、红枣，持续 20 分钟，积雹 15 厘米。

1995 年 6 月 24 日 4 时 0 分至 16 时 0 分，黄骅、海兴冰雹灾情均比较重，冰雹直径一般为 30 ～ 50 毫米，最大达 50 ～ 100 毫米，死亡 9 人。

2000 年 6 月 8 日下午，秦皇岛市遭受历史罕见的冰雹灾害，直接经济损失达 4 560 万元。

### (3) 天津沿海

1966 年 7 月 2 日，塘沽区盐场降雹 6 分钟，冰雹直径一般 5 厘米，最大如馒头，伤人 140 名，死亡 1 名，经济损失约 43.77 万元。

1976 年 10 月 3 日，汉沽区大田、桥沽、茶淀等公社降雹 5～10 分钟，雹子大的如鸡蛋，小的如黄豆粒，农业遭受不同程度的损失。

1987 年 4 月 18 日上午，塘沽区降雹，最大密度每平方米 1 000 粒。7 月 4 日，汉沽区部分乡狂风、暴雨伴有冰雹，经济损失约 1 506.3 万元。

1995 年 6 月 24 日 6 时 35 分，汉沽区茶淀乡 2 436 亩葡萄受冰雹侵袭，降雹持续时间 2～7 分钟，最大直径 4 厘米，损失达 40.2 万元。

1998 年 9 月 3 日，汉沽区遭雹灾，全区有 4 个乡受灾，冰雹直径一般为 3～5 毫米，时间持续 15 分钟，造成经济损失在 4 000 万元左右。

（4）山东沿海

1959 年 7 月 28 日，龙口 5 处镇区遭暴风冰雹袭击，雹径 5～6 厘米，有 3 500 亩作物受灾，减产 20% 以上，倒房 14 间，死亡 3 人。

1967 年 5 月 23 日 16 时前后，龙口降冰雹 10～20 分钟，轻的地区盖地皮，重区半尺厚，最大雹粒有鸡蛋大小，农业遭受损失。

1980 年 7 月 24 日，沾化县大部地区降雹，受灾面积 46.8 万亩，其中 8 万亩绝产。

1986 年 7 月 9 日，沾化县 3 乡镇和徒骇河农场遭冰雹袭击，冰雹大如鸡蛋，小如小枣，持续时间 64 分钟，受灾面积 300 平方千米，直接经济损失 750 万元。

1989 年 5 月 8 日 12—13 时，沾化县 9 乡镇先后遭受冰雹灾害，粮田受灾面积 45 万亩，绝产 7 万亩；棉田受灾面积 36 万亩，绝产 8 万亩。

1990 年 7 月 9 日下午 2 时许，龙口市 11 个乡镇遭受大风冰雹袭击，持续 15～20 分钟，冰雹一度铺满地面，最大雹粒如鸡蛋，直径约 3～5 厘米，阵风达 10 级以上，半小时降水达 50 毫米以上。全市因大风、冰雹灾害损失约 2 800 万元。

1992 年 6 月 30 日晚至 7 月 1 日凌晨，龙口、海阳、莱阳 3 个县市遭风雹袭击，降雹持续 10 分钟，并伴有 7～8 级阵风，共有 800 公顷果园和 750 公顷农作物受灾，经济损失超过 2 500 万元。

1993 年 6 月 7—15 日，烟台、潍坊、滨州、东营等 9 地市的 25 个县区遭风雹袭击，农作物受灾面积 218.61 万亩，经济损失 2.35 亿元。

1996 年 6 月 13 日下午 15 时 30 分至 18 时，潍坊市寿光、昌邑、寒亭遭受暴风雨和冰雹袭击，冰雹最大密度每平方米约 5 000 粒，冰雹直径 0.5～3.5 厘米。

2000 年 5 月 18 日 15 时前后，龙口市部分地区降雹持续时间约 20 分钟，冰雹平均直径 1 厘米，最大直径 5 厘米，最大积雹厚度 13 厘米，直接经济损失 6 500 万元。10 月 4 日 19 时许，龙口市 115 个村遭受冰雹袭击，冰雹最大直径 4 厘米，地面积雹厚度 3～4 厘米，降雹时间 15 分钟左右，直接经济损失 7 800 万元。

## 4. 雷电

（1）辽宁沿海

1976 年 8 月 31 日，复县雷击使 2 人死亡。

1978 年 4 月 5 日，营口郊区降雷、冰雹，打死 1 人，伤 2 人。

1987 年 8 月 24 日，绥中降大暴雨，伴有雷暴，使离县城 9 千米的八三营地下油罐遭雷击起火，损失严重。

（2）河北沿海

1966年7月2日16时，昌黎因雷击死2人，伤5人。

1986年8月8日晚，秦皇岛市1个粮垛被雷击中起火，粮食损失31 400千克，折合人民币约120万元。

（3）天津沿海

1977年7月26日白天，汉沽区桥沽公社后沽大队，雷击死亡1人。

1987年7月8日7时20分，塘沽区出现雷阵雨，塘沽盐场2名工人在室外作业时被雷击中死亡。8月18日夜至19日，全市普降大到暴雨，第三石化厂、桥梁构件厂、大港区染化厂烘干车间等均遭雷击起火。

1988年9月3日上午10时30分前后，塘沽区新河村仓库因雷击起火，造成78万千克皮棉毁于一炬，经济损失70万元。

1994年7月22日，汉沽区出现雷雨天气，雷击死亡1人。

（4）山东沿海

1967年8月25日，招远市纪山公社洼子大队果园小屋内有9人避雨，雷电进入房屋，击死4人，其余5人被震晕，其中有2人受轻伤。

1971年7月5日，蓬莱县遭雷击，死亡2人，伤11人。7月6日，蓬莱县遭雷击，死亡4人，伤7人。7月10日，无棣县遭雷击，死亡3人。

1972年8月，招远县金灵公社遭雷击，死亡12人。

1975年6月3日，龙口海岱镇后徐家村雷电击死1人；4日，龙口大陈家镇雷电击死1人，石良镇医院雷电击毁烟筒1个。

1990年8月8日13时前后，东营市河口县四扣雷达站附近1人被雷电击死，高压线杆被击毁。

1994年8月4日，东营河口区雷电击毁变压器1台，击死1人。8月7日，东营河口区1人遭雷击死亡。

## 5. 大雾

1968年11月21—25日，长城以南广大地区出现一次平流雾，沧州最长持续6天，沧州、唐山能见度小于1千米的雾持续15小时以上。

1997年11月16日，大雾使天津机场18个航班受阻，46列火车晚点，海上航船出现两次险情。

1998年11月22日6时，206国道寒亭区与昌邑区分界处，因大雾天气，发生连锁交通事故，不到0.5千米的路面上，先后有26辆机动车发生剐撞，共有18辆机动车因撞坏无法行驶。

## 6. 寒潮、霜冻和大雪

（1）辽宁沿海

1966年5月4日，营口市郊区的部分地区有结冰现象。市郊区出现霜冻，柳树乡损失约16万棵菜苗（已定植40～50亩）。

1979年11月12—14日，大连地区受强寒潮影响，最低气温降到−12～−10℃，大连降大雪，雪量达10毫米。48小时降温14～20℃。

1982年1月9—10日，复县雨转雪，降雪量一般为20～40毫米，积雪深度11厘米，是近几十年少见的大雪,并伴有 8 级北大风,对交通运输影响较大。

1983 年 2 月 14 日,复县降大雪伴有大风,16—17 日再降大雪,两次降雪量一般为 10 ~ 30 毫米,积雪深度 11 ~ 15 厘米。大洼县降雪量 23.3 毫米,为近 20 年来所少见。

1990 年 1 月 27 日夜间至 29 日凌晨,辽宁省各地降雪,雪量一般为 10 ~ 15 毫米,大连南端达 26 毫米;其他地区在 4 ~ 10 毫米之间。沿海地区日极端最低气温达 −24℃。

1992 年 11 月 18—19 日,辽宁省大部降雪,除大连、丹东地区降中至大雨转雪外,其他地区降小雨转暴雪。降水量一般 10 ~ 40 毫米,积雪深度达 10 ~ 20 厘米,雨雪持续时间之长,降水量之多,积雪之深为 80 年代以来所未有。

2000 年 1 月 1 日,辽宁省大部分地区降大至暴雪,大洼县雪量最大,为 25 毫米,直接经济损失达 70 多万元。

（2）河北沿海

1976 年 12 月下旬至 1977 年 2 月中旬,河北省出现 30 年来罕见的严寒天气。持续低温,使渤海结冰较厚。冬小麦遭受严重冻害。

1987 年 11 月 25—29 日,受到强冷空气影响,河北省出现全省范围的雨雪和强寒潮天气过程,降温 10 ~ 20℃,黄骅和长芦盐区 2 339 公顷的结晶面积受灾,稀释盐 3 万千克。

（3）天津沿海

1990 年,天津冬季降雪多,尤其是隆冬 1 月 28 日,恰逢大年初二,大部地区降大到暴雪,其降雪量是自 1974 年以来同期最大值,也是 1930 年以来该月降雪量的次大值,给交通运输带来不便。

1993 年 4 月 6—9 日,汉沽区出现大风和低温天气,该区菜田秧苗冻死 50% 以上,受灾面积 2 285 亩,经济损失 419.5 万元。

1996 年 2 月 15—16 日,天津出现寒潮天气,24 小时降温 7 ~ 8℃,48 小时降温 9.5 ~ 11.0℃,最低气温达到 −10.7℃,部分麦田出现冻害。

1998 年 11 月 16—18 日,天津市气温迅速下降,48 小时内日平均气温下降了 9.5℃,极端最低气温下降了 11.1℃,露地蔬菜因之受到不同程度的影响。

2000 年 1 月 3—6 日,市区及各区县连续出现降雪天气。其中,5—6 日全市普降中雪、局部地区中到大雪;11—12 日再降小到中雪,局部地区中到大雪,给交通运输和城市人民生活带来不便。

（4）山东沿海

1985 年 12 月 7—10 日,龙口市连续降雪,总降雪量 12.0 毫米,积雪深度达 11 厘米,日平均气温由 2.5℃降至 −5.2℃,因雪大气温骤降,使龙口近海鳗鱼大量患病死亡,死鱼随海潮涌上沙滩堆积,厚度达 20 厘米,计 10 余万千克,成为奇闻。同时因雪大积雪深,视线差,路面滑,公路交通受阻 8 ~ 12 天。

1990 年 11 月 30 日夜间至 12 月 1 日,蓬莱全县降特大暴雪,平均降雪量 34.3 毫米,最大乡镇 62.8 毫米,最小乡镇 21.7 毫米,为历年来所罕见。全县电力系统、交通系统都有不同程度的破坏,经济损失达 49 万元。

1999 年 12 月 17 日凌晨至 12 月 21 日傍晚,龙口出现前所未有的连续降雪天气,降雪量达 28.1 毫米,18 日降雪量 10.4 毫米,突破日降雪量最大纪录。19 日和 21 日积雪深度达 27 厘米,突破历史最大纪录。降雪时间长,积雪深度大,形成雪阻,交通中断。

# 第三节 典型海洋灾害过程分析

渤海属于半封闭海域，由辽东湾、渤海湾、莱州湾、渤海海峡和中央海盆组成，主要入海河流有黄河、辽河、滦河和海河，受浅水效应和陆源效应影响较大。渤海地处中纬度地区，天气气候条件特殊，冬春季受东亚季风影响显著，同时夏秋季热带气旋北上也会影响渤海地区。受温带气旋、热带气旋和寒潮（冷空气）等影响，渤海沿海易发生风暴潮（特别是温带风暴潮）灾害，同时伴随着巨浪、暴雨洪涝和大风等灾害。受寒潮（冷空气）影响，渤海冬季易发生海冰灾害。

在全球变暖的大背景下，渤海区域海洋、气候特征均发生了较明显的变化，气温、海温和海平面等关键要素均呈上升趋势，极端天气气候事件频发。同时随着沿海地区的经济发展、城市化进程的加快，自然生态环境受到威胁，沿海受灾风险进一步加大。

近60年来，渤海沿海遭受了多次风暴潮灾害，其中1972年、1985年、1992年、2003年、2007年、2009年和2013年发生的风暴潮灾害较严重，大部分伴随着大风、巨浪过程；在1968/1969年度、1976/1977年度、2000/2001年度和2009/2010年度渤海发生较严重的海冰灾害。风暴潮和海冰灾害给沿海各地工农业生产、渔业、工程设施、海上航运以及自然资源等带来较大损失。典型海洋灾害、灾害性天气的发生与渤海区域天气气候要素的异常变化密切相关。

## 1. 风暴潮

### (1) 1972年

1972年7月26—27日，7203号台风"丽塔"影响期间，渤海沿海遭受了较强的风暴潮、巨浪、大风等灾害。26日台风"丽塔"在山东荣成登陆，随后进入渤海，并于27日再次在天津沿海登陆。此次台风持续时间长（26天，为有记录以来西北太平洋存在时间最长的热带气旋），路径特殊（在洋面上3次打转，多次登陆），是历史上少见的。

台风影响期间，最大风速出现在龙口站，为28.0米/秒，对应风向338°（7月26日）；最低气压出现在塘沽站，为988.2百帕（7月27日）；日最大降水出现在北隍城站，为71.5毫米（7月26日），达到暴雨级别。

7月为渤海沿海季节性高海平面期，海平面比多年平均海平面高近360毫米；其间恰逢农历六月十六、十七天文大潮；渤海沿海多站最大增水超过100厘米，其中葫芦岛站最大增水181厘米，秦皇岛站最大增水170厘米，均达到有观测记录以来（截至2018年）的最大，塘沽站最大增水189厘米。高海平面、天文大潮和风暴增水叠加，加剧了台风风暴潮影响，风暴潮影响期间龙口站最高潮位340厘米，秦皇岛站最高潮位244厘米，均达到有观测记录以来（截至2018年）的最高。

7月26日8时至7月27日17时，北隍城站、龙口站和塘沽站均出现大浪过程，最大波高极大值分别为4.7米（26日17时）、4.3米（26日17时）和2.2米（27日11时）。

此次过程造成龙口港码头上水，部分农田被淹，渤海西岸由葫芦岛至塘沽都出现海水上陆，淹没盐田及农田，造成土地进一步盐碱化。大风造成大连、锦州和营口等地区19人死亡，经济损失1 214万元。

### (2) 1985年

1985年8月16—20日，"8509"号台风先后登陆启东、青岛和旅顺，影响期间渤海沿海发生大风、暴雨洪涝和风暴潮灾害。

8 月渤海沿海处于季节性高海平面期，海平面比多年平均海平面高 260 毫米。其间塘沽站最高潮位 528 厘米，最大增水 142 厘米，蓬莱站最高潮位 432 厘米，最大增水 81 厘米，龙口站最大增水 138 毫米，均达到当年最大。

此次过程最大风速出现在鲅鱼圈站，最大风速为 29.0 米 / 秒，对应风向 338°（8 月 20 日）；最低气压出现在龙口站，为 985.6 百帕（8 月 19 日）；日最大降水出现在温坨子站，8 月 19 日降水量为 177.5 毫米，达到大暴雨级别。

风暴潮影响期间，大量海水涌入渤海，海水上涨不退，数小时后淹没天津东沽一带，淹水 1 米多，新港船厂和港务局码头淹水 0.60 ~ 0.70 米，塘沽盐场防潮堤全线漫水，造成塘沽地区直接经济损失 7 000 多万元。

（3）1992 年

1992 年 9 月 1 日前后，第 16 号台风影响期间，渤海沿海发生特大风暴潮，并发生巨浪、暴雨和洪涝灾害，辽宁、山东沿海部分岸段发生严重侵蚀。

台风影响渤海期间，最大风速出现在蓬莱站，最大风速为 30.0 米 / 秒，对应风向 68°（9 月 1 日）；最低气压出现在蓬莱站，为 988.8 百帕（9 月 1 日）；日最大降水出现在龙口站，为 122.3 毫米（9 月 1 日），达到大暴雨级别。

渤海莱州湾和渤海湾沿岸增水较大，多个海洋站（芷锚湾、秦皇岛、塘沽、羊角沟、龙口、蓬莱）出现年极值高潮位和最大增水，其中山东羊角沟站最大增水 303 厘米，龙口站最大增水 164 厘米，均达有观测记录以来（截至 2018 年）最高；塘沽站最高潮位 575 厘米，为有观测记录以来（截至 2018 年）最高。

9216 号台风给渤海沿海各地带来了巨大的损失。在天文大潮、风暴潮和台风浪的综合影响下，海岸侵蚀达到了前所未有的程度。山东省被侵蚀沙岸 2 000 多亩；500 千米的堤坝和 73 处码头被不同程度毁坏；百处沿岸国防工事、海岸防护林及其他设施被冲；东营市遭受到 1938 年以来最大的风暴潮袭击，海水冲垮海堤侵入内陆，最大距离 25 千米，淹没面积从高潮线起算为 960 平方千米。天津市遭到了 1949 年以来最严重的一次强海潮袭击，有近 100 千米海挡漫水，被海潮冲毁 40 处，大量的水利工程被毁坏，沿海的塘沽、大港、汉沽三区和大型企业均遭受严重损失。天津新港的库场、码头、客运站全部被淹，港区内水深达 1.0 米。河北、天津和山东直接经济损失 48.7 亿元。

（4）2003 年

2003 年 10 月 11—12 日，受北方强冷空气影响，渤海湾、莱州湾沿岸发生了近 10 年来最强的一次温带风暴潮，此次温带风暴潮来势猛、强度大、持续时间长，成灾严重。

此次过程最大风速出现在龙口站，为 27.8 米 / 秒，对应风向 42°（2003 年 10 月 12 日）；最低气压出现在龙口站，为 1 010.2 百帕（2003 年 10 月 11 日）；日最大降水出现在芷锚湾站，为 57.7 毫米（10 月 11 日），达到暴雨级别。

温带风暴影响期间，塘沽站最高潮位 529 厘米，最大增水 151 厘米；龙口站最高潮位 256 厘米，最大增水 109 厘米，蓬莱站最高潮位 308 厘米，最大增水 71 厘米，均达到当年最高值。

10 月 11 日 14 时至 10 月 12 日 17 时，秦皇岛站、芷锚湾站、北隍城站和龙口站均出现了一次大浪过程，出现的最大波高极大值分别为 3.4 米（11 日 14 时）、2.0 米（11 日 14 时、17 时）、6.5 米（12 日 11 时）和 2.8 米（12 日 8 时、11 时、14 时和 17 时）。

风暴潮影响河北期间，冲毁虾池 3.7 万亩，受损扇贝 590 万笼，损坏网具 3 000 多条，损坏渔船 1 450 条。损失原盐 15 万吨、盐田塑苫 480 万片、卤水 30 万立方米。海水淹没农田 1.7 万多亩、冲毁土地 8 000 多亩。损坏房屋 2 800 多间。冲毁闸涵 775 座、泵站 69 座。直接经济损失 5.84 亿元。

风暴潮影响天津期间，天津港 37 万余件、22.5 万吨货物遭受海水浸泡。大港石油公司油田停产 1 094 井次。原盐损失 15.3 万吨；淹没鱼池 3 440 亩；损毁渔船 156 条、渔网 27 排；损毁海堤 7.3 千米，损坏泵房 13 处。直接经济损失约 1.13 亿元（图 8.3-1）。

风暴潮影响山东期间，潍坊市沿海受灾人口 20 万，水产养殖受损面积 7 000 公顷，冲毁海堤 20 千米，损毁原盐 30 吨，船只 70 艘。滨州市无棣、沾化县沿海受灾人口 6 万，水产养殖受损面积 4.4 万公顷，损毁房屋 5 000 间、防潮工程 260 处、船只 95 艘。烟台市水产养殖受损面积 1 110 公顷，防潮堤损毁 7 千米，损毁房屋 65 间。东营市 5 个区县均受灾，受灾人口 0.56 万。直接经济损失 6.13 亿元。此次温带风暴潮过程给渤海沿海各地带来了巨大损失，河北、天津、山东直接经济损失共 13.1 亿元。

图8.3-1 "10.11"温带风暴潮影响天津港码头
（引自《2003年中国海洋灾害公报》）

### （5）2007 年

2007 年 3 月 3—5 日，受北方强冷空气和黄海气旋的共同影响，渤海湾、莱州湾发生了"0703"强温带风暴潮过程。

此次过程最大风速出现在北隍城站，最大风速为 28.6 米 / 秒，对应风向 359°（3 月 4 日）；最低气压出现在北隍城站，为 998.4 百帕（3 月 4 日）；日最大降水出现在北隍城站，为 59.2 毫米（3 月 4 日），达到暴雨级别。

温带风暴影响期间，龙口站最高潮位 278 厘米，最大增水 152 厘米，均为当年最高；蓬莱站最高潮位 320 厘米，为当年最高，最大增水 145 厘米，为有观测记录以来（截至 2018 年）的最高值。

3 月 3 日 8 时至 3 月 5 日 14 时，秦皇岛站、塘沽站、北隍城站和龙口站均出现了一次大浪过程，出现的最大波高极大值分别为 1.9 米（4 日 17 时）、2.9 米（3 日 17 时）、6.0 米（4 日 11 时）和 3.5 米（4 日 17 时）。

此次温带风暴潮过程给渤海沿海各地带来了巨大损失。辽宁省大连市损毁船只 3 128 艘；河北省沧州市损毁海塘堤防及海洋工程 20 千米；山东省死亡 7 人，6 700 多公顷筏式养殖受损，

2 000多公顷虾池、鱼塘被冲毁，10千米防浪堤坍塌，损毁船只1 900艘（图8.3-2）。辽宁、河北、山东省海洋灾害直接经济损失40.65亿元。

图8.3-2　山东烟台市区滨海公园和国际会展中心现场灾害景象
（引自《2007年中国海洋灾害公报》）

（6）2009年

2009年4月15日，受强冷空气和低压槽共同影响，渤海沿海发生一次强温带风暴潮过程，造成大风、降雨和风暴潮灾害。

此次过程最大风速出现在龙口站，最大风速28.0米/秒，对应风向30°（4月15日）；最低气压出现在芷锚湾站，为999.5百帕（4月14日）；日最大降水出现在龙口站，为9.7毫米（4月15日）。

4月15日，塘沽站最高潮位503厘米，最大增水159厘米，均达到当年最大；龙口站最大增水127厘米。

风暴潮加重了绥中沿海的海岸侵蚀，最大海岸侵蚀宽度在南江屯附近，年侵蚀距离达5米。

温带风暴发生期间，河北省沧州市受灾人口5万人，水产养殖受损7 000公顷（1 000吨），防波堤损坏3.5千米，护岸受损3处。天津市3人死亡，6人失踪，防波堤损坏3.7千米，护坡损坏350平方米，大港油田公司630多口油井停产。山东省受灾人口6.5万人，水产养殖受损2 270公顷（7 000吨），防波堤损坏5.4千米，护岸受损2处，船只损毁24艘。河北省、天津市、山东省因灾造成直接经济损失6.20亿元（图8.3-3和图8.3-4）。

图8.3-3　山东滨州港西港厂房被淹　　　　图8.3-4　辽宁省绥中市原生砂质海岸遭侵蚀破坏
（引自《2009年中国海洋灾害公报》）　　　　　（引自《2009年中国海洋灾害公报》）

（7）2013年

2013年5月26—28日，受黄海气旋的影响，渤海和黄海沿海出现了一次较强的温带风暴潮过程，引发大风、风暴潮和强降雨灾害。

此次过程最大风速出现在北隍城站，最大风速17.2米/秒，对应风向43°（5月27日）；最低气压出现在北隍城站，为994.3百帕（5月27日）；日最大降水出现在蓬莱站，为33.7毫米（5月27日降水量），达到大雨级别。

5月渤海沿海海平面较常年高185毫米，为1980年以来同期最高，27日前后，渤海沿海多个海洋站（鲅鱼圈、葫芦岛、芷锚湾、秦皇岛、龙口和蓬莱）出现年极值高水位，其中芷锚湾最高潮位为381厘米，为有观测记录以来（截至2018年）的最高值。

风暴潮加剧了辽宁盖州沿海的海岸侵蚀，盖州监测岸段年最大侵蚀距离为5.4米。

此次温带风暴期间，山东省倒塌房屋5间，损坏房屋406间，水产养殖受灾面积7 240公顷，毁坏渔船64艘，损坏渔船45艘，损毁码头4.00千米，损毁防波堤1.58千米，损毁海堤、护岸5.23千米，直接经济损失1.44亿元。

## 2. 海冰

（1）1968/1969年度

1969年1—2月辽东湾沿海平均气温为-8.4℃，为近56年（1963—2018年）最低。1月29日，辽东湾鲅鱼圈站最低气温降至-21.8℃，比历史同期低12.3℃。2月12—13日，最低气温从-4.5℃降至-13.9℃，至2月28日最低气温均低于-11℃，其中2月21日和24日最低气温均为-18.1℃（图8.3-5和图8.3-6）。1969年3月辽东湾沿海平均气温为-1.1℃，为近56年第二低。1—2月辽东湾西部沿海平均表层海水温度为-1.6℃，是观测记录中的最低值。

持续的低温过程导致1968/1969年度渤海冰情严重，发展迅速且持续时间长。2月下旬整个渤海处于冰封状态，从辽东湾、渤海湾至莱州湾海面冰厚一般50～70厘米，最大达100厘米，到处有冰堆积现象，堆积高度一般为2米，最大5米。严重冰封持续到3月中旬，渤海湾终冰最晚，至4月4日渤海最低气温仍低于0℃，为-2.9℃，直到4月6日大沽浅滩上还留有少量的厚冰残迹。

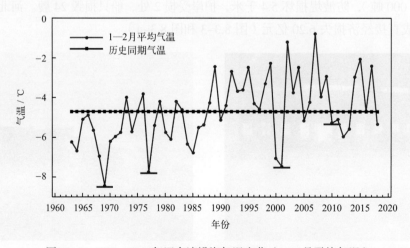

图8.3-5　1963—2018年辽东湾沿海气温变化（1—2月平均气温）

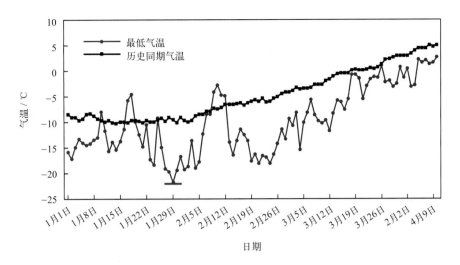

图8.3-6　辽东湾沿海1969年1—4月日最低气温变化

1968/1969年度为罕见的重冰年，流冰挟走了塘沽航道所有浮鼓灯标，推倒了天津港务局回淤研究所观测平台，全面割断了"塘海一井"石油平台桩柱的钢管拉筋，彻底摧毁了15根（锰钢板厚22厘米卷成的）空心圆筒桩柱（直径0.85米，长41米，打入海底28米深）以及全钢结构的"海二井"石油平台。据不完全统计，从2月5日至3月5日的1个月时间内，进出天津塘沽港的123艘客货轮中有58艘被海冰夹住，不能航行，随冰漂移（《中国气象灾害大典·天津卷》）；其中有的被海冰挤压，船体变形，舱内进水，有的推进器被海冰碰碎，动力失灵。秦皇岛航行中断，港口作业停顿。据记载，万吨巨轮被夹在冰块中随冰漂移，货轮被冰冻在锚地，不少船只受到损伤，海岸设施也受到不同程度的破坏，造成了严重灾害。

（2）1976/1977年度

1977年1—2月辽东湾沿海平均气温为–7.7℃，为近56年第二低（图8.3–5），1976年12月20日至1977年2月28日期间日最低气温整体明显低于历史同期，其间有多次降温过程（图8.3–7）；1—2月塘沽平均表层海水温度为–1.4℃，是观测记录中的最低值。

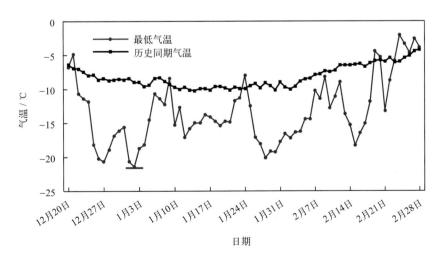

图8.3-7　辽东湾沿海1976年12月至1977年2月日最低气温变化

多次降温过程导致渤海海冰结冰范围不断扩大，冰厚逐渐增加，1977 年 1—2 月辽东湾结冰范围 118 海里，冰厚一般 30 ~ 40 厘米，严重时冰厚可达 50 ~ 80 厘米。渤海湾塘沽港航道冰厚 30 厘米，"海四井"附近海面冰厚 20 ~ 40 厘米，最大 60 厘米。1 月 16 日至 2 月 14 日，进出秦皇岛的船只中有 12 艘万吨级以上货轮被夹住，其中两艘的循环水孔被海冰堵塞，主辅机失灵。另外在渤海湾作业的石油公司"海四井"烽火台被流冰推倒，平台栈桥跳动剧烈，行人困难。2 月 21 日 "红旗 104" 号轮（6 000 匹马力）在秦皇岛遇 40 厘米厚冰不能通行。破冰船 "C722"、破冰船 "C721" 破冰引航（《中国海洋灾害四十年资料汇编（1949—1990）》《中国气象灾害大典·天津卷》）。

（3）2000/2001 年度

2001 年 1—2 月辽东湾沿海平均气温为 -7.5℃，为近 56 年第三低（图 8.3-5）；2000 年 12 月 20 日至 2001 年 2 月 20 日期间日最低气温整体明显低于历史同期，1 月 14 日葫芦岛站最低气温为 -25.1℃，为近 56 年最低值（图 8.3-8）。

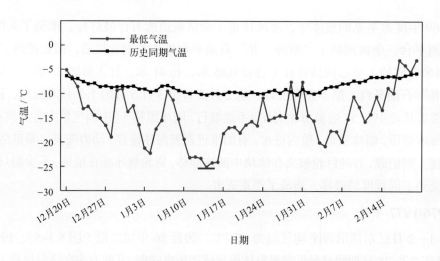

图8.3-8　辽东湾沿海2001年12月至2002年2月日最低气温变化

极端低温易造成严重海冰灾害，2000/2001 年度渤海冰情为近 20 年来最重年份，2 月 7—13 日最低气温均在 -10℃ 以下，渤海出现该年度最大范围的海冰，辽东湾海冰距湾顶最大距离 115 海里，一般冰厚 15 ~ 25 厘米，最大冰厚 60 厘米。在冰情严重期，辽东湾北部沿岸港口基本处于封港状态，素有"不冻港"之称的秦皇岛港冰情严重，港口航道灯标被流冰破坏，港内外数十艘船舶被海冰围困，造成航运中断，锚地有 40 多艘船舶因流冰作用走锚，天津港船舶进出困难，影响了海上施工船作业，渤海海上石油平台受到流冰严重威胁，海上航运和生产活动受到严重影响（《2001 年中国海洋灾害公报》）。

（4）2009/2010 年度

2009/2010 年度，渤海冰情属偏重冰年，2010 年 1—2 月辽东湾沿海平均气温较低，为 -5.3℃（图 8.3-5）；2009 年 11 月 1 日至 2010 年 3 月 31 日期间日最低气温整体明显低于历史同期，其间有多次较强的冷空气过程（图 8.3-9）。

2009/2010 年度渤海冰情主要特点是：冰情发生早，发展速度快，浮冰范围大、冰层厚。11 月经历 3 次较强的降温过程，最低气温为 -10.9℃，出现在 11 月 28 日，11 月下旬辽东湾底即出现大面积初生冰，时间较常年提前了半个月左右；1 月中旬发生较强的降温过程，1 月 12 日最低气温为 -21.4℃，出现在葫芦岛站，辽东湾冰情发展迅速，浮冰范围从 12 月 31 日的距岸 38 海里迅速增加到 1 月 12 日的距岸 71 海里，2010 年 1 月中下旬发展为近 30 年同期最严重冰情；辽东湾 1 月 31 日至 2 月 13 日经历两次降温过程，2 月 13 日最低温度为 -14.9℃，浮冰范围从 1 月 31日的距岸 52 海里迅速发展到 2 月 13 日的距岸 108 海里，最大单层冰厚达 50 多厘米。

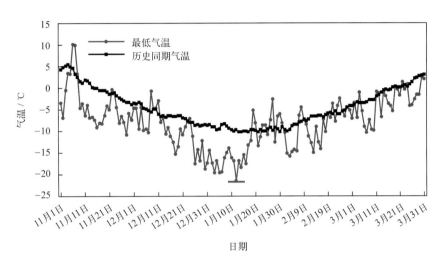

图8.3-9　辽东湾沿海2009年11月至2010年3月日最低气温变化

　　2010 年 1 月 13 日上午 10 时 40 分前后，一艘满载近千吨燃料油的浙江台州"兴龙舟 288"号油轮，在驶入潍坊港时因受海冰挤压和撞击，偏离航道，撞上了防浪堤，导致左侧两个压载舱破损进水（图 8.3-10）。2009/2010 年度受海冰灾害影响，辽宁省葫芦岛市菊花岛上居民被海冰封在岛上 40 余天，经济损失 3.39 亿元；营口港遭冰封，营口市经济损失 1.14 亿元（《2010年中国海洋灾害公报》）（图 8.3-11）。

　　2009/2010 年度冬季渤海及黄海北部发生的海冰灾害对沿海地区社会、经济产生严重影响，造成巨大损失。辽宁、河北、天津、山东等沿海三省一市受灾人口 6.1 万人，船只损毁 7 157 艘，港口及码头封冻 296 个，水产养殖受损面积 20.79 万公顷。因灾直接经济损失 63.18 亿元（《2010年中国海洋灾害公报》）。

图8.3-10　受损的"兴龙舟288"号油轮

图8.3-11　2010年1月辽宁省营口港冰封

# 参考文献

包澄澜, 1991. 海洋灾害及预报 [M]. 北京: 海洋出版社.

曾呈奎, 徐鸿儒, 王春林, 2003. 中国海洋志 [M]. 郑州: 大象出版社.

陈伯镛, 翟国扞, 2007. 中国海洋百年大事记 (1901—2000 年) [M]. 天津: 国家海洋信息中心.

陈上及, 马继瑞, 1991. 海洋数据处理分析方法及其应用 [M]. 北京: 海洋出版社.

方国洪, 王凯, 郭丰义, 等, 2002. 近 30 年渤海水文和气象状况的长期变化及其相关关系 [J]. 海洋与湖沼, 33(5): 515-525.

冯士筰, 李凤岐, 李少菁, 1999. 海洋科学导论 [M]. 北京: 高等教育出版社.

葛孝贞, 王体健, 2013. 大气科学中的数值方法 [M]. 南京: 南京大学出版社.

郭琨, 艾万铸, 2016. 海洋工作者手册 [M]. 北京: 海洋出版社.

国家海洋局, 1990. 1989 年中国海洋灾害公报 [R]. 北京: 国家海洋局.

国家海洋局, 1993. 1992 年中国海洋灾害公报 [R]. 北京: 国家海洋局.

国家海洋局, 1994. 1993 年中国海洋灾害公报 [R]. 北京: 国家海洋局.

国家海洋局, 1995. 1994 年中国海洋灾害公报 [R]. 北京: 国家海洋局.

国家海洋局, 1996. 1995 年中国海洋灾害公报 [R]. 北京: 国家海洋局.

国家海洋局, 1997. 1996 年中国海洋灾害公报 [R]. 北京: 国家海洋局.

国家海洋局, 1998. 1997 年中国海洋灾害公报 [R]. 北京: 国家海洋局.

国家海洋局, 1999. 1998 年中国海洋灾害公报 [R]. 北京: 国家海洋局.

国家海洋局, 2000. 1999 年中国海洋灾害公报 [R]. 北京: 国家海洋局.

国家海洋局, 2001. 2000 年中国海洋环境质量公报 [R]. 北京: 国家海洋局.

国家海洋局, 2001. 2000 年中国海洋灾害公报 [R]. 北京: 国家海洋局.

国家海洋局, 2002. 2001 年中国海洋环境质量公报 [R]. 北京: 国家海洋局.

国家海洋局, 2002. 2001 年中国海洋灾害公报 [R]. 北京: 国家海洋局.

国家海洋局, 2004. 2003 年中国海平面公报 [R]. 北京: 国家海洋局.

国家海洋局, 2004. 2003 年中国海洋灾害公报 [R]. 北京: 国家海洋局.

国家海洋局, 2005. 2004 年中国海洋灾害公报 [R]. 北京: 国家海洋局.

国家海洋局, 2006. 2005 年中国海洋灾害公报 [R]. 北京: 国家海洋局.

国家海洋局, 2007. 2006 年中国海平面公报 [R]. 北京: 国家海洋局.

国家海洋局, 2007. 2006 年中国海洋灾害公报 [R]. 北京: 国家海洋局.

国家海洋局, 2008. 2007 年中国海洋灾害公报 [R]. 北京: 国家海洋局.

国家海洋局, 2009. 2008 年中国海平面公报 [R]. 北京: 国家海洋局.

国家海洋局, 2009. 2008 年中国海洋灾害公报 [R]. 北京: 国家海洋局.

国家海洋局, 2010. 2009 年中国海平面公报 [R]. 北京: 国家海洋局.

国家海洋局, 2010. 2009 年中国海洋灾害公报 [R]. 北京: 国家海洋局.

国家海洋局, 2011. 2010 年中国海平面公报 [R]. 北京: 国家海洋局.

国家海洋局, 2011. 2010 年中国海洋灾害公报 [R]. 北京: 国家海洋局.

国家海洋局, 2012. 2011 年中国海平面公报 [R]. 北京: 国家海洋局.

国家海洋局 , 2012. 2011 年中国海洋灾害公报 [R]. 北京 : 国家海洋局 .

国家海洋局 , 2013. 2012 年中国海平面公报 [R]. 北京 : 国家海洋局 .

国家海洋局 , 2013. 2012 年中国海洋灾害公报 [R]. 北京 : 国家海洋局 .

国家海洋局 , 2014. 2013 年中国海平面公报 [R]. 北京 : 国家海洋局 .

国家海洋局 , 2014. 2013 年中国海洋环境状况公报 [R]. 北京 : 国家海洋局 .

国家海洋局 , 2014. 2013 年中国海洋灾害公报 [R]. 北京 : 国家海洋局 .

国家海洋局 , 2015. 2014 年中国海平面公报 [R]. 北京 : 国家海洋局 .

国家海洋局 , 2015. 2014 年中国海洋环境状况公报 [R]. 北京 : 国家海洋局 .

国家海洋局 , 2015. 2014 年中国海洋灾害公报 [R]. 北京 : 国家海洋局 .

国家海洋局 , 2016. 2015 年中国海平面公报 [R]. 北京 : 国家海洋局 .

国家海洋局 , 2016. 2015 年中国海洋环境状况公报 [R]. 北京 : 国家海洋局 .

国家海洋局 , 2016. 2015 年中国海洋灾害公报 [R]. 北京 : 国家海洋局 .

国家海洋局 , 2017. 2016 年中国海平面公报 [R]. 北京 : 国家海洋局 .

国家海洋局 , 2017. 2016 年中国海洋环境状况公报 [R]. 北京 : 国家海洋局 .

国家海洋局 , 2017. 2016 年中国海洋灾害公报 [R]. 北京 : 国家海洋局 .

国家海洋局 , 2018. 2017 年中国海平面公报 [R]. 北京 : 国家海洋局 .

国家海洋局 , 2018. 2017 年中国海洋环境状况公报 [R]. 北京 : 国家海洋局 .

国家海洋局 , 2018. 2017 年中国海洋灾害公报 [R]. 北京 : 国家海洋局 .

国家海洋局 . 1991. 1990 年中国海洋灾害公报 [R]. 北京 : 国家海洋局 .

国家海洋局 . 1992. 1991 年中国海洋灾害公报 [R]. 北京 : 国家海洋局 .

国家海洋局北海分局 , 1993. 北海区海洋站海洋水文气候志 [M]. 北京 : 海洋出版社 .

河北省海洋局 , 2017. 2016 年河北省海洋环境状况公报 [R]. 河北 : 河北省海洋局 .

河北省气象局 , 2013. 河北省气候公报—2012 年 [R]. 河北 : 河北省气象局 .

河北省气象局 , 2018. 河北省气候公报—2017 年 [R]. 河北 : 河北省气象局 .

江崇波 , 江帆 , 2013. 渤海海冰灾害监测预警及防灾减灾的思考 [J]. 海洋开发与管理 , 30(2):20–22.

姜大膀 , 王会军 , 郎咸梅 , 2004. 全球变暖背景下东亚气候变化的最新情景预测 [J]. 地球物理学报 , 47(4): 590–596.

李响 , 等 , 2013. 天津海洋防灾减灾对策研究 [M]. 北京 : 海洋出版社 .

李琰 , 王国松 , 范文静 , 等 , 2018. 中国沿海海表温度均一性检验和订正 [J]. 海洋学报 , 40(1):17–28.

李琰 , 牟林 , 王国松 , 等 , 2016. 环渤海沿岸海表温度资料的均一性检验与订正 [J]. 海洋学报 , 38(3):27–39.

刘峰贵 , 李春花 , 陈蓉 , 等 , 2015. 避暑型旅游城市的"凉爽"气候条件对比分析——以西宁市为例 [J]. 青海师范大学学报 ( 自然科学版 ), 31(1): 56–61.

刘首华 , 范文静 , 王慧 , 等 , 2017. 中国沿岸海洋站自动测波仪器测波特征分析 [J]. 海洋通报 , 36(6):18–631.

陆人骥 , 1984. 中国历代灾害性海潮史料 [M]. 北京 : 海洋出版社 .

苏纪兰 , 袁业立 , 2005. 中国近海水文 [M]. 北京 : 海洋出版社 .

孙劭 , 苏洁 , 史培军 , 2011. 2010 年渤海海冰灾害特征分析 [J]. 自然灾害学报 , 20(6):87–93.

孙湘平 , 2006. 中国近海区域海洋 [M]. 北京 : 海洋出版社 .

王国松 , 李琰 , 侯敏 , 等 , 2017. 南海海洋观测台站海表温度资料的均一性检验与订正 [J]. 热带气象学报 , 33(5):637–643.

王慧 , 刘克修 , 范文静 , 等 , 2013. 渤海西部海平面资料均一性订正及变化特征 [J]. 海洋通报 , 3(3):15–23.

王树廷，王伯民，等，1984. 气象资料的整理和统计方法 [M]. 北京：气象出版社 .

王相玉，袁本坤，商杰，等，2011. 渤黄海海冰灾害与防御对策 [J]. 海岸工程，30(4):46–55.

魏凤英，2007. 现代气候统计诊断与预测技术（第二版）[M]. 北京：气象出版社 .

温克刚，李波，孟庆楠，2005. 中国气象灾害大典·辽宁卷 [M]. 北京：气象出版社 .

温克刚，王建国，孙典卿，2006. 中国气象灾害大典·山东卷 [M]. 北京：气象出版社 .

温克刚，王宗信，2008. 中国气象灾害大典·天津卷 [M]. 北京：气象出版社 .

温克刚，臧建升，2008. 中国气象灾害大典·河北卷 [M]. 北京：气象出版社 .

吴德星，牟林，李强，等，2004. 渤海盐度长期变化特征及可能的主导因素 [J]. 自然科学进展，14(2):191–195.

武浩，夏芸，许映军，等，2016. 2004 年以来中国渤海海冰灾害时空特征分析 [J]. 自然灾害学报，25(5):81–87.

杨华庭，2002. 近十年来的海洋灾害与减灾 [J]. 海洋预报，19(1):2–8.

杨华庭，田素珍，叶琳，等，1993. 中国海洋灾害四十年资料汇编（1949—1990）[M]. 北京：海洋出版社 .

于保华，李宜良，姜丽，2006. 21 世纪中国城市海洋灾害防御战略研究 [J]. 华南地震，26(1):67–75.

于福江，董剑希，许富祥，2017. 中国近海海洋——海洋灾害 [M]. 北京：海洋出版社 .

张方俭，费立淑，1994. 我国的海冰灾害及其防御 [J]. 海洋通报，(5):75–83.

张启文，白珊，2005. 中国海海冰灾害的监测和预测研究 [C]. 中国地球物理学会年会 .

张启文，唐茂宁，2010. 渤海发生 30 年一遇冰情的成因分析及对 2010/11 年度的冰情预测 [C]. 天灾预测总结学术研讨会议 .

中国气象局，2007. 地面气象观测规范 第18部分：月地面气象记录处理和报表编制：QX/T 662—2007[S]. 北京：气象出版社 .

中国气象局，2008. 中国气象灾害年鉴（2007）[M]. 北京：气象出版社 .

中国气象局，2009. 中国气象灾害年鉴（2008）[M]. 北京：气象出版社 .

中国气象局，2010. 中国气象灾害年鉴（2009）[M]. 北京：气象出版社 .

中国气象局，2011. 中国气象灾害年鉴（2010）[M]. 北京：气象出版社 .

中国气象局，2012. 气候季节划分：QX/T 152—2012 [S]. 北京：气象出版社 .

中国气象局，2012. 中国气象灾害年鉴（2011）[M]. 北京：气象出版社 .

中树气象局，2013. 中国气象灾害年鉴（2012）[M]. 北京：气象出版社 .

中华人民共和国国家质量监督检验检疫局，中国国家标准化管理委员会，1994. 有关量、单位和符号的一般原则：GB 3101—93 [S]. 北京：中国标准出版社 .

中华人民共和国国家质量监督检验检疫局，中国国家标准化管理委员会，2006. 海滨观测规范：GB/T 114914—2006 [S]. 北京：中国标准出版社 .

中华人民共和国国家质量监督检验检疫局，中国国家标准化管理委员会，2011. 出版物上数字用法：GB/T 15835—2011 [S]. 北京：中国标准出版社 .

中华人民共和国国家质量监督检验检疫局，中国国家标准化管理委员会，2011. 人居环境气候舒适度评价：GB/T 27963—2011 [S]. 北京：中国标准出版社 .

中华人民共和国国家质量监督检验检疫局，中国国家标准化管理委员会，2012. 标点符号用法：GB/T 15834—2011 [S]. 北京：中国标准出版社 .

中华人民共和国国家质量监督检验检疫局，中国国家标准化管理委员会，2017. 地面标准气候值统计方法：GB/T 34412—2017 [S]. 北京：中国标准出版社 .

周群，魏立新，黄焕卿，2016. 秋季巴伦支海海温异常对冬季我国渤海冰情的可能影响 [J]. 海洋学报，38(3):40–48.

自然资源部, 2019. 2018 年中国海平面公报 [R]. 北京 : 自然资源部 .

自然资源部, 2019. 2018 年中国海洋灾害公报 [R]. 北京 : 自然资源部 .

自然资源部, 2019. 海洋观测数据格式（报批稿）[S].

自然资源部, 2019. 海洋观测延时资料质量控制审核技术规范（报批稿）[S].

左常圣 , 范文静 , 邓丽静 , 等 , 2019. 近 60 年渤黄海海冰灾害演变特征与经济损失浅析 [J]. 海洋经济 , 9(2): 50-55.

Chuanlan Lin，Jilan Su，Bingrong Xu，et al., 2001. Long-term variations of temperature and salinity of the Bohai Sea and their influence on its ecosystem[J].Progress in Oceanography，49(1):7-19.

Gao Zhigang, Wang Hui, Li Wenshan, et al., 2018. Characteristics of sea level change along China coast during 1968-2017[C]. ISOPE 2018.

Gong D , Wang S, 1999. Definition of Antarctic Oscillation index[J]. Geophysical Research Letters, 26(4):459-462.

IPCC, 2007. Climate change 2007: the physical science basis: contribution of working group I to the fourth assessment report of the Intergovernmental Panel on Climate Change [M]. Cambridge: Cambridge University Press: 996.

Thompson D W J, Wallace J M, 2001. Regional Climate Impacts of the Northern Hemisphere Annular Mode[J]. Science, 293(5527):85-89.

Wei Gu, Chengyu Liu, Shuai Yuan, et al., 2013. Spatial distribution characteristics of sea-ice-hazard risk in Bohai,China[J]. Annals of Glaciology, 54(62):73-79.

Zhang Jianli, Wang Hui, Fan Wenjing, et al., 2018. Characteristics of tide varitation/change along the China coast[C]. ISOPE 2018.

吕林海等，2019 2018 中国海平面公报[R] 北京：自然资源部。

刘钦政等，2019 2018 年中国海洋灾害公报[R] 北京：自然资源部。

自然资源部，2019 海平面变化影响调查 [M] 中国海洋出版社。

自然资源部，2019 海平面变化影响调查技术指南和资料 [M] 北京：海洋出版社。

左军成，冯玉环等，2019 全球海平面变化研究进展 [J] 河海大学学报（自然科学版）47(5)：50-55。

Chunlan Lin, Jihui Si, Bingrong Xu, et al. 2001, Long-term variations of temperature and salinity of the Bohai Sea and their influence on its ecosystem[J] Progress in Oceanography, 48(1):1-16.

Gao Zhitong, Wang Hui, Li Wenshan, et al. 2015, Characteristics of sea level change along China coast during 1980-2010[C] ISOPE 2015.

Gong D, Wang S, 1999, Definition of Antarctic Oscillation index[J] Geophysical Research Letters 26(4):459-462.

IPCC, 2007, Climate change 2007: the physical science basis: contribution of working group I to the fourth assessment report of the Intergovernmental Panel on Climate Change [M] Cambridge: Cambridge University press, 996.

Thompson D W J, Wallace J M, 2001, Regional Climate Impacts of the Northern Hemisphere Annular Mode[J] Science 293(5527):85-89.

Wei Gu, Chengyu Liu, Shuai Yuan, et al. 2013, Spatial distribution characteristics of sea-ice-hazard risk in Bohai China[J] Annals of Glaciology 54(62):73-79.

Zhang Jiauli, Wang Hui, Fan Wenjing, et al. 2015, Characteristics of tide variation change along the China coast[C] ISOPE 2015.